高等工程数学

赵东红　赵向奎　孙玉华　何庆辉　编

机 械 工 业 出 版 社

本书是根据高等院校“工科类研究生数学基础课程教学基本要求”编写的，主要包括矩阵论、最优化方法、应用数理统计、积分变换4篇内容. 第1篇矩阵论的内容有：矩阵的标准形和矩阵分析；第2篇最优化方法的内容有：基础知识和最优化方法；第3篇应用数理统计的内容有：参数估计、假设检验、方差分析与正交试验设计、回归分析；第4篇积分变换的内容有：傅里叶变换和拉普拉斯变换.

根据工程类研究生数学的教学特点，本书突出实用性和针对性，内容丰富，并尽量做到清晰简明，注重理论联系实际，使其通俗易懂.

本书适合工程类研究生作为教材使用，也可作为科研人员的参考用书.

图书在版编目(CIP)数据

高等工程数学/赵东红等编. —北京：机械工业出版社，2015.6
ISBN 978-7-111-50844-1

Ⅰ.①高… Ⅱ.①赵… Ⅲ.①工程数学-研究生-教材 Ⅳ.①TB11

中国版本图书馆CIP数据核字（2015）第176794号

机械工业出版社(北京市百万庄大街22号 邮政编码100037)
策划编辑：汤 嘉 责任编辑：汤 嘉 孟令磊
版式设计：赵颖喆 责任校对：陈 越
封面设计：张 静 责任印制：李 洋
北京圣夫亚美印刷有限公司印刷
2016年1月第1版第1次印刷
184mm×260mm ·19.75印张·485千字
标准书号：ISBN 978-7-111-50844-1
定价：39.80元

凡购本书，如有缺页、倒页、脱页，由本社发行部调换

电话服务	网络服务
服务咨询热线：010-88379833	机 工 官 网：www.cmpbook.com
读者购书热线：010-88379649	机 工 官 博：weibo.com/cmp1952
	教育服务网：www.cmpedu.com
封面无防伪标均为盗版	金 书 网：www.golden-book.com

前　　言

“高等工程数学”是大学非数学专业学生学习的一门重要的数学基础课．本课程体现了工科专业特色，是各个学科领域进行理论和实践工作的必要基础，而且也是培养学生的基本数学素质，提高学生综合分析、解决问题能力和创新能力的重要保证．

本教材是北京科技大学应用数学系长期讲授“高等工程数学”课程的任课教师，根据他们多年的教学经验，按照新形势下教材改革的精神，结合“工科类数学基础课程教学基本要求”编写而成，教材力求与时俱进．本教材包括以下内容：

(1) 第1篇介绍了矩阵论的内容．利用相似对角形矩阵较方便地计算高次幂，介绍Jordan标准形问题及其应用，然后介绍矩阵的微积分．该部分内容是研究数值分析、控制理论、稳定性理论的重要工具．

(2) 第2篇介绍了最优化方法．最优化方法的发展迅速，已形成了许多分支，如非线性规划、多目标规划、几何规划、动态规划、不确定规划等．第2篇进行了重组，重点介绍了相对来说与工程专业结合较为密切的非线性规划和多目标规划．

(3) 第3篇介绍了统计分析的主要内容．结合工科专业后续课程的主要特点，本教材有针对性地选取了参数估计、假设检验、回归分析、方差分析等主要内容．

(4) 第4篇介绍了积分变换的内容，常用的积分变换有傅里叶（Fourier）变换、拉普拉斯（Laplace）变换．这两种积分变换在电工技术、自动控制、无线电技术及通信技术中有着广泛的应用，并已成为这些领域中的重要工具．

本教材所适用的院校类别较为广泛，专业不一．我们认为，教材内容要比教学大纲多一些，要比教师在课堂上讲授的多一些，这样能照顾到各类学校各个专业的需要，能满足不同程度的学生学习的需要．学习高等工程数学的目的是培养学生运用数学的思想、理论和方法，能够充分地运用所学内容解决科研、生产和生活中的实际问题．本教材在主要内容之后增编了工程案例，使学生能够学以致用．

本教材内容的阐述始终以“加强基础，强调应用”为指导思想，使学生能尽快地掌握高等工程数学的基本理论和方法，培养学生的数学素养，提高学生分析问题和解决问题的能力．本教材由赵东红任主编并负责编写第3篇，赵向奎编写第1篇，孙玉华编写第2篇，何庆辉编写第4篇．全书由赵东红统稿，并由北京科技大学高等工程数学教学组集体讨论定稿．

本教材的编写和出版得到了北京科技大学“十二五”教材经费的资助．在本教材的编写过程中，北京科技大学廖福成教授认真审阅了书稿，提出了许多中肯的修改意见，中国农业大学王来生教授给予了热情的关心和真诚的帮助，在此一并表示衷心的感谢．

由于编者水平有限，错漏之处在所难免，恳请同行和读者不吝指正．

编　者

目　　录

第1篇 矩 阵 论

第1章 矩阵的标准形

通过对线性代数的学习，我们知道一般方阵的高次幂运算很复杂. 如果方阵可以（相似）对角化，则可以利用相似对角形矩阵较方便地计算高次幂. 由此看出对角化理论能简化矩阵的运算，方便矩阵的应用. 但是并不是所有的矩阵都能对角化，对于不能对角化的矩阵，如何来简化矩阵的运算呢？我们可以找到与对角化的形式尽量接近的 Jordan 标准形，来简化矩阵的运算. 本章首先复习矩阵的对角形，然后逐步介绍 Jordan 标准形问题及其应用.

1.1 相似对角化

首先回顾线性代数中的一些与本章有关的基本概念.

1.1.1 特征值与特征向量

定义 1.1.1 对 m 阶方阵 $\boldsymbol{A}$，若存在数 λ，及非零向量（列向量）$\boldsymbol{x}$，使得 $\boldsymbol{Ax}=\lambda\boldsymbol{x}$，则称数 λ 为矩阵 $\boldsymbol{A}$ 的特征值，$\boldsymbol{x}$ 为 $\boldsymbol{A}$ 的属于特征值 λ 的特征向量.

如果 $(\lambda\boldsymbol{I}-\boldsymbol{A})\boldsymbol{x}=\boldsymbol{0}$ 有非零解，则 $\det(\lambda\boldsymbol{I}-\boldsymbol{A})=0$，称 $\det(\lambda\boldsymbol{I}-\boldsymbol{A})=0$ 为矩阵 $\boldsymbol{A}$ 的特征多项式.

例 1.1.1 $\boldsymbol{A}=\begin{pmatrix}1&2&2\\2&1&2\\2&2&1\end{pmatrix}$，求其特征值和特征向量.

解 首先计算特征值

$$\det(\lambda\boldsymbol{I}-\boldsymbol{A})=\begin{vmatrix}\lambda-1&-2&-2\\-2&\lambda-1&-2\\-2&-2&\lambda-1\end{vmatrix}=0,$$

$$(\lambda+1)^2(\lambda-5)=0.$$

解得特征值分别为

$$\lambda_1=\lambda_2=-1,\ \lambda_3=5.$$

（1）属于特征值 $\lambda_1=\lambda_2=-1$ 的特征向量满足：

$$(-\boldsymbol{I}-\boldsymbol{A})\boldsymbol{x}=\boldsymbol{0}$$

即，

$$\begin{pmatrix}2&2&2\\2&2&2\\2&2&2\end{pmatrix}\begin{pmatrix}\xi_1\\\xi_2\\\xi_3\end{pmatrix}=\boldsymbol{0}$$

$$\xi_1+\xi_2+\xi_3=0,$$

解得

$$\begin{cases}\xi_1=\xi_1,\\\xi_2=\xi_2,\\\xi_3=-\xi_1-\xi_2.\end{cases}$$

可取基础解系

$$\boldsymbol{x}_1=\begin{pmatrix}1\\0\\-1\end{pmatrix},\boldsymbol{x}_1=\begin{pmatrix}0\\1\\-1\end{pmatrix};$$

（2）属于特征值 $\lambda_3=5$ 的特征向量满足：

$$(5\boldsymbol{I}-\boldsymbol{A})\boldsymbol{x}=\boldsymbol{0}$$

即

$$\begin{pmatrix}4&-2&-2\\-2&4&-2\\-2&-2&4\end{pmatrix}\begin{pmatrix}\boldsymbol{\xi}_1\\\boldsymbol{\xi}_2\\\boldsymbol{\xi}_3\end{pmatrix}=\boldsymbol{0},$$

解得

$$\xi_1=\xi_2=\xi_3,$$

可取基础解系

$$\boldsymbol{x}_3\begin{pmatrix}1\\1\\1\end{pmatrix}.$$

定理 1.1.1 设 λ_1，λ_2，…，λ_m 是方阵 $\boldsymbol{A}$ 的 m 个互不相同的特征值，$\boldsymbol{p}_1$，$\boldsymbol{p}_2$，…，$\boldsymbol{p}_m$ 是依次与之对应的特征向量，如果 λ_1，λ_2，…，λ_m 互不相同，则 $\boldsymbol{p}_1$，$\boldsymbol{p}_2$，…，$\boldsymbol{p}_m$ 线性无关.

1.1.2 矩阵对角化的充要条件

定理 1.1.2 n 阶方阵 $\boldsymbol{A}$ 可对角化的充要条件是它具有 n 个线性无关的特征向量.

证明（充分性） 已知 $\boldsymbol{A}$ 具有 n 个线性无关的特征向量 $\boldsymbol{x}_1$，$\boldsymbol{x}_2$，…，$\boldsymbol{x}_n$，则

$$\boldsymbol{A}\boldsymbol{x}_i=\lambda\boldsymbol{x}_i,i=1,2,\cdots,n$$

$$\boldsymbol{A}(\boldsymbol{x}_1 \quad \boldsymbol{x}_2 \quad \cdots \quad \boldsymbol{x}_n) = (\lambda_1\boldsymbol{x}_1 \quad \lambda_2\boldsymbol{x}_2 \quad \cdots \quad \lambda_n\boldsymbol{x}_n)$$
$$= (\boldsymbol{x}_1 \quad \boldsymbol{x}_2 \quad \cdots \quad \boldsymbol{x}_n)\begin{pmatrix} \lambda_1 & & & 0 \\ & \lambda_2 & & \\ & & \ddots & \\ 0 & & & \lambda_n \end{pmatrix}$$

$\boldsymbol{x}_1$，$\boldsymbol{x}_2$，…，$\boldsymbol{x}_n$ 线性无关，故 $\boldsymbol{P}=(\boldsymbol{x}_1 \quad \boldsymbol{x}_2 \quad \cdots \quad \boldsymbol{x}_n)$ 为满秩矩阵.

令

$$\boldsymbol{\Lambda} = \begin{pmatrix} \lambda_1 & & & 0 \\ & \lambda_2 & & \\ & & \ddots & \\ 0 & & & \lambda_n \end{pmatrix},$$

则有

$$\boldsymbol{AP} = \boldsymbol{P\Lambda}$$
$$\boldsymbol{P}^{-1}\boldsymbol{AP} = \boldsymbol{\Lambda}$$

（**必要性**）已知存在可逆方阵 $\boldsymbol{P}$，使得

$$\boldsymbol{P}^{-1}\boldsymbol{AP} = \boldsymbol{\Lambda} = \begin{pmatrix} \lambda_1 & & & 0 \\ & \lambda_2 & & \\ & & \ddots & \\ 0 & & & \lambda_n \end{pmatrix},$$

将 $\boldsymbol{P}$ 写成行向量 $\boldsymbol{P}=$（$\boldsymbol{P}_1 \quad \boldsymbol{P}_2 \quad \cdots \quad \boldsymbol{P}_n$），其中 $\boldsymbol{P}_n$ 为 n 维列向量

$$(\boldsymbol{AP}_1 \quad \boldsymbol{AP}_2 \quad \cdots \quad \boldsymbol{AP}_n) = (\lambda_1\boldsymbol{P}_1 \quad \lambda_2\boldsymbol{P}_2 \quad \cdots \quad \lambda_n\boldsymbol{P}_n)$$

可见，λ_i 为 $\boldsymbol{A}$ 的特征值，$\boldsymbol{P}_i$ 为 $\boldsymbol{A}$ 的特征向量. 所以矩阵 $\boldsymbol{A}$ 具有 n 个线性无关的特征向量.

推论 1.1.1　n 阶方阵有 n 个互异的特征值，则其必可对角化.

1.2　矩阵的 Jordan 标准形

由上节知识可知，许多方阵不能对角化，那么对于这类矩阵，我们要寻找较简单的矩阵与之相似. 而 Jordan 标准型就是一类最接近对角的方阵.

定义 1.2.1　形如

$$\boldsymbol{J}_i = \begin{pmatrix} \lambda_1 & 1 & & \\ & \lambda_2 & \ddots & \\ & & \ddots & 1 \\ & & & \lambda_i \end{pmatrix}_{r_i \times r_i}$$

的矩阵称为 r_i 阶 Jordan 块. 由若干个 Jordan 块构成的分块对角阵

$$J=\begin{pmatrix} J_1 & & & \\ & J_2 & \ddots & \\ & & \ddots & \\ & & & J_t \end{pmatrix}$$

称为 Jordan 矩阵.

Jordan 矩阵是一类特殊的上三角阵，该类矩阵有着非常重要的理论价值和应用. Jordan 块本身是一个 Jordan 矩阵，对角阵也是一个 Jordan 矩阵，它的每个 Jordan 块是一阶的. 可以看出，Jordan 标准型 $\boldsymbol{J}$ 的对角线元素就是 $\boldsymbol{A}$ 的特征值，并且 Jordan 矩阵（除对角阵外）至少有一特征值 λ_i 的代数重数大于其几何重数.

Jordan 矩阵的讨论涉及很多 λ 矩阵的知识，接下来介绍 λ 矩阵的概念及其相关理论.

定义 1.2.2 设 $\boldsymbol{A}(\lambda)=(a_{ij}(\lambda))_{m\times n}$，其中 $a_{ij}(\lambda)$ 都是 λ 的多项式，则称 $\boldsymbol{A}(\lambda)$ 是 λ 矩阵或多项式矩阵.

对 λ 矩阵进行的如下三种变换称为 λ 矩阵的初等行(列) 变换：

(1) 交换两行(列)；

(2) 某一行(列) 乘以非零的常数；

(3) 某一行(列) 加另一行(列) 的 $\phi(\lambda)$ 倍，$\phi(\lambda)$ 是一个多项式.

定义 1.2.3 如果 λ 矩阵 $\boldsymbol{A}(\lambda)$ 可经过一系列的初等变换变为 $\boldsymbol{B}(\lambda)$，则称 $\boldsymbol{A}(\lambda)$ 与 $\boldsymbol{B}(\lambda)$等价.

关于 λ 矩阵的等价性，我们给出如下结果：

定理 1.2.1 任意一个非零的 $s\times n$ 的 λ 矩阵 $\boldsymbol{A}(\lambda)$ 都等价于下列形式的矩阵：

$$\begin{pmatrix} d_1(\lambda) & & & & & & \\ & d_2(\lambda) & & & & & \\ & & \ddots & & & & \\ & & & d_r(\lambda) & & & \\ & & & & 0 & & \\ & & & & & \ddots & \\ & & & & & & 0 \end{pmatrix}, \tag{1.2.1}$$

其中 $r\geqslant 1$，$d_i(\lambda)$ $(i=1，2，\cdots，r)$ 是首项系数为 1 的多项式，且 $d_i(\lambda)\mid d_{i+1}(\lambda)(d_i(\lambda)$ 可以除尽 $d_{i+1}(\lambda))$，$i=1，2，\cdots，r-1$ 矩阵(1.2.1) 称为 $\boldsymbol{A}(\lambda)$ 的 Smith 标准形. 可以证明，矩阵(1.2.1) 对角线上的非零元素 $d_i(\lambda)$ $(i=1，2，\cdots，r)$ 不随矩阵初等变换而变换，因而称 $d_i(\lambda)$ $(i=1，2，\cdots，r)$ 为 $\boldsymbol{A}(\lambda)$ 的不变因子.

定义 1.2.4 设多项式矩阵 $\boldsymbol{A}(\lambda)$ 的秩为 r，对于正整数 $k(1\leqslant k\leqslant r)$，$\boldsymbol{A}(\lambda)$ 的全部 k 阶子式的首项系数为 1 的最大公因式 $D_k(\lambda)$ 称为 $\boldsymbol{A}(\lambda)$ 的 k 阶行列式因子，规定 $D_0(\lambda)=1$.

容易验证初等变换不改变 λ 矩阵的行列式因子，所以等价的矩阵有相同的行列式因子. 因此，若 $\boldsymbol{A}(\lambda)$ 有标准形(1.2.1)，则 $\boldsymbol{A}(\lambda)$ 的行列式因子为

$$D_k(\lambda)=d_1(\lambda)d_1(\lambda)\cdots d_k(\lambda)(k=1,2,\cdots,r),$$

其中，$d_k(\lambda)$（$i=1, 2, \cdots, k$）是 $\boldsymbol{A}(\lambda)$ 的不变因子．所以有

$$d_1(\lambda)=D_1(\lambda), d_2(\lambda)=D_2(\lambda)/D_1(\lambda), \cdots, d_r(\lambda)=D_r(\lambda)/D_{r-1}(\lambda).$$

我们将不变因子分解成一次因子之积

$$\begin{aligned} d_1(\lambda)&=(\lambda-\lambda_1)^{e_{11}}(\lambda-\lambda_2)^{e_{12}}\cdots(\lambda-\lambda_s)^{e_{1s}} \\ d_2(\lambda)&=(\lambda-\lambda_1)^{e_{21}}(\lambda-\lambda_2)^{e_{22}}\cdots(\lambda-\lambda_s)^{e_{2s}} \\ &\vdots \\ d_r(\lambda)&=(\lambda-\lambda_1)^{e_{r1}}(\lambda-\lambda_2)^{e_{r2}}\cdots(\lambda-\lambda_s)^{e_{rs}} \end{aligned} \tag{1.2.2}$$

在式(1.2.2) 中，λ_1，λ_2，$\cdots$，λ_s 互异，因为 $d_i(\lambda) \mid d_{i+1}(\lambda)$，$i=1, 2, \cdots, r-1$，所以

$$e_{1j}\leqslant e_{2j}\leqslant\cdots\leqslant e_{rj}(1\leqslant j\leqslant s).$$

在式(1.2.2) 中，所有指数大于零的因子 $(\lambda-\lambda_j)^{e_{ij}}$（$1\leqslant i\leqslant r$；$1\leqslant j\leqslant s$；$e_{ij}>0$）都称为 $\boldsymbol{A}(\lambda)$ 的初等因子．要注意，在计算初等因子个数时，重复的初等因子按重数计算，全部初等因子称为 $\boldsymbol{A}(\lambda)$ 的初等因子组.

例 1.2.1　试用初等变换将多项式矩阵 $\boldsymbol{A}(\lambda)$ 化为标准形，其中

$$\boldsymbol{A}(\lambda)=\begin{pmatrix} -\lambda+1 & 2\lambda-1 & \lambda \\ \lambda & \lambda^2 & -\lambda \\ \lambda^2+1 & \lambda^2+\lambda-1 & -\lambda^2 \end{pmatrix}$$

解

$$\boldsymbol{A}(\lambda)\xrightarrow{c_3+c_1}\begin{pmatrix} 1 & 2\lambda-1 & \lambda \\ 0 & \lambda^2 & -\lambda \\ 1 & \lambda^2+\lambda-1 & -\lambda^2 \end{pmatrix}\xrightarrow{-r_1+r_3}\begin{pmatrix} 1 & 2\lambda-1 & \lambda \\ 0 & \lambda^2 & -\lambda \\ 1 & \lambda^2-\lambda & -\lambda^2-\lambda \end{pmatrix}$$

$$\xrightarrow{-(2\lambda-1)c_1+c_2,\ -\lambda_{c_1+c_3}}\begin{pmatrix} 1 & 0 & 0 \\ 0 & \lambda^2 & -\lambda \\ 1 & \lambda^2-\lambda & -\lambda^2-\lambda \end{pmatrix}\xrightarrow{\lambda_{c_3+c_2}}\begin{pmatrix} 1 & 0 & 0 \\ 0 & 0 & -\lambda \\ 0 & -\lambda^3-\lambda & -\lambda^2-\lambda \end{pmatrix}$$

$$\xrightarrow{-c_2\leftrightarrow-c_3}\begin{pmatrix} 1 & 0 & 0 \\ 0 & \lambda^2 & 0 \\ 1 & \lambda^2+\lambda & \lambda^3+\lambda \end{pmatrix}\xrightarrow{-(\lambda+1)r_2+r_3}\begin{pmatrix} 1 & 0 & 0 \\ 0 & \lambda & 0 \\ 0 & 0 & \lambda^3+\lambda \end{pmatrix}.$$

在上例中，也可以通过求 $\boldsymbol{A}(\lambda)$ 的行列式因子把 $\boldsymbol{A}(\lambda)$ 化成 Smith 标准形．容易求出

$$D_0(\lambda)=D_1(\lambda)=1, D_2(\lambda)=\lambda, D_3(\lambda)=\lambda^2(\lambda^2+1)$$

所以 $A(\lambda)$ 的不变因子为

$$d_1(\lambda)=D_1(\lambda)=1, d_2(\lambda)=\frac{D_2(\lambda)}{D_1(\lambda)}=\lambda, d_3(\lambda)=\frac{D_3(\lambda)}{D_2(\lambda)}=\lambda(\lambda^2+1).$$

初等因子组在实数范围内为

$$\lambda, \lambda, \lambda^2+1.$$

在复数范围内为

$$\lambda, \lambda, \lambda, +\mathrm{i}, \lambda-\mathrm{i}.$$

例 1.2.2　求矩阵 $\boldsymbol{A}$ 的特征矩阵的不变因子和初等因子和 Smith 标准形：

$$A\begin{pmatrix}0&0&0&4\\1&0&0&-4\\0&1&0&-3\\0&0&1&4\end{pmatrix}.$$

解

$$\lambda E-A=\begin{pmatrix}\lambda&0&0&-4\\-1&\lambda&0&4\\0&-1&\lambda&3\\0&0&-1&\lambda-4\end{pmatrix}$$

$$D_0(\lambda)=D_1(\lambda)=D_2(\lambda)=D_3(\lambda)=1, D_4(\lambda)=(\lambda+1)(\lambda-1)(\lambda+2)^2$$

所以不变因子为

$$d_1(\lambda)=d_2(\lambda)=d_3(\lambda)=1, d_4(\lambda)=(\lambda+1)(\lambda-1)(\lambda+2)^2$$

初等因子为

$$\lambda+1, \lambda-1, (\lambda+2)^2.$$

Smith 标准形

$$\lambda E-A=\begin{pmatrix}1&0&0&1\\0&1&0&0\\0&0&1&0\\0&0&0&(\lambda+1)(\lambda-1)(\lambda+2)^2\end{pmatrix}.$$

根据初等因子的定义，可以由不变因子求初等因子，但是在一些特殊情形下，例如对角形或分块矩阵还有以下结论：

（1）若多项式矩阵形如

$$A(\lambda)\begin{pmatrix}C(\lambda)&0\\0&0\end{pmatrix}$$

其中 $C(\lambda)=\mathrm{diag}(h_1(\lambda), h_2(\lambda), \cdots, h_r(\lambda))$，则 $h_1(\lambda)$，$h_2(\lambda)$，…，$h_r(\lambda)$ 的所有一次因式方幂就构成 $A(\lambda)$ 的初等因子组.

（2）若多项式矩阵

$$A(\lambda)=\begin{pmatrix}A_1(\lambda)&&&\\&A_2(\lambda)&&\\&&\ddots&\\&&&A_r(\lambda)\end{pmatrix},$$

其中 $A(\lambda)$ 是 $m_i\times n_i$ 多项式矩阵，则 $A_1(\lambda)$，$A_2(\lambda)$，…，$A_r(\lambda)$ 的初等因子的全体构成 $A_r(\lambda)$ 的初等因子组.

例 1.2.3 求多项式矩阵 $A(\lambda)$ 的初等因子、不变因子和 Smith 标准形：

$$A(\lambda)=\begin{pmatrix}3\lambda+5&(\lambda+2)^2&4\lambda+5&(\lambda-1)^2\\\lambda+7&(\lambda+2)^2&\lambda+7&0\\\lambda-1&0&2\lambda-1&(\lambda-1)^2\\0&0&(\lambda-2)(\lambda-5)&0\end{pmatrix}.$$

解

$$A(\lambda)\xrightarrow{r_1-r_3}\begin{pmatrix}2\lambda+6 & (\lambda+2)^2 & 2\lambda+6 & 0\\ \lambda+7 & (\lambda+2)^2 & \lambda+7 & 0\\ \lambda-1 & 0 & 2\lambda-1 & (\lambda-1)^2\\ 0 & 0 & (\lambda-2)(\lambda-5) & 0\end{pmatrix}$$

$$\xrightarrow{-c_3-c_1}\begin{pmatrix}2\lambda+6 & (\lambda+2)^2 & 0 & 0\\ \lambda+7 & (\lambda+2)^2 & 0 & 0\\ \lambda-1 & 0 & \lambda & (\lambda-1)^2\\ 0 & 0 & (\lambda-2)(\lambda-5) & 0\end{pmatrix}$$

$$\xrightarrow{r_1-r_2}\begin{pmatrix}\lambda-1 & 0 & 0 & 0\\ \lambda+7 & (\lambda+2)^2 & 0 & 0\\ \lambda-1 & 0 & 2\lambda-1 & (\lambda-1)^2\\ 0 & 0 & (\lambda-2)(\lambda-5) & 0\end{pmatrix}$$

$$\xrightarrow{r_3-r_1}\begin{pmatrix}\lambda-1 & 0 & 0 & 0\\ \lambda+7 & (\lambda+2)^2 & 0 & 0\\ 0 & 0 & 2\lambda-1 & (\lambda-1)^2\\ 0 & 0 & (\lambda-2)(\lambda-5) & 0\end{pmatrix}=\begin{pmatrix}B(\lambda) & 0\\ 0 & C(\lambda)\end{pmatrix}.$$

$B(\lambda)$ 的行列式因子　$D_1(\lambda)=1$，$D_2(\lambda)=(\lambda-1)\ (\lambda+2)^2$

不变因子　$d_1(\lambda)=1$，$d_2(\lambda)=(\lambda-1)\ (\lambda+2)^2$

初等因子　$(\lambda-1)$，$(\lambda+2)^2$

$C(\lambda)$ 的行列式因子　$D_1(\lambda)=1$，$D_2(\lambda)=(\lambda-1)^2(\lambda-2)\ (\lambda-5)$

不变因子　$d_1(\lambda)=1$，$d_2(\lambda)=(\lambda-1)^2(\lambda-2)\ (\lambda-5)$

初等因子　$(\lambda-1)^2$，$(\lambda-2)$，$(\lambda-5)$

因此，$A(\lambda)$ 的初等因子为：

$$(\lambda-1),(\lambda-1)^2,(\lambda-2),(\lambda-5),(\lambda+2)^2$$

$A(\lambda)$ 的 Smith 标准形是：

$$A(\lambda)=\begin{pmatrix}1 & 0 & 0 & 1\\ 0 & 1 & 0 & 0\\ 0 & 0 & \lambda-1 & 0\\ 0 & 0 & 0 & (\lambda-2)(\lambda-5)(\lambda+2)(\lambda-1)^2\end{pmatrix}.$$

定理 1.2.2　设 $A\in C^{n\times n}$ 可经过相似变换化成唯一的 Jordan 标准型（不计 Jordan 块的排列次序），即存在可逆矩阵 $P\in C^{n\times n}$ 使得 $P^{-1}AP=J$，则称 J 为 A 的 Jordan 标准形，并称 P 为 Jordan 变换矩阵 .

证明　设 $n\times n$ 矩阵 A 的特征矩阵 $\lambda I-J$ 的初等因子是

$$(\lambda-\lambda_1)^{m_1},(\lambda-\lambda_2)^{m_2},\cdots,(\lambda-\lambda_s)^{m_s},$$

其中，λ_1，λ_2，…，λ_s 中可能有相同的，并且 $\sum_{i=1}^{s} m_i=n$，每个初等因子 $(\lambda-\lambda_i)^{m_i}$ 对应一个 Jordan 块 J_i，其阶数为 m_i，对角线上的元素是 λ_i，这些 Jordan 块构成一个 Jordan 标准型.

前面已经计算了 $\boldsymbol{A}$ 的 Jordan 标准型的全部初等因子也是

$$(\lambda-\lambda_1)^{m_1},(\lambda-\lambda_2)^{m_2},\cdots,(\lambda-\lambda_s)^{m_s},$$

也就是说，$\lambda\boldsymbol{I}-\boldsymbol{A}$ 与 $\lambda\boldsymbol{I}-\boldsymbol{J}$ 有相同的初等因子，因而有相同的 Smith 标准形，即 $\lambda\boldsymbol{I}-\boldsymbol{A}=\lambda\boldsymbol{I}-\boldsymbol{J}$，所以 $\boldsymbol{A}=\boldsymbol{J}$.

下面介绍 Jordan 标准型 $\boldsymbol{J}$ 的求法.

方法一　初等变换法

由定理 1.2.1 的证明过程可得矩阵 $\boldsymbol{A}$ 化成标准型的做法如下：

（1）写出 $\boldsymbol{A}$ 的特征矩阵 $\lambda\boldsymbol{I}-\boldsymbol{A}$；

（2）写出 $\lambda\boldsymbol{I}-\boldsymbol{A}$ 的全部初等因子；

（3）写出每个初等因子对应的 Jordan 块；

（4）写出 Jordan 标准型.

值得注意的是矩阵 $\boldsymbol{A}$ 可以对角化的充分条件是其特征矩阵 $\lambda\boldsymbol{I}-\boldsymbol{A}$ 的初等因子的幂都是一次的.

例 1.2.4　求矩阵 $\boldsymbol{A}$ 的 Jordan 标准型 $\boldsymbol{J}$：

$$\boldsymbol{A}=\begin{pmatrix}-1&1&0\\-4&3&0\\1&0&2\end{pmatrix}$$

解　（1）$\boldsymbol{A}(\lambda)=\lambda\boldsymbol{I}-\boldsymbol{A}=\begin{pmatrix}\lambda+1&-1&0\\4&\lambda-3&0\\-1&0&\lambda-2\end{pmatrix}$.

（2）$\boldsymbol{A}(\lambda)\xrightarrow{r_1+(\lambda+1)r_3,\ r_2+4r_3}\begin{pmatrix}0&-1&(\lambda+1)(\lambda-2)\\0&\lambda-3&4(\lambda-2)\\-1&0&\lambda-2\end{pmatrix}$

$\boldsymbol{A}(\lambda)\begin{pmatrix}1&0&0\\0&1&0\\0&0&(\lambda-2)(\lambda-1)^2\end{pmatrix}$

$\boldsymbol{A}(\lambda)$ 的初等因子是$(\lambda-2)$，$(\lambda-1)^2$.

（3）$\lambda-2$ 对应的 Jordan 块是　$\boldsymbol{J}_1=(2)$，

$(\lambda-1)^2$ 对应的 Jordan 块是　$\boldsymbol{J}_2=\begin{pmatrix}1&1\\0&1\end{pmatrix}$.

（4）$\boldsymbol{J}=\begin{pmatrix}2&0&0\\0&1&1\\0&0&1\end{pmatrix}$.

方法二　特征向量法

设 $\boldsymbol{A}\in\mathbf{C}^{n\times n}$，如果 λ_i 是 $\boldsymbol{A}$ 的单特征值，则对应一阶 Jordan 块 $\boldsymbol{J}_i=(\lambda_i)$；如果 λ_i 是 $\boldsymbol{A}$ 的 $r_i(r_i>1)$ 重特征值，则对应 λ_i 有几个线性无关的特征向量，就有几个以 λ_i 为对角元素的 Jordan 块. 这些 Jordan 块的阶数之和等于 r_i. 由 $\boldsymbol{A}$ 的所有特征值对应的 Jordan 块构成的 Jordan矩阵即为 $\boldsymbol{A}$ 的 Jordan 标准形，这就是特征向量法.

例 1.2.5　用特征向量法求矩阵 $\boldsymbol{A}$ 的 Jordan 标准型 $\boldsymbol{J}$：

$$A=\begin{pmatrix}-1&1&0\\-4&3&0\\1&0&2\end{pmatrix}.$$

解　A 的特征多项式为

$$\det(\lambda E-A)=\begin{vmatrix}\lambda+1&-1&0\\4&\lambda-3&0\\-1&0&\lambda-2\end{vmatrix}=(\lambda-2)(\lambda-1)^2.$$

所以 A 的特征值 $\lambda_1=2$，$\lambda_2=\lambda_3=1$. 对应于二重特征值 $\lambda_2=\lambda_3=1$ 只有一个线性无关的特征向量 $\xi_2=(1,\ 2,\ -1)^{\mathrm T}$，故 A 的 Jordan 标准型为

$$J_A=\begin{pmatrix}2&0&0\\0&1&1\\0&0&1\end{pmatrix}.$$

1.3 Jordan 标准形的变换与应用

上一节已经介绍了 Jordan 标准型的求法. 本节将进一步给出变换矩阵的求解方法.

设 n 阶矩阵 A 对应的 Jordan 标准型为 $J=\begin{pmatrix}J_1&&&\\&J_2&&\\&&\ddots&\\&&&J_r\end{pmatrix}$，变换矩阵为 P，则

$$P^{-1}AP=J$$

所以

$$AP=PJ.$$

将 P 按 J 的结构写成列块的形式

$$P=(P_1\quad P_2\quad\cdots\quad P_r)$$

则有

$$A(P_1\quad P_2\quad\cdots\quad P_r)=(P_1\quad P_2\quad\cdots\quad P_r)\begin{pmatrix}J_1&&&\\&J_2&&\\&&\ddots&\\&&&J_r\end{pmatrix},$$

所以

$$AP_i=P_iJ_i\quad(i=1,2,\cdots,r),$$

$$A(P_{i1}\quad P_{i2}\quad\cdots\quad P_{im_i})=(P_{i1}\quad P_{i2}\quad\cdots\quad P_{im_i})\begin{pmatrix}\lambda_i&1&&0\\&\lambda_i&\ddots&\\&&\ddots&1\\&&&\lambda_i\end{pmatrix},$$

$$AP_{i1}=\lambda_iP_{i1}\to(A-\lambda_iI)P_{i1}=0,$$

$$AP_{i2}=P_{i1}+\lambda_iP_{i2}\to(A-\lambda_iI)P_{i2}=P_{i1}\to(A-\lambda_iI)^2P_{i2}=0,$$

$$\vdots$$

$$AP_{im}=P_{im_{i-1}}+\lambda_iP_{im_i}\rightarrow(A-\lambda_iI)P_{im_i}=P_{im_{i-1}}\rightarrow(A-\lambda_iI)^{m_i}P_{im_i}=0.$$

两种具体做法如下：

（1）按照 $P_{i1}\rightarrow P_{i2}\rightarrow\cdots\rightarrow P_{im_i}$ 的顺序求解，即先求出特征向量 P_{i1}，然后由后续方程求出 P_{i2}，P_{i3}，…；

（2）先求 $(A-\lambda_iI)^{m_i}$ 的特征向量 P_{im_i}，然后直接得到 $P_{im_{i-1}}\rightarrow P_{im_{i-2}}\rightarrow\cdots\rightarrow P_{i1}$.

前一做法由于 $(A-\lambda_iI)$ 为奇异矩阵，每一步均存在有多组解及无解问题，故各步之间不能完全独立，前一步尚需依赖后一步、再后一步、…，直至最后一步才能完全确定一些待定系数；而后一做法仅出现一次求解方程，其余为直接赋值，无上述问题. 但又可能导致低阶 P_{im_j} 出现零向量的问题.

由于

$$P_{i1}=(A-\lambda_iI)^{m_i-1}P_{im_i},$$

$$P_{i2}=(A-\lambda_iI)^{m_i-2}P_{im_i},$$

$$\vdots$$

$$P_{im_{i-1}}=(A-\lambda_iI)P_{im_i}.$$

故 P_{im_i} 应满足：

$$(A-\lambda_1I)^{m_i}P_{im_i}=0\ 但(A-\lambda_iI)^{m_i-1}P_{im_i}\neq 0$$

同一特征值可能出现在不同的 Jordan 块中，对于这种情况，按各 Jordan 块阶数高低依次进行处理，高阶先处理，低阶后处理，同阶同时处理.

（1）最高阶（没有属于同一特征值的 Jordan 块同阶）可按下述方法求出 P_{im_i}，即使 $(A-\lambda_iI)^{m_i}x=0$，但 $(A-\lambda_iI)^{m_i-1}x\neq 0$，使用 x 作为 P_{im_i}. 然后由方程 $P_{i(j-1)}=(A-\lambda_iI)\ P_j$ 依次求出 $P_{im_{i-1}}$，$P_{im_{i-2}}$，…，直至 P_{ij}，且 j 等于下一个属于同一特征值的 Jordan 块的阶数；

（2）对于上述新 Jordan 块，它的 P_{im_i} 不仅要考虑到满足

$$(A-\lambda_iI)^{m_i}x=0\ 但(A-\lambda_iI)^{m_i-1}x\neq 0,$$

而且还应与前述 P_{ij} 线性无关；

（3）其他属于同一特征值的 Jordan 块处理时，按照（2）的原则处理即可；

（4）出现多个属于同一特征值的 Jordan 块同阶时，还应考虑线性无关问题.

例 1.3.1 求例 1.2.4 中变换矩阵 P，使得 $P^{-1}AP=J$.

解

$$\det(\lambda I-A)=\det(\lambda I-J)=(\lambda-1)(\lambda-2)^2$$

$$\lambda_1=2,\lambda_2=\lambda_3=1$$

对 $\lambda_1=2$

$$(A-2I)P=\begin{pmatrix}-3&1&0\\-4&1&0\\1&0&0\end{pmatrix}\begin{pmatrix}x_1\\x_2\\x_3\end{pmatrix}=0$$

$$P_{11}=k_1\begin{pmatrix}0\\0\\1\end{pmatrix}=0,k_1\in P$$

对 $\lambda_2=\lambda_3=1$

$$(\boldsymbol{A}-2\boldsymbol{I})\boldsymbol{P}=\begin{pmatrix}-2&1&0\\-4&2&0\\1&0&0\end{pmatrix}\begin{pmatrix}x_1\\x_2\\x_3\end{pmatrix}=\boldsymbol{0}$$

$$\boldsymbol{P}_{21}=k_0\begin{pmatrix}1\\2\\1\end{pmatrix}=\boldsymbol{0},k_2\in\boldsymbol{P}$$

取 $k_2=1$，计算$(\boldsymbol{A}-\boldsymbol{I})\ \boldsymbol{P}=\boldsymbol{P}_{21}$

$$\begin{pmatrix}-2&1&0\\-4&2&0\\1&0&0\end{pmatrix}\begin{pmatrix}x_1\\x_2\\x_3\end{pmatrix}=\begin{pmatrix}1\\2\\-1\end{pmatrix}$$

$$\boldsymbol{P}_{22}=\begin{pmatrix}0\\1\\-1\end{pmatrix},\boldsymbol{P}=\begin{pmatrix}0&1&0\\0&2&1\\1&-1&-1\end{pmatrix}$$

例 1.3.2　求解微分方程组

$$\begin{cases}\dfrac{\mathrm{d}x_1}{\mathrm{d}t}=-x_1\quad+x_2\\\dfrac{\mathrm{d}x_2}{\mathrm{d}t}=-4x_1+3x_2,x(0)=\begin{pmatrix}0\\2\\1\end{pmatrix}.\\\dfrac{\mathrm{d}x_3}{\mathrm{d}t}=\qquad x_1+2x_3\end{cases}$$

解　将上述方程写成矩阵乘积形式

$$\frac{\mathrm{d}x}{\mathrm{d}t}=\boldsymbol{A}x$$

其中，

$$\boldsymbol{x}=\begin{pmatrix}x_1\\x_2\\x_3\end{pmatrix},\boldsymbol{A}=\begin{pmatrix}-1&1&0\\-4&3&0\\1&0&2\end{pmatrix}.$$

在例 1.2.4 中，已将矩阵 $\boldsymbol{A}$ 化成了 Jordan 标准形

$$\boldsymbol{A}=\begin{pmatrix}2&0&0\\0&1&1\\0&0&1\end{pmatrix},$$

在例 1.3.1 中，求出了过渡矩阵 $\boldsymbol{P}$ 使得 $\boldsymbol{P}^{-1}\boldsymbol{A}\boldsymbol{P}=\boldsymbol{J}$

$$\boldsymbol{P}=\begin{pmatrix}0&1&0\\0&2&1\\1&-1&-1\end{pmatrix},\boldsymbol{P}^{-1}=\begin{pmatrix}-1&1&0\\1&0&0\\-2&1&0\end{pmatrix}.$$

作 $x(t)$ 的变换，令

$$\boldsymbol{x}=\boldsymbol{P}\boldsymbol{y},\boldsymbol{y}=\begin{pmatrix}y_1\\y_2\\y_3\end{pmatrix},$$

于是$\frac{\mathrm{d}x}{\mathrm{d}t}=\boldsymbol{A}\boldsymbol{x}$ 化为$\frac{\mathrm{d}y}{\mathrm{d}t}=\boldsymbol{J}\boldsymbol{y}$

即

$$\begin{cases}\frac{\mathrm{d}y_1}{\mathrm{d}t}=2y_1,\\ \frac{\mathrm{d}y_2}{\mathrm{d}t}=y_2+y_3,\\ \frac{\mathrm{d}y_3}{\mathrm{d}t}=y_3.\end{cases} \tag{1.3.1}$$

分别解式(1.3.1) 第一个方程得到 $y_1=k_1\mathrm{e}^{2t}$，第三个方程 $y_3=k_3\mathrm{e}^{t}$ 代入第二个方程得到:

$$y_2=k_2\mathrm{e}^{t}+k_3t\mathrm{e}^{t}.$$

由初值条件

$$\boldsymbol{y}(0)=\boldsymbol{P}^{-1}\boldsymbol{x}(0)=\begin{pmatrix}3\\0\\2\end{pmatrix}$$

得到

$$y_1=3\mathrm{e}^{2t},y_1=2t\mathrm{e}^{2t},y_1=2\mathrm{e}^{2t}.$$

由 $\boldsymbol{x}=\boldsymbol{P}\boldsymbol{y}$ 得到

$$\begin{cases}x_1=2t\mathrm{e}^{t},\\ x_2=(2+4t)\mathrm{e}^{t},\\ x_3=3\mathrm{e}^{2t}-(2+2t)\mathrm{e}^{t}.\end{cases}$$

1.4 最小多项式

定义 1.4.1 设 $p(z)$ 是复数域上的多项式

$$p(z)=a_0+a_1z+a_2z^2+\cdots+a_mz^m,$$

$\boldsymbol{A}$ 是一 n 阶方阵，则称 $p(\boldsymbol{A})=a_0\boldsymbol{E}+a_1\boldsymbol{A}+a_2\boldsymbol{A}^2+\cdots+a_m\boldsymbol{A}^m$ 为 $\boldsymbol{A}$ 的矩阵多项式. 如果 $p(\boldsymbol{A})=\boldsymbol{O}$，则称$p(z)$ 为$\boldsymbol{A}$ 的化零多项式. 在$\boldsymbol{A}$ 的化零多项式中，次数最低的且首项系数为 1 多项式称为 $\boldsymbol{A}$ 的最小多项式，一般记做 $m_{\boldsymbol{A}}(z)$.

矩阵 $\boldsymbol{A}$ 与其特征多项式之间有如下重要关系:

定理 1.4.1 (Cayley – Hamilton) 设 $\boldsymbol{A}$ 为任意 n 阶矩阵，$f(\lambda)$ 是 $\boldsymbol{A}$ 的特征多项式，则 $f(\boldsymbol{A})=0$.

证明 考虑特征矩阵 $\lambda\boldsymbol{I}-\boldsymbol{A}$ 的伴随矩阵$(\lambda\boldsymbol{I}-\boldsymbol{A})^*$，其元素至多是 λ 的 $n-1$ 次多项式，则$(\lambda\boldsymbol{I}-\boldsymbol{A})^*$可表示为

$$(\lambda\boldsymbol{I}-\boldsymbol{A})^*=\boldsymbol{C}_1\lambda^{n-1}+\boldsymbol{C}_2\lambda^{n-2}+\cdots+\boldsymbol{C}_{n-1}\lambda+\boldsymbol{C}_n,$$

其中 $\boldsymbol{C}_1$，$\boldsymbol{C}_2$，…，$\boldsymbol{C}_n$ 都是 n 阶实数矩阵.

因为$(\lambda\boldsymbol{I}-\boldsymbol{A})$ $(\lambda\boldsymbol{I}-\boldsymbol{A})^*=f(\lambda)$ $\boldsymbol{I}$，即

$$\begin{aligned}&(\lambda\boldsymbol{I}-\boldsymbol{A})\ (\boldsymbol{C}_1\lambda^{n-1}+\boldsymbol{C}_2\lambda^{n-2}+\cdots+\boldsymbol{C}_{n-1}\lambda+\boldsymbol{C}_n)\\&=\boldsymbol{I}\lambda^n+a_1\boldsymbol{I}\lambda^{n-1}+\cdots+a_{n-1}\boldsymbol{I}\lambda+a_n\boldsymbol{I}),\end{aligned}$$

比较两边 λ 的同次幂的系数矩阵，得

$$\begin{aligned}
\boldsymbol{C}_1 &= \boldsymbol{I}\\
\boldsymbol{C}_2-\boldsymbol{AC}_1 &= a_1\boldsymbol{I}\\
\boldsymbol{C}_3-\boldsymbol{AC}_2 &= a_2\boldsymbol{I}\\
&\vdots\\
\boldsymbol{C}_n-\boldsymbol{AC}_{n-1} &= a_{n-1}\boldsymbol{I}\\
-\boldsymbol{AC}_n &= a_n\boldsymbol{I}
\end{aligned}$$

用 $\boldsymbol{A}^n$，$\boldsymbol{A}^{n-1}$，…，$\boldsymbol{A}$，$\boldsymbol{I}$ 分别左乘上面各式，再将两边相加，得

$$\begin{aligned}
&\boldsymbol{A}^n\boldsymbol{C}_1+\boldsymbol{A}^{n-1}(\boldsymbol{C}_2-\boldsymbol{AC}_1)+\boldsymbol{A}^{n-2}(\boldsymbol{C}_3-\boldsymbol{AC}_3)+\cdots+\boldsymbol{A}(\boldsymbol{C}_n-\boldsymbol{AC}_{n-1})-\boldsymbol{AC}_n\\
&=\boldsymbol{A}^n+a_1\boldsymbol{A}^{n-1}+\cdots+a_{n-1}\boldsymbol{A}+a_n\boldsymbol{I}=f(\boldsymbol{A}),
\end{aligned}$$

因为上式左边为零矩阵，所以 $f(\boldsymbol{A})=\boldsymbol{O}$.

例 1.4.1　求 $\boldsymbol{A}=\begin{pmatrix}3&0&8\\3&-1&6\\-2&0&-5\end{pmatrix}$ 的特征多项式，并求 $\boldsymbol{A}^{100}$.

解　先求矩阵 $\boldsymbol{A}$ 的特征多项式为 $f(\lambda)=|\lambda\boldsymbol{E}-\boldsymbol{A}|=(\lambda+1)^3$ 利用待定系数法求 $m(\lambda)$ 除 $g(\lambda)$ 所得余式. 设

$$g(\lambda)=h(\lambda)m(\lambda)+a\lambda^2+b\lambda+c$$

因为 $m(-1)=m'(-1)=m''(-1)=0$，所以将 $\lambda=-1$ 代入上式，再对上式依次求一阶、二阶导后，再将 $\lambda=-1$ 代入，得

$$\begin{cases}1=a-b+c,\\-100=-2a+b,\\100\times 99=2a.\end{cases}$$

解上述方程组得 $a=4950$，$b=9800$，$c=4851$. 从而由 $f(\boldsymbol{A})=0$，得

$$g(\boldsymbol{A})=\boldsymbol{A}^{100}=4950\boldsymbol{A}^2+9800\boldsymbol{A}+4851\boldsymbol{E}=\begin{pmatrix}-399&0&-800\\-300&1&-600\\200&0&401\end{pmatrix}.$$

由定理 1.4.1 知，任意 n 阶矩阵 $\boldsymbol{A}$ 的特征多项式是它的一个化零多项式. 如果 $g(\lambda)$ 是任意多项式，则 $g(\lambda)\ f(\lambda)$ 也是 $\boldsymbol{A}$ 的化零多项式. 因此，任意 n 阶矩阵 $\boldsymbol{A}$ 的化零多项式总存在，并且 $\boldsymbol{A}$ 的化零多项式有无穷多个，并且任意 n 阶矩阵 $\boldsymbol{A}$ 的最小多项式存在且次数不超过 n. 最小多项式有如下性质：

定理 1.4.2　设 $\boldsymbol{A}$ 是 n 阶矩阵，则

(1) $\boldsymbol{A}$ 的最小多项式 $m_{\boldsymbol{A}}(\lambda)$ 能整除 $\boldsymbol{A}$ 的任一化零多项式 $\phi(\lambda)$，特别地，$m_{\boldsymbol{A}}(\lambda)$ 能整除 $\boldsymbol{A}$ 的特征多项式 $f(\lambda)$.

(2) $\boldsymbol{A}$ 的最小多项式 $m_{\boldsymbol{A}}(\lambda)$ 的零点是 $\boldsymbol{A}$ 的特征值；反之 $\boldsymbol{A}$ 的特征值是 $m_{\boldsymbol{A}}(\lambda)$ 的零点.

(3) $\boldsymbol{A}$ 的最小多项式是唯一的.

证明

(1) 设 $m(\lambda)$ 是 $\boldsymbol{A}$ 的最小多项式，$\phi(\lambda)$ 是 $\boldsymbol{A}$ 的任一化零多项式，则

$$\phi(\lambda)=q(\lambda)m(\lambda)+r(\lambda).$$

其中 $q(\lambda)$，$r(\lambda)$ 是多项式，并且 $r(\lambda)=0$ 或 $r(\lambda)\neq 0$ 但 $r(\lambda)$ 的次数低于 $m(\lambda)$ 的次数.

因此 $r(\lambda)=0$；否则与 $m(\lambda)$ 是 $\boldsymbol{A}$ 的最小多项式矛盾. 于是 $m(\lambda)\mid\phi(\lambda)$.

（2）设 $f(\lambda)$ 是 $\boldsymbol{A}$ 的特征多项式，由（1）知 $f(\lambda)=q(\lambda)m(\lambda)$，其中 $q(\lambda)$ 是一个多项式. 因此 $m(\lambda)=0$ 的根必为 $f(\lambda)=0$ 的根，即 $\boldsymbol{A}$ 的特征值. 反过来，设 λ_0 是 $\boldsymbol{A}$ 的任一特征值，相应的特征向量为 $\boldsymbol{\xi}\neq\boldsymbol{0}$，即 $\boldsymbol{A}\boldsymbol{\xi}=\lambda_0\boldsymbol{\xi}$ 则 $m(\boldsymbol{A})\ \boldsymbol{\xi}=m(\lambda_0)\ \boldsymbol{\xi}$. 因为 $m(\boldsymbol{A})=\boldsymbol{O}$，$\boldsymbol{\xi}\neq\boldsymbol{0}$，所以 $m(\lambda_0)=0$，即 λ_0 是 $m(\lambda)=0$ 的根.

（3）设 $\boldsymbol{A}$ 有两个最小多项式 $m_1(\lambda)$，$m_2(\lambda)$，则它们的次数相同. 如果 $m_1(\lambda)\neq m_2(\lambda)$，则 $m(\lambda)=m_1(\lambda)-m_2(\lambda)\neq0$ 且 $m(\lambda)$ 的次数低于 $m_1(\lambda)$ 的次数. 设 $m(\lambda)$ 的首项系数为 a，则 $m_3(\lambda)=\dfrac{m(\lambda)}{a}$是首项系数为 1 的多项式且 $m_3(\lambda)$ 的次数低于 $m_1(\lambda)$ 的次数. 由于

$$m_3(\lambda)=\frac{m(\lambda)}{a}=\frac{1}{a}(m_1(\lambda)-m_2\lambda)=0,$$

所以 $m_3(\lambda)$ 是 $\boldsymbol{A}$ 的化零多项式. 这与 $m_1(\lambda)$，$m_2(\lambda)$ 是 $\boldsymbol{A}$ 的最小多项式矛盾. 因此 $\boldsymbol{A}$ 的最小多项式是唯一的.

通过线性代数的学习，我们知道相似矩阵有相同的特征值，从而有相同的特征多项式，结合定理 1.4.2，易知相似矩阵应有相同的最小多项式.

定理 1.4.3 相似的矩阵具有相同的最小多项式.

证明 设同阶矩阵 $\boldsymbol{A}$ 与 $\boldsymbol{B}$ 相似，则存在非奇异矩阵 $\boldsymbol{P}$ 使得 $\boldsymbol{B}=\boldsymbol{P}^{-1}\boldsymbol{AP}$，对任意多项式 $g(\lambda)$恒有 $g(\boldsymbol{B})=\boldsymbol{P}^{-1}g(\boldsymbol{A})\ \boldsymbol{P}$. 可见 $\boldsymbol{A}$ 与 $\boldsymbol{B}$ 有相同的化零多项式，从而它们具有相同的最小项式.

例 1.4.2 求 Jordan 块 $\boldsymbol{J}_i$ 的最小多项式：

$$\boldsymbol{J}_i=\begin{pmatrix}\lambda_i & 1 & & \\ & \lambda_i & \ddots & \\ & & \ddots & 1\\ & & & \lambda_i\end{pmatrix}_{n_i\times n_i}.$$

解 因为 $\boldsymbol{J}_i$ 的特征多项式 $f(\lambda)=(\lambda-\lambda_i)^{n_i}$，则 $\boldsymbol{J}_i$ 的最小多项式 $m(\lambda)$ 具有如下形式 $m(\lambda)=(\lambda-\lambda_i)^k$，其中正整数 $k\leqslant n_i$. 但当 $k<n_i$ 时

$$m(\boldsymbol{J}_i)=(\boldsymbol{J}_i-\lambda_i\boldsymbol{E})^k=\begin{pmatrix}0 & 1 & & \\ & 0 & \ddots & \\ & & \ddots & 1\\ & & & 0\end{pmatrix}_{n_i\times n_i}^k\neq\boldsymbol{O}.$$

所以 $\boldsymbol{J}_i$ 的最小多项式 $m(\lambda)=f(\lambda)=(\lambda-\lambda_i)^{n_i}$.

例 1.4.3 求 Jordan 矩阵 $\boldsymbol{J}$ 的最小多项式：

$$\boldsymbol{J}=\begin{pmatrix}\lambda_i & & & & & \\ & \lambda_i & 1 & & & \\ & & \lambda_i & & & \\ & & & \lambda_i & 1 & \\ & & & & \lambda_i & 1\\ & & & & & \lambda_i\end{pmatrix}.$$

解　因为 $\boldsymbol{J}$ 的特征多项式 $f(\lambda)=(\lambda-\lambda_i)^6$，则 $\boldsymbol{J}_i$ 的最小多项式 $m(\lambda)$ 具有如下形式 $m(\lambda)=(\lambda-\lambda_i)^k$，其中正整数 $k\leqslant 6$. 经计算得

$$\boldsymbol{J}-2\boldsymbol{E}=\begin{pmatrix}0&&&&&\\&0&1&&&\\&&0&&&\\&&&0&1&\\&&&&0&1\\&&&&&0\end{pmatrix},$$

$$(\boldsymbol{J}-2\boldsymbol{E})^2=\begin{pmatrix}0&&&&&\\&0&0&&&\\&&0&&&\\&&&0&0&1\\&&&&0&0\\&&&&&0\end{pmatrix},$$

$$(\boldsymbol{J}-2\boldsymbol{E})^3=\boldsymbol{O}$$

从而 $m(\lambda)=(\lambda-\lambda_i)^3$.

例 1.4.4　求 Jordan 矩阵 $\boldsymbol{J}$ 的最小多项式

$$\boldsymbol{J}=\begin{pmatrix}2&1&&&&&&\\&2&&&&&&\\&&2&1&&&&\\&&&2&1&&&\\&&&&2&&&\\&&&&&3&&\\&&&&&&3&1\\&&&&&&&3\end{pmatrix}.$$

解　$\boldsymbol{J}$ 的特征多项式为 $f(\lambda)=(\lambda-2)^5(\lambda-3)^3$，$\boldsymbol{J}$ 的最小多项式应有如下形式

$$m(\lambda)=(\lambda-2)^{k_1}(\lambda-3)^{k_2}$$

而

$$\boldsymbol{J}-2\boldsymbol{E}=\begin{pmatrix}0&1&&&&&&\\&0&&&&&&\\&&0&1&&&&\\&&&0&1&&&\\&&&&0&&&\\&&&&&*&&\\&&&&&&*&1\\&&&&&&&*\end{pmatrix},$$

$$\boldsymbol{J}-3\boldsymbol{E}=\begin{pmatrix} * & 1 & & & & & & \\ & * & & & & & & \\ & & * & 1 & & & & \\ & & & * & 1 & & & \\ & & & & * & & & \\ & & & & & 0 & & \\ & & & & & & 0 & 1 \\ & & & & & & & 0 \end{pmatrix}.$$

这里“$*$”是非零数. 由例 1.4.2 和例 1.4.3 知，要使 $(\boldsymbol{J}-2\boldsymbol{E})^{k_1}(\boldsymbol{J}-3\boldsymbol{E})^{k_2}=\boldsymbol{O}$，只需 k_1 至少取 3，k_2 至少取 2. 因此 $m(\lambda)=(\lambda-2)^3(\lambda-3)^2$.

由上例可以看出 Jordan 矩阵的最小多项式是各 Jordan 块的最小多项式的最小公倍式. 事实上，该结论还可以推广到一般的分块对角矩阵.

定理 1.4.4 分块对角矩阵 $\boldsymbol{A}=\mathrm{diag}(\boldsymbol{A}_1, \cdots, \boldsymbol{A}_s)$ 的最小多项式等于其各对角块的最小多项式的最小公倍式.

证明 设 $\boldsymbol{A}_i$ 的最小多项式为 $m_i(\lambda)$ $(i=1, \cdots, s)$. 如果 $\phi(\lambda)$ 为 $\boldsymbol{A}$ 的化零多项式，则 $\phi(\boldsymbol{A})=\mathrm{diag}(\phi(\boldsymbol{A}_1), \cdots, \phi(\boldsymbol{A}_n))=\boldsymbol{O}$. 所以 $\phi(\lambda)$ 必为 $\boldsymbol{A}_i(i=1, \cdots, s)$ 的化零多项式，从而 $m_i(\lambda)\mid\phi(\lambda)$ $(i=1, \cdots, s)$. 因此 $\phi(\lambda)$ 为 $m_i(\lambda)$ $(i=1, \cdots, s)$ 的公倍式. 反过来，如果 $\phi(\lambda)$ 为 $m_i(\lambda)$ $(i=1, \cdots, s)$ 的任一公倍式，则 $\phi(\boldsymbol{A}_1)=\phi(\boldsymbol{A}_2)=\cdots=\phi(\boldsymbol{A}_n)=\boldsymbol{O}$，从而 $\phi(\boldsymbol{A})=\boldsymbol{O}$. 因此，$\boldsymbol{A}$ 的最小多项式为 $m_i(\lambda)$ $(i=1, \cdots, s)$ 的公倍式中次数最低者，即它们的最小公倍式.

因为相似矩阵有相同的最小多项式，结合例 1.4.3，可知如果 $\lambda_1, \lambda_2, \cdots, \lambda_t$ 是矩阵 $\boldsymbol{A}$ 的全部互不相同的特征值，$m_1, m_2, \cdots, m_t$ 是 $\boldsymbol{A}$ 的对应特征值 $\lambda_1, \lambda_2, \cdots, \lambda_t$ 的 Jordan 的最高阶数，则 $\boldsymbol{A}$ 的最小多项式即为

$$m(\lambda)=(\lambda-\lambda_1)^{m_1}(\lambda-\lambda_2)^{m_2}\cdots(\lambda-\lambda_t)^{m_t},$$

而$(\lambda-\lambda_1)^{m_1}(\lambda-\lambda_2)^{m_2}\cdots(\lambda-\lambda_t)^{m_t}$正是矩阵 $\boldsymbol{A}$ 的第 n 个不变因子，所以矩阵 $\boldsymbol{A}$ 的最小多项式就是 $\boldsymbol{A}$ 的第 n 个不变因子 $d_n(\lambda)$. 显然矩阵 $\boldsymbol{A}$ 能否对角化取决于 $m_1, m_2, \cdots, m_t$ 的取值是否全部为 1，也就是最小多项式 $m(\lambda)=(\lambda-\lambda_1)^{m_1}(\lambda-\lambda_2)^{m_2}\cdots(\lambda-\lambda_t)^{m_t}$是否有重零点.

定理 1.4.5 n 阶矩阵 $\boldsymbol{A}$ 相似于对角阵的充分必要条件是：$\boldsymbol{A}$ 的最小多项式 $m(\lambda)$ 没有重零点.

例 1.4.5 如果 n 阶矩阵 $\boldsymbol{A}$ 满足 $\boldsymbol{A}^2=\boldsymbol{A}$，则称矩阵 $\boldsymbol{A}$ 为幂等矩阵. 证明：幂等矩阵 $\boldsymbol{A}$ 一定相似于对角矩阵.

证明 记 $\phi(\lambda)=\lambda^2-\lambda$，则 $\phi(\lambda)$ 是 $\boldsymbol{A}$ 的化零多项式. 因为 $\boldsymbol{A}$ 的最小多项式 $m(\lambda)$ 整除 $\phi(\lambda)$. 因为 $\phi(\lambda)=0$ 没有重根，所以 $m(\lambda)=0$ 也没有重根. 据定理 1.4.6 知 $\boldsymbol{A}$ 相似于对角矩阵.

下面利用最小多项式来计算方阵的高次幂.

例 1.4.6 求 $\boldsymbol{A}=\begin{pmatrix} 3 & 0 & 8 \\ 3 & -1 & 6 \\ -2 & 0 & -5 \end{pmatrix}$的最小多项式，并求 $\boldsymbol{A}^{100}$.

解 求矩阵 $\boldsymbol{A}$ 的最小多项式采用两种方法：

方法一 可求出 $\boldsymbol{A}$ 的 Jordan 标准形为

$$\boldsymbol{J}=\begin{pmatrix}-1 & 0 & 0\\ & -1 & 1\\ & 0 & -1\end{pmatrix}$$

则得 $\boldsymbol{A}$ 的最小多项式为：$m(\lambda)=(\lambda+1)^2$.

方法二 因 $\boldsymbol{A}$ 的特征多项为 $f(\lambda)=|\lambda\boldsymbol{E}-\boldsymbol{A}|=(\lambda+1)^3$，所以最小多项式只能是 $\lambda+1$，$(\lambda+1)^2$，$(\lambda+1)^3$ 之一，通过计算可知，$\boldsymbol{A}+\boldsymbol{E}\neq\boldsymbol{O}$，$(\boldsymbol{A}+\boldsymbol{E})^2=\boldsymbol{O}$，所以矩阵 $\boldsymbol{A}$ 的最小多项式为 $m(\lambda)=(\lambda+1)^2$.

再计算 $\boldsymbol{A}^{100}$，设 $g(\lambda)=\lambda^{100}$，利用待定系数法求 $m(\lambda)$ 除 $g(\lambda)$ 所得余式. 设

$$g(\lambda)=h(\lambda)m(\lambda)+a\lambda+b$$

因为 $m(-1)=m'(-1)=0$，所以将 $\lambda=-1$ 代入上式，再对上式求导后，将 $\lambda=-1$ 代入，得

$$\begin{cases}1=-a+b,\\ -100=a,\end{cases}$$

解方程组得 $a=-100$，$b=-99$. 从而

由 $m(\boldsymbol{A})=0$，得 $g(\boldsymbol{A})=\boldsymbol{A}^{100}=-100\boldsymbol{A}-99\boldsymbol{E}=\begin{pmatrix}-399 & 0 & -800\\ -300 & 1 & -600\\ 200 & 0 & 401\end{pmatrix}$.

1.5 特征值的估计

特征值是矩阵论的重要内容，在自动控制，稳定性等领域有着广泛的应用. 通过线性代数的学习，我们知道对于一般3阶以上的矩阵，计算特征值非常困难. 幸运的是，工程实践中的众多问题常常只需要确定特征值的范围. 所以估计高阶矩阵的特征值是矩阵论中的一项重要内容. 本节介绍这方面的最基本，最简单的结果：盖尔（Gerschgorin）圆盘定理. 首先给出一些基本概念.

定义 1.5.1 设 $\boldsymbol{A}=(a_{ij})$ 是 n 阶复数矩阵. 令实数 $R_i(\boldsymbol{A})=\sum\limits_{\substack{j=1\\ j\neq i}}^{n}|a_{ij}|$，$i=1,2,\cdots,n$，复平面上集合

$$D_i(\boldsymbol{A})=\{z\in\mathbf{C}:|z-a_{ii}|\leqslant R_i(\boldsymbol{A})\}\quad(i=1,2,\cdots,n),$$

我们称 $R_i(\boldsymbol{A})$，$i=1,2,\cdots,n$，为矩阵 $\boldsymbol{A}$ 的去心绝对行和，$D_i(\boldsymbol{A})$，$i=1,2,\cdots,n$ 为矩阵 $\boldsymbol{A}$ 的第 i 个圆盘或盖尔圆盘，其边界称为圆或盖尔圆. 称矩阵 $\boldsymbol{A}$ 的所有圆盘的并形成的区域 $G(\boldsymbol{A})=\bigcup\limits_{i=1}^{n}D_i(\boldsymbol{A})$ 为 $\boldsymbol{A}$ 的（关于行的）盖尔区域.

由定义 1.5.1 可以看出 $D_i(\boldsymbol{A})$，$i=1,2,\cdots,n$ 是复平面上，以 a_{ij} 为中心，$R_i(\boldsymbol{A})$ 为半径的闭圆盘. n 阶复数矩阵 $\boldsymbol{A}=(a_{ij})$ 有 n 个闭圆盘.

例 1.5.1 求 $\boldsymbol{A}$ 的圆盘，其中

$$\boldsymbol{A}=\begin{pmatrix}10 & 0.2 & -1\\ 0.1 & 9 & 1.4\\ 0.2 & 0.1 & 5\end{pmatrix}.$$

解 $D_1(\boldsymbol{A})=\{z:|z-10|\leqslant 1.2\}$，$D_2(\boldsymbol{A})=\{z:|z-9|\leqslant 1.5\}$，$D_3(\boldsymbol{A})=\{z:|z-5|\leqslant 0.3\}$.

例 1.5.2 求 $\boldsymbol{A}$ 的圆盘，其中

$$\boldsymbol{A}=\begin{pmatrix}0 & 1 & -1\\ 1 & 2 & 0\\ \mathrm{i} & 1 & 2\mathrm{i}\end{pmatrix}.$$

解 $D_1(\boldsymbol{A})=\{z:|z|\leqslant 2\}$，$D_2(\boldsymbol{A})=\{z:|z-2|\leqslant 1\}$，$D_3(\boldsymbol{A})=\{z:|z-2\mathrm{i}|\leqslant 2\}$.

定理 1.5.1（**盖尔圆盘定理 1**）设 $\boldsymbol{A}$ 是 n 阶复矩阵，则矩阵 $\boldsymbol{A}$ 的全体特征值 λ 都在它的 n 个盖尔圆盘构成的并集中，即 $\lambda\in G(\boldsymbol{A})=\bigcup\limits_{i=1}^{n}D_i(\boldsymbol{A})$ 或者说 $\boldsymbol{A}$ 的每个特征值都落在 $\boldsymbol{A}$ 的某个圆盘之内.（注：这并不意味着每个圆盘上都必须有特征值，而是说在盖尔区域外没有特征值. 因此，有些圆盘可能不含特征值，而另一些则可能包含多个特征值.）

证明 设 λ 是 $\boldsymbol{A}$ 的一个特征值，$\boldsymbol{\alpha}=(x_1,\ \cdots,\ x_n)^{\mathrm{T}}$ 是它的一个特征向量，则 $\boldsymbol{A\alpha}=\lambda\boldsymbol{\alpha}$，即

$$\begin{cases}a_{11}x_1+a_{12}x_2+\cdots+a_{1n}x_n=\lambda x_1,\\ a_{21}x_1+a_{22}x_2+\cdots+a_{2n}x_n=\lambda x_2,\\ \qquad\vdots\\ a_{n1}x_1+a_{n2}x_2+\cdots+a_{nn}x_n=\lambda x_n.\end{cases}\tag{1.5.1}$$

令 $\max\{|x_1|,\ \cdots,\ |x_n|\}=|x_m|$，则由 $\boldsymbol{x}\neq 0$ 知 $x_m\neq 0$. 将方程组（1.5.1）中的第 m 个方程改写为

$$(\lambda-a_{mm})x_m=\sum_{j\neq m}a_{mj}x_j.$$

两边取模得

$$|\lambda-a_{mm}\|x_m|\leqslant\sum_{j\neq m}|a_{mj}\|x_j|\leqslant|x_m|\sum_{j\neq m}|a_{mj}|,$$

所以

$$|\lambda-a_{mm}|\leqslant\sum_{j\neq m}|a_{mj}|.$$

即特征值 λ 落在第 m 个圆盘内.

注 由于矩阵 $\boldsymbol{A}$ 与其转置矩阵 $\boldsymbol{A}^{\mathrm{T}}$ 有相同的特征值，应用圆盘定理，可以得到 $\boldsymbol{A}$ 关于列的相应结果.

例 1.5.3 求 $\boldsymbol{A}$ 的圆盘，其中

$$\boldsymbol{A}=\begin{pmatrix}10 & -8\\ 5 & 0\end{pmatrix}.$$

解 直接计算可知，矩阵 $\boldsymbol{A}$ 的特征值为

$$\lambda_1=5+\sqrt{15}\mathrm{i},\lambda_2=5-\sqrt{15}\mathrm{i},$$

而 $\boldsymbol{A}$ 的圆盘为

$$|\lambda-10|\leqslant 8,\ |\lambda|\leqslant 5.$$

如图 1.5.1 所示，两个特征值全部落在圆盘 $|\lambda-10|\leqslant 8$ 内，而在圆盘 $|\lambda|\leqslant 5$ 之外，所以并不是每个盖尔圆盘上都有特征值！

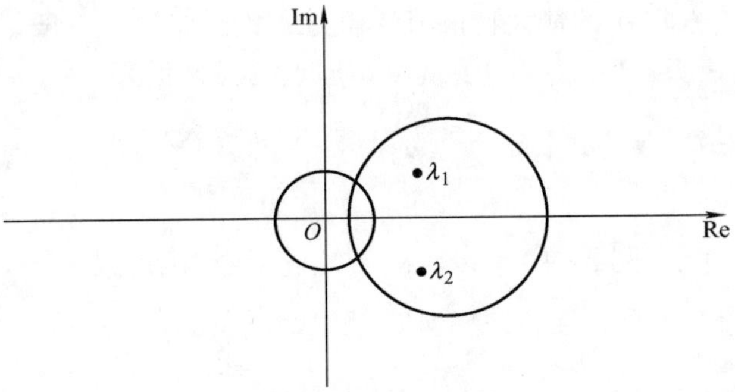

图 1.5.1

例 1.5.4　求 $\boldsymbol{A}$ 的圆盘并且估计其特征值，其中

$$\boldsymbol{A}=\begin{pmatrix}9 & 2 & 2\\ 0.5 & \mathrm{i} & 1\\ 0.5 & 1 & 3\end{pmatrix}.$$

解　矩阵 $\boldsymbol{A}$ 的圆盘为

$$D_1(\boldsymbol{A}):|\lambda-9|\leqslant 2+2=4,$$
$$D_2(\boldsymbol{A}):|\lambda-\mathrm{i}|\leqslant 1+0.5=1.5,$$
$$D_3(\boldsymbol{A}):|\lambda-3|\leqslant 0.5+1=1.5,$$

可以验证矩阵 $\boldsymbol{A}$ 有三个互不相同的特征值，且分别属于三个分离的圆盘.

例 1.5.5　求 $\boldsymbol{A}$ 的圆盘并且估计其特征值，其中

$$\boldsymbol{A}=\begin{pmatrix}2 & -1 & 2 & 0\\ -1 & 4 & 2\mathrm{i} & 0\\ 0 & -\mathrm{i} & -10 & \mathrm{i}\\ -2 & 0 & 0 & 6\mathrm{i}\end{pmatrix}.$$

解　矩阵 $\boldsymbol{A}$ 的圆盘为

$$D_1(\boldsymbol{A}):|\lambda-2|\leqslant 1+2+0=3,$$
$$D_2(\boldsymbol{A}):|\lambda-4|\leqslant 1+2+0=3,$$
$$D_3(\boldsymbol{A}):|\lambda+10|\leqslant 0+1+1=2,$$
$$D_4(\boldsymbol{A}):|\lambda-6\mathrm{i}|\leqslant 2+0+0=2,$$

如图 1.5.2 所示.

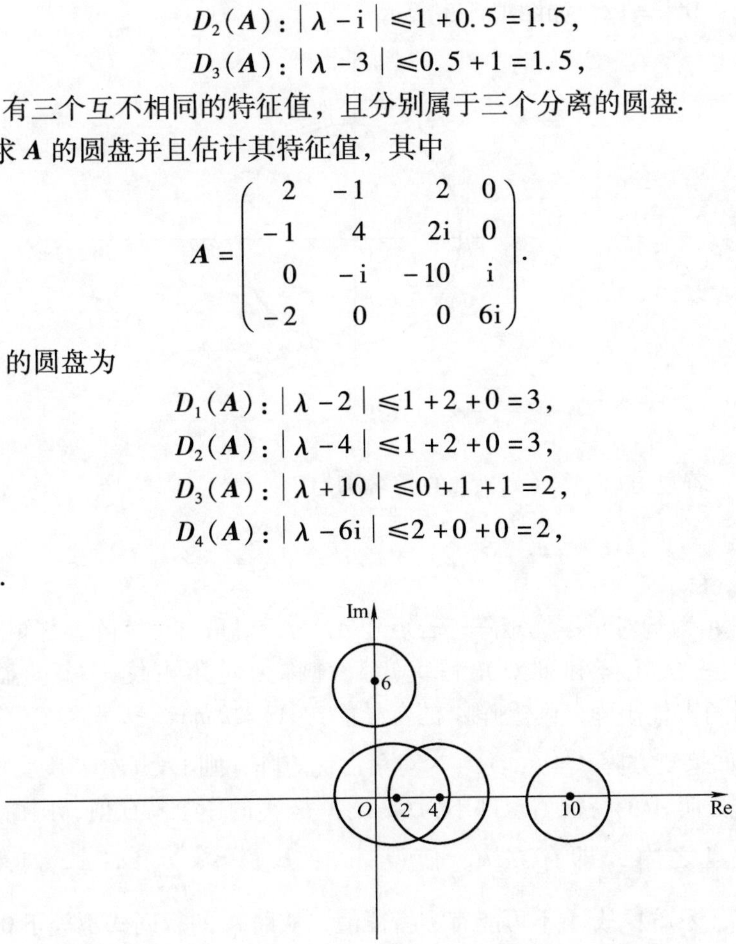

图 1.5.2

定义 1.5.2 称复方阵 $\boldsymbol{A}$ 的最大特征值的模为 $\boldsymbol{A}$ 的谱半径，一般记为 $\rho(\boldsymbol{A})$.

由于 $\boldsymbol{A}$ 的盖尔圆盘 $D_i(\boldsymbol{A})$ 上的任意点 z 与原点的最大距离

$$|z| \leqslant |z-a_{ii}| + |a_{ii}| \leqslant \sum_{\substack{j=1\\j\neq i}}^{n} |a_{ij}| + |a_{ii}| = \sum_{j=1}^{n} |a_{ij}|, i=1,2,\cdots,n.$$

记 $\rho_1 = \max\limits_{1\leqslant j\leqslant n}\left\{\sum\limits_{i=1}^{n}|a_{ij}|\right\}$，则 $\rho(\boldsymbol{A})\leqslant\rho_1$，由于矩阵 $\boldsymbol{A}$ 与其转置矩阵 $\boldsymbol{A}^{\mathrm{T}}$ 有相同的特征值，所以

记 $\rho_2 = \max\limits_{1\leqslant i\leqslant n}\left\{\sum\limits_{j=1}^{n}|a_{ij}|\right\}$，则 $\rho(\boldsymbol{A})\leqslant\rho_1$，于是有 $\rho(\boldsymbol{A})\leqslant\min\{\rho_1,\rho_2\}$.

例 1.5.6 估计矩阵 $\boldsymbol{A}$ 的奇异值，其中

$$\boldsymbol{A} = \begin{pmatrix} 2 & -1 & 2 & 0 \\ -1 & 4 & 2\mathrm{i} & 0 \\ 0 & -\mathrm{i} & -10 & \mathrm{i} \\ -2 & 0 & 0 & 6\mathrm{i} \end{pmatrix}.$$

解 因为 $\rho_2 = \max\ \{5,\ 7,\ 12,\ 8\} = 12$，$\rho_1 = \max\ \{5,\ 6,\ 14,\ 7\} = 14$，所以 $\rho(\boldsymbol{A})\leqslant\min\ \{12,\ 14\} = 12$，如图 1.5.3 所示.

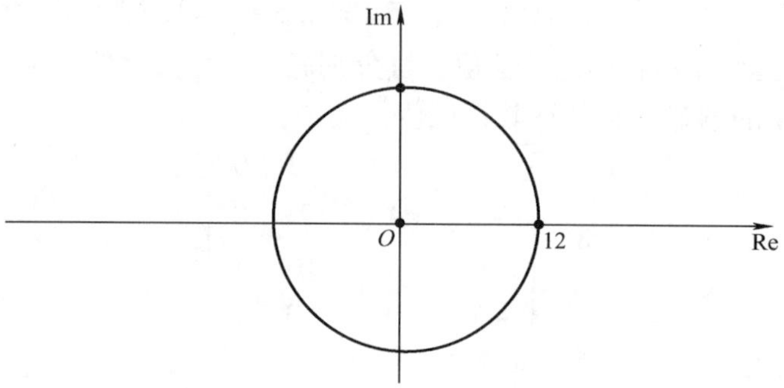

图 1.5.3

定义 1.5.3 若复方阵 $\boldsymbol{A} = (a_{ij})_{n\times n}$ 的元素满足

$$|a_{ii}| > \sum_{\substack{j=1\\j\neq 1}}^{n} |a_{ij}|, i=1,2,\cdots,n.$$

我们称矩阵 $\boldsymbol{A}$ 为行对角占优矩阵；若矩阵 $\boldsymbol{A}^{\mathrm{T}}$ 为行对角占优矩阵，称矩阵 $\boldsymbol{A}$ 为列对角占优矩阵. 行对角占优矩阵和列对角占优矩阵统称为对角占优矩阵. 显然如果复方阵 $\boldsymbol{A} = (a_{ij})_{n\times n}$ 为对角占优矩阵，则矩阵 $\boldsymbol{A}$ 的奇异值 $\rho(\boldsymbol{A})\leqslant 2\max\limits_{1\leqslant i\leqslant n}\ \{a_{ii}\}$.

例 1.5.7 如果复方阵 $\boldsymbol{A} = (a_{ij})_{n\times n}$ 为对角占优矩阵，则 $|\boldsymbol{A}|\neq 0$，$\boldsymbol{A}$ 为可逆矩阵.

证明 只需证明 $\boldsymbol{A}$ 的特征值全部不为 0. 设 λ 是 $\boldsymbol{A}$ 的一个特征值，则由圆盘定理，它必然落在某个圆盘之内，即存在 k，使得 $|\lambda - a_{kk}| \leqslant \sum\limits_{j\neq k}|a_{kj}|$. 如果 $\lambda = 0$，则有 $a_{kk} \leqslant \sum\limits_{j\neq k}|a_{kj}|$，矛盾！故 $\boldsymbol{A}$ 不可能有零特征值，从而 $\boldsymbol{A}$ 的行列式不等于 0.

因为例 1.5.3 中矩阵 $\boldsymbol{A}$ 的一个圆盘中有两个特征值，而另一个盖尔圆盘中没有特征值.

例 1.5.4 中矩阵 $\boldsymbol{A}$ 的每个分离圆盘中都有特征值，我们自然想到是不是所有分离的圆盘中是否都有特征值呢？一个盖尔圆盘中究竟有几个特征值？我们来看更详细的结论.

定义 1.5.4　在矩阵 $\boldsymbol{A}$ 的盖尔圆盘中，相交在一起的盖尔圆盘构成的最大联通区域称为一个连通部分（即，相交在一起的盖尔圆盘的并集）.

定理 1.5.2（盖尔圆盘定理 2）　设 C 是盖尔区域的一个由 k 个圆盘组成的连通部分，则 C 恰好含有 k 个特征值.

证明　盖尔区域本身可以是不连通的，所谓连通分支是指其最大的连通部分. 我们以下给出的证明基于一个基本事实，即复系数多项式的根是其系数的连续函数. 记 $\boldsymbol{A}=(a_{ij})$ 的对角元素构成的对角矩阵 $\boldsymbol{D}$，令 $\boldsymbol{B}=\boldsymbol{A}-\boldsymbol{D}$. 考察矩阵 $\boldsymbol{A}(\varepsilon)=\boldsymbol{D}+\varepsilon\boldsymbol{B}$，其中 $0\leqslant\varepsilon\leqslant1$. 显然 $\boldsymbol{A}(0)=\boldsymbol{D}$，$\boldsymbol{A}(1)=\boldsymbol{A}$. 注意 $\boldsymbol{A}(\varepsilon)$ 的特征多项式是 ε 的多项式，因此 $\boldsymbol{A}(\varepsilon)$ 的特征值是关于 ε 的连续函数. 由圆盘定理，对任意 ε，矩阵 $\boldsymbol{A}(\varepsilon)$ 的特征值均位于以 a_{ii} 为圆心，半径为 $\varepsilon R_i(\boldsymbol{A})$ 的圆盘之内. 当 ε 从 0 连续地变到 1 时，特征值也连续地变化.

不妨设 C 由前 k 个圆盘组成. 由于 C 是一个连通分支，故它与 $\boldsymbol{A}$ 的其他 $n-k$ 个圆盘是分离的. 因此对于每个 $\varepsilon\in[0,1]$，矩阵 $\boldsymbol{A}(\varepsilon)$ 的盖尔区域也具有相同的性质. 当 $\varepsilon=0$ 时，特征值是 $a_{11}, a_{22}, \cdots, a_{nn}$，它们之中的前 k 个落在相应于前 k 个圆盘的区域中，而其余的 $n-k$ 个特征值则落在该区域之外. 因此，对所有的 $\varepsilon\in[0,1]$，该结论依然成立. 特别地，当 $\varepsilon=1$ 时，结论也成立.

如在例 1.5.5. 中，$\boldsymbol{A}$ 的圆盘共有 4 个，它们共同构成三个连通部分(见例 1.5.5 的图)：

$$D_1(\boldsymbol{A}): |\lambda-2|\leqslant1+2+0=3,$$
$$D_2(\boldsymbol{A}): |\lambda-4|\leqslant1+2+0+3,$$
$$D_3(\boldsymbol{A}): |\lambda-10|\leqslant0+1+1=2,$$
$$D_4(\boldsymbol{A}): |\lambda-6\mathrm{i}|\leqslant2+0+0=2,$$

因此可以断言第二个连通部分含有两个特征值，而在第三、第四个由单个圆盘组成的连通部分各含有一个特征值. 第一、第二个由圆盘组成的连通部分有两个特征值. 由于 $\boldsymbol{A}$ 的第三个圆盘是自共轭的(即属于该圆盘的复数的共轭仍属于该圆盘)，因此它们所包含的唯一特征值必然是实特征值. 另外如果 n 阶矩阵 $\boldsymbol{A}$ 的特征多项式是实系数多项式，则其复特征值会两两共轭，因此有下面结论.

推论 1.5.1　设 n 阶矩阵 $\boldsymbol{A}$ 的主对角线元素均为实数，$\boldsymbol{A}$ 的特征多项式是实系数多项式. 若 $\boldsymbol{A}$ 的每个圆盘均与其余圆盘分离，则 $\boldsymbol{A}$ 的特征值均为实数.

一般来说，直接使用圆盘定理得到的特征值估计往往结果不太理想. 比如容易求出下面的二阶矩阵

$$\boldsymbol{A}=\begin{pmatrix}1 & 4\\ 0 & 2\end{pmatrix}$$

有两个实特征值 1，2. 然而利用圆盘定理估计，只能得出特征值位于两个相连的盖尔圆盘 $|\lambda-1|\leqslant4$ 与 $\lambda=2$ 中. 这个估计效果当然不理想，为了得到更为有效的估计，一般采取以下两种方式

(1) 利用矩阵 $\boldsymbol{A}$ 与 $\boldsymbol{A}^{\mathrm{T}}$ 有相同特征值，来缩小特征值范围.

利用盖尔定理得出上例的矩阵 $\boldsymbol{A}^{\mathrm{T}}=\begin{pmatrix}1 & 0\\ 4 & 2\end{pmatrix}$ 的两个特征值位于两个相连的盖尔圆盘

$|\lambda-2|\leqslant 4$ 与 $\lambda=1$ 中，因此矩阵 $\boldsymbol{A}$ 的特征值在盖尔圆盘 $|\lambda-1|\leqslant 4$ 与 $|\lambda-2|\leqslant 4$ 的相交部分.

(2) 利用相似矩阵有相同特征值来缩小盖尔圆盘半径.

取对角矩阵 $\boldsymbol{P}=(d_1,\ d_2)$，其中 d_1，$d_2>0$. 于是

$$\boldsymbol{B}=\boldsymbol{D}^{-1}\boldsymbol{A}\boldsymbol{D}=\begin{pmatrix} d_1^{-1} & 0 \\ 0 & d_2^{-1}\end{pmatrix}\begin{pmatrix} 1 & 4 \\ 0 & 2\end{pmatrix}\begin{pmatrix} d_1 & 0 \\ 0 & d_2\end{pmatrix}=\begin{pmatrix} 1 & \dfrac{4d_2}{d_1} \\ 0 & 2\end{pmatrix}$$

与 $\boldsymbol{A}$ 有相同的特征值. 而 $\boldsymbol{B}$ 的两个盖尔圆盘分别为 $|x-1|\leqslant\dfrac{4d_2}{d_1}$ 与 $x=2$，所以可以通过适当取值使得 $\dfrac{4d_2}{d_1}<1$，比如令 $d_1=8$，$d_2=1$. 矩阵 $\boldsymbol{A}$ 的特征值位于两个分离盖尔圆盘 $|\lambda-1|\leqslant\dfrac{1}{2}$ 与 $\lambda=2$ 上，此时可以看出矩阵 $\boldsymbol{A}$ 有特征值为 2，又因为可以将数 $\dfrac{4d_2}{d_1}$ 取为任意小的正实数，所以可知矩阵 $\boldsymbol{A}$ 的另一个特征值为 1.

例 1.5.8 估计矩阵 $\boldsymbol{A}$ 的特征值，其中

$$\boldsymbol{A}=\begin{pmatrix} 0.9 & 0.01 & 0.11 \\ 0.01 & 0.8 & 0.12 \\ 0.01 & 0.02 & 0.4\end{pmatrix}.$$

解 由圆盘定理可知 $\boldsymbol{A}$ 的特征值在下列圆盘之中：$|\lambda-0.9|\leqslant 0.12$；$|\lambda-0.8|\leqslant 0.13$；$|\lambda-0.4|\leqslant 0.03$. 所以第一、第二个圆盘构成一个连通部分，而第三个圆盘单独构成一个连通部分. 这样，有两个特征值不能分离. 但若作相似变换，$\boldsymbol{D}^{-1}\boldsymbol{A}\boldsymbol{D}=\boldsymbol{B}$，其中 $\boldsymbol{D}$ 对角矩阵 $\mathrm{diag}\left(1,\ 1,\ \dfrac{1}{10}\right)$，则

$$\boldsymbol{B}=\begin{pmatrix} 0.9 & 0.01 & 0.011 \\ 0.01 & 0.8 & 0.012 \\ 0.1 & 0.2 & 0.4\end{pmatrix}.$$

故 $\boldsymbol{B}$ 的圆盘为

$$|\lambda-0.9|\leqslant 0.021;\ |\lambda-0.8|\leqslant 0.022;\ |\lambda-0.4|\leqslant 0.3.$$

从而 $\boldsymbol{B}$ 的三个圆盘都是孤立的，因而每个圆盘中都有一个特征值. 由于 $\boldsymbol{A}$ 与 $\boldsymbol{B}$ 相似，从而有相同的特征值，故 $\boldsymbol{A}$ 的特征值分别在上述三个圆盘中，且按推论 1.5.1，它们都是实数.

对角矩阵 $\mathrm{diag}(d_1,\ d_2,\ \cdots,\ d_n)$ 的选取办法是：观察矩阵 $\boldsymbol{A}$ 的 n 个盖尔圆盘，欲使第 i 个盖尔圆盘的半径大(或小) 就取 $d_i>1$ (或($d_i<1$))，其他取 $d_j=1(i\neq j)$.

例 1.5.9 证明矩阵 $\boldsymbol{A}$ 至少有两个实特征值，其中

$$\boldsymbol{A}=\begin{pmatrix} 7 & 1 & 2 & -1 \\ 0 & 8 & 1 & 1 \\ -1 & 0 & 5 & 0 \\ 1 & 0 & 0 & 1\end{pmatrix}$$

证明 $\boldsymbol{A}$ 的四个圆盘为

$D_1 = |\lambda - 7| \leqslant 4; D_2 = |\lambda - 8| \leqslant 2; D_3 = |\lambda - 5| \leqslant 1; D_4 = |\lambda - 1| \leqslant 1.$

直接计算可知，四个圆盘构成两个连通部分，分别为 $G_1 = D_1 \cup D_2 \cup D_3$ 与 $G_2 = D_4$. 因此 G_2 包含唯一的特征值，该特征值只能与自己共轭，故为实数. 因此，含在 G_1 中的三个特征值必有一个是实数，从而 $\boldsymbol{A}$ 至少有两个实特征值.

习 题 1

1. 对下列矩阵 $\boldsymbol{A}$，求可逆方阵 $\boldsymbol{P}$，使得 $\boldsymbol{P}^{-1}\boldsymbol{AP}$ 是对角矩阵

(1) $\boldsymbol{A} = \begin{pmatrix} 2 & 1 & -1 \\ 1 & 2 & -1 \\ 1 & 1 & 0 \end{pmatrix}$;　(2) $\boldsymbol{A} = \begin{pmatrix} 0 & -2 & -2 \\ 2 & -4 & -2 \\ -2 & 2 & 0 \end{pmatrix}$;

(3) $\boldsymbol{A} = \begin{pmatrix} 0 & 0 & 4 & 1 \\ 0 & 0 & 1 & 4 \\ 4 & 1 & 0 & 0 \\ 1 & 4 & 0 & 0 \end{pmatrix}$;　(4) $\boldsymbol{A} = \begin{pmatrix} 1 & 1 & 1 & 1 \\ 1 & 1 & 1 & 1 \\ 1 & 1 & 1 & 1 \\ 1 & 1 & 1 & 1 \end{pmatrix}$.

2. 设 $\boldsymbol{A} = \begin{pmatrix} 1 & 0 & 2 \\ 0 & -1 & 1 \\ 0 & 1 & 0 \end{pmatrix}$，试由 Caylay - Hamilton 定理计算 $g(\boldsymbol{A}) = 2\boldsymbol{A}^8 - 3\boldsymbol{A}^5 + \boldsymbol{A}^4 + \boldsymbol{A}^2 - 4\boldsymbol{E}$.

3. 求下列矩阵的最小多项式.

(1) $\begin{pmatrix} 3 & 1 & -1 \\ -2 & 0 & 2 \\ -1 & -1 & 2 \end{pmatrix}$;　(2) $\begin{pmatrix} -1 & -2 & 6 \\ -1 & 0 & 3 \\ -1 & -1 & -4 \end{pmatrix}$;

(3) $\begin{pmatrix} 3 & -1 & -3 & 1 \\ -1 & 3 & 1 & -3 \\ 3 & -1 & -3 & 1 \\ -1 & 3 & 1 & -3 \end{pmatrix}$;　(4) $\begin{pmatrix} 0 & 0 & 1 \\ 0 & 1 & 0 \\ 1 & 0 & 0 \end{pmatrix}$.

4. 试在复数域，求下列矩阵的 Jordan 标准形.

(1) $\boldsymbol{A} = \begin{pmatrix} 1 & -1 & 2 \\ 3 & -3 & 6 \\ 2 & -2 & 4 \end{pmatrix}$;　(2) $\boldsymbol{A} = \begin{pmatrix} 3 & 0 & 8 \\ 3 & -1 & 6 \\ -2 & 0 & -5 \end{pmatrix}$;

(3) $\boldsymbol{A} = \begin{pmatrix} 1 & 2 & 3 & 4 \\ 0 & 1 & 2 & 3 \\ 0 & 0 & 1 & 2 \\ 0 & 0 & 0 & 1 \end{pmatrix}$;　(4) $\boldsymbol{A} = \begin{pmatrix} 3 & 1 & 0 & 0 \\ -4 & -1 & 0 & 0 \\ 7 & 1 & 2 & 1 \\ -7 & -6 & -1 & 0 \end{pmatrix}$.

5. 设 $\boldsymbol{A} = \begin{pmatrix} 1 & 2 & 1 \\ 2 & 1 & 1 \\ 0 & -4 & -1 \end{pmatrix}$，求 $\boldsymbol{A}^{100} - 3\boldsymbol{A}^{25}$.

6. 设$A=\begin{pmatrix}1&2&3&4\\2&3&4&1\\3&4&1&2\\4&1&2&3\end{pmatrix}$，求$\rho(A)$.

7. （1）试应用矩阵的 Jordan 标准形求解线性微分方程组.

$$\begin{cases}\dfrac{dx_1}{dt}=3x_1+x_2-x_3,\\ \dfrac{dx_2}{dt}=2x_1+2x_3,\\ \dfrac{dx_3}{dt}=x_1-x_2+3x_3.\end{cases}$$

这里x_1，x_2，x_3都是t的未知函数.

（2）试应用矩阵的 Jordan 标准型求解线性微分方程组

$$\begin{cases}\dfrac{dx_1}{dt}=x_1+2x_2,\\ \dfrac{dx_2}{dt}=2x_2,\\ \dfrac{dx_3}{dt}=-2x_1-2x_2-x_3,\end{cases}$$

这里x_1，x_2，x_3都是t的函数.

8. 设$A=\begin{pmatrix}1&-1\\2&5\end{pmatrix}$，证明$B=2A^4-12A^3+19A^2-29A+37E$是可逆矩阵，并且把$B^{-1}$表示成$A$的多项式.

9. 试求矩阵A的 Jordan 标准形J_A和相应的 Jordan 变换矩阵P，其中

$$A=\begin{pmatrix}-1&1&0\\-4&3&0\\1&0&2\end{pmatrix}$$

10. 求矩阵A的最小多项式$m(\lambda)$，其中

$$A=\begin{pmatrix}-1&1&0\\-4&3&0\\1&0&2\end{pmatrix}$$

并求A的矩阵多项式

$$f(A)=A^5-4A^4+6A^3-6A^2+6A-3I$$

11. 已知$\{\alpha_1,\alpha_2,\alpha_3\}$是空间$V_3(F)$的基，$T$是空间上如下定义的变换，

$$T(\alpha_1)=\alpha_1$$
$$T(\alpha_2)=2\alpha_2$$
$$T(\alpha_3)=\alpha_1+t\alpha_2+2\alpha_3$$

讨论：t为何值时，T有对角矩阵表示？

第 2 章

矩 阵 分 析

在线性代数的学习中，主要考虑矩阵的代数运算，而我们在高等数学的学习中已经深刻体会到高等数学的强大作用．那么如何把微积分引入到矩阵中来呢？那么我们必须了解矩阵之间距离的概念，一旦有了距离的概念就可以作与高等数学类似的讨论，矩阵上的微积分．也就是矩阵分析学．本章首先引入距离也就是范数的概念，然后再同高等数学一样，以极限理论为基础，介绍矩阵的微积分．该部分内容是研究数值分析、控制理论、稳定性理论的重要工具.

2.1 向量矩阵的范数

首先回顾实数列、复数列和向量序列的敛散性．设给定实数域 $\mathbf{R}$ 中的点列 $\{x_k\}$，其中 $k=1, 2, 3, \cdots$. 如果 $\lim\limits_{k\to\infty} x_k = x$ 则称数列 $\{x_k\}$ 有极限，或称 x_k 收敛于 x，简称 $\{x_k\}$ 收敛，不收敛的数列称为是发散的. 也可以说数列 x_k 收敛到数 x，相当于 $x_k - x$ 的绝对值趋于0.

设给定了复平面 $\mathbf{C}$ 中的点列 $\{z_k\}$，其中

$$z_k = a_k + b_k \mathrm{i}, a_k, b_k \in \mathbf{R}, \quad (k=1,2,3,\cdots),$$

如果 $k\to\infty$ 时，实部，虚部极限都存在，分别为 a，b 即

$$\lim_{k\to\infty} a_k = a, \lim_{k\to\infty} b_k = b \quad (i=1,2,\cdots,n),$$

记 $z=a+b\mathrm{i}$，则称向量序列 $\{z_k\}$ 有极限，或称 z_k 收敛于 z，简称 $\{z_k\}$ 收敛，记为

$$\lim_{k\to\infty} z_k = z \text{ 或 } z_k \to z,$$

不收敛的复数序列称为是发散的. 事实上复数列 $z_k = a_k + b_k \mathrm{i}$ 收敛到数 $z=a+b\mathrm{i}$，相当于 $z_k - z$的模趋于0.

设给定了三维空间 $\mathbf{R}^3$ 中的点列 $\{\boldsymbol{\xi}^k\}$，其中 $\boldsymbol{\xi}^k = (\xi_1^k, \xi_2^k, \xi_3^k)$，$(k=1, 2, 3, \cdots)$. 如果 $k\to\infty$ 时，各分量极限都存在

$$\lim_{k\to\infty} \xi_i^k = \xi_i, (i=1,2,3),$$

记 $\boldsymbol{\xi} = (\xi_1, \xi_2, \xi_3)$，则称向量序列 $\{\boldsymbol{\xi}^k\}$ 有极限，或称 $\boldsymbol{\xi}^k$ 收敛于 $\boldsymbol{\xi}$，简称 $\{\boldsymbol{\xi}^k\}$ 收敛，记为

$$\lim_{k\to\infty}\boldsymbol{\xi}^k=\boldsymbol{\xi} \text{ 或 } \boldsymbol{\xi}^k\to\boldsymbol{\xi},$$

不收敛的向量序列称为是发散的. 例如向量序列

$$\boldsymbol{\xi}^k=\left(\frac{1}{2^k},\sin\left(\frac{1}{k}\right),\frac{k}{1+k}\right)\quad k=(1,2,3,\cdots)$$

是收敛的. 因为当 $k\to\infty$ 时, $\frac{1}{2^k}\to 0$, $\sin\left(\frac{1}{k}\right)\to 0$, $\frac{k}{1+k}\to 1$ 所以

$$\lim_{k\to\infty}\boldsymbol{\xi}^k=(0,0,1),$$

而向量序列

$$\boldsymbol{\xi}^k=\left(\frac{1}{2^k},\sum_{k=1}^{\infty}\sin\left(\frac{1}{k}\right),\frac{k}{1+k}\right)$$

是发散的, 因为 $\sum_{k=1}^{\infty}\sin\left(\frac{1}{k}\right)$ 发散. 由上例可以看出, 如果向量序列 $\{\boldsymbol{\xi}^k\}$ 收敛到向量 $\boldsymbol{\xi}$, 相当于 $\boldsymbol{\xi}_k-\boldsymbol{\xi}$ 的长度趋于0.

通过上述三个例子可知, 实数的绝对值, 复数的模, 向量的长度可分别用来刻画实数域, 复数域, 向量空间上序列收敛的概念. 抽取它们的共性, 推广到一般向量空间就得到范数的概念. 现定义于下.

定义 2.1.1 如果 V 是数域 $\mathbf{K}$ 上的线性空间, 且对于 V 的任一向量 $\boldsymbol{x}$, 对应一个实值函数 $\|\boldsymbol{x}\|$, 它满足以下三个条件:

(1) 非负性: 当 $\boldsymbol{x}\neq\mathbf{0}$ 时, $\|\boldsymbol{x}\|>0$; 当 $\boldsymbol{x}=\mathbf{0}$ 时, $\|\boldsymbol{x}\|=0$;

(2) 齐次性: $\|a\boldsymbol{x}\|=|a|\,\|\boldsymbol{x}\|$, $a\in\mathbf{K}$, $\boldsymbol{x}\in V$;

(3) 三角不等式: $\|\boldsymbol{x}+\boldsymbol{y}\|\leqslant\|\boldsymbol{x}\|+\|\boldsymbol{y}\|$, $\boldsymbol{x}$, $\boldsymbol{y}\in V$.

则称 $\|\boldsymbol{x}\|$ 为 V 上向量 $\boldsymbol{x}$ 的范数, 简称向量范数.

例 2.1.1 任意 $\boldsymbol{\xi}=(\xi_1,\xi_2,\cdots,\xi_n)\in\mathbf{C}^n$, 定义 $\|\boldsymbol{x}\|_1=\sum_{i=1}^{n}|\xi_i|$, $\|\boldsymbol{x}\|_\infty=\max_{1\leqslant i\leqslant n}|\xi_i|$, $\|\boldsymbol{x}\|_2=\left(\sum_{i=1}^{n}|\xi_i|^2\right)^{\frac{1}{2}}$, 则 $\|\boldsymbol{x}\|_1$, $\|\boldsymbol{x}\|_\infty$, $\|\boldsymbol{x}\|_2$ 均为 $\mathbf{C}^n$ 上的范数.

证明 为了说明这里的 $\|\boldsymbol{x}\|_1$, $\|\boldsymbol{x}\|_\infty$, $\|\boldsymbol{x}\|_2$ 是范数, 只需验证它满足范数的三个条件就行了.

1. 证明 $\|\boldsymbol{x}\|_1$ 是 $\mathbf{C}^n$ 上的范数.

(1) 当 $\boldsymbol{x}\neq\mathbf{0}$ 时, 显然 $\boldsymbol{x}=(\xi_1,\xi_2,\cdots,\xi_n)\in\mathbf{C}^n$, $\|\boldsymbol{x}\|_1>0$; 当 $\boldsymbol{x}=0$ 时, 由于 $\boldsymbol{x}$ 的每一分量都是零, 故 $\|\boldsymbol{x}\|_1=0$;

(2) 对于任意 $a\in\mathbf{C}$, 有

$$\|a\boldsymbol{x}\|_1=\sum_{i=1}^{n}|a\xi_i|=|a|\sum_{i=1}^{n}|\xi_i|=|a|\,\|\boldsymbol{x}\|_1;$$

(3) 对任意两个向量 $\boldsymbol{x}$, $\boldsymbol{y}\in\mathbf{C}^n$, 有

$$\|\boldsymbol{x}+\boldsymbol{y}\|_1=\sum_{i=1}^{n}|\xi_i+\eta_i|\leqslant\sum_{i=1}^{n}(|\xi_i|+|\eta_i|)=\sum_{i=1}^{n}|\xi_i|+\sum_{i=1}^{n}|\eta_i|=\|\boldsymbol{x}\|_1+\|\boldsymbol{y}\|_1.$$

2. 证明 $\|\boldsymbol{x}\|_\infty$ 是 $\mathbf{C}^n$ 上的范数.

(1) 当 $\boldsymbol{x}\neq\mathbf{0}$ 时, 有 $\boldsymbol{x}=(\xi_1,\xi_2,\cdots,\xi_n)\in\mathbf{C}^n$, $\|\boldsymbol{x}\|_1>0$; 当 $\boldsymbol{x}=\mathbf{0}$ 时, 显然有

$\| x \|_\infty = 0$.

(2) 对任意的 $a \in \mathbf{C}$，有

$$\| ax \|_\infty = \max_i |a\xi_i| = |a| \max_i |\xi_i| = |a| \, \| x \|_\infty.$$

(3) 对 $\mathbf{C}^n$ 的任意两个向量 $x = (\xi_1, \xi_2, \cdots, \xi_n)$，$y = (\eta_1, \eta_2, \cdots, \eta_n)$ 有

$$\| x+y \|_\infty = \max_i |\xi_i + \eta_i| \leqslant \max_i |\xi_i| + \max_i |\eta_i| = \| x \|_\infty + \| y \|_\infty,$$

因此，$\| x \| = \max_i |\xi_i|$ 是 $\mathbf{C}^n$ 上的一种范数.

3. 证明 $\| x \|_2$ 是 $\mathbf{C}^n$ 上的范数

(1) 对于 $\| x \|_2 = \left(\sum_{i=1}^n |\xi_i|^2 \right)^{\frac{1}{2}} = \sqrt{|\xi_1|^2 + |\xi_2|^2 + \cdots + |\xi_n|^2}$，当 $x \neq \mathbf{0}$ 时，显然 $\| x \|_2 > 0$；当 $x = \mathbf{0}$ 时，则 $\| x \|_2 = \sqrt{0^2 + \cdots + 0^2} = 0$.

(2) 对任意的复数 a，因为

$$ax = (a\xi_1, a\xi_2, \cdots, a\xi_n)$$

所以

$$\| ax \|_2 = \sqrt{|a\xi_1|^2 + |a\xi_2|^2 + \cdots + |a\xi_n|^2} = |a| \sqrt{|\xi_1^2| + |\xi_2^2| + \cdots + |\xi_n^2|} = |a| \, \| x \|_2.$$

(3) 对于任意两个复向量 $x = (\xi_1, \xi_2, \cdots, \xi_n)$，$y = (\eta_1, \eta_2, \cdots, \eta_n)$ 有

$$x + y = (\xi_1 + \eta_1, \xi_2, + \eta_2, \cdots, \xi_n + \eta_n)$$

所以

$$\| x+y \|_2 = \sqrt{|\xi_1 + \eta_1|^2 + |\xi_2 + \eta_2|^2 + \cdots + |\xi_n + \eta_n|^2},$$

$$\| x \|_2 = \sqrt{|\xi_1|^2 + |\xi_2|^2 + \cdots + |\xi_n|^2},$$

$$\| y \|_2 = \sqrt{|\eta_1|^2 + |\eta_2|^2 + \cdots + |\eta_n|^2}.$$

借助于 $\mathbf{C}^n$ 中内积及其性质，可得

$$\| x+y \|_2^2 = (x+y, x+y) = (x,x) + 2\mathrm{Re}(x,y) + (y,y).$$

因为

$$\mathrm{Re}(x,y) \leqslant |(x,y)| \leqslant \sqrt{(x,x)(y,y)} = \| x \|_2 \| y \|_2,$$

所以

$$\| x+y \|_2^2 \leqslant \| x \|_2^2 + 2 \| x \|_2 \| y \|_2 + \| y \|_2^2 = (\| x \|_2 + \| y \|_2)^2,$$

即 $\| x+y \|_2 \leqslant \| x \|_2 + \| y \|_2$.

因此，$\| x \|_2 = \left(\sum_{i=1}^n |\xi_i|^2 \right)^{1/2}$ 是 $\mathbf{C}^n$ 上的一种范数. 通常称这种范数为 2 - 范数 . $\| x \|_2$也是欧氏空间 $\mathbf{R}^n$ 上的一种范数，这只要把复数域 $\mathbf{C}$ 改为实数域 $\mathbf{R}$ 即可.

可以证明范数 $\| x \|_2$ 还满足不等式

$$\big| \| x \|_2 - \| y_2 \| \big| \leqslant \| x - y \|_2, \tag{2.1.1}$$

这里 x，y 是 $\mathbf{C}^n$ 的任意向量.

事实上，因为有

$$\| x \|_2 = \| x - y + y \|_2 \leqslant \| x - y \|_2 + \| y \|_2$$

所以 $\| x \|_2 - \| y \|_2 \leqslant \| x - y \|_2$，

同理可得 $\| y \|_2 - \| x \|_2 \leqslant \| y - x \|_2 = \| x - y \|_2$.

联合上面两个不等式便得不等式(2.1.1).

如果用 $-\boldsymbol{y}$ 来代替不等式(2.1.1) 中的 $\boldsymbol{y}$，就得

$$\left|\,\|\boldsymbol{x}\|_2-\|\boldsymbol{y}\|\,\right|_2\leqslant\|\boldsymbol{x}+\boldsymbol{y}\|_2.$$

接下来补充泛函分析中两个重要的不等式

4. Hölder 不等式

设 p，$q>1$，且 $\dfrac{1}{p}+\dfrac{1}{q}=1$，则任意 $\boldsymbol{\xi}=(\xi_1,\ \xi_2,\ \cdots,\ \xi_n)^{\mathrm{T}}\in\mathbf{C}^n$，$\boldsymbol{\eta}=(\eta_1,\ \eta_2,\ \cdots,\ \eta_n)^{\mathrm{T}}\in\mathbf{C}^n$，有 $\sum\limits_{i=1}^{n}|\xi_i\eta_i|\leqslant\left(\sum\limits_{i=1}^{n}|\xi_i|^p\right)^{\frac{1}{p}}\left(\sum\limits_{i=1}^{n}|\eta_i|^q\right)^{\frac{1}{q}}$.

5. Minkowski 不等式

设 $p\geqslant1$，对任意 $\boldsymbol{\xi}=(\xi_1,\ \xi_2,\ \cdots,\ \xi_n)^{\mathrm{T}}\in\mathbf{C}^n$，$\boldsymbol{\eta}=(\eta_1,\ \eta_2,\ \cdots,\ \eta_n)^{\mathrm{T}}\in\mathbf{C}^n$，有 $\left(\sum\limits_{i=1}^{n}|\xi_i+\eta_i|^p\right)^{\frac{1}{p}}\leqslant\left(\sum\limits_{i=1}^{n}|\xi_i|^p\right)^{\frac{1}{p}}+\left(\sum\limits_{i=1}^{n}|\eta_i|^p\right)^{\frac{1}{p}}$.

例 2.1.2 设 $p\geqslant1$，对任意 $\boldsymbol{\xi}=(\xi_1,\ \xi_2,\ \cdots,\ \xi_n)\in\mathbf{C}^n$，定义

$$\|\boldsymbol{x}\|_p=\left(\sum_{i=1}^{n}(|\xi_i|)^p\right)^{\frac{1}{p}},1\leqslant p<\infty,$$

则 $\|\boldsymbol{x}\|_p$ 为 $\mathbf{C}^n$ 上的范数.

证明 （1）对于 $\|\boldsymbol{x}\|_p=\left(\sum\limits_{i=1}^{n}|\xi_i|^p\right)^{\frac{1}{p}}$，当 $\boldsymbol{x}\neq\boldsymbol{0}$ 时，显然 $\|\boldsymbol{x}\|_p>0$；当 $\boldsymbol{x}=0$ 时，则 $\|\boldsymbol{x}\|_p=0$.

（2）对任意的复数 a，因为

$$a\boldsymbol{x}=(a\xi_1,a\xi_2,\cdots,a\xi_n),$$

所以

$$\|a\boldsymbol{x}\|_p=\left(\sum_{i=1}^{n}|a\xi_i|^p\right)^{\frac{1}{p}}=|a|\left(\sum_{i=1}^{n}|\xi_i|^p\right)^{\frac{1}{p}}=|a|\,\|\boldsymbol{x}\|_p.$$

（3）对于任意两个复向量 $\boldsymbol{x}=(\xi_1,\ \xi_2,\ \cdots,\ \xi_n)$，$\boldsymbol{y}=(\eta_1,\ \eta_2,\ \cdots,\ \eta_n)$ 有

$$\boldsymbol{x}+\boldsymbol{y}=(\xi_1+\eta_1,\xi_2+\eta_2,\cdots,\xi_n+\eta_n),$$

$$\|\boldsymbol{x}+\boldsymbol{y}\|_p=\left(\sum_{i=1}^{n}|\xi_i+\eta_i|^p\right)^{\frac{1}{p}},\|\boldsymbol{x}\|_p=\left(\sum_{i=1}^{n}|\xi_i|^p\right)^{\frac{1}{p}},\|\boldsymbol{y}\|_p=\left(\sum_{i=1}^{n}|\eta_i|^p\right)^{\frac{1}{p}}.$$

由于

$$\sum_{i=1}^{n}|\xi_i+\eta_i|^p\leqslant\sum_{i=1}^{n}|\xi_i+\eta_i|^{p-1}|\xi_i|+\sum_{i=1}^{n}|\xi_i+\eta_i|^{p-1}|\eta_i|,$$

再利用 Hölder 不等式，可得

$$\begin{aligned}\sum_{i=1}^{n}|\xi_i+\eta_i|&\leqslant\left(\sum_{i=1}^{n}|\xi_i|^p\right)^{1/p}\left(\sum_{i=1}^{n}|\xi_i+\eta_i|^{(p-1)\frac{p}{p-1}}\right)^{1-\frac{1}{p}}+\left(\sum_{i=1}^{n}|\eta_i|^p\right)^{1/p}\left(\sum_{i=1}^{n}|\xi_i+\eta_i|^{(p-1)\frac{p}{p-1}}\right)^{1-\frac{1}{p}}\\&=\left[\left(\sum_{i=1}^{n}|\xi_i|^p\right)^{1/p}+\left(\sum_{i=1}^{n}|\eta_i|^p\right)^{1/p}\right]\times\left(\sum_{i=1}^{n}|\xi_i+\eta_i|^p\right)^{1-\frac{1}{p}}.\end{aligned}$$

上式两端再同除以 $\left(\sum\limits_{i=1}^{n}|\xi_i+\eta_i|\right)^{1-\frac{1}{p}}$ 得到

$$\left(\sum_{i=1}^{n}|\xi_i+\eta_i|^p\right)^{1/p}\leqslant\left(\sum_{i=1}^{n}|\xi_i|^p\right)^{1/p}+\left(\sum_{i=1}^{n}|\eta_i|^p\right)^{1/p},$$

所以$\|\boldsymbol{x}+\boldsymbol{y}\|_p\leqslant\|\boldsymbol{x}\|_p+\|\boldsymbol{y}\|_p$.

注 显然当$p=1$便得$\|\boldsymbol{x}\|_1$；令$p=2$可得$\|\boldsymbol{x}\|_2$

例2.1.3 证明$\|\boldsymbol{x}\|_\infty=\lim\limits_{p\to\infty}\|\boldsymbol{x}\|_p$

证明 不妨设$|\xi_1|$，$|\xi_2|$，…，$|\xi_n|$中最大者为$|\xi_1|$，即$|\xi_1|=\max\{|\xi_1|,|\xi_2|,\cdots,|\xi_n|\}$. 若$|\xi_1|=0$，结论显然成立，若$|\xi_1|\neq0$，那么有

$$\|x\|_\infty=\max_{1\leqslant i\leqslant n}|\xi_i|=|\xi_1|,$$

于是

$$\|\boldsymbol{x}\|_p=\left(\sum_{i=1}^{n}|\xi_1|^p\frac{|\xi_i|^p}{|\xi_1|^p}\right)^{1/p}=|\xi_1|\left(\sum_{i=1}^{n}\frac{|\xi_i|^p}{|\xi_1|^p}\right)^{1/p},$$

因为

$$|\xi_1|^p\leqslant\sum_{i=1}^{n}|\xi_i|^p\leqslant n|\xi_1|^p,$$

所以有

$$1\leqslant\left(\sum_{i=1}^{n}\frac{|\xi_i|^p}{|\xi_1|^p}\right)^{1/p}\leqslant n^{1/p},$$

所以

$$\lim_{p\to\infty}\|\boldsymbol{x}\|_p=|\xi_1|=\|\boldsymbol{x}\|_\infty.$$

我们还可以利用已知范数，来定义向量的新范数. 看下面的例子：

例2.1.4 设$\boldsymbol{A}$是一n阶正定矩阵，列向量$\boldsymbol{x}\in\mathbf{R}^n$，则$n$元实函数$f(x)=(\boldsymbol{x}^{\mathrm{T}}\boldsymbol{A}\boldsymbol{x})^{1/2}$是一种向量范数，通常称为加权范数或椭圆范数，记为$\|\boldsymbol{x}\|_A=(\boldsymbol{x}^{\mathrm{T}}\boldsymbol{A}\boldsymbol{x})^{1/2}$.

证明 (1) 因为$\boldsymbol{A}$是正定矩阵，所以当$\boldsymbol{x}=\boldsymbol{0}$时，$\|\boldsymbol{x}\|_A=0$，$\boldsymbol{x}\neq\boldsymbol{0}$时，$\|\boldsymbol{x}\|_A>0$，即$\|\boldsymbol{x}\|_A$具有非负性.

(2) 对任意数$a\in\mathbf{R}$，有

$$\|a\boldsymbol{x}\|_A=\sqrt{(a\boldsymbol{x})^{\mathrm{T}}\boldsymbol{A}(a\boldsymbol{x})}=\sqrt{aa\boldsymbol{x}^{\mathrm{T}}\boldsymbol{A}\boldsymbol{x}}=|a|\sqrt{\boldsymbol{x}^{\mathrm{T}}\boldsymbol{A}\boldsymbol{x}}=|\boldsymbol{a}|\,\|\boldsymbol{x}\|_A,$$

所以$\|\boldsymbol{x}\|_A$具有齐次性.

(3) 因为$\boldsymbol{A}$是正定矩阵，由线性代数中学习的正定矩阵的性质，可知存在非奇异矩阵$\boldsymbol{P}$使$\boldsymbol{P}^{\mathrm{T}}-\boldsymbol{A}\boldsymbol{P}=\boldsymbol{I}$. 令$\boldsymbol{B}=(\boldsymbol{P}^{-1})^{\mathrm{T}}$，可知

$$\boldsymbol{A}=(\boldsymbol{P}^{\mathrm{T}})^{-1}\boldsymbol{P}^{-1}=(\boldsymbol{P}^{-1})^{\mathrm{T}}\boldsymbol{P}^{-1}=\boldsymbol{B}^{\mathrm{T}}\boldsymbol{B},$$

于是

$$\|\boldsymbol{x}\|_A=\sqrt{\boldsymbol{x}^{\mathrm{T}}\boldsymbol{A}\boldsymbol{x}}=\sqrt{\boldsymbol{x}^{\mathrm{T}}\boldsymbol{B}^{\mathrm{T}}\boldsymbol{B}\boldsymbol{x}}=\sqrt{(\boldsymbol{B}\boldsymbol{x})^{\mathrm{T}}\boldsymbol{B}\boldsymbol{x}}=\|\boldsymbol{B}\boldsymbol{x}\|_2,$$

从而

$$\|\boldsymbol{x}+\boldsymbol{y}\|_A=\|\boldsymbol{B}(\boldsymbol{x}+\boldsymbol{y})\|_2=\|\boldsymbol{B}\boldsymbol{x}+\boldsymbol{B}\boldsymbol{y}\|_2\leqslant\|\boldsymbol{B}\boldsymbol{x}\|_2+\|\boldsymbol{B}\boldsymbol{y}\|_2=\|\boldsymbol{x}\|_A+\|\boldsymbol{y}\|_A.$$

接下来介绍向量范数之间的关系.

定义2.1.2 设$\|\boldsymbol{x}\|_\alpha$和$\|\boldsymbol{x}\|_\beta$为有限维线性空间$V$的任意两种向量范数，则存在两个与向量$\boldsymbol{x}$无关的正常数$c_1$和$c_2$，使得$c_1\|\boldsymbol{x}\|_\beta\leqslant\|\boldsymbol{x}\|_\alpha\leqslant c_2\|\boldsymbol{x}\|_\beta$，$\forall\boldsymbol{x}\in V$，称$\|\boldsymbol{x}\|_\alpha$和$\|\boldsymbol{x}\|_\beta$是等价的.

由于$\|\boldsymbol{x}\|_\infty\leqslant\|\boldsymbol{x}\|_1\leqslant n\|\boldsymbol{x}\|_\infty$，$\|\boldsymbol{x}\|_\infty\leqslant\|\boldsymbol{x}\|_2\leqslant\sqrt{n}\|\boldsymbol{x}\|_\infty$，所以$\|\boldsymbol{x}\|_1$和$\|\boldsymbol{x}\|_\infty$，

$\|\boldsymbol{x}\|_2$ 和 $\|\boldsymbol{x}\|_\infty$ 均等价. 另外还有下面结论.

定理 2.1.1 有限维线性空间上的任意两个范数是等价的.

证明 分两部分 (1) 先证明任意范数是连续函数.

设 $\|\boldsymbol{x}\|$ 为 $\mathbf{C}^n(\mathbf{R}^n)$ 中向量 $\boldsymbol{x}=(x_1, x_2, \cdots, x_n)^{\mathrm{T}}$ 的任意一个范数. 因为 $\|\boldsymbol{x}\|$ 是关于 $x_1, x_2, \cdots, x_n$ 的实值函数, 令 $\|\boldsymbol{x}\|=\phi(x_1, x_2, \cdots, x_n)$, 且记

$$\boldsymbol{\varepsilon}_1=(1,0,\cdots,0)^{\mathrm{T}},\boldsymbol{\varepsilon}_2=(0,1,\cdots,0)^{\mathrm{T}},\cdots,\boldsymbol{\varepsilon}_n=(0,0,\cdots,1)^{\mathrm{T}},$$

则对任意的 $x, y\in\mathbf{C}^n$ 可以表示成

$$\boldsymbol{x}=x_1\boldsymbol{\varepsilon}_1+x_2\boldsymbol{\varepsilon}_2+\cdots+x_n\boldsymbol{\varepsilon}_n,\boldsymbol{y}=y_1\boldsymbol{\varepsilon}_1+y_2\boldsymbol{\varepsilon}_2+\cdots+y_n\boldsymbol{\varepsilon}_n,$$

于是有

$$\begin{aligned}|\phi(y_1,y_2,\cdots,y_n)-\phi(x_1,x_2,\cdots,x_n)| &= |\,\|\boldsymbol{y}\|-\|\boldsymbol{x}\|\,|\leqslant\|\boldsymbol{y}-\boldsymbol{x}\|.\\ &=\|(y_1-x_1)\boldsymbol{\varepsilon}_1+(y_2-x_2)\boldsymbol{\varepsilon}_2+\cdots+(y_n-x_n)\boldsymbol{\varepsilon}_n\|\\ &\leqslant|y_1-x_1|\,\|\boldsymbol{\varepsilon}_1\|+|y_2-x_2|\,\|\boldsymbol{\varepsilon}_2\|+\cdots+|y_n-x_n|\,\|\boldsymbol{\varepsilon}_n\|\end{aligned}$$

又由于 $\|\boldsymbol{\varepsilon}_i\|$ 是固定向量 $\boldsymbol{\varepsilon}_i$ 的范数, 所以它与 x_i, y_i 是无关的, 所以, 当 $y_i\to x_i$ 时, 有: $\phi(y_1, y_2, \cdots, y_n)\to\phi(x_1, x_2, \cdots, x_n)$, 所以 $\|\boldsymbol{x}\|$ 必为 $x_1, x_2, \cdots, x_n$ 的连续函数.

(2) 下面证明任意范数的等价性.

设 $\|\boldsymbol{x}\|_\alpha$ 与 $\|\boldsymbol{x}\|_\beta$ 是 n 维线性空间 $\mathbf{C}^n(\mathbf{R}^n)$ 上的两个范数, 当 $\boldsymbol{x}=\mathbf{0}$ 时, 结论显然成立. 当 $\boldsymbol{x}\neq\mathbf{0}$ 时, 令 $S=\{\boldsymbol{x}=(x_1, x_2, \cdots, x_n)^{\mathrm{T}}\mid x_1^2+x_2^2+\cdots+x_n^2=1\}$, 则 S 为有界闭集. 由第一部分的证明可知任意范数是连续函数, 所以存在 $\|\boldsymbol{x}\|_\alpha$ 与 $\|\boldsymbol{x}\|_\beta$ 均连续. 因此 $\phi(x)=\dfrac{\|\boldsymbol{x}\|_\alpha}{\|\boldsymbol{x}\|_\beta}$ 也为 S 的连续函数, 由于 S 为有界闭集, 所以 $\phi(\boldsymbol{x})$ 在 S 上可以取到最大值和最小值. 即存在 $\boldsymbol{x}_0$, $\boldsymbol{y}_0\in S$ 使得

$$m=\min\left\{\frac{\|\boldsymbol{x}\|_\alpha}{\|\boldsymbol{x}\|_\beta}\right\}=\frac{\|\boldsymbol{x}_0\|_\alpha}{\|\boldsymbol{x}_0\|_\beta}=\phi(\boldsymbol{x}_0)>0,$$

$$M=\max\left\{\frac{\|\boldsymbol{x}\|_\alpha}{\|\boldsymbol{x}\|_\beta}\right\}=\frac{\|\boldsymbol{y}_0\|_\alpha}{\|\boldsymbol{y}_0\|_\beta}=\phi(\boldsymbol{y}_0)>0.$$

对任意的 $\boldsymbol{x}=(\boldsymbol{x}_1, \boldsymbol{x}_2, \cdots, \boldsymbol{x}_n)^{\mathrm{T}}$, 且 $\boldsymbol{x}\neq\mathbf{0}$, 取 $\boldsymbol{y}=\dfrac{\boldsymbol{x}}{\sqrt{|x_1|^2+|x_2|^2+\cdots+|x_n|^2}}$ 则 $\boldsymbol{y}\in S$. 从而有 $m\leqslant\dfrac{\|\boldsymbol{y}\|_\alpha}{\|\boldsymbol{y}\|_\beta}\leqslant M$, 而 $\dfrac{\|\boldsymbol{y}\|_\alpha}{\|\boldsymbol{y}\|_\beta}=\dfrac{\dfrac{1}{\sqrt{|x_1|^2+|x_2|^2+\cdots+|x_n|^2}}\|\boldsymbol{x}\|_\alpha}{\dfrac{1}{\sqrt{|x_1|^2+|x_2|^2+\cdots+|x_n|^2}}\|\boldsymbol{x}\|_\beta}=\dfrac{\|\boldsymbol{x}\|_\alpha}{\|\boldsymbol{x}\|_\beta}$.

所以 $m\leqslant\dfrac{\|\boldsymbol{x}\|_\alpha}{\|\boldsymbol{x}\|_\beta}\leqslant M$, 即: $m\|\boldsymbol{x}\|_\beta\leqslant\|\boldsymbol{x}\|_\alpha\leqslant M\|\boldsymbol{x}\|_\beta$, 所以 $\|\boldsymbol{x}\|_\alpha$ 与 $\|\boldsymbol{x}\|_\beta$ 是等价的.

推论 2.1.1 $\mathbf{C}^n$ 中的向量序列 $\boldsymbol{x}^{(k)}=(\xi_1^{(k)}, \xi_2^{(k)}\cdots, \xi_n^{(k)})$ $(k=1, 2, 3, \cdots)$ 收敛到向量 $\boldsymbol{x}=(\xi_1, \xi_2, \cdots, \xi_n)$ 的充要条件是对任意一种范数 $\|\cdot\|$, 实数序列 $\{\|\boldsymbol{x}^{(k)}-\boldsymbol{x}\|\}$ 收敛于零.

证明 由范数的等价性, 存在正实数 k_1, k_2 使得, 对任意 $x\in\mathbf{C}^n$ 都有

$k_1\|\boldsymbol{x}\|_\infty\leqslant\|\boldsymbol{x}\|\leqslant k_2\|\boldsymbol{x}\|_\infty$.

充分性 设 $\| x^{(k)} - x \| \to 0$，则 $k_1 \| x^{(k)} - x \|_{\infty} \leqslant \| x^{(k)} - x \| \to 0$，所以 $\| x^{(k)} - x \|_{\infty} \to 0$ 即

$$\max_i | \xi_i^{(k)} - \xi_i | \to 0.$$

又因为

$$| \xi_j^{(k)} - \xi_j | \leqslant \max_i | \xi_i|^k | - \xi_i | \quad (j = 1, 2, \cdots, n),$$

从而

$$| \xi_j^{(k)} - \xi_j | \to 0 \quad (j = 1, 2, \cdots, n),$$

即 $x^{(k)} \to x$.

必要性 设 $x^{(k)} \to x$，则 $x^{(k)} - x \to 0$，即向量

$$(\xi_1^{(k)} - \xi_1, \xi_2^{(k)} - \xi_2, \cdots, \xi_n^{(k)} - \xi_n)$$

的每一个分量均收敛于零. 于是对任意 $\varepsilon > 0$，对第一个分量，可以找到 K_1，当 $k > K_1$ 时，有

$$| \xi_1^{(k)} - \xi_1 | < \varepsilon,$$

对于第二个分量，可以找到 K_2，使 $k > K_2$ 时，有

$$| \xi_2^{(k)} - \xi_2 | < \varepsilon,$$

以此类推，可以找到 K_n，当 $k > K_n$ 时，有

$$| \xi_i^{(k)} - \xi_i | < \varepsilon \quad (i = 1, 2, \cdots, n)$$

取 $K = \max\limits_{1 \geqslant i \geqslant n} \{K_1, K_2, \cdots, K_n\}$，所以当 $k > K$ 时，有 $\max\limits_{1 \leqslant i \leqslant n} | \xi_i^{(k)} - \xi_i | < \varepsilon$，即 $\| x^{(k)} - x \|_{\infty} < \varepsilon$，从而 $\| x^{(k)} - x \| \leqslant k_2 \| x^{(k)} - x \|_{\infty}$ 收敛于零.

由推论 2.1.1 可知，今后在研究向量序列收敛时，可以转化为研究其任意范数序列的敛散性.

接下来介绍向量范数.

2.2 矩阵的范数

由于全体 $m \times n$ 矩阵构成 mn 维向量空间，所以从空间角度看，向量范数的概念可以直接移植到矩阵空间上来. 所以有下面定义.

定义 2.2.1 对于数域 $\mathbf{K}$ 上的矩阵空间 $\mathbf{C}^{m \times n}$ 中的任一矩阵 $\boldsymbol{A}$，对应一个实值函数 $\| \boldsymbol{A} \|$，它满足以下三个条件：

(1) 非负性：当 $\boldsymbol{A} \neq \boldsymbol{0}$ 时，$\| \boldsymbol{A} \| > 0$；当 $\boldsymbol{A} = \boldsymbol{0}$ 时，$\| \boldsymbol{A} \| = 0$；

(2) 齐次性：$\| a\boldsymbol{A} \| = | a | \, \| \boldsymbol{A} \|$，$a \in K$，$x \in V$；

(3) 三角不等式：$\| \boldsymbol{A} + \boldsymbol{B} \| \leqslant \| \boldsymbol{A} \| + \| \boldsymbol{B} \|$，$x$，$y \in V$，

则称 $\| \boldsymbol{A} \|$ 为 $\mathbf{C}^{m \times n}$ 上的向量范数，或广义矩阵范数.

于是 2.1 节的向量范数也可以平移到矩阵空间，例如：设 $\boldsymbol{A} \in \mathbf{C}^{m \times n}$，可定义下列广义矩阵范数

$$\| \boldsymbol{A} \|_{m_1} = \sum_{i=1}^{m} \sum_{j=1}^{n} | a_{ij} |,$$

$$\|A\|_{m_2}=\left(\sum_{i=1}^{m}\sum_{j=1}^{n}|a_{ij}|^2\right)^{\frac{1}{2}}=\left(\sqrt{\operatorname{tr}(A^*A)}\right)^{\frac{1}{2}}=\left(\sqrt{\operatorname{tr}(AA^*)}\right)^{\frac{1}{2}},$$

$$\|A\|_{m_\infty}=\max_{1\leqslant j\leqslant n}\sum_{i=1}^{n}a_{ij}.$$

在矩阵空间 $\mathbf{C}^{m\times n}$ 上，除了有加法和数乘运算外，还有一类重要的运算，就是矩阵的乘法，若矩阵 $\boldsymbol{A}$ 与 $\boldsymbol{B}$ 分别为 $s\times n$ 与 $n\times t$ 矩阵时，$\boldsymbol{AB}$ 为 $s\times t$ 矩阵，因此它们的范数分别属于向量空间 $\mathbf{C}^{s\times n}$，$\mathbf{C}^{n\times t}$ 与 $\mathbf{C}^{s\times t}$. 于是就产生了范数之间的相容性问题，我们希望矩阵范数还要兼顾矩阵的乘法运算，于是定义下面的矩阵范数.

定义 2.2.2 对于数域 $\mathbf{K}$ 上的矩阵空间 $\mathbf{C}^{m\times n}$ 中的任一矩阵 $\boldsymbol{A}$，对应一个实值函数 $\|\boldsymbol{A}\|$，它满足以下四个条件：

（1）非负性：当 $\boldsymbol{A}\neq\mathbf{0}$ 时，$\|\boldsymbol{A}\|>0$；当 $\boldsymbol{A}=\mathbf{0}$ 时，$\|\boldsymbol{A}\|=0$；

（2）齐次性：$\|a\boldsymbol{A}\|=|a|\,\|\boldsymbol{A}\|$，$a\in K$，$\boldsymbol{A}\in\mathbf{C}^{m\times n}$；

（3）三角不等式：$\|\boldsymbol{A}+\boldsymbol{B}\|\leqslant\|\boldsymbol{A}\|+\|\boldsymbol{B}\|$，$\boldsymbol{A}$，$\boldsymbol{B}\in\mathbf{C}^{m\times n}$；

（4）相容性：$\|\boldsymbol{AB}\|\leqslant\|\boldsymbol{A}\|\,\|\boldsymbol{B}\|$，$\boldsymbol{A}$，$\boldsymbol{B}\in\mathbf{C}^{m\times n}$.

则称 $\|\boldsymbol{A}\|$ 为 $\mathbf{C}^{m\times n}$ 上的矩阵范数.

例 2.2.1 证明：$\|\boldsymbol{A}\|_{m_1}$，$\|\boldsymbol{A}\|_{m_2}$ 满足相容性，即为 $\mathbf{C}^{m\times n}$ 上的矩阵范数.

证明 （1）对 $\forall\boldsymbol{A}\in\mathbf{C}^{m\times p}$，$\boldsymbol{B}\in\mathbf{C}^{p\times n}$，

$$\begin{aligned}\|\boldsymbol{A}\|_{m_1}\|\boldsymbol{B}\|_{m_1}&=\left(\sum_{i=1}^{m}\sum_{k=1}^{p}|a_{ik}|\right)\left(\sum_{j=1}^{n}\sum_{l=1}^{p}|b_{lj}|\right)\\&\geqslant\left(\sum_{i=1}^{m}\sum_{j=1}^{n}\sum_{k=1}^{p}|a_{ik}|\,|b_{kj}|\right)\\&\geqslant\left(\sum_{i=1}^{m}\sum_{j=1}^{n}\left|\sum_{k=1}^{p}a_{ik}b_{kj}\right|\right)\\&\geqslant\|AB\|_{m_1}.\end{aligned}$$

（2）对 $\forall\boldsymbol{A}\in\mathbf{C}^{m\times p}$，$\boldsymbol{B}\in\mathbf{C}^{p\times n}$，

$$\|AB\|_F^2=\sum_{i=1}^{m}\sum_{j=1}^{n}\left|\sum_{k=1}^{p}a_{ik}b_{kj}\right|^2\leqslant\sum_{i=1}^{m}\sum_{j=1}^{n}\left(\sum_{k=1}^{p}|a_{ik}|\,|b_{kj}|\right)^2\leqslant\sum_{i=1}^{m}\sum_{j=1}^{n}\left(\sum_{k=1}^{p}|a_{ik}|^2\right)\left(\sum_{k=1}^{p}|b_{kj}|^2\right)$$

$$\leqslant\left(\sum_{i=1}^{m}\sum_{k=1}^{p}|a_{ik}|^2\right)\left(\sum_{k=1}^{p}\sum_{j=1}^{n}|b_{kj}|^2\right)=\|\boldsymbol{A}\|_F^2\|\boldsymbol{B}\|_F^2,$$

上式两边开方即可得证.

注 1）矩阵范数 $\|\boldsymbol{A}\|_{m_2}$ 又称为 Frobenius 范数，一般记为 $\|\boldsymbol{A}\|_F$；

2）$\|\boldsymbol{A}\|_{m_\infty}$ 不相容.

例如 $\boldsymbol{A}=(1,1)$，$\boldsymbol{B}=(1,1)^{\mathrm{T}}$，则 $\boldsymbol{AB}=(2)$，于是 $\|\boldsymbol{A}\|_{m_\infty}=1$，$\|\boldsymbol{B}\|_{m_\infty}=1$，而 $\|\boldsymbol{AB}\|_{m_\infty}=2>\|\boldsymbol{A}\|_{m_\infty}\|\boldsymbol{B}\|_{m_\infty}$，不满足相容性. 虽然 $\|\boldsymbol{A}\|_{m_1}$ $\|\boldsymbol{A}\|_{m_2}$ 都满足相容性，但是在使用的时候往往会把上界放的过大，例如

$$\|\boldsymbol{A}\|_{m_1}=\|\boldsymbol{EA}\|_{m_1}\leqslant\|\boldsymbol{E}\|_{m_1}\|\boldsymbol{A}\|_{m_1}=n\|\boldsymbol{A}\|_{m_1};$$

$$\|\boldsymbol{A}\|_{m_2}=\|\boldsymbol{EA}\|_{m_2}\leqslant\|\boldsymbol{E}\|_{m_2}\|\boldsymbol{A}\|_{m_2}=\sqrt{n}\|\boldsymbol{A}\|_{m_1}.$$

现在，我们定义一种新的范数，既能满足相容性，又不至于把范数放的太大.

定理 2.2.1 设 $\|\cdot\|_v$ 是 $\mathbf{C}^n$ 上的向量范数，对于任意的矩阵 $\boldsymbol{A}\in\mathbf{C}^{m\times n}$，定义

$$\|A\| = \max_{\|x\|_v=1} \|Ax\|_v,$$

则 $\|\cdot\|$ 是 $\mathbf{C}^{m\times n}$ 上的相容矩阵范数.

证明 由于向量范数是个分量的连续函数，所以 $\|Ax\|_v$ 在集合 $\|x\|_v=1$ 上可以取到最大小值，所以 $\|A\| = \max\limits_{\|x\|_v=1} \|Ax\|_v$ 有意义.

(1) 若 $A=0$，则 $\|A\| = \max\limits_{\|x\|_v=1}\|Ax\|_v=0$. 若 $A\neq 0$，则存在 $x_1\neq 0$ 使得 $Ax_1\neq 0$. 令 $x_0=\dfrac{1}{\|x_1\|_v}x_1$，则 $\|x_0\|=1$，故 $\|Ax_0\|_v=\dfrac{1}{\|x_1\|_v}\|Ax_1\|_v>0$，从而 $\|A\| = \max\limits_{\|x\|_v=1}\|Ax\|_v>0$，所以正定性满足.

(2) 对任意的复数 a，有

$$\|aA\| = \max_{\|x\|_v=1}\|aAx\|_v = |a|\max_{\|x\|_v=1}\|Ax\|_v = |a|\,\|A\|,$$

所以齐次性满足.

(3) 对于任意两个矩阵 $A, B\in\mathbf{C}^{m\times n}$，存在 $x_0\in\mathbf{C}^n$，且 $\|x_0\|=1$，使得

$$\|A+B\| = \|(A+B)x_0\|_v \leqslant \|Ax_0\|_v + \|Bx_0\|_v \leqslant \max_{\|x\|_v=1}\|Ax\|_v + \max_{\|x\|_v=1}\|Bx\|_v = \|A\|+\|B\|,$$

所以三角不等式满足.

(4) 设 $\|ABx\|$ 在单位球面的最大值点为 x_0，即 $\|AB\| = \|ABx_0\|$. 如果 $\|Bx_0\|=0$，即 $Bx_0=0$，则显然 $\|AB\|=0\leqslant\|A\|\,\|B\|$，若 $\|Bx_0\|\neq 0$，则

$$\|AB\| = \frac{\|ABx_0\|}{\|Bx_0\|}\|Bx_0\| = \left\|A\left(\frac{1}{\|Bx_0\|}Bx_0\right)\right\|\,\|Bx_0\| \leqslant \|A\|\,\|B\|.$$

所以相容性满足.

定义 2.2.3 设 $\|\cdot\|$ 与 $\|\cdot\|_v$ 分别是 $\mathbf{C}^{m\times n}$ 及 $\mathbf{C}^n$ 上的矩阵范数和向量范数. 若对任意 $A\in\mathbf{C}^{m\times n}$ 及 $x\in\mathbf{C}^n$，都有 $\|Ax\|\leqslant\|A\|\,\|x\|$，则称矩阵范数 $\|\cdot\|$ 与向量范数 $\|\cdot\|_v$ 相容.

注 1 由 $\|A\| = \max\limits_{\|x\|_v=1}\|Ax\|_v$ 定义的矩阵范数 $\|\cdot\|$ 与向量范数相容，称 $\|\cdot\|$ 为向量范数导出的矩阵范数，简称从属范数；

$$\|A\|_1 = \max_{\|x\|_1=1}\|Ax\|_1 = \max_{1\leqslant j\leqslant n}\sum_{i=1}^m|a_{ij}|,\quad \|A\|_2 = \max_{\|x\|_2=1}\|Ax\|_2 = \sqrt{\rho(A^{\mathrm{H}}A)},$$

$\|A\|_\infty = \max\limits_{\|x\|_\infty=1}\|Ax\|_\infty = \max\limits_{1\leqslant i\leqslant n}\sum\limits_{j=1}^n|a_{ij}|$，即矩阵范数 $\|\cdot\|_1$，$\|\cdot\|_2$，$\|\cdot\|_\infty$ 分别为由向量范数 $\|\cdot\|_1$，$\|\cdot\|_2$，$\|\cdot\|_\infty$ 的从属范数.

例 2.2.2 设 $A=\begin{pmatrix}2 & -1 & 0\\ 0 & 2 & 3\\ 1 & 2 & 0\end{pmatrix}$，计算 $\|A\|_1$，$\|A\|_2$，$\|A\|_\infty$，$\|A\|_F$.

解 $\|A\|_1 = \max\limits_{1\leqslant j\leqslant n}\sum\limits_{i=1}^m|a_{ij}|=5$，$\|A\|_\infty = \max\limits_{1\leqslant j\leqslant m}\sum\limits_{j=1}^m|a_{ij}|=5$，$\|A\|_F = \left(\sum\limits_{i=1}^m\sum\limits_{j=1}^n|a_{ij}|^2\right)^{\frac{1}{2}}=\sqrt{23}$，求 $A^{\mathrm{H}}A=\begin{pmatrix}5 & 0 & 0\\ 0 & 9 & 6\\ 0 & 6 & 9\end{pmatrix}$ 的特征值，得 $\lambda_1=3$，$\lambda_2=5$，$\lambda_3=15$，所以 $\|A\|_2=\sqrt{\rho(A^{\mathrm{H}}A)}=\sqrt{15}$.

定理 2.2.2 设 $A \in \mathbf{C}^{n\times n}$，则

(1) 谱半径 $\rho(A)$ 不大于矩阵 A 的任何一种相容范数，即矩阵 A 的所有特征值的模小于或等于矩阵 A 的任何范数；

(2) 对任给 $\varepsilon>0$，总存在相容的矩阵范数 $\|\cdot\|_{\varepsilon}$，使 $\rho(A)+\varepsilon>\|A\|_{\varepsilon}$.

证明 (1) 任取矩阵 A 的特征值 λ，有非零向量 x，使得 $Ax=\lambda x$，从而

$$|\lambda|\,\|x\| = \|Ax\| \leqslant \|A\|\,\|x\| \quad (\|x\|>0)$$

所以 $|\lambda|\leqslant\|A\|$，从而 $\rho(A)\leqslant\|A\|$.

(2) 设给定 $\varepsilon>0$，利用矩阵 A 的 Jordan 标准形，设

$$P^{-1}AP=\begin{pmatrix}\lambda_1 & a_2 & 0 & \cdots & 0 & 0\\ 0 & \lambda_2 & a_3 & \cdots & 0 & 0\\ \vdots & \vdots & \vdots & & \vdots & \vdots\\ 0 & 0 & 0 & \cdots & \lambda_{n-1} & a_n\\ 0 & 0 & 0 & \cdots & 0 & \lambda_n\end{pmatrix},$$

其中 $a_i=1$ 或 $a_i=0$. 记 $D=\mathrm{diag}(1,\varepsilon/2,\cdots,(\varepsilon/2)^{n-1})$，定义 $\|M\|_{\varepsilon}=\|D^{-1}P^{-1}MPD\|_1$ $(\forall M\in\mathbf{C}^{n\times n})$，下面证明 $\|\cdot\|_{\varepsilon}$ 是 $\mathbf{C}^{n\times n}$ 上的矩阵范数

1) 若 $A=0$，则 $\|A\|_{\varepsilon}=\|D^{-1}P^{-1}APD\|_1=0$. 若 $A\neq\mathbf{0}$，则 $D^{-1}P^{-1}APD\neq\mathbf{0}$，所以 $\|D^{-1}P^{-1}APD\|_1>0$，从而 $\|A\|_{\varepsilon}>0$，所以正定性满足.

2) 对任意的复数 a，有

$$\|aA\|_{\varepsilon}=\|D^{-1}P^{-1}aAPD\|_1=|a|\|D^{-1}P^{-1}APD\|_1=|a|\|A\|_{\varepsilon},$$

所以齐次性满足.

3) 对于任意两个矩阵 $A,B\in\mathbf{C}^{n\times n}$

$$\|A+B\|_{\varepsilon}=\|D^{-1}P^{-1}(A+B)PD\|_1\leqslant\|D^{-1}P^{-1}APD\|_1+\|D^{-1}B^{-1}BPD\|_1=\|A\|_{\varepsilon}+\|B\|_{\varepsilon},$$

所以三角不等式满足.

4) 对于任意两个矩阵 $A,B\in\mathbf{C}^{n\times n}$

$$\begin{aligned}\|AB\|_{\varepsilon}&=\|D^{-1}P^{-1}(AB)PD\|_1=\|(D^{-1}P^{-1}APD)(D^{-1}P^{-1}BPD)\|_1\\&\leqslant\|(D^{-1}P^{-1}APD)\|_1\|(D^{-1}P^{-1}BPD)\|_1=\|A\|_{\varepsilon}\|B\|_{\varepsilon},\end{aligned}$$

所以相容性满足.

由于 $\|\cdot\|_{\varepsilon}$ 是 $\mathbf{C}^{n\times n}$ 上的相容矩阵范数，又

$$D^{-1}P^{-1}APD=\begin{pmatrix}\lambda_1 & \frac{\varepsilon}{2}a_2 & 0 & \cdots & 0 & 0\\ 0 & \lambda_2 & \frac{\varepsilon}{2}a_3 & \cdots & 0 & 0\\ \vdots & \vdots & \vdots & & \vdots & \vdots\\ 0 & 0 & 0 & \cdots & \lambda_{n-1} & \frac{\varepsilon}{2}a_n\\ 0 & 0 & 0 & \cdots & 0 & \lambda_n\end{pmatrix},$$

故 $\|A\|_{\varepsilon}=\|D^{-1}P^{-1}APD\|_1\leqslant\rho(A)+\dfrac{\varepsilon}{2}<\rho(A)+\varepsilon$.

2.3 矩阵序列的极限

前两节介绍了向量和矩阵的范数，即线性空间上的度量，本节仿照数列敛散性的概念，来介绍向量序列和矩阵序列的敛散性.

回顾向量序列收敛的定义：

定义 2.3.1 设 $\{\boldsymbol{x}^{(n)}\}$ 是 $\mathbf{C}^n$ 中的向量序列，其中 $\boldsymbol{x}^{(k)}=(x_1^{(k)}, x_2^{(k)}, \cdots, x_n^{(k)})$，$k\in\mathbf{N}$，设 $\boldsymbol{a}=(a_1, a_2, \cdots, a_n)$ 是 $\mathbf{C}^n$ 中的固定向量. 若 $k\to\infty$，$x_i^{(k)}\to a_i$ 时，称 $\{x^{(k)}\}$ 收敛，并称向量 $\boldsymbol{a}=(a_1, a_2, \cdots, a_n)$ 为 $\{\boldsymbol{x}^{(k)}\}$ 的极限，或称 $\{\boldsymbol{x}^{(k)}\}$ 收敛于 $\boldsymbol{a}$，记为

$$\lim_{k\to\infty}\boldsymbol{x}^{(k)}=\boldsymbol{a} \text{ 或 } \boldsymbol{x}^{(k)}\to\boldsymbol{a},$$

不收敛的向量序列称为发散的.

上述定义可称作向量序列按元素收敛或按坐标收敛.

定理 2.3.1 设 $\{\boldsymbol{x}^{(n)}\}$ 是 $\mathbf{C}^n$ 中的向量序列，$\|\cdot\|$ 为 $\mathbf{C}^n$ 中的任意范数，则

$$\lim_{k\to\infty}\boldsymbol{x}^{(k)}=\boldsymbol{a}\Leftrightarrow\lim_{k\to\infty}\|\boldsymbol{x}^{(k)}-\boldsymbol{a}\|=0.$$

证明
$$\begin{aligned}\lim_{k\to\infty}x_i^{(k)}=a_i,\ (i=1, 2, \cdots, n) &\Leftrightarrow\lim_{k\to\infty}|x_i^{(k)}-a_i|=0,\ (i=1, 2, \cdots, n)\\ &\Leftrightarrow\lim_{k\to\infty}(\max_{1\leqslant i\leqslant n}|x_i^{(k)}-a_i|)=0\\ &\Leftrightarrow\lim_{k\to\infty}\|\boldsymbol{x}^{(k)}-\boldsymbol{a}\|_\infty=0.\end{aligned}$$

由向量范数的等价性可知，存在正数 k_1，k_2 使得 $k_1\|\boldsymbol{x}^{(k)}-\boldsymbol{a}\|_\infty\leqslant\|\boldsymbol{x}^{(k)}-\boldsymbol{a}\|\leqslant k_2\|\boldsymbol{x}^{(k)}-\boldsymbol{a}\|_\infty$ 所以 $\lim_{k\to\infty}\boldsymbol{x}^{(k)}=\boldsymbol{a}\Leftrightarrow\lim_{k\to\infty}\|\boldsymbol{x}^{(k)}-\boldsymbol{a}\|=0$.

所以向量序列收敛还可以定义成如下形式：

定义 2.3.2 设 $\{\boldsymbol{x}^{(n)}\}$ 是 $\mathbf{C}^n$ 中的向量序列，设 $\boldsymbol{a}$ 是 $\mathbf{C}^n$ 中的固定向量. $\|\cdot\|$ 为 $\mathbf{C}^n$ 中的任意范数，若 $\lim_{k\to\infty}\boldsymbol{x}^{(k)}=\boldsymbol{a}\Leftrightarrow\lim_{k\to\infty}\|\boldsymbol{x}^{(k)}-\boldsymbol{a}\|=0$，称 $\{\boldsymbol{x}^{(k)}\}$ 收敛，并称向量 $\boldsymbol{a}=(a_1, a_2, \cdots, a_n)$ 为 $\{\boldsymbol{x}^{(k)}\}$ 的极限，或称 $\{\boldsymbol{x}^{(k)}\}$ 收敛于 $\boldsymbol{a}$，记为

$$\lim_{k\to\infty}\boldsymbol{x}^{(k)}=\boldsymbol{a} \text{ 或 } \boldsymbol{x}^{(k)}\to\boldsymbol{a},$$

不收敛的向量序列称为发散的.

向量序列收敛的性质

性质 2.3.1 设 $\boldsymbol{x}^{(k)}\to\boldsymbol{a}$，$\boldsymbol{y}^{(k)}\to\boldsymbol{b}$，则

$$\lim_{k\to\infty}(\alpha\boldsymbol{x}^{(k)}+\beta\boldsymbol{y}^{(k)})=\alpha\boldsymbol{a}+\beta\boldsymbol{b},\ \forall\boldsymbol{\alpha}, \boldsymbol{\beta}\in\mathbf{C}, \tag{2.3.1}$$

仿照向量序列的收敛，我们来定义矩阵序列的收敛性.

定义 2.3.3 设有矩阵序列 $\{\boldsymbol{A}^{(k)}\}$，其中 $\boldsymbol{A}^{(k)}=(a_{ij}^{(k)})\in\mathbf{C}^{m\times n}$，当 $k\to\infty$，$a_{ij}^{(k)}\to a_{ij}$ 时，称 $\{\boldsymbol{A}^{(k)}\}$ 收敛，并称矩阵 $\boldsymbol{A}=(a_{ij})$ 为 $\{\boldsymbol{A}^{(k)}\}$ 的极限，或称 $\{\boldsymbol{A}^{(k)}\}$ 收敛于 $\boldsymbol{A}$，记为

$$\lim_{k\to\infty}\boldsymbol{A}^{(k)}=\boldsymbol{A} \text{ 或 } \boldsymbol{A}^{(k)}\to\boldsymbol{A}$$

不收敛的矩阵序列称为发散的.

与向量序列收敛一样，矩阵序列的收敛也有范数形式的定义.

定理 2.3.2 设 $\{\boldsymbol{A}^{(n)}\}$ 是 $\mathbf{C}^{m\times n}$ 中的矩阵序列，$\|\cdot\|$ 为 $\mathbf{C}^{m\times n}$ 中的任意向量范数(不必是矩阵范数)，则

$$\lim_{k\to\infty}\boldsymbol{A}^{(k)}=\boldsymbol{A}\Leftrightarrow\lim_{k\to\infty}\|\boldsymbol{A}^{(k)}-\boldsymbol{A}\|=0.$$

定义 2.3.4 设 $\{\boldsymbol{A}^{(n)}\}$ 是 $\mathbf{C}^{m\times n}$中的向量序列，设 $\boldsymbol{A}$ 是 $\mathbf{C}^{m\times n}$中的固定矩阵. $\|\cdot\|$为 $\mathbf{C}^{m\times n}$中的任意范数，若$\lim_{k\to\infty}\boldsymbol{A}^{(k)}=\boldsymbol{A}\Leftrightarrow\lim_{k\to\infty}\|\boldsymbol{A}^{(k)}-\boldsymbol{A}\|=0$，称 $\{\boldsymbol{A}^{(k)}\}$ 收敛，并称矩阵 $\boldsymbol{A}$ 为 $\{\boldsymbol{A}^{(k)}\}$ 的极限，或称 $\{\boldsymbol{A}^{(k)}\}$ 收敛于 $\boldsymbol{A}$，记为

$$\lim_{k\to\infty}\boldsymbol{A}^{(k)}=\boldsymbol{A}\text{ 或 }\boldsymbol{A}^{(k)}\to\boldsymbol{A},$$

不收敛的向量序列称为发散的.

注 设 $\boldsymbol{A}$ 为方阵，且当 $k\to\infty$ 时，有 $\boldsymbol{A}^k\to\boldsymbol{O}$，则称 $\boldsymbol{A}$ 为收敛矩阵.

接下来介绍收敛矩阵序列的一些性质：

性质 2.3.2 设 $\boldsymbol{A}^{(k)}$，$\boldsymbol{B}^{(k)}$ 为 $\mathbf{C}^{m\times n}$ 上的矩阵序列，$\boldsymbol{A}$，$\boldsymbol{B}$ 为 $\mathbf{C}^{m\times n}$ 上的固定矩阵，且 $\boldsymbol{A}^{(k)}\to\boldsymbol{A}_{m\times n}$，$\boldsymbol{B}^{(k)}\to\boldsymbol{B}_{m\times n}$，则

(1) $\lim_{k\to\infty}(\alpha\boldsymbol{A}^{(k)}+\beta\boldsymbol{B}^{(k)})=\alpha\boldsymbol{A}+\beta\boldsymbol{B}$，$\forall\,\alpha\,\beta\in\mathbf{C}$，特别地，若 $\boldsymbol{P}\in\mathbf{C}^m$，$\boldsymbol{Q}\in\mathbf{C}^n$ 为可逆矩阵，则$\lim_{k\to\infty}\boldsymbol{P}\boldsymbol{A}^{(k)}\boldsymbol{Q}=\boldsymbol{P}\boldsymbol{A}\boldsymbol{Q}$.

(2) $\lim_{k\to\infty}\boldsymbol{A}^{(k)}\boldsymbol{B}^{(k)}=\boldsymbol{A}\boldsymbol{B}$.

(3) 设 $\boldsymbol{A}^{(k)}$ 与 $\boldsymbol{A}$ 都是可逆矩阵，且 $\boldsymbol{A}^{(k)}\to\boldsymbol{A}$，则$(\boldsymbol{A}^{(k)})^{-1}\to\boldsymbol{A}^{-1}$.

定理 2.3.3 设 $\boldsymbol{A}\in\mathbf{C}^n$，则 $\boldsymbol{A}^k\to\boldsymbol{O}(k\to\infty)$ 的充要条件是其谱半径 $\rho(\boldsymbol{A})<1$.

证明 设 $\boldsymbol{A}$ 的 Jordan 标准形为 $\boldsymbol{J}=\operatorname{diag}(\boldsymbol{J}_1(\lambda_1),\ \boldsymbol{J}_2(\lambda_2),\ \cdots,\ \boldsymbol{J}_s(\lambda_s))$，则存在非奇异矩阵 $\boldsymbol{P}$ 使

$$\boldsymbol{A}=\boldsymbol{P}\boldsymbol{J}\boldsymbol{P}^{-1},$$

于是有

$$\boldsymbol{A}^k=\boldsymbol{P}\boldsymbol{J}^k\boldsymbol{P}^{-1},$$

由于 k 与矩阵 $\boldsymbol{A}$ 无关，由此可见，$\boldsymbol{A}^k\to\boldsymbol{O}$ 的充要条件是 $\boldsymbol{J}^k\to\boldsymbol{O}$. 注意到

$$\boldsymbol{J}^k=\operatorname{diag}(\boldsymbol{J}_1^k(\lambda_1),\boldsymbol{J}_2^k(\lambda_2),\cdots,\boldsymbol{J}_s^k(\lambda_s)),$$

其中 λ_1，λ_2，$\cdots$，λ_s 是的 $\boldsymbol{A}$ 特征值. 显然，$\boldsymbol{J}^k\to\boldsymbol{O}$ 的充要条件是 $\boldsymbol{J}_i^{(k)}(\lambda_i)\to\boldsymbol{O}$. 经计算可得

$$\boldsymbol{J}_i^k(\lambda_i)=\left\{\begin{matrix} g(\lambda_i) & g'(\lambda_i) & \cdots & \dfrac{g^{(r_i-1)(\lambda_i)}}{(r_i-1)!} \\ 0 & g(\lambda_i) & \cdots & \dfrac{g^{(r_i-2)}(\lambda_i)}{(r_i-2)!} \\ \vdots & \vdots & & \vdots \\ 0 & 0 & \cdots & g'(\lambda_i) \\ 0 & 0 & \cdots & g(\lambda_i) \end{matrix}\right\}$$

因此当$|\lambda_i|<1$ 时，有 $\boldsymbol{J}_i^k(\lambda_i)\to\boldsymbol{O}\quad(k=1,\ 2,\ \cdots,\ s)$.

反之，若有某个特征值$|\lambda_j|\geqslant 1$，则 λ_j^k 不趋于零，所以 $\boldsymbol{J}_j^k(\lambda_j)$ 不趋于零矩阵. 从而可知 $\boldsymbol{J}^k$ 也不趋于零矩阵，这与 $\boldsymbol{J}^k\to\boldsymbol{O}$ 的假设矛盾. 因此 $\boldsymbol{J}^k\to\boldsymbol{O}$ 的充要条件是$|\lambda_i|<1(i=1,\ 2,\ \cdots,\ s)$.

推论 2.3.1 $\boldsymbol{A}^k\to\boldsymbol{O}(k\to\infty)$ 的充分条件是只要有一种矩阵范数$\|\cdot\|$，使$\|\boldsymbol{A}\|<1$.

证 因为$\rho(\boldsymbol{A})\leqslant\|\boldsymbol{A}\|<1$，再由定理2.2.2，可得$\boldsymbol{A}^{(k)}\to\boldsymbol{O}$.

例2.3.1 判断$\boldsymbol{A}=\begin{pmatrix}0.1 & 0.7\\ 0.3 & 0.6\end{pmatrix}$是否为收敛矩阵.

解 因为$\|\boldsymbol{A}\|_1=0.7<1$，所以$\boldsymbol{A}$是收敛矩阵.

2.4 矩阵级数

在高等数学中，有关数项级数和函数项级数的理论占有重要地位．现在我们以矩阵序列敛散性理论作为基础，来讨论矩阵级数，特别是建立矩阵函数级数的基础——矩阵幂级数．首先来介绍矩阵幂级数的概念.

定义2.4.1 设$\{\boldsymbol{A}_k\}$（$k=1，2，\cdots$）为$\mathbf{C}^{m\times n}$上的矩阵序列，称下列无穷项和

$$\boldsymbol{A}_0+\boldsymbol{A}_1+\boldsymbol{A}_2+\cdots+\boldsymbol{A}_k+\cdots$$

为矩阵级数，记为$\sum_{k=0}^{\infty}\boldsymbol{A}_k$，即有

$$\sum_{k=0}^{\infty}\boldsymbol{A}_k=\boldsymbol{A}_0+\boldsymbol{A}_1+\boldsymbol{A}_2+\cdots+\boldsymbol{A}_k+\cdots \tag{2.4.1}$$

定义2.4.2 记$\boldsymbol{S}^{(N)}=\sum_{k=0}^{N}\boldsymbol{A}_k$，称其为矩阵级数(2.4.1)的部分和，如果矩阵序列$\{\boldsymbol{S}^{(N)}\}$收敛，且有极限$\boldsymbol{S}$，即有$\lim_{N\to\infty}\boldsymbol{S}^{(N)}=\boldsymbol{S}$. (2.4.2)

那么就称矩阵级数(2.4.1)收敛，而且有和$\boldsymbol{S}$，记为

$$\boldsymbol{S}=\sum_{k=0}^{\infty}\boldsymbol{A}^{(k)} \tag{2.4.3}$$

不收敛的矩阵级数称为是发散的.

注 和$\boldsymbol{S}=\sum_{k=0}^{\infty}\boldsymbol{A}^{(k)}$指的是$\sum_{k=0}^{\infty}a_{ij}^{(k)}=S_{ij}(i=1，2，\cdots，m；j=1，2，\cdots，n)$.

这里，S_{ij}是$\boldsymbol{S}$的第i行第j列的元素．所以矩阵$\sum_{k=0}^{\infty}\boldsymbol{A}_k$收敛相当于$mn$个数值级数$\sum_{k=0}^{\infty}a_{ij}^{k}1\leqslant i\leqslant m,1\leqslant j\leqslant n$都收敛（其中$a_{ij}^{k}$代表矩阵$\boldsymbol{A}_k$的第$i$行，第$j$列上的元素），且若$mn$个数值级数$\sum_{k=0}^{\infty}|a_{ij}^{k}|1\leqslant i\leqslant m,1\leqslant j\leqslant n$都绝对收敛，则称矩阵级数$\sum_{k=0}^{\infty}\boldsymbol{A}_k$绝对收敛.另外矩阵级数$\sum_{k=0}^{\infty}\boldsymbol{A}_k$发散当且仅当$mn$个数值级数$\sum_{k=0}^{\infty}(A_k)1\leqslant i\leqslant m,1\leqslant j\leqslant n$中至少有一个发散.

例2.4.1 已知

$$\boldsymbol{A}_k=\begin{pmatrix}\dfrac{1}{2^k} & \dfrac{\pi}{3\times4^k}\\ 0 & \dfrac{1}{k(k+1)}\end{pmatrix}\quad(k=1,2,\cdots),$$

讨论矩阵级数$\sum_{k=1}^{\infty}\boldsymbol{A}^{(k)}$的收敛性.

解 先求部分和

$$S_N = \sum_{k=1}^{N} A_k = \begin{pmatrix} \sum_{k=1}^{N} \frac{1}{2^k} & \sum_{k=1}^{N} \frac{\pi}{3\times 4^k} \\ 0 & \sum_{k=1}^{N} \frac{1}{k(k+1)} \end{pmatrix} = \begin{pmatrix} 1-\left(\frac{1}{2}\right)^N & \frac{\pi}{9}\left[1-\left(\frac{1}{4}\right)^N\right] \\ 0 & \frac{N}{N+1} \end{pmatrix},$$

则

$$S = \lim_{N\to\infty} S_N = \begin{pmatrix} 1 & \pi/9 \\ 0 & 1 \end{pmatrix}.$$

所以矩阵级数 $\sum_{k=1}^{\infty} A_k$ 收敛，其和为$\begin{pmatrix} 1 & \pi/9 \\ 0 & 1 \end{pmatrix}$.

接下来介绍收敛的矩阵级数的性质：

性质 2.4.1 若 $\mathbf{C}^{m\times n}$上的矩阵级数 $\sum_{k=1}^{\infty} A^{(k)}$ ，$\sum_{k=1}^{\infty} B^{(k)}$ 均收敛，其和分别为 S_1，S_2，则

（1）$\lim_{k\to\infty} A_k = 0$，$\lim_{k\to\infty} B_k = 0$；

（2）对任意 λ，$\mu\in C$，有$\lim_{k\to\infty}(\lambda A_k + \mu B_k) = \lambda A + \mu B$；

（3）对任意 $P\in\mathbf{C}^{m\times m}$，$Q\in\mathbf{C}^{n\times n}$，有$\lim_{k\to\infty} PA_kQ = PAQ$.

定理 2.4.1 矩阵级数 $\sum_{k=0}^{\infty} A_k$ 绝对收敛的充要条件是正项级数 $\sum_{k=0}^{\infty} \|A^{(k)}\|$ 收敛，其中 $\|\cdot\|$ 是 $C^{m\times n}$上的任意一种矩阵范数.

证明（必要性） 若矩阵级数 $\sum_{k=0}^{\infty} A^{(k)}$ 是绝对收敛的，即 $m\times n$ 个数项级 $\sum_{k=0}^{\infty} a_{ij}^{k}(i=1$，$2$，…，$m$，$j=1$，$2$，…，$n$）是绝对收敛的. 从而对应的部分和数列 $\sum_{k=0}^{N} |a_{ij}^{(k)}|$ 有界，故存在正数 M_{ij}，使得

$$\sum_{k=0}^{N} |a_{ij}^{(k)}| < M_{ij} \quad (N\geqslant 0; i=1,2,\cdots,m; j=1,2,\cdots,n),$$

令

$$M = \max\{M_{ij} \mid i=1,2,\cdots,m; j=1,2,\cdots,n\}.$$

所以有

$$\sum_{k=0}^{N} \|A^{(k)}\|_{m_1} = \sum_{k=0}^{N}\left(\sum_{i=1}^{m}\sum_{j=1}^{n} |a_{ij}^{(k)}|\right) < mnM.$$

因此 $\sum_{k=0}^{N} \|A^{(k)}\|_{m_1}$ 为收敛级数. 由矩阵范数的等价性和正项级数的比较判别法知，$\sum_{k=0}^{\infty} \|A^{(k)}\|$ 为收敛级数.

反之，如果 $\sum_{k=0}^{\infty} \|A^{(k)}\|$ 收敛，则 $\sum_{k=0}^{N} \|A^{(k)}\|_{m_1}$ 收敛，那么由

$$|a_{ij}^{(k)}| \leqslant \|A^{(k)}\|_{m_1} \quad (i=1,2,\cdots,m; j=1,2,\cdots,n),$$

所以 mn 个数项级数 $\sum_{k=0}^{N} a_{ij}^{(k)}$ 都是绝对收敛的.

注 绝对收敛的矩阵级数一定收敛.

接下来讨论一类特殊的矩阵级数——矩阵幂级数.

定理 2.4.2 方阵 $\boldsymbol{A}$ 的幂级数

$$\sum_{k=0}^{\infty}\boldsymbol{A}^k=\boldsymbol{I}+\boldsymbol{A}+\boldsymbol{A}^2+\cdots+\boldsymbol{A}^k+\cdots \tag{2.4.4}$$

收敛的充要条件是 $\boldsymbol{A}$ 为收敛矩阵，并且在收敛时，其和为$(\boldsymbol{I}-\boldsymbol{A})^{-1}$.

证明（必要性） 设$(\boldsymbol{A}^k)_{ij}$代表矩阵 $\boldsymbol{A}^k$ 的第 i 行，第 j 列上的元素，则矩阵级数 $\sum\limits_{k=0}^{\infty}\boldsymbol{A}^k$ 收敛相当于每一个数项级数 $\sum\limits_{k=1}^{\infty}(\boldsymbol{A}^k)_{ij}$ 收敛，而 $\sum\limits_{k=1}^{\infty}(\boldsymbol{A}^k)_{ij}$ 收敛的必要条件是其一般项$(\boldsymbol{A}^k)_{ij}\to 0$. 即矩阵级数 $\sum\limits_{k=0}^{\infty}\boldsymbol{A}^k$ 收敛的必要条件是矩阵序列 $\boldsymbol{A}^k=((\boldsymbol{A}^k)_{ij})\to 0$，即 $\boldsymbol{A}$ 为收敛矩阵.

（**充分性**）设 $\boldsymbol{A}$ 为收敛矩阵，即当 $k\to\infty$ 时，$\boldsymbol{A}^k\to 0$，再由定理 2.3.3 知 $\boldsymbol{A}$ 的特征值的模小于1. 因此矩阵 $\boldsymbol{I}-\boldsymbol{A}$ 的特征值都大于零，所以矩阵 $\boldsymbol{I}-\boldsymbol{A}$ 可逆，从而$(\boldsymbol{I}-\boldsymbol{A})^{-1}$存在. 又因为

$$(\boldsymbol{I}+\boldsymbol{A}+\boldsymbol{A}^2+\cdots+\boldsymbol{A}^k)(\boldsymbol{I}-\boldsymbol{A})=\boldsymbol{I}-\boldsymbol{A}^{k+1},$$

两边同乘以$(\boldsymbol{I}-\boldsymbol{A})^{-1}$得

$$\boldsymbol{I}+\boldsymbol{A}+\boldsymbol{A}^2+\cdots+\boldsymbol{A}^k=(\boldsymbol{I}-\boldsymbol{A})^{-1}-\boldsymbol{A}^{k+1}(\boldsymbol{I}-\boldsymbol{A})^{-1}.$$

又因为当 $k\to\infty$ 时，$\boldsymbol{A}^{k+1}(\boldsymbol{I}-\boldsymbol{A})^{-1}\to 0$，所以

$$\boldsymbol{I}+\boldsymbol{A}+\boldsymbol{A}^2+\cdots\boldsymbol{A}^k\to(\boldsymbol{I}-\boldsymbol{A})^{-1}.$$

接下来讨论矩阵幂级数的余项.

定理 2.4.3 设矩阵 $\boldsymbol{A}\in\mathbf{C}^{n\times n}$，$\|\cdot\|$是 $\mathbf{C}^{n\times n}$上的某种矩阵范数，若有$\|\boldsymbol{A}\|<1$，则对任何非负整数 k，有

$$\|(\boldsymbol{I}-\boldsymbol{A})^{-1}-(\boldsymbol{I}+\boldsymbol{A}+\boldsymbol{A}^2+\cdots+\boldsymbol{A}^k)\|\leqslant\frac{\|\boldsymbol{A}\|^{k+1}}{1-\|\boldsymbol{A}\|}.$$

证 因为$\|\boldsymbol{A}\|<1$，所以 $\boldsymbol{A}$ 为收敛矩阵，所以$(\boldsymbol{I}-\boldsymbol{A})^{-1}$存在，并且

$$(\boldsymbol{I}-\boldsymbol{A})^{-1}-(\boldsymbol{I}+\boldsymbol{A}+\boldsymbol{A}^2+\cdots+\boldsymbol{A}^k)=\sum_{i=k+1}^{\infty}\boldsymbol{A}^i,$$

由矩阵范数的三角不等式，及定理 2.4.2，得

$$\left\|\sum_{i=k+1}^{k+l}\boldsymbol{A}^j\right\|\leqslant\sum_{i=k+1}^{k+l}\|\boldsymbol{A}\|^i=\frac{\|\boldsymbol{A}\|^{k+1}}{1-\|\boldsymbol{A}\|}(1-\|\boldsymbol{A}\|^l),$$

所以

$$\left\|\sum_{i=k+1}^{\infty}\boldsymbol{A}^i\right\|=\lim_{l\to\infty}\left\|\sum_{i=k+1}^{k+l}\boldsymbol{A}^i\right\|\leqslant\frac{\|\boldsymbol{A}\|^{k+1}}{1-\|\boldsymbol{A}\|}.$$

接下来，给出矩阵幂级数的收敛性判别法.

定理 2.4.4 设 $\boldsymbol{A}\in\mathbf{C}^{n\times n}$，并且幂级数 $\sum\limits_{k=0}^{\infty}c_kz^k$ 的收敛半径为 r，则

(1) 若 $\rho(\boldsymbol{A})<r$，矩阵幂级数 $\sum\limits_{k=0}^{\infty}c_k\boldsymbol{A}^k$ 绝对收敛的；

(2) 若 $\rho(\boldsymbol{A})>r$，矩阵幂级数 $\sum\limits_{k=0}^{\infty}c_k\boldsymbol{A}^k$ 是发散的.

证明 (1) 当$\rho(\boldsymbol{A})<r$时，选取正数ε，使其满足$\rho(\boldsymbol{A})+\varepsilon<r$，因此存在一种矩阵范数$\|\cdot\|$，使得

$$\|\boldsymbol{A}\|\leqslant\rho(A)+\varepsilon$$

于是有

$$\|c_k\boldsymbol{A}^k\|\leqslant|c_k|\ \|\boldsymbol{A}\|^k\leqslant|c_k|(\rho(\boldsymbol{A})+\varepsilon)^k$$

因为$\rho(\boldsymbol{A})+\varepsilon<r$，所以$\sum\limits_{k=0}^{\infty}c_k(\rho(\boldsymbol{A})+\varepsilon)^k$绝对收敛，从而$\sum\limits_{k=0}^{\infty}\|c_k\boldsymbol{A}^k\|$收敛，并且$\sum\limits_{k=0}^{\infty}c_k\boldsymbol{A}^k$绝对收敛.

(2) 当$\rho(\boldsymbol{A})>r$时，设$\boldsymbol{A}$的n个特征值为λ_1，λ_2，…，λ_n，则有某个λ_l满足$|\lambda_l|>r$. 由 Jordan 分解定理知，存在可逆矩阵$\boldsymbol{P}$，使得

$$\boldsymbol{P}^{-1}\boldsymbol{AP}=\boldsymbol{J}=\begin{pmatrix}\lambda_1 & \delta_1 & & \\ & \lambda_2 & \ddots & \\ & & \ddots & \delta_{n-1} \\ & & & \lambda_n\end{pmatrix}\quad \delta_i=0\text{ 或 }1,$$

而$\sum\limits_{k=0}^{\infty}c_k\boldsymbol{J}^k$的对角线元素为$\sum\limits_{k=0}^{\infty}c_k\lambda_i^k(i=1,2,\cdots,n)$. 因为$|\lambda_l|>r$，所以$\sum\limits_{k=0}^{\infty}c_k\lambda_l^k$发散，从而$\sum\limits_{k=0}^{\infty}c_k\boldsymbol{J}^k$发散. 所以$\sum\limits_{k=0}^{\infty}c_k\boldsymbol{A}^k=\sum\limits_{k=0}^{\infty}c_k\boldsymbol{PB}^k\boldsymbol{P}^{-1}$也发散.

推论 2.4.1 如果幂级数$\sum\limits_{k=0}^{\infty}c_kz^k$在整个复平面上是收敛的，那么对任意矩阵$\boldsymbol{A}\in\mathbf{C}^{n\times n}$，矩阵幂级数$\sum\limits_{k=0}^{\infty}c_k\boldsymbol{A}^k$总是绝对收敛的.

推论 2.4.2 如果幂级数$\sum\limits_{k=0}^{\infty}c_kz^k$的收敛半径为$R$，$\boldsymbol{A}\in\mathbf{C}^{n\times n}$，且存在$\mathbf{C}^{n\times n}$上的某种矩阵范数$\|\cdot\|$使得$\|\boldsymbol{A}\|<R$，则矩阵幂级数幂级数$\sum\limits_{k=0}^{\infty}c_k\boldsymbol{A}^k$总是绝对收敛的.

例 2.4.2 讨论矩阵幂级数$\sum\limits_{k=1}^{\infty}\dfrac{1}{k^2}\boldsymbol{A}^k$的敛散性，其中$\boldsymbol{A}=\begin{pmatrix}-1 & 0 & -1\\ 1 & 2 & 0\\ -4 & 0 & 3\end{pmatrix}$.

解 求得$\boldsymbol{A}$的特征值为$\lambda_1=\lambda_2=1$，$\lambda_3=2$，则$\rho(\boldsymbol{A})=2$，又因为$\sum\limits_{k=1}^{\infty}\dfrac{1}{k^2}z^k$的收敛半径为$R=1$，所以$\rho(\boldsymbol{A})>R$，故矩阵幂级数$\sum\limits_{k=1}^{\infty}\dfrac{1}{k^2}\boldsymbol{A}^k$发散.

例 2.4.3 讨论矩阵幂级数$\sum\limits_{k=1}^{\infty}\dfrac{1}{k^2}\boldsymbol{A}^k$的敛散性，其中$\boldsymbol{A}=\begin{pmatrix}0.1 & 5 & -1\\ 0 & 0.2 & 6\\ 0 & 0 & 0.4\end{pmatrix}$.

解 求得$\boldsymbol{A}$的特征值为$\lambda_1=0.1$，$\lambda_2=0.2$，$\lambda_3=0.4$，则$\rho(\boldsymbol{A})=0.4$，又因为$\sum\limits_{k=1}^{\infty}\dfrac{1}{k^2}z^k$的收敛半径$R=1$，所以$\rho(\boldsymbol{A})<R$，故矩阵幂级数$\sum\limits_{k=1}^{\infty}\dfrac{1}{k^2}\boldsymbol{A}^k$收敛.

2.5 矩阵函数

矩阵函数是指定义在线性空间 $\mathbf{C}^n$ 上，取值也为 n 阶复矩阵的映射．本节介绍其概念和性质以及计算方法.

2.5.1 矩阵函数的定义与性质

定义 2.5.1 若一元函数 $f(z)$ 能够展开为 z 的幂级数

$$f(z) = \sum_{k=0}^{\infty} c_k z^k \quad (|z| < R) \tag{2.5.1}$$

其中 $R>0$ 表示该幂级数的收敛半径．且 n 阶矩阵 $\boldsymbol{A}$ 的谱半径 $\rho(\boldsymbol{A}) < r$ 时，称收敛的矩阵幂级数 $\sum_{k=0}^{\infty} c_k \boldsymbol{A}^k$ 的和为矩阵函数，记为 $f(\boldsymbol{A})$，即

$$f(\boldsymbol{A}) = \sum_{k=0}^{\infty} c_k \boldsymbol{A}^k.$$

下面介绍几个常见的矩阵函数.

由高等数学的知识，我们知道以下函数

$$\mathrm{e}^z = 1 + \frac{z}{1!} + \frac{z^2}{2!} + \frac{z^3}{3!} + \cdots$$

$$\cos z = 1 - \frac{z^2}{2!} + \frac{z^4}{4!} - \cdots$$

$$\sin z = z - \frac{z^3}{3!} + \frac{z^5}{5!} - \cdots$$

在整个复平面上都是收敛的．于是根据推论 2.4.2 可知，对任何矩阵 $\boldsymbol{A} \in \mathbf{C}^{n\times n}$，下面的矩阵幂级数

$$\boldsymbol{I} + \frac{1}{1!}\boldsymbol{A} + \frac{1}{2!}\boldsymbol{A}^2 + \frac{1}{3!}\boldsymbol{A}^3 + \cdots$$

$$\boldsymbol{I} - \frac{1}{2!}\boldsymbol{A}^2 + \frac{1}{4!}\boldsymbol{A}^4 - \cdots$$

$$\boldsymbol{A} - \frac{1}{3!}\boldsymbol{A}^3 + \frac{1}{5!}\boldsymbol{A}^5 - \cdots$$

都是绝对收敛的，因此它们都有和，其和为

$$\begin{aligned}
\mathrm{e}^{\boldsymbol{A}} &= \boldsymbol{I} + \frac{1}{1!}\boldsymbol{A} + \frac{1}{2!}\boldsymbol{A}^2 + \frac{1}{3!}\boldsymbol{A}^3 + \cdots \\
\cos\boldsymbol{A} &= \boldsymbol{I} - \frac{1}{2!}\boldsymbol{A}^2 + \frac{1}{4!}\boldsymbol{A}^4 - \cdots \\
\sin\boldsymbol{A} &= \boldsymbol{A} - \frac{1}{3!}\boldsymbol{A}^3 + \frac{1}{5!}\boldsymbol{A}^5 - \cdots
\end{aligned} \tag{2.5.2}$$

仿照高等数学的说法，称 $\mathrm{e}^{\boldsymbol{A}}$ 为指数函数，$\cos\boldsymbol{A}$，$\sin\boldsymbol{A}$ 为三角函数．由以上定义可以看出下面结论：

$$
\begin{cases}
e^{jA}=\cos A+j\sin A\,(j=\sqrt{-1}),\\
\cos A=\dfrac{1}{2}(e^{jA}+e^{-jA}),\\
\sin A=\dfrac{1}{2j}(e^{jA}-e^{-jA}),\\
\cos(-A)=\cos A,\\
\sin(-A)=-\sin A.
\end{cases}
$$

例 2.5.1 已知 $\boldsymbol{A}=\begin{pmatrix}1 & 0\\ 0 & 0\end{pmatrix}$，$\boldsymbol{B}=\begin{pmatrix}0 & 1\\ 0 & 0\end{pmatrix}$，分别求 $e^{\boldsymbol{A}}$，$e^{\boldsymbol{B}}$及 $e^{\boldsymbol{A}+\boldsymbol{B}}$.

解 因为 $\boldsymbol{A}^2=\boldsymbol{A}$，对于一切正整数 k，有 $\boldsymbol{A}^k=\boldsymbol{A}$，故

$$
e^{\boldsymbol{A}}=\boldsymbol{I}+\boldsymbol{A}+\cdots+\frac{\boldsymbol{A}}{m!}+\cdots=\begin{pmatrix}1 & 0\\ 0 & 1\end{pmatrix}+\sum_{m=1}^{\infty}\begin{pmatrix}\dfrac{1}{m!} & 0\\ 0 & 0\end{pmatrix}=\begin{pmatrix}e & 0\\ 0 & 1\end{pmatrix}.
$$

对于矩阵 $\boldsymbol{B}$，由于 $\boldsymbol{B}^2=\boldsymbol{O}$，故

$$
e^{\boldsymbol{B}}=\boldsymbol{I}+\boldsymbol{B}=\begin{pmatrix}1 & 1\\ 0 & 1\end{pmatrix}.
$$

对于矩阵 $\boldsymbol{A}+\boldsymbol{B}=\begin{pmatrix}1 & 1\\ 0 & 0\end{pmatrix}$，由于$(\boldsymbol{A}+\boldsymbol{B})^2=\boldsymbol{A}+\boldsymbol{B}$，故

$$
e^{\boldsymbol{A}+\boldsymbol{B}}=\boldsymbol{I}+\sum_{m=1}^{\infty}\frac{\boldsymbol{A}+\boldsymbol{B}}{m!}=\begin{pmatrix}1 & 0\\ 0 & 1\end{pmatrix}+\sum_{m=1}^{\infty}\begin{pmatrix}\dfrac{1}{m!} & \dfrac{1}{m!}\\ 0 & 0\end{pmatrix}=\begin{pmatrix}e & e-1\\ 0 & 1\end{pmatrix}.
$$

注 在高等数学中指数函数具有运算规则 $e^{z_1}e^{z_2}=e^{z_2}e^{z_1}=e^{z_1+z_2}$，但是在矩阵分析中 $e^{\boldsymbol{A}}e^{\boldsymbol{B}}=e^{\boldsymbol{B}}e^{\boldsymbol{A}}=e^{\boldsymbol{A}+\boldsymbol{B}}$一般不再成立．如上例中 $e^{\boldsymbol{A}+\boldsymbol{B}}=\begin{pmatrix}e & e-1\\ 0 & 1\end{pmatrix}$，但 $e^{\boldsymbol{A}}+e^{\boldsymbol{B}}=\begin{pmatrix}e+1 & 1\\ 0 & 2\end{pmatrix}$.

例 2.5.2 设函数 $f(z)=\dfrac{1}{1+z}(|z|<1)$，求矩阵函数 $f(\boldsymbol{A})$.

解 因为

$$
f(z)=\frac{1}{1+z}=\sum_{z=0}^{\infty}(-z)^k\quad(|z|<1),
$$

若当方阵 $\boldsymbol{A}$ 的谱半径 $\rho(\boldsymbol{A})<1$ 时有

$$
f(\boldsymbol{A})=\sum_{k=0}^{\infty}(-\boldsymbol{A})^k,
$$

利用定理 2.4.2 可得 $f(\boldsymbol{A})=(\boldsymbol{I}+\boldsymbol{A})^{-1}$.

当矩阵比较复杂时，直接利用矩阵幂级数来求矩阵函数很麻烦. 下面集中介绍矩阵函数的求法.

2.5.2 矩阵函数值的求法

1. 对角形法

设矩阵 $\boldsymbol{A}$ 可相似于对角矩阵 $\boldsymbol{\Lambda}$，由线性代数的知识可知，一定存在可逆矩阵 $\boldsymbol{P}$，使得

$$P^{-1}AP=\begin{pmatrix}\lambda_1 & & \\ & \ddots & \\ & & \lambda_n\end{pmatrix}.$$

也就是 $A=P\Lambda P^{-1}$，进而 $A^2=P^2\Lambda P^{-1}$，…，于是可得

$$\sum_{k=0}^{N}c_kA^k=\sum_{k=0}^{N}c_kP^k\Lambda P^{-1}=P\cdot\sum_{k=0}^{N}c_k\Lambda^k\cdot P^{-1}=P\begin{pmatrix}\sum\limits_{k=0}^{N}c_k\lambda_1^k & & \\ & \ddots & \\ & & \sum\limits_{k=0}^{N}c_k\lambda_n^k\end{pmatrix}P^{-1},$$

从而

$$f(A)=\sum_{k=0}^{\infty}c_kA^k=P\begin{pmatrix}\sum\limits_{k=0}^{\infty}c_k\lambda_1^k & & \\ & \ddots & \\ & & \sum\limits_{k=0}^{\infty}c_k\lambda_n^k\end{pmatrix}P^{-1}=P\begin{pmatrix}f(\lambda_1) & & \\ & \ddots & \\ & & f(\lambda_n)\end{pmatrix}P^{-1}.$$

从以上推导过程可以看出,若矩阵 A 可以对角化,则可以将矩阵函数转化为求与之相似的对角阵的函数问题.

例2.5.3 设 $A=\begin{pmatrix}4 & 6 & 0\\ -3 & -5 & 0\\ -3 & -6 & 1\end{pmatrix}$，求 e^A，$e^{tA}(t\in\mathbf{R})$及 $\cos A$.

解 (1) 先求矩阵 A 的特征值，得 $\lambda_2=\lambda_3=1$，$\lambda_1=-2$.

(2) 首先求乱世阵 A 的特征向量，$\lambda_2=\lambda_3=1$ 对应的两个线性无关的特征向量为 $p_2=(-2,1,0)^T$，$p_3=(0,0,1)^T$. $\lambda_1=-2$ 对应的特征向量为 $p_1=(-1,1,1)^T$，所以矩阵 A 可以对角化. 构造矩阵

$$P=(p_1,p_2,p_3)=\begin{pmatrix}-1 & -2 & 0\\ 1 & 1 & 0\\ 1 & 0 & 1\end{pmatrix}$$

求得 $P^{-1}=\begin{pmatrix}1 & 2 & 0\\ -1 & -1 & 0\\ -1 & -2 & 1\end{pmatrix}$，则 $P^{-1}AP=\begin{pmatrix}-2 & & \\ & 1 & \\ & & 1\end{pmatrix}$.

因此 $e^A=P\begin{pmatrix}e^{-2} & & \\ & e & \\ & & e\end{pmatrix}P^{-1}\begin{pmatrix}2e-e^{-2} & 2e-2e^{-2} & 0\\ e^{-2}-e & 2e^{-2}-e & 0\\ e^{-2}-e & 2e^{-2}-2e & e\end{pmatrix}$,

$$e^{tA}=P\begin{pmatrix}e^{-2t} & & \\ & e^t & \\ & & e^t\end{pmatrix}P^{-1}=\begin{pmatrix}2e^t-e^{-2t} & 2e^t-2e^{-2t} & 0\\ e^{-2t}-e^t & 2e^{-2t}-e^t & 0\\ e^{-2t}-e^t & 2e^{-2t}-2e^t & e^t\end{pmatrix},$$

$$\cos\boldsymbol{A}=\boldsymbol{P}\begin{pmatrix}\cos(-2) & & \\ & \cos1 & \\ & & \cos1\end{pmatrix}\boldsymbol{P}^{-1}=\begin{pmatrix}2\cos1-\cos2 & 2\cos1-2\cos2 & 0\\ \cos2-\cos1 & 2\cos2-\cos1 & 0\\ \cos2-\cos1 & 2\cos2-2\cos1 & \cos1\end{pmatrix}.$$

对角形法只适用于可对角化矩阵，若矩阵不能对角化，自然要考虑采用其若当标准形.

2. Jordan 标准形法

设 $\boldsymbol{A}$ 的 Jordan 标准形为 $\boldsymbol{J}$，则存在可逆矩阵 $\boldsymbol{P}$，使得

$$\boldsymbol{P}^{-1}\boldsymbol{A}\boldsymbol{P}=\boldsymbol{J}=\begin{pmatrix}\boldsymbol{J}_1 & & \\ & \ddots & \\ & & \boldsymbol{J}_s\end{pmatrix}.$$

其中，

$$\boldsymbol{J}_i=\begin{pmatrix}\lambda_i & 1 & & \\ & \ddots & \ddots & \\ & & \lambda_i & 1\\ & & & \lambda_i\end{pmatrix}_{n_i} i=1,2,\cdots,s,\ \sum_{i=1}^{s}n_i=n,$$

则，$\boldsymbol{A}^k=\boldsymbol{P}\boldsymbol{J}^k\boldsymbol{P}^{-1}=\boldsymbol{P}\mathrm{diag}(\boldsymbol{J}_1^k,\ \boldsymbol{J}_2^k,\ \cdots,\ \boldsymbol{J}_s^k)\ \boldsymbol{P}^{-1}$

$$\begin{aligned}f(\boldsymbol{A})&=\sum_{k=0}^{\infty}a_k\boldsymbol{A}^k=\boldsymbol{P}\mathrm{diag}\left(\sum_{k=0}^{\infty}a_k\boldsymbol{J}_1^k,\sum_{k=0}^{\infty}a_k\boldsymbol{J}_2^k,\cdots,\sum_{k=0}^{\infty}a_k\boldsymbol{J}_s^k\right)\boldsymbol{P}^{-1}\\&=\boldsymbol{P}\mathrm{diag}(f(\boldsymbol{J}_1),f(\boldsymbol{J}_2),\cdots,f(\boldsymbol{J}_s))\boldsymbol{P}^{-1},\end{aligned}$$

经计算整理，可得

$$f(\boldsymbol{J}_i)=\begin{pmatrix}f(\lambda_i) & f'(\lambda_i) & \frac{1}{2!}f^{(2)}(\lambda_i) & \cdots & \frac{1}{(n_i-1)!}f^{(n_i-1)(\lambda_i)}\\ & f(\lambda_i) & f'(\lambda_i) & \ddots & \vdots\\ & & f(\lambda_i) & \ddots & \frac{1}{2!}f^{(2)}(\lambda_i)\\ & & & \ddots & f'(\lambda_i)\\ & & & & f(\lambda_i)\end{pmatrix},$$

从而可求出矩阵函数 $f(\boldsymbol{A})$.

例 2.5.4 设 $\boldsymbol{J}=\begin{pmatrix}-1 & 1 & 0\\ 0 & -1 & 1\\ 0 & 0 & -1\end{pmatrix}$，求 $\mathrm{e}^{\boldsymbol{J}}$，$\cos(\boldsymbol{J})$.

解 设 $f(x)=\mathrm{e}^x$，则 $f'(x)=f''(x)=\mathrm{e}^x$，$\boldsymbol{J}$ 是一个 Jordan 块，$\lambda=-1$.

则 $\mathrm{e}^{\boldsymbol{J}}=\begin{pmatrix}\mathrm{e}^{-1} & \mathrm{e}^{-1} & \frac{1}{2}\mathrm{e}^{-1}\\ & \mathrm{e}^{-1} & \mathrm{e}^{-1}\\ & & \mathrm{e}^{-1}\end{pmatrix}$.

类似地，

$$\cos \boldsymbol{J}=\begin{pmatrix}\cos(-1) & -\sin(-1) & -\frac{1}{2}\cos(-1)\\ & \cos(-1) & -\sin(-1)\\ & & \cos(-1)\end{pmatrix}=\begin{pmatrix}\cos(1) & \sin(1) & -\frac{1}{2}\cos(1)\\ & \cos(1) & \sin(1)\\ & & \cos(1)\end{pmatrix}.$$

例 2.5.5 设 $\boldsymbol{A}=\begin{pmatrix}3 & 1 & -1\\ 1 & 2 & -1\\ 2 & 1 & 0\end{pmatrix}$，求 $e^{\boldsymbol{A}}$.

解 经计算得，矩阵 $\boldsymbol{A}$ 的 Jordan 标准形为

$$\boldsymbol{J}=\begin{pmatrix}1 & 0 & 0\\ 0 & 2 & 1\\ 0 & 0 & 2\end{pmatrix},$$

相似变换矩阵为

$$\boldsymbol{P}=\begin{pmatrix}0 & 1 & 1\\ 1 & 0 & 1\\ 1 & 1 & 1\end{pmatrix}.$$

设 $f(x)=e^x$，则 $f'(x)=e^x$. 因此

$$e^{\boldsymbol{A}}=\boldsymbol{P}\begin{pmatrix}e & 0 & 0\\ & e^2 & e^2\\ & & e^2\end{pmatrix}\boldsymbol{P}^{-1}.$$

用 Jordan 标准形法求矩阵函数，需要先求 Jordan 标准形和相似变换矩阵，所以计算过程往往比较繁琐.

3. 待定系数法

设 n 阶矩阵 $\boldsymbol{A}$ 的最小多项式为

$$m(\lambda)=(\lambda-\lambda_1)^{n_1}(\lambda-\lambda_2)^{n_2}\cdots(\lambda-\lambda_s)^{n_s},$$

设 $f(z)=\sum_{k=0}^{\infty}c_kz^k=m(z)g(z)+r(z)$，其中 $r(z)$ 是比 $m(\lambda)$ 次数低的多项式，于是可由

$$\begin{aligned}&f^{(l)}(\lambda_1)=r^{(l)}(\lambda_1)\quad(l=0,1,\cdots,n_1-1)\\&f^{(l)}(\lambda_2)=r^{(l)}(\lambda_2)\quad(l=0,1,\cdots,n_2-1)\\&\qquad\vdots\\&f^{(l)}(\lambda_s)=r^{(l)}(\lambda_s)\quad(l=0,1,\cdots,n_s-1)\end{aligned}$$

确定出 $r(z)$. 利用 $m(\boldsymbol{A})=0$ 可得

$$f(\boldsymbol{A})=\sum_{k=0}^{\infty}c_k\boldsymbol{A}^k=r(\boldsymbol{A}).$$

注 上述方法中，若最小多项式不好求的话，也可用特征多项式 $|\lambda\boldsymbol{E}-\boldsymbol{A}|$ 代替.

例 2.5.6 设 $\boldsymbol{A}=\begin{pmatrix}2 & 0 & 0\\ 1 & 1 & 1\\ 1 & -1 & 3\end{pmatrix}$，求 $e^{\boldsymbol{A}}$ 与 $e^{t\boldsymbol{A}}(t\in\mathbf{R})$.

解 (1) 先求出矩阵 $\boldsymbol{A}$ 的最小多项式 $m(\lambda)=(\lambda-2)^2$.

然后设 $f(\lambda)=e^{\lambda}=\varphi(\lambda)g(\lambda)+(a+b\lambda)$，则有

$$\begin{cases} f(2)=e^2, \\ f'(2)=e^2, \end{cases} \quad \text{即} \quad \begin{cases} a+2b=e^2, \\ b=e^2, \end{cases}$$

解此方程组得 $a=-e^2$，$b=e^2$. 所以 $r(\lambda)=e^2(\lambda-1)$，从而

$$e^A=f(\boldsymbol{A})=r(\boldsymbol{A})=e^2(\boldsymbol{A}-\boldsymbol{I})=e^2\begin{pmatrix}1&0&0\\1&0&1\\1&-1&2\end{pmatrix}.$$

（2）设 $f(\lambda)=e^{t\lambda}=\varphi(\lambda)g(\lambda)+(a+b\lambda)$，则有

$$\begin{cases} f(2)=e^{2t}, \\ f'(2)=te^{2t}, \end{cases} \quad \text{即} \quad \begin{cases} a+2b=e^{2t}, \\ b=te^{2t}, \end{cases}$$

解此方程组得 $a=(1-2t)e^{2t}$，$b=te^{2t}$，于是 $r(\lambda)=e^{2t}[(1-2t)+t\lambda]$，从而

$$e^{tA}=f(\boldsymbol{A})=r(\boldsymbol{A})=e^{2t}[(1-2t)\boldsymbol{I}+t\boldsymbol{A}]=e^{2t}\begin{pmatrix}1&0&0\\t&1-t&t\\t&-t&1+t\end{pmatrix}.$$

前面是用幂级数展开定义的矩阵函数，如果 $f(z)$ 不能展开为收敛的幂级数，该怎样定义矩阵函数呢？接下来给出此种函数的定义.

2.5.3 矩阵函数的另一定义

定义 2.5.2 设 $\boldsymbol{A}\in \mathbf{C}^{n\times n}$ 的 Jordan 标准形为 $\boldsymbol{J}$，即有可逆矩阵 $\boldsymbol{P}$，使得

$$\boldsymbol{P}^{-1}\boldsymbol{AP}=\boldsymbol{J}=\mathrm{diag}(\boldsymbol{J}_1,\boldsymbol{J}_2,\cdots,\boldsymbol{J}_s)$$

其中

$$\boldsymbol{J}_i=\begin{pmatrix}\lambda_i&1&&\\&\ddots&\ddots&\\&&\lambda_i&1\\&&&\lambda_i\end{pmatrix}_{n_i} \quad \left(i=1,2,\cdots,s,\sum_{i=1}^{s}n_i=n\right).$$

如果函数 $f(z)$ 在 λ_i 处具有直到 n_i-1 阶导数($i=1$，2，…，s)，令

$$f(\boldsymbol{J}_i)=\begin{pmatrix}f(\lambda_i)&\frac{1}{1!}f'(\lambda_i)&\cdots&\frac{1}{(m_i-1)!}f^{m_i-1}(\lambda_i)\\&f(\lambda_i)&\ddots&\vdots\\&&\ddots&\frac{1}{1!}f'(\lambda_i)\\&&&f(\lambda_i)\end{pmatrix},$$

称

$$f(\boldsymbol{A})=\boldsymbol{P}\mathrm{diag}(f(\boldsymbol{J}_1),f(\boldsymbol{J}_2),\cdots,f(\boldsymbol{J}_s))\boldsymbol{P}^{-1}$$

为与 $f(z)$ 对应的矩阵函数.

例 2.5.7 设 $f(z)=\dfrac{1}{z}$，$\boldsymbol{A}=\begin{pmatrix}2&1&0&0\\0&2&1&0\\0&0&2&1\\0&0&0&2\end{pmatrix}$，求 $f(\boldsymbol{A})$.

解 因为 $\boldsymbol{A}$ 是一个4阶 Jordan 块．经计算可得

$$\frac{1}{\boldsymbol{A}}=f(\boldsymbol{A})=\begin{pmatrix} f(2) & f'(2) & \frac{1}{2}f''(2) & \frac{1}{6}f'''(2) \\ & f(2) & f'(2) & \frac{1}{2}f''(2) \\ & & f(2) & f'(2) \\ & & & f(2) \end{pmatrix}=\begin{pmatrix} \frac{1}{2} & -\frac{1}{4} & \frac{1}{8} & -\frac{1}{16} \\ & \frac{1}{2} & -\frac{1}{4} & \frac{1}{8} \\ & & \frac{1}{2} & -\frac{1}{4} \\ & & & \frac{1}{2} \end{pmatrix}.$$

例 2.5.8 设 $f(z)=\sqrt{z}$，$\boldsymbol{A}=\begin{pmatrix} 1 & 1 & 0 \\ & 1 & 0 \\ & & 2 \end{pmatrix}$，求 $f(\boldsymbol{A})$．

解 $\boldsymbol{A}$ 是 Jordan 标准形，它的两个 Jordan 块为 $\boldsymbol{J}_1=\begin{pmatrix} 1 & 1 \\ 0 & 1 \end{pmatrix}$ 和 $\boldsymbol{J}_2=2$. 由式(2.5.1) 求得

$$f(\boldsymbol{J}_1)=\begin{pmatrix} f(1) & \frac{1}{2}f'(1) \\ 0 & f(1) \end{pmatrix}=\begin{pmatrix} 1 & \frac{1}{2} \\ 0 & 1 \end{pmatrix},\ f(\boldsymbol{J}_2)=f(2)=\sqrt{2},$$

所以 $\sqrt{\boldsymbol{A}}=f(\boldsymbol{A})=f(\boldsymbol{J})=\begin{pmatrix} f(\boldsymbol{J}_1) & \\ & f(\boldsymbol{J}_2) \end{pmatrix}=\begin{pmatrix} 1 & \frac{1}{2} & 0 \\ 0 & 1 & 0 \\ 0 & 0 & \sqrt{2} \end{pmatrix}$.

2.6 矩阵的微分和积分

在应用数学领域里，经常会用到以函数为元素的矩阵．以及这些矩阵的微分和积分问题. 本节就来介绍这些内容.

2.6.1 函数矩阵 $A(t)$ 的导数与积分

定义 2.6.1 以变量 t 的函数为元素的矩阵 $\boldsymbol{A}(t)=(a_{ij}(t))_{m\times n}$ 称为函数矩阵，其中 $a_{ij}(t)$ $(i=1, 2, \cdots, m; j=1, 2, \cdots, n)$ 都是变量 t 的函数. 如果每一个元素 $a_{ij}(t)$ 在 $[a, b]$ 上连续，可微，可积，则称函数矩阵 $\boldsymbol{A}(t)$ 在 $[a, b]$ 上连续，可微，可积. 当 $\boldsymbol{A}(t)$ 可微时，其导数(微商) 定义为

$$\boldsymbol{A}'(t)=\frac{\mathrm{d}}{\mathrm{d}t}\boldsymbol{A}(t)=\left(\frac{\mathrm{d}}{\mathrm{d}t}a_{ij}(t)\right)_{m\times n}.$$

由于 $\frac{\mathrm{d}}{\mathrm{d}t}\boldsymbol{A}(t)$ 仍然是一个矩阵，因此，当 $a_{ij}(t)$ 两次可微时，重复使用上面的定义，无疑可以定义二阶微商 $\frac{\mathrm{d}^2}{\mathrm{d}t^2}\boldsymbol{A}(t)$，而且对于更高阶微商也是同样地定义.

当 $\boldsymbol{A}(t)$ 可积时，定义其在 $[a, b]$ 上的积分为

$$\int_a^b \boldsymbol{A}(t)\,\mathrm{d}t=\int_a^b (a_{ij}(t))_{m\times n}\,\mathrm{d}t=\left(\int_a^b a_{ij}(t)\,\mathrm{d}t\right)_{m\times n}.$$

接下来介绍函数矩阵微积分的性质：

例 2.6.1 已知函数矩阵

$$\boldsymbol{A}(t)=\begin{pmatrix}\cos t & \sin t\\ -\sin t & \cos t\end{pmatrix},$$

求(1) $\left|\frac{\mathrm{d}\boldsymbol{A}(t)}{\mathrm{d}t}\right|$；(2) $\frac{\mathrm{d}\,|\boldsymbol{A}(t)|}{\mathrm{d}t}$；(3) $\frac{\mathrm{d}\boldsymbol{A}^{-1}(t)}{\mathrm{d}t}$.

解 (1) 因为$\frac{\mathrm{d}\boldsymbol{A}(t)}{\mathrm{d}t}=\begin{pmatrix}-\sin t & \cos t\\ -\cos t & -\sin t\end{pmatrix}$，所以$\left|\frac{\mathrm{d}\boldsymbol{A}(t)}{\mathrm{d}t}\right|=\begin{vmatrix}-\sin t & \cos t\\ -\cos t & -\sin t\end{vmatrix}=1$；

(2) 因为$|\boldsymbol{A}(t)|=1$，所以$\frac{\mathrm{d}\,|\boldsymbol{A}(t)|}{\mathrm{d}t}=0$；

(3) 因为$\boldsymbol{A}^{-1}(t)=\begin{pmatrix}\cos t & -\sin t\\ \sin t & \cos t\end{pmatrix}$，所以$\frac{\mathrm{d}\boldsymbol{A}^{-1}(t)}{\mathrm{d}t}=\begin{pmatrix}-\sin t & -\cos t\\ \cos t & -\sin t\end{pmatrix}$.

例 2.6.2 已知函数矩阵

$$\boldsymbol{A}(t)=\begin{pmatrix}\sin t & \cos t & t\\ \mathrm{e}^{t} & \mathrm{e}^{2t} & \mathrm{e}^{3t}\\ 0 & 1 & t^2\end{pmatrix},$$

求(1) $\boldsymbol{A}'(t)$；(2) $\int_0^1\boldsymbol{A}(t)\mathrm{d}t$.

解 (1)

$$\boldsymbol{A}'(t)=\begin{pmatrix}\cos t & -\sin t & 1\\ \mathrm{e}^{t} & 2\mathrm{e}^{2t} & 3\mathrm{e}^{3t}\\ 0 & 0 & 2t\end{pmatrix};$$

(2)

$$\int_0^1\boldsymbol{A}(t)\mathrm{d}t=\begin{pmatrix}1-\cos 1 & \sin 1 & \frac{1}{2}\\ \mathrm{e}^{1}-1 & \frac{1}{2}(\mathrm{e}^{2}-1) & \frac{1}{3}(\mathrm{e}^{3}-1)\\ 0 & 1 & \frac{1}{3}\end{pmatrix}.$$

性质 2.6.1 设$\boldsymbol{A}(t)$，$\boldsymbol{B}(t)$是定义在区间$[a,b]$上的两个可进行运算的矩阵函数，函数$k(t)$在区间$[a,b]$上可微，则以下的运算规则成立

(1) $\frac{\mathrm{d}}{\mathrm{d}t}(\boldsymbol{A}(t)\pm\boldsymbol{B}(t))=\frac{\mathrm{d}}{\mathrm{d}t}\boldsymbol{A}(t)\pm\frac{\mathrm{d}}{\mathrm{d}t}\boldsymbol{B}(t)$；

(2) $\frac{\mathrm{d}}{\mathrm{d}t}(\boldsymbol{A}(t)\boldsymbol{B}(t))=\frac{\mathrm{d}}{\mathrm{d}t}\boldsymbol{A}(t)\cdot\boldsymbol{B}(t)+\boldsymbol{A}(t)\cdot\frac{\mathrm{d}}{\mathrm{d}t}\boldsymbol{B}(t)$；

(3) $\frac{\mathrm{d}}{\mathrm{d}t}(k(t)\boldsymbol{A}(t))=\frac{\mathrm{d}k}{\mathrm{d}t}\cdot\boldsymbol{A}(t)+k(t)\frac{\mathrm{d}}{\mathrm{d}t}\boldsymbol{A}(t)$；

(4) $\frac{\mathrm{d}}{\mathrm{d}t}(\boldsymbol{A}(f(t)))=f'(t)\,\frac{\mathrm{d}\boldsymbol{A}}{\mathrm{d}u}$.

证明 (1) 设$\boldsymbol{A}(t)$，$\boldsymbol{B}(t)$为$m\times n$阶矩阵函数，令$\boldsymbol{P}(t)=\boldsymbol{A}(t)+\boldsymbol{B}(t)=(p_{ij}(t))$，则

$$p_{ij}(t)=a_{ij}(t)+b_{ij}(t)\quad(i=1,2,\cdots,m;j=1,2,\cdots,n)$$

其中 $a_{ij}(t)$ 与 $b_{ij}(t)$ 分别是 $\boldsymbol{A}(t)$ 与 $\boldsymbol{B}(t)$ 的第 i 行，第 j 列元素. 故有

$$\frac{\mathrm{d}}{\mathrm{d}t}p_{ij}(t)=a'_{ij}(t)+b'_{ij}(t).$$

所以
$$\frac{\mathrm{d}}{\mathrm{d}t}(\boldsymbol{A}(t)\pm\boldsymbol{B}(t))=\frac{\mathrm{d}}{\mathrm{d}t}\boldsymbol{A}(t)\pm\frac{\mathrm{d}}{\mathrm{d}t}\boldsymbol{B}(t).$$

(2) 设 $\boldsymbol{A}(t)$ 为 $m\times l$ 阶矩阵函数，$\boldsymbol{B}(t)$ 为 $l\times n$ 阶矩阵函数. 令

$$\boldsymbol{P}(t)=\boldsymbol{A}(t)\boldsymbol{B}(t)=(p_{ij}(t)),$$

则 $\boldsymbol{P}(t)$ 为 $m\times n$ 阶矩阵函数，其中

$$p_{ij}(t)=\sum_{k=1}^{l}a_{ik}(t)b_{kj}(t)\quad(i=1,2,\cdots,m;j=1,2,\cdots,n).$$

这里 $a_{ik}(t)$ 与 $b_{kj}(t)$ 分别是 $\boldsymbol{A}(t)$ 的第 i 行，第 k 列元素，$\boldsymbol{B}(t)$ 的第 k 行，第 j 列元素. 故有

$$\frac{\mathrm{d}}{\mathrm{d}t}p_{ij}(t)=\sum_{k=1}^{n}\left(\frac{\mathrm{d}}{\mathrm{d}t}a_{ik}(t)\right)b_{kj}(t)+\sum_{k=1}^{n}a_{ik}(t)\left(\frac{\mathrm{d}}{\mathrm{d}t}b_{kj}(t)\right).$$

所以

$$\frac{\mathrm{d}}{\mathrm{d}t}\boldsymbol{P}(t)=\frac{\mathrm{d}}{\mathrm{d}t}\boldsymbol{A}(t)\cdot\boldsymbol{B}(t)+\boldsymbol{A}(t)\cdot\frac{\mathrm{d}}{\mathrm{d}t}\boldsymbol{B}(t).$$

(3) 设 $\boldsymbol{A}(t)$ 为 $m\times n$ 阶矩阵函数，令

$$\boldsymbol{P}(t)=k(t)\boldsymbol{A}(t)=(p_{ij}(t)),$$

则 $\boldsymbol{P}(t)$ 为 $m\times n$ 阶矩阵函数，其中

$$p_{ij}(t)=k(t)a_{ij}(t)\quad(i=1,2,\cdots,m;j=1,2,\cdots,n),$$

这里 $a_{ij}(t)$ 是 $\boldsymbol{A}(t)$ 的第 i 行，第 j 列元素. 故有

$$\frac{\mathrm{d}}{\mathrm{d}t}p_{ij}(t)=k'(t)a_{ij}(t)+k(t)a'_{ij}(t),$$

所以

$$\frac{\mathrm{d}}{\mathrm{d}t}(k(t)\boldsymbol{A}(t))=\frac{\mathrm{d}k}{\mathrm{d}t}\cdot\boldsymbol{A}(t)+k(t)\frac{\mathrm{d}}{\mathrm{d}t}\boldsymbol{A}(t).$$

(4) 设 $\boldsymbol{A}(t)$ 为 $m\times n$ 阶矩阵函数，令

$$\boldsymbol{P}(t)=\boldsymbol{A}(f(t))=(p_{ij}(t)),$$

则 $\boldsymbol{P}(t)$ 为 $m\times n$ 阶矩阵函数，其中

$$p_{ij}(t)=a_{ij}(f(t))\quad(i=1,2,\cdots,m;j=1,2,\cdots,n)$$

这里 $a_{ij}(f(t))$ 是 $\boldsymbol{A}(f(t))$ 的第 i 行，第 j 列元素. 故有

$$\frac{\mathrm{d}}{\mathrm{d}t}p_{ij}(t)=a'_{ij}(f(t))f'(t),$$

所以

$$\frac{\mathrm{d}}{\mathrm{d}t}(\boldsymbol{A}(f(t)))=f'(t)\frac{\mathrm{d}\boldsymbol{A}}{\mathrm{d}u}.$$

性质 2.6.2 设 n 阶矩阵函数 $\boldsymbol{A}(t)$ 可逆，$\boldsymbol{A}(t)$，$\boldsymbol{A}^{-1}(t)$ 在区间 $[a,b]$ 上可微，则 $\dfrac{\mathrm{d}\boldsymbol{A}^{-1}(t)}{\mathrm{d}t}=-\boldsymbol{A}^{-1}(t)\dfrac{\mathrm{d}\boldsymbol{A}(t)}{\mathrm{d}t}\boldsymbol{A}^{-1}(t)$.

证明 由于 $\boldsymbol{A}^{-1}(t)\boldsymbol{A}(t)=\boldsymbol{E}$，两边对 t 求导，可得

$$\frac{\mathrm{d}}{\mathrm{d}t}[\boldsymbol{A}^{-1}(t)\boldsymbol{A}(t)]=\frac{\mathrm{d}\boldsymbol{A}^{-1}(t)}{\mathrm{d}t}\boldsymbol{A}(t)+\boldsymbol{A}^{-1}(t)\frac{\mathrm{d}\boldsymbol{A}(t)}{\mathrm{d}t}=\boldsymbol{O},$$

所以

$$\frac{\mathrm{d}\boldsymbol{A}^{-1}(t)}{\mathrm{d}t}=-\boldsymbol{A}^{-1}(t)\frac{\mathrm{d}\boldsymbol{A}(t)}{\mathrm{d}t}\boldsymbol{A}^{-1}(t).$$

性质 2.6.3 设常数矩阵 $\boldsymbol{A}\in\mathbf{C}^{n\times n}$ 与 t 无关，则有

(1) $\frac{\mathrm{d}}{\mathrm{d}t}\mathrm{e}^{t\boldsymbol{A}}=\boldsymbol{A}\mathrm{e}^{t\boldsymbol{A}}=\mathrm{e}^{t\boldsymbol{A}}\boldsymbol{A}$;

(2) $\frac{\mathrm{d}}{\mathrm{d}t}\cos(t\boldsymbol{A})=-\boldsymbol{A}(\sin(t\boldsymbol{A}))=-(\sin(t\boldsymbol{A}))\boldsymbol{A}$;

(3) $\frac{\mathrm{d}}{\mathrm{d}t}\sin(t\boldsymbol{A})=\boldsymbol{A}(\cos(t\boldsymbol{A}))=(\cos(t\boldsymbol{A}))\boldsymbol{A}$.

证明 (1) 由矩阵函数的定义知，

$$\mathrm{e}^{t\boldsymbol{A}}=\sum_{k=0}^{\infty}\frac{\boldsymbol{A}^k}{k!}t^k,$$

又因为上式右边的幂级数收敛半径为∞，因此可逐项微分得

$$\frac{\mathrm{d}}{\mathrm{d}t}(\mathrm{e}^{t\boldsymbol{A}})=\sum_{k=1}^{\infty}\frac{\boldsymbol{A}^k}{(k-1)!}t^{k-1}=\boldsymbol{A}\sum_{k=1}^{\infty}\frac{\boldsymbol{A}^{k-1}}{(k-1)!}t^{k-1}=\boldsymbol{A}\mathrm{e}^{t\boldsymbol{A}}.$$

(2) 由矩阵函数的定义知

$$\cos(t\boldsymbol{A})=\sum_{k=0}^{\infty}(-1)^k\frac{\boldsymbol{A}^{2k}}{(2k)!}t^{2k},$$

并且上式右边是幂级数收敛半径为∞，因此可逐项微分得

$$\frac{\mathrm{d}}{\mathrm{d}t}(\cos(t\boldsymbol{A}))=-\boldsymbol{A}\sum_{k=1}^{\infty}\frac{\boldsymbol{A}^{2k-1}}{(2k-1)!}t^{2k-1}=-\boldsymbol{A}\sin(t\boldsymbol{A})=-\sin(t\boldsymbol{A})\boldsymbol{A}.$$

(3) 仿照(1)，(2) 可得公式(3)，留给读者证明.

性质 2.6.4 如果矩阵函数 $\boldsymbol{A}(t)$ 在区间 $[t_0, t_1]$ 上可积，则有如下的运算规则成立.

(1) $\int_{t_0}^{t_1}(\boldsymbol{A}(t)+\boldsymbol{B}(t))\mathrm{d}t=\int_{t_0}^{t_1}\boldsymbol{A}(t)\mathrm{d}t+\int_{t_0}^{t_1}\boldsymbol{B}(t)\mathrm{d}t$;

(2) $\int_{t_0}^{t_1}\boldsymbol{A}(t)\boldsymbol{B}\mathrm{d}t=\left(\int_{t_0}^{t_1}\boldsymbol{A}(t)\mathrm{d}t\right)\boldsymbol{B}$;

(3) $\int\boldsymbol{A}\cdot\boldsymbol{B}(t)\mathrm{d}t=\boldsymbol{A}\left(\int_{t_0}^{t_1}\boldsymbol{B}(t)\mathrm{d}t\right)$;

(4) $\frac{\mathrm{d}}{\mathrm{d}t}\int_{\alpha}^{t}\boldsymbol{A}(s)\mathrm{d}s=\boldsymbol{A}(t)$;

(5) $\int_a^b\boldsymbol{A}'(t)\mathrm{d}t=\boldsymbol{A}(b)-\boldsymbol{A}(a)$.

2.6.2 函数矩阵 $A(t)$ 的其他微分

以上我们讨论了矩阵 $\boldsymbol{A}(t)$ 的微分概念及其一些运算法则. 接下来介绍在自动控制理论以及其他科学领域中经常用到的，标量函数对于矩阵，函数矩阵对于矩阵的微商问题.

1. 函数对矩阵的导数

定义 2.6.2 设 $\boldsymbol{X}=(x_{ij})_{m\times n}$，$mn$ 元函数 $f(\boldsymbol{X})=f(x_{11}, x_{12}, \cdots, x_{1n}, x_{21}, \cdots, x_{mn})$ 可导，定义 $f(\boldsymbol{X})$ 对矩阵 $\boldsymbol{X}$ 的导数为

$$\frac{\mathrm{d}f}{\mathrm{d}\boldsymbol{X}}=\left(\frac{\partial f}{\partial x_{ij}}\right)_{m\times n}=\begin{pmatrix}\frac{\partial f}{\partial x_{11}} & \cdots & \frac{\partial f}{\partial x_{1n}}\\ \vdots & & \vdots\\ \frac{\partial f}{\partial x_{m_1}} & \cdots & \frac{\partial f}{\partial x_{mn}}\end{pmatrix},$$

若 $\boldsymbol{X}=(x_{ij})_{m\times n}$ 为列向量 $\boldsymbol{x}=(x_1, x_2, \cdots, x_n)^{\mathrm{T}}$，则有

$$\frac{\mathrm{d}f}{\mathrm{d}\boldsymbol{X}}=\left(\frac{\partial f}{\partial x_1},\frac{\partial f}{\partial x_2},\cdots,\frac{\partial f}{\partial x_n}\right)^{\mathrm{T}},$$

若 $\boldsymbol{X}=(x_{ij})_{m\times n}$ 为行向量 $\boldsymbol{x}=(x_1, x_2, \cdots, x_n)$，则有

$$\frac{\mathrm{d}f}{\mathrm{d}\boldsymbol{X}}=\left(\frac{\partial f}{\partial x_1},\frac{\partial f}{\partial x_2},\cdots,\frac{\partial f}{\partial x_n}\right),$$

例 2.6.3 设 $\boldsymbol{A}=(a_{ij})_{m\times n}$ 为常数矩阵，$\boldsymbol{X}=(x_{ij})_{n\times m}$ 是变量矩阵，$f(\boldsymbol{X})=\mathrm{tr}(\boldsymbol{AX})$，求 $\frac{\mathrm{d}f}{\mathrm{d}\boldsymbol{X}}$.

解 由于

$$f(\boldsymbol{X}) = \mathrm{tr}(\boldsymbol{AX}) = \sum_{i=1}^{m}\sum_{k=1}^{n} a_{ik}x_{ki},$$

所以 $\frac{\mathrm{d}f}{\mathrm{d}x_{ij}}=a_{ji}(i=1, 2, \cdots, n; j=1, 2, \cdots, m)$，即 $\frac{\mathrm{d}f}{\mathrm{d}\boldsymbol{X}}=\boldsymbol{A}^{\mathrm{T}}$.

例 2.6.4 设 $\boldsymbol{X}=(x_{ij})_{n\times n}$ 是变量矩阵，且 $|\boldsymbol{X}|\neq 0$，求 $\frac{\mathrm{d}|\boldsymbol{X}|}{\mathrm{d}\boldsymbol{X}}$.

解 由行列式展开定理知

$$|\boldsymbol{X}|=x_{i1}\boldsymbol{X}_{i1}+x_{i2}\boldsymbol{X}_{i2}+\cdots+x_{in}\boldsymbol{X}_{in} \quad (i=1,2,\cdots,n),$$

其中 $\boldsymbol{X}_{ij}(i=1, 2, \cdots, n; j=1, 2, \cdots, n)$ 为 $\boldsymbol{X}$ 的代数余子式. 所以 $\frac{\partial|\boldsymbol{X}|}{x_{ij}}=\boldsymbol{X}_{ij}$ $(i=1, 2,\cdots,n;j=1,2,\cdots,n)$，即

$$\frac{\mathrm{d}|\boldsymbol{X}|}{\mathrm{d}\boldsymbol{X}}=\begin{pmatrix}\boldsymbol{X}_{11} & \boldsymbol{X}_{12} & \cdots & \boldsymbol{X}_{1n}\\ \boldsymbol{X}_{21} & \boldsymbol{X}_{22} & \cdots & \boldsymbol{X}_{2n}\\ \vdots & \vdots & & \vdots\\ \boldsymbol{X}_{n1} & \boldsymbol{X}_{21} & \cdots & \boldsymbol{X}_{2n}\end{pmatrix}=(\boldsymbol{X}^*)^{\mathrm{T}}=|\boldsymbol{X}|(\boldsymbol{X}^{-1})^{\mathrm{T}},$$

其中 $\boldsymbol{X}^*$ 为 $\boldsymbol{X}$ 的伴随矩阵.

例 2.6.5 设 $\boldsymbol{x}=(x_1, x_2, \cdots, x_n)^{\mathrm{T}}$，$\boldsymbol{A}=(a_{ij})_{n\times n}$，$n$ 元函数 $f(\boldsymbol{x})=\boldsymbol{x}^{\mathrm{T}}\boldsymbol{Ax}$，求 $\frac{\mathrm{d}f}{\mathrm{d}\boldsymbol{x}}$，$\frac{\mathrm{d}f}{\mathrm{d}\boldsymbol{x}^{\mathrm{T}}}$.

解 因为

$$f(x) = \sum_{i=1}^{n}\sum_{j=1}^{n} a_{ij}x_i x_j = x_1\sum_{j=1}^{n}a_{1j}x_j+\cdots+x_k\sum_{j=1}^{n}a_{kj}x_j+\cdots+x_n\sum_{j=1}^{n}a_{nj}x_j,$$

从而

$$\frac{\partial f}{\partial x_k} = x_1a_{1k}+\cdots+x_{k-1}a_{k-1,k}+\left(\sum_{j=1}^{n}a_{kj}\xi_j+x_ka_{kk}\right)+\xi_{k+1}a_{k+1,k}+\cdots+\xi_na_{nk} = \sum_{j=1}^{n}a_{kj}\xi_j+\sum_{i=1}^{n}a_{ik}\xi_i,$$

所以

$$\frac{\mathrm{d}f}{\mathrm{d}\boldsymbol{x}}=\begin{pmatrix}\frac{\partial f}{\partial \xi_1}\\ \vdots \\ \frac{\partial f}{\partial \xi_n}\end{pmatrix}=\begin{pmatrix}\sum_{j=1}^{n}a_{1j}\xi_j\\ \vdots \\ \sum_{j=1}^{n}a_{nj}\xi_j\end{pmatrix}+\begin{pmatrix}\sum_{i=1}^{n}a_{i1}\xi_i\\ \vdots \\ \sum_{i=1}^{n}a_{in}\xi_i\end{pmatrix}=\boldsymbol{A}\boldsymbol{x}+\boldsymbol{A}^{\mathrm{T}}\boldsymbol{x}=(\boldsymbol{A}+\boldsymbol{A}^{\mathrm{T}})\boldsymbol{x},$$

$$\frac{\mathrm{d}f}{\mathrm{d}\boldsymbol{x}^{\mathrm{T}}}=\begin{pmatrix}\frac{\partial f}{\partial \xi_1}\\ \vdots \\ \frac{\partial f}{\partial \xi_n}\end{pmatrix}^{\mathrm{T}}=\begin{pmatrix}\sum_{j=1}^{n}a_{1j}\xi_j\\ \vdots \\ \sum_{j=1}^{n}a_{nj}\xi_j\end{pmatrix}^{\mathrm{T}}+\begin{pmatrix}\sum_{i=1}^{n}a_{i1}\xi_i\\ \vdots \\ \sum_{i=1}^{n}a_{in}\xi_i\end{pmatrix}^{\mathrm{T}}=(\boldsymbol{A}\boldsymbol{x})^{\mathrm{T}}+(\boldsymbol{A}^{\mathrm{T}}\boldsymbol{x})^{\mathrm{T}}=\boldsymbol{x}^{\mathrm{T}}(\boldsymbol{A}+\boldsymbol{A}^{\mathrm{T}}),$$

特别地，当 $\boldsymbol{A}$ 为对称矩阵时，有

$$\frac{\mathrm{d}f}{\mathrm{d}x}=2\boldsymbol{A}\boldsymbol{x},\ \frac{\mathrm{d}f}{\mathrm{d}\boldsymbol{x}^{\mathrm{T}}}=2\boldsymbol{x}^{\mathrm{T}}\boldsymbol{A},$$

当 $\boldsymbol{A}$ 为单位矩阵时，有

$$\frac{\mathrm{d}f}{\mathrm{d}\boldsymbol{x}}=2\boldsymbol{x},\ \frac{\mathrm{d}f}{\mathrm{d}\boldsymbol{x}^{\mathrm{T}}}=2\boldsymbol{x}^{\mathrm{T}}$$

注 引入对矩阵导数后，可以简化多元函数求极值问题. 例如要考虑二次型 $f(x_1,x_2,\cdots,x_n)=\sum_{i,j=1}^{n}2a_{ij}x_ix_j$ 在约束 $\sum_{i=1}^{n}x_i^2=1$ 下的条件极值，可以利用拉格朗日乘子法，需要求多元函数 $\boldsymbol{F}(x_1,x_2,\cdots x_n)=\sum_{i,j=1}^{n}2a_{ij}x_ix_j-\lambda\left(\sum_{i=1}^{n}x_i^2-1\right)$ 的 n 个一阶偏导数. 若引进向量 $\boldsymbol{x}=(x_1,\ x_2,\ \cdots x_n)^{\mathrm{T}}$，则可记 $\boldsymbol{F}(x_1,x_2,\cdots,x_n)=\boldsymbol{F}(\boldsymbol{x})$，于是 $\boldsymbol{F}(\boldsymbol{x})=\boldsymbol{x}^{\mathrm{T}}\boldsymbol{A}\boldsymbol{x}-\lambda(\boldsymbol{x}^{\mathrm{T}}\boldsymbol{x}-1)$. n 个一阶偏导数也可写成矩阵形式 $\frac{\mathrm{d}\boldsymbol{F}}{\mathrm{d}\boldsymbol{x}}=\left(\frac{\partial \boldsymbol{F}}{\partial x_1},\ \frac{\partial \boldsymbol{F}}{\partial x_2},\ \cdots,\ \frac{\partial \boldsymbol{F}}{\partial x_n}\right)^{\mathrm{T}}$，于是可得 $\frac{\mathrm{d}\boldsymbol{F}}{\mathrm{d}\boldsymbol{x}}=2\ (\boldsymbol{A}x-\lambda x)$.

2. 函数矩阵对矩阵的导数

定义 2.6.3 设 $\boldsymbol{X}=(x_{ij})_{m\times n}$，$mn$ 元函数 $f_{ij}(\boldsymbol{X})=f(x_{11},x_{12},\cdots,x_{1n},x_{21},\cdots,x_{mn})$ $(i=1,2,\cdots,\ r;\ j=1,2,\cdots,s)$ 可导，定义函数矩阵

$$\boldsymbol{F}(\boldsymbol{X})=\begin{pmatrix}f_{11}(\boldsymbol{X}) & \cdots & f_{1s}(\boldsymbol{X})\\ \vdots & & \vdots\\ f_{r1}(\boldsymbol{X}) & \cdots & f_{rs}(\boldsymbol{X})\end{pmatrix},$$

对矩阵 $\boldsymbol{X}$ 的导数为

$$\frac{\mathrm{d}\boldsymbol{F}}{\mathrm{d}\boldsymbol{X}}=\begin{pmatrix}\frac{\partial \boldsymbol{F}}{\partial x_{11}} & \cdots & \frac{\partial \boldsymbol{F}}{\partial x_{1n}}\\ \vdots & & \vdots\\ \frac{\partial \boldsymbol{F}}{\partial x_{m1}} & \cdots & \frac{\partial \boldsymbol{F}}{\partial x_{mn}}\end{pmatrix},$$

其中

$$\frac{\partial \boldsymbol{F}}{\partial x_{ij}}=\begin{pmatrix}\frac{\partial f_{11}}{\partial x_{ij}} & \cdots & \frac{\partial f_{1s}}{\partial x_{ij}}\\ \vdots & & \vdots\\ \frac{\partial f_{r1}}{\partial x_{ij}} & \cdots & \frac{\partial f_{rs}}{\partial x_{ij}}\end{pmatrix}.$$

例 2.6.6 设 $\boldsymbol{x}=(x_1,x_2,\cdots,x_n)$是变向量，$f(\boldsymbol{x})$ 为 $1\times n$ 阶函数矩阵

$$f(\boldsymbol{x})=(x_1,x_2,\cdots,x_n),$$

$g(x)$ 为 $n\times 1$ 阶函数矩阵

$$g(\boldsymbol{x})=(x_1,x_2,\cdots,x_n)^{\mathrm{T}},$$

求$\frac{\mathrm{d}f}{\mathrm{d}\boldsymbol{x}^{\mathrm{T}}}$，$\frac{\mathrm{d}g}{\mathrm{d}\boldsymbol{x}}$.

解

$$\frac{\mathrm{d}f}{\mathrm{d}\boldsymbol{x}}=\begin{pmatrix}\frac{\partial f}{\partial x_1}\\ \frac{\partial f}{\partial x_2}\\ \vdots\\ \frac{\partial f}{\partial x_n}\end{pmatrix}=\begin{pmatrix}1 & 0 & \cdots & 0\\ 0 & 1 & \cdots & 0\\ \vdots & \vdots & & \vdots\\ 0 & 0 & \cdots & 1\end{pmatrix}=\boldsymbol{E}_n,$$

$$\frac{\mathrm{d}g}{\mathrm{d}\boldsymbol{x}}=\left(\frac{\partial g}{\partial x_1},\ \frac{\partial g}{\partial x_2},\ \cdots,\ \frac{\partial g}{\partial x_n}\right)=\begin{pmatrix}1 & 0 & \cdots & 0\\ 0 & 1 & \cdots & 0\\ \vdots & \vdots & & \vdots\\ 0 & 0 & \cdots & 1\end{pmatrix}=\boldsymbol{E}_n.$$

例 2.6.7 设 $\boldsymbol{x}=(x_1,x_2,\cdots,x_n)$是变量向量，$\boldsymbol{F}(\boldsymbol{x})$ 为 $n\times 1$ 阶函数矩阵

$$\boldsymbol{F}(\boldsymbol{x})=(f_1(\boldsymbol{x}),f_2(\boldsymbol{x}),\cdots,f_n(\boldsymbol{x}))^{\mathrm{T}},$$

求$\frac{\mathrm{d}\boldsymbol{F}}{\mathrm{d}\boldsymbol{x}}$.

解:

$$\frac{\mathrm{d}\boldsymbol{F}}{\mathrm{d}\boldsymbol{x}}=\left(\frac{\partial \boldsymbol{F}}{\partial x_1},\ \frac{\partial \boldsymbol{F}}{\partial x_2},\ \cdots,\ \frac{\partial \boldsymbol{F}}{\partial x_n}\right)=\begin{pmatrix}\frac{\partial f_1}{\partial x_1} & \frac{\partial f_1}{\partial x_2} & \cdots & \frac{\partial f_1}{\partial x_n}\\ \frac{\partial f_2}{\partial x_1} & \frac{\partial f_2}{\partial x_2} & \cdots & \frac{\partial f_2}{\partial x_2}\\ \vdots & \vdots & & \vdots\\ \frac{\partial f_n}{\partial x_1} & \frac{\partial f_n}{\partial x_2} & \cdots & \frac{\partial f_n}{\partial x_n}\end{pmatrix}.$$

注 $\frac{\mathrm{d}\boldsymbol{F}}{\mathrm{d}\boldsymbol{x}}$正是重积分换元积分法中用到的一类重要矩阵，通常称为$f_1(\boldsymbol{x}),f_2(\boldsymbol{x}),\cdots,f_n(\boldsymbol{x})$的 Jacobi 矩阵，该矩阵在求解非线性性方程组的 Newton 方法中也有重要的应用.

例 2.6.8 设 $\boldsymbol{x}=(r,\theta,\varphi)$是变量向量，$\boldsymbol{F}(\boldsymbol{x})$为 3×1 阶函数矩阵

$$\boldsymbol{F}(\boldsymbol{x})=(f_1(\boldsymbol{x}),f_2(\boldsymbol{x}),f_3(\boldsymbol{x}))^{\mathrm{T}},$$

其中$f_1(\boldsymbol{x})=r\sin\theta\cos\varphi$, $f_2(\boldsymbol{x})=r\sin\theta\sin\varphi$, $f_3(\boldsymbol{x})=r\cos\varphi$,
求$f_1(\boldsymbol{x})$, $f_2(\boldsymbol{x})$, $f_3(\boldsymbol{x})$的 Jacobi 矩阵 $\boldsymbol{J}$.

解 $$\boldsymbol{J}=\left(\frac{\partial \boldsymbol{F}}{\partial r},\frac{\partial \boldsymbol{F}}{\partial \theta},\cdots,\frac{\partial \boldsymbol{F}}{\partial \varphi}\right)=\begin{pmatrix}\sin\theta\cos\varphi & \sin\theta\sin\varphi & \cos\theta\\ r\cos\theta\cos\varphi & r\cos\theta\sin\varphi & -r\sin\theta\\ -r\sin\theta\sin\varphi & r\sin\theta\cos\varphi & 0\end{pmatrix},$$

因此$|\boldsymbol{J}|=r^2\sin\theta$正是球面坐标系下的积分系数.

例 2.6.9 设$\boldsymbol{a}=(a_1,a_2,a_3,a_4)^{\mathrm{T}}$是给定的常向量，$\boldsymbol{X}=(x_{ij})_{2\times4}$是矩阵变量，求$\dfrac{\mathrm{d}(\boldsymbol{Xa})^{\mathrm{T}}}{\mathrm{d}\boldsymbol{X}}$.

解

$$\boldsymbol{Xa}=\begin{pmatrix}a_1x_{11}+a_2x_{12}+a_3x_{13}+a_4x_{14}\\ a_1x_{21}+a_2x_{22}+a_3x_{23}+a_4x_{24}\end{pmatrix},$$

$$(\boldsymbol{Xa})^{\mathrm{T}}=(a_1x_{11}+a_2x_{12}+a_3x_{13}+a_4x_{14}\quad a_1x_{21}+a_2x_{22}+a_3x_{23}+a_4x_{24}),$$

得

$$\frac{\mathrm{d}(\boldsymbol{Xa})^{\mathrm{T}}}{\mathrm{d}\boldsymbol{X}}=\begin{pmatrix}\frac{\partial(\boldsymbol{Xa})^{\mathrm{T}}}{\partial x_{11}} & \frac{\partial(\boldsymbol{Xa})^{\mathrm{T}}}{\partial x_{12}} & \frac{\partial(\boldsymbol{Xa})^{\mathrm{T}}}{\partial x_{13}} & \frac{\partial(\boldsymbol{Xa})^{\mathrm{T}}}{\partial x_{14}}\\ \frac{\partial(\boldsymbol{Xa})^{\mathrm{T}}}{\partial x_{21}} & \frac{\partial(\boldsymbol{Xa})^{\mathrm{T}}}{\partial x_{22}} & \frac{\partial(\boldsymbol{Xa})^{\mathrm{T}}}{\partial x_{23}} & \frac{\partial(\boldsymbol{Xa})^{\mathrm{T}}}{\partial x_{24}}\end{pmatrix},$$

$$=\begin{pmatrix}a_1 & a_2 & a_3 & a_4\\ a_1 & a_2 & a_3 & a_4\end{pmatrix}.$$

2.7 矩阵函数的一些应用

线性微分方程组在控制系统及生物数学中有着重要的应用. 在上一章中，我们介绍了利用 Jordan 标准型来求解线性微分方程组，本节介绍利用矩阵函数的微积分来求解一阶线性常系数微分方程组.

2.7.1 一阶线性常系数齐次微分方程组

设一阶线性常系数齐次微分方程组为

$$\begin{cases}\dfrac{\mathrm{d}x_1}{\mathrm{d}t}=a_{11}x_1+a_{12}x_2+\cdots+a_{1n}x_n,\\ \dfrac{\mathrm{d}x_2}{\mathrm{d}t}=a_{21}x_1+a_{22}x_2+\cdots+a_{2n}x_n,\\ \qquad\vdots\\ \dfrac{\mathrm{d}x_n}{\mathrm{d}t}=a_{n1}x_1+a_{n2}x_2+\cdots+a_{nn}x_n.\end{cases}$$

式中t为自变量，$x_i=x_i(t)$是t的函数$(i=1,2,\cdots,n)$，a_{ij}是复数（i, $j=1$, 2, $\cdots$, n). 令$\boldsymbol{x}=\boldsymbol{x}(t)=(x_1(t),x_2(t),\cdots,x_n(t))^{\mathrm{T}}$，$\boldsymbol{A}=(a_{ij})_{n\times n}$则上述微分方程组可改写为如下的矩阵方程

$$\frac{\mathrm{d}\boldsymbol{x}}{\mathrm{d}t}=\boldsymbol{Ax},$$

则关于矩阵方程$\dfrac{\mathrm{d}\boldsymbol{x}}{\mathrm{d}t}=\boldsymbol{A}\boldsymbol{x}$有下面结论：

定理 2.7.1 设$\boldsymbol{A}$为n阶常数矩阵，$\boldsymbol{x}(t)=(x_1(t),x_2(t),\cdots,x_n(t))^{\mathrm{T}}$，$\boldsymbol{x}_0=(\eta_1,\eta_2,\cdots,\eta_n)^{\mathrm{T}}$，则一阶常系数线性齐次微分方程组的初值问题

$$\begin{cases}\dfrac{\mathrm{d}\boldsymbol{x}}{\mathrm{d}t}=\boldsymbol{A}\boldsymbol{x}(t),\\ \boldsymbol{x}(t_0)=\boldsymbol{x}_0\end{cases}$$

的解为$x(t)=\mathrm{e}^{\boldsymbol{A}(t-t_0)}\boldsymbol{x}_0$

证明 显然$\boldsymbol{x}(t_0)=\mathrm{e}^{\boldsymbol{A}(t_0-t_0)}\boldsymbol{x}_0=\boldsymbol{x}_0$

又因为$\dfrac{\mathrm{d}}{\mathrm{d}t}(\mathrm{e}^{\boldsymbol{A}(t-t_0)}\boldsymbol{x}_0)=\left(\dfrac{\mathrm{d}}{\mathrm{d}t}\mathrm{e}^{\boldsymbol{A}(t-t_0)}\right)\boldsymbol{x}_0+\mathrm{e}^{\boldsymbol{A}(t-t_0)}\dfrac{\mathrm{d}}{\mathrm{d}t}\boldsymbol{x}_0=\left(\dfrac{\mathrm{d}}{\mathrm{d}t}\mathrm{e}^{\boldsymbol{A}(t-t_0)}\right)\boldsymbol{x}_0=\boldsymbol{A}\mathrm{e}^{\boldsymbol{A}(t-t_0)}\boldsymbol{x}_0=\boldsymbol{A}\boldsymbol{x}$

所以$\boldsymbol{x}(t)=\mathrm{e}^{\boldsymbol{A}(t-t_0)}\boldsymbol{x}_0$为初值问题$\begin{cases}\dfrac{\mathrm{d}\boldsymbol{x}}{\mathrm{d}t}=\boldsymbol{A}\boldsymbol{x}(t),\\ \boldsymbol{x}(t_0)=\boldsymbol{x}_0\end{cases}$的解.

注 通过对高等数学的学习我们知道，微分方程$\dfrac{\mathrm{d}}{\mathrm{d}t}x(t)=ax(t)$满足初始条件$x(0)=c$的解是$x(t)=c\mathrm{e}^{at}$，这里$a$是常数．因此，定理2.7.1正好是它的推广．

例 2.7.1 设$\boldsymbol{A}=\begin{pmatrix}2&0&0\\1&1&1\\1&-1&3\end{pmatrix}$，求微分方程组的$\boldsymbol{x}'(t)=\boldsymbol{A}\boldsymbol{x}(t)$满足初始条件$\boldsymbol{x}(0)=(1,1,1)^{\mathrm{T}}$的解.

解 先求出

$$\mathrm{e}^{t\boldsymbol{A}}=\mathrm{e}^{2t}\begin{pmatrix}1&0&0\\t&1-t&t\\t&-t&1+t\end{pmatrix},$$

则微分方程组的解为

$$\boldsymbol{x}(t)=\mathrm{e}^{t\boldsymbol{A}}\boldsymbol{x}(0)=(\mathrm{e}^{t\boldsymbol{A}},(1+t)\mathrm{e}^{t\boldsymbol{A}},(1+t)\mathrm{e}^{t\boldsymbol{A}})^{\mathrm{T}}.$$

2.7.2 一阶线性常系数非齐次微分方程组

设一阶线性常系数非齐次微分方程组为

$$\begin{cases}\dfrac{\mathrm{d}x_1}{\mathrm{d}t}=a_{11}x_1+a_{12}x_2+\cdots+a_{1n}x_n+b_1(t),\\ \dfrac{\mathrm{d}x_2}{\mathrm{d}t}=a_{21}x_1+a_{22}x_2+\cdots+a_{2n}x_n+b_2(t),\\ \qquad\vdots\\ \dfrac{\mathrm{d}x_n}{\mathrm{d}t}=a_{n1}x_1+a_{n2}x_2+\cdots+a_{nn}x_n+b_n(t).\end{cases}$$

式中t为自变量，$x_i=x_i(t)$是t的函数$(i=1,2,\cdots,n)$，a_{ij}是复数$(i,j=1,2,\cdots,n)$．令$\boldsymbol{x}=\boldsymbol{x}(t)=(x_1(t),x_2(t),\cdots,x_n(t))^{\mathrm{T}}$，$\boldsymbol{b}(t)=(b_1(t),b_2(t),\cdots,b_n(t))^{\mathrm{T}}$，$\boldsymbol{A}=(a_{ij})_{n\times n}$则上述非齐次微分方程组可改写为如下的非齐次矩阵方程

$$\frac{\mathrm{d}\boldsymbol{x}}{\mathrm{d}t}=\boldsymbol{A}\boldsymbol{x}+\boldsymbol{b}(t),$$

 则关于非齐次矩阵方程$\frac{\mathrm{d}\boldsymbol{x}}{\mathrm{d}t}=\boldsymbol{A}\boldsymbol{x}+\boldsymbol{b}(t)$ 有下面结论:

定理 2.7.2 设$\boldsymbol{A}$ 为 n 阶常数矩阵, $\boldsymbol{x}(t)=(x_1(t),x_2(t),\cdots,x_n(t))^{\mathrm{T}}$, $\boldsymbol{x}_0=(\eta_1,\eta_2,\cdots,\eta_n)^{\mathrm{T}}$ 则一阶常系数线性非齐次微分方程组的初值问题

$$\begin{cases}\dfrac{\mathrm{d}\boldsymbol{x}}{\mathrm{d}t}=\boldsymbol{A}\boldsymbol{x}(t)+\boldsymbol{b}(t),\\ \boldsymbol{x}(t_0)=\boldsymbol{x}_0\end{cases}$$

的解为 $\boldsymbol{x}(t)=\mathrm{e}^{\boldsymbol{A}(t-t_0)}\boldsymbol{x}_0+\int_{t_0}^{t}\mathrm{e}^{\boldsymbol{A}(t-\tau)}\boldsymbol{b}(\tau)\mathrm{d}\tau.$

证明 显然 $x(t_0)=\mathrm{e}^{\boldsymbol{A}(t_0-t_0)}\boldsymbol{x}_0+\int_{t_0}^{t_0}\mathrm{e}^{\boldsymbol{A}(t-\tau)}\boldsymbol{b}(\tau)\mathrm{d}\tau=\boldsymbol{x}_0$

又因为

$$\begin{aligned}&\frac{\mathrm{d}}{\mathrm{d}t}\left(\mathrm{e}^{\boldsymbol{A}(t-t_0)}\boldsymbol{x}_0+\int_{t_0}^{t}\mathrm{e}^{\boldsymbol{A}(t-\tau)}\boldsymbol{b}(\tau)\mathrm{d}\tau\right)\\&=\left(\frac{\mathrm{d}}{\mathrm{d}t}\mathrm{e}^{\boldsymbol{A}(t-t_0)}\right)\boldsymbol{x}_0+\mathrm{e}^{\boldsymbol{A}(t-t_0)}\frac{\mathrm{d}}{\mathrm{d}t}x_0+\boldsymbol{b}(t)=\left(\frac{\mathrm{d}}{\mathrm{d}t}\mathrm{e}^{\boldsymbol{A}(t-t_0)}\right)\boldsymbol{x}_0+\boldsymbol{b}(t)\\&=\boldsymbol{A}\mathrm{e}^{\boldsymbol{A}(t-t_0)}\boldsymbol{x}_0+\boldsymbol{b}(t)\\&=\boldsymbol{A}\boldsymbol{x}+\boldsymbol{b}(t),\end{aligned}$$

所以 $\boldsymbol{x}(t)=\mathrm{e}^{\boldsymbol{A}(t-t_0)}\boldsymbol{x}_0+\int_{t_0}^{t}\mathrm{e}^{\boldsymbol{A}(t-\tau)}\boldsymbol{b}(\tau)\mathrm{d}\tau$ 为初值问题$\begin{cases}\dfrac{\mathrm{d}\boldsymbol{x}}{\mathrm{d}t}=\boldsymbol{A}\boldsymbol{x}(t)+\boldsymbol{b}(t),\\ \boldsymbol{x}(t_0)=\boldsymbol{x}_0\end{cases}$的解.

注 通过高等数学的学习我们知道, 微分方程$\frac{\mathrm{d}}{\mathrm{d}t}x(t)=ax(t)+b(t)$满足初始条件 $x(0)=c$ 的解是 $x(t)=c\mathrm{e}^{at}+\int_{t_0}^{t}\mathrm{e}^{a(t-\tau)}b(\tau)\mathrm{d}\tau$, 这里 a 是常数. 因此, 定理 2.7.2 正好是它的推广.

例 2.7.2 设$\boldsymbol{A}=\begin{pmatrix}1&2\\4&3\end{pmatrix}$,$\boldsymbol{b}(t)=(1\quad 1)^{\mathrm{T}}$, 求非齐次微分方程组的$\boldsymbol{x}'(t)=\boldsymbol{A}\boldsymbol{x}(t)+\boldsymbol{b}(t)$满足初始条件$\boldsymbol{x}(0)=(1,2)^{\mathrm{T}}$的解.

解 先求出

$$\mathrm{e}^{tA}=\frac{1}{3}\begin{pmatrix}\mathrm{e}^{5t}+2\mathrm{e}^{-t}&\mathrm{e}^{5t}-2\mathrm{e}^{-t}\\2\mathrm{e}^{5t}-2\mathrm{e}^{-t}&2\mathrm{e}^{5t}+2\mathrm{e}^{-t}\end{pmatrix},$$

$$\mathrm{e}^{(t-s)A}=\frac{1}{3}\begin{pmatrix}\mathrm{e}^{5(t-s)}+2\mathrm{e}^{-(t-s)}&\mathrm{e}^{5(t-s)}-2\mathrm{e}^{-(t-s)}\\2\mathrm{e}^{5(t-s)}-2\mathrm{e}^{-(t-s)}&2\mathrm{e}^{5(t-s)}+2\mathrm{e}^{-(t-s)}\end{pmatrix},$$

则微分方程组的解为

$$\begin{aligned}\boldsymbol{x}(t)&=\mathrm{e}^{At}\boldsymbol{x}_0+\int_0^t\mathrm{e}^{\boldsymbol{A}(t-\tau)}\boldsymbol{b}(\tau)\mathrm{d}\tau=\begin{pmatrix}\mathrm{e}^{5t}\\2\mathrm{e}^{5t}\end{pmatrix}+\mathrm{e}^{-t}\int_0^t\begin{pmatrix}\mathrm{e}^{\tau}\\-\mathrm{e}^{\tau}\end{pmatrix}\mathrm{d}\tau\\&=\begin{pmatrix}\mathrm{e}^{5t}\\2\mathrm{e}^{5t}\end{pmatrix}+\begin{pmatrix}-\mathrm{e}^{t}+1\\\mathrm{e}^{t}-1\end{pmatrix}=\begin{pmatrix}\mathrm{e}^{5t}-\mathrm{e}^{t}+1\\2\mathrm{e}^{5t}+\mathrm{e}^{t}-1\end{pmatrix}.\end{aligned}$$

习 题 2

1. (1) 设 $\boldsymbol{\alpha}=(1+\mathrm{i}, -2, 4\mathrm{i}, 1, 0)^{\mathrm{T}}$，试求：$\|\boldsymbol{\alpha}\|_1$，$\|\boldsymbol{\alpha}\|_2$，$\|\boldsymbol{\alpha}\|_\infty$.

(2) 设 $\boldsymbol{A}=\begin{pmatrix}2 & -1 & 0\\ 0 & 2 & 3\\ 1 & 2 & 0\end{pmatrix}$，试求：$\|\boldsymbol{A}\|_1$，$\|\boldsymbol{A}\|_2$，$\|\boldsymbol{A}\|_\infty$.

2. 设 $\boldsymbol{A}=\begin{pmatrix}2 & -1 & 0\\ 0 & 2 & 3\\ 1 & 2 & 0\end{pmatrix}$，分别求 $\boldsymbol{A}$ 的 m_1，F，m_∞，1，2，∞ 范数.

3. 判断下列矩阵是否为收敛矩阵.

(1) $\boldsymbol{A}=\begin{pmatrix}0.1 & -0.1 & 0.2\\ 0.2 & 0.3 & 0.3\\ 0.1 & 0.5 & 0.1\end{pmatrix}$；　(2) $\boldsymbol{A}=\begin{pmatrix}\frac{1}{6} & -\frac{4}{3}\\ -\frac{1}{3} & \frac{1}{6}\end{pmatrix}$；

(3) $\boldsymbol{A}=\frac{1}{6}\begin{pmatrix}1 & -8\\ -2 & 1\end{pmatrix}$；　(4) $\boldsymbol{A}=\begin{pmatrix}0.2 & 0.1 & 0.2\\ 0.5 & 0.5 & 0.4\\ 0.1 & 0.3 & 0.2\end{pmatrix}$.

4. (1) 已知 $\boldsymbol{A}=\begin{pmatrix}0 & 1\\ 0 & 2\end{pmatrix}$，求 $\mathrm{e}^{\boldsymbol{A}}$，$\sin\boldsymbol{A}$，$\cos\boldsymbol{A}$.

(2) 已知 $\boldsymbol{A}=\begin{pmatrix}0 & 0 & 1\\ 2 & -1 & 2\\ -1 & 0 & -2\end{pmatrix}$求 $\mathrm{e}^{\boldsymbol{A}}$，$\mathrm{e}^{\boldsymbol{A}t}$.

(3) 已知 $\boldsymbol{A}=\begin{pmatrix}2 & 0 & 0\\ 1 & 1 & 1\\ 1 & -1 & 3\end{pmatrix}$求 $\mathrm{e}^{\boldsymbol{A}}$，$\mathrm{e}^{\boldsymbol{A}t}$，$\sin(\boldsymbol{A})$.

5. 判断下列矩阵级数的敛散性，若收敛，求其和.

(1) $\sum\limits_{k=0}^{\infty}\begin{pmatrix}\frac{1}{2^k} & \frac{1}{3^k}\\ \frac{1}{(1+k)(2+k)} & 0\end{pmatrix}$；　(2) $\sum\limits_{k=0}^{\infty}\begin{pmatrix}0.1 & 0.7\\ 0.3 & 0.6\end{pmatrix}^k$；

(3) $\sum\limits_{k=0}^{\infty}\begin{pmatrix}\frac{1}{2^k} & \frac{1}{3^k}\\ \frac{1}{(k+1)(k+2)} & 0\end{pmatrix}$；　(4) $\sum\limits_{k=0}^{\infty}\begin{pmatrix}0.2 & 0\\ 0 & 0.7\end{pmatrix}^k$.

6. 求下列函数矩阵的导数

(1) $\boldsymbol{A}(t)=\begin{pmatrix}\sin t & \cos t & t\\ \mathrm{e}^t & \mathrm{e}^{2t} & \mathrm{e}^{3t}\\ 0 & 1 & t^2\end{pmatrix}$；　(2) $\boldsymbol{A}(t)=\begin{pmatrix}\cos t & \sin t\\ -\sin t & \cos t\end{pmatrix}$；

(3) $\boldsymbol{A}(t)=\begin{pmatrix}\sin t & \cos t & t\\ 2^t & \mathrm{e}^t & t^2\\ 5 & 9 & t^4\end{pmatrix}$；　(4) $\boldsymbol{A}(t)=\begin{pmatrix}\ln(t+1) & \mathrm{e}^t & \sin t\\ t+t^2 & \dfrac{1}{t} & 1\\ 3^{t+1} & t^7 & \log_2 t\end{pmatrix}$.

7. 已知$\boldsymbol{A}=\begin{pmatrix}2 & 0 & 0\\ 1 & 1 & 1\\ 1 & -1 & 3\end{pmatrix}$，求解$\begin{cases}\dfrac{\mathrm{d}\boldsymbol{x}(t)}{\mathrm{d}t}=\boldsymbol{A}\boldsymbol{x}(t)+\boldsymbol{f}(t),\\ \boldsymbol{x}(t_0)=\boldsymbol{x}_0.\end{cases}$ 其中$\boldsymbol{x}(t)=(x_1(t),x_2(t),x_3(t))^{\mathrm{T}}$，$\boldsymbol{x}_0=(1,0,-1)^{\mathrm{T}}=\boldsymbol{x}(0)$，$\boldsymbol{f}(t)=(1,-t,t)^{\mathrm{T}}$.

8. 已知$f(t)=2-t+2t^3$，求$f(\boldsymbol{A})$，其中$\boldsymbol{A}=\begin{pmatrix}1 & 1 & & & \\ & 1 & & & \\ & & 2 & 1 & \\ & & & 2 & 1\\ & & & & 2\end{pmatrix}$.

9. 设$f(\boldsymbol{A})=\mathrm{tr}(\boldsymbol{A}^{\mathrm{T}}-\boldsymbol{A})$，其中$\boldsymbol{A}\in\mathbf{R}^{m\times n}$是矩阵变量，试求$\dfrac{\mathrm{d}f}{\mathrm{d}\boldsymbol{A}}$.

10. 试求解微分方程组初值问题

(1) $\begin{cases}\dfrac{\mathrm{d}x_1(t)}{\mathrm{d}t}=-2x_1(t)+x_2(t)+1,\\ \dfrac{\mathrm{d}x_2(t)}{\mathrm{d}t}=-4x_1(t)+2x_2(t)+2,\\ \dfrac{\mathrm{d}x_3(t)}{\mathrm{d}t}=x_1(t)+x_3(t)+\mathrm{e}^t-1,\\ x_1(0)=1,x_2(0)=1,x_3(0)=-1.\end{cases}$　(2) $\begin{cases}\dfrac{\mathrm{d}x_1}{\mathrm{d}t}=2x_1-x_2+x_3,\\ \dfrac{\mathrm{d}x_2}{\mathrm{d}t}=x_1+2x_2-x_3,\\ \dfrac{\mathrm{d}x_3}{\mathrm{d}t}=x_1-x_2+2x_3,\\ x_1(0)=0,x_2(0)=1,x_3(0)=2.\end{cases}$

11. 求下列函数矩阵的积分$\int_0^t\boldsymbol{A}(t)\,\mathrm{d}t$.

(1) $\boldsymbol{A}(t)=\begin{pmatrix}\sin t & -\cos t\\ \cos t & \sin t\end{pmatrix}$；　(2) $\boldsymbol{A}(t)=\begin{pmatrix}\cos t & \sin t\\ -\sin t & \cos t\end{pmatrix}$；

(3) $\boldsymbol{A}(t)=\begin{pmatrix}1 & t\\ t^4 & -t\end{pmatrix}$；　(4) $\boldsymbol{A}(t)=\begin{pmatrix}\cos(2t) & t^2\\ 0 & \mathrm{e}^t\end{pmatrix}$.

12. 设欧式空间$P[x]_3$中定义内积如下

$$(f(x),g(x))=\int_{-1}^{1}f(x)g(x)\,\mathrm{d}x.$$

求：(1) 求基1，x，x^2的度量矩阵；

(2) 求$f(x)=1-x+x^2$与$g(x)=1-4x+5x^2$的内积.

13. 试证：向量长度的齐次性，即$\|k\boldsymbol{\alpha}\|=|k|\,\|\boldsymbol{\alpha}\|$，$\forall k\in\mathbf{C}$，$\boldsymbol{\alpha}\in\mathbf{C}^n$.

14. 设$\dfrac{\partial\boldsymbol{A}}{\partial\boldsymbol{X}}=\begin{pmatrix}2xy & y^2 & y\\ x^2 & 2xy & x\end{pmatrix}$，$\boldsymbol{X}=\begin{pmatrix}x\\ y\end{pmatrix}$，求$\dfrac{\partial^2\boldsymbol{A}}{\partial\boldsymbol{X}^2}$.

15. 讨论矩阵幂级数$\sum\limits_{k=1}^{\infty}\dfrac{1}{k^2}\boldsymbol{A}^k$，其中矩阵$\boldsymbol{A}=\begin{pmatrix}1 & 4\\ -1 & -3\end{pmatrix}$.

第 2 篇　最优化方法

第 3 章 基础知识

最优化方法主要研究在一定的条件限制下，如何选取使目标达到最优的方案. 它是现代应用数学的一个重要分支，是一门实用性强、应用广泛的学科，在自然科学、社会科学、工农业生产、工程设计、经济规划和经济管理等领域都有着广泛的应用.

最优化方法的发展迅速，已形成了许多分支，如：线性规划、整数规划、非线性规划、多目标规划、几何规划、动态规划、不确定规划等. 解决最优化问题的主要思路是：

提出最优化问题——收集有关资料和数据，用自然语言描述问题.

建立数学模型——用变量、函数、方程描述问题. 列出目标函数和约束条件.

求解——选择合适的优化算法，编程或用工具软件求最优解.

解的检验——检查模型和求解步骤有无错误，检查解是否能反映现实问题.

决策实施——决策者根据自己的经验和偏好，对方案进行选择和修改，做出决定.

3.1　最优化问题的数学模型

3.1.1　最优化问题举例

例 3.1.1　（运输问题）设某物资有 m 个产地，n 个销地，第 i 个产地的产量为 a_i（$i=1, 2, \cdots, m$），第 j 个销地的销量为 b_j（$j=1, 2, \cdots, n$），且 $\sum_{i=1}^{m} a_i = \sum_{j=1}^{n} b_j$，第 i 个产地到第 j 个销地的单位运价为 c_{ij}. 问如何确定调运方案，使总运费最少？

解　设第 i 个产地运往第 j 个销地的运输量为 x_{ij}，则总运费为 $\sum_{i=1}^{m}\sum_{j=1}^{n} c_{ij}x_{ij}$. x_{ij}应满足约束条件

$$\begin{cases}\sum_{j=1}^{n} x_{ij} = a_i, \quad i = 1,2,\cdots,m, \\ \sum_{i=1}^{m} x_{ij} = b_j, \quad j = 1,2,\cdots,n\end{cases} \tag{3.1.1}$$

另外，x_{ij}还应该是非负数，即

$$x_{ij} \geqslant 0 \quad (i=1,\ 2,\ \cdots,\ m,\ j=1,\ 2,\ \cdots,\ n) \tag{3.1.2}$$

因此，x_{ij}应该在满足条件（3.1.1）和条件（3.1.2）下，使总运费取得最小值. 即该问题可表示为

$$\begin{aligned}&\min \sum_{i=1}^{m} \sum_{j=1}^{n} c_{ij} x_{ij} \\ &\text{s. t. } \sum_{j=1}^{n} x_{ij} = a_i, i = 1,2,\cdots,m \\ &\qquad \sum_{i=1}^{m} x_{ij} = b_j, j = 1,2,\cdots,n \\ &\qquad x_{ij} \geqslant 0, i = 1,2,\cdots,m, j = 1,2,\cdots,n\end{aligned}$$

这里，min 和 s. t. 分别是 minimize（极小化）和 subject to（受约束）的缩写. x_{ij}称为决策变量，$\sum_{i=1}^{m} \sum_{j=1}^{n} c_{ij} x_{ij}$ 称为目标函数，式（3.1.1）和式（3.1.2）称为约束条件. 该问题的目标函数和约束函数都是线性函数，称之为线性规划问题. 线性规划问题的一般形式是

$$\begin{aligned}&\min(\max) f = c_1 x_1 + c_2 x_2 + \cdots + c_n x_n \\ &\text{s. t.} \quad a_{11} x_1 + a_{12} x_2 + \cdots + a_{1n} x_n (=,\ \leqslant,\ \geqslant) b_1 \\ &\qquad a_{21} x_1 + a_{22} x_2 + \cdots + a_{2n} x_n (=,\ \leqslant,\ \geqslant) b_2 \\ &\qquad \vdots \\ &\qquad a_{m1} x_1 + a_{m2} x_2 + \cdots + a_{mn} x_n (=,\ \leqslant,\ \geqslant) b_m \\ &\qquad x_j \geqslant (\leqslant) 0, j \in J \subseteq \{1,2,\cdots,n\}\end{aligned}$$

这里，max 是 maximize（极大化）的缩写. 其标准形式可表示为

$$\begin{aligned}&\min \quad f = c_1 x_1 + c_2 x_2 + \cdots + c_n x_n \\ &\text{s. t.} \quad a_{11} x_1 + a_{12} x_2 + \cdots + a_{1n} x_n = b_1 \\ &\qquad a_{21} x_1 + a_{22} x_2 + \cdots + a_{2n} x_n = b_2 \\ &\qquad \vdots \\ &\qquad a_{m1} x_1 + a_{m2} x_2 + \cdots + a_{mn} x_n = b_m \\ &\qquad x_1, x_2, \cdots, x_n \geqslant 0\end{aligned} \tag{3.1.3}$$

显然，任意形式的线性规划问题都可表示为标准形式（3.1.3）.

式（3.1.3）可写成矩阵形式

$$\begin{aligned}&\min f = \boldsymbol{CX} \\ &\text{s. t.} \quad \boldsymbol{AX} = \boldsymbol{b} \\ &\qquad \boldsymbol{X} \geqslant 0\end{aligned}$$

其中，$C=(c_1,c_2,\cdots,c_n)$，$A=(a_{ij})_{m\times n}$，$b=(b_1,b_2,\cdots,b_m)^T$，$X=(x_1,x_2,\cdots,x_n)^T$. 满足所有约束条件的向量 X 称为标准形式（3.1.3）的可行解，所有可行解的集合称为可行域. 记可行域 $D=\{X|AX=b,X\geqslant 0\}$.

例3.1.2 （曲线的最优拟合问题）已知某物体的温度 φ 与时间 t 之间有如下形式的经验函数关系：

$$\varphi=c_1+c_2t+e^{c_3t} \tag{3.1.4}$$

其中 c_1，c_2，c_3 是待定参数，如图3.1.1所示. 现通过测试获得 n 组 φ 与 t 之间的实验数据 $(t_i,\ \varphi_i)$，$i=1,\ 2,\ \cdots,\ n$. 试确定参数 c_1，c_2，c_3，使理论曲线式（3.1.4）尽可能地与 n 个测试点 $(t_i,\ \varphi_i)$ 拟合.

解 依题意建立一个数学模型

$$\min\sum_{i=1}^{n}\left[\varphi_i-(c_1+c_2t_i+e^{c_3t_i})\right]^2,$$

这是一个无约束非线性规划问题.

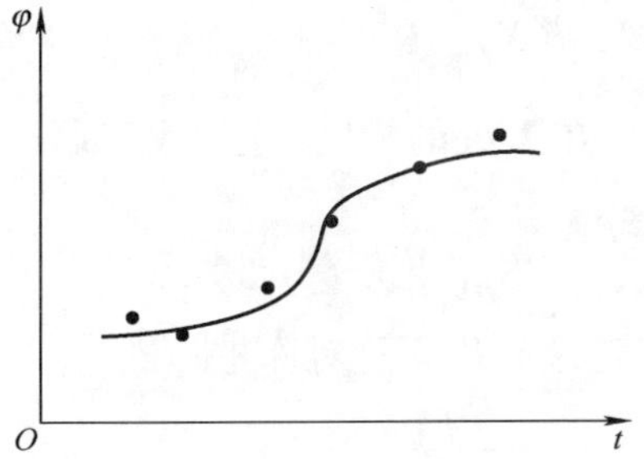

图3.1.1

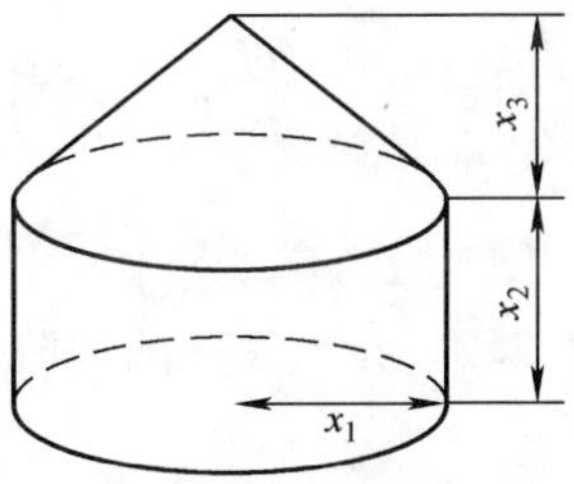

图3.1.2

例3.1.3 （构件容积问题）设计一个如图所示的由圆锥和圆柱面围成的构件，要求构件的表面积为 S，圆锥部分的高 x_3 和圆柱部分的高 x_2 之比为 a，如图3.1.2所示. 确定构件尺寸，使其容积最大.

解 依题意建立一个带约束条件的非线性规划模型

$$\begin{aligned}&\max\ V=(1+a/3)\pi x_1^2x_2\\&\text{s.t.}\quad \pi x_1\sqrt{x_1^2+a^2x_2^2}+2\pi x_1x_2+\pi x_1^2=S\\&\qquad\ x_1\geqslant 0,x_2\geqslant 0\end{aligned}$$

3.1.2 最优化问题的数学模型

上述最优化问题的数学模型可归纳为

$$\begin{aligned}&\min f(X)\\&\text{s.t. } g_i(X)\leqslant 0,i=1,2,\cdots,m\\&\qquad h_j(X)=0,j=1,2,\cdots,l\\&\qquad X=(x_1,x_2,\cdots,x_n)^T\end{aligned} \tag{3.1.5}$$

其中 $f(X):\mathbf{R}^n\to\mathbf{R}$，$g_i(X):\mathbf{R}^n\to\mathbf{R}(i=1,2,\cdots,m)$，$h_j(X):\mathbf{R}^n\to\mathbf{R}(j=1,2,\cdots,l)$ 为实值函数，

$\boldsymbol{X}$称为决策变量，$f(\boldsymbol{X})$ 为目标函数，$g_i(\boldsymbol{X}),h_j(\boldsymbol{X})$为约束函数. 记可行域 $D=\{\boldsymbol{X}=(x_1,x_2,\cdots,x_n)^{\mathrm{T}}\mid g_i(\boldsymbol{X})\leqslant 0(i=1,2,\cdots,m),h_j(\boldsymbol{X})=0(j=1,2,\cdots,l)\}$. 上述问题也可记为：

$$\min_{X\in D} f(\boldsymbol{X}),$$

当目标函数$f(\boldsymbol{X})$ 和约束函数 $g_i(\boldsymbol{X})$，$h_j(\boldsymbol{X})$ 均为线性函数时，式（3.1.5）为线性规划问题，如例3.1.1；当$f(\boldsymbol{X})$ 为非线性函数且 $m=l=0$ 时，式（3.1.5）为无约束非线性规划问题，如例3.1.2；当$f(\boldsymbol{X})$，$g_i(\boldsymbol{X})$ 和 $h_j(\boldsymbol{X})$ 至少有一个为非线性函数时，且 $m\neq 0$ 或 $l\neq 0$ 时，式（3.1.5）为约束非线性规划问题，如例3.1.3.

除上述三种模型外，最优化问题还有：整数规划，多目标规划，动态规划，不确定规划等.

3.2 数学预备知识

3.2.1 基本概念

定义 3.2.1 设 $\boldsymbol{X}=(x_1,\ x_2,\ \cdots,\ x_n)^{\mathrm{T}}\in\mathbf{R}^n$，$f(X)$：$\mathbf{R}^n\to\mathbf{R}$，$f(\boldsymbol{X})$ 在 $\boldsymbol{X}$ 处的偏导数存在，称 n 维向量$\left(\dfrac{\partial f}{\partial x_1},\dfrac{\partial f}{\partial x_2},\cdots,\dfrac{\partial f}{\partial x_n}\right)^{\mathrm{T}}$ 为函数$f(\boldsymbol{X})$ 在 $\boldsymbol{X}$ 处的梯度，记为$\nabla f(\boldsymbol{X})$，即

$$\nabla f(\boldsymbol{X})=\left(\frac{\partial f}{\partial x_1},\frac{\partial f}{\partial x_2},\cdots,\frac{\partial f}{\partial x_n}\right)^{\mathrm{T}},$$

定义 3.2.2 设$f(\boldsymbol{X})$ 的二阶偏导数存在且连续，称 n 阶对称矩阵

$$\begin{pmatrix} \dfrac{\partial^2 f}{\partial x_1^2} & \dfrac{\partial^2 f}{\partial x_1\partial x_2} & \cdots & \dfrac{\partial^2 f}{\partial x_1\partial x_n} \\ \dfrac{\partial^2 f}{\partial x_2\partial x_1} & \dfrac{\partial^2 f}{\partial x_2^2} & \cdots & \dfrac{\partial^2 f}{\partial x_2\partial x_n} \\ \vdots & \vdots & & \vdots \\ \dfrac{\partial^2 f}{\partial x_n\partial x_1} & \dfrac{\partial^2 f}{\partial x_n\partial x_2} & \cdots & \dfrac{\partial^2 f}{\partial x_n^2} \end{pmatrix}$$

为函数$f(\boldsymbol{X})$ 在 $\boldsymbol{X}$ 处的 Hesse 矩阵，记为$\nabla^2 f(\boldsymbol{X})$.

例 3.2.1 求函数$f(\boldsymbol{X})=2x_1^2+4x_2^2+12x_3^2-2x_1x_2+3x_1x_3+2x_2+10$ 的梯度和 Hesse 矩阵.

解 由$\dfrac{\partial f}{\partial x_1}=4x_1-2x_2+3x_3,\dfrac{\partial f}{\partial x_2}=8x_2-2x_1+2,\dfrac{\partial f}{\partial x_3}=24x_3+3x_1,$

$$\frac{\partial^2 f}{\partial x_1^2}=4,\quad \frac{\partial^2 f}{\partial x_1\partial x_2}=-2,\quad \frac{\partial^2 f}{\partial x_1\partial x_3}=3,\frac{\partial^2 f}{\partial x_2\partial x_1}=-2,\quad \frac{\partial^2 f}{\partial x_2^2}=8,$$

$$\frac{\partial^2 f}{\partial x_2\partial x_3}=0,\frac{\partial^2 f}{\partial x_3\partial x_1}=3,\quad \frac{\partial^2 f}{\partial x_3\partial x_2}0,\quad \frac{\partial^2 f}{\partial x_3^2}=24.$$

可得

$$\nabla f(\boldsymbol{X})=(4x_1-2x_2+3x_3,8x_2-2x_1+2,24x_3+3x_1)^{\mathrm{T}}$$

$$\nabla^2 f(\boldsymbol{X})=\begin{pmatrix} 4 & -2 & 3 \\ -2 & 8 & 0 \\ 3 & 0 & 24 \end{pmatrix}.$$

例 3.2.2 求$f(\boldsymbol{X})=\boldsymbol{b}^{\mathrm{T}}\boldsymbol{X}$和$f(\boldsymbol{X})=\boldsymbol{X}^{\mathrm{T}}\boldsymbol{Q}\boldsymbol{X}$的梯度和Hesse矩阵. 这里$\boldsymbol{b}=(b_1,b_2,\cdots,b_n)^{\mathrm{T}}$, $\boldsymbol{Q}=(q_{ij})_{n\times n}$.

解 (1) 对$f(\boldsymbol{X})=\boldsymbol{b}^{\mathrm{T}}\boldsymbol{X}=b_1x_1+b_2x_2+\cdots+b_nx_n$，有$\frac{\partial f}{\partial x_k}=b_k(k=12,\cdots,n)$，所以

$$\nabla f(\boldsymbol{X})=(b_1,b_2,\cdots,b_n)^{\mathrm{T}}=\boldsymbol{b}$$

且$\frac{\partial^2 f}{\partial x_k\partial x_l}=0(k,l=1,2,\cdots,n)$，因此$\nabla^2 f(\boldsymbol{X})=\boldsymbol{O}$(零矩阵).

(2) 对$f(\boldsymbol{X})=\boldsymbol{X}^{\mathrm{T}}\boldsymbol{Q}\boldsymbol{X}=\sum_{i=1}^{n}\sum_{j=1}^{n}q_{ij}x_ix_j$，因为

$$\frac{\partial f}{\partial x_k}=\sum_{i=1}^{n}q_{ik}x_i+\sum_{j=1}^{n}q_{kj}x_j\quad(k=12,\cdots,n),\frac{\partial^2 f}{\partial x_k\partial x_l}=q_{lk}+q_{kl}\quad(k,l=12,\cdots,n),$$

所以梯度为

$$\nabla f(\boldsymbol{X})=\begin{pmatrix}q_{11}&q_{21}&\cdots&q_{n1}\\q_{12}&q_{22}&\cdots&q_{n2}\\\vdots&\vdots&&\vdots\\q_{1n}&q_{2n}&\cdots&q_{nn}\end{pmatrix}\begin{pmatrix}x_1\\x_2\\\vdots\\x_n\end{pmatrix}+\begin{pmatrix}q_{11}&q_{12}&\cdots&q_{1n}\\q_{21}&q_{22}&\cdots&q_{2n}\\\vdots&\vdots&&\vdots\\q_{n1}&q_{n2}&\cdots&q_{nn}\end{pmatrix}\begin{pmatrix}x_1\\x_2\\\vdots\\x_n\end{pmatrix}=\boldsymbol{Q}^{\mathrm{T}}\boldsymbol{X}+\boldsymbol{Q}\boldsymbol{X},$$

其Hesse矩阵为

$$\nabla^2 f(\boldsymbol{X})=\begin{pmatrix}q_{11}&q_{21}&\cdots&q_{n1}\\q_{12}&q_{22}&\cdots&q_{n2}\\\vdots&\vdots&&\vdots\\q_{1n}&q_{2n}&\cdots&q_{nn}\end{pmatrix}+\begin{pmatrix}q_{11}&q_{12}&\cdots&q_{1n}\\q_{21}&q_{22}&\cdots&q_{2n}\\\vdots&\vdots&&\vdots\\q_{n1}&q_{n2}&\cdots&q_{nn}\end{pmatrix}=\boldsymbol{Q}^{\mathrm{T}}+\boldsymbol{Q}.$$

若$\boldsymbol{Q}$为对称矩阵，则$\nabla f(\boldsymbol{X})=2\boldsymbol{Q}\boldsymbol{X}$, $\nabla^2 f(\boldsymbol{X})=2\boldsymbol{Q}$.

定义 3.2.3 设$\boldsymbol{Q}$为n阶对称矩阵，若对任意非零向量$\boldsymbol{X}\in\mathbf{R}^n$都有

(1) $f(\boldsymbol{X})=\boldsymbol{X}^{\mathrm{T}}\boldsymbol{Q}\boldsymbol{X}>0$，则称$f(\boldsymbol{X})$为正定的，$\boldsymbol{Q}$为正定矩阵；

(2) $f(\boldsymbol{X})=\boldsymbol{X}^{\mathrm{T}}\boldsymbol{Q}\boldsymbol{X}\geqslant 0$，则称$f(\boldsymbol{X})$为半正定的，$\boldsymbol{Q}$为半正定矩阵；

(3) $f(\boldsymbol{X})=\boldsymbol{X}^{\mathrm{T}}\boldsymbol{Q}\boldsymbol{X}<0$，则称$f(\boldsymbol{X})$为负定的，$\boldsymbol{Q}$为负定矩阵；

(4) $f(\boldsymbol{X})=\boldsymbol{X}^{\mathrm{T}}\boldsymbol{Q}\boldsymbol{X}\leqslant 0$，则称$f(\boldsymbol{X})$为半负定的，$\boldsymbol{Q}$为半负定矩阵.

根据定义，若$\boldsymbol{Q}$为正定矩阵，则$-\boldsymbol{Q}$为负定矩阵；若$\boldsymbol{Q}$为半正定矩阵，则$-\boldsymbol{Q}$为半负定矩阵. 若$\boldsymbol{Q}$为正定矩阵，则称$f(\boldsymbol{X})=\frac{1}{2}\boldsymbol{X}^{\mathrm{T}}\boldsymbol{Q}\boldsymbol{X}+\boldsymbol{b}^{\mathrm{T}}\boldsymbol{X}+c$为正定二次函数，其梯度和Hesse矩阵分别为

$$\nabla f(\boldsymbol{X})=\boldsymbol{Q}\boldsymbol{X}+b,\nabla^2 f(\boldsymbol{X})=\boldsymbol{Q}.$$

定理 3.2.1 n阶对称矩阵$\boldsymbol{Q}$正定的充要条件是$\boldsymbol{Q}$的各阶顺序主子式均为正；n阶对称矩阵$\boldsymbol{Q}$正定的充要条件是$\boldsymbol{Q}$的各阶顺序主子式负、正相间；n阶对称矩阵$\boldsymbol{Q}$半正定的充要条件是$\boldsymbol{Q}$的各阶主子式均非负.

例 3.2.3 判别矩阵$\boldsymbol{Q}=\begin{pmatrix}1&-1&0\\-1&2&-1\\0&-1&3\end{pmatrix}$的正定性.

解 $\boldsymbol{Q}$的各阶顺序主子式为

$$|1|>0,\quad \begin{vmatrix} 1 & -1 \\ -1 & 2 \end{vmatrix}=1>0,\quad \begin{vmatrix} 1 & -1 & 0 \\ -1 & 2 & -1 \\ 0 & -1 & 3 \end{vmatrix}=2>0,$$

根据定理 3.2.1，$\boldsymbol{Q}$ 为正定矩阵.

3.2.2 凸集和凸函数

定义 3.2.4 设 $S\subset\mathbf{R}^n$，如果对任意 $\boldsymbol{X}_1$，$\boldsymbol{X}_2\in S$，任意 $\alpha\in[0,1]$，都有

$$\alpha\boldsymbol{X}_1+(1-\alpha)\boldsymbol{X}_2\in S.$$

则称集合 S 为凸集. 称 $\alpha\boldsymbol{X}_1+(1-\alpha)\boldsymbol{X}_2$ 为 $\boldsymbol{X}_1,\boldsymbol{X}_2$ 的凸组合.

凸集的几何意义：若 $\boldsymbol{X}_1$，$\boldsymbol{X}_2\in S$，则 $\boldsymbol{X}_1$，$\boldsymbol{X}_2$ 连线上的任意点（即 $\alpha\boldsymbol{X}_1+(1-\alpha)\boldsymbol{X}_2$）均属于 S，如图 3.2.1 所示. 与之相对应地，非凸集的几何图形如图 3.2.2 所示.

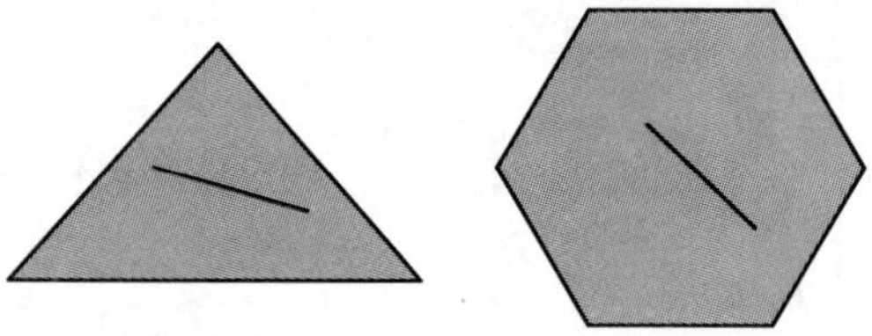

图 3.2.1 凸集

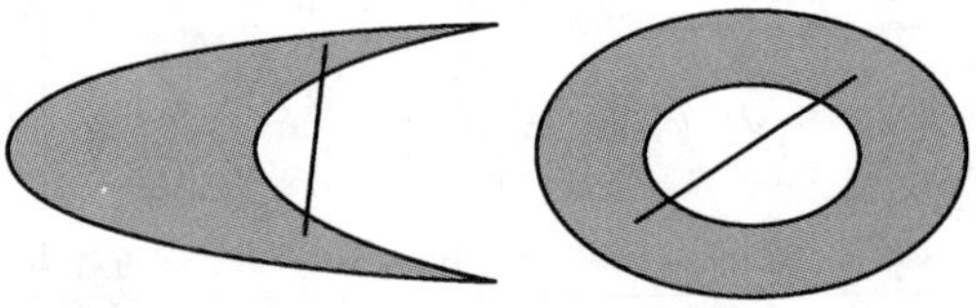

图 3.2.2 非凸集

定理 3.2.2 S 为凸集的充要条件是对任意 $\boldsymbol{X}_1$，$\boldsymbol{X}_2$，…，$\boldsymbol{X}_m\in S$ 及任意非负实数 α_1，α_2，…，$\alpha_m\in\mathbf{R}$，当 $\alpha_1+\alpha_2+\cdots+\alpha_m=1$ 时，$\alpha_1\boldsymbol{X}_1+\alpha_2\boldsymbol{X}_2+\cdots+\alpha_m\boldsymbol{X}_m\in S$.

定义 3.2.5 设 S 为非空凸集，f 是定义在 S 上的函数，如果对任意 $\boldsymbol{X}_1$，$\boldsymbol{X}_2\in S$ 及任意 $\alpha\in[0,1]$，均有

$$f(\alpha\boldsymbol{X}_1+(1-\alpha)\boldsymbol{X}_2)\leqslant\alpha f(\boldsymbol{X}_1)+(1-\alpha)f(\boldsymbol{X}_2)$$

成立，则称 f 为 S 上的凸函数.

若对任意 $\boldsymbol{X}_1$，$\boldsymbol{X}_2\in S$，$\boldsymbol{X}_1\neq\boldsymbol{X}_2$ 及任意 $\alpha\in(0,1)$，均有

$$f(\alpha\boldsymbol{X}_1+(1-\alpha)\boldsymbol{X}_2)<\alpha f(\boldsymbol{X}_1)+(1-\alpha)f(\boldsymbol{X}_2)$$

成立，则称 f 为 S 上的严格凸函数.

若 f 为凸函数，则 $-f$ 为凹函数；若 f 为严格凸函数，则 $-f$ 为严格凹函数.

定理 3.2.3 设非空开凸集 $S\subset\mathbf{R}^n$，$f(\boldsymbol{X})$ 在 S 上二阶可微，则 $f(\boldsymbol{X})$ 为 S 上的凸函数的充要条件是对任意 $\boldsymbol{X}\in S$，$\nabla^2 f(\boldsymbol{X})$ 半正定. 若对任意 $\boldsymbol{X}\in S$，$\nabla^2 f(\boldsymbol{X})$ 是正定矩阵，则 $f(\boldsymbol{X})$ 为 S 上的严格凸函数.（证明略）

可以证明，线性函数既是凸函数又是凹函数.

3.2.3 凸规划及其性质

定义 3.2.6 若规划问题（3.1.5）中 $f(\boldsymbol{X})$ 为凸函数，可行域 D 为凸集，则称问题（3.1.5）为凸规划问题.

可以证明，若规划问题（3.1.5）中，$f(\boldsymbol{X})$，$g_i(\boldsymbol{X})\leqslant 0$（$i=1,2,\cdots,m$）均为凸函数，$h_j(\boldsymbol{X})=0$（$j=1,2,\cdots,l$）均为线性函数，则规划问题（3.1.5）为凸规划.

定理 3.2.4 设（3.1.5）是凸规划问题，则有下面结论：

（1）若$f(\boldsymbol{X})$为凸函数，则凸规划问题（3.1.5）的局部最优解是全局最优解；

（2）若$f(\boldsymbol{X})$为严格凸函数，则凸规划问题（3.1.5）的局部最优解是全局最优解；

（3）若$f(\boldsymbol{X})$为凸函数，$m=l=0$，则$f(\boldsymbol{X})$的驻点是（3.1.5）的全局最优解.

（**注** 局部最优解和全局最优解定义可参看定义4.1.5和定义4.1.6）（证明略）

习 题 3

1. 设经验模型为$y=\beta_0+\beta_1x_1+\beta_2x_2$，又已知有$N$组实测值$(x_{1i},x_{2i}),y_i,i=1,2,\cdots,N$. 现欲选择$\beta_0$，$\beta_1$，$\beta_2$，使按模型计算出的值与实测值偏离的平方和最小. 试给出最优化模型.

2. 求$f(\boldsymbol{X})=x_1^3+2x_2^2+3x_3^2-2x_1^2x_2+4x_2x_3-x_2$的梯度和Hesse矩阵.

3. 判断函数$f(\boldsymbol{X})=x_1^2-2x_1x_2+x_2^2+x_1+x_2$是否为凸函数.

4. 判断非线性规划问题

$$\begin{aligned}&\min\ x_1^2+x_2^2+8\\&\text{s. t. } x_1-x_2\geqslant 0\\&\qquad -x_1-x_2^2=-2\\&\qquad x_1,\ x_2\geqslant 0\end{aligned}$$

是否为凸规划.

第 4 章

最优化方法

本章主要介绍求解单目标优化问题和多目标优化问题的算法．对单目标优化问题，除了讨论一般的无约束优化问题和约束优化问题的解法，还讨论了一类应用较广泛的问题——最小二乘问题．对多目标优化问题，往往将其转化为单目标问题求解．

4.1 无约束优化问题的下降算法

4.1.1 最优化问题的迭代算法

求解无约束优化问题：

$$\min_{X \in \mathbf{R}^n} f(\boldsymbol{X}) \tag{4.1.1}$$

通常采用数值迭代的方法．具体步骤如下：选取初始点 $\boldsymbol{X}^{(0)}$，从 $\boldsymbol{X}^{(0)}$ 出发，按某种方法生成点列 $\boldsymbol{X}^{(0)}$，$\boldsymbol{X}^{(1)}$，$\boldsymbol{X}^{(2)}$，…，$\boldsymbol{X}^{(k)}$，…，使得 $\boldsymbol{X}^{(k)}$ 为式（4.1.1）的最优解，或者点列 $\{X^{(k)}\}$ 收敛到式（4.1.1）的最优解．称点列 $\{\boldsymbol{X}^{(k)}\}$ 为极小化序列，在迭代过程中，极小化序列 $\{X^{(k)}\}$ 对应的函数值序列 $\{f(\boldsymbol{X}^{(k)})\}$ 应该满足 $f(\boldsymbol{X}^{(k+1)}) < f(\boldsymbol{X}^{(k)})$，具有这种性质的算法称为下降算法．为此，每次迭代时，从 $\boldsymbol{X}^{(k)}$ 出发，寻找一个使函数值下降的方向 $\boldsymbol{p}^{(k)}$，沿该方向进行搜索找到一个函数值更小的点 $\boldsymbol{X}^{(k+1)}$，再从 $\boldsymbol{X}^{(k+1)}$ 出发，沿新的下降方向搜索函数值更小的点，重复上面过程，直到满足事先给定的条件．

定义 4.1.1 设 $\boldsymbol{p}$ 为非零向量，若在点 $\overline{\boldsymbol{X}}$ 处，存在 $\lambda>0$，使得当 $\lambda \in (0,\alpha)$ 时恒有

$$f(\overline{\boldsymbol{X}}+\lambda \boldsymbol{p}) < f(\overline{\boldsymbol{X}})$$

成立，则称 $\boldsymbol{p}$ 为 $f(\boldsymbol{X})$ 在 $\overline{\boldsymbol{X}}$ 处的一个下降方向．

由泰勒公式

$$f(\overline{\boldsymbol{X}}+\lambda \boldsymbol{p}) = f(\overline{\boldsymbol{X}}) + \lambda \nabla f(\overline{\boldsymbol{X}})^{\mathrm{T}} \boldsymbol{p} + o(\lambda)$$

可知，当 $\nabla f(\overline{\boldsymbol{X}})^{\mathrm{T}} \boldsymbol{p} < 0$ 时，总存在 $\lambda>0$，使得当 $\lambda \in (0,\alpha)$ 时，恒有 $f(\overline{\boldsymbol{X}}+\lambda \boldsymbol{p}) < f(\overline{\boldsymbol{X}})$，所以也称满足 $\nabla f(\overline{\boldsymbol{X}})^{\mathrm{T}} \boldsymbol{p} < 0$ 的方向 $\boldsymbol{p}$ 为 $f(\boldsymbol{X})$ 在 $\overline{\boldsymbol{X}}$ 处的一个下降方向．

又 $\nabla f(\overline{\boldsymbol{X}})^{\mathrm{T}} \boldsymbol{p} = \| \nabla f(\boldsymbol{X}) \| \, \| \boldsymbol{p} \| \cos\theta$（$\theta$ 为 $\nabla f(\overline{\boldsymbol{X}})$ 与 $\boldsymbol{p}$ 的夹角），所以与 $-\nabla \boldsymbol{f}(\overline{\boldsymbol{X}})$ 成锐角（与 $\nabla f(\overline{\boldsymbol{X}})$ 成钝角）的方向 $\boldsymbol{p}$ 都是下降方向．特别地，$f(\boldsymbol{X})$ 在 $\overline{\boldsymbol{X}}$ 处的负梯度方向

$(p=-\nabla f(\overline{X})$,此时 $\cos\theta=-1)$ 为最速下降方向.

综上，最优化问题的迭代算法大致步骤如下

(1) 选择初始点 $X^{(0)}$（越接近最优解越好），置 $k=0$；

(2) 在点 $X^{(k)}$ 处选取下降方向 $p^{(k)}$；

(3) 确定步长 λ_k，使得 $f(X^{(k)}+\lambda_k p^{(k)})<f(X^{(k)})$；

(4) 计算 $X^{(k+1)}=X^{(k)}+\lambda_k p^{(k)}$；

(5) 判断 $X^{(k+1)}$ 是否满足终止准则（下面给出）. 若满足，停止迭代，$X^{(k+1)}=X^*$ 为最优解；否则，置 $k=k+1$，转 (2).

对于无约束优化问题，通常采用的终止准则：

(1) $\|X^{(k+1)}-X^{(k)}\|<\varepsilon$，表示相邻两个迭代点之间距离已小于给定的计算精度 ε.

(2) $|f(X^{(k+1)})-f(X^{(k)})|<\varepsilon(|f(X^{(k+1)})|<1$ 时)

或 $\left|\dfrac{f(X^{(k+1)})-f(X^{(k)})}{f(X^{(k+1)})}\right|<\varepsilon(|f(X^{(k+1)})|>1$ 时),

表示相邻两个迭代点的函数值下降量已达到充分小.

(3) $\|\nabla f(X^{(k+1)})\|<\varepsilon$，表示迭代点梯度已达到充分小. 该准则当目标函数是凸函数时是成立的，但对于非凸函数，可能会把驻点作为最优点.

4.1.2　算法的收敛速度

判断一个算法的优劣，一看是否收敛，二看收敛速度. 一个好的算法，应该具有较快的收敛速度.

定义 4.1.2　若有点列 $\{X^{(k)}\}$，对于任意 $\varepsilon>0$，总存在正整数 $N(\varepsilon)$，当 $k>N(\varepsilon)$ 时，有

$$\|X^{(k)}-X^*\|<\varepsilon$$

成立，则称点列 $\{X^{(k)}\}$ 收敛于 X^*，记为 $X^{(k)}\to X^*\ (k\to\infty)$.

定义 4.1.3　设点列 $\{X^{(k)}\}$ 收敛于 X^*，$\lim\limits_{k\to\infty}\dfrac{\|X^{(k+1)}-X^*\|}{\|X^{(k)}-X^*\|^p}=\alpha$，则称 $\{X^{(k)}\}$ 是 p 阶收敛的，α 称为收敛比. 特别地：

(1) 当 $p=1$ 且 $0<\alpha<1$ 时，称点列 $\{X^{(k)}\}$ 是线性收敛的；

(2) 当 $p=1$ 且 $\alpha=0$ 或 $1<p<2$，$\alpha>0$ 时，称点列 $\{X^{(k)}\}$ 是超线性收敛的；

(3) 当 $p=0$ 时，称点列 $\{X^{(k)}\}$ 是二阶收敛的.

收敛数列的收敛级反映了序列收敛的快慢，从某种意义上来讲，收敛级越大，序列收敛得就越快. 当收敛级相同时，收敛比越小，序列收敛得越快.

对于正定二次函数 $f(X)=\dfrac{1}{2}X^{\mathrm{T}}QX+b^{\mathrm{T}}X+c$，可以证其驻点 $X^*=-Q^{-1}b$ 为唯一极小点.

定义 4.1.4　若某算法对于任意正定二次目标函数，从任意初始点出发，都能经过有限次迭代达到其极小点，则该算法称为具有二次终止性的算法或二次收敛算法.

一般情形下，如果一个算法具有二次终止性，则认为该算法是一个较好的算法.

定义 4.1.5　设 $X^*\in\mathbf{R}^n$，若对任意 $X\in\mathbf{R}^n$ 均有

$$f(\boldsymbol{X}^*) \leqslant f(\boldsymbol{X})$$

成立，则称 $\boldsymbol{X}^*$ 为问题（4.1.1）的全局最优解．若对任意 $\boldsymbol{X}\in \mathbf{R}^n$，$\boldsymbol{X}\neq \boldsymbol{X}^*$ 均有

$$f(\boldsymbol{X}^*) < f(\boldsymbol{X})$$

成立，则称 X^* 为问题（4.1.1）的严格全局最优解.

定义 4.1.6 设 $\boldsymbol{X}^* \in \mathbf{R}^n, N(\boldsymbol{X}^*, \varepsilon) = \{\boldsymbol{X} \mid \|\boldsymbol{X}-\boldsymbol{X}^*\| < \varepsilon, \varepsilon > 0\}$ 为 $\boldsymbol{X}^*$ 的某个邻域，若对任意 $\boldsymbol{X}\in N$（X^*，ε），均有

$$f(\boldsymbol{X}^*) \leqslant f(\boldsymbol{X})$$

成立，则称 $\boldsymbol{X}^*$ 为问题（4.1.1）的局部最优解．若对任意 $\boldsymbol{X}\in N$（$\boldsymbol{X}^*$，ε），$\boldsymbol{X}\neq \boldsymbol{X}^*$ 均有

$$f(\boldsymbol{X}^*) < f(\boldsymbol{X})$$

成立，则称 $\boldsymbol{X}^*$ 为问题（4.1.1）的严格局部最优解.

4.2 一维搜索

由前面讨论，利用迭代方法求解无约束问题（4.1.1）的最优解时，已知 $\boldsymbol{X}^{(k)}$ 和下降方向 $\boldsymbol{p}^{(k)}$ 需要确定适当的步长 $\boldsymbol{\lambda}_k$，使得 $f(\boldsymbol{X}^{(k)}+\boldsymbol{\lambda}_k\boldsymbol{p}^{(k)}) < f(\boldsymbol{X}^{(k)})$．设 $\varphi(\boldsymbol{\lambda}) = f(\boldsymbol{X}^{(k)}+\boldsymbol{\lambda}\boldsymbol{p}^{(k)})$，这种从已知点 $\boldsymbol{X}^{(k)}$ 出发，沿下降方向 $\boldsymbol{p}^{(k)}$ 确定搜索步长 $\boldsymbol{\lambda}_k$，使得

$$\varphi(\boldsymbol{\lambda}_k) = f(\boldsymbol{X}^{(k)}+\boldsymbol{\lambda}_k\boldsymbol{p}^{(k)}) < f(\boldsymbol{X}^{(k)}) = \varphi(0)$$

的问题就是关于 $\boldsymbol{\lambda}$ 的一维搜索问题（线性搜索）.

如果 $\boldsymbol{\lambda}_k$ 使目标函数 $f(\boldsymbol{X})$ 沿方向 $\boldsymbol{p}^{(k)}$ 达到极小，即

$$f(\boldsymbol{X}^{(k)}+\boldsymbol{\lambda}_k\boldsymbol{p}^{(k)}) = \min_{\lambda>0} f(\boldsymbol{X}^{(k)}+\boldsymbol{\lambda}\boldsymbol{p}^{(k)}),$$

则称该一维搜索问题为精确的一维搜索．按这种方法确定的步长 $\boldsymbol{\lambda}_k$ 称为最优步长．如果存在 $\boldsymbol{\lambda}_k$，使得

$$f(\boldsymbol{X}^{(k)}+\boldsymbol{\lambda}_k\boldsymbol{p}^{(k)}) < f(\boldsymbol{X}^{(k)})$$

成立，则称该一维搜索为非精确的一维搜索.

精确的一维搜索计算量较大，而且对某些特殊函数（如非光滑函数）无法使用，有时会降低效率．相对来说，非精确的一维搜索计算量较小，又能使函数值下降，整体效果较好．一维搜索分为两个阶段：第一阶段确定包含最优解的搜索区间；第二阶段用某种方法缩小区间，直到区间长度满足精度要求.

4.2.1 搜索区间的确定

进退法是确定搜索区间的一个简单方法．其主要思想是：给定初始点 $\boldsymbol{\lambda}_0>0$，初始步长 $h_0>0$，若

$$\varphi(\boldsymbol{\lambda}_0+h_0) \leqslant \varphi(\boldsymbol{\lambda}_0),$$

则下一步从 $\boldsymbol{\lambda}_0+h_0$ 出发，加大步长，再向前搜索，直到目标函数值上升为止．否则，则后退，下一步沿反方向搜索，直到目标函数值上升为止．当函数值出现两边高中间低的情形时，就可以确定搜索区间.

具体算法如下：

（1）给定初始点 $\lambda_0>0$，初始步长 $h_0>0$，加步系数 $\alpha>1$（一般取 $\alpha=0$），令 $k=0$；

(2) 若 $\lambda_{k+1}=\lambda_k+h_k$，计算 $\varphi_{k+1}=\varphi(\lambda_{k+1})$，若 $\varphi_{k+1}<\varphi_k$，则转下一步，否则，转 (4)；

(3) 令 $h_{k+1}=\alpha h_k$，$\lambda=\lambda_k$，$\lambda_k=\lambda_{k+1}$，$k=k+1$，转 (2)；

(4) 若 $k=0$，改变搜索方向，令 $h_k=-h_k$，$\lambda=\lambda_{k+1}$，转 (2)；否则，停止迭代，令 $a=\min\{\lambda,\lambda_{k+1}\}, b=\max\{\lambda,\lambda_{k+1}\}$，停止计算，搜索区间为 $[a, b]$.

进退法一般适用于只有一个极小点的搜索区间（单峰区间）. 进退法直观简单，也可以用来寻找最优解，但每步的下降量不大，效率较低.

4.2.2 精确的一维搜索

1. 黄金分割法（0.618 法）

定义 4.2.1 设函数 $\varphi(\lambda)$ 在 $[a,b]$ 上存在极小点 λ^*. 如果对于任意 λ_1，$\lambda_2\in[a, b]$，满足：

(1) 当 $\lambda_1<\lambda_2\leqslant\lambda^*$ 时，有 $\varphi(\lambda_1)\geqslant\varphi(\lambda_2)$；

(2) 当 $\lambda^*\leqslant\lambda_1<\lambda_2$ 时，有 $\varphi(\lambda_1)<\varphi(\lambda_2)$，

则称 $\varphi(\lambda)$ 在 $[a,b]$ 上是单峰函数，如图 4.2.1 所示. 多个单峰函数构成多峰函数，如图 4.2.2 所示.

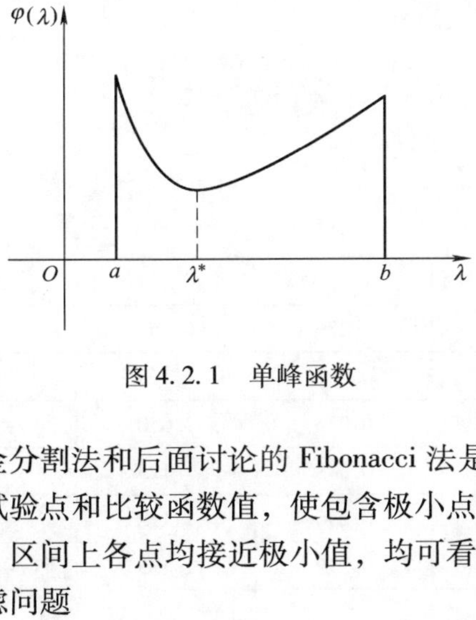

图 4.2.1　单峰函数

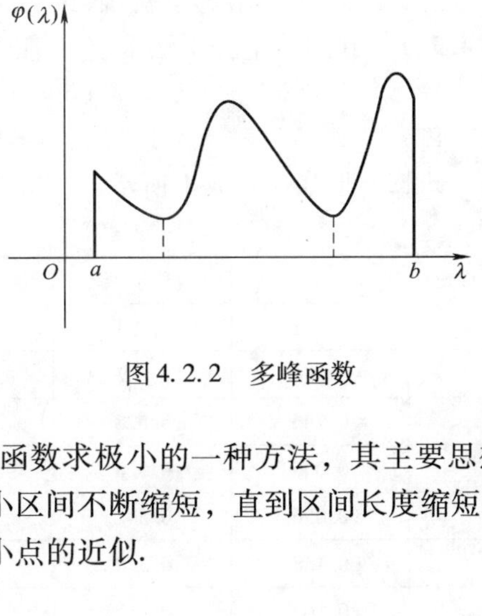

图 4.2.2　多峰函数

黄金分割法和后面讨论的 Fibonacci 法是单峰函数求极小的一种方法，其主要思想是通过选取试验点和比较函数值，使包含极小点的极小区间不断缩短，直到区间长度缩短到一定程度时，区间上各点均接近极小值，均可看作极小点的近似.

考虑问题

$$\min_{\lambda\in[a,b]}\varphi(\lambda) \tag{4.2.1}$$

首先取试验点 $\lambda_1,\lambda_2\in(a,b),\lambda_1<\lambda_2$，比较 $\varphi(\lambda_1)$ 和 $\varphi(\lambda_2)$，分两种情况：

(1) 若 $\varphi(\lambda_1)\leqslant\varphi(\lambda_2)$，则 λ_2 是劣点，舍弃劣点外侧的部分，问题 (4.2.1) 的极小点 $\lambda^*\in[a, \lambda_2]$，$[a, \lambda_2]$ 是保留区间，λ_1 是保留点.

(2) 若 $\varphi(\lambda_1)>\varphi(\lambda_2)$，则 λ_1 是劣点，舍弃劣点外侧的部分，问题 (4.2.1) 的极小点 $\lambda^*\in[\lambda_1, b]$，$[\lambda_1, b]$ 是保留区间，λ_2 是保留点.

然后，在保留区间内另取一个新的试验点，计算其函数值并与保留点的函数值进行比较，函数值较大的点是劣点，去掉劣点外侧的部分，则包含极小点的区间进一步缩短. 反复

上述过程，最终保留区间长度满足精度要求，得到 λ^* 的近似解. 在迭代过程中，除了第一次迭代需要计算两次函数值，以后每次迭代都只需计算一次函数值，因此，$n-1$ 次迭代只需计算 n 次函数值.

利用黄金分割法迭代，每次区间缩小的比例不变（收缩比 $\tau=\frac{\sqrt{5}-1}{2}\approx0.618$），其计算步骤如下：

（1）给定极小区间 $[a, b]$，精度 $\varepsilon>0$，取左右试验点

$$\lambda_1=a+(1-\tau)(b-a), \lambda_2=a+\tau(b-a)$$

计算 $\varphi(\lambda_1)$ 和 $\varphi(\lambda_2)$；

（2）若 $b-a<\varepsilon$，停止迭代，取 $\lambda^*=\frac{a+b}{2}$；否则转（3）；

（3）如果 $\varphi(\lambda_1)\leqslant\varphi(\lambda_2)$，则置 $b=\lambda_2$，$\lambda_2=\lambda_1$，$\varphi(\lambda_2)=\varphi(\lambda_1)$ 转(4)；否则，置 $a=\lambda_1, \lambda_1=\lambda_2$，$\varphi(\lambda_1)=\varphi(\lambda_2)$，转（5）；

（4）计算 $\lambda_1=a+(1-\tau)(b-a)$，$\varphi(\lambda_1)$ 转（2）；

（5）计算 $\lambda_2=a+\tau(b-a)$，$\varphi(\lambda_2)$ 转（2）.

黄金分割法只假定 $\varphi(\lambda)$ 在 $[a,b]$ 上是单峰函数，并不要求可微，甚至不要求是连续函数，因此适用范围广泛.

可以证明，黄金分割法是线性收敛的.

例 4.2.1 利用黄金分割法求解一维问题

$$\min f(x)=2x^2-x-1,$$

取初始区间为 $[a, b]=[-1, 1]$，$\varepsilon=0.16$.

解 计算结果如表 4.2.1 所示

表 4.2.1

k	a	b	λ_1	λ_2	$f(\lambda_1)$	$f(\lambda_2)$
1	-1	1	-0.236	0.236	-0.653	-1.125
2	-0.236	1	0.236	0.528	-1.125	-0.970
3	-0.236	0.528	0.056	0.236	-1.050	-1.125
4	0.056	0.528	0.236	0.348	-1.125	-1.106
5	0.056	0.348	0.168	0.236	-1.112	-1.125
6	0.168	0.348	0.236	0.279	-1.125	-1.123
7	0.168	0.279				

经过 6 次迭代，区间长度为 $b-a=0.279-0.168=0.111<0.16$，满足精度要求，所以极小点 $x^*\in[0.168, 0.279]$，可取 $x^*\approx\frac{0.168+0.279}{2}=0.2235$，实际问题的最优解为 $x^*=0.25$.

2. Fibonacci 法（分数法）

Fibonacci 法不要求每次迭代后极小区间的收缩比不变，而希望在试验点个数相同的情形下，寻找一种选取试验点的最佳策略，使最终极小区间的长度最小. Fibonacci 法与黄金分割法的主要区别是区间长度收缩比不是常数，而是由 Fibonacci 数确定.

定义 4.2.2 设有数列 $\{F_k\}$ 满足 $F_0=F_1=1$，$F_k=F_{k-1}+F_{k-2}$，$k=1, 2, 3, \cdots$，则称 $\{F_k\}$ 为 Fibonacci 数列.

设只计算 n 次试验点，即迭代 $n-1$ 次，Fibonacci 法迭代步骤如下：

（1）给定极小区间 $[a, b]$，精度要求（最终区间长度）$\varepsilon>0$，选取能分辨函数值的间隔 $\delta<\varepsilon$，求满足 $\frac{b-a}{F_n}<\varepsilon$ 的最小正整数 n；

（2）取左右试验点

$$\lambda_1=a+\frac{F_{n-2}}{F_n}(b-a),\lambda_1'=a+\frac{F_{n-1}}{F_n}(b-a)(\text{在区间内位置对称});$$

（3）如果 $\varphi(\lambda_1)\leqslant\varphi(\lambda_1')$，置 $a_1=a$，$b_1=\lambda_1'$，$\lambda_2'=\lambda_1$，计算 $\lambda_2=a_1+\frac{F_{n-3}}{F_{n-1}}(b_1-a_1)$；否则，置 $a_1=\lambda_1$，$b_1=b$，$\lambda_2=\lambda_1'$，计算 $\lambda_2'=a_1+\frac{F_{n-2}}{F_{n-1}}(b_1-a_1)$；

（4）比较 $\varphi(\lambda_2)$ 和 $\varphi(\lambda_2')$，一步步迭代，计算试验点公式

$$\lambda_k=a_{k-1}+\frac{F_{n-k-1}}{F_{n-k+1}}(b_{k-1}-a_{k-1}),\lambda_k'=a_{k-1}+\frac{F_{n-k}}{F_{n-k+1}}(b_{k-1}-a_{k-1}),\quad k=1,2,\cdots,n-1$$

（5）当 $k=n-1$ 时，$\lambda_{n-1}=\lambda'_{(n-1)}=\frac{1}{2}(a_{n-2}+b_{n-2})$，无法确定新试验点，因此取

$$\lambda_{n-1}=\frac{1}{2}(a_{n-2}+b_{n-2}),\lambda_{n-1}'=a_{n-2}+\left(\frac{1}{2}+\sigma\right)(a_{n-2}+b_{n-2})$$

比较 $\varphi(\lambda_{n-1})$ 和 $\varphi(\lambda_{n-1}')$，最终区间为 $[a_{n-2}, \lambda_{n-1}']$ 或 $[\lambda_{n-1}, b_{n-2}]$. $\lambda^*=\frac{a_{n-2}+\lambda_{n-1}'}{2}$ 或 $\lambda^*=\frac{\lambda_{n-1}+b_{n-2}}{2}$.

可以证明 $\lim\limits_{n\to\infty}\frac{F_n}{F_{n+1}}=\frac{\sqrt{5}-1}{2}$，所以黄金分割法是 Fibonacci 法的极限方法. 在比较试验点的函数值来确定极小点位置的各种方法中，Fibonacci 法在计算同次函数值情况下精确度最高，通常说“分数法最优”. 但由于黄金分割法实现起来更简单，它不需求得计算次数，并且收敛速率与 Fibonacci 法较接近，因此，实际问题中应用更广泛.

可以证明，Fibonacci 法是线性收敛的.

3. 二分法

若 $\varphi(\lambda)$ 具有连续的一阶导数，可考虑用二分法求 $\min\limits_{\lambda\in[a,b]}\varphi(\lambda)$. 二分法计算量较小，方法简单，易于实现，本质上是求方程

$$\varphi'(\lambda)=0$$

的根.

设 $\varphi(\lambda)$ 在区间 $[a,b]$ 上具有连续的一阶导数，且为单峰函数，$\varphi'(a)<0,\varphi'(b)>0$. 令 $\lambda_0=\frac{a+b}{2}$. 若 $\varphi'(\lambda_0)=0$，则最优解 $\lambda^*=\lambda_0=\frac{a+b}{2}$；若 $\varphi'(\lambda_0)>0$，则置 $b=\lambda_0$；若 $\varphi'(\lambda_0)<0$，则置 $a=\lambda_0$. 这样，新的搜索区间 $[a, b]$ 长度缩小一半，重复上述过程，直到搜索区间长度满足精度要求.

二分法迭代步骤：

（1）确定初始搜索区间 $[a,b]$，使得 $\varphi'(a)<0$，$\varphi'(b)>0$. 精度要求 $\varepsilon>0$；

（2）取 $\lambda_0=\frac{a+b}{2}$，计算 $\varphi'(\lambda_0)$；

（3）若 $\varphi'(\lambda_0)=0$，则最优解 $\lambda^*=\lambda_0=\frac{a+b}{2}$，停止. 若 $\varphi'(\lambda_0)>0$，则置 $b=\lambda_0$，转（4）；若 $\varphi'(\lambda_0)<0$，则置 $a=\lambda_0$，转（4）；

（4）若 $b-a<\varepsilon$，停止迭代，取 $\lambda^*=\frac{a+b}{2}$. 否则，转（2）.

可以证明，二分法是线性收敛的.

4. 牛顿切线法

假设 $\varphi(\lambda)$ 二阶连续可导，在 λ_k 处的一阶泰勒展式

$\varphi'(\lambda)=\varphi'(\lambda_k)+\varphi''(\lambda_k)(\lambda-\lambda_k)+o(\lambda-\lambda_k)\approx\varphi'(\lambda_k)+\varphi''(\lambda_k)(\lambda-\lambda_k)=g(\lambda)$.

令 $g(\lambda)=\varphi'(\lambda_k)+\varphi''(\lambda_k)(\lambda-\lambda_k)=0$，得

$$\lambda=\lambda_k-\frac{\varphi'(\lambda_k)}{\varphi''(\lambda_k)},$$

由此构造迭代公式

$$\lambda_{k+1}=\lambda_k-\frac{\varphi'(\lambda_k)}{\varphi''(\lambda_k)},$$

当 λ_k 收敛时，设 $\lim\limits_{k\to\infty}\lambda_k=\lambda^*$，则有 $\varphi'(\lambda^*)=0$，得到 $\varphi(\lambda)$ 的极小值点.

牛顿切线法迭代步骤：

（1）取 $\lambda_0\in[a,b]$，$\varepsilon>0$，置 $k=0$；

（2）计算 $\varphi'(\lambda_k),\varphi''(\lambda_k)$；

（3）如果 $|\varphi'(\lambda_k)|<\varepsilon$，则转（4）；否则令 $\lambda_{k+1}=\lambda_k-\frac{\varphi'(\lambda_k)}{\varphi''(\lambda_k)}$，置 $k=k+1$，转（2）；

（4）停止，输出 λ_k.

牛顿法是二阶收敛的，虽然收敛速度很快，但要用到二阶导数，且初始点距离最优解较远时，可能不收敛，因此在实际问题中局限较大.

5. 三点二次插值法

三点二次插值法又称为抛物线插值法，其基本思想是，在搜索区间不断用二次三项式 $g(\lambda)$ 去逼近目标函数 $\varphi(\lambda)$，并用 $g(\lambda)$ 的极小点 $\bar{\lambda}$ 逼近 $\varphi(\lambda)$ 的极小点 λ^*.

设 $\varphi(\lambda)$ 是区间 $[a,b]$ 上单峰函数，可利用进退法在 $[a,b]$ 上找到三点 λ_1，λ_0，λ_2，$\lambda_1<\lambda_0<\lambda_2$，使得

$$\begin{cases}g(\lambda_1)=\varphi(\lambda_1),\\g(\lambda_0)=\varphi(\lambda_0),\\g(\lambda_2)=\varphi(\lambda_2),\end{cases}\tag{4.2.2}$$

且满足"中间低两头高"，即

$$\varphi(\lambda_0)<\varphi(\lambda_1),\varphi(\lambda_0)<\varphi(\lambda_2)$$

令过三点 $(\lambda_1,\varphi(\lambda_1))$，$(\lambda_0,\varphi(\lambda_0))$，$(\lambda_2,\varphi(\lambda_2))$ 的插值多项式为

$$g(\lambda)=A\lambda^2+B\lambda+C,$$

如图 4.2.3 所示

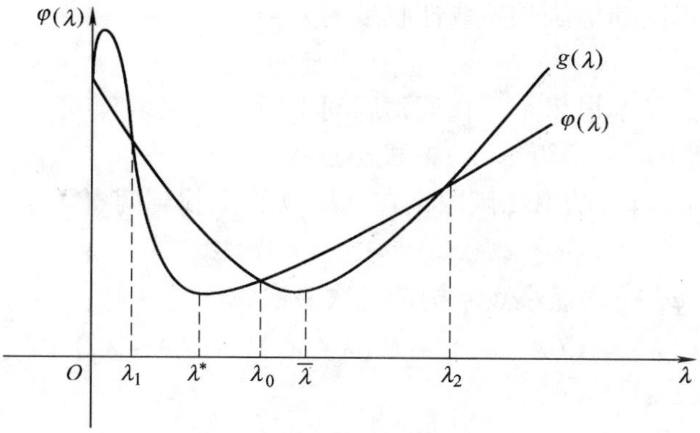

图 4.2.3

则有

$$\begin{cases}g(\lambda_1)=A\lambda_1^2+B\lambda_1+C=\varphi(\lambda_1),\\ g(\lambda_0)=A\lambda_0^2+B\lambda_0+C=\varphi(\lambda_0),\\ g(\lambda_2)=A\lambda_2^2+B\lambda_2+C=\varphi(\lambda_2),\end{cases}$$

解上述方程组，求得逼近函数 $g(\lambda)$ 的系数 b，c

$$A=-\frac{(\lambda_0-\lambda_2)\varphi(\lambda_1)+(\lambda_2-\lambda_1)\varphi(\lambda_0)+(\lambda_1-\lambda_0)\varphi(\lambda_2)}{(\lambda_1-\lambda_0)(\lambda_0-\lambda_2)(\lambda_2-\lambda_1)},$$

$$B=\frac{(\lambda_0^2-\lambda_2^2)\varphi(\lambda_1)+(\lambda_2^2-\lambda_1^2)\varphi(\lambda_0)+(\lambda_1^2-\lambda_0^2)\varphi(\lambda_2)}{(\lambda_1-\lambda_0)(\lambda_0-\lambda_2)(\lambda_2-\lambda_1)},$$

再求 $g(\lambda)$ 的极小点，令

$$g'(\lambda)=2A\lambda+B=0,$$

得

$$\bar{\lambda}=-\frac{B}{2A}=\frac{(\lambda_0^2-\lambda_2^2)\varphi(\lambda_1)+(\lambda_2^2-\lambda_1^2)\varphi(\lambda_0)+(\lambda_1^2-\lambda_0^2)\varphi(\lambda_2)}{2[(\lambda_0-\lambda_2)\varphi(\lambda_1)+(\lambda_2-\lambda_1)\varphi(\lambda_0)+(\lambda_1-\lambda_0)\varphi(\lambda_2)]}.\tag{4.2.3}$$

显然，$\bar{\lambda}$ 是 $g(\lambda)$ 的极小点. 以 $\bar{\lambda}$ 作为 $\varphi(\lambda)$ 的极小点的估计值. 若 $\bar{\lambda}$ 与 λ_0 充分接近，则取 $\bar{\lambda}$ 为 $\varphi(\lambda)$ 在区间 $[a, b]$ 内的近似最优解. 否则，再从 λ_1，λ_0，λ_2，$\bar{\lambda}$ 中选择函数值 $\varphi(\lambda)$ 最小的点及其左右两点，使其仍然满足“中间低两头高”的原则，重复上述过程，直到 $\bar{\lambda}$ 与 λ_0 充分接近为止.

三点二次插值法迭代步骤：

(1) 确定搜索区间 $[a, b]$，取初始点 λ_1，λ_0，λ_2，$\lambda_1<\lambda_0<\lambda_2$，使其满足

$$\varphi(\lambda_0)<\varphi(\lambda_1),\varphi(\lambda_0)<\varphi(\lambda_2)$$

精度要求 $\varepsilon>0$；

(2) 设 $g(\lambda)=A\lambda^2+B\lambda+C$，满足式 (4.2.1)，利用式 (4.2.2) 求出 $g(\lambda)$ 的极小点 $\bar{\lambda}$. 若 $|\bar{\lambda}-\lambda_0|<\varepsilon$，则取 $\lambda^*=\bar{\lambda}$，停止. 否则转 (3)；

(3) 若 $\bar{\lambda}<\lambda_0$，则 $\varphi(\bar{\lambda})\leqslant\varphi(\lambda_0)$ 时，置 $\lambda_2=\lambda_0$，$\lambda_0=\bar{\lambda}$；$\varphi(\bar{\lambda})>\varphi(\lambda_0)$ 时，置 $\lambda_1=\bar{\lambda}$.

否则，若 $\bar{\lambda}>\lambda_0$，则 $\varphi(\bar{\lambda})\leqslant\varphi(\lambda_0)$ 时，置 $\lambda_1=\lambda_0$，$\lambda_0=\bar{\lambda}$；$\varphi(\bar{\lambda})>\varphi(\lambda_0)$ 时，置 $\lambda_2=\bar{\lambda}$；

(4) 转 (2).

可以证明，三点二次插值法是超线性收敛的.

6. 两点三次插值法

两点三次插值法的基本思想是，在搜索区间不断用三次多项式 $g(\lambda)$ 去逼近目标函数 $\varphi(\lambda)$，并用 $g(\lambda)$ 的极小点 $\bar{\lambda}$ 逼近 $\varphi(\lambda)$ 的极小点 λ^*.

设 $\varphi(\lambda)$ 是区间 $[a,b]$ 上的单峰函数，在 $[a,b]$ 上找到两点 λ_1，λ_2，$\lambda_1<\lambda_2$，使得

$$\varphi'(\lambda_1)<0,\varphi'(\lambda_2)>0,$$

则 $[\lambda_1,\lambda_2]$ 内含有 $\varphi(\lambda)$ 的极小点. 构造三次多项式

$$g(\lambda)=A(\lambda-\lambda_1)^3+B(\lambda-\lambda_1)^2+C(\lambda-\lambda_1)+D,$$

使其满足

$$\begin{cases}g(\lambda_1)=\varphi(\lambda_1),\\ g(\lambda_2)=\varphi(\lambda_2),\\ g'(\lambda_1)=\varphi'(\lambda_1),\\ g'(\lambda_2)=\varphi'(\lambda_2),\end{cases}\tag{4.2.4}$$

则有

$$\begin{cases}D=\varphi(\lambda_1),\\ A(\lambda_2-\lambda_1)^3+B(\lambda_2-\lambda_1)^2+C(\lambda_2-\lambda_1)+D=\varphi(\lambda_2),\\ C=\varphi'(\lambda_1),\\ 3A(\lambda_2-\lambda_1)^2+2B(\lambda_2-\lambda_1)+C=\varphi'(\lambda_2).\end{cases}\tag{4.2.5}$$

解上述方程组，求得逼近函数 $g(\lambda)$ 的系数 A，B，C，D，从而确定 $g(\lambda)$. 易得

$$\begin{cases}g'(\lambda)=3A(\lambda-\lambda_1)^2+2B(\lambda-\lambda_1)+C,\\ g''(\lambda)=6A(\lambda-\lambda_1)+2B,\\ g'''(\lambda)=6A,\end{cases}$$

再求 $g(\lambda)$ 的极小点 $\bar{\lambda}$，首先 $\bar{\lambda}$ 需满足

$$g'(\lambda)=3A(\lambda-\lambda_1)^2+2B(\lambda-\lambda_1)+C=0.$$

分两种情况讨论：

(1) 当 $A=0$ 时，解得

$$\bar{\lambda}=\lambda_1-\frac{C}{2B},\tag{4.2.6}$$

由式 (4.2.5)，$C=\varphi'(\lambda_1)<0$ 且 $\varphi'(\lambda_2)>0,\lambda_2>\lambda_1$ 知 $B>0$. 所以

$$g''(\bar{\lambda})=2B>0,$$

从而 $\bar{\lambda}=\lambda_1-\dfrac{C}{2B}$ 是 $g(\lambda)$ 的极小点.

(2) 当 $A\neq0$ 时，解得

$$\bar{\lambda}-\lambda_1=\frac{-B\pm\sqrt{B^2-3AC}}{3A},$$

有

$$g''(\lambda)=6A\cdot\frac{-B\pm\sqrt{B^2-3AC}}{3A}+2B=\pm2\sqrt{B^2-3AC}.$$

此时，$g'''(\lambda)=6A\neq0$，由极值的充分条件，若 $g''(\lambda)=0$，则驻点 $\bar{\lambda}$ 不可能为 $g(\lambda)$ 的极小点. 所以必有 $g''(\lambda)>0$. 此时

$$\bar{\lambda}=\lambda_1+\frac{-B+\sqrt{B^2-3AC}}{3A}=\lambda_1-\frac{C}{B+\sqrt{B^2-3AC}},\tag{4.2.7}$$

显然，式（4.2.7）是（1）、（2）两种情形下 $g(\lambda)$ 极小点的统一形式. 下面给出 $\bar{\lambda}$ 的直接表达式（推导过程略）. 记

$$s=\frac{3[\varphi(\lambda_2)-\varphi(\lambda_1)]}{\lambda_2-\lambda_1};$$
$$t=s-\varphi'(\lambda_1)-\varphi'(\lambda_2);$$
$$w^2=s-\varphi'(\lambda_1)\varphi'(\lambda_2).$$

则

$$\bar{\lambda}=\lambda_1+(\lambda_2-\lambda_1)\left(1-\frac{\varphi'(\lambda_2)+t+w}{\varphi'(\lambda_2)-\varphi'(\lambda_1)+2w}\right).\tag{4.2.8}$$

$\bar{\lambda}$ 是 $g(\lambda)$ 的极小点，若 $|\varphi'(\bar{\lambda})|$ 充分小，则取 $\bar{\lambda}$ 为 $\varphi(\lambda)$ 在区间 $[a, b]$ 内的近似最优解. 否则，再从 λ_1，λ_2，$\bar{\lambda}$ 中选择两个插值点，重复上述过程，直到 $|\varphi'(\bar{\lambda})|$ 充分小为止.

两点三次插值法迭代步骤：

（1）确定搜索区间 $[a, b]$，取初始点 λ_1，λ_2，计算 $\varphi(\lambda_0),\varphi(\lambda_1),\varphi'(\lambda_0),\varphi'(\lambda_1)$，使其满足

$$\lambda_1<\lambda_2,\varphi'(\lambda_1)<0,\varphi'(\lambda_2)>0$$

精度要求 $\varepsilon>0$；

（2）设 $g(\lambda)=A(\lambda-\lambda_1)^3+B(\lambda-\lambda_1)^2+C(\lambda-\lambda_1)+D$ 满足式（4.2.4），利用式（4.2.5）求出 $g(\lambda)$ 的极小点 $\bar{\lambda}$. 若 $|\varphi'(\bar{\lambda})|<\varepsilon$，则取 $\lambda^*=\bar{\lambda}$，停止. 否则转（3）；

（3）若 $\varphi'(\bar{\lambda})<0$，则置 $\lambda_1=\bar{\lambda}$. 否则，若 $\varphi'(\bar{\lambda})>0$，则置 $\lambda_2=\bar{\lambda}$；

（4）转（2）.

可以证明，二点三次插值法优于三点二次插值法，且是二阶收敛的.

总的来说，精确的一维搜索分为两类：第一类是试探法，即通过某种方式寻找试探点，并以一系列试探点来确定极小点，如黄金分割法、Fibonacci 法、进退法、二分法，等；第二类是函数逼近法，即用较简单的函数来逼近 $\varphi(\lambda)$，并用逼近函数的极小点来估计 $\varphi(\lambda)$ 的极小点，如牛顿切线法、三点二次插值法、两点三次插值法，等. 一般来说，函数逼近法优于试探法.

4.2.3 非精确的一维搜索

非精确一维搜索的主要思想是求步长 λ_k，使得 $\varphi(\lambda_k)<\varphi(0)$，但 λ_k 既不能过大也不能过小，过大会使序列 $\{X^{(k)}\}$ 产生大幅度摆动，过小会使算法进展缓慢.

1. Goldstein 方法

Goldstein 方法用下面两式来限定步长 λ_k：

$$\varphi(\lambda_k) \leqslant \varphi(0) + \alpha_1 \lambda_k \varphi'(0),$$
$$\varphi(\lambda_k) \geqslant \varphi(0) + \alpha_2 \lambda_k \varphi'(0),$$

其中，$0 < \alpha_1 < \alpha_2 < 1$.

2. Wolfe - Powell 方法

Goldstein 方法可能把 $\varphi(\lambda)$ 的极小点排除在可接受区间之外，为了克服这个缺点 Wolfe - Powell方法用下面两式来限定步长 λ_k：

$$\varphi(\lambda_k) \leqslant \varphi(0) + \alpha_1 \lambda_k \varphi'(0),$$
$$\varphi(\lambda_k) \geqslant \alpha_2 \varphi'(0) \quad (\text{或} |\varphi(\lambda_k)| \leqslant \alpha_2 |\varphi'(0)|),$$

其中，$0 < \alpha_1 < \alpha_2 < 1$.

3. Armijo 方法

Armijo 方法是 Goldstein 方法的变形. 首先取 $K > 1$（通常取 2 - 10 之间）和 $0 < \alpha_1 < 1$，λ_k 的选取使得

$$\varphi(\lambda_k) \leqslant \varphi(0) + \alpha_1 \lambda_k \varphi'(0)$$

成立，而 $K\lambda_k$ 不成立.

4.3 使用导数的最优化方法

无约束优化问题

$$\min_{x \in \mathbf{R}^n} f(\boldsymbol{X})$$

的求解主要有两类方法：一类在迭代中利用导数$\nabla f(\boldsymbol{X})$求解问题，称为解析法. 本节主要介绍四种；另一类在迭代中只用到$f(\boldsymbol{X})$的函数值，称为直接方法，将在下一节介绍.

设$f(\boldsymbol{X})$具有一阶连续偏导数，且有唯一极小值点.

由前面讨论，最优化问题的数值迭代算法可通过一系列精确的一维搜索来实现，构造的序列 $\{\boldsymbol{X}^{(k)}\}$ 满足

$$\begin{cases} \boldsymbol{X}^{(k+1)} = \boldsymbol{X}^{(k)} + \lambda_k \boldsymbol{p}^{(k)} \\ \boldsymbol{p}^{(k)} \text{不同,对应不同优化算法} \\ \lambda_k : f(\boldsymbol{X}^{(k)} + \lambda_k \boldsymbol{p}^{(k)}) = \min\limits_{\lambda > 0} f(\boldsymbol{X}^{(k)} + \lambda \boldsymbol{p}^{(k)}) \end{cases}$$

设 $\varphi(\lambda) = f(\boldsymbol{X}^{(k)} + \lambda \boldsymbol{p}^{(k)})$，则$\min\limits_{\lambda > 0} \varphi(\lambda) = \varphi(\lambda_k)$，由一元函数的最优性必要条件，$\varphi'(\lambda)\Big|_{\lambda=\lambda_k} = \nabla f(\boldsymbol{X}^{(k)} + \lambda \boldsymbol{p}^{(k)})^{\mathrm{T}} \boldsymbol{p}^{(k)}\Big|_{\lambda=\lambda_k} = 0$，即

$$\nabla f(\boldsymbol{X}^{(k+1)})^{\mathrm{T}} \boldsymbol{p}^{(k)} = 0 \tag{4.3.1}$$

所以，对精确的一维搜索，$\boldsymbol{X}^{(k+1)}$处的梯度与前一搜索方向正交.

若函数为正定二次函数$f(\boldsymbol{X}) = \dfrac{1}{2}\boldsymbol{X}^{\mathrm{T}}\boldsymbol{Q}\boldsymbol{X} + b^{\mathrm{T}}\boldsymbol{X} + c$（$\boldsymbol{Q}$ 正定），因为$\nabla f(\boldsymbol{X}) = \boldsymbol{Q}\boldsymbol{X} + b$，所以 $\nabla f(\boldsymbol{X}^{(k+1)}) = \boldsymbol{Q}\boldsymbol{X}^{(k+1)} + b = \boldsymbol{Q}(\boldsymbol{X}^{(k)} + \lambda_k \boldsymbol{p}^{(k)}) + b = \nabla f(\boldsymbol{X}^{(k)}) + \lambda_k \boldsymbol{Q}\boldsymbol{p}^{(k)}$，从而由（4.3.1）得 λ_k 的表达式

$$\lambda_k = \frac{\nabla f(\boldsymbol{X}^{(k)})^{\mathrm{T}} \boldsymbol{p}^{(k)}}{\boldsymbol{p}^{(k)\mathrm{T}} \boldsymbol{Q} \boldsymbol{p}^{(k)}}. \tag{4.3.2}$$

4.3.1 最速下降法

设已得到迭代点 $\boldsymbol{X}^{(k)}$，由第4.1节讨论可知，$-\nabla f(\boldsymbol{X}^{(k)})$为最速下降方向. 以负梯度方向作为搜索方向的迭代算法称为最速下降法，又称为梯度法.

最速下降法迭代步骤：

（1）取初始点 $\boldsymbol{X}^{(0)}$，精度要求 $\varepsilon>0$，置 $k=0$；

（2）计算 $\boldsymbol{p}^{(k)}=-\nabla f(\boldsymbol{X}^{(k)})$；

（3）若 $\|\nabla f(\boldsymbol{X}^{(k)})\|<\varepsilon$，则停止计算，取 $\boldsymbol{X}^*=\boldsymbol{X}^{(k)}$；否则，从 $\boldsymbol{X}^{(k)}$ 出发，沿 $\boldsymbol{p}^{(k)}$ 进行精确一维搜索，求 $\lambda_k: f(\boldsymbol{X}^{(k)}+\lambda_k\boldsymbol{p}^{(k)})=\min\limits_{\lambda>0} f(\boldsymbol{X}^{(k)}+\lambda\boldsymbol{p}^{(k)})$；

（4）令 $\boldsymbol{X}^{(k+1)}=\boldsymbol{X}^{(k)}+\lambda_k\boldsymbol{p}^{(k)}$，置 $k=k+1$，转（2）.

对一般函数，按最速下降法构造的序列 $\{\boldsymbol{X}^{(k)}\}$ 满足

$$\begin{cases}\boldsymbol{X}^{(k+1)}=\boldsymbol{X}^{(k)}+\lambda_k\boldsymbol{p}^{(k)},\\ \boldsymbol{p}^{(k)}=-\nabla f(\boldsymbol{X}^{(k)}),\\ \lambda_k: f(\boldsymbol{X}^{(k)}+\lambda_k\boldsymbol{p}^{(k)})=\min\limits_{\lambda>0} f(\boldsymbol{X}^{(k)}+\lambda\boldsymbol{p}^{(k)}).\end{cases}$$

对正定二次函数 $f(\boldsymbol{X})=\frac{1}{2}\boldsymbol{X}^{\mathrm{T}}\boldsymbol{Q}\boldsymbol{X}+\boldsymbol{b}^{\mathrm{T}}\boldsymbol{X}+c$（$\boldsymbol{Q}$ 正定），由式(4.3.2)

$$\lambda_k=-\frac{\nabla f(\boldsymbol{X}^{(k)})^{\mathrm{T}}\boldsymbol{p}^{(k)}}{\boldsymbol{p}^{(k)\mathrm{T}}\boldsymbol{Q}\boldsymbol{p}^{(k)}}=\frac{\nabla f(\boldsymbol{X}^{(k)})^{\mathrm{T}}\nabla f(\boldsymbol{X}^{(k)})}{\nabla f(\boldsymbol{X}^{(k)})^{\mathrm{T}}\boldsymbol{Q}\nabla f(\boldsymbol{X}^{(k)})}.$$

例 4.3.1 利用最速下降法求解无约束问题

$$\min f(\boldsymbol{X})=2x_1^2+x_2^2,$$

取初始点 $\boldsymbol{X}^{(0)}=\begin{pmatrix}1\\1\end{pmatrix}$，精度要求 $\varepsilon=0.1$.

解 $\nabla f(\boldsymbol{X})=\begin{pmatrix}4x_1\\2x_2\end{pmatrix}$，$\nabla f^2(\boldsymbol{X})=\boldsymbol{Q}=\begin{pmatrix}4&0\\0&2\end{pmatrix}$，$Q$ 正定，$f(\boldsymbol{X})$为正定二次函数.

第一次迭代：$\nabla f(\boldsymbol{X}^{(0)})=\begin{pmatrix}4\\2\end{pmatrix}$，$\|\nabla f(\boldsymbol{X}^{(0)})\|=2\sqrt{5}>0.1$，$p^{(0)}=-\nabla f(\boldsymbol{X}^{(0)})=\begin{pmatrix}-4\\-2\end{pmatrix}$，

$$\lambda_0=\frac{\nabla f(\boldsymbol{X}^{(0)})^{\mathrm{T}}\nabla f(\boldsymbol{X}^{(0)})}{\nabla f(\boldsymbol{X}^{(0)})^{\mathrm{T}}\boldsymbol{Q}\nabla f(\boldsymbol{X}^{(0)})}=\frac{(4,2)\begin{pmatrix}4\\2\end{pmatrix}}{(4,2)\begin{pmatrix}4&0\\0&2\end{pmatrix}\begin{pmatrix}4\\2\end{pmatrix}}=\frac{5}{18},\boldsymbol{X}^{(1)}=\boldsymbol{X}^{(0)}+\lambda_0\boldsymbol{p}^{(0)}=\begin{pmatrix}-\frac{1}{9}\\ \frac{4}{9}\end{pmatrix};$$

第二次迭代：$\nabla f(\boldsymbol{X}^{(1)})=\begin{pmatrix}-\frac{4}{9}\\ \frac{8}{9}\end{pmatrix}$，$\|\nabla f(\boldsymbol{X}^{(1)})\|=\frac{4}{9}\sqrt{5}>\frac{1}{10}$，$\boldsymbol{p}^{(1)}=-\nabla f(\boldsymbol{X}^{(1)})=\begin{pmatrix}\frac{4}{9}\\ -\frac{8}{9}\end{pmatrix}$，

$$\lambda_1=\frac{\nabla f(\boldsymbol{X}^{(1)})^{\mathrm{T}}\nabla f(\boldsymbol{X}^{(1)})}{\nabla f(\boldsymbol{X}^{(1)})^{\mathrm{T}}\boldsymbol{Q}\nabla f(\boldsymbol{X}^{(1)})}=\frac{5}{12},\boldsymbol{X}^{(2)}=\boldsymbol{X}^{(1)}+\lambda_1\boldsymbol{p}^{(1)}=\frac{2}{27}\begin{pmatrix}1\\1\end{pmatrix};$$

第三次迭代：$\nabla f(\boldsymbol{X}^{(2)})=\frac{4}{27}\begin{pmatrix}2\\1\end{pmatrix}$，$\|\nabla f(\boldsymbol{X}^{(2)})\|=\frac{4}{27}\sqrt{5}>0.1$，$\boldsymbol{p}^{(2)}=-\nabla f(\boldsymbol{X}^{(1)})=$

$\frac{4}{27}\begin{pmatrix}-2\\-1\end{pmatrix}$，$\lambda_2=\frac{\nabla f\ (\boldsymbol{X}^{(2)})^{\mathrm{T}}\nabla f\ (\boldsymbol{X}^{(2)})}{\nabla f\ (\boldsymbol{X}^{(2)})^{\mathrm{T}}Q\nabla f\ (\boldsymbol{X}^{(2)})}=\frac{5}{18}$，$\boldsymbol{X}^{(3)}=\boldsymbol{X}^{(2)}+\lambda_2\boldsymbol{p}^{(2)}=\frac{2}{243}\begin{pmatrix}-1\\4\end{pmatrix}$，而 $\|\nabla f(\boldsymbol{X}^{(3)})\|=$

$\frac{8}{243}\sqrt{5}<0.1$，已满足精度要求，得近似解 $\boldsymbol{X}^*=\frac{2}{243}\begin{pmatrix}-1\\4\end{pmatrix}$，实际最优解 $\boldsymbol{X}^*=\begin{pmatrix}0\\0\end{pmatrix}$.

例 4.3.2 利用最速下降法求解无约束问题

$$\min f(\boldsymbol{X})=x_1^2+25x_2^2,$$

取初始点 $\boldsymbol{X}^{(0)}=\begin{pmatrix}1\\1\end{pmatrix}$，精度要求 $\varepsilon=0.05$.

解 $\nabla f(\boldsymbol{X})=\begin{pmatrix}2x_1\\50x_2\end{pmatrix}$，$\nabla^2 f(\boldsymbol{X})=\boldsymbol{Q}=\begin{pmatrix}2&0\\0&50\end{pmatrix}$，$\boldsymbol{Q}$ 正定，$f(\boldsymbol{X})$ 为正定二次函数.

$\nabla f(\boldsymbol{X}^{(0)})=\begin{pmatrix}2\\50\end{pmatrix}$，$\|\nabla f(\boldsymbol{X}^{(0)})\|=\sqrt{2504}>\frac{1}{20}$，$\boldsymbol{p}^{(0)}=-\nabla f(\boldsymbol{X}^{(0)})=\begin{pmatrix}-2\\-50\end{pmatrix}$，

$$\lambda_0=\frac{\nabla f(\boldsymbol{X}^{(0)})^{\mathrm{T}}\nabla f(\boldsymbol{X}^{(0)})}{\nabla f(\boldsymbol{X}^{(0)})^{\mathrm{T}}\boldsymbol{Q}\nabla f(\boldsymbol{X}^{(0)})}=\frac{(-2,50)\begin{pmatrix}-2\\-50\end{pmatrix}}{(-2,-50)\begin{pmatrix}2&0\\0&50\end{pmatrix}\begin{pmatrix}-2\\-50\end{pmatrix}}=0.02003,$$

$$\boldsymbol{X}^{(1)}=\boldsymbol{X}^{(0)}+\lambda_0\boldsymbol{p}^{(0)}=\begin{pmatrix}0.95994\\-0.0015\end{pmatrix};$$

继续迭代，大约需要迭代 8 次以上，才有 $\|\nabla f\ (\boldsymbol{X}^{(k)})\|<\varepsilon$ 成立.

最速下降法具有以下优点：对初始点要求不高，程序设计简单，计算量小，并且存储量也较小.

缺点：最速下降方向仅是函数的局部性质，从局部来看目标函数值下降最快，但从整体求解过程而言，函数值可能下降非常缓慢，其主要原因是由于相邻两个搜索方向是正交的．事实上，由式（4.3），$\nabla f\ (\boldsymbol{X}^{(k+1)})^{\mathrm{T}}\boldsymbol{p}^{(k)}=0$，而 $\boldsymbol{p}^{(k+1)}=\nabla f\ (\boldsymbol{X}^{(k+1)})$，即 $\boldsymbol{p}^{(k+1)\mathrm{T}}\boldsymbol{p}^{(k)}=0$. 这就产生了锯齿现象，越接近最优点时，步长就越小，收敛越缓慢. 因此，实际应用中，通常前期采用最速下降法，当接近最优解时，改用其他方法进行搜索.

可以证明，最速下降法的收敛速度是线性的，具有整体收敛性.

4.3.2 牛顿法（Newton 法）

牛顿法的主要思想是用二次函数逼近 $f(\boldsymbol{X})$，并用二次函数的极小点序列去逼近目标函数的极小点.

设 $f(\boldsymbol{X})$ 具有二阶连续偏导数，$f(\boldsymbol{X})$ 在 $\boldsymbol{X}^{(k)}$ 处的泰勒展式为

$$f(\boldsymbol{X})=f(\boldsymbol{X}^{(k)})+\nabla f(\boldsymbol{X}^{(k)})^{\mathrm{T}}(\boldsymbol{X}-\boldsymbol{X}^{(k)})+\frac{1}{2}(\boldsymbol{X}-\boldsymbol{X}^{(k)})^{\mathrm{T}}\nabla^2 f(\boldsymbol{X}^{(k)})(\boldsymbol{X}-\boldsymbol{X}^{(k)})+o(\|\boldsymbol{X}-\boldsymbol{X}^{(k)}\|^2).$$

令

$$g(\boldsymbol{X})=f(\boldsymbol{X}^{(k)})+\nabla f(\boldsymbol{X}^{(k)})^{\mathrm{T}}(\boldsymbol{X}-\boldsymbol{X}^{(k)})+\frac{1}{2}(\boldsymbol{X}-\boldsymbol{X}^{(k)})^{\mathrm{T}}\nabla^2 f(\boldsymbol{X}^{(k)})(\boldsymbol{X}-\boldsymbol{X}^{(k)}),$$

求 $g(\boldsymbol{X})$ 的驻点，即令

$$\nabla g(\boldsymbol{X})=\nabla f(\boldsymbol{X}^{(k)})+\nabla^2 f(\boldsymbol{X}^{(k)})(\boldsymbol{X}-\boldsymbol{X}^{(k)})=0,$$

解出

$$\boldsymbol{X}=\boldsymbol{X}^{(k)}-[\nabla^2 f(\boldsymbol{X}^{(k)})]^{-1}\nabla f(\boldsymbol{X}^{(k)}),$$

得到牛顿迭代公式

$$\boldsymbol{X}^{(k+1)}=\boldsymbol{X}^{(k)}-[\nabla^2 f(\boldsymbol{X}^{(k)})]^{-1}\nabla f(\boldsymbol{X}^{(k)}).$$

称 $\boldsymbol{p}^{(k)}=-[\nabla^2 f(\boldsymbol{X}^{(k)})]^{-1}\nabla f(\boldsymbol{X}^{(k)})$ 为牛顿方向. 当 $\nabla^2 f(\boldsymbol{X}^{(k)})$ 正定时，$\nabla f(\boldsymbol{X}^{(k)})^{\mathrm{T}}\boldsymbol{p}^{(k)}=-\nabla f(\boldsymbol{X}^{(k)})^{\mathrm{T}}[\nabla^2 f(\boldsymbol{X}^{(k)})]^{-1}\nabla f(\boldsymbol{X}^{(k)})<0$，由第 4.1 节讨论，$\boldsymbol{p}^{(k)}$ 为 $f(\boldsymbol{X})$ 在 $\boldsymbol{X}^{(k)}$ 处的一个下降方向.

牛顿法迭代步骤：

(1) 取初始点 $\boldsymbol{X}^{(0)}$，精度要求 $\varepsilon>0$，置 $k=0$；

(2) 计算 $\nabla f(\boldsymbol{X}^{(k)})$；

(3) 若 $\|\nabla f(\boldsymbol{X}^{(k)})\|<\varepsilon$，则停止计算，取 $\boldsymbol{X}^*=\boldsymbol{X}^{(k)}$；否则，令 $\boldsymbol{X}^{(k+1)}=\boldsymbol{X}^{(k)}-[\nabla^2 f(\boldsymbol{X}^{(k)})]^{-1}\nabla f(\boldsymbol{X}^{(k)})$，置 $k=k+1$，转 (2)；

对于正定二次函数 $f(\boldsymbol{X})=\frac{1}{2}\boldsymbol{X}^{\mathrm{T}}\boldsymbol{Q}\boldsymbol{X}+b^{\mathrm{T}}\boldsymbol{X}+c$（$\boldsymbol{Q}$ 正定），$\nabla f(\boldsymbol{X})=\boldsymbol{Q}\boldsymbol{X}+b$，$\nabla^2 f(\boldsymbol{X})=\boldsymbol{Q}$，从任意初始点 $\boldsymbol{X}^{(0)}$ 出发，有

$$\begin{aligned}\boldsymbol{X}^{(1)}&=\boldsymbol{X}^{(0)}-[\nabla^2 f(\boldsymbol{X}^{(0)})]^{-1}\nabla f(\boldsymbol{X}^{(0)})\\&=\boldsymbol{X}^{(0)}-\boldsymbol{Q}^{-1}(\boldsymbol{Q}\boldsymbol{X}^{(0)}+b)\\&=\boldsymbol{Q}^{-1}b=\boldsymbol{X}^*\end{aligned}$$

所以，对于正定二次函数，牛顿法只需一步迭代就可求出最优解. 因此牛顿法是具有二次终止性的算法.

例 4.3.3　利用牛顿法求解无约束问题

$$\min f(\boldsymbol{X})=2x_1^2+x_2^2,$$

取初始点 $\boldsymbol{X}^{(0)}=\begin{pmatrix}1\\1\end{pmatrix}$，精度要求 $\varepsilon=0.1$.

解　$\nabla f(\boldsymbol{X})=\begin{pmatrix}4x_1\\2x_2\end{pmatrix}$，$\nabla^2 f(\boldsymbol{X})=\boldsymbol{Q}=\begin{pmatrix}4&0\\0&2\end{pmatrix}$，$\boldsymbol{Q}$ 正定，$f(\boldsymbol{X})$ 为正定二次函数.

第一次迭代：$\nabla f(\boldsymbol{X}^{(0)})=\begin{pmatrix}4\\2\end{pmatrix}$，$\|\nabla f(\boldsymbol{X}^{(0)})\|=2\sqrt{5}>0.1$，

$$\boldsymbol{X}^{(1)}=\boldsymbol{X}^{(0)}-[\nabla^2 f(\boldsymbol{X}^{(0)})]^{-1}\nabla f(\boldsymbol{X}^{(0)})=\begin{pmatrix}1\\1\end{pmatrix}-\begin{pmatrix}4&0\\0&2\end{pmatrix}^{-1}\begin{pmatrix}4\\2\end{pmatrix}=\begin{pmatrix}0\\0\end{pmatrix},$$

$$\nabla f(\boldsymbol{X}^{(1)})=\begin{pmatrix}0\\0\end{pmatrix},\ \|\nabla f(\boldsymbol{X}^{(1)})\|=0<0.1,$$

所以 $\boldsymbol{X}^*=\begin{pmatrix}0\\0\end{pmatrix}$.

例 4.3.4　利用牛顿法求解无约束问题

$$\min f(\boldsymbol{X})=(x_1-1)^4+x_2^2,$$

取初始点 $\boldsymbol{X}^{(0)}=\begin{pmatrix}0\\1\end{pmatrix}$，迭代四步.

解 $\nabla f(\boldsymbol{X})=\begin{pmatrix}4(x_1-1)^3\\2x_2\end{pmatrix}$，$\nabla^2 f(\boldsymbol{X})=\begin{pmatrix}12(x_1-1)^2 & 0\\0 & 2\end{pmatrix}$，

第一次迭代：$\nabla f(\boldsymbol{X}^{(0)})=\begin{pmatrix}-4\\2\end{pmatrix}$，$\nabla^2 f(\boldsymbol{X}^{(0)})=\begin{pmatrix}12 & 0\\0 & 2\end{pmatrix}$，

$$\boldsymbol{X}^{(1)}=\boldsymbol{X}^{(0)}-[\nabla^2 f(\boldsymbol{X}^{(0)})]^{-1}\nabla f(\boldsymbol{X}^{(0)})=\begin{pmatrix}0\\1\end{pmatrix}-\begin{pmatrix}12 & 0\\0 & 2\end{pmatrix}^{-1}\begin{pmatrix}-4\\2\end{pmatrix}=\begin{pmatrix}\frac{1}{3}\\0\end{pmatrix};$$

第二次迭代：

$$\nabla f(\boldsymbol{X}^{(1)})=\begin{pmatrix}-\frac{32}{27}\\0\end{pmatrix},\nabla^2 f(\boldsymbol{X}^{(1)})=\begin{pmatrix}\frac{48}{9} & 0\\0 & 2\end{pmatrix},\boldsymbol{X}^{(2)}=\boldsymbol{X}^{1}-[\nabla^2 f(\boldsymbol{X}^{(1)})]^{-1}\nabla f(\boldsymbol{X}^{(1)})=\begin{pmatrix}\frac{5}{9}\\0\end{pmatrix};$$

继续迭代：$\boldsymbol{X}^{(3)}=\begin{pmatrix}\frac{19}{27}\\0\end{pmatrix}$，$\boldsymbol{X}^{(4)}=\begin{pmatrix}\frac{65}{81}\\0\end{pmatrix}$.

显然，问题的最优解是 $\boldsymbol{X}^*=\begin{pmatrix}1\\0\end{pmatrix}$. 从迭代情况来看，牛顿法的收敛速度较快.

实际上，在一定条件下，牛顿法至少是二阶收敛的. 但它只是局部收敛，当初始点远离极小点时，牛顿法可能不收敛，原因之一是，牛顿方向 $-[\nabla^2 f(\boldsymbol{X}^{(k)})]^{-1}\nabla f(\boldsymbol{X}^{(k)})$ 不一定是下降方向，经过迭代目标函数可能会增大. 此外，即使目标值减小，得到的点 $\boldsymbol{X}^{(k+1)}$ 也不一定是沿牛顿方向最好的点. 因此，为了保证 $\{f(\boldsymbol{X}^{(k)})\}$ 的下降性和 $\{\boldsymbol{X}^{(k)}\}$ 的全局收敛性，在牛顿法中，沿牛顿方向进行精确的一维搜索 $f(\boldsymbol{X}^{(k)}+\lambda_k\boldsymbol{p}^{(k)})=\min\limits_{\lambda>0}f(\boldsymbol{X}^{(k)}+\lambda\boldsymbol{p}^{(k)})$，得到新的迭代点 $\boldsymbol{X}^{(k+1)}=\boldsymbol{X}^{(k)}+\lambda_k\boldsymbol{p}^{(k)}$，这种方法称为阻尼牛顿法.

阻尼牛顿法迭代步骤：

（1）取初始点 $\boldsymbol{X}^{(0)}$，精度要求 $\varepsilon>0$，置 $k=0$；

（2）计算 $\nabla f(\boldsymbol{X}^{(k)})$；

（3）若 $\|\nabla f(\boldsymbol{X}^{(k)})\|<\varepsilon$，则停止计算，取 $\boldsymbol{X}^*=\boldsymbol{X}^{(k)}$；否则，令 $p^{(k)}=-[\nabla^2 f(\boldsymbol{X}^{(k)})]^{-1}\nabla f(\boldsymbol{X}^{(k)})$；从 $\boldsymbol{X}^{(k)}$ 出发，沿方向 $\boldsymbol{p}^{(k)}$ 做一维搜索求 λ_k：$f(\boldsymbol{X}^{(k)}+\lambda_k\boldsymbol{p}^{(k)})=\min\limits_{\lambda>0}f(\boldsymbol{X}^{(k)}+\lambda\boldsymbol{p}^{(k)})$；

（4）令 $\boldsymbol{X}^{(k+1)}=\boldsymbol{X}^{(k)}+\lambda_k\boldsymbol{p}^{(k)}$，置 $k=k+1$，转（2）.

阻尼牛顿法构造的序列 $\{\boldsymbol{X}^{(k)}\}$ 满足

$$\begin{cases}\boldsymbol{X}^{(k+1)}=\boldsymbol{X}^{(k)}+\lambda_k\boldsymbol{p}^{(k)}\\ \boldsymbol{p}^{(k)}=-[\nabla^2 f(\boldsymbol{X}^{(k)})]^{-1}\nabla f(\boldsymbol{X}^{(k)})\\ \lambda_k:f(\boldsymbol{X}^{(k)}+\lambda_k\boldsymbol{p}^{(k)})=\min\limits_{\lambda>0}f(\boldsymbol{X}^{(k)}+\lambda\boldsymbol{p}^{(k)})\end{cases}$$

可以证明，阻尼牛顿法在适当条件下具有全局收敛性，且为二阶收敛.

牛顿法的优点：

（1）牛顿法应用于正定二次函数时，只需一次迭代就可以得到无约束优化问题的最优解，因此算法具有二次终止性.

（2）当初始点接近极小点时，收敛速度较快，具有二阶收敛速度.

牛顿法的缺点：

（1）对初始点要求高，当初始点远离极小点，Hesse 矩阵可能是奇异的，牛顿方向不存在，或者 Hesse 矩阵不正定，牛顿方向不再是下降方向，此时需要使用改进的牛顿法. 改进的牛顿法有很多，例如，当 Hesse 矩阵不正定时，可选用强迫正定策略，利用负曲率方向作为搜索方向.

（2）牛顿法对目标函数要求高（二阶连续可微），需要计算 Hesse 矩阵及其逆矩阵，计算量大，需要较多存储单元.

4.3.3　拟牛顿法（变尺度法）

牛顿法收敛速度快，但需要计算 Hesse 矩阵$\nabla^2 f(\boldsymbol{X}^{(k)})$及其逆矩阵，工作量大，且不能保证 Hesse 矩阵的正定性. 为了克服这些缺点，人们提出了拟牛顿法. 其基本思想如下，用一个包含一阶导数信息的正定对称矩阵去近似 Hesse 逆矩阵（或近似 Hesse 矩阵）. 由于构造近似矩阵方法不同，因此出现了不同的拟牛顿法. 拟牛顿法避免了计算二阶偏导数及逆矩阵，比最速下降法收敛速度快，特别对中小型问题具有显著的优越性，至今仍被公认为求解无约束问题非常有效的算法之一. 本节介绍两种常用的拟牛顿法，即 DFP 方法和 BFGS 方法.

1. DFP 算法

牛顿法的搜索方向 $\boldsymbol{p}^{(k)} = -[\nabla^2 f(\boldsymbol{X}^{(k)})]^{-1}\nabla f(\boldsymbol{X}^{(k)})$，用正定对称矩阵 $\boldsymbol{H}^{(k)}$ 去近似$[\nabla^2 f(\boldsymbol{X}^{(k)})]^{-1}$，得到 DFP 算法的搜索方向

$$\boldsymbol{p}^{(k)} = -\boldsymbol{H}^{(k)}\nabla f(\boldsymbol{X}^{(k)}) \tag{4.3.3}$$

目标函数$f(\boldsymbol{X})$在$\boldsymbol{X}^{(k+1)}$处的泰勒展式为

$$f(\boldsymbol{X}) = f(\boldsymbol{X}^{(k+1)}) + \nabla f(\boldsymbol{X}^{(k+1)})^{\mathrm{T}}(\boldsymbol{X}-\boldsymbol{X}^{(k+1)}) + \frac{1}{2}(\boldsymbol{X}-\boldsymbol{X}^{(k+1)})^{\mathrm{T}}\nabla^2 f(\boldsymbol{X}^{(k+1)})(\boldsymbol{X}-\boldsymbol{X}^{(k+1)}) + o(\|\boldsymbol{X}-\boldsymbol{X}^{(k+1)}\|^2)$$

在$\boldsymbol{X}^{(k+1)}$附近，忽略高阶无穷小，有

$$\nabla f(\boldsymbol{X}) \approx \nabla f(\boldsymbol{X}^{(k+1)}) + \nabla^2 f(\boldsymbol{X}^{(k+1)})(\boldsymbol{X}-\boldsymbol{X}^{(k+1)})$$

取$\boldsymbol{X} = \boldsymbol{X}^{(k)}$有

$$\nabla f(\boldsymbol{X}^{(k)}) \approx \nabla f(\boldsymbol{X}^{(k+1)}) + \nabla^2 f(\boldsymbol{X}^{(k+1)})(\boldsymbol{X}^{(k)}-\boldsymbol{X}^{(k+1)})$$

即

$$\boldsymbol{X}^{(k+1)} - \boldsymbol{X}^{(k)} \approx \nabla^2 f(\boldsymbol{X}^{(k+1)})^{-1}[\nabla f(\boldsymbol{X}^{(k+1)}) - \nabla f(\boldsymbol{X}^{(k)})]$$

用$\boldsymbol{H}^{(k+1)}$去近似$[\nabla^2 f(\boldsymbol{X}^{(k+1)})]^{-1}$，得

$$\boldsymbol{X}^{(k+1)} - \boldsymbol{X}^{(k)} = \boldsymbol{H}^{(k+1)}[\nabla f(\boldsymbol{X}^{(k+1)}) - \nabla f(\boldsymbol{X}^{(k)})]$$

令$\boldsymbol{S}^{(k)} = \boldsymbol{X}^{(k+1)} - \boldsymbol{X}^{(k)}$，$\boldsymbol{Y}^{(k)} = \nabla f(\boldsymbol{X}^{(k+1)}) - \nabla f(\boldsymbol{X}^{(k)})$，
上式

$$\boldsymbol{S}^{(k)} = \boldsymbol{H}^{(k+1)}\boldsymbol{Y}^{(k)} \tag{4.3.4}$$

称为拟牛顿条件或拟牛顿方程.

$\boldsymbol{H}^{(k)}$应满足下面几个条件：

（1）$\boldsymbol{H}^{(k)}$应为正定矩阵，这样才能保证$\boldsymbol{p}^{(k)} = -\boldsymbol{H}^{(k)}\nabla f(\boldsymbol{X}^{(k)})$是下降方向.

事实上，$\boldsymbol{p}^{(k)} = -\boldsymbol{H}^{(k)}\nabla f(\boldsymbol{X}^{(k)})$时，有$\nabla f(\boldsymbol{X}^{(k)})^{\mathrm{T}}\boldsymbol{p}^{(k)} = -\nabla f(\boldsymbol{X}^{(k)})^{\mathrm{T}}\boldsymbol{H}^{(k)}\nabla f(\boldsymbol{X}^{(k)}) < 0$，从而$\boldsymbol{p}^{(k)}$为下降方向.

（2）$\boldsymbol{H}^{(k)}$满足拟牛顿条件（4.3.3）.

（3）有易于修改的关系式

$$\boldsymbol{H}^{(k+1)}=\boldsymbol{H}^{(k)}+\Delta\boldsymbol{H}^{(k)} \tag{4.3.5}$$

这里$\Delta\boldsymbol{H}^{(k)}$称为校正矩阵，$\Delta\boldsymbol{H}^{(k)}$不同对应不同的算法. 若校正矩阵使$\boldsymbol{H}^{(k+1)}$满足拟牛顿方程（4.3.4），则相应的算法称为拟牛顿法. 下面给出一个应用较广泛的算法.

取$\boldsymbol{H}^{(0)}=\boldsymbol{E}$，它是$n$阶单位矩阵. 令

$$\Delta\boldsymbol{H}^{(k)}=\alpha_k\boldsymbol{U}^{(k)}\boldsymbol{U}^{(k)\mathrm{T}}+\beta_k\boldsymbol{V}^{(k)}\boldsymbol{V}^{(k)\mathrm{T}} \tag{4.3.6}$$

其中α_k，β_k是待定常数，$\boldsymbol{U}^{(k)}$，$\boldsymbol{V}^{(k)}$是n维待定列向量，$\Delta\boldsymbol{H}^{(k)}$是一个秩为2对称矩阵.

由式（4.3.5），

$$\boldsymbol{H}^{(k+1)}=\boldsymbol{H}^{(k)}+\alpha_k\boldsymbol{U}^{(k)}\boldsymbol{U}^{(k)\mathrm{T}}+\beta_k\boldsymbol{V}^{(k)}\boldsymbol{V}^{(k)\mathrm{T}}$$

代入拟牛顿方程（4.3.4），有

$$\begin{aligned}\boldsymbol{S}^{(k)}&=\boldsymbol{H}^{(k)}\boldsymbol{Y}^{(k)}+\alpha_k\boldsymbol{U}^{(k)}\boldsymbol{U}^{(k)\mathrm{T}}\boldsymbol{Y}^{(k)}+\beta_k\boldsymbol{V}^{(k)}\boldsymbol{V}^{(k)\mathrm{T}}\boldsymbol{Y}^{(k)}\\&=\boldsymbol{H}^{(k)}\boldsymbol{Y}^{(k)}+\alpha_k(\boldsymbol{U}^{(k)\mathrm{T}}\boldsymbol{Y}^{(k)})\boldsymbol{U}^{(k)}+\beta_k(\boldsymbol{V}^{(k)\mathrm{T}}\boldsymbol{Y}^{(k)})\boldsymbol{V}^{(k)}\end{aligned}$$

即

$$\boldsymbol{S}^{(k)}-\boldsymbol{H}^{(k)}\boldsymbol{Y}^{(k)}=\alpha_k(\boldsymbol{U}^{(k)\mathrm{T}}\boldsymbol{Y}^{(k)})\boldsymbol{U}^{(k)}+\beta_k(\boldsymbol{V}^{(k)\mathrm{T}}\boldsymbol{Y}^{(k)})\boldsymbol{V}^{(k)}$$

令$\alpha_k(\boldsymbol{U}^{(k)\mathrm{T}}\boldsymbol{Y}^{(k)})\boldsymbol{U}^{(k)}=\boldsymbol{S}^{(k)}$，$\beta_k(\boldsymbol{V}^{(k)\mathrm{T}}\boldsymbol{Y}^{(k)})\boldsymbol{V}^{(k)}=-\boldsymbol{H}^{(k)}\boldsymbol{Y}^{(k)}$，由于$\boldsymbol{U}^{(k)\mathrm{T}}\boldsymbol{Y}^{(k)}$，$\boldsymbol{V}^{(k)\mathrm{T}}\boldsymbol{Y}^{(k)}\boldsymbol{S}^{(k)}$均为实数，所以可取$\alpha_k(\boldsymbol{U}^{(k)\mathrm{T}}\boldsymbol{Y}^{(k)})=1$，$\boldsymbol{U}^{(k)}=\boldsymbol{S}^{(k)}$，$\beta_k(\boldsymbol{V}^{(k)\mathrm{T}}\boldsymbol{Y}^{(k)})=-1$，$\boldsymbol{V}^{(k)}=\boldsymbol{H}^{(k)}\boldsymbol{Y}^{(k)}$，即

$$\alpha_k=\frac{1}{\boldsymbol{U}^{(k)\mathrm{T}}\boldsymbol{Y}^{(k)}},\boldsymbol{U}^{(k)}=\boldsymbol{S}^{(k)},\beta_k=-\frac{1}{\boldsymbol{V}^{(k)\mathrm{T}}\boldsymbol{Y}^{(k)}},\boldsymbol{V}^{(k)}=\boldsymbol{H}^{(k)}\boldsymbol{Y}^{(k)}$$

代入式（4.6），

$$\boldsymbol{H}^{(k+1)}=\boldsymbol{H}^{(k)}+\frac{\boldsymbol{S}^{(k)}\boldsymbol{S}^{(k)\mathrm{T}}}{\boldsymbol{S}^{(k)\mathrm{T}}\boldsymbol{Y}^{(k)}}=\frac{\boldsymbol{H}^{(k)}\boldsymbol{Y}^{(k)}\boldsymbol{Y}^{(k)\mathrm{T}}\boldsymbol{H}^{(k)\mathrm{T}}}{\boldsymbol{Y}^{(k)\mathrm{T}}\boldsymbol{H}^{(k)}\boldsymbol{Y}^{(k)}}. \tag{4.3.7}$$

上述公式为秩2校正公式. 可以证明，如果$\boldsymbol{H}^{(k)}$对称正定，则$\boldsymbol{H}^{(k+1)}$也对称正定. 此方法最早由戴维顿（Davidon）提出，后来由弗莱彻（Fletcher）和鲍威尔（Powell）加以改进，因而被称为DFP算法. 称$\boldsymbol{H}^{(k+1)}$为尺度矩阵，在每次迭代中尺度矩阵都是变化的，所以DFP算法又称为变尺度算法.

DFP算法的迭代步骤：

（1）取初始点$\boldsymbol{X}^{(0)}$，精度要求$\varepsilon>0$；

（2）若$\|\nabla f(\boldsymbol{X}^{(0)})\|<\varepsilon$，则停止迭代，取$\boldsymbol{X}^*=\boldsymbol{X}^{(0)}$；否则，转（3）；

（3）令$\boldsymbol{H}^{(0)}=\boldsymbol{E}$，置$k=0$；

（4）计算$\boldsymbol{p}^{(k)}=-\boldsymbol{H}^{(k)}\nabla f(\boldsymbol{X}^{(k)})$，沿$\boldsymbol{p}^{(k)}$作一维搜索求$\lambda_k$:$f(\boldsymbol{X}^{(k)}+\lambda_k\boldsymbol{p}^{(k)})=\min\limits_{\lambda>0}f(\boldsymbol{X}^{(k)}+\lambda\boldsymbol{p}^{(k)})$，令$\boldsymbol{X}^{(k+1)}=\boldsymbol{X}^{(k)}+\lambda_k\boldsymbol{p}^{(k)}$，计算$\nabla f(\boldsymbol{X}^{(k+1)})$；

（5）若$\|\nabla f(X^{(k+1)})\|<\varepsilon$，则停止计算，取$\boldsymbol{X}^*=\boldsymbol{X}^{(k+1)}$，否则，转（6）；

（6）若$k=n-1$，则令$\boldsymbol{X}^{(0)}=\boldsymbol{X}^{(k+1)}$，$k=0$，转（3），否则，转（7）；

（7）依公式（4.3.7）计算$\boldsymbol{H}^{(k+1)}$，置$k=k+1$，转（4）；

每n次迭代的第一步取负梯度方向为其搜索方向，这种做法简称为"n步重新开始". 这是为了减少舍入误差的影响（舍入误差可能导致某个$\boldsymbol{H}^{(k)}$不可逆或不正定）.

可以证明，DFP算法具有如下性质：

（1）如果$\boldsymbol{H}^{(k)}$对称正定，则$\boldsymbol{H}^{(k+1)}$也对称正定.

（2）DFP 算法具有二次终止性，即对 n 元正定二次函数，最多迭代 n 次就可得到最优解.

（3）DFP 算法是超线性收敛的.

例 4.3.5 利用 DFP 算法求解无约束优化问题

$$\min f(\boldsymbol{X})=\frac{1}{2}x_1^2+x_2^2,$$

取初始点 $\boldsymbol{X}^{(0)}=(2,1)^{\mathrm{T}}$，$\varepsilon=0.1$.

解 $\nabla f(\boldsymbol{X})=\begin{pmatrix}x_1\\2x_2\end{pmatrix}$，$\nabla^2 f(\boldsymbol{X})=\boldsymbol{Q}=\begin{pmatrix}1&0\\0&2\end{pmatrix}$，$\boldsymbol{Q}$ 正定，$f(\boldsymbol{X})$ 为正定二次函数.

第一次迭代：取 $\boldsymbol{H}^{(0)}=\boldsymbol{I}=\begin{pmatrix}1&0\\0&1\end{pmatrix},\nabla f(\boldsymbol{X}^{(0)})=\begin{pmatrix}2\\2\end{pmatrix},\boldsymbol{p}^{(0)}=-\boldsymbol{H}^{(0)}\nabla f(\boldsymbol{X}^{0})=-\begin{pmatrix}2\\2\end{pmatrix}$,

$\boldsymbol{X}^{(0)}+\lambda\boldsymbol{p}^{(0)}=\begin{pmatrix}2-2\lambda\\1-2\lambda\end{pmatrix},f(\boldsymbol{X}^{(0)}+\lambda\boldsymbol{p}^{(0)})=\frac{1}{2}(2-2\lambda)^2+(1-2\lambda^2)$，令$\frac{\mathrm{d}f(\boldsymbol{X}^{(0)}+\lambda\boldsymbol{p}^{(0)})}{\mathrm{d}\lambda}=0$，得

$\lambda_0=\frac{2}{3}$. 所以 $\boldsymbol{X}^{(1)}=\boldsymbol{X}^{(0)}+\lambda_0\boldsymbol{p}^{(0)}=\begin{pmatrix}\frac{2}{3}\\-\frac{1}{3}\end{pmatrix},\nabla f(\boldsymbol{X}^{(1)})=\begin{pmatrix}\frac{2}{3}\\-\frac{2}{3}\end{pmatrix}$，$\|\nabla f(\boldsymbol{X}^{(1)})\|>0.1$.

第二次迭代：$\boldsymbol{S}^{(0)}=\boldsymbol{X}^{(1)}-\boldsymbol{X}^{(0)}=\begin{pmatrix}-\frac{4}{3}\\-\frac{4}{3}\end{pmatrix}=-\frac{4}{3}\begin{pmatrix}1\\1\end{pmatrix},\boldsymbol{Y}^{(0)}=\nabla f(\boldsymbol{X}^{(1)})-\nabla f(\boldsymbol{X}^{(0)})=-\frac{4}{3}\begin{pmatrix}1\\2\end{pmatrix}$,

$$\boldsymbol{H}^{(1)}=\boldsymbol{H}^{(0)}+\frac{\boldsymbol{S}^{(0)}\boldsymbol{S}^{(0)\mathrm{T}}}{\boldsymbol{S}^{(0)\mathrm{T}}\boldsymbol{Y}^{(0)}}-\frac{\boldsymbol{H}^{(0)}\boldsymbol{Y}^{(0)}\boldsymbol{Y}^{(0)\mathrm{T}}\boldsymbol{H}^{(0)}}{\boldsymbol{Y}^{(0)\mathrm{T}}\boldsymbol{H}^{(0)}\boldsymbol{Y}^{(0)}}=\begin{pmatrix}1&0\\0&1\end{pmatrix}+\begin{pmatrix}\frac{1}{3}&\frac{1}{3}\\\frac{1}{3}&\frac{1}{3}\end{pmatrix}-\begin{pmatrix}\frac{1}{5}&\frac{2}{5}\\\frac{2}{5}&\frac{4}{5}\end{pmatrix}=\frac{1}{15}\begin{pmatrix}17&-1\\-1&8\end{pmatrix},$$

$\boldsymbol{X}^{(1)}+\lambda\boldsymbol{p}^{(1)}=\boldsymbol{X}^{(1)}-\lambda\boldsymbol{H}^{(1)}\nabla f(\boldsymbol{X}^{(1)})=\begin{pmatrix}\frac{2}{3}-\frac{4}{5}\lambda\\-\frac{1}{3}+\frac{2}{5}\lambda\end{pmatrix},f(\boldsymbol{X}^{(1)}+\lambda\boldsymbol{p}^{(1)})=\frac{1}{2}\left(\frac{2}{3}-\frac{4}{5}\lambda\right)^2+\left(-\frac{1}{3}+\frac{2}{5}\lambda\right)^2$，令$\frac{\mathrm{d}f(\boldsymbol{X}^{(1)}+\lambda\boldsymbol{p}^{(1)})}{\mathrm{d}\lambda}=0$，得 $\lambda_1=\frac{5}{6}$. 所以 $\boldsymbol{X}^{(2)}=\begin{pmatrix}0\\0\end{pmatrix}$，而 $f^*=0$，从而 $\boldsymbol{X}^*=\boldsymbol{X}^{(2)}=\begin{pmatrix}0\\0\end{pmatrix}$.

注 也可利用公式（4.3.2）$\lambda_k=-\frac{\nabla f(\boldsymbol{X}^{(k)})^{\mathrm{T}}\boldsymbol{p}^{(k)}}{\boldsymbol{p}^{(k)\mathrm{T}}\boldsymbol{Q}\boldsymbol{p}^{(k)}}$求 λ_k.

2. BFGS 算法

BFGS 算法比 DFP 算法的数值稳定性好，是一种更有效的拟牛顿法. 它是由 Broyden、Fletcher、Goldfarb 和 Shanno 提出的.

BFGS 算法中，用对称正定矩阵 $\boldsymbol{B}^{(k)}$ 去近似牛顿法中的$\nabla^2 f(\boldsymbol{X}^{(k)})$，因此搜索方向：

$$\boldsymbol{p}^{(k)}=-\boldsymbol{B}^{(k+1)}\nabla f(\boldsymbol{X}^{(k)}).$$

与 DFP 算法推导过程类似，BFGS 算法的拟牛顿条件为

$$\boldsymbol{Y}^{(k)}=\boldsymbol{B}^{(k+1)}\boldsymbol{S}^{(k)},$$

秩 2 校正公式为

$$B^{(k+1)}=B^{(k)}+\frac{Y^{(k)}Y^{(k)\mathrm{T}}}{Y^{(k)\mathrm{T}}S^{(k)}}-\frac{B^{(k)}S^{(k)}S^{(k)\mathrm{T}}B^{(k)\mathrm{T}}}{S^{(k)\mathrm{T}}B^{(k)}S^{(k)}}.$$

BFGS 算法具有和 DFP 算法相同的特性：

（1）如果 $\boldsymbol{B}^{(k)}$ 对称正定，则 $\boldsymbol{B}^{(k+1)}$ 也对称正定；

（2）具有二次终止性；

（3）是超线性收敛的.

拟牛顿法的缺点是所需存储量较大，对于大型问题，可能遇到存储方面的困难.

4.3.4 共轭梯度法

最速下降法迭代过程简单，计算量小，但收敛速度慢；牛顿法收敛速度快，但计算量大，有时实现困难. 共轭方向法既克服了两种方法的缺点，又保持了两种方法各自的优点，收敛性较好，且具有二次终止性.

1. 共轭方向法

定义 4.3.1 设 $\boldsymbol{Q}$ 为 n 阶对称正定矩阵，若 n 维向量 $\boldsymbol{p}^{(i)}$，$\boldsymbol{p}^{(j)}$ $(i\neq j)$ 满足 $\boldsymbol{p}^{(i)\mathrm{T}}\boldsymbol{Q}\boldsymbol{p}^{(j)}=0$，则称向量 $\boldsymbol{p}^{(i)}$，$\boldsymbol{p}^{(j)}$ $(i\neq j)$ 为 $\boldsymbol{Q}$ 共轭的或 $\boldsymbol{Q}$ 正交的.

当 $\boldsymbol{Q}=\boldsymbol{E}$ 时，$\boldsymbol{p}^{(i)\mathrm{T}}\boldsymbol{Q}\boldsymbol{p}^{(j)}=\boldsymbol{p}^{(i)\mathrm{T}}\boldsymbol{p}^{(j)}$，所以共轭是向量正交的推广.

定义 4.3.2 设 $\boldsymbol{Q}$ 为 n 阶对称正定矩阵，若 n 维向量组 $\boldsymbol{p}^{(1)}$，$\boldsymbol{p}^{(2)}$，…，$\boldsymbol{p}^{(m)}$ $(m\leqslant n)$ 满足

$$\begin{cases}\boldsymbol{p}^{(i)\mathrm{T}}\boldsymbol{Q}\boldsymbol{p}^{(j)}=0,\ i\neq j\\ \boldsymbol{p}^{(i)\mathrm{T}}\boldsymbol{Q}\boldsymbol{p}^{(i)}\neq 0,\ i=1,\ 2,\ \cdots,\ m\end{cases}$$

则称向量组 $\boldsymbol{p}^{(1)}$，$\boldsymbol{p}^{(2)}$，…，$\boldsymbol{p}^{(m)}$ 为 $\boldsymbol{Q}$ 共轭的或 $\boldsymbol{Q}$ 正交的. 或称 $\boldsymbol{p}^{(1)}$，$\boldsymbol{p}^{(2)}$，…，$\boldsymbol{p}^{(m)}$ 为 $\boldsymbol{Q}$ 的 m 个共轭方向.

例 4.3.6 设 $\boldsymbol{Q}=\begin{pmatrix}2&1\\1&2\end{pmatrix}$，取 $\boldsymbol{p}^{(1)}=\begin{pmatrix}1\\1\end{pmatrix}$，$\boldsymbol{p}^{(2)}=\begin{pmatrix}1\\-1\end{pmatrix}$，$\boldsymbol{Q}$ 是正定矩阵，因为 $\boldsymbol{p}^{(1)\mathrm{T}}\boldsymbol{Q}\boldsymbol{p}^{(2)}=0$，$\boldsymbol{p}^{(1)\mathrm{T}}\boldsymbol{Q}\boldsymbol{p}^{(1)}=6\neq 0$，$\boldsymbol{p}^{(2)\mathrm{T}}\boldsymbol{Q}\boldsymbol{p}^{(2)}=2\neq 0$，且 $\boldsymbol{p}^{(1)\mathrm{T}}\boldsymbol{p}^{(2)}=0$，$\boldsymbol{p}^{(1)\mathrm{T}}\boldsymbol{p}^{(1)}=2\neq 0$，$\boldsymbol{p}^{(2)\mathrm{T}}\boldsymbol{p}^{(2)}=2\neq 0$，所以 $\boldsymbol{p}^{(1)}$，$\boldsymbol{p}^{(2)}$ 既是 $\boldsymbol{Q}$ 共轭又是正交的.

若取 $\boldsymbol{p}^{(1)}=\begin{pmatrix}1\\0\end{pmatrix}$，$\boldsymbol{p}^{(2)}=\begin{pmatrix}1\\-2\end{pmatrix}$，因为 $\boldsymbol{p}^{(1)\mathrm{T}}\boldsymbol{Q}\boldsymbol{p}^{(2)}=0$，$\boldsymbol{p}^{(1)\mathrm{T}}\boldsymbol{Q}\boldsymbol{p}^{(1)}=2\neq 0$，$\boldsymbol{p}^{(2)\mathrm{T}}\boldsymbol{Q}\boldsymbol{p}^{(2)}=6\neq 0$，而 $\boldsymbol{p}^{(1)\mathrm{T}}\boldsymbol{p}^{(2)}=1\neq 0$，所以 $\boldsymbol{p}^{(1)}$，$\boldsymbol{p}^{2}$ 是 $\boldsymbol{Q}$ 共轭的，但不正交.

若取 $\boldsymbol{p}^{(1)}=\begin{pmatrix}1\\0\end{pmatrix}$，$\boldsymbol{p}^{(2)}=\begin{pmatrix}0\\1\end{pmatrix}$，因为 $\boldsymbol{p}^{(1)\mathrm{T}}\boldsymbol{Q}\boldsymbol{p}^{(2)}=1\neq 0$，而 $\boldsymbol{p}^{(1)\mathrm{T}}\boldsymbol{p}^{(2)}=0$，$\boldsymbol{p}^{(1)\mathrm{T}}\boldsymbol{p}^{(1)}=1\neq 0$，$\boldsymbol{p}^{(2)\mathrm{T}}\boldsymbol{p}^{(2)}=1\neq 0$，所以 $\boldsymbol{p}^{(1)}$，$\boldsymbol{p}^{(2)}$ 是正交，但不是 $\boldsymbol{Q}$ 共轭的.

与正交向量组性质类似，共轭向量组也是线性无关的.

通常把从任意点出发，依次沿某组共轭方向进行一维搜索求解最优化问题的方法称为共轭方向法.

以正定二次函数为目标函数的无约束优化问题

$$\min f(\boldsymbol{X})=\frac{1}{2}\boldsymbol{X}^{\mathrm{T}}\boldsymbol{Q}\boldsymbol{X}+b^{\mathrm{T}}\boldsymbol{X}+c \tag{4.3.8}$$

有下面定理 .

定理 4.3.1　设 $\boldsymbol{Q}$ 是 n 阶对称正定矩阵，$\boldsymbol{p}^{(0)}$，$\boldsymbol{p}^{(1)}$，…，$\boldsymbol{p}^{(n-1)}$ 为 $\boldsymbol{Q}$ 的一组共轭方向. 对于问题（4.3.8），若从任意点 $\boldsymbol{X}^{(0)}$ 出发，依次沿 $\boldsymbol{p}^{(0)}$，$\boldsymbol{p}^{(1)}$，…，$\boldsymbol{p}^{(n-1)}$ 进行精确的一维搜索，则至多经过 n 次迭代就可得到最优解.

由上面定理可知，共轭方向法具有二次终止性. 即从任意点 $\boldsymbol{X}^{(0)}$ 出发，依次沿共轭方向 $\boldsymbol{p}^{(0)}$，$\boldsymbol{p}^{(1)}$，…，$\boldsymbol{p}^{(n-1)}$ 对式（4.3.8）进行精确的一维搜索，产生迭代点列 $\boldsymbol{X}^{(0)}$，$\boldsymbol{X}^{(1)}$，…，$\boldsymbol{X}^{(n)}$，…，则必有 $\boldsymbol{X}^{(n)}=\boldsymbol{X}^{*}$.

前面介绍的拟牛顿法实际上是一类共轭方向法.

2. 共轭梯度法

共轭梯度法是共轭方向法的一种，它既克服了最速下降法收敛慢的缺点，又避免了牛顿法需要计算 Hesse 矩阵及其逆矩阵和存储量大的缺点. 共轭梯度法不仅是求解大型方程组也是求解大型非线性优化问题最有效的方法之一.

在初始点 $\boldsymbol{X}^{(0)}$ 处，取负梯度方向 $\boldsymbol{p}^{(0)}=-\nabla f(\boldsymbol{X}^{(0)})$ 作为搜索方向. 而以下各搜索方向 $\boldsymbol{p}^{(k)}$ 由第 k 个迭代点处负梯度 $-\nabla f(\boldsymbol{X}^{(k)})$ 与前一搜索方向 $p^{(k-1)}$ 的线性组合构成，即

$$\begin{aligned}\boldsymbol{p}^{(0)}&=-\nabla f(\boldsymbol{X}^{(0)}),\\ \boldsymbol{p}^{(1)}&=-\nabla f(\boldsymbol{X}^{(1)})+\beta_0\boldsymbol{p}^{(0)},\\ \boldsymbol{p}^{(2)}&=-\nabla f(\boldsymbol{X}^{(2)})+\beta_1\boldsymbol{p}^{(1)},\\ &\vdots\\ \boldsymbol{p}^{(k)}&=-\nabla f(\boldsymbol{X}^{(k)})+\beta_{k-1}\boldsymbol{p}^{(k-1)},\\ &\vdots\end{aligned}$$

由于各搜索方向是关于 $\boldsymbol{Q}$ 共轭的，所以

$$\boldsymbol{p}^{(k+1)\mathrm{T}}\boldsymbol{Q}\boldsymbol{p}^{(k)}=0,$$

即 $[-\nabla f(\boldsymbol{X}^{(k+1)})+\beta_k\boldsymbol{p}^{(k)}]^{\mathrm{T}}\boldsymbol{Q}\boldsymbol{p}^{(k)}=0$，得

$$\beta_k=-\frac{\nabla f(\boldsymbol{X}^{(k+1)})^{\mathrm{T}}\boldsymbol{Q}\boldsymbol{p}^{(k)}}{\boldsymbol{p}^{(k)\mathrm{T}}\boldsymbol{Q}\boldsymbol{p}^{(k)}},k=0,1,2,\cdots,n-2\text{（Hestenes – Stiefel 公式）}.\tag{4.3.9}$$

若采用精确的一维搜索，可以证明（此处略），β_k 可以写成以下形式

$$\beta_k=\frac{\nabla f(\boldsymbol{X}^{(k+1)})^{\mathrm{T}}(\nabla f(\boldsymbol{X}^{(k+1)})-\nabla f(\boldsymbol{X}^{(k)}))}{\boldsymbol{p}^{(k)\mathrm{T}}(\nabla f(\boldsymbol{X}^{(k+1)})-\nabla f(\boldsymbol{X}^{(k)}))}\quad\text{（Crowder – Wolfe 公式）},\tag{4.3.10}$$

$$\beta_k=\frac{\nabla f(\boldsymbol{X}^{(k+1)})^{\mathrm{T}}\nabla f(\boldsymbol{X}^{(k+1)})}{\nabla f(\boldsymbol{X}^{(k)})^{\mathrm{T}}\nabla f(\boldsymbol{X}^{(k)})}=\frac{\|\nabla f(\boldsymbol{X}^{(k+1)})\|^2}{\|\nabla f(\boldsymbol{X}^{(k)})\|^2}\text{（Fletcher – Reeves 公式，简称 FR 公式）},\tag{4.3.11}$$

$$\beta_k=\frac{\nabla f(\boldsymbol{X}^{(k+1)})^{\mathrm{T}}(\nabla f(\boldsymbol{X}^{(k+1)})-\nabla f(\boldsymbol{X}^{(k)}))}{\nabla f(\boldsymbol{X}^{(k)\mathrm{T}})\nabla f(\boldsymbol{X}^{(k)})}\text{（Polak – Ribiere – Polyak 公式，简称 PRP 公式）},\tag{4.3.12}$$

$$\beta_k=-\frac{\nabla f(\boldsymbol{X}^{(k+1)})^{\mathrm{T}}\nabla f(\boldsymbol{X}^{(k+1)})}{\boldsymbol{p}^{(k)\mathrm{T}}\nabla f(\boldsymbol{X}^{(k)})}\quad\text{（Dixon 公式）},\tag{4.3.13}$$

$$\beta_k=\frac{\nabla f(\boldsymbol{X}^{(k+1)})^{\mathrm{T}}\nabla f(\boldsymbol{X}^{(k+1)})}{\boldsymbol{p}^{(k)\mathrm{T}}(\nabla f(\boldsymbol{X}^{(k+1)})-\nabla f(\boldsymbol{X}^{(k)}))}\quad\text{（Dai – Yuan 公式）}.\tag{4.3.14}$$

二次函数的共轭梯度法的迭代步骤：

（1）取初始点 $\boldsymbol{X}^{(0)}$，精度要求 $\varepsilon>0$；

(2) 若 $\|\nabla f(X^{(0)})\|<\varepsilon$，则停止迭代，取 $X^*=X^{(0)}$；否则，转（3）；

(3) $p^{(0)}=-\nabla f(X^{(0)})$，置 $k=0$；

(4) 沿 $p^{(k)}$ 作一维搜索求 $\lambda_k: f(X^{(k)}+\lambda_k p^{(k)})=\min\limits_{\lambda>0} f(X^{(k)}+\lambda p^{(k)})$，或按公式（4.3.2）计算 $\lambda_k=-\dfrac{\nabla f(X^{(k)})^{\mathrm T}p^{(k)}}{p^{(k)\mathrm T}Qp^{(k)}}$，令 $X^{(k+1)}=X^{(k)}+\lambda_k p^{(k)}$，计算 $\nabla f(X^{(k+1)})$；

(5) 若 $\|\nabla f(X^{(k+1)})\|<\varepsilon$，则停止迭代，取 $X^*=X^{(k+1)}$，否则，转（6）；

(6) 若 $k=n-1$，则令 $X^{(0)}=X^{(k+1)}$，$k=0$，转（3），否则，转（7）；

(7) 计算 $\beta_{k-1}=-\dfrac{\nabla f(X^{(k)})^{\mathrm T}Qp^{(k-1)}}{p^{(k-1)\mathrm T}Qp^{(k-1)}}$（或按公式（4.3.10）－公式（4.3.14）计算），$p^{(k)}=-\nabla f(X^{(k)})+\beta_{k-1}p^{(k-1)}$，置 $k=k+1$，转（4）.

上面算法中，采用了“n 步重新开始”，这是因为对于正定二次函数，虽然从理论上具有二次终止性，但实际运算中，由于数据舍入误差的影响，往往进行了 n 次迭代还没有达到极小点．因此，n 步以后，如还不收敛，就将 $X^{(n)}$ 作为新的初始点，重新开始迭代．根据实际经验，采用“n 步重新开始”的方法，效果较好.

公式（4.3.9）－公式（4.3.14）对于正定二次函数是等价的，但对于一般函数，因公式（4.3.10）－公式（4.3.14）不含 Hesse 矩阵，因此计算量大大降低．应用不同公式，对应不同算法，下面给出应用 FR 公式的 FR 算法.

一般函数 FR 算法的迭代步骤：

(1) 取初始点 $X^{(0)}$，精度要求 $\varepsilon>0$；

(2) 若 $\|\nabla f(X^{(0)})\|<\varepsilon$，则停止迭代，取 $X^*=X^{(0)}$；否则，转（3）；

(3) $p^{(0)}=-\nabla f(X^{(0)})$，置 $k=0$；

(4) 沿 $p^{(k)}$ 作一维搜索求 $\lambda_k: f(X^{(k)}+\lambda_k p^{(k)})=\min\limits_{\lambda>0} f(X^{(k)}+\lambda p^{(k)})$，令 $X^{(k+1)}=X^{(k)}+\lambda_k p^{(k)}$，计算 $\nabla f(X^{(k+1)})$；

(5) 若 $\|\nabla f(X^{(k+1)})\|<\varepsilon$，则停止迭代，取 $X^*=X^{(k+1)}$，否则，转（6）；

(6) 若 $k=n-1$，则令 $X^{(0)}=X^{(k+1)}$，$k=0$，转（3），否则，转（7）；

(7) 计算 $\beta_k=\dfrac{\nabla f(X^{(k)})^{\mathrm T}\nabla f(X^{(k)})}{\nabla f(X^{(k+1)})^{\mathrm T}\nabla f(X^{(k-1)})}=\dfrac{\|\nabla f(X^{(k)})\|^2}{\|\nabla f(X^{(k-1)})\|^2}$，$p^{(k)}=-\nabla f(X^{(k)})+\beta_{k-1}p^{(k-1)}$，置 $k=k+1$，转（4）.

对于精确的一维搜索，共轭梯度法是下降算法．采用 β_k 的不同计算公式，算法的计算效果大不相同．有人认为 PRP 算法的计算效果较好，但对于不同问题，几种方法各有优劣，难以给出绝对的比较结论.

例 4.3.7 利用共轭梯度法求解无约束优化问题：

$$\min f(X)=\frac{3}{2}x_1^2+\frac{1}{2}x_2^2-x_1x_2-5x_1+x_2+\frac{7}{2},$$

取初始点 $X^{(0)}=(1,0)^{\mathrm T}$，$\varepsilon=0.1$.

解 $\nabla f(X)=\begin{pmatrix}3x_1-x_2-5\\-x_1+x_2+1\end{pmatrix}$，$Q=\begin{pmatrix}3&-1\\-1&1\end{pmatrix}$，$Q$ 正定，$f(X)$ 是正定二次函数.

第一次迭代：$\nabla f(X^{(0)})=\begin{pmatrix}-2\\0\end{pmatrix}$，$p^{(0)}=-\nabla f(X^{(0)})=\begin{pmatrix}2\\0\end{pmatrix}$，

$$\lambda_0=-\frac{\nabla f(\boldsymbol{X}^{(0)})^{\mathrm{T}}\boldsymbol{p}^{(0)}}{\boldsymbol{p}^{(0)\mathrm{T}}\boldsymbol{Q}\boldsymbol{p}^{(0)}}=-\frac{(-2,0)\begin{pmatrix}2\\0\end{pmatrix}}{(2,0)\begin{pmatrix}3&-1\\-1&1\end{pmatrix}\begin{pmatrix}2\\0\end{pmatrix}}=\frac{1}{3},\boldsymbol{X}^{(1)}=\boldsymbol{X}^{(0)}+\lambda_0\boldsymbol{p}^{(0)}=\begin{pmatrix}1\\0\end{pmatrix}+\frac{1}{3}\begin{pmatrix}2\\0\end{pmatrix}=\begin{pmatrix}\frac{5}{3}\\0\end{pmatrix},$$

$$\nabla f(\boldsymbol{X}^{(1)})=\begin{pmatrix}0\\-\frac{2}{3}\end{pmatrix},\ \|\nabla f(\boldsymbol{X}^{(1)})\|=\frac{2}{3}>\varepsilon.$$

第二次迭代：利用 FR 公式计算 β_0：$\beta_0=\dfrac{\nabla f(\boldsymbol{X}^{(1)})^{\mathrm{T}}\nabla f(\boldsymbol{X}^{(1)})}{\nabla f(\boldsymbol{X}^{(0)})^{\mathrm{T}}\nabla f(\boldsymbol{X}^{(0)})}=\dfrac{1}{9}$，

$$\boldsymbol{p}^{(1)}=-\nabla f(\boldsymbol{X}^{(1)})+\beta_0\boldsymbol{p}^{(0)}=-\begin{pmatrix}0\\-\frac{2}{3}\end{pmatrix}+\frac{1}{9}\begin{pmatrix}2\\0\end{pmatrix}=\begin{pmatrix}\frac{2}{9}\\\frac{2}{3}\end{pmatrix},\lambda_1=-\frac{\nabla f(\boldsymbol{X}^{(1)})^{\mathrm{T}}\boldsymbol{p}^{(1)}}{\boldsymbol{p}^{(1)\mathrm{T}}\boldsymbol{Q}\boldsymbol{p}^{(1)}}=\frac{3}{2},$$

$$\boldsymbol{X}^{(2)}=\boldsymbol{X}^{(1)}+\lambda_1\boldsymbol{p}^{(1)}=\begin{pmatrix}\frac{5}{3}\\0\end{pmatrix}+\frac{3}{2}\begin{pmatrix}\frac{2}{9}\\\frac{2}{3}\end{pmatrix}=\begin{pmatrix}2\\1\end{pmatrix},\ 由\ \nabla f(\boldsymbol{X}^{(2)})=\begin{pmatrix}0\\0\end{pmatrix},\ \|\nabla f(\boldsymbol{X}^{(2)})\|=0<\varepsilon,$$

得 $\boldsymbol{X}^{*}=\boldsymbol{X}^{(2)}=\begin{pmatrix}0\\0\end{pmatrix}$.

共轭梯度法可看作最速下降法的改进，当 $\beta_k=0$ 时，即为最速下降法.

共轭梯度法的优点：公式简单，存储量小，对初始点的要求很小；对二次函数具有二次终止性质；收敛速度介于最速下降法和牛顿法之间，对高维问题有较高的效率.

缺点：收敛性强烈依赖于精确的一维搜索. 不精确的一维搜索可能导致搜索方向不再是下降方向，从而降低效率.

一般认为，求解无约束问题的解析法中，从迭代次数考虑，拟牛顿法所需次数最少，共轭梯度法次之，最速下降法所需次数最多. 但从每次迭代所需计算工作量来看，恰好相反.

4.4 直接方法

上一节介绍的方法需要用到目标函数的导数，这种方法称为解析法. 直接方法不需要求导数，只用到目标函数值，与使用导数的方法相比，一般来说收敛速度比较慢. 但是，直接方法迭代比较简单，适用范围更广. 如果目标函数的导数不存在或不易求得时，可使用直接搜索算法；对于变量不多的问题，效果较好. 直接方法主要包括：方向加速法、步长加速法、坐标轮换法和单纯行法. 本节只介绍方向加速法和步长加速法.

4.4.1 方向加速法（Powell 方法）

Powell 方法是一种有效的直接搜索算法，其本质是共轭方向法，不但对二次函数具有二次终止性质，对于非二次函数，也具有较快的收敛速度，是直接方法中最有效的算法.

定理 4.4.1 对 n 维正定二次函数 $f(\boldsymbol{X})=\frac{1}{2}\boldsymbol{X}^{\mathrm{T}}\boldsymbol{Q}\boldsymbol{X}+b^{\mathrm{T}}\boldsymbol{X}+c$（$\boldsymbol{Q}$ 正定），设 $\boldsymbol{p}^{(1)}$，$\boldsymbol{p}^{(2)}$，

…，$\boldsymbol{p}^{(m)}$（$m<n$）是 $\boldsymbol{Q}$ 共轭的，$\boldsymbol{X}^{(1)}$，$\boldsymbol{X}^{(2)}\in\mathbf{R}^n$ 是任意两不同点，分别从 $\boldsymbol{X}^{(1)}$，$\boldsymbol{X}^{(2)}$ 出发，依次沿这 m 个方向作精确的一维搜索，最后的极小点为 $\boldsymbol{X}^{(1)*}$，$\boldsymbol{X}^{(2)*}$，则

$$\boldsymbol{p}^{(1)},\boldsymbol{p}^{(2)},\cdots,\boldsymbol{p}^{(m)},\boldsymbol{p}^{(m+1)}=\boldsymbol{X}^{(2)*}-\boldsymbol{X}^{(1)*}$$

是 $\boldsymbol{Q}$ 共轭的.（证明略）

由定理 4.4.1 可以构造 Powell 方法，具体做法是：任取初始点 $\boldsymbol{X}_0^{(1)}$，依次沿 n 个线性无关的方向 $\boldsymbol{e}_1$，$\boldsymbol{e}_2$，…，$\boldsymbol{e}_n$ 进行精确的一维搜索

$$\boldsymbol{X}_0^{(1)}\xrightarrow{\boldsymbol{e}_1}\boldsymbol{X}_1^{(1)}\xrightarrow{\boldsymbol{e}_2}\boldsymbol{X}_2^{(1)}\xrightarrow{\boldsymbol{e}_3}\cdots\boldsymbol{X}_{n-1}^{(1)}\xrightarrow{\boldsymbol{e}_n}\boldsymbol{X}_n^{(1)}\xrightarrow{\boldsymbol{p}^{(1)}}\boldsymbol{X}_0^{(2)} \tag{4.4.1}$$

其中 $\boldsymbol{p}^{(1)}=\boldsymbol{X}_n^{(1)}-\boldsymbol{X}_0^{(1)}$. 再进行精确的一维搜索

$$\boldsymbol{X}_0^{(2)}\xrightarrow{\boldsymbol{e}_2}\boldsymbol{X}_1^{(2)}\xrightarrow{\boldsymbol{e}_3}\cdots\boldsymbol{X}_{n-2}^{(2)}\xrightarrow{\boldsymbol{e}_n}\boldsymbol{X}_{n-1}^{(2)}\xrightarrow{\boldsymbol{p}^{(1)}}\boldsymbol{X}_n^{(2)}\xrightarrow{\boldsymbol{p}^{(2)}}\boldsymbol{X}_0^{(3)} \tag{4.4.2}$$

其中 $\boldsymbol{p}^{(2)}=\boldsymbol{X}_n^{(2)}-\boldsymbol{X}_0^{(2)}$. 再进行精确的一维搜索

$$\boldsymbol{X}_0^{(3)}\xrightarrow{\boldsymbol{e}_3}\boldsymbol{X}_1^{(3)}\xrightarrow{\boldsymbol{e}_4}\cdots\boldsymbol{X}_{n-2}^{(3)}\xrightarrow{\boldsymbol{p}^{(1)}}\boldsymbol{X}_{n-1}^{(3)}\xrightarrow{\boldsymbol{p}^{(2)}}\boldsymbol{X}_n^{(3)}\xrightarrow{\boldsymbol{p}^{(3)}}\boldsymbol{X}_0^{(4)} \tag{4.4.3}$$

其中 $\boldsymbol{p}^{(3)}=\boldsymbol{X}_n^{(3)}-\boldsymbol{X}_0^{(3)}$. 再进行精确的一维搜索，继续下去，每次都去掉一个老方向，增加一个新的方向，最后有

$$\boldsymbol{X}_0^{(n)}\xrightarrow{\boldsymbol{e}_n}\boldsymbol{X}_1^{(n)}\xrightarrow{\boldsymbol{p}^{(1)}}\cdots\boldsymbol{X}_{n-1}^{(n)}\xrightarrow{\boldsymbol{p}^{(n-1)}}\boldsymbol{X}_n^{(n)}\xrightarrow{\boldsymbol{p}^{(n)}}\boldsymbol{X}_0^{(n+1)},$$

其中 $\boldsymbol{p}^{(n)}=\boldsymbol{X}_n^{(n)}-\boldsymbol{X}_0^{(n)}$. 这样，就得到了一组关于 $\boldsymbol{Q}$ 共轭的共轭方向：$\boldsymbol{p}^{(1)}$，$\boldsymbol{p}^{(2)}$，…，$\boldsymbol{p}^{(n)}$，因此 Powell 方法具有二次终止性. 下面简要说明 $\boldsymbol{p}^{(1)}$，$\boldsymbol{p}^{(2)}$，…，$\boldsymbol{p}^{(n)}$ 的共轭性.

由式（4.4.1）和式（4.4.2），

$$\boldsymbol{X}_n^{(1)}\xrightarrow{\boldsymbol{p}^{(1)}}\boldsymbol{X}_0^{(2)}$$

$$\boldsymbol{X}_{n-1}^{(2)}\xrightarrow{\boldsymbol{p}^{(1)}}\boldsymbol{X}_n^{(2)}\xrightarrow{\boldsymbol{p}^{(2)}}\boldsymbol{X}_0^{(3)}$$

$\boldsymbol{X}_n^{(1)}$ 和 $\boldsymbol{X}_{n-1}^{(2)}$ 分别沿 $\boldsymbol{p}^{(1)}$ 进行一维搜索得迭代点 $\boldsymbol{X}_0^{(2)}$ 和 $\boldsymbol{X}_0^{(2)}$，由定理 4.4.1，$\boldsymbol{p}^{(1)}$ 与 $\boldsymbol{X}_n^{(2)}-\boldsymbol{X}_0^{(2)}=\boldsymbol{p}^{(2)}$ 是 $\boldsymbol{Q}$ 共轭的.

由式（4.4.2）和式（4.4.3），

$$\boldsymbol{X}_{n-1}^{(2)}\xrightarrow{\boldsymbol{p}^{(1)}}\boldsymbol{X}_n^{(2)}\xrightarrow{\boldsymbol{p}^{(2)}}\boldsymbol{X}_0^{(3)}$$

$$\boldsymbol{X}_{n-2}^{(3)}\xrightarrow{\boldsymbol{p}^{(1)}}\boldsymbol{X}_{n-1}^{(3)}\xrightarrow{\boldsymbol{p}^{(2)}}\boldsymbol{X}_n^{(3)}\xrightarrow{\boldsymbol{p}^{(3)}}\boldsymbol{X}_0^{(4)}$$

$\boldsymbol{X}_{n-1}^{(2)}$ 和 $\boldsymbol{X}_{n-2}^{(3)}$ 分别依次沿 $\boldsymbol{p}^{(1)}$，$\boldsymbol{p}^{(2)}$ 进行一维搜索得迭代点 $\boldsymbol{X}_0^{(3)}$ 和 $\boldsymbol{X}_n^{(3)}$，由定理 4.4.1，$\boldsymbol{p}^{(1)}$，$\boldsymbol{p}^{(2)}$ 与 $\boldsymbol{X}_n^{(3)}-\boldsymbol{X}_0^{(3)}=\boldsymbol{p}^{(3)}$ 是 $\boldsymbol{Q}$ 共轭的. 重复上述过程，利用定理 4.4.1，最终可得 $\boldsymbol{p}^{(1)}$，$\boldsymbol{p}^{(2)}$，…，$\boldsymbol{p}^{(n)}$ 是 $\boldsymbol{Q}$ 共轭的.

Powell 原始算法的迭代步骤

（1）取初始点 $\boldsymbol{X}_0^{(1)}$ 及 n 个线性无关的方向 $\boldsymbol{p}_i^{(1)}=\boldsymbol{e}_i$（$i=1$，2，…，$n$），精度要求 $\varepsilon>0$，置 $k=1$；

（2）依次沿方向 $\boldsymbol{p}_i^{(k)}$ 进行一维搜索得：$\boldsymbol{X}_i^{(k)}$（$i=1$，2，…，n），再由 $\boldsymbol{X}_n^{(k)}$ 沿 $\boldsymbol{p}^{(k)}=\boldsymbol{X}_n^{(k)}-\boldsymbol{X}_0^{(k)}$ 进行一维搜索得 $\boldsymbol{X}_{n+1}^{(k)}$；

（3）置 $\boldsymbol{p}_i^{(k+1)}=\boldsymbol{p}_{i+1}^{(k)}$（$i=1$，2，…，$n-1$），$\boldsymbol{p}_n^{(k+1)}=\boldsymbol{p}^{(k)}$，$\boldsymbol{X}_0^{(k+1)}=\boldsymbol{X}_{n+1}^{(k)}$；

（4）若 $\|\boldsymbol{X}_0^{(k+1)}-\boldsymbol{X}_0^{(k)}\|<\varepsilon$，则停止迭代，取 $\boldsymbol{X}^*=\boldsymbol{X}_0^{(k+1)}$；否则，置 $k=k+1$，转(2).

通常取 $\boldsymbol{e}_1$，$\boldsymbol{e}_2$，…，$\boldsymbol{e}_n$ 为基本单位向量.

例 4.4.1 利用 Powell 原始算法求解无约束问题

$$\min f(\boldsymbol{X})=(x_1+x_2)^2+(x_1-1)^2,$$

取初始点 $\boldsymbol{X}_0^{(1)}=\begin{pmatrix}2\\1\end{pmatrix},\boldsymbol{e}_1=\begin{pmatrix}1\\0\end{pmatrix},\boldsymbol{e}_2=\begin{pmatrix}0\\1\end{pmatrix}$.

解 下面仍用解析法求 $f(\boldsymbol{X})$ 沿直线的极小点（实际运算中，可用第 4.1 节一维搜索的方法）.

第一轮迭代：从 $\boldsymbol{X}_0^{(1)}$ 出发，沿 $\boldsymbol{p}_1^{(1)}=\boldsymbol{e}_1$ 进行一维搜索，

$$\boldsymbol{X}_0^{(1)}+\lambda\boldsymbol{p}_1^{(1)}=\boldsymbol{X}_0^{(1)}+\lambda\boldsymbol{e}_1=\begin{pmatrix}2+\lambda\\1\end{pmatrix},\ f(\boldsymbol{X}_0^{(1)}+\lambda\boldsymbol{p}_1^{(1)})=(3+\lambda)^2+(1+\lambda)^2,$$

令 $\dfrac{\mathrm{d}f(\boldsymbol{X}_0^{(1)}+\lambda\boldsymbol{p}_1^{(1)})}{\mathrm{d}\lambda}=2(3+\lambda)+2(1+\lambda)=0$，得 $\lambda_1=-2$，$\boldsymbol{X}_1^{(1)}=\boldsymbol{X}_0^{(1)}+\lambda_1\boldsymbol{p}_1^{(1)}=\begin{pmatrix}0\\1\end{pmatrix}$.

从 $\boldsymbol{X}_1^{(1)}$ 出发，沿 $\boldsymbol{p}_2^{(1)}=\boldsymbol{e}_2$ 进行一维搜索，

$$\boldsymbol{X}_1^{(1)}+\lambda\boldsymbol{p}_2^{(1)}=\boldsymbol{X}_1^{(1)}+\lambda\boldsymbol{e}_2=\begin{pmatrix}0\\1+\lambda\end{pmatrix},\ f(\boldsymbol{X}_1^{(1)}+\lambda\boldsymbol{p}_2^{(1)})=(1+\lambda)^2+1,$$

令 $\dfrac{\mathrm{d}f(\boldsymbol{X}_1^{(1)}+\lambda\boldsymbol{p}_2^{(1)})}{\mathrm{d}\lambda}=2(1+\lambda)=0$，得 $\lambda_2=-1$，$\boldsymbol{X}_2^{(1)}=\boldsymbol{X}_1^{(1)}+\lambda_2\boldsymbol{p}_2^{(1)}=\begin{pmatrix}0\\0\end{pmatrix}$.

令 $\boldsymbol{X}_2^{(1)}-\boldsymbol{X}_0^{(1)}=\begin{pmatrix}-2\\-1\end{pmatrix}=\boldsymbol{p}^{(1)}$，从 $\boldsymbol{X}_2^{(1)}$ 出发，沿 $\boldsymbol{p}^{(1)}$ 进行一维搜索，

$$\boldsymbol{X}_2^{(1)}+\lambda\boldsymbol{p}^{(1)}=\begin{pmatrix}-2\lambda\\-\lambda\end{pmatrix},\ f(\boldsymbol{X}_2^{(1)}+\lambda\boldsymbol{p}^{(1)})=(-3\lambda)^2+(-2\lambda-1)^2,$$

令 $\dfrac{\mathrm{d}f(\boldsymbol{X}_2^{(1)}+\lambda\boldsymbol{p}^{(1)})}{\mathrm{d}\lambda}=18\lambda+4(2\lambda+1)=0$，得 $\lambda_3=-\dfrac{2}{13}$，$\boldsymbol{X}_3^{(1)}=\boldsymbol{X}_2^{(1)}+\lambda_2\boldsymbol{p}^{(1)}=\begin{pmatrix}\frac{4}{13}\\\frac{2}{13}\end{pmatrix}$.

第二轮迭代：$\boldsymbol{X}_0^{(2)}=\boldsymbol{X}_3^{(1)}=\begin{pmatrix}\frac{4}{13}\\\frac{2}{13}\end{pmatrix}$，$\boldsymbol{p}_1^{(2)}=\boldsymbol{e}_2=\begin{pmatrix}0\\1\end{pmatrix}$，$\boldsymbol{p}_2^{(2)}=\boldsymbol{p}^{(1)}=\begin{pmatrix}-2\\-1\end{pmatrix}$.

从 $\boldsymbol{X}_0^{(2)}$ 出发，沿 $\boldsymbol{p}_1^{(2)}$ 进行一维搜索得 $\lambda_1=-\dfrac{6}{13}$，$\boldsymbol{X}_1^{(2)}=\boldsymbol{X}_0^{(2)}+\lambda_1\boldsymbol{p}_1^{(2)}=\begin{pmatrix}\frac{4}{13}\\-\frac{4}{13}\end{pmatrix}$，

从 $\boldsymbol{X}_1^{(2)}$ 出发，沿 $\boldsymbol{p}_2^{(2)}$ 进行一维搜索得 $\lambda_2=-\dfrac{18}{169}$，$\boldsymbol{X}_2^{(2)}=\boldsymbol{X}_1^{(2)}+\lambda_2\boldsymbol{p}_2^{(2)}=\begin{pmatrix}\frac{88}{169}\\-\frac{34}{169}\end{pmatrix}$，

令 $\boldsymbol{X}_2^{(2)}-\boldsymbol{X}_0^{(2)}=\begin{pmatrix}\frac{36}{169}\\-\frac{60}{169}\end{pmatrix}=\boldsymbol{p}^{(2)}$，从 $\boldsymbol{X}_2^{(2)}$ 出发，沿 $\boldsymbol{p}^{(2)}$ 进行一维搜索得 $\lambda_3=\dfrac{9}{4}$，$\boldsymbol{X}_3^{(2)}=\boldsymbol{X}_2^{(2)}+$

$\lambda_3 \boldsymbol{p}^{(2)} = \begin{pmatrix} 1 \\ -1 \end{pmatrix}$.

该问题中$\nabla f(\boldsymbol{X}) = \begin{pmatrix} 4x_1 + 2x_2 - 2 \\ 2x_1 + 2x_2 \end{pmatrix}$，$\boldsymbol{Q} = \begin{pmatrix} 4 & 2 \\ 2 & 2 \end{pmatrix}$，$\boldsymbol{Q}$ 正定，$f(\boldsymbol{X})$ 是正定二次函数. 从上面推导过程可以看出，第一轮搜索方向：$\boldsymbol{p}_1^{(1)} = \begin{pmatrix} 0 \\ 1 \end{pmatrix}$，$\boldsymbol{p}_2^{(1)} = \begin{pmatrix} 0 \\ 1 \end{pmatrix}$，$\boldsymbol{p}^{(1)} = \begin{pmatrix} -2 \\ -1 \end{pmatrix}$；第二轮搜索方向：$\boldsymbol{p}_1^{(2)} = \begin{pmatrix} 1 \\ 0 \end{pmatrix}$，$\boldsymbol{p}_2^{(2)} = \begin{pmatrix} -2 \\ -1 \end{pmatrix}$，$\boldsymbol{p}^{(2)} = \begin{pmatrix} \frac{36}{169} \\ -\frac{60}{169} \end{pmatrix}$. 从 $\boldsymbol{X}_2^{(1)}$ 出发，沿 $\boldsymbol{p}^{(1)}$ 进行一维搜索得到 $\boldsymbol{X}_3^{(1)}$，从 $\boldsymbol{X}_1^{(2)}$ 出发，沿 $\boldsymbol{p}_2^{(2)}$（即 $\boldsymbol{p}^{(1)}$）进行一维搜索得到 $\boldsymbol{X}_2^{(2)}$，所以由定理 4.4.1，$\boldsymbol{X}_2^{(2)} - \boldsymbol{X}_3^{(1)} = \boldsymbol{X}_2^{(2)} - \boldsymbol{X}_0^{(2)} = \boldsymbol{p}^{(2)}$ 与方向 $\boldsymbol{p}^{(1)}$ 是 $\boldsymbol{Q}$ 共轭的. $\boldsymbol{X}_3^{(2)}$ 是 $\boldsymbol{X}_1^{(2)}$ 依次沿共轭方向 $\boldsymbol{p}^{(1)}$，$\boldsymbol{p}^2$ 进行精确的一维搜索得到的，所以最优解为 $\boldsymbol{X}^* = \boldsymbol{X}_3^{(2)} = \begin{pmatrix} 1 \\ -1 \end{pmatrix}$.

在 Powell 原始算法中，前 n 个搜索方向线性无关非常重要，如果某轮迭代中前 n 个搜索方向线性相关，就可能导致计算失败，即使正定二次函数经 n 轮迭代也达不到极小点，甚至任意迭代下去，永远达不到极小点. 而 Powell 原始算法中，可能会出现线性无关的搜索方向，为了避免这种情况，Powell 及他人对算法进行了改进，形成了改进的 Powell 算法.

改进的 Powell 算法迭代步骤：

（1）取初始点 $\boldsymbol{X}_0^{(1)}$ 及 n 个线性无关的方向 $\boldsymbol{p}_i^{(1)} = \boldsymbol{e}_i$（$i=1, 2, \cdots, n$），精度要求$\varepsilon > 0$，置 $k=1$；

（2）从 $\boldsymbol{X}_0^{(k)}$ 出发依次沿方向 $\boldsymbol{p}_i^{(k)}$ 进行一维搜索得：$\boldsymbol{X}_i^{(k)}(i=1,2,\cdots,n)$，计算 $\boldsymbol{p}^{(k)} = \boldsymbol{X}_n^{(k)} - \boldsymbol{X}_0^{(k)}$，$\boldsymbol{X}_{n+1}^{(k)} = \boldsymbol{X}_n^{(k)} + (\boldsymbol{X}_n^{(k)} - \boldsymbol{X}_0^{(k)})$；

（3）令 $\Delta^{(k)} = \max\limits_{1 \leqslant i \leqslant n} [f_{i-1}^{(k)} - f_i^{(k)}] = f_{m-1}^{(k)} - f_m^{(k)}$，令 $f_1 = f(\boldsymbol{X}_0^{(k)})$，$f_2 = f(\boldsymbol{X}_n^{(k)})$，$f_3 = f(\boldsymbol{X}_{n+1}^{(k)})$；

（4）若 $\Delta^{(k)} > \dfrac{(f_1 - 2f_2 + f_3)}{2}$，则转（5）；否则令 $\boldsymbol{p}_i^{(k+1)} = \boldsymbol{p}_i^{(k)}$（$i=1, 2, \cdots, n$），取 $\boldsymbol{X}_n^{(k)}$ 和 $\boldsymbol{X}_{n+1}^{(k)}$ 函数值较小者作为 $\boldsymbol{X}_0^{(k+1)}$，置 $k=k+1$，转（2）；

（5）从 $\boldsymbol{X}_n^{(k)}$ 出发沿方向 $\boldsymbol{p}^{(k)}$ 进行一维搜索得 $\boldsymbol{X}_{n+1}^{(k)}$，置 $\boldsymbol{p}_i^{(k+1)} = \boldsymbol{p}_i^{(k)}$（$i=1, 2, \cdots, m-1$），$\boldsymbol{p}_i^{(k+1)} = \boldsymbol{p}_{i+1}^{(k)}$（$i=m, m+1, \cdots, n-1$），$\boldsymbol{p}_n^{(k+1)} = \boldsymbol{p}^{(k)}$，$\boldsymbol{X}_0^{(k+1)} = \boldsymbol{X}_{n+1}^{(k)}$；

（6）若 $\| \boldsymbol{X}_0^{(k+1)} - \boldsymbol{X}_0^{(k)} \| < \varepsilon$，则停止迭代，取 $\boldsymbol{X}^* = \boldsymbol{X}_0^{(k+1)}$；否则，置 $k=k+1$，转（2）.

改进的 Powell 算法与 Powell 原始算法的主要区别在于替换方向的规则不同，改进的 Powell 算法不再具有二次终止性，但其效果较好.

4.4.2 步长加速法（模式搜索方法）

步长加速法由胡克（Hooke）和基夫斯（Jeeves）提出，又称为 Hooke - Jeeves 方法. 算法从初始基点开始，由两部分组成，一个是探测性搜索，另一个是模式性搜索.

1. 探测性搜索

这种搜索是在某个已知点附近，依次沿 n 个坐标轴方向 $\boldsymbol{e}_1$，$\boldsymbol{e}_2$，$\cdots$，$\boldsymbol{e}_n$ 进行探测，目的

是获得一个新的基点及有利于函数值下降的方向.

取初始点 $\boldsymbol{X}^{(0)}$，记 $\boldsymbol{R}^{(0)}=\boldsymbol{X}^{(0)}$（第一个基点），先沿坐标方向 $\boldsymbol{e}_1$ 探测. 设探测步长为 δ，若 $f(\boldsymbol{R}^{(0)}+\delta\boldsymbol{e}_1)<f(\boldsymbol{R}^{(0)})$，则沿 $\boldsymbol{e}_1$ 方向探测成功，置 $\boldsymbol{R}^{(1)}=\boldsymbol{R}^{(0)}+\delta\boldsymbol{e}_1$；若 $f(\boldsymbol{R}^{(0)}+\delta\boldsymbol{e}_1)\geqslant f(\boldsymbol{R}^{(0)})$，则沿 $-\boldsymbol{e}_1$ 方向探测，若 $f(\boldsymbol{R}^{(0)}-\delta\boldsymbol{e}_1)<f(\boldsymbol{R}^{(0)})$，则沿 $-\boldsymbol{e}_1$ 方向探测成功，置 $\boldsymbol{R}^{(1)}=\boldsymbol{R}^{(0)}-\delta\boldsymbol{e}_1$，否则，沿 $-\boldsymbol{e}_1$ 方向探测也失败，置 $\boldsymbol{R}^{(1)}=\boldsymbol{R}^{(0)}$.

从 $\boldsymbol{R}^{(1)}$ 出发，沿坐标方向 $\boldsymbol{e}_2$ 探测. 若 $f(\boldsymbol{R}^{(1)}+\delta\boldsymbol{e}_2)<f(\boldsymbol{R}^{(1)})$，则沿 $\boldsymbol{e}_2$ 方向探测成功，置 $\boldsymbol{R}^{(2)}=\boldsymbol{R}^{(1)}+\delta\boldsymbol{e}_2$；若 $f(\boldsymbol{R}^{(1)}+\delta\boldsymbol{e}_2)\geqslant f(\boldsymbol{R}^{(1)})$，则沿 $-\boldsymbol{e}_2$ 方向探测，若 $f(\boldsymbol{R}^{(1)}+\delta\boldsymbol{e}_2)<f(\boldsymbol{R}^{(1)})$，则沿 $-\boldsymbol{e}_2$ 方向探测成功，置 $\boldsymbol{R}^{(2)}=\boldsymbol{R}^{(1)}-\delta\boldsymbol{e}_2$，否则，沿 $-\boldsymbol{e}_2$ 方向探测也失败，置 $\boldsymbol{R}^{(2)}=\boldsymbol{R}^{(1)}$.

继续做下去，沿 $\boldsymbol{e}_1$，$\boldsymbol{e}_2$，…，$\boldsymbol{e}_n$ 探测完毕，最后得到点 $\boldsymbol{R}^{(n)}$.

2. 模式性搜索

模式性搜索是沿相邻两个基点连线方向进行，试图沿着有利方向使函数值更快减小. 探测性搜索之后，分两种情况：

若 $f(\boldsymbol{R}^{(n)})<f(\boldsymbol{R}^{(0)})$，则取 $\boldsymbol{R}^{(n)}$ 为新的基点，记 $\boldsymbol{X}^{(1)}=\boldsymbol{R}^{(n)}$，进行模式性搜索. 沿有利于函数值下降的方向 $\boldsymbol{S}^{(0)}=\boldsymbol{X}^{(1)}-\boldsymbol{X}^{(0)}$ 进行模式移动，令新的 $\boldsymbol{R}^{(0)}=\boldsymbol{X}^{(1)}+\alpha\ (\boldsymbol{X}^{(1)}-\boldsymbol{X}^{(0)})$（$\alpha$ 是加速因子，$\alpha\geqslant1$），然后，以 $\boldsymbol{R}^{(0)}$ 为起点，沿 n 个坐标轴方向 $\boldsymbol{e}_1$，$\boldsymbol{e}_2$，…，$\boldsymbol{e}_n$ 进行探测性搜索，探测完毕，得到的点记为 $\boldsymbol{R}^{(n)}$. 如果 $f(\boldsymbol{R}^{(n)})<f(\boldsymbol{X}^{(1)})$，则此次模式性搜索成功，取新基点 $\boldsymbol{X}^{(2)}=\boldsymbol{R}^{(n)}$，再沿 $\boldsymbol{X}^{(2)}-\boldsymbol{X}^{(1)}$ 进行模式性搜索；如果 $f(\boldsymbol{R}^{(n)}\geqslant f(\boldsymbol{X}^{(1)})$，则此次模式性搜索和模式性搜索之后的探测性搜索均无效，退回到基点 $\boldsymbol{X}^{(1)}$，减小步长 δ，再从 $\boldsymbol{X}^{(1)}$ 出发，依次沿 $\boldsymbol{e}_1$，$\boldsymbol{e}_2$，…$\boldsymbol{e}_n$ 进行探测性搜索，如此下去，直到满足精度要求，即步长 $\delta<\varepsilon$（ε 是事先给定的允许误差）为止.

若 $f(\boldsymbol{R}^{(n)})=f(\boldsymbol{R}^{(0)})$，则缩小步长 δ，重复上述过程，若步长已足够小，停止迭代，最后一个基点为极小点.

模式搜索法迭代步骤：

（1）取初始点 $\boldsymbol{X}^{(0)}$，精度要求 $\varepsilon>0$，初始步长 $\delta>0$，加速因子 $\alpha\geqslant1$，缩减率 $\beta\in(0,1)$，置 $\boldsymbol{R}^{(0)}=\boldsymbol{X}^{(0)}$，$k=1$，$j=1$；

（2）若 $f(\boldsymbol{R}^{(j-1)}+\delta\boldsymbol{e}_j)<f(\boldsymbol{R}^{(j-1)})$，则置 $\boldsymbol{R}^{(j)}=\boldsymbol{R}^{(j-1)}+\delta\boldsymbol{e}_j$，转（4）；否则，转（3）；

（3）若 $f(\boldsymbol{R}^{(j-1)}+\delta\boldsymbol{e}_j)>f(\boldsymbol{R}^{(j-1)})$，则置 $\boldsymbol{R}^{(j)}=\boldsymbol{R}^{(j-1)}-\delta\boldsymbol{e}_j$，转（4）；否则，置 $\boldsymbol{R}^{(j)}=\boldsymbol{R}^{(j-1)}$，转（4）；

（4）若 $j=n$，转（5）；否则，置 $j=j+1$，转（2）；

（5）若 $f(\boldsymbol{R}^{(n)})<f(\boldsymbol{R}^{(0)})$，转（6）；否则，转（7）；

（6）置 $\boldsymbol{X}^{(k)}=\boldsymbol{R}^{(n)}$，令 $\boldsymbol{R}^{(0)}=\boldsymbol{X}^{(k)}+\alpha(\boldsymbol{X}^{(k)}-\boldsymbol{X}^{(k-1)})$，置 $k=k+1$，$j=1$；转（2）；

（7）若 $\delta<\varepsilon$，则停止迭代，取 $\boldsymbol{X}^*=\boldsymbol{X}^{(k)}$；否则，置 $\delta=\beta\delta$，$\boldsymbol{R}^{(0)}=\boldsymbol{X}^{(k)}$，置 $k=k+1$，$j=1$，转（2）.

例 4.4.2　利用模式搜索法求解无约束优化问题

$$\min f(\boldsymbol{X})=(x_1-1)^2+5(x_1^2-x_2)^2,$$

取初始点 $\boldsymbol{X}^{(0)}=\begin{pmatrix}2\\0\end{pmatrix}$，$\boldsymbol{e}_1=\begin{pmatrix}1\\0\end{pmatrix}$，$\boldsymbol{e}_2=\begin{pmatrix}0\\1\end{pmatrix}$，$\delta=\dfrac{1}{2}$，加速因子 $\alpha=1$，缩减率 $\beta=\dfrac{1}{2}$.

解 令 $\boldsymbol{R}^{(0)}=\boldsymbol{X}^{(0)}=\begin{pmatrix}2\\0\end{pmatrix}, f(\boldsymbol{R}^{(0)})=81$，

$\boldsymbol{R}^{(0)}+\delta\boldsymbol{e}_1=\begin{pmatrix}\frac{5}{2}\\0\end{pmatrix}, f(\boldsymbol{R}^{(0)}+\delta\boldsymbol{e}_1)=197\frac{19}{16}>f(\boldsymbol{R}^{(0)})$（沿 $\boldsymbol{e}_1$ 方向探测失败），

$\boldsymbol{R}^{(0)}-\delta\boldsymbol{e}_1=\begin{pmatrix}\frac{3}{2}\\0\end{pmatrix}, f(\boldsymbol{R}^{(0)}-\delta\boldsymbol{e}_1)=25\frac{9}{16}<f(\boldsymbol{R}^{(0)})$（沿 $-\boldsymbol{e}_1$ 方向探测成功），

所以

$$\boldsymbol{R}^{(1)}=\boldsymbol{R}^{(0)}-\delta\boldsymbol{e}_1=\begin{pmatrix}\frac{3}{2}\\0\end{pmatrix}, f(\boldsymbol{R}^{(1)})=25\frac{9}{16}.$$

从 $\boldsymbol{R}^{(1)}$ 出发，沿 $\boldsymbol{e}_2$ 方向探测，

$\boldsymbol{R}^{(1)}+\delta\boldsymbol{e}_2=\begin{pmatrix}\frac{3}{2}\\\frac{1}{2}\end{pmatrix}, f(\boldsymbol{R}^{(1)}+\delta\boldsymbol{e}_2)=15\frac{9}{16}<f(\boldsymbol{R}^{(1)})$（沿 $\boldsymbol{e}_2$ 方向探测成功），

所以

$$\boldsymbol{R}^{(2)}=\boldsymbol{R}^{(1)}+\delta\boldsymbol{e}_2=\begin{pmatrix}\frac{3}{2}\\\frac{1}{2}\end{pmatrix}, f(\boldsymbol{R}^2)=15\frac{9}{16}.$$

探测性搜索完成. 因为 $f(\boldsymbol{R}^{(2)})<f(\boldsymbol{X}^{(0)})=81$，因此得第二个基点 $\boldsymbol{X}^{(1)}=\boldsymbol{R}^{(2)}=\begin{pmatrix}\frac{3}{2}\\\frac{1}{2}\end{pmatrix}$，

沿 $\boldsymbol{X}^{(1)}-\boldsymbol{X}^{(0)}=\begin{pmatrix}-\frac{1}{2}\\\frac{1}{2}\end{pmatrix}$ 进行模式性搜索，

令 $\boldsymbol{R}^{(0)}=\boldsymbol{X}^{(1)}+\alpha(\boldsymbol{X}^{(1)}-\boldsymbol{X}^{(0)})=\boldsymbol{X}^{(1)}+(\boldsymbol{X}^{(1)}-\boldsymbol{X}^{(0)})=\begin{pmatrix}1\\1\end{pmatrix}$. 第一轮计算完成.

再作第二轮计算. 从 $\boldsymbol{R}^{(0)}$ 出发，沿 $\boldsymbol{e}_1$ 方向探测，

$f(\boldsymbol{R}^{(0)})=0, \boldsymbol{R}^{(0)}+\delta\boldsymbol{e}_1=\begin{pmatrix}\frac{3}{2}\\1\end{pmatrix}, f(\boldsymbol{R}^{(0)}+\delta\boldsymbol{e}_1)=8\frac{1}{16}>f(\boldsymbol{R}^{(0)})$（沿 $\boldsymbol{e}_1$ 方向探测失败）

$\boldsymbol{R}^{(0)}-\delta\boldsymbol{e}_1=\begin{pmatrix}\frac{1}{2}\\1\end{pmatrix}, f(\boldsymbol{R}^{(0)}-\delta\boldsymbol{e}_1)=3\frac{1}{16}>f(\boldsymbol{R}^{(0)})$（沿 $-\boldsymbol{e}_1$ 方向探测失败）

所以

$$\boldsymbol{R}^{(1)}=\boldsymbol{R}^{(0)}=\begin{pmatrix}1\\1\end{pmatrix}, f(\boldsymbol{R}^{(1)})=0.$$

从 $\boldsymbol{R}^{(1)}$ 出发，沿 $\boldsymbol{e}_2$ 方向探测，

$$f(\boldsymbol{R}^{(1)}+\delta\boldsymbol{e}_2)=1\frac{1}{4}>f(\boldsymbol{R}^{(1)})\text{（沿 }\boldsymbol{e}_2\text{ 方向探测失败）},$$

$$f(\boldsymbol{R}^{(1)}-\delta\boldsymbol{e}_2)=1\frac{1}{4}>f(\boldsymbol{R}^{(1)})\text{（沿 }-\boldsymbol{e}_2\text{ 方向探测失败）},$$

所以

$$\boldsymbol{R}^{(2)}=\boldsymbol{R}^{(1)}=\begin{pmatrix}1\\1\end{pmatrix},f(\boldsymbol{R}^{(2)})=0.$$

因为 $f(\boldsymbol{R}^{(2)})=0<f(\boldsymbol{X}^{(1)})=15\frac{9}{16}$，所以有新的基点 $\boldsymbol{X}^{(2)}=\boldsymbol{R}^{(2)}=\begin{pmatrix}1\\1\end{pmatrix}$. 沿 $\boldsymbol{X}^{(2)}-\boldsymbol{X}^{(1)}=\begin{pmatrix}-\frac{1}{2}\\\frac{1}{2}\end{pmatrix}$进行模式性搜索，令 $\boldsymbol{R}^{(0)}=\boldsymbol{X}^{(2)}+\alpha(\boldsymbol{X}^{(2)}-\boldsymbol{X}^{(1)})=\boldsymbol{X}^{(2)}+(\boldsymbol{X}^{(2)}-\boldsymbol{X}^{(1)})=\begin{pmatrix}\frac{1}{2}\\\frac{3}{2}\end{pmatrix}$. 第二轮计算完成.

作第三轮计算. 从 $R^{(0)}$ 出发，沿 e_1 方向探测，

$$f(\boldsymbol{R}^{(0)})=8\frac{5}{16},\boldsymbol{R}^{(0)}+\delta\boldsymbol{e}_1=\begin{pmatrix}1\\\frac{3}{2}\end{pmatrix},f(\boldsymbol{R}^{(0)}+\delta\boldsymbol{e}_1)=1\frac{1}{4}<f(\boldsymbol{R}^{(0)})\text{（沿 }\boldsymbol{e}_1\text{ 方向探测成功）}$$

所以

$$\boldsymbol{R}^{(1)}=\boldsymbol{R}^{(0)}=\begin{pmatrix}1\\\frac{3}{2}\end{pmatrix},f(\boldsymbol{R}^{(1)})=1\frac{1}{4}.$$

从 $\boldsymbol{R}^{(1)}$ 出发，沿 $\boldsymbol{e}_2$ 方向探测，

$$f(\boldsymbol{R}^{(1)}+\delta\boldsymbol{e}_2)=5>f(\boldsymbol{R}^{(1)})\text{（沿 }\boldsymbol{e}_2\text{ 方向探测失败）},$$

$$f(\boldsymbol{R}^{(1)}-\delta\boldsymbol{e}_2)=0<f(\boldsymbol{R}^{(1)})\text{（沿 }-\boldsymbol{e}_2\text{ 方向探测成功）},$$

所以

$$\boldsymbol{R}^{(2)}=\boldsymbol{R}^{(1)}-\delta\boldsymbol{e}_2=\begin{pmatrix}1\\1\end{pmatrix},f(\boldsymbol{R}^{(2)})=0.$$

此时，$f(\boldsymbol{R}^{(2)})=f(\boldsymbol{X}^{(2)})=0$，说明此次模式性搜索和模式性搜索之后的探测性搜索均无效，退回到基点 $\boldsymbol{X}^{(2)}$，减小步长 δ，令 $\delta=\beta\delta=\frac{1}{4}$. 再从 $\boldsymbol{R}^{(0)}=\boldsymbol{X}^{(2)}$ 出发，依次沿 $\boldsymbol{e}_1$，$\boldsymbol{e}_2$ 方向探测，失败，再次减少步长，最后达到最优解 $\boldsymbol{X}^*=\begin{pmatrix}1\\1\end{pmatrix}$.

模式搜索法收敛速度较慢，但是方法简单，在计算机上易于实现，适用范围广泛，对变量不多的情形可以使用，在实际应用中效果较好.

4.5　最小二乘问题

在实际问题中，目标函数是几个函数平方和形式的无约束优化问题称为最小二乘问题. 其形式可表示为

$$\min_{X \in \mathbf{R}^n} f(\boldsymbol{X}) = \sum_{i=1}^{m} s_i^2(\boldsymbol{X}) \tag{4.5.1}$$

当每个 $s_i(\boldsymbol{X})$ 均为 $\boldsymbol{X}$ 的线性函数时，称问题（4.5.1）为线性最小二乘问题. 当某些$s_i(\boldsymbol{X})$ 为 $\boldsymbol{X}$ 的非线性函数时，称问题（4.5.1）为非线性最小二乘问题，例 3.1.2 就是一个非线性最小二乘问题.

最小二乘问题在工程设计、模拟、科学计算、预测预报、经济学、财政金融等领域有广泛的应用背景. 由于其形式的特殊性，除了可利用无约束问题一般求解方法外，还可以建立一些更为简单有效的求解方法.

4.5.1 线性最小二乘问题

设

$$s_i(\boldsymbol{X}) = \boldsymbol{a}_i^{\mathrm{T}}\boldsymbol{X} - b_i, i = 1, 2, \cdots, m,$$

其中 $\boldsymbol{a}_i = (a_{i1}, a_{i2}, \cdots, a_{in})^{\mathrm{T}}$ 是 n 维列向量，b_i 是实数. 用矩阵形式来表示问题（4.5.1），令

$$\boldsymbol{A} = \begin{pmatrix} \boldsymbol{a}_1^{\mathrm{T}} \\ \boldsymbol{a}_2^{\mathrm{T}} \\ \vdots \\ \boldsymbol{a}_n^{\mathrm{T}} \end{pmatrix} = \begin{pmatrix} a_{11} & a_{12} & \cdots & a_{1n} \\ a_{21} & a_{22} & \cdots & a_{2n} \\ \vdots & \vdots & & \vdots \\ a_{m1} & a_{m2} & \cdots & a_{mn} \end{pmatrix}, \quad \boldsymbol{b} = \begin{pmatrix} b_1 \\ b_2 \\ \vdots \\ b_m \end{pmatrix},$$

则有

$$\begin{aligned} f(\boldsymbol{X}) &= \sum_{i=1}^{m} s_i^2(\boldsymbol{X}) \\ &= (s_1(\boldsymbol{X}), s_2(\boldsymbol{X}), \cdots, s_m(\boldsymbol{X})) \begin{pmatrix} s_1(\boldsymbol{X}) \\ s_2(\boldsymbol{X}) \\ \vdots \\ s_m(\boldsymbol{X}) \end{pmatrix} \\ &= (\boldsymbol{AX} - \boldsymbol{b})^{\mathrm{T}}(\boldsymbol{AX} - \boldsymbol{b}) \\ &= \boldsymbol{X}^{\mathrm{T}}\boldsymbol{A}^{\mathrm{T}}\boldsymbol{AX} - 2\boldsymbol{b}^{\mathrm{T}}\boldsymbol{AX} + \boldsymbol{b}^{\mathrm{T}}\boldsymbol{b}, \end{aligned}$$

即问题（4.5.1）为

$$\min_{X \in \mathbf{R}^n} f(\boldsymbol{X}) = \boldsymbol{X}^{\mathrm{T}}\boldsymbol{A}^{\mathrm{T}}\boldsymbol{AX} - 2\boldsymbol{b}^{\mathrm{T}}\boldsymbol{AX} + \boldsymbol{b}^{\mathrm{T}}\boldsymbol{b}, \tag{4.5.2}$$

有

$$\nabla f(\boldsymbol{X}) = 2\boldsymbol{A}^{\mathrm{T}}\boldsymbol{AX} - 2\boldsymbol{A}^{\mathrm{T}}\boldsymbol{b}, \nabla^2 f(\boldsymbol{X}) = 2\boldsymbol{A}^{\mathrm{T}}\boldsymbol{A}.$$

因为 $\boldsymbol{A}^{\mathrm{T}}\boldsymbol{A}$ 是半正定矩阵，所以 $f(\boldsymbol{X})$ 是凸函数，问题（4.5.2）是一个凸规划问题，由定理 3.2.4，问题的驻点为全局最优解. 因此满足

$$\nabla f(\boldsymbol{X}) = 2\boldsymbol{A}^{\mathrm{T}}\boldsymbol{AX} - 2\boldsymbol{A}^{\mathrm{T}}\boldsymbol{b} = 0,$$

即

$$\boldsymbol{A}^{\mathrm{T}}\boldsymbol{AX} = \boldsymbol{A}^{\mathrm{T}}\boldsymbol{b} \tag{4.5.3}$$

的 $\boldsymbol{X}$ 是问题（4.5.2）的最优解. 若 $\boldsymbol{A}$ 的列满秩，即 $\boldsymbol{A}$ 的列线性无关，则 $\boldsymbol{A}^{\mathrm{T}}\boldsymbol{A}$ 为正定矩阵，从而

$$\boldsymbol{X} = (\boldsymbol{A}^{\mathrm{T}}\boldsymbol{A}^{-1})\boldsymbol{A}^{\mathrm{T}}\boldsymbol{b}$$

为全局最优解.

一般求解方程组（4.5.3）可利用 QR 正交分解法、Cholesky 分解算法、奇异值分解法等.

4.5.2 非线性最小二乘问题

求解无约束问题

$$\min_{\boldsymbol{X}\in\mathbf{R}^n} f(\boldsymbol{X})$$

的牛顿法中，$\boldsymbol{X}^{(k)}$处的搜索方向 $\boldsymbol{p}^{(k)} = -[\nabla^2 f(\boldsymbol{X}^{(k)})]^{-1}\nabla f(\boldsymbol{X}^{(k)})$可通过求解方程

$$\nabla^2 f(\boldsymbol{X}^{(k)})\boldsymbol{p} = -\nabla f(\boldsymbol{X}^{(k)}), \tag{4.5.4}$$

得到. 在问题（4.5.1）中

$$\nabla f(\boldsymbol{X}) = 2\sum_{i=1}^{m} s_i(\boldsymbol{X})\nabla s_i(\boldsymbol{X}) = 2\boldsymbol{J}(\boldsymbol{X})^{\mathrm{T}} s(\boldsymbol{X}) \tag{4.5.5}$$

$$\begin{aligned}\nabla^2 f(\boldsymbol{X}) &= 2\boldsymbol{J}(\boldsymbol{X})^{\mathrm{T}} J(\boldsymbol{X}) + 2\sum_{i=1}^{m} s_i(\boldsymbol{X})\nabla^2 s_i(\boldsymbol{X}) \\ &= 2J(\boldsymbol{X})^{\mathrm{T}} J(\boldsymbol{X}) + 2S(\boldsymbol{X}),\end{aligned} \tag{4.5.6}$$

其中

$$J(\boldsymbol{X}) = \begin{pmatrix} \nabla s_1(\boldsymbol{X})^{\mathrm{T}} \\ \nabla s_2(\boldsymbol{X})^{\mathrm{T}} \\ \vdots \\ \nabla s_m(\boldsymbol{X})^{\mathrm{T}} \end{pmatrix} = \begin{pmatrix} \dfrac{\partial s_1(\boldsymbol{X})}{\partial x_1} & \dfrac{\partial s_1(\boldsymbol{X})}{\partial x_2} & \cdots & \dfrac{\partial s_1(\boldsymbol{X})}{\partial x_n} \\ \dfrac{\partial s_2(\boldsymbol{X})}{\partial x_1} & \dfrac{\partial s_2(\boldsymbol{X})}{\partial x_2} & \cdots & \dfrac{\partial s_2(\boldsymbol{X})}{\partial x_n} \\ \vdots & & & \vdots \\ \dfrac{\partial s_m(\boldsymbol{X})}{\partial x_1} & \dfrac{\partial s_m(\boldsymbol{X})}{\partial x_2} & \cdots & \dfrac{\partial s_m(\boldsymbol{X})}{\partial x_n} \end{pmatrix},$$

$$s(\boldsymbol{X}) = \begin{pmatrix} s_1(\boldsymbol{X}) \\ s_2(\boldsymbol{X}) \\ \vdots \\ s_m(\boldsymbol{X}) \end{pmatrix}, S(\boldsymbol{X}) = \sum_{i=1}^{m} s_i(\boldsymbol{X})\nabla^2 s_i(\boldsymbol{X})$$

将式（4.5.5）和式（4.5.6）代入式（4.5.4）

$$[J(\boldsymbol{X}^{(k)})^{\mathrm{T}} J(\boldsymbol{X}^{(k)}) + S(\boldsymbol{X}^{(k)})]\boldsymbol{p} = -J(\boldsymbol{X}^{(k)})^{\mathrm{T}} s(\boldsymbol{X}^{(k)}), \tag{4.5.7}$$

求出 $\boldsymbol{p}^{(k)}$，得到迭代公式

$$\boldsymbol{X}^{(k+1)} = \boldsymbol{X}^{(k)} + \boldsymbol{p}^{(k)},$$

在公式（4.5.7）中，$\nabla^2 s_i(\boldsymbol{X})$ 的计算量大，因此，为了简化计算，可以略去 $S(\boldsymbol{X}^{(k)})$，或者用一阶导数信息去逼近 $S(\boldsymbol{X}^{(k)})$. 略去 $S(\boldsymbol{X}^{(k)})$ 对应的一类算法称为小余量算法，逼近 $S(\boldsymbol{X}^{(k)})$ 的一类算法称为大余量算法. 下面介绍两类小余量算法.

1. 高斯 – 牛顿法（Gauss – Newton 法）

在公式（4.5.7）中，忽略 $S(\boldsymbol{X}^{(k)})$. 设 $\boldsymbol{p}^{(k)}$ 是

$$J(\boldsymbol{X}^{(k)})^{\mathrm{T}} J(\boldsymbol{X}^{(k)})\boldsymbol{p} = -J(\boldsymbol{X}^{(k)})^{\mathrm{T}} s(\boldsymbol{X}^{(k)}) \tag{4.5.8}$$

的解，则有迭代公式

$$X^{(k+1)}=X^{(k)}+p^{(k)}, \tag{4.5.9}$$

称公式（4.5.9）为 Gauss – Newton 公式，$p^{(k)}$ 称为点 $X^{(k)}$ 处的 Gauss – Newton 方向.

Gauss – Newton 法迭代步骤:

（1）取初始点 $X^{(0)}$，精度要求 $\varepsilon>0$，置 $k=0$；

（2）若 $X^{(k)}$ 满足精度要求，则停止迭代，$X^{*}=X^{(k)}$；否则转（3）；

（3）求解线性方程组（4.5.8）得 $p^{(k)}$；

（4）置 $X^{(k+1)}=X^{(k)}+p^{(k)}$，$k=k+1$ 转（2）.

为了保证每次迭代都使目标函数值下降，可类似于阻尼 Newton 方法，增加一维搜索.

2. Levenberg – Marquardt 方法

在 Gauss – Newton 法中，$J(X^{(k)})^{\mathrm{T}}J(X^{k})$ 可能是奇异或是病态的，此时求解方程组（4.5.8）会遇到困难. 为了克服该困难，Levenberg – Marquardt 方法通过把一个对称正定矩阵加到 $J(X^{(k)})^{\mathrm{T}}J(X^{(k)})$ 上去，将方程组改为

$$[J(X^{(k)})^{\mathrm{T}}J(X^{(k)})+v_kE]p=-J(X^{(k)})^{\mathrm{T}}s(X^{(k)}) \tag{4.5.10}$$

其中 $v_k>0$ 是一个迭代过程中需要调整的参数，$J(X^{(k)})^{\mathrm{T}}J(X^{(k)})+v_kE$ 是一个正定矩阵，所以，式（4.5.10）总有唯一解 $p^{(k)}$. 当 v_k 很小时，式（4.5.10）的解近似 Gauss – Newton 方向，当 v_k 充分大时，$p^{(k)}\approx-\dfrac{\nabla f(X^{(k)})}{v_k}$，这时 $p^{(k)}$ 偏向于 $f(X)$ 在 $X^{(k)}$ 处的负梯度方向. 一般地，当 $v_k>0$ 时，由式（4.5.10）所确定的方向介于 Gauss – Newton 方向与最速下降法之间.

下面介绍一种调整 v_k 的方法. 取

$$v_k=\frac{f(X^{(k+1)})-f(X^{(k)})}{2[J(X^{(k)})^{\mathrm{T}}s(X^{(k)})]^{\mathrm{T}}p^{(k)}+p^{(k)\mathrm{T}}[J(X^{(k)})^{\mathrm{T}}J(X^{(k)})]p^{(k)}}, \tag{4.5.11}$$

Levenberg – Marquardt 方法迭代步骤

（1）取初始点 $X^{(0)}$，初始参数 $v_1>0$，精度要求 $\varepsilon>0$，置 $k=0$；

（2）若 $X^{(k)}$ 满足精度要求，则停止迭代，$X^{*}=X^{(k)}$；否则转（3）；

（3）求解线性方程组（4.5.10）得 $p^{(k)}$；

（4）置 $X^{(k+1)}=X^{(k)}+p^{(k)}$，由式（4.5.11）计算 v_k；

（5）若 $v_k<0.25$，则置 $v_{k+1}=4v_k$；否则，若 $v_k>0.75$，则置 $v_{k+1}=\dfrac{1}{2}v_k$；否则，置 $v_{k+1}=v_k$；

（6）置 $k=k+1$ 转（2）.

4.6 惩罚函数法

求解约束最优化问题的方法大致可分为三类：第一类是由目标函数加上由约束函数组成的一个惩罚项来构造辅助函数，把约束优化问题转化为极小化辅助函数的无约束优化问题，通过求解一系列无约束优化问题，得到约束问题的最优解. 如外点法、内点法、乘子法等；第二类可看作无约束下降算法的推广，即从可行点出发，沿着下降的可行方向进行搜索，求出使目标函数下降的新的可行点. 如投影梯度法、既约梯度法等；第三类是通过求解一系列

线性规划问题或二次规划问题，去逼近原约束问题的最优解．如近似规划法、割平面法等．

本节只介绍第一类中的部分方法，这类通过求解一系列无约束问题来获得约束问题最优解的方法称为序列无约束极小化方法（Sequential Unconstrained Minimization Technique，简称 SUMT 法）．主要有外点罚函数法（外点法）、内点罚函数法（内点法）、精确罚函数法和乘子罚函数法（乘子法）．在以下的讨论中，假设所有函数都是连续的．

4.6.1　外罚函数法（外点法）

设有约束规划问题

$$\begin{aligned}&\min\quad f(\boldsymbol{X})\\&\text{s. t.}\quad g_i(\boldsymbol{X})\geqslant 0, i=1,2,\cdots,m\\&\qquad\ \ h_j(\boldsymbol{X})=0, j=1,2,\cdots,l\end{aligned}$$

将可行域记为 $D=\{\boldsymbol{X}|g_i(\boldsymbol{X})\leqslant 0(i=1,2,\cdots,m), h_j(\boldsymbol{X})=0(j=1,2,\cdots,l)\}$．对该问题构造辅助函数

$$F(\boldsymbol{X},M_k)=f(\boldsymbol{X})+M_kP(\boldsymbol{X}),$$

式中 $P(\boldsymbol{X})=P(g_i(\boldsymbol{X}),h_j(\boldsymbol{X}))$ 称为惩罚函数（惩罚项），M_k 称为惩罚因子（罚因子）．

先讨论特殊情况：

（1）对于只有等式约束的问题

$$\begin{aligned}&\min\quad f(\boldsymbol{X})\\&\text{s. t.}\quad h_j(\boldsymbol{X})=0, j=1,2,\cdots,l\end{aligned}\tag{4.6.1}$$

可定义辅助函数

$$F(\boldsymbol{X},M_k)=f(\boldsymbol{X})+M_k\sum_{j=1}^{l}h_j^2(\boldsymbol{X}),$$

其中 M_k 是很大的正数．这样把约束问题（4.6.1）转化为无约束问题

$$\min F(\boldsymbol{X},M_k).\tag{4.6.2}$$

无约束问题$\min F(\boldsymbol{X},M_k)$的最优解必然使得所有 $h_j(\boldsymbol{X})(j=1,2,\cdots,l)$都接近零，否则，$F(\boldsymbol{X},M_k)=f(\boldsymbol{X})+M_k\sum_{j=1}^{l}h_j^2(\boldsymbol{X})$ 中的第二项将是很大的正数，与最优解取得极小值矛盾．由此可见，求解无约束问题（4.6.2）可得到约束问题（4.6.1）的近似解．

（2）对于只有不等式约束的问题

$$\begin{aligned}&\min\quad f(\boldsymbol{X})\\&\text{s. t.}\quad g_i(\boldsymbol{X})\geqslant 0, i=1,2,\cdots,m\end{aligned}\tag{4.6.3}$$

可定义辅助函数

$$F(\boldsymbol{X},M_k)=f(\boldsymbol{X})+M_k\sum_{j=1}^{m}[\min\{0,g_i(\boldsymbol{X})\}]^2,$$

其中 M_k 是很大的正数．显然，

$$F(\boldsymbol{X},M_k)=\begin{cases}f(\boldsymbol{X}), & \boldsymbol{X}\in D,\\ f(\boldsymbol{X})+\text{很大的正数}, & \boldsymbol{X}\notin D.\end{cases}$$

这样，可将约束问题（4.6.3）转化为无约束问题

$$\min F(\boldsymbol{X},M_k)\tag{4.6.4}$$

通过求解式（4.6.4）得到约束问题（4.6.3）的近似解.

（3）对于含有等式和不等式约束的问题

$$\begin{aligned} &\min \quad f(\boldsymbol{X}) \\ &\text{s. t.} \quad g_i(\boldsymbol{X}) \geqslant 0, i=1,2,\cdots,m \\ &\qquad\quad h_j(\boldsymbol{X})=0, j=1,2,\cdots,l \end{aligned} \tag{4.6.5}$$

可定义辅助函数

$$F(\boldsymbol{X},M_k)=f(\boldsymbol{X})+M_k\left(\sum_{j=1}^{m}[\min\{0,g_i(\boldsymbol{X})\}]^2+\sum_{j=1}^{l}h_j^2(\boldsymbol{X})\right),$$

将上述思想推广，可定义一般辅助函数

$$F(\boldsymbol{X},M_k)=f(\boldsymbol{X})+M_k\left\{\sum_{j=1}^{m}\phi[g_i(\boldsymbol{X})]+\sum_{j=1}^{l}\psi[h_j(\boldsymbol{X})]\right\},$$

ϕ 和 ψ 是满足下列条件的实值连续函数

$$\begin{cases}\phi(y)=0, & \text{当 } y\geqslant 0 \text{ 时},\\ \phi(y)>0, & \text{当 } y<0 \text{ 时}.\end{cases} \qquad \begin{cases}\psi(y)=0, & \text{当 } y=0 \text{ 时},\\ \psi(y)>0, & \text{当 } y\neq 0 \text{ 时}.\end{cases}$$

函数 ϕ 和 ψ 的典型取法为

$$\phi(y)=[\min\{0,y\}]^\alpha;\psi(y)=|y|^\beta,$$

其中 $\alpha\geqslant 1$，$\beta\geqslant 1$ 是给定的常数，通常取 $\alpha=\beta=2$.

显然，当 $\boldsymbol{X}\in D$ 时，$F(\boldsymbol{X},M_k)=f(\boldsymbol{X})$，此时 $\min F(\boldsymbol{X},M_k)$ 的最优解就是约束问题（4.6.5）的最优解；当 $\boldsymbol{X}\notin D$ 时，$M_kP(\boldsymbol{X})$ 是很大的正数，它的存在是对 $\boldsymbol{X}$ 脱离可行域的一种惩罚，其作用是在极小化过程中迫使迭代点靠近可行域. 从而求得约束优化问题（4.6.5）的近似解，并且 M_k 越大，近似程度越好.

一般利用外点法求解问题（4.6.5）时，首先构造辅助函数 $F(\boldsymbol{X},M_k)$，再求出无约束问题 $\min F(\boldsymbol{X},M_k)$ 的最优解 $\boldsymbol{X}$（M_k）. 若 $\boldsymbol{X}(M_k)\in D$，则 $\boldsymbol{X}(M_k)$ 是约束问题（4.6.5）的最优解；若 $\boldsymbol{X}(M_k)\notin D$，则 $\boldsymbol{X}(M_k)$ 不是约束问题（4.6.5）的最优解，此时说明原来的罚因子取小，应加大罚因子，使得 $M_{k+1}>M_k$，再求解 $\min F(\boldsymbol{X},M_{k+1})$.

实际计算中，罚因子 M_k 的选取很重要. 如果 M_k 过大，辅助函数 $F(\boldsymbol{X},M_k)$ 的 Hesse 矩阵性质变坏，给无约束问题求解增加计算上的困难；如果 M_k 过小，则辅助问题的极小点远离约束问题的最优解，增加了计算量，计算效率很差. 实际计算过程中，要根据实际情况适当调整 M_1 的选取和 M_k 的增加速度. 因此，一般取定数列 $\{M_k\}$ 满足 $0<M_1<M_1<\cdots<M_k<M_{k+1}<\cdots$

$$\lim_{k\to\infty}M_k=+\infty$$

并求解 $\min F(\boldsymbol{X},M_k)$.

外点罚函数法迭代步骤：

已知问题（4.6.5），构造辅助函数 $F(\boldsymbol{X},M_k)=f(\boldsymbol{X})+M_kP(\boldsymbol{X})$.

（1）取初始点 $\boldsymbol{X}^{(0)}$，初始罚因子 M_1（可取 $M_1=1$），罚因子放大系数 $C>1$，允许误差 $\varepsilon>0$，置 $k=1$；

（2）以 $\boldsymbol{X}^{(k+1)}$ 为初始点，求解无约束问题 $\min F(\boldsymbol{X},M_k)$，设其极小点为 $\boldsymbol{X}(M_k)$（记为 $\boldsymbol{X}^{(k)}$）；

(3) 若 $M_kP(X)<\varepsilon$，则停止计算，$X^{(k)}$ 为约束问题（4.6.5）的最优解；否则，令 $M_{k+1}=CM_k$，置 $k=k+1$，转（2）.

例 4.6.1 利用外点法求解约束规划问题

$$\min f(X)=\frac{1}{2}x_1^2+\frac{1}{6}x_2^2$$

$$\text{s.t.}\quad x_1+x_2=1$$

其中 $X=(x_1,x_2)^{\mathrm{T}}$，要求选取 $M_1=0.05$，$C=2$，$\varepsilon=10^{-5}$.

解 引入罚函数

$$F(X,M_k)=\frac{1}{2}x_1^2+\frac{1}{6}x_2^2+M_k(x_1+x_2-1)^2$$

用解析法求解无约束问题 $\min F(X,M_k)$，使得 $F(X,M_k)$ 有极小值的必要条件为

$$\begin{cases}\dfrac{\partial F}{\partial x_1}=x_1+2M_k(x_1+x_2-1)=0,\\[2mm]\dfrac{\partial F}{\partial x_2}=\dfrac{1}{3}x_2+2M_k(x_1+x_2-1)=0.\end{cases}$$

得到 $X(M_k)=(x_1(M_k),x_2(M_k))=\left(\dfrac{2M_k}{1+8M_k},\dfrac{6M_k}{1+8M_k}\right)^{\mathrm{T}}$，$\lim\limits_{M_k\to+\infty}X^*(M_k)=X^*=(0.25,0.75)^{\mathrm{T}}$

同时有 $M_kP(X(M_k))=\dfrac{M_k}{(1+8M_k)^2}$. 依次对 $k=1,2,\cdots$，计算 $X(M_k)$ 和 $M_kP(X(M_k))$，结果如表 4.6.1 所示.

表 4.6.1 $X(M_k)$ 和 $M_kP(X(M_k))$ 的关系

k	$X(M_k)$	$M_kP(X(M_k))$	k	$X(M_k)$	$M_kP(X(M_k))$
1	$(0.0714,\ 0.2142)^{\mathrm{T}}$	2.551×10^{-2}	9	$(0.2475,\ 0.7427)^{\mathrm{T}}$	1.197×10^{-3}
2	$(0.1111,\ 0.3333)^{\mathrm{T}}$	3.086×10^{-2}	10	$(0.2487,\ 0.7463)^{\mathrm{T}}$	6.042×10^{-4}
3	$(0.1538,\ 0.4615)^{\mathrm{T}}$	2.958×10^{-2}	11	$(0.2493,\ 0.7481)^{\mathrm{T}}$	3.306×10^{-4}
4	$(0.1904,\ 0.5714)^{\mathrm{T}}$	2.267×10^{-2}	12	$(0.2496,\ 0.7490)^{\mathrm{T}}$	1.522×10^{-4}
5	$(0.2162,\ 0.6486)^{\mathrm{T}}$	1.461×10^{-2}	13	$(0.2498,\ 0.7494)^{\mathrm{T}}$	7.619×10^{-5}
6	$(0.2313,\ 0.6956)^{\mathrm{T}}$	8.400×10^{-3}	14	$(0.2499,\ 0.7497)^{\mathrm{T}}$	4.612×10^{-5}
7	$(0.2406,\ 0.7218)^{\mathrm{T}}$	4.522×10^{-3}	15	$(0.2499,\ 0.7498)^{\mathrm{T}}$	1.907×10^{-5}
8	$(0.2452,\ 0.7356)^{\mathrm{T}}$	4.305×10^{-3}	16	$(0.2499,\ 0.7499)^{\mathrm{T}}$	9.536×10^{-6}

由终止条件 $M_kP(X(M_k))=\dfrac{M_k}{(1+8M_k)^2}<10^{-5}$，可得约束问题的近似最优解 $X^*\approx(0.2499,\ 0.7499)^{\mathrm{T}}$.

由 $x_1^*(M_k)+x_2^*(M_k)=\dfrac{8M_k}{(1+8M_k)^2}<1$，可知迭代点列 $\{X(M_k)\}$ 从可行域外部趋于边界上的最优解 $X^*=(0.25,0.75)^{\mathrm{T}}$.

上述算法辅助函数的最优解数列 $\{X^{(k)}\}$ 是从可行域外部逼近约束问题（4.6.5）的最优解的. 因此，利用罚函数生成一系列外点逼近该约束问题最优解的方法称为外点罚函数法

(外点法，exterior penalty function method) 或 SUMT 外点法.

外点法的收敛性定理：设约束优化问题 (4.6.5) 存在最优解，其中 $f(\boldsymbol{X}), g_i(\boldsymbol{X})(j=1, 2,\cdots,m)$ 和 $h_j(\boldsymbol{X})=0(j=1,2,\cdots,l)$ 是实值连续函数. 数列 $\{M_k\}$ 是趋于无穷大的严格单调递增正数列，且 $k=1$ 时，无约束问题存在最优解，则有

(1) 对每个 k，无约束问题都存在最优解；

(2) 若对某个 k，有 $\min F(\boldsymbol{X},M_k)$ 的最优解 $\boldsymbol{X}(M_k)\in D$，则 $\boldsymbol{X}(M_k)$ 为原问题 (4.6.5) 的最优解；

(3) 若情形 (2) 总不发生，则得点列 $\{\boldsymbol{X}(M_k)\}$，其任意极限点都是原问题的最优解.

外点法的优点：初始点的选取容易；把约束优化问题转化成一系列无约束问题，结构简单，可用求解无约束问题的得到约束问题的最优解.

外点法的缺点：当罚因子充分大后，罚函数的 Hesse 矩阵的条件数非常大，这给无约束问题的求解带来了困难；中间结果不是可行点.

4.6.2 内罚函数法（内点法、障碍罚函数法）

外罚函数法中，$\boldsymbol{X}(M_k)$ 是在可行域外部逼近最优解的. 当在某个充分大的 M_k 处终止迭代时，近似最优解 $\boldsymbol{X}(M_k)$ 只能近似满足约束条件. 而且中间结果不是可行解，不能作为近似最优解，只有迭代到最后才能得到最优解的近似解. 这对目标函数在可行域外无定义的约束问题是不适用的. 为了使迭代点是可行的，可以用内罚函数法，也称障碍罚函数法（Barrier Function Methods). 内点法在迭代过程中总是从内点出发，并保持在可行域的内部进行搜索，通过在可行域内寻找点列 $\boldsymbol{X}(r_k)$ 来逼近最优解 $\boldsymbol{X}^*$. 因此适用于求解不等式约束优化问题.

首先在可行域的边界设置一道障碍，初始点 $\boldsymbol{X}^{(0)}$ 在可行域内内部（即 $\boldsymbol{X}^{(0)}\in \mathrm{int}D$），当迭代点靠近可行域的边界时，障碍函数值迅速增大，离边界越近函数值增加越大，特别地当迭代点到达边界上时，障碍函数值变为无穷大，从而使迭代点始终留在可行域内.

考虑不等式约束问题：

$$\begin{aligned}&\min\quad f(\boldsymbol{X})\\&\text{s. t.}\quad g_i(\boldsymbol{X})\geqslant 0, i=1,2,\cdots m\end{aligned}\tag{4.6.6}$$

其可行域 $D=\{\boldsymbol{X}\mid g_i(\boldsymbol{X})\geqslant 0(i=1,2,\cdots m)\}$.

定义内罚函数

$$F(\boldsymbol{X},r_k)=f(\boldsymbol{X})+r_kB(\boldsymbol{X}),$$

其中 $B(\boldsymbol{X})$ 是连续函数，当 $\boldsymbol{X}$ 趋向可行域的边界时，$B(\boldsymbol{X})\to\infty$. 称 $r_kB(\boldsymbol{X})$ 为惩罚项，$B(\boldsymbol{X})$ 为障碍函数，$r_k>0$ 为罚因子（障碍因子). 通常有两种方式选取 $B(\boldsymbol{X})$

$$B(\boldsymbol{X})=\sum_{j=1}^{m}\frac{1}{g_i(\boldsymbol{X})},$$

及

$$B(\boldsymbol{X})=-\sum_{j=1}^{m}\ln(g_i(\boldsymbol{X})).$$

显然 r_k 越小，无约束问题 $\min F(\boldsymbol{X}, r_k)$ 的最优解 $\boldsymbol{X}(r_k)$ 越接近约束问题 (4.6.6) 的最优解 $\boldsymbol{X}^*$，在满足一定条件下，可以证明

$$\lim_{r_k \to 0} \boldsymbol{X}(r_k) = \boldsymbol{X}^*.$$

如果 r_k 太小，与外点法类似，将给无约束问题 $\min F(\boldsymbol{X}, r_k)$ 的计算带来很大困难. 因此，能采取序列无约束极小化方法，取一个严格单调递减且趋于零的罚因子数列 $\{r_k\}$，从某个 r_1 开始，逐步减少罚因子，直到求得最优解.

内点法迭代步骤：

（1）取初始点 $\boldsymbol{X}^{(0)} \in \mathrm{int}D$，初始障碍因子 r_1，罚因子缩小系数 $\beta < 1$，允许误差 $\varepsilon > 0$，置 $k = 1$；

（2）以 $\boldsymbol{X}^{(k-1)}$ 为初始点，求解无约束问题 $\min F(\boldsymbol{X}, r_k)$，设其极小点为 $\boldsymbol{X}(r_k)$（记为 $\boldsymbol{X}^{(k)}$）；

（3）若 $|r_k B(\boldsymbol{X}(r_k))| < \varepsilon$，则 $\boldsymbol{X}(r_k)$ 为约束问题（4.6.6）的最优解. 否则，令 $r_{k+1} = \beta r_k$，置 $k = k + 1$，转（2）.

例 4.6.2 利用内点法求解约束规划问题

$$\begin{aligned} \min\ & f(\boldsymbol{X}) = x_1 + 2x_2 \\ \text{s.t.}\ & -x_1^2 + x_2 \geqslant 0 \\ & x_1 \geqslant 0 \end{aligned}$$

解 构造障碍函数

$$F(\boldsymbol{X}, r_k) = x_1 + 2x_2 - r_k[\ln(-x_1^2 + x_2) + \ln x_1],$$

令

$$\begin{cases} \dfrac{\partial F}{\partial x_1} = 1 + \dfrac{2r_k x_1}{-x_1^2 + x_2} - \dfrac{r_k}{x_1} = 0, \\ \dfrac{\partial F}{\partial x_2} = 2 - \dfrac{2r_k}{-x_1^2 + x_2} = 0, \end{cases}$$

解得

$$\boldsymbol{X}^*(r_k) = \left[\frac{-1 + \sqrt{1 + 16r_k}}{8}, \frac{1}{2}r_k + \frac{(-1 + \sqrt{1 + 16r_k})^2}{64}\right]^{\mathrm{T}},$$

$\lim\limits_{r_k \to 0} \boldsymbol{X}^*(r_k) = \boldsymbol{X} = (0,0)^{\mathrm{T}}$. 取 $r_1 = 4, r_{k+1} = \dfrac{1}{2}r_k$，依次对 $k = 1, 2 \cdots$，计算 $\boldsymbol{X}^*(r_k)$，结果如表 4.6.2 所示.

表 4.6.2 r_k 值对应的解

k	r_k	$X(r_k)$	k	r_k	$X(r_k)$
1	4	$(0.885, 2.781)^{\mathrm{T}}$	7	0.063	$(0.057, 0.035)^{\mathrm{T}}$
2	2	$(0.593, 1.350)^{\mathrm{T}}$	8	0.032	$(0.029, 0.017)^{\mathrm{T}}$
3	1	$(0.391, 0.653)^{\mathrm{T}}$	9	0.016	$(0.016, 0.008)^{\mathrm{T}}$
4	0.5	$(0.375, 0.390)^{\mathrm{T}}$	10	0.008	$(0.008, 0.004)^{\mathrm{T}}$
5	0.25	$(0.155, 0.149)^{\mathrm{T}}$	11	0.004	$(0.003, 0.002)^{\mathrm{T}}$
6	0.125	$(0.090, 0.071)^{\mathrm{T}}$	12	0.002	$(0.002, 0.001)^{\mathrm{T}}$

表中每一个值都对应 int$D$ 的一个可行点. 当 $r_k \to 0$时，无约束问题 $\min F(\boldsymbol{X}, r_k)$ 的最优解点列$\{\boldsymbol{X}(r_k)\}$在原问题可行域内部向可行域边界上的最优解 $X^* = (0, 0)^{\mathrm{T}}$ 逼近. $\{\boldsymbol{X}(r_k)\}$的轨迹如图 4.6.1 所示.

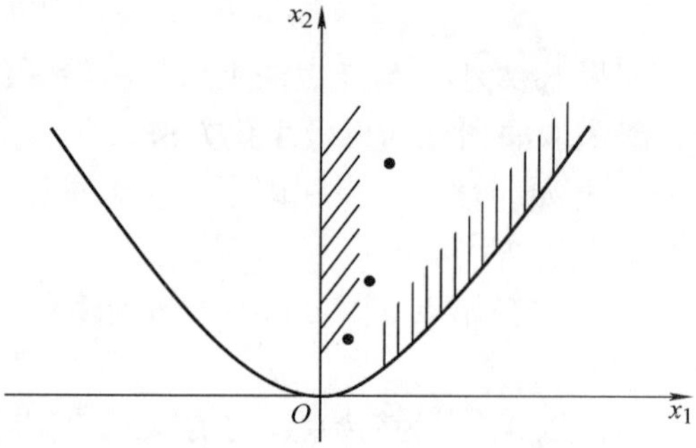

图 4.6.1

内点法的优点：迭代点在可行域内部，可以随时停止迭代得到近似解，对目标函数在可行域外的性质没有要求.

内点法的缺点：只适用于不等式约束问题；初始点必须在可行域的内部.

4.6.3 混合罚函数法

将内点法和外点法结合起来，综合两种算法的优点，便形成了混合罚函数法. 混合罚函数法采用的罚函数形式又分为内点形式和外点形式两种. 这里只介绍内点形式的混合罚函数法.

考虑约束优化问题

$$\begin{aligned} &\min \quad f(\boldsymbol{X}) \\ &\text{s. t.} \quad g_i(\boldsymbol{X}) \geqslant 0, i=1,2,\cdots,m, \\ &\qquad\quad h_j(\boldsymbol{X}) = 0, j=1,2,\cdots,l \end{aligned} \tag{4.6.7}$$

惩罚函数具有以下形式

$$F(\boldsymbol{X}, r_k) = f(\boldsymbol{X}) + r_k \sum_{i=1}^{m} \frac{1}{g_i(\boldsymbol{X})} + \frac{1}{\sqrt{r_k}} \sum_{j=1}^{l} h_j^2(\boldsymbol{X}),$$

其中初始点应选为满足不等式约束的点，障碍因子 r_k 按照内点法的方法选取.

混合罚函数法的迭代步骤：

(1) 取初始点 $\boldsymbol{X}^{(0)}$，要求满足不等式约束. 初始障碍因子 r_1，罚因子缩小系数 $\beta<1$，允许误差 $\varepsilon>0$，置 $k=1$；

(2) 以 $\boldsymbol{X}^{(k-1)}$ 为初始点，求解无约束问题 $\min F(\boldsymbol{X}, r_k)$，设其极小点为 $\boldsymbol{X}(r_k)$（记为 $X^{(k)}$）；

(3) 若 $\| \boldsymbol{X}^{(k)} - \boldsymbol{X}^{(k-1)} \| < \varepsilon$，则 $\boldsymbol{X}(r_k)$ 为约束问题（4.37）的最优解. 否则，令 $r_{k+1} = \beta r_k$，置 $k=k+1$，转（2）.

4.6.4 乘子罚函数法（乘子法）

利用外点法和内点法求解约束非线性规划问题时，随着罚因子 M_k 的增大和 r_k 的减小，将使罚函数的 Hesse 矩阵出现病态，使无约束极小化问题的求解出现困难. 为了克服这个弊端，Hestenes 和 Powell 各自独立地提出了等式约束优化问题的乘子法，后 Rockafellar 将其推广到不等式约束优化问题. 乘子法将外罚函数法和 Lagrange 乘子法结合起来，构造更合适的目标函数，使得罚因子适当大的情况下，逐步求得约束问题的最优解. 下面分三种情况讨论.

1. 等式约束问题的乘子法（P－H 乘子法）

考虑等式约束问题（4.6.1）：

$$\begin{aligned} &\min \quad f(\boldsymbol{X}) \\ &\text{s.t.} \quad h_j(\boldsymbol{X})=0,\ j=1,2,\cdots,l \end{aligned}$$

其 Lagrange 函数为 $L(\boldsymbol{X},\boldsymbol{\lambda})=f(\boldsymbol{X})+\sum_{j=1}^{l}\lambda_j h_j(\boldsymbol{X})$（$\boldsymbol{\lambda}=(\lambda_1,\lambda_2,\cdots,\lambda_l)^{\mathrm{T}}$ 为 Lagrange 乘子）. 对该问题构造乘子罚函数（增广 Lagrange 函数）

$$\begin{aligned} F(\boldsymbol{X},M_k,\boldsymbol{\lambda}^{(k)}) &= f(\boldsymbol{X})+\frac{M_k}{2}\sum_{j=1}^{l}h_j^2(\boldsymbol{X})+\sum_{j=1}^{l}\lambda_j^{(k)}h_j(\boldsymbol{X}) \\ &= f(\boldsymbol{X})+\frac{M_k}{2}h(\boldsymbol{X})^{\mathrm{T}}h(\boldsymbol{X})+\boldsymbol{\lambda}^{(k)\mathrm{T}}h(\boldsymbol{X}) \end{aligned}$$

把约束问题（4.6.1）转化为一系列无约束问题

$$\min F(\boldsymbol{X},M_k,\boldsymbol{\lambda}^{(k)}), \tag{4.6.8}$$

这里 $\{M_k\}$ 为单调递增的正数列，$\boldsymbol{\lambda}^{(k)}=(\lambda_1^{(k)},\lambda_2^{(k)},\cdots,\lambda_l^{(k)})^{\mathrm{T}}$ 为第 k 次迭代中的 Lagrange 乘子，$h(\boldsymbol{X})=(h_1(\boldsymbol{X}),h_2(\boldsymbol{X}),\cdots,h_l(\boldsymbol{X}))^{\mathrm{T}}$. $F(\boldsymbol{X},M_k,\boldsymbol{\lambda}^{(k)})$ 与 Lagrange 函数相比，增加了惩罚项 $\frac{M_k}{2}h(\boldsymbol{X})^{\mathrm{T}}h(\boldsymbol{X})$；而与罚函数相比，增加了乘子项 $\boldsymbol{\lambda}^{(k)\mathrm{T}}h(\boldsymbol{X})$. 首先，给出下面定理.

定理 4.6.1　设等式约束问题（4.6.1）中，$f(\boldsymbol{X})$，$h_j(\boldsymbol{X})(j=1,2,\cdots,l)$ 二阶连续可微，若存在 $\boldsymbol{X}^*\in D$，$\boldsymbol{\lambda}^*=(\lambda_1^*,\lambda_2^*,\cdots,\lambda_l^*)^{\mathrm{T}}$ 使得

$$\nabla L(\boldsymbol{X}^*,\boldsymbol{\lambda}^*)=0,\ \boldsymbol{p}^{\mathrm{T}}\nabla_x^2 L(\boldsymbol{X}^*,\boldsymbol{\lambda}^*)\boldsymbol{p}>0$$

其中 $\boldsymbol{p}^{\mathrm{T}}\nabla h_j(\boldsymbol{X}^*)=0$，$\boldsymbol{p}\neq 0$，$\boldsymbol{p}\in\mathbf{R}^n$，则 $\boldsymbol{X}^*$ 为等式约束问题（4.6.1）的一个严格局部最优解.

证明略.

定理 4.6.1 的条件称为问题（4.6.1）严格局部最优解的二阶充分条件，$\boldsymbol{\lambda}^*=(\lambda_1^*,\lambda_2^*,\cdots,\lambda_l^*)^{\mathrm{T}}$ 为问题（4.6.1）的最优 Lagrange 乘子.

定理 4.6.2　设 $\boldsymbol{X}^*\in D$，$\boldsymbol{\lambda}^*=(\lambda_1^*,\lambda_2^*,\cdots,\lambda_l^*)^{\mathrm{T}}$ 满足等式约束问题（4.6.1）严格局部最优解的二阶充分条件，则存在 $M^*>0$，对所有的 $M\geqslant M^*$，$\boldsymbol{X}^*$ 是问题 $\min F(\boldsymbol{X},M,\boldsymbol{\lambda}^*)$ 的严格局部最优解. 反之，若 $h(\boldsymbol{X}^{(k)})=0$，且 $\boldsymbol{X}^{(k)}$ 对某个 $\boldsymbol{\lambda}^{(k)}$ 是 $\min F(\boldsymbol{X},M_k,\boldsymbol{\lambda}^{(k)})$ 的局部最优解，则 $\boldsymbol{X}^{(k)}$ 也是问题（4.6.1）的局部最优解.

证明略.

利用定理 4.6.2，若已知问题（4.6.1）的最优 Lagrange 乘子 $\boldsymbol{\lambda}^*$，只需罚因子 M_k 大于某个正数而不必趋于无穷大，就可以通过求解无约束问题 $\min F(\boldsymbol{X},M_k,\boldsymbol{\lambda}^*)$ 得到约束问题（4.6.1）的最优解 $\boldsymbol{X}^*$. 但事实上，在求出最优解 $\boldsymbol{X}^*$ 之前，$\boldsymbol{\lambda}^*$ 是未知的. 因此，需要讨论如何确定 $\boldsymbol{\lambda}^*$. 一般方法是，首先给定一个充分大的罚因子 M 和初始估计 $\boldsymbol{\lambda}$，然后求解一系列无约束极小问题，逐步修正 $\boldsymbol{\lambda}$，使其逼近 $\boldsymbol{\lambda}^*$.

假设在第 k 次迭代过程中，罚因子取 M_k，Lagrange 乘子向量的估计为 $\boldsymbol{\lambda}^{(k)}$，求解 $\min F(\boldsymbol{X},M_k,\boldsymbol{\lambda}^{(k)})$ 得最优解为 $\boldsymbol{X}^{(k)}$. 则有

$$\nabla F(\boldsymbol{X}^{(k)},M_k,\boldsymbol{\lambda}^{(k)})=\nabla f(\boldsymbol{X}^{(k)})+M_k\sum_{j=1}^{l}h_j(\boldsymbol{X}^{(k)})\nabla h_j(\boldsymbol{X}^{(k)})+\sum_{j=1}^{l}\lambda_j^{(k)}\nabla h_j(\boldsymbol{X}^{(k)})$$

$$= \nabla f(\boldsymbol{X}^{(k)}) + \sum_{j=1}^{l} (\lambda_j^{(k)} + M_k h_j(\boldsymbol{X}^{(k)})) \nabla h_j(\boldsymbol{X}^{(k)})$$
$$= 0.$$

可以证明对原问题（4.6.1）的最优解 $\boldsymbol{X}^*$ 和最优 Lagrange 乘子向量 $\boldsymbol{\lambda}^*$，若∇h_1（$\boldsymbol{X}^*$），∇h_2（$\boldsymbol{X}^*$），…，∇h_l（$\boldsymbol{X}^*$）线性无关，则应有

$$\nabla L(\boldsymbol{X}^*, \boldsymbol{\lambda}^*) = \nabla f(\boldsymbol{X}^*) + \sum_{j=1}^{l} \lambda_j^* \nabla h_j(\boldsymbol{X}^*) = 0.$$

我们的目的是希望 $\{\boldsymbol{X}^{(k)}\} \to \boldsymbol{X}^*$，$\{\boldsymbol{\lambda}^{(k)}\} \to \boldsymbol{\lambda}^*$. 比较上面两式，可取 $\{\boldsymbol{\lambda}^{(k)}\}$ 的修正公式为：

$$\boldsymbol{\lambda}_j^{(k+1)} = \lambda_j^{(k)} + M_k h_j(\boldsymbol{X}^{(k)}) \quad (j=1, 2, \cdots, l) \tag{4.6.9}$$

对固定的 M_k，进一步求解 $\min F(\boldsymbol{X}, M_k, \boldsymbol{\lambda}^{(k+1)})$得最优解 $\boldsymbol{X}^{(k+1)}$. 再利用修正公式（4.6.9）得到$\boldsymbol{\lambda}^{(k+2)}$，求解 $\min F(\boldsymbol{X}, M_k, \boldsymbol{\lambda}^{(k+2)})$得最优解$\boldsymbol{X}^{(k+2)}$. 如此一直进行下去，得到点列 $\{\boldsymbol{X}^{(k)}\}$ 和 $\{\boldsymbol{\lambda}^{(k)}\}$，若这两个点列不收敛（可用 h（$\boldsymbol{X}^{(k)}$）$\to 0$ 来判断），或收敛太慢（可用$\dfrac{\| h(\boldsymbol{X}^{(k)}) \|}{\| h(\boldsymbol{X}^{(k-1)}) \|}$来判断），则增大罚因子 M_k，再进行迭代.

PH 乘子法的迭代步骤：

（1）取初始点 $\boldsymbol{X}^{(0)}$，初始乘子向量 $\boldsymbol{\lambda}^{(1)}$，初始罚因子 M_1，罚因子放大系数 $C>1$，参数 $\beta \in$（0，1），允许误差 $\varepsilon>0$，置 $k=1$；

（2）以 $\boldsymbol{X}^{(k-1)}$为初始点，求解无约束问题 $\min F(\boldsymbol{X}, M_k, \boldsymbol{\lambda}^{(k)})$，设其极小点为 $\boldsymbol{X}^{(k)}$；

（3）若 $\| h(\boldsymbol{X}^{(k)}) \| < \varepsilon$，则停止计算，$\boldsymbol{X}^{(k)}$为约束问题（4.6.1）的最优解；否则，转（4）；

（4）若$\dfrac{\| h(\boldsymbol{X}^{(k)}) \|}{\| h(\boldsymbol{X}^{(k-1)}) \|} \geqslant \beta$，则令 $M_{k+1} = CM_k$，转（5）；否则，令 $M_{k+1} = M_k$，转（5）；

（5）令 $\lambda_j^{(k+1)} = \lambda_j^{(k)} + M_k h_j(\boldsymbol{X}^{(k)})$ $(j=1, 2, \cdots, l)$，置 $k=k+1$，转（2）.

例 4.6.3 利用乘子法求解约束规划问题

$$\min f(\boldsymbol{X}) = \frac{1}{2}x_1^2 + \frac{1}{6}x_2^2$$
$$\text{s. t.} \quad h(\boldsymbol{X}) = x_1 + x_2 - 1 = 0$$

解 引入乘子罚函数

$$F(\boldsymbol{X}, M_k, \boldsymbol{\lambda}^{(k)}) = \frac{1}{2}x_1^2 + \frac{1}{6}x_2^2 + \frac{M_k}{2}(x_1 + x_2 - 1)^2 + \boldsymbol{\lambda}^{(k)}(x_1 + x_2 - 1),$$

用解析法求解无约束问题 $\min F(\boldsymbol{X}, M_k, \boldsymbol{\lambda}^{(k)})$，取 $M_1 = 2$，$\lambda^{(1)} = 1$，得

$$F(\boldsymbol{X}, M_1, \boldsymbol{\lambda}^{(1)}) = \frac{1}{2}x_1^2 + \frac{1}{6}x_2^2 + (x_1 + x_2 - 1)^2 + (x_1 + x_2 - 1),$$

使得 $F(\boldsymbol{X}, M_1, \boldsymbol{\lambda}^{(1)})$有极小值的必要条件为

$$\begin{cases} \dfrac{\partial F}{\partial x_1} = x_1 + 2(x_1 + x_2 - 1) + 1 = 0, \\ \dfrac{\partial F}{\partial x_2} = \dfrac{1}{3}x_2 + 2(x_1 + x_2 - 1) + 1 = 0, \end{cases}$$

则有

$$X^{(1)}=\left(\frac{1}{9},\ \frac{1}{3}\right)^{\mathrm{T}},\ h(X^{(1)})=-\frac{5}{9},$$

利用修正公式（4.6.9），$\boldsymbol{\lambda}^{(2)}=\boldsymbol{\lambda}^{(1)}+M_1h\ (\boldsymbol{X}^{(1)})=-\frac{1}{9}$，再求解 $\min F(\boldsymbol{X},\ M_1,\ \boldsymbol{\lambda}^{(2)})$ 得 $\boldsymbol{X}^{(2)}$，并求 $\boldsymbol{\lambda}^{(3)}$. 一直迭代下去，设第 k 次迭代的乘子罚函数为

$$F(\boldsymbol{X},M_1,\boldsymbol{\lambda}^{(k)})=\frac{1}{2}x_1^2+\frac{1}{6}x_2^2+(x_1+x_2-1)^2+\boldsymbol{\lambda}^{(k)}(x_1+x_2-1)$$

使得 $F(\boldsymbol{X},\ M_1,\ \boldsymbol{\lambda}^{(k)})$ 有极小值的必要条件为

$$\begin{cases}\dfrac{\partial F}{\partial x_1}=x_1+2(x_1+x_2-1)+\lambda^{(k)}=0,\\[2mm] \dfrac{\partial F}{\partial x_2}=\dfrac{1}{3}x_2+2(x_1+x_2-1)+\lambda^{(k)}=0,\end{cases}$$

得到

$$\boldsymbol{X}^{(k)}=\left(\frac{1}{9}(2-\boldsymbol{\lambda}^{(k)}),\ \frac{1}{3}(2-\boldsymbol{\lambda}^{(k)})\right)^{\mathrm{T}},\ h(\boldsymbol{X}^{(k)})=-\frac{1}{9}-\frac{4}{9}\boldsymbol{\lambda}^{(k)}.$$

利用修正公式（4.6.9），$\boldsymbol{\lambda}^{(k+1)}=\boldsymbol{\lambda}^{(k)}+M_1h\ (\boldsymbol{X}^{(k)})\ =\frac{1}{9}\boldsymbol{\lambda}^{(k)}-\frac{2}{9}$，易证 $\{\boldsymbol{\lambda}^{(k)}\}$ 收敛. 设

$\lim\limits_{k\to\infty}\boldsymbol{\lambda}^{(k)}=\boldsymbol{\lambda}^*$，

则

$$\boldsymbol{\lambda}^*=\frac{1}{9}\boldsymbol{\lambda}^*-\frac{2}{9}.$$

即 $\boldsymbol{\lambda}^*=-\frac{1}{4}$，从而 $\boldsymbol{X}^{(k)}\to\boldsymbol{X}^*=(0.25,0.75)^{\mathrm{T}}$.

乘子法不要求罚因子过大就能得到最优解，并且收敛速度比外点法快得多，数值试验例子可见参考文献［8］.

例 4.6.4 利用乘子法求解约束规划问题

$$\begin{aligned}&\min f(\boldsymbol{X})=x_1^2-x_2^2\\ &\text{s.t.}\quad h(\boldsymbol{X})=x_2+1=0\end{aligned}$$

取 $\boldsymbol{X}^{(0)}=(0,\ 0)^{\mathrm{T}}$，$\boldsymbol{\lambda}^{(1)}=4$，$M_1=8$，$C=10$，$\beta=0.03$，$\varepsilon=0.01$.

解 引入乘子罚函数

$$F(\boldsymbol{X},\ M_k,\boldsymbol{\lambda}^{(k)})=x_1^2-x_2^2+\frac{M_k}{2}(x_2+1)^2+\boldsymbol{\lambda}^{(k)}(x_2+1),$$

第一次迭代:

(1) 取 $\boldsymbol{X}^{(0)}=(0,\ 0)^{\mathrm{T}}$，$\boldsymbol{\lambda}^{(1)}=4$，$M_1=8$，$C=10$，$\beta=0.03$，$\varepsilon=0.01$；

(2) $F(\boldsymbol{X},\ M_1,\ \boldsymbol{\lambda}^{(1)})=x_1^2-x_2^2+4\ (x_2+1)^2+4(x_2+1)$，由

$$\begin{cases}\dfrac{\partial F}{\partial x_1}=2x_1=0,\\[2mm] \dfrac{\partial F}{\partial x_2}=-2x_2+8(x_2+1)+4=0,\end{cases}$$

得

$$X^{(1)}=(0,\ -2)^{\mathrm{T}},\ h(X^{(1)})=-1;$$

(3) $\|h(X^{(1)})\|=1>0.01$;

(4) 因为$\dfrac{\|h(X^{(1)})\|}{\|h(X^{(0)})\|}=1\geqslant 0.03$，令 $M_2=CM_1=80$.

(5) 由修正公式（4.6.9），$\boldsymbol{\lambda}^{(2)}=\boldsymbol{\lambda}^{(1)}+M_1h(X^{(1)})=-4$.

第二次迭代：$F(X,\ M_2,\ \boldsymbol{\lambda}^{(2)})=x_1^2-x_2^2+40\ (x_2+1)^2-4(x_2+1)$，由

$$\begin{cases}\dfrac{\partial F}{\partial x_1}=2x_1=0,\\ \dfrac{\partial F}{\partial x_2}=-2x_2+80(x_2+1)-4=0,\end{cases}$$

得

$$X^{(1)}=\left(0,\ -\frac{38}{39}\right)^{\mathrm{T}},\ h(X^{(2)})=\frac{1}{39}.$$

$\|h(X^{(2)})\|=\dfrac{1}{39}>0.01$，因为$\dfrac{\|h(X^{(2)})\|}{\|h(X^{(1)})\|}=\dfrac{1}{39}<0.03$，令 $M_3=M_2=80$. 由修正公式 $\boldsymbol{\lambda}^{(3)}=\boldsymbol{\lambda}^{(2)}+M_2h(X^{(2)})=-\dfrac{76}{39}$;

第三次迭代：$F(X,\ M_3,\ \boldsymbol{\lambda}^{(3)})=x_1^2-x_2^2+40\ (x_2+1)^2-\dfrac{76}{39}(x_2+1)$，由

$$\begin{cases}\dfrac{\partial F}{\partial x_1}=2x_1=0,\\ \dfrac{\partial F}{\partial x_2}=-2x_2+80(x_2+1)-\dfrac{76}{39}=0,\end{cases}$$

得

$$X^{(2)}=\left(0,\ -\frac{1522}{1521}\right)^{\mathrm{T}},\ h(X^{(3)})=-\frac{1}{1521},$$

$\|h(X^{(3)})\|=\dfrac{1}{1521}<0.01$，则 $X^{(2)}=\left(0,\ -\dfrac{1522}{1521}\right)^{\mathrm{T}}$ 即为近似解，而该问题的最优解为$X^*=(0,\ -1)^{\mathrm{T}}$.

2. 不等式约束问题的乘子法（Rockafellar 乘子法）

考虑不等式约束问题（4.6.3）：

$$\begin{aligned}&\min\quad f(X)\\ &\text{s.t.}\quad g_i(X)\geqslant 0,\quad i=1,\ 2,\ \cdots,\ m\end{aligned}$$

引入辅助变量 $y_i(i=1,\ 2,\ \cdots,\ m)$将其化为等式约束问题

$$\begin{aligned}&\min\quad f(X)\\ &\text{s.t.}\quad g_i(X)-y_i^2=0,\quad i=1,\ 2,\ \cdots,\ m\end{aligned}$$

乘子罚函数为

$$F(X,\ Y,\ M_k,\ \boldsymbol{\lambda}^{(k)})=f(X)+\frac{M_k}{2}\sum_{i=1}^{m}\ (g_i(X)-y_i^2)^2+\sum_{i=1}^{m}\lambda_i^{(k)}(g_i(X)-y_i^2),$$

其中 $\boldsymbol{Y}=(y_1, y_2, \cdots, y_m)^{\mathrm{T}}$. 把不等式约束问题（4.6.3）转化为一系列无约束问题

$$\min F(\boldsymbol{X}, \boldsymbol{Y}, M_k, \boldsymbol{\lambda}^{(k)}),$$

为了消去 $\boldsymbol{Y}=(y_1, y_2, \cdots, y_m)^{\mathrm{T}}$，将 $F(\boldsymbol{X}, \boldsymbol{Y}, M_k, \boldsymbol{\lambda}^{(k)})$配方得

$$\begin{aligned} F(\boldsymbol{X}, \boldsymbol{Y}, M_k, \boldsymbol{\lambda}^{(k)}) &= f(\boldsymbol{X}) + \frac{M_k}{2}\sum_{i=1}^{m}(g_i(\boldsymbol{X}) - y_i^2)^2 + \sum_{i=1}^{m}\lambda_i^{(k)}(g_i(\boldsymbol{X}) - y_i^2) \\ &= f(\boldsymbol{X}) + \sum_{i=1}^{m}\left\{\frac{M_k}{2}\left[g_i(\boldsymbol{X}) - y_i^2 + \frac{\lambda_i^{(k)}}{M_k}\right]^2 - \frac{\lambda_i^{(k)2}}{2M_k}\right\} \\ &= f(\boldsymbol{X}) + \sum_{i=1}^{m}\left\{\frac{M_k}{2}\left[y_i^2 - g_i(\boldsymbol{X}) - \frac{\lambda_i^{(k)}}{M_k}\right]^2 - \frac{\lambda_i^{(k)2}}{2M_k}\right\} \end{aligned} \tag{4.6.10}$$

要使 $F(\boldsymbol{X}, \boldsymbol{Y}, M_k, \boldsymbol{\lambda}^{(k)})$关于 $\boldsymbol{Y}$ 取极小，需 $y_i^2 - g_i(\boldsymbol{X}) - \frac{\lambda_i^{(k)}}{M_k} = y_i^2 - \frac{1}{M_k}(M_k g_i(\boldsymbol{X}) + \lambda_i^{(k)})$取最小值，因此

$$\begin{aligned} y_i^2 &= \begin{cases} \frac{1}{M_k}(M_k g_i(\boldsymbol{X}) + \lambda_i^{(k)}), & M_k g_i(\boldsymbol{X}) + \lambda_i^{(k)} \geqslant 0 \text{ 时}, \\ 0, & M_k g_i(\boldsymbol{X}) + \lambda_i^{(k)} < 0 \text{ 时}, \end{cases} \\ &= \frac{1}{M_k}\max\{0, M_k g_i(\boldsymbol{X}) + \lambda_i^{(k)}\} \end{aligned}$$

将上式代入式（4.6.10）

$$\begin{aligned} F(\boldsymbol{X}, M_k, \boldsymbol{\lambda}^{(k)}) &= f(\boldsymbol{X}) + \sum_{i=1}^{m}\left\{\frac{M_k}{2}\left[\frac{1}{M_k}\max\{0, M_k g_i(\boldsymbol{X}) + \lambda_i^{(k)}\} - g_i(\boldsymbol{X}) - \frac{\lambda_i^{(k)}}{M_k}\right]^2 - \frac{\lambda_i^{(k)2}}{2M_k}\right\} \\ &= f(\boldsymbol{X}) + \frac{1}{2M_k}\sum_{i=1}^{m}\{[\max\{0, -M_k g_i(\boldsymbol{X}) - \lambda_i^{(k)}\}]^2 - \lambda_i^{(k)2}\} \\ &= f(\boldsymbol{X}) + \frac{1}{2M_k}\sum_{i=1}^{m}\{[\min\{0, M_k g_i(\boldsymbol{X}) + \lambda_i^{(k)}\}]^2 - \lambda_i^{(k)2}\}. \end{aligned}$$

这样，将不等式约束问题（4.6.3）转化为一系列无约束问题

$$\min F(\boldsymbol{X}, M_k, \boldsymbol{\lambda}^{(k)})$$

与式（4.6.9）讨论类似，乘子修正公式为

$$\begin{aligned} \boldsymbol{\lambda}_i^{(k+1)} &= \boldsymbol{\lambda}_i^{(k)} + M_k(g_i(\boldsymbol{X}^{(k)}) - y_i^2) \quad (i=1, 2, \cdots, m) \\ &= \boldsymbol{\lambda}_i^{(k)} + M_k\left[g_i(\boldsymbol{X}^{(k)}) - \frac{1}{M_k}\max\{0, M_k g_i(\boldsymbol{X}) + \lambda_i^{(k)}\}\right] \\ &= \lambda_i^{(k)} + M_k g_i(\boldsymbol{X}^{(k)}) - \max\{0, M_k g_i(\boldsymbol{X}^{(k)}) + \lambda_i^{(k)}\} \\ &= \begin{cases} 0, & \text{当 } M_k g_i(X^{(k)}) + \lambda_i^{(k)} \geqslant 0 \text{ 时}, \\ \lambda_i^{(k)} + M_k g_i(\boldsymbol{X}^{(k)}), & \text{当 } M_k g_i(X^{(k)}) + \lambda_i^{(k)} < 0 \text{ 时}, \end{cases} \end{aligned}$$

即

$$\lambda_i^{(k+1)} = \min\{0, \lambda_i^{(k)} + M_k g_i(\boldsymbol{X}^{(k)})\} \quad (i=1, 2, \cdots, m).$$

由于

$$g_i(\boldsymbol{X}) - y_i^2 = g_i(\boldsymbol{X}) - \frac{1}{M_k}\max\{0, M_k g_i(\boldsymbol{X}) + \lambda_i^{(k)}\}$$

$$= \begin{cases} -\dfrac{\lambda_i^{(k)}}{M_k}, & \text{当 } M_k g_i(\boldsymbol{X}^{(k)}) + \lambda_i^{(k)} \geqslant 0 \text{ 时}, \\ g_i(\boldsymbol{X}^{(k)}), & \text{当 } M_k g_i(\boldsymbol{X}^{(k)}) + \lambda_i^{(k)} < 0 \text{ 时}, \end{cases}$$

$$= \min\left\{g_i(\boldsymbol{X}^{(k)}),\ -\frac{\lambda_i^{(k)}}{M_k}\right\},$$

因此，终止条件取为

$$\left\{\sum_{i=1}^{m}[g_i(\boldsymbol{X}) - y_i^2]^2\right\}^{\frac{1}{2}} = \left[\sum_{i=1}^{m}\left(\min\left\{g_i(\boldsymbol{X}^{(k)}),\ -\frac{\lambda_i^{(k)}}{M_k}\right\}\right)^2\right]^{\frac{1}{2}} < \varepsilon.$$

Rockafellar 乘子法的迭代步骤与 P－H 乘子法类似，此处略.

例 4.6.5 利用乘子法求解约束规划问题

$$\min f(\boldsymbol{X}) = x_1^2 + x_2^2$$
$$\text{s.t.}\quad x_1 \geqslant 1$$

解 引入乘子罚函数

$$F(\boldsymbol{X}, M_k, \boldsymbol{\lambda}^{(k)}) = x_1^2 + x_2^2 + \frac{1}{2M_k}\{[\min\{0, M_k(x_1-1) + \boldsymbol{\lambda}^{(k)}\}]^2 - \boldsymbol{\lambda}^{(k)2}\}$$

$$= \begin{cases} x_1^2 + x_2^2 - \dfrac{\boldsymbol{\lambda}^{(k)2}}{2M_k}, & \text{当 } x_1 - 1 \geqslant -\dfrac{\boldsymbol{\lambda}^{(k)}}{M_k} \text{时}, \\ x_1^2 + x_2^2 + \dfrac{1}{2M_k}\{[M_k(x_1-1) + \boldsymbol{\lambda}^{(k)}]^2 - \boldsymbol{\lambda}^{(k)2}\}, & \text{当 } x_1 - 1 < -\dfrac{\boldsymbol{\lambda}^{(k)}}{M_k} \text{时}, \end{cases}$$

用解析法求解无约束问题 $\min F(\boldsymbol{X}, M_k, \boldsymbol{\lambda}^{(k)})$，令

$$\frac{\partial F}{\partial x_1} = \begin{cases} 2x_1, & \text{当 } x_1 - 1 \geqslant -\dfrac{\lambda^{(k)}}{M_k} \text{时}, \\ 2x_1 + M_k(x_1-1) + \lambda^{(k)}, & \text{当 } x_1 - 1 < -\dfrac{\lambda^{(k)}}{M_k} \text{时}, \end{cases} = 0,$$

$$\frac{\partial F}{\partial x_2} = 2x_2 = 0,$$

当 $x_1 - 1 \geqslant -\dfrac{\lambda^{(k)}}{M_k}$时，$\boldsymbol{X}^{(k)} = (0, 0)^{\mathrm{T}}$，不满足约束条件 $x_1 \geqslant 1$，舍去；

当 $x_1 - 1 < -\dfrac{\lambda^{(k)}}{M_k}$时，$\boldsymbol{X}^{(k)} = (x_1^{(k)}, x_2^{(k)})^{\mathrm{T}} = \left(\dfrac{M_k - \lambda^{(k)}}{M_k + 2}, 0\right)^{\mathrm{T}}$.

修正乘子，令

$$\lambda^{(k+1)} = \min\{0, \lambda^{(k)} + M_k(x_1^{(k)} - 1)\} = \frac{-2M_k + 2\lambda^{(k)}}{M_k + 2},$$

取 $M_k = 2$，则

$$\lambda^{(k+1)} = -1 + \frac{1}{2}\lambda^{(k)},$$

显然，$\{\boldsymbol{\lambda}^{(k)}\}$是单调递减有下界数列，必收敛．设$\lim\limits_{k\to\infty}\boldsymbol{\lambda}^{(k)} = \boldsymbol{\lambda}^*$，则

$$\boldsymbol{\lambda}^* = -1 + \frac{1}{2}\boldsymbol{\lambda}^*,$$

即 $\boldsymbol{\lambda}^* = -2$，从而 $\boldsymbol{X}^{(k)} \to \boldsymbol{X}^* = (1, 0)^{\mathrm{T}}$.

3. 等式和不等式约束问题的乘子法（PHR 乘子法）

考虑混合约束问题（4.6.5）

$$\begin{aligned} &\min \ f(X) \\ &\text{s. t. } g_i(X) \geqslant 0, \quad i = 1, 2, \cdots, m, \\ &\qquad h_j(X) = 0, \quad j = 1, 2, \cdots, l \end{aligned}$$

引入乘子罚函数

$$F(\boldsymbol{X}, M_k, \boldsymbol{\lambda}^{(k)}) = f(\boldsymbol{X}) + \frac{1}{2M_k}\sum_{i=1}^{m}\{[\min\{0, M_k g_i(\boldsymbol{X}) + \boldsymbol{\lambda}_i^{(k)}\}]^2 - \boldsymbol{\lambda}_i^{(k)2}\} + \frac{M_k}{2}\sum_{j=1}^{l} h_j^2(\boldsymbol{X}) + \sum_{j=1}^{l}\boldsymbol{\mu}_j^{(k)} h_j(\boldsymbol{X})$$

乘子修正公式为

$$\boldsymbol{\lambda}_i^{(k+1)} = \min\{0, \boldsymbol{\lambda}_i^{(k)} + M_k g_i(\boldsymbol{X}^{(k)})\} \quad (i = 1, 2, \cdots, m)$$
$$\boldsymbol{\mu}_j^{(k+1)} = \boldsymbol{\mu}_j^{(k)} + M_k h_j(\boldsymbol{X}^{(k)}) \quad (j = 1, 2, \cdots, l),$$

终止条件取为

$$\left[\sum_{i=1}^{m}\left(\min\left\{g_i(\boldsymbol{X}^{(k)}), -\frac{\boldsymbol{\lambda}_i^{(k)}}{M_k}\right\}\right)^2 + \sum_{j=1}^{l} h_j^2(\boldsymbol{X}^{(k)})\right]^{\frac{1}{2}} < \varepsilon .$$

PHR 乘子法的迭代步骤

（1）取初始点 $\boldsymbol{X}^{(0)}$，初始乘子向量 $\boldsymbol{\lambda}^{(1)}$，初始罚因子 M_1，罚因子放大系数 $C > 1$，参数 $\beta \in (0, 1)$，允许误差 $\varepsilon > 0$，置 $k = 1$；

（2）以 $\boldsymbol{X}^{(k-1)}$ 为初始点，求解无约束问题

$$\begin{aligned} &\min F(\boldsymbol{X}, M_k, \boldsymbol{\lambda}^{(k)}) \\ &= f(\boldsymbol{X}) + \frac{1}{2M_k}\sum_{i=1}^{m}\{[\min\{0, M_k g_i(\boldsymbol{X}) + \boldsymbol{\lambda}_i^{(k)}\}]^2 - \boldsymbol{\lambda}_i^{(k)2}\} + \frac{M_k}{2}\sum_{j=1}^{l} h_j^2(\boldsymbol{X}) + \sum_{j=1}^{l}\boldsymbol{\mu}_j^{(k)} h_j(\boldsymbol{X}) \end{aligned}$$

设其极小点为 $\boldsymbol{X}^{(k)}$；

（3）若 $\left[\sum_{i=1}^{m}\left(\min\left\{g_i(\boldsymbol{X}^{(k)}), -\frac{\boldsymbol{\lambda}_i^{(k)}}{M_k}\right\}\right)^2 + \sum_{j=1}^{l} h_j^2(\boldsymbol{X}^{(k)})\right]^{\frac{1}{2}} < \varepsilon$，则停止计算，$\boldsymbol{X}^{(k)}$ 为约束问题（4.6.5）的最优解；否则，转（4）；

（4）若 $\dfrac{\left[\sum_{i=1}^{m}\left(\min\left\{g_i(\boldsymbol{X}^{(k)}), -\frac{\boldsymbol{\lambda}_i^{(k)}}{M_k}\right\}\right)^2 + \sum_{j=1}^{l} h_j^2(\boldsymbol{X}^{(k)})\right]^{\frac{1}{2}}}{\left[\sum_{i=1}^{m}\left(\min\left\{g_i(\boldsymbol{X}^{(k-1)}), -\frac{\boldsymbol{\lambda}_i^{(k-1)}}{M_k}\right\}\right)^2 + \sum_{j=1}^{l} h_j^2(\boldsymbol{X}^{(k-1)})\right]^{\frac{1}{2}}} \geqslant \beta$，则令 $M_{k+1} = CM_k$，转（5）；否则，令 $M_{k+1} = M_k$，转（5）；

（5）令

$$\boldsymbol{\lambda}_i^{(k+1)} = \min\{0, \boldsymbol{\lambda}_i^{(k)} + M_k g_i(\boldsymbol{X}^{(k)})\} \quad (i = 1, 2, \cdots, m)$$
$$\boldsymbol{\mu}_j^{(k+1)} = \boldsymbol{\mu}_j^{(k)} + M_k h_j(\boldsymbol{X}^{(k)}) \quad (j = 1, 2, \cdots, l)$$

置 $k = k + 1$，转（2）.

4.7 二次规划

二次规划是一类特殊的约束非线性规划问题，在很多方面都有广泛的应用，如投资组合、选址问题、工程设计、生产调度问题等. 同时，许多非线性约束问题也可以转化为二次规划模型求解.

为了讨论二次规划问题，首先给出约束优化问题的最优性条件.

4.7.1 最优性条件

考虑不等式约束问题（4.6.3）：

$$\begin{aligned} &\min f(\boldsymbol{X}) \\ &\text{s. t. } g_i(\boldsymbol{X}) \geqslant 0, \quad i \in I = \{1, 2, \cdots, m\} \end{aligned}$$

其可行域为 $D = \{\boldsymbol{X} | g_i(\boldsymbol{X}) \geqslant 0, i = 1, 2, \cdots, m\}$. 下面先介绍常用的概念.

定义 4.7.1 设 $\boldsymbol{X}^*$为问题（4.6.3）的可行解，若某个 $g_i(\boldsymbol{X}^*) = 0$，则称约束 $g_i(\boldsymbol{X}) \geqslant 0$ 为 $\boldsymbol{X}^*$ 处的起作用约束（或紧约束）. 若某个 $g_i(\boldsymbol{X}^*) > 0$，则称约束 $g_i(\boldsymbol{X}) \geqslant 0$ 为 $\boldsymbol{X}^*$ 处的不起作用约束（或松约束）. 记 $I(\boldsymbol{X}^*) = \{i | g_i(\boldsymbol{X}^*) = 0, i \in I\}$ 为点 $\boldsymbol{X}^*$ 处的起作用约束指标集（或紧约束指标集）.

例 4.7.1 考虑约束优化问题

$$\begin{aligned} &\min f(\boldsymbol{X}) = x_1^2 + (x_2 - 2)^2 \\ &\text{s. t. } g_1(\boldsymbol{X}) = -x_1^2 + x_2 \geqslant 0 \\ &\qquad g_2(\boldsymbol{X}) = x_{11} + x_2 \leqslant 6 \\ &\qquad x_1, x_2 \geqslant 0 \end{aligned}$$

令 $\boldsymbol{X}^{(1)} = \begin{pmatrix} 3/2 \\ 9/4 \end{pmatrix}$, $\boldsymbol{X}^{(2)} = \begin{pmatrix} 0 \\ 6 \end{pmatrix}$，分别求在 $\boldsymbol{X}^{(1)}$，$\boldsymbol{X}^{(2)}$处的起作用约束指标集.

解 将问题转化为

$$\begin{aligned} \min \quad & f(\boldsymbol{X}) = x_1^2 + (x_2 - 2)^2 \\ \text{s. t.} \quad & g_1(\boldsymbol{X}) = -x_1^2 + x_2 \geqslant 0 \\ & g_2(\boldsymbol{X}) = -x^1 - x_2 + 6 \geqslant 0 \\ & g_3(\boldsymbol{X}) = x_1 \geqslant 0 \\ & g_4(\boldsymbol{X}) = -x_2 \geqslant 0 \end{aligned}$$

在 $\boldsymbol{X}^{(1)}$处，$g_1(\boldsymbol{X}^{(1)}) = -\left(\frac{3}{2}\right)^2 + \frac{9}{4} = 0$，$g_2(\boldsymbol{X}^{(1)}) = -\frac{3}{2} - \frac{9}{4} + 6 > 0$，$g_3(\boldsymbol{X}^{(1)}) = \frac{3}{2} > 0$，$g_4(\boldsymbol{X}^{(1)}) = \frac{9}{4} > 0$,，所以 $I(\boldsymbol{X}^{(1)}) = \{1\}$.

在 $\boldsymbol{X}^{(2)}$ 处，$g_1(\boldsymbol{X}^{(2)}) = 6 > 0$，$g_2(\boldsymbol{X}^{(2)}) = 0$，$g_3(\boldsymbol{X}^{(2)}) = 0$，$g_4(\boldsymbol{X}^{(2)}) = 6 > 0$，所以$I(\boldsymbol{X}^{(2)}) = \{2, 3\}$.

定理 4.7.1 （Kuhn - Tucker 必要条件）设 X^* 为问题（4.6.3）的局部最优解，$f(\boldsymbol{X})$，$g_i(\boldsymbol{X})(i \in I(\boldsymbol{X}^*))$在 $\boldsymbol{X}^*$ 处可微，$g_i(\boldsymbol{X})(i \in I(X^*))$在 $\boldsymbol{X}^*$ 处连续，向量集$\{\nabla g_i(\boldsymbol{X}^*)(i \in I(X^*))\}$线性无关，则存在 $\boldsymbol{\lambda}^* = (\lambda_1^*, \lambda_2^*, \cdots, \lambda_m^*) \in \mathbf{R}^m$，使得

$$
\begin{cases}
\nabla_X L(X^*, \lambda^*) = \nabla f(X^*) - \sum_{i=1}^{m} \lambda_i^* \nabla g_i(X^*) = 0 \\
\lambda_i^* \geqslant 0, \ i = 1, 2, \cdots, m \\
\lambda_i^* g_i(X^*) = 0, \ i = 1, 2, \cdots, m \\
g_i(X^*) \geqslant 0, \ i = 1, 2, \cdots, m
\end{cases}
\tag{4.7.1}
$$

其中 $L(X, \lambda) = f(X) - \sum_{i=1}^{m} \lambda_i g_i(X)$ 为拉格朗日函数.

证明略.

在（4.7.1）中，当 $i \notin I(X^*)$ 时，$g_i(X^*) > 0$，由 $\lambda_i^* g_i(X^*) = 0$ 知 $\lambda_i^* = 0$. 从而（4.7.1）可简化为

$$
\begin{cases}
\nabla f(X^*) - \sum_{t \in I(X^*)} \lambda_i^* \nabla g_i(X^*) = 0 \\
\lambda_i^* \geqslant 0, \ i \in I(X^*); \ \lambda_i^* = 0, \ i \notin I(X^*) \\
g_i(X^*) \geqslant 0, \ i = 1, 2, \cdots, m
\end{cases}
\tag{4.7.2}
$$

问题（4.6.3）的 Kuhn – Tucker 条件（简称 K – T 条件）为

$$
\begin{cases}
\nabla_X L(X, \lambda) = \nabla f(X) - \sum_{i=1}^{m} \lambda_i \nabla g_i(X) = 0 \\
\lambda_i \geqslant 0, \ i = 1, 2, \cdots, m \\
\lambda_i g_i(X) = 0, \ i = 1, 2, \cdots, m \\
g_i(X) \geqslant 0, \ i = 1, 2, \cdots, m
\end{cases}
$$

称满足 K – T 条件的点为 K – T 点. 定理 4.7.1 中的 X^* 即为 K – T 点.

例 4.7.2 求约束优化问题

$$
\begin{aligned}
\min \quad & f(X) = x_1^2 - 14x_1 + x_2^2 - 6x_2 - 7 \\
\text{s. t.} \quad & g_1(X) = -x_1 - x_2 + 2 \geqslant 0 \\
& g_2(X) = -x_1 - 2x_2 + 3 \geqslant 0
\end{aligned}
$$

的 K – T 点.

解 $\nabla f(X) = \begin{pmatrix} 2x_1 - 14 \\ 2x_2 - 6 \end{pmatrix}$, $\nabla g_1(X) = \begin{pmatrix} -1 \\ -1 \end{pmatrix}$, $\nabla g_2(X) = \begin{pmatrix} -1 \\ -2 \end{pmatrix}$.

由 K – T 条件

$$
\begin{cases}
2x_1 - 14 + \lambda_1 + \lambda_2 = 0 \\
2x_2 - 6 + \lambda_1 + 2\lambda_2 = 0 \\
\lambda_1(-x_1 - x_2 + 2) = 0 \\
\lambda_2(-x_1 - 2x_2 + 3) = 0 \\
\lambda_1 \geqslant 0, \ \lambda_2 \geqslant 0 \\
-x_1 - x_2 + 2 \geqslant 0 \\
-x_1 - 2x_2 + 3 \geqslant 0
\end{cases}
$$

下面分情况讨论：

（1）若 $\lambda_1=\lambda_2=0$. 解得 $x_1=7$，$x_2=3$.. 但此时不满足约束 $g_1(\boldsymbol{X})=-x_1-x_2+2\geqslant 0$ 和 $g_2(X)=-x_1-2x_2+3\geqslant 0$，舍去.

（2）若 $\lambda_1>0$，$\lambda_2=0$. 解得 $x_1=3$，$x_2=-1$，$\lambda_1=8$，且满足 $g_1(\boldsymbol{X})\geqslant 0$ 和 $g_2(\boldsymbol{X})\geqslant 0$，又 $\lambda_2=0$. 所以 $\boldsymbol{X}=\begin{pmatrix}3\\-1\end{pmatrix}$为 K－T 点.

（3）若 $\lambda_1=0$，$\lambda_2>0$. 解得 $x_1=5$，$x_2=-1$，$\lambda_2=4$，但此时不满足约束 $g_1(\boldsymbol{X})\geqslant 0$，舍去.

（4）若 $\lambda_1>0$，$\lambda_2>0$. 解得 $x_1=1$，$x_2=1$，$\lambda_1=20$，$\lambda_2=-8$，舍去.

综上，$\boldsymbol{X}=\begin{pmatrix}3\\-1\end{pmatrix}$为所求 K－T 点.

由定理 4.7.1 可知，满足一定条件的局部最优解必是 K－T 点. 但 K－T 点未必是最优解.

定理 4.7.2 （充分条件）设问题（4.6.3）为凸规划，$\boldsymbol{X}^*\in D$，$f(\boldsymbol{X})$，$g_i(\boldsymbol{X})$ $(i\in I(\boldsymbol{X}^*))$在 $\boldsymbol{X}^*$ 处可微，$g_i(\boldsymbol{X})$ $(i\notin I(\boldsymbol{X}^*))$在 $\boldsymbol{X}^*$ 处连续,且 $\boldsymbol{X}^*$ 为问题(4.6.4)的 K－T 点,则 $\boldsymbol{X}^*$ 为问题(4.6.3)的全局最优解.

证明略.

在例 4.7.2 中,$\nabla^2 f(\boldsymbol{X})=\begin{pmatrix}2&0\\0&2\end{pmatrix}$正定，$f(\boldsymbol{X})$为严格凸函数；$g_1(\boldsymbol{X})$，$g_2(\boldsymbol{X})$为线性函数.

所以该问题是凸规划问题，由定理 4.7.2，$\boldsymbol{X}=\begin{pmatrix}3\\-1\end{pmatrix}$为全局最优解.

考虑混合约束问题（4.6.1）：

$$\begin{aligned}\min\quad & f(\boldsymbol{X})\\ \text{s. t.}\quad & g_i(\boldsymbol{X})\geqslant 0,\ i\in \boldsymbol{I}=\{1,2,\cdots,m\}\\ & h_j(\boldsymbol{X})=0,\ j\in \boldsymbol{J}=\{1,2,\cdots,l\}\end{aligned}$$

其可行域记为 D.

定理 4.7.3 （Kuhn－Tucker 必要条件）设 $\boldsymbol{X}^*$ 为问题（4.6.1）的局部最优解，$f(\boldsymbol{X})$，$g_i(\boldsymbol{X})$ $(i\in I(\boldsymbol{X}^*))$在 $\boldsymbol{X}^*$ 处可微，$g_i(\boldsymbol{X})$ $(i\notin I(\boldsymbol{X}^*))$在 $\boldsymbol{X}^*$ 处连续，$h_j(\boldsymbol{X})$ $(j=1,2,\cdots,l)$ 在 $\boldsymbol{X}^*$ 处连续可微，向量集$\{\nabla g_i(\boldsymbol{X}^*)\ (i\in I(\boldsymbol{X}^*)),\ \nabla h_j(\boldsymbol{X}^*)\ (j=1,2,\cdots,l)\}$线性无关，则存在 $\boldsymbol{\lambda}^*=(\lambda_1^*,\lambda_2^*,\cdots,\lambda_m^*)\in\mathbf{R}^m$，$\boldsymbol{\mu}^*=(\mu_1^*,\mu_2^*,\cdots,\mu_l^*)\in\mathbf{R}^l$，使得

$$\begin{cases} \nabla_X L(X^*, \lambda^*, \mu^*) = \nabla f(X^*) - \sum_{i=1}^{m} \lambda_i^* \nabla g_i(X^*) - \sum_{j=1}^{l} \mu_j^* \nabla h_j(X^*) = 0 \\ \lambda_i^* \geqslant 0,\ i = 1, 2, \cdots, m \\ \lambda_i^* g_i(X^*) = 0,\ i = 1, 2, \cdots, m \\ g_i(X^*) \geqslant 0,\ i = 1, 2, \cdots, m \\ h_j(X^*) = 0,\ j = 1, 2, \cdots, l \end{cases} \tag{4.7.3}$$

其中 $L(X, \lambda, \mu) = f(X) - \sum_{i=1}^{m} \lambda_i g_i(X) - \sum_{j=1}^{l} \mu_i h_j(X)$ 为拉格朗日函数.

证明略.

与式（4.7.2）讨论类似，式（4.7.3）可简化为

$$\begin{cases} \nabla f(X^*) - \sum_{i \in I(X^*)} \lambda_i^* \nabla g_i(X^*) - \sum_{j \in J} \mu_j^* \nabla h_j(X^*) = 0 \\ \lambda_i^* \geqslant 0,\ i \in I(X^*);\ \lambda_i^* = 0,\ i \notin I(X^*) \\ g_i(X^*) \geqslant 0,\ i = 1, 2, \cdots, m \\ h_j(X^*) = 0,\ j = 1, 2, \cdots, l \end{cases}$$

问题（4.6.1）的 K－T 条件为

$$\begin{cases} \nabla_X L(X, \lambda, \mu) = \nabla f(X) - \sum_{i=1}^{m} \lambda_i \nabla g_i(X) - \sum_{j=1}^{l} \mu_j^* \nabla h_j(X) = 0 \\ \lambda_i \geqslant 0,\ i = 1, 2, \cdots, m \\ \lambda_i g_i(X) = 0,\ i = 1, 2, \cdots, m \\ g_i(X) \geqslant 0,\ i = 1, 2, \cdots, m \\ h_j(X) = 0,\ j = 1, 2, \cdots, l \end{cases}$$

定理 4.7.4 （充分条件）设问题（4.6.1）为凸规划，$X^* \in D$，$f(X)$，$g_i(X)$ $(i \in I(X^*))$ 在 X^* 处可微，$g_i(X)\ (i \notin I(X^*))$ 在 X^* 处连续，$h_j(X)\ (j = 1, 2, \cdots, l)$ 在 X^* 处连续可微，且 X^* 为问题（4.6.1）的 K－T 点，则 X^* 为问题（4.6.1）的全局最优解.

证明略.

例 4.7.3 求解约束优化问题

$$\begin{aligned} \min\ & f(X) = (x_1 - 2)^2 + (x_2 - 1)^2 \\ \text{s. t.}\ & g(X) = -x_1^2 + x_2 \geqslant 0 \\ & h(X) = x_1 + x_2 - 2 = 0 \end{aligned}$$

解：$\nabla f(\boldsymbol{X})=\begin{pmatrix}2(x_1-2)\\2(x_2-1)\end{pmatrix}$，$\nabla g(\boldsymbol{X})=\begin{pmatrix}-2x_1\\1\end{pmatrix}$，$\nabla h(\boldsymbol{X})=\begin{pmatrix}1\\1\end{pmatrix}$. 由 K－T 条件

$$\begin{cases}2(x_1-2)+2\lambda x_1-\mu=0\\2(x_2-1)-\lambda-\mu=0\\\lambda(-x_1^2+x_2)=0\\\lambda\geqslant 0\\-x_1^2+x_2\geqslant 0\\x_1+x_2-2=0\end{cases}$$

分 $\lambda=0$ 和 $\lambda>0$ 两种情况讨论可求得 K－T 点 $\boldsymbol{X}=\begin{pmatrix}1\\1\end{pmatrix}$，且 $\lambda=\mu=\dfrac{2}{3}$，又 $\nabla^2 f(\boldsymbol{X})=\begin{pmatrix}2&0\\0&2\end{pmatrix}$ 正定，$f(\boldsymbol{X})$ 为严格凸函数；$-\nabla^2 g(\boldsymbol{X})=\begin{pmatrix}2&0\\0&0\end{pmatrix}$ 半正定，$g(\boldsymbol{X})$ 为凹函数；$h(\boldsymbol{X})$ 为线性函数，所以该问题是凸规划问题，由定理 4.7.4，$\boldsymbol{X}^*=\begin{pmatrix}1\\1\end{pmatrix}$ 为全局最优解.

4.7.2 二次规划

目标函数是二次函数，约束条件是线性函数的规划问题称为二次规划问题. 下面讨论二次规划的求解方法.

1. 等式约束二次规划问题

考虑等式约束二次规划问题

$$\min f(\boldsymbol{X})=\frac{1}{2}\boldsymbol{X}^{\mathrm{T}}\boldsymbol{Q}\boldsymbol{X}+\boldsymbol{c}^{\mathrm{T}}\boldsymbol{X}$$
$$\text{s. t.}\quad \boldsymbol{A}\boldsymbol{X}=\boldsymbol{b} \tag{4.7.4}$$

其中 $\boldsymbol{Q}$ 为 n 阶对称矩阵，$\boldsymbol{A}$ 为 $m\times n$ 阶矩阵，$R(\boldsymbol{A})=m$，$\boldsymbol{X}\in\mathbf{R}^n$，$\boldsymbol{b}$ 为 m 维列向量.

下面利用拉格朗日乘子法求解. 首先定义拉格朗日函数

$$L(\boldsymbol{X},\boldsymbol{\lambda})=\frac{1}{2}\boldsymbol{X}^{\mathrm{T}}\boldsymbol{Q}\boldsymbol{X}+\boldsymbol{c}^{\mathrm{T}}\boldsymbol{X}-\boldsymbol{\lambda}^{\mathrm{T}}(\boldsymbol{A}\boldsymbol{X}-\boldsymbol{b})$$

令 $\nabla L_{\boldsymbol{X}}(\boldsymbol{X},\boldsymbol{\lambda})=0$，$\nabla L_{\boldsymbol{\lambda}}(\boldsymbol{X},\boldsymbol{\lambda})=0$，得

$$\boldsymbol{Q}\boldsymbol{X}+\boldsymbol{c}-\boldsymbol{A}^{\mathrm{T}}\boldsymbol{\lambda}=0,\quad -\boldsymbol{A}\boldsymbol{X}+\boldsymbol{b}=0$$

即

$$\begin{pmatrix}\boldsymbol{Q}&-\boldsymbol{A}^{\mathrm{T}}\\-\boldsymbol{A}&0\end{pmatrix}\begin{pmatrix}\boldsymbol{X}\\\boldsymbol{\lambda}\end{pmatrix}=\begin{pmatrix}-\boldsymbol{c}\\-\boldsymbol{b}\end{pmatrix}$$

假设 $\begin{pmatrix}\boldsymbol{Q}&-\boldsymbol{A}^{\mathrm{T}}\\-\boldsymbol{A}&0\end{pmatrix}$ 可逆且 $\boldsymbol{Q}^{-1}$ 存在，记 $\begin{pmatrix}\boldsymbol{Q}&-\boldsymbol{A}^{\mathrm{T}}\\-\boldsymbol{A}&0\end{pmatrix}^{-1}=\begin{pmatrix}\boldsymbol{H}&-\boldsymbol{R}^{\mathrm{T}}\\-\boldsymbol{R}&\boldsymbol{S}\end{pmatrix}$，即

$$\begin{pmatrix}\boldsymbol{Q}&-\boldsymbol{A}^{\mathrm{T}}\\-\boldsymbol{A}&0\end{pmatrix}\begin{pmatrix}\boldsymbol{H}&-\boldsymbol{R}^{\mathrm{T}}\\-\boldsymbol{R}&\boldsymbol{S}\end{pmatrix}=\boldsymbol{E}$$

求得

$$H = Q^{-1} - Q^{-1}A^{\mathrm{T}}(AQ^{-1}A^{\mathrm{T}})AQ^{-1}$$
$$R = (AQ^{-1}A^{\mathrm{T}})^{-1}AQ^{-1} \tag{4.7.5}$$
$$S = -(AQ^{-1}A^{\mathrm{T}})^{-1}$$

有解

$$X^* = -Hc + R^{\mathrm{T}}b$$
$$\lambda^* = Rc - Sb$$

设 $X^{(k)}$ 是问题（4.7.4）的任一可行解，可推得 X^*，λ^* 的另一表达式

$$X^* = X^{(k)} - H\nabla f(X^{(k)})$$
$$\lambda^* = R\nabla f(X^{(k)}) \tag{4.7.6}$$

例 4.7.4　利用拉格朗日乘子法求解下列问题

$$\min f(X) = x_1^2 - x_2^2 - x_3^2$$
$$\text{s.t.}\quad x_1 + x_2 + x_3 = 1$$
$$x_2 - x_3 = 1$$

解　$Q = \begin{pmatrix} 2 & 0 & 0 \\ 0 & -2 & 0 \\ 0 & 0 & -2 \end{pmatrix}$, $c = \begin{pmatrix} 0 \\ 0 \\ 0 \end{pmatrix}$, $A = \begin{pmatrix} 1 & 1 & 1 \\ 0 & 1 & -1 \end{pmatrix}$, $b = \begin{pmatrix} 1 \\ 1 \end{pmatrix}$,

Q 的逆矩阵为 $Q^{-1} = \begin{pmatrix} \frac{1}{2} & 0 & 0 \\ 0 & -\frac{1}{2} & 0 \\ 0 & 0 & -\frac{1}{2} \end{pmatrix}$，由式（4.7.5）得：$R = \begin{pmatrix} -1 & 1 & 1 \\ 0 & \frac{1}{2} & -\frac{1}{2} \end{pmatrix}$,

$S = \begin{pmatrix} 2 & 0 \\ 0 & 1 \end{pmatrix}$，从而问题的最优解为 $X^* = \begin{pmatrix} -1 \\ \frac{3}{2} \\ \frac{1}{2} \end{pmatrix}$，最优性乘子 $\lambda^* = \begin{pmatrix} 2 \\ 1 \end{pmatrix}$.

2. 一般约束二次规划问题

考虑一般约束二次规划问题

$$\min f(X) = \frac{1}{2}X^{\mathrm{T}}QX + c^{\mathrm{T}}X$$
$$\text{s.t.}\quad a_i^{\mathrm{T}}X \geqslant b_i,\ i \in I = \{1, 2, \cdots, m\}$$
$$a_j^{\mathrm{T}}X = b_j,\ j \in J = \{1, 2, \cdots, l\} \tag{4.7.7}$$

其中 Q 为 n 阶对称半正定矩阵，易知，问题（4.7.7）为凸规划，称为凸二次规划问题.

若 X^* 为问题（4.7.7）的最优解，则由定理 4.7.3，X^* 处的 K－T 条件为

$$\begin{cases} QX^* + c - \sum\limits_{i \in I(X^*) \cup J} \lambda_i^* a_i = 0 \\ \lambda_i^* \geqslant 0,\ i \in I(X^*);\ \lambda_i^* = 0,\ i \in I \backslash I(X^*) \\ a_i^{\mathrm{T}}X^* \geqslant b_i,\ i \in I = \{1, 2, \cdots, m\} \\ a_j^{\mathrm{T}}X^* = b_j,\ j \in J = \{1, 2, \cdots, l\} \end{cases}$$

其中，$\boldsymbol{\lambda}_i^*$ 为拉格朗日乘子. 可以证明，若 $\boldsymbol{X}^*$ 为问题（4.7.7）的最优解，则 $\boldsymbol{X}^*$ 为问题

$$\min f(\boldsymbol{X}) = \frac{1}{2}\boldsymbol{X}^{\mathrm{T}}\boldsymbol{Q}\boldsymbol{X} + \boldsymbol{c}^{\mathrm{T}}\boldsymbol{X}$$

$$\text{s. t.} \quad \boldsymbol{a}_i^{\mathrm{T}}\boldsymbol{X} = b_i,\ i \in I(\boldsymbol{X}^*) \cup J \tag{4.7.8}$$

的最优解. 反之，若 $\boldsymbol{X}^*$ 为问题（4.7.7）的可行解，且为问题（4.7.8）的最优解，则只要 $\boldsymbol{X}^*$ 处不等式有效约束的拉格朗日乘子非负，$\boldsymbol{X}^*$ 就为问题（4.7.7）的最优解.

利用上述结论，对于带有不等式约束的二次规划问题，可用有效集方法（或起作用集方法）求解. 其基本思想为：每次迭代过程中，把已知可行点处起作用约束作为等式约束，去掉不起作用约束，并极小化目标函数，求得新的较好的可行点. 再重复上述过程.

设在某次迭代中有可行解 $\boldsymbol{X}^{(k)}$，求解二次规划问题（4.48），令 $\boldsymbol{X} = \boldsymbol{X}^{(k)} + \boldsymbol{d}$，则

$$\begin{aligned} f(\boldsymbol{X}) &= \frac{1}{2}(\boldsymbol{X}^{(k)} + \boldsymbol{d})^{\mathrm{T}}\boldsymbol{Q}(\boldsymbol{X}^{(k)} + \boldsymbol{d}) + \boldsymbol{c}^{\mathrm{T}}(\boldsymbol{X}^{(k)} + \boldsymbol{d}) \\ &= \frac{1}{2}\boldsymbol{X}^{(k)\mathrm{T}}\boldsymbol{Q}\boldsymbol{X}^{(k)} + \boldsymbol{X}^{(k)T}\boldsymbol{Q}\boldsymbol{d} + \frac{1}{2}\boldsymbol{d}^{\mathrm{T}}\boldsymbol{Q}\boldsymbol{d} + \boldsymbol{c}^{\mathrm{T}}\boldsymbol{X}^{(k)} + \boldsymbol{c}^{\mathrm{T}}\boldsymbol{d} \\ &= \frac{1}{2}\boldsymbol{d}^{\mathrm{T}}\boldsymbol{Q}\boldsymbol{d} + \nabla f(\boldsymbol{X}^{(k)})^{\mathrm{T}}\boldsymbol{d} + f(\boldsymbol{X}^{(k)}) \end{aligned}$$

又由 $\boldsymbol{a}_i^{\mathrm{T}}(\boldsymbol{X}^{(k)} + \boldsymbol{d}) = \boldsymbol{a}_i^{\mathrm{T}}\boldsymbol{X}^{(k)} + a_i^{\mathrm{T}}\boldsymbol{d} = \boldsymbol{b} + a_i^{\mathrm{T}}\boldsymbol{d}$，所以，问题（4.7.8）转化为求解下面问题

$$\min f(\boldsymbol{X}) = \frac{1}{2}\boldsymbol{d}^{\mathrm{T}}\boldsymbol{Q}\boldsymbol{d} + \nabla f(\boldsymbol{X}^{(k)})^{\mathrm{T}}\boldsymbol{d}$$

$$\text{s. t.} \quad \boldsymbol{a}_i^{\mathrm{T}}\boldsymbol{d} = 0,\ i \in I(\boldsymbol{X}^{(k)}) \cup J \tag{4.49}$$

上述等式二次规划问题的最优解记为 $d^{(k)}$.

若 $\boldsymbol{d}^{(k)} = 0$，即 $\boldsymbol{X}^{(k)}$ 为问题（4.7.8）的最优解. 如果拉格朗日乘子 $\lambda_i^{(k)} \geqslant 0\,(i \in I(\boldsymbol{X}^{(k)}))$，$\boldsymbol{X}^{(k)}$ 为原问题（4.7.7）的 K－T 点，由于（4.7.7）是凸规划，所以 $X^{(k)}$ 为原问题（4.7.7）的最优解；否则，令

$$\boldsymbol{\lambda}_q^{(k)} = \min\{\boldsymbol{\lambda}_i^{(k)} \mid \boldsymbol{\lambda}_i^{(k)} < 0,\ i \in I(\boldsymbol{X}^{(k)})\}$$

再求解问题

$$\min f(\boldsymbol{X}) = \frac{1}{2}\boldsymbol{d}^{\mathrm{T}}\boldsymbol{Q}\boldsymbol{d} + \nabla f(\boldsymbol{X}^{(k)})^{\mathrm{T}}\boldsymbol{d}$$

$$\text{s. t.} \quad \boldsymbol{a}_i^{\mathrm{T}}\boldsymbol{d} = 0, \quad i \in I(\boldsymbol{X}^{(k)}) \setminus \{q\} \cup J$$

若 $\boldsymbol{d}^{(k)} \neq 0$. 分两种情况讨论：

（1）$\boldsymbol{X}^{(k)} + \boldsymbol{d}^{(k)}$ 是原问题（4.7.7）的可行解. 则在下次迭代中，令 $\boldsymbol{X}^{(k+1)} = \boldsymbol{X}^{(k)} + \boldsymbol{d}^{(k)}$；

（2）$\boldsymbol{X}^{(k)} + \boldsymbol{d}^{(k)}$ 不是原问题（4.7.7）的可行解. 则从原问题（4.7.7）的可行解 $\boldsymbol{X}^{(k)}$ 出发，沿方向 $\boldsymbol{d}^{(k)}$ 进行线性搜索，令

$$\boldsymbol{X}^{(k+1)} = \boldsymbol{X}^{(k)} + a_k\boldsymbol{d}^{(k)}$$

即在 $\boldsymbol{X}^{(k)}$ 和 $\boldsymbol{X}^{(k)} + \boldsymbol{d}^{(k)}$ 连接的线段上搜索步长 α_k，使得 $\boldsymbol{X}^{(k+1)} = \boldsymbol{X}^{(k)} + \alpha_k\boldsymbol{d}^{(k)}$ 为原问题的可行解，为了保证 $\boldsymbol{X}^{(k+1)}$ 的可行性，需满足

$$\begin{aligned} \boldsymbol{a}_j^{T}(\boldsymbol{X}^{(k)} + \alpha_k\boldsymbol{d}^{(k)}) &\geqslant b_i, \quad i \in I = \{1, 2, \cdots, m\} \\ \boldsymbol{a}_j^{T}(\boldsymbol{X}^{(k)} + \alpha_k\boldsymbol{d}^{(k)}) &= b_j, \quad j \in J = \{1, 2, \cdots, l\} \end{aligned}$$

由 $\boldsymbol{a}_i^{\mathrm{T}}\boldsymbol{X}^{(k)} = b_i\,(i \in I(\boldsymbol{X}^{(k)}) \cup J)$ 且 $\boldsymbol{a}_i^{T}\boldsymbol{d}^{(k)} = 0\,(i \in I(\boldsymbol{X}^{(k)}) \cup J)$，所以只需

$$a_i^{\mathrm{T}}(X^{(k)}+\alpha_k d^{(k)})\geqslant b_i(i\in I\backslash I(X^{(k)}))$$

由 $a_i^{\mathrm{T}}X^{(k)}>b_i(i\in I\backslash I(X^{(k)})$ 可知，当 $a_i^{\mathrm{T}}d^{(k)}\geqslant 0(i\in I\backslash I(X^{(k)}))$ 时，对于任意非负数 α_k，上式自然成立；当 $a_i^{\mathrm{T}}d^{(k)}<0(i\in I\backslash I(X^{(k)})$ 时，只要取

$$\alpha_k\leqslant\frac{b_i-a_i^{\mathrm{T}}X^{(k)}}{a_i^{\mathrm{T}}d^{(k)}}(i\in I\backslash I(X^{(k)}))$$

即可. 记

$$\overline{\alpha_k}=\min\left\{\frac{b_i-a_i^{\mathrm{T}}X^{(k)}}{a_i^{\mathrm{T}}d^{(k)}}\middle|a_i^{\mathrm{T}}d^{(k)}<0,\ i\in I\backslash I(X^{(k)})\right\}$$

取

$$\alpha_k=\min\{1,\overline{\alpha_k}\}=\min\left\{1,\ \min\left\{\frac{b_i-a_i^{\mathrm{T}}X^{(k)}}{a_i^{\mathrm{T}}d^{(k)}}\middle|a_i^{\mathrm{T}}d^{(k)}<0,\ i\in I\backslash I(X^{(k)})\right\}\right\}\quad(4.7.10)$$

即在 $X^{(k)}$ 和 $X^{(k)}+d^{(k)}$ 连接的线段上取靠近 $X^{(k)}+d^{(k)}$ 的可行点作为下一个迭代点 $X^{(k+1)}$.

如果 $\alpha_k<1$，则存在某个 r，使得

$$\alpha_k=\min\left\{\frac{b_i-a_i^{\mathrm{T}}X^{(k)}}{a_i^{\mathrm{T}}d^{(k)}}\middle|a_i^{\mathrm{T}}d^{(k)}<0,\ i\in I\backslash I(X^{(k)})\right\}=\frac{b_r-a_r^{\mathrm{T}}X^{(k)}}{a_r^{\mathrm{T}}d^{(k)}}<1$$

在点 $X^{(k+1)}$ 处，$a_r^{\mathrm{T}}X^{(k+1)}=a_r^{\mathrm{T}}(X^{(k)}+\alpha_k d^{(k)})=b_r$，即在 $X^{(k+1)}$ 处，约束条件 $a_r^{\mathrm{T}}X\geqslant b_r$ 为起作用约束，$r\in I\{X^{(k+1)}\}$，从而 $I\{X^{(k+1)}\}=I\{X^{(k)}\}\cup\{r\}$.

有效集方法的迭代步骤：

(1) 给定初始点 $X^{(0)}$，确定相应的起作用指标集 $I^{(0)}$，置 $k=0$；

(2) 求解等式约束二次规划问题（4.7.9），设最优解为 $d^{(k)}$；

(3) 若 $d^{(k)}=0$，计算相应的拉格朗日乘子 $\lambda_i^{(k)}$；否则，转（5）；

(4) 若 $\lambda_i^{(k)}\geqslant 0(i\in I(X^{(k)}))$，停止，得原问题（4.7.7）的最优解 $X^*=X^{(k)}$；否则，求出 $\lambda_q^{(k)}=\min\{\lambda_i^{(k)}\mid\lambda_i^{(k)}<0,\ i\in I(X^{(k)})\}$，置 $X^{(k+1)}=X^{(k)}$，$I^{(k+1)}=I^{(k)}\backslash\{q\}\cup J$，$k=k+1$，转（2）；

(5) 由式（4.7.10）计算 α_k，令 $X^{(k+1)}=X^{(k)}+\alpha_k d^{(k)}$，计算 $\nabla f(X^{k+1})$；

(6) 若 $\alpha_k<1$，置 $I^{(K+1)}=I^{(k)}\cup\{r\}$，$k=k+1$，转（2）；若 $\alpha_k=1$，置 $I^{(k+1)}=I^{(k)}$，$k=k+1$，转（2）.

例 4.7.5 利用起作用集方法求解下列问题：

$$\begin{aligned}\min f(X)&=9x_1^2+9x_2^2-30x_1-72x_2\\ \text{s.t.}\quad &-2x_1-x_2\geqslant -4\\ &x_1\geqslant 0\\ &x_2\geqslant 0\end{aligned}$$

取初始可行点 $X^{(0)}=\begin{pmatrix}0\\0\end{pmatrix}$.

解：$\nabla f(X)=\begin{pmatrix}18x_1 & -30\\ 18x_2 & -72\end{pmatrix}$，$Q=\nabla^2 f(X)=\begin{pmatrix}18 & 0\\ 0 & 18\end{pmatrix}$，$Q^{-1}=\begin{pmatrix}\frac{1}{18} & 0\\ 0 & \frac{1}{18}\end{pmatrix}$.

第一次迭代：$\nabla f(\boldsymbol{X}^{(0)})=\begin{pmatrix}-30\\-72\end{pmatrix}$，$I_1^{(0)}=\{2,3\}$，求解下列问题：

$$\begin{aligned}\min f(\boldsymbol{X})&=9d_1^2+9d_2^2-30d_1-72d_2\\ \text{s.t.}\quad d_1&=0\\ d_2&=0\end{aligned}\tag{4.7.11}$$

得 $\boldsymbol{d}^{(0)}=\begin{pmatrix}0\\0\end{pmatrix}$. 下面判别 $\boldsymbol{X}^{(0)}$ 是否为最优解，由 $I_1^{(0)}=\{2,3\}$ 知

$$\boldsymbol{A}_0=\begin{pmatrix}1&0\\0&1\end{pmatrix}$$

由式（4.7.6），$\boldsymbol{\lambda}=(\boldsymbol{A}_0\boldsymbol{Q}^{-1}\boldsymbol{A}_0^{\mathrm{T}})^{-1}\boldsymbol{A}_0\boldsymbol{Q}^{-1}\nabla f(\boldsymbol{X}^{(0)})=\begin{pmatrix}-30\\-72\end{pmatrix}$，所以 $\boldsymbol{X}^{(0)}$ 不是最优解.

在 $I_1^{(0)}=\{2,3\}$ 中去掉3，置 $I_2^{(0)}=\{2\}$，求解问题：

$$\begin{aligned}\min f(\boldsymbol{X})&=9d_1^2+9d_2^2-30d_1-72d_2\\ \text{s.t.}\quad d_1&=0\end{aligned}$$

得 $\boldsymbol{d}^{(0)}=\begin{pmatrix}0\\4\end{pmatrix}$.

由于 $\boldsymbol{d}^{(0)}\neq 0$，需计算 α_0，

$$\overline{\alpha_0}=\min\left\{\frac{b_i-\boldsymbol{a}_i^{\mathrm{T}}\boldsymbol{X}^{(0)}}{\boldsymbol{a}_i^{\mathrm{T}}\boldsymbol{d}^{(0)}}\,\middle|\,\boldsymbol{a}_i^{\mathrm{T}}\boldsymbol{d}^{(0)}<0,\ i\in I\backslash I(\boldsymbol{X}^{(0)})\right\}=\frac{b_1-\boldsymbol{a}_1^{\mathrm{T}}\boldsymbol{X}^{(0)}}{\boldsymbol{a}_1^{\mathrm{T}}\boldsymbol{d}^{(0)}}=1$$

则 $\alpha_0=\min\{1,\overline{\alpha_0}\}=1$. 令

$$\boldsymbol{X}^{(1)}=\boldsymbol{X}^{(0)}+\alpha_0\boldsymbol{d}^{(0)}=\begin{pmatrix}0\\4\end{pmatrix}$$

第二次迭代：$\nabla f(\boldsymbol{X}^{(1)})=\begin{pmatrix}-30\\0\end{pmatrix}$，$I_1^{(1)}=\{1,2\}$，求解下列问题：

$$\begin{aligned}\min f(\boldsymbol{X})&=9d_1^2+9d_2^2-30d_1\\ \text{s.t.}\quad -2d_1-d_2&=0\\ d_1&=0\end{aligned}\tag{4.7.12}$$

得 $\boldsymbol{d}^{(1)}=\begin{pmatrix}0\\0\end{pmatrix}$. 下面判别 $\boldsymbol{X}^{(1)}$ 是否为最优解，由 $I_1^{(1)}=\{1,2\}$ 知

$$\boldsymbol{A}_1=\begin{pmatrix}-2&-1\\1&0\end{pmatrix}$$

由式（4.7.6），$\boldsymbol{\lambda}=(\boldsymbol{A}_1\boldsymbol{Q}^{-1}\boldsymbol{A}_1^{\mathrm{T}})\boldsymbol{A}_1\boldsymbol{Q}^{-1}\nabla f(\boldsymbol{X}^{(1)})=\begin{pmatrix}0\\-30\end{pmatrix}$，所以 $\boldsymbol{X}^{(1)}$ 不是最优解.

在 $I_1^{(1)}=\{1,2\}$ 中去掉2，置 $I_2^{(1)}=\{1\}$，求解问题：

$$\begin{aligned}\min f(\boldsymbol{X})&=9d_1^2+9d_2^2-30d_1\\ \text{s.t.}\quad -2d_1-d_2&=0\end{aligned}$$

得 $\boldsymbol{d}^{(1)}=\begin{pmatrix}\frac{1}{3}\\-\frac{2}{3}\end{pmatrix}$.

由于 $d^{(1)} \neq 0$，需计算 α_1，

$$\bar{\alpha}_1 = \min\left\{\frac{b_i - \boldsymbol{a}_i^{\mathrm{T}}\boldsymbol{X}^{(1)}}{\boldsymbol{d}_i^{\mathrm{T}}\boldsymbol{d}^{(1)}} \middle| \boldsymbol{a}_i^{\mathrm{T}}\boldsymbol{d}^{(1)} < 0,\ i \in I \backslash I(\boldsymbol{X}^{(1)})\right\} = \frac{b_3 - \boldsymbol{a}_3^{\mathrm{T}}\boldsymbol{X}^{(1)}}{\boldsymbol{a}_3^{\mathrm{T}}\boldsymbol{d}^{(1)}} = 6$$

则 $\alpha_1 = \min\{1, \bar{\alpha}_1\} = 1$．令

$$\boldsymbol{X}^{(2)} = \boldsymbol{X}^{(1)} + \alpha_1 \boldsymbol{d}^{(1)} = \begin{pmatrix} \frac{1}{3} \\ \frac{10}{3} \end{pmatrix}$$

第三次迭代：$\nabla f(\boldsymbol{X}^{(2)}) = \begin{pmatrix} -24 \\ -12 \end{pmatrix}$，$I_1^{(2)} = \{1\}$，求解下列问题：

$$\begin{aligned} &\min f(\boldsymbol{X}) = 9d_1^2 + 9d_2^2 - 24d_1 - 12d_2 \\ &\text{s.t.} \quad -2d_1 - d_2 = 0 \end{aligned}$$

得 $\boldsymbol{d}^{(2)} = \begin{pmatrix} 0 \\ 0 \end{pmatrix}$．下面判别 $\boldsymbol{X}^{(2)}$ 是否为最优解，由 $\boldsymbol{I}_1^{(2)} = \{1\}$ 知

$$A_2 = (-2 \quad -1)$$

由式（4.7.6），$\lambda = (\boldsymbol{A}_2\boldsymbol{Q}^{-1}\boldsymbol{A}_2^{\mathrm{T}})^{-1}\boldsymbol{A}_2\boldsymbol{Q}^{-1}\nabla f(\boldsymbol{X}^{(2)}) = 12 > 0$，所以 $\boldsymbol{X}^{(2)}$ 是最优解.

4.8　多目标规划

在优化问题中，往往需要同时考虑多个目标．含有多个目标的数学规划问题称为多目标规划（Multiobjective Programming）．多目标规划的目标之间往往是相互矛盾的，要得到一个使各个目标都达到最优的解往往很困难．因此，多目标规划问题的求解比单目标规划问题要复杂得多．下面分别介绍多目标规划模型和一些求解方法．

4.8.1　多目标规划模型

例 4.8.1　某企业生产 n 种产品，已知每小时生产第 i 种产品 a_i 吨，生产 1 吨第 i 种产品的利润为 b_i 元．预计下月第 i 种产品的最大销售量为 c_i 吨，$i=1, 2, \cdots, n$，企业下月的开工工时能力为 T 吨．问：在避免开工不足的条件下如何安排下月的生产才能使工人加班时间尽量少、企业获得最大利润且第 1 种产品尽可能多？

解　设该企业下月生产第 i 种产品 x_i 小时，$i=1, 2, \cdots, n$，$\boldsymbol{X} = (x_1, x_2, \cdots, x_n)^{\mathrm{T}}$，依题意，建立三目标优化模型

$$\begin{aligned} &\min \quad \sum_{i=1}^{n} x_i - T \\ &\max \quad \sum_{i=1}^{n} a_i b_i x_i \\ &\max \quad a_1 x_1 \\ &\text{s.t.} \quad \sum_{i=1}^{n} x_i - T \geqslant 0 \\ &\qquad c_j - a_i x_i \geqslant 0 \end{aligned}$$

$$x_i \geqslant 0,\ i = 1,\ 2,\ \cdots,\ n$$

或写成如下形式

$$\begin{aligned}
\min F(x) &= (f_1(\boldsymbol{X}), f_2(\boldsymbol{X}), f_3(\boldsymbol{X}))^{\mathrm{T}} \\
&= \left(\sum_{i=1}^{n} x_i - T,\ -\sum_{i=1}^{n} a_i b_i x_i,\ -a_1 x_1 \right)^{\mathrm{T}} \\
\text{s. t.}\ & \sum_{i=1}^{n} x_i - T \geqslant 0 \\
& c_i - a_i x_i \geqslant 0 \\
& x_i \geqslant 0,\ i = 1,\ 2,\ \cdots,\ n
\end{aligned}$$

多目标规划的数学模型可表示如下

$$\begin{aligned}
(\mathrm{MP})\quad & \min F(\boldsymbol{X}) = (f_1(\boldsymbol{X}), f_2(\boldsymbol{X}), \cdots, f_p(\boldsymbol{X}))^{\mathrm{T}} \\
\text{s. t.}\quad & g_i(\boldsymbol{X}) \leqslant 0 \quad i=1,\ 2,\ \cdots,\ m \\
& h_j(\boldsymbol{X}) = 0 \quad j=1,\ 2,\ \cdots,\ l \\
& \boldsymbol{X} = (x_1,\ x_2,\ \cdots,\ x_n)^{\mathrm{T}}
\end{aligned}$$

其中可行域 $D = \{\boldsymbol{X} = (x_1,\ x_2,\ \cdots,\ x_n)^{\mathrm{T}} \mid g_i(\boldsymbol{X}) \leqslant 0\ (i=1,\ 2,\ \cdots,\ m),\ h_j(\boldsymbol{X}) = 0\ (j=1,\ 2,\ \cdots,\ l)\}$. 上述问题也可记为

$$(\mathrm{MP})\quad \min_{x \in D} F(\boldsymbol{X}).$$

注 在实际问题中，p 个目标的量纲往往是不同的，因此，需要首先将它们规范化. 例如，可将带量纲的目标函数 $\bar{f}_i(\boldsymbol{X})$ 进行下面无量纲化处理，令 $f_i(\boldsymbol{X}) = \bar{f}_i(\boldsymbol{X}) / |\min_{X \in D} \bar{f}_i(\boldsymbol{X})|$，再进行求解.

4.8.2 多目标规划解的概念

求解单目标规划问题时，对可行域 D 内任意可行解 $\boldsymbol{X}_1$，$\boldsymbol{X}_2$，通过比较其函数值，就能确定这两个解的优劣. 但对于多目标规划问题，由于可行解的目标函数是向量，比较起来较困难，因此就产生了各种“最优解”的概念.

首先引入几个记号.

设 $\boldsymbol{X} = (x_1,\ x_2,\ \cdots,\ x_n)^{\mathrm{T}}$，$\boldsymbol{Y} = (y_1,\ y_2,\ \cdots,\ y_n)^{\mathrm{T}}$，记

$\boldsymbol{X} = \boldsymbol{Y}$ 是指 $x_i = y_i$，$i=1,\ 2,\ \cdots,\ n$;

$\boldsymbol{X} < \boldsymbol{Y}$ 是指 $x_i < y_i$，$i=1,\ 2,\ \cdots,\ n$;

$\boldsymbol{X} \leqq \boldsymbol{Y}$ 是指 $x_i \leqslant y_i$，$i=1,\ 2,\ \cdots,\ n$;

$\boldsymbol{X} \leqslant \boldsymbol{Y}$ 是指 $\boldsymbol{X} \leqq Y$，且 $\boldsymbol{X} \neq \boldsymbol{Y}$.

定义 4.8.1 （绝对最优解）设 $\boldsymbol{X}^* \in D$，若对任意 $\boldsymbol{X} \in D$ 均有 $F(\boldsymbol{X}^*) \leqq F(\boldsymbol{X})$，则称 $\boldsymbol{X}^*$ 为多目标规划问题（MP）的绝对最优解.

绝对最优解是理想的解，对于多目标规划问题一般是不存在的，因此需要给出其他解的概念.

定义 4.8.2 （有效解）设 $\boldsymbol{X}^* \in D$，若不存在 $\boldsymbol{X} \in D$ 使得 $F(\boldsymbol{X}) \leqslant F(\boldsymbol{X}^*)$，则称 $\boldsymbol{X}^*$ 为多目标规划问题（MP）的有效解.

有效解（efficient solution）又称为Pareto最优解、非劣解．有效解虽不一定是绝对最优解，但它是一个不差的解，在所有可行解中找不到一个比它更好的解.

定义4.8.3 （弱有效解）设 $X^* \in D$，若不存在 $X \in D$ 使得 $F(X) < F(X^*)$，则称 X^* 为多目标规划问题（MP）的弱有效解．

弱有效解指的是在所有可行解中找不到一个比它严格好的解.

4.8.3 多目标规划的求解方法

求解多目标规划问题主要的方法有评价函数法、分层求解法、目标规划法．其中比较重要和常见的是评价函数法，其主要思路是：根据多目标规划问题构造评价函数 $h(F(X))$，通过求解单目标规划问题

$$\min_{X \in D} h\ (F(X))$$

得到原问题的解. 下面介绍几种常用的评价函数法.

1. 线性加权和法

线性加权和法的主要思路是：按照多目标规划问题（MP）中各个目标 $f_1(X)$，$f_2(X)$，…，$f_p(X)$ 的重要程度，分别赋予权系数 λ_1，λ_2，…，λ_p，并构造下面单目标规划问题

$$\begin{aligned} \min h(F(X)) &= \lambda_1 f_1(X) + \lambda_2 f_2(X) + \cdots + \lambda_p f_p(X) \\ \text{s.t.}\quad & g_i(X) \leqslant 0 \quad i = 1, 2, \cdots, m \\ & h_j(X) = 0 \quad j = 1, 2, \cdots, l \\ & X = (x_1, x_2, \cdots, x_n)^{\mathrm{T}} \end{aligned}$$

或记为

$$\min_{X \in D} h\ (F(X)),$$

其中，$\boldsymbol{\lambda} = (\lambda_1, \lambda_2, \cdots, \lambda_p)$，$\sum_{i=1}^{p} \lambda_i = 1$ 且 $\lambda_i \geqslant 0$. 可以证明

当权系数都为正数（有权系数为零）时，线性加权和法得到的单目标问题

$$\min_{X \in D} h(F(X))$$

的解是原问题（MP）的（弱）有效解．特别的，即使有权系数为零，只要单目标问题

$$\min_{X \in D} h(F(X))$$

的解唯一，那么该最优解是原问题（MP）的有效解．

例4.8.2 利用线性加权和法求解多目标问题

$$\begin{aligned} \min F\ (X) &= (f_1(X),\ f_2(X))^{\mathrm{T}} \\ &= (-x_1 - 8x_2,\ -6x_1 - x_2)^{\mathrm{T}} \\ \text{s.t.}\ & 3x_1 + 8x_2 \leqslant 12 \\ & x_1 + x_2 \leqslant 2 \\ & 0 \leqslant x_1 \leqslant \frac{3}{2} \\ & x_2 \geqslant 0 \end{aligned}$$

权系数取为 $\lambda_1=\lambda_2=\frac{1}{2}$，求解单目标问题

$$\min h(F(\boldsymbol{X}))=\frac{1}{2}(-x_1-8x_2)+\frac{1}{2}(-6x_1-x_2)$$
$$\text{s. t. } 3x_1+8x_2\leqslant 12$$
$$x_1+x_2\leqslant 2$$
$$0\leqslant x_1\leqslant \frac{3}{2}$$
$$x_2\geqslant 0$$

可得 $\boldsymbol{X}^*=\left(\frac{4}{5},\ \frac{6}{5}\right)^{\mathrm{T}}$，$f_1(\boldsymbol{X}^*)=-10\frac{2}{5}$，$f_2(\boldsymbol{X}^*)=-6$. 此时，$\boldsymbol{X}^*$ 为原问题的有效解.

2. 理想点法

理想点法的主要思路是：先求出每个目标函数 $f_i(i=1,2,\cdots,p)$ 在可行域内的极小值 f_i^*，再使每个目标尽量接近 f_i^*. 称 $\boldsymbol{F}^*=(f_1^*,f_2^*,\cdots,f_p^*)^{\mathrm{T}}$ 为理想点. 这种使目标函数值尽可能去逼近理想点的方法称为理想点法.

构造单目标规划问题

$$\min h(F(\boldsymbol{X}))=\left[\sum_{i=1}^{p}|f_i(\boldsymbol{X})-f_i^*|^q\right]^{\frac{1}{q}}$$
$$\text{s. t.}\quad g_i(X)\leqslant 0\quad i=1,2,\cdots,m$$
$$h_j(\boldsymbol{X})=0\quad j=1,2,\cdots,l$$
$$\boldsymbol{X}=(x_1,x_2,\cdots,x_n)^{\mathrm{T}}$$

其中 $q\geqslant 1$，是整数. 若取 $q=2$，则此时的理想点法称为最短距离理想点法，简称最短距离法. 可以证明单目标规划问题

$$\min_{X\in D} h(F(\boldsymbol{X}))=\sqrt{\sum_{i=1}^{p}[f_i(\boldsymbol{X})-f_i^*]^2}$$

的解是原问题（MP）的有效解.

例 4.8.3 利用最短距离法求解多目标规划问题

$$\min F(\boldsymbol{X})=(f_1(\boldsymbol{X}),f_2(\boldsymbol{X}))^{\mathrm{T}}$$
$$=(3x_1-2x_2,-4x_1-3x_2)^{\mathrm{T}}$$
$$\text{s. t. } 2x_1+3x_2\leqslant 18$$
$$2x_1+x_2\leqslant 10$$
$$x_1,\ x_2\geqslant 0$$

解 分别求解单目标规划问题

$$\min f_1(\boldsymbol{X})=3x_1-2x_2$$
$$\text{s. t. } 2x_1+3x_2\leqslant 18$$
$$2x_1+x_2\leqslant 10$$
$$x_1,\ x_2\geqslant 0$$

和

$$\min f_2(\boldsymbol{X}) = -4x_1 - 3x_2$$
$$\text{s. t. } 2x_1 + 3x_2 \leqslant 18$$
$$2x_1 + x_2 \leqslant 10$$
$$x_1,\ x_2 \geqslant 0$$

得最优解 $\boldsymbol{X}^{(1)} = (0, 6)^{\mathrm{T}}$, $\boldsymbol{X}^{(2)} = (3, 4)^{\mathrm{T}}$，理想点为 $F^* = (f_1^*, f_2^*)^{\mathrm{T}} = (-12, -24)^{\mathrm{T}}$，构造单目标规划问题：

$$\min(3x_1 - 2x_2 + 12)^2 + (-4x_1 - 3x_2 + 24)^2$$
$$\text{s. t. } 2x_1 + 3x_2 \leqslant 18$$
$$2x_1 + x_2 \leqslant 10$$
$$x_1,\ x_2 \geqslant 0$$

解得 $\boldsymbol{X}^* = (0.53, 5.65)^{\mathrm{T}}$, $f_1(\boldsymbol{X}) = -9.72$, $f_2(\boldsymbol{X}) = -19.06$. 此时，$\boldsymbol{X}^*$ 为原问题的有效解.

3. 平方加权和法

根据（MP）的每个目标的重要程度分别取权系数 λ_1，λ_2，…，λ_p，满足 $\lambda_i \geqslant 0$，$\sum_{i=1}^{p} \lambda_i = 1$．构造单目标规划问题

$$\min_{\boldsymbol{X} \in D} h(F(\boldsymbol{X})) = \sum_{i=1}^{p} \lambda_i [f_i(\boldsymbol{X}) - f_i^*]^2,$$

将其最优解作为原问题(MP)的解，这种方法称为平方加权和法．可以证明

当权系数都为正数(有权系数为零)时，平方加权和法得到的单目标问题

$$\min_{\boldsymbol{X} \in D} \sum_{i=1}^{p} \lambda_i [f_i(\boldsymbol{X}) - f_i^*]^2$$

的解是原问题(MP)的(弱)有效解.

4. 极大极小法

极大极小法的主要思路是：在最不利的情况下找到最好的结果．构造单目标规划问题：

$$\min_{\boldsymbol{X} \in D} (\max_{1 \leqslant i \leqslant p} f_i(\boldsymbol{X}))$$

如图 4.8.1 所示.

实际应用中，也可以根据各个分量目标函数的重要程度赋予不同的权系数，得到单目标规划问题：

$$\min_{\boldsymbol{X} \in D} (\max_{1 \leqslant i \leqslant p} \lambda_i f_i(\boldsymbol{X}))$$

其中，$\boldsymbol{\lambda} = (\lambda_1, \lambda_2, \cdots, \lambda_p)$，$\sum_{i=1}^{p} \lambda_i = 1$ 且 $\lambda_i \geqslant 0$. 可以证明

当权系数都为正数时，单目标规划问题

$$\min_{\boldsymbol{X} \in D} (\max_{1 \leqslant i \leqslant p} \lambda_i f_i(\boldsymbol{X}))$$

的解是原问题（MP）的弱有效解.

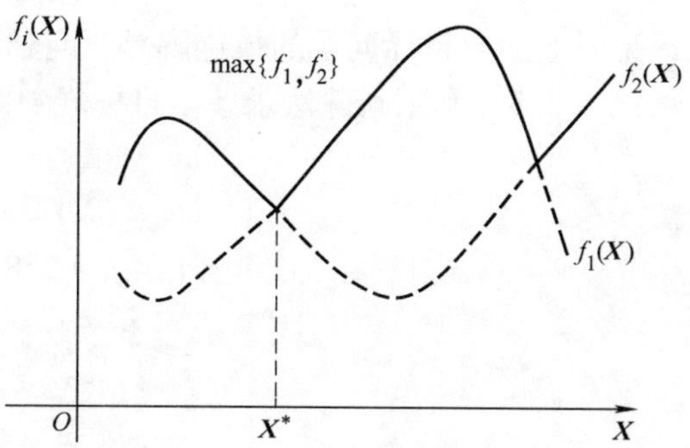

图 4.8.1

实际应用中，往往引入新的变量 t，构造一个与

$$\min_{X \in D} \left(\max_{1 \leqslant i \leqslant p} \lambda_i f_i(\boldsymbol{X}) \right)$$

等价的规划问题：

$$\begin{aligned} &\min t \\ &\text{s. t. } \lambda_i f_i(\boldsymbol{X}) \leqslant t,\ i=1,2,\cdots,p \\ &\boldsymbol{X} \in D \end{aligned}$$

例 4.8.4 利用极大极小法求解

$$\begin{aligned} &\min(f_1(\boldsymbol{X}), f_2(\boldsymbol{X})) = (x_1^2 + x_2^2 + 1, x_1^2 + (x_2-2)^2) \\ &\text{s. t. } x_1 \geqslant 0 \\ &\qquad x_2 \geqslant 0 \end{aligned}$$

解 构造单目标规划

$$\begin{aligned} &\min \max(x_1^2 + x_2^2 + 1,\ x_1^2 + (x_2-2)^2) \\ &\text{s. t. } \quad x_1 \geqslant 0 \\ &\qquad\quad x_2 \geqslant 0 \end{aligned}$$

可得 $\boldsymbol{X}^* = (0,1)^{\mathrm{T}}, f_1(\boldsymbol{X}^*) = 2, f_2(\boldsymbol{X}^*) = 1$. 此时，$\boldsymbol{X}^*$ 为原问题的弱有效解.

5. 乘除法

不妨设多目标规划问题（MP）为：

$$\begin{aligned} &\min(f_1(\boldsymbol{X}), f_2(\boldsymbol{X}), \cdots, f_k(\boldsymbol{X}))^{\mathrm{T}} \\ &\max(f_{k+1}(\boldsymbol{X}), f_{k+2}(\boldsymbol{X}), \cdots, f_p(\boldsymbol{X}))^{\mathrm{T}} \\ &\text{s. t. } \quad g_i(\boldsymbol{X}) \leqslant 0,\ i=1,2,\cdots,m \\ &\qquad\quad h_j(\boldsymbol{X}) = 0 \quad j=1,2,\cdots,l \\ &\qquad\quad \boldsymbol{X} = (x_1, x_2, \cdots, x_n)^{\mathrm{T}} \end{aligned}$$

各个目标函数在可行域内均有 $f_r(\boldsymbol{X}) > 0$，$r=1, 2, \cdots, p$，否则，可取充分大的正数 M 使得 $f_r(\boldsymbol{X}) + M > 0$. 构造单目标规划问题：

$$\begin{aligned} &\min \frac{f_1(\boldsymbol{X}), f_2(\boldsymbol{X}), \cdots, f_k(\boldsymbol{X})}{f_{k+1}(\boldsymbol{X}), f_{k+2}(\boldsymbol{X}), \cdots, f_p(\boldsymbol{X})} \\ &\text{s. t. } g_i(\boldsymbol{X}) \leqslant 0 \quad i=1,2,\cdots,m \\ &\qquad h_j(\boldsymbol{X}) = 0 \quad j=1,2,\cdots,l \\ &\qquad \boldsymbol{X} = (x_1, x_2, \cdots, x_n)^{\mathrm{T}} \end{aligned}$$

可以证明上述单目标问题的最优解是原问题（MP）的有效解.

例 4.8.5 利用乘除法求解多目标规划问题

$$\begin{aligned} &\min f_1(\boldsymbol{X}) = 4x_1 + 2.8x_2 + 2.4x_3 \\ &\max f_2(\boldsymbol{X}) = x_1 + x_2 + x_3 \\ &\text{s. t. } 4x_1 + 2.8x_2 + 2.4x_3 \leqslant 20 \\ &\qquad x_1 + x_2 + x_3 \geqslant 6 \\ &\qquad x_1 + x_2 \geqslant 3 \\ &\qquad x_1,\ x_2,\ x_3 \geqslant 0 \end{aligned}$$

解 构造单目标规划问题

$$\min \frac{4x_1 + 2.8x_2 + 2.4x_3}{x_1 + x_2 + x_3}$$

$$\text{s.t.}\ \begin{aligned}&4x_1+2.8x_2+2.4x_3\leqslant 20\\&x_1+x_2+x_3\geqslant 6\\&x_1+x_2\geqslant 3\\&x_1,\ x_2,\ x_3\geqslant 0\end{aligned}$$

可得 $\boldsymbol{X}^*=(0,\ 3,\ 3)^{\mathrm{T}}$. 此时，$\boldsymbol{X}^*$ 为原问题的有效解.

6. 评价函数法的有关说明

构造评价函数时，一般目标函数越重要，其权系数也越大．确定权系数一般在决策前确定或决策中修正．下面介绍两种常用的决策前确定权系数的方法.

（1）专家法

当不能凭个人的经验估计权系数时，可利用专家法．假设有 S 个专家，每个专家对各个目标独立地进行评价．设第 i 位专家对第 j 个目标赋予的权系数为 λ_{ij}，且 $\sum\limits_{j=1}^{p}\lambda_{ij}=1$，则每个目标权系数的平均值为

$$\lambda_j=\frac{1}{S}\sum_{i=1}^{S}\lambda_{ij},\quad j=1,2,\cdots,p,$$

显然，$\lambda_j\geqslant 0$ 且 $\sum\limits_{j=1}^{p}\lambda_j=1$，再检验专家们的意见是否有显著差异，计算专家给出的权系数与对应权系数平均值的偏差

$$\Delta_i=\max_{1\leqslant j\leqslant p}|\lambda_{ij}-\lambda_j|,\ i=1,\ 2,\ \cdots,\ S,$$

或计算均方差

$$\Delta_i=\frac{1}{p-1}\sum_{j=1}^{p}(\lambda_{ij}-\lambda_j)^2,\ i=1,2,\cdots,S.$$

设允许的最大偏差为 ε，若 $\Delta_i<\varepsilon(i=1,2,\cdots,S)$，则表示专家们的评估无显著差异，$\lambda_1$，$\lambda_2$，…，$\lambda_p$ 分别为各个目标的权系数．否则，让偏差较大的专家重新讨论评估并给出新的权系数，重复上述过程，直到满足要求为止.

专家法是进行决策分析时较简单实用的一种方法，具有一定的科学合理性．但是，专家的人数不能太少，并且具有一定的主观因素，当专家们的意见不一致时，工作量较大.

（2）判断矩阵法

判断矩阵法是将目标函数进行两两比较，根据目标函数重要程度，首先构造一个判断矩阵，再由判断矩阵计算各个目标的权系数.

通过比较第 i 个目标和第 j 个目标的重要程度，得到

$$a_{ij}=\begin{cases}1, & \text{第}\,i\,\text{个目标和第}\,j\,\text{个目标同样重要},\\3, & \text{第}\,i\,\text{个目标和第}\,j\,\text{个目标稍微重要},\\5, & \text{第}\,i\,\text{个目标和第}\,j\,\text{个目标明显重要},\\7, & \text{第}\,i\,\text{个目标和第}\,j\,\text{个目标非常重要},\\9, & \text{第}\,i\,\text{个目标和第}\,j\,\text{个目标极端重要},\end{cases}$$

构造判断矩阵 $\boldsymbol{A}=(a_{ij})_{p\times p}$. 显然 $\boldsymbol{A}=(a_{ij})_{p\times p}$是对称矩阵，且 $a_{ij}=1$，$i=1,\ 2,\ \cdots,\ p$. 把第 i 行的几何平均数

$$a_i = \sqrt[p]{a_{i1}a_{i2}\cdots a_{ip}}$$

进行规范化处理，得到各个目标的权系数

$$\lambda_i = a_i / \sum_{j=1}^{p} a_j, \quad i = 1,2,\cdots, p,$$

计算矩阵的最大特征值

$$\lambda_{\max} = \sum_{i=1}^{p} \frac{\sum_{j=1}^{p} \lambda_j a_{ij}}{p\lambda_i},$$

再对判断矩阵进行一致性检验，计算检验指标

$$C_p = \frac{\lambda_{\max} - p}{p-1}.$$

一般认为 $C_p \leqslant 0.1$ 时具有满意的一致性，所确定的权系数是有效的. 否则，就对目标重要性进行重新分析，重新确定判断矩阵.

习 题 4

1. 利用最速下降法求解无约束问题

$$\min f(\boldsymbol{X}) = \frac{1}{2}x_1^2 + x_2^2 - x_1x_2$$

取初始点 $\boldsymbol{X}^{(0)} = \begin{pmatrix}1\\1\end{pmatrix}$，迭代两步.

2. 利用牛顿法求解无约束问题

$$\min f(\boldsymbol{X}) = 2x_1^2 + 2x_1x_2 + 5x_2^2$$

取初始点 $\boldsymbol{X}^{(0)} = \begin{pmatrix}2\\-2\end{pmatrix}$.

3. 利用 DFP 算法求解无约束优化问题

$$\min f(\boldsymbol{X}) = \frac{3}{2}x_1^2 + \frac{1}{2}x_2^2 - x_1x_2 - 2x_1,$$

取初始点 $\boldsymbol{X}^{(0)} = \begin{pmatrix}0\\0\end{pmatrix}$.

4. 利用共轭梯度法求解无约束优化问题

$$\min f(\boldsymbol{X}) = (x_1 - 1)^2 + 2(x_2 - 2)^2$$

取初始点 $\boldsymbol{X}^{(0)} = \begin{pmatrix}3\\1\end{pmatrix}$.

5. 利用 Powell 原始算法求解无约束问题

$$\min f(\boldsymbol{X}) = \frac{3}{2}x_1^2 + \frac{1}{2}x_2^2 - x_1x_2 - 2x_1$$

取初始点 $\boldsymbol{X}_0^{(1)} = \begin{pmatrix}-2\\4\end{pmatrix}$，$\boldsymbol{e}_1 = \begin{pmatrix}1\\0\end{pmatrix}$，$\boldsymbol{e}_2 = \begin{pmatrix}0\\1\end{pmatrix}$

6. 利用模式搜索法求解无约束优化问题

$$\min f(\boldsymbol{X}) = x_1^2 + x_2^2 - 4x_1 + 2x_2 + 7$$

取初始点 $\boldsymbol{X}^{(0)} = \begin{pmatrix} 0 \\ 0 \end{pmatrix}$，$\boldsymbol{e}_1 = \begin{pmatrix} 1 \\ 0 \end{pmatrix}$，$\boldsymbol{e}_2 = \begin{pmatrix} 0 \\ 1 \end{pmatrix}$，$\delta = 1$，加速因数 $\alpha = 1$，缩减率 $\beta = \frac{1}{4}$.

7. 利用外点法求解约束规划问题

$$\begin{aligned} &\min f(\boldsymbol{X}) = x_1^2 + x_2^2 - 2x_1 + 1 \\ &\text{s. t.} \quad 3 - x_2 \leqslant 0 \end{aligned}$$

8. 利用内点法求解约束规划问题

$$\begin{aligned} &\min \quad f(\boldsymbol{X}) = \frac{1}{3}(x_1 + 1)^3 + x_2 \\ &\text{s. t.} \quad x_1 - 1 \geqslant 0 \\ &\qquad\quad x_2 \geqslant 0 \end{aligned}$$

9. 利用乘子法求解约束规划问题

(1) $\min f(\boldsymbol{X}) = 2x_1^2 + x_2^2 - 2x_1x_2$　　s. t. $x_1 + x_2 - 1 = 0$

(2) $\min f(\boldsymbol{X}) = x_1^2 + \frac{1}{2}x_2^2$　　s. t. $x_1 + x_2 \geqslant 1$

10. 利用线性加权和法求解

$$\begin{aligned} &\min f_1(\boldsymbol{X}) = 4x_1 + 2.8x_2 + 2.4x_3 \\ &\max f_2(\boldsymbol{X}) = x_1 + x_2 + x_3 \\ &\text{s. t.} \quad 4x_1 + 2.8x_2 + 2.4x_3 \leqslant 20 \\ &\qquad x_1 + x_2 + x_3 \geqslant 6 \\ &\qquad x_1 + x_2 \geqslant 3 \\ &\qquad x_1, x_2, x_3 \geqslant 0 \end{aligned}$$

取 $\lambda_1 = \lambda_2 = \frac{1}{2}$.

11. 利用平方加权和法求解下面问题

$$\begin{aligned} &\min(x_1^2 + x_2^2 + 1, \ x_1^2 + (x_2 - 2)^2) \\ &\text{s. t.} \quad x_1 \geqslant 0 \\ &\qquad x_2 \geqslant 0 \end{aligned}$$

取 $\lambda_1 = \lambda_2 = \frac{1}{2}$.

12. 利用乘除法求解多目标规划问题

$$\begin{aligned} &\min f_1(\boldsymbol{X}) = x_1 + 2x_2 + 5x_3 \\ &\max f_2(\boldsymbol{X}) = 3x_1 + 7x_2 + 9x_3 \\ &\text{s. t.} \ -x_1 + x_2 + 2x_3 \leqslant 10 \\ &\qquad x_1 + 6x_2 + x_3 \geqslant 25 \\ &\qquad x_1 + x_2 \leqslant 9 \\ &\qquad x_1, x_2, x_3 \geqslant 0 \end{aligned}$$

13. 利用 K - T 条件求解下列问题

$$\min f(\boldsymbol{X}) = 14x_1 - x_1^2 + 6x_2 - x_2^2 + 7$$
$$\text{s. t.} \quad x_1 + x_2 \leqslant 2$$
$$x_1 + 2x_2 \leqslant 3$$

14. 利用起作用集方法求解下列问题

$$\min f(\boldsymbol{X}) = x_1^2 + x_2^2 - x_1 x_2 - 3x_1$$
$$\text{s. t.} \quad -x_1 - x_2 \geqslant -2$$
$$x_1 \geqslant 0$$
$$x_2 \geqslant 0$$

取初始可行点 $\boldsymbol{X}^* = (0, 0)^{\mathrm{T}}$.

第3篇　应用数理统计

第5章　参数估计

统计推断是数理统计的核心部分. 所谓统计推断就是用样本来推断总体，其任务就是尽可能充分地利用样本观测数据中的信息，对总体做出较为精确的判断. 统计推断包括参数估计和假设检验这两种模型. 本章介绍参数估计，下一章介绍假设检验.

5.1　点估计

无论总体 X 的分布函数 $F(x;\theta_1,\theta_2,\cdots,\theta_k)$ 的类型已知或未知，我们总是需要去估计某些未知参数或数字特征，这就是参数估计问题.

定义 5.1.1　参数估计就是从样本 $(X_1,X_2,\cdots,X_n)$ 出发，构造一些统计量 $\hat{\theta}_i(X_1,X_2,\cdots,X_n)$ $(i=1,2,\cdots,k)$ 去估计总体 X 中的某些参数（或数字特征）$\hat{\theta}_i$ $(i=1,2,\cdots,k)$. 这样的统计量称为估计量.

对于未知参数的估计可分为点估计和区间估计两种，本节介绍点估计的求法.

定义 5.1.2　构造 $(X_1,X_2,\cdots,X_n)$ 的函数 $\hat{\theta}_i(X_1,X_2,\cdots,X_n)$ $(i=1,2,\cdots,k)$ 作为参数 θ_i 的点估计量，称统计量 $\hat{\theta}_i$ 为总体 X 的点估计量. 若样本 $(X_1,X_2,\cdots,X_n)$ 的观测值为 $(x_1,x_2,\cdots,x_n)$，则称 $\hat{\theta}_i(x_1,x_2,\cdots,x_n)$ 为参数 θ_i 的点估计值.

本节主要介绍两种常用的点估计方法：矩估计法和极大似然估计法.

5.1.1　矩估计法

假设总体分布中共含有 k 个参数，它们往往是一些原点矩或一些原点矩的函数. 例如，数学期望是一阶原点矩，方差是二阶中心矩. 因此，要想估计总体的某些参数 θ_i $(i=1,2,

$\cdots, k$)，由于 k 个参数一定可以表示为不超过 k 阶原点矩的函数，很自然地就会想到用样本的 r 阶原点矩去估计总体相应的 r 阶原点矩，用样本的一些原点矩的函数去估计总体的相应的一些原点矩的函数，再将 k 个参数反解出来，从而求出各个参数的估计值，这就是矩估计法，它是最简单的一种参数估计法．

例 5.1.1 设总体 X 的分布密度为 $\varphi(x, \lambda) = \begin{cases} \lambda e^{-\lambda x}, & x>0, \\ 0, & x \leqslant 0. \end{cases}$

样本为 $(X_1, X_2, \cdots, X_n)$，试用矩估计法求 λ 的估计量 $\hat{\lambda}(X_1, X_2, \cdots, X_n)$．

解 因 $E(X) = \int_{-\infty}^{+\infty} x\varphi(x, \lambda)\mathrm{d}x = \lambda\int_0^{+\infty} xe^{-\lambda x} = \dfrac{1}{\lambda}$，用样本均值 $\overline{X} = \dfrac{1}{n}\sum_{i=1}^{n} X_i$ 去估计总体均值 $E(X) = \dfrac{1}{\lambda}$，则有 $\dfrac{1}{n}\sum_{i=1}^{n} X_i = \dfrac{1}{\hat{\lambda}}$．所以

$$\hat{\lambda} = \frac{n}{\sum_{i=1}^{n} X_i}.$$

例 5.1.2 设总体 X 服从正态分布 $N(\mu, \sigma^2)$，其中 μ 及 σ^2 都是未知参数，样本为 $(X_1, X_2, \cdots, X_n)$，求 μ 及 σ^2 的矩阵计量．

解 因为总体 X 的分布中有两个位置参数，所以应该考虑一阶、二阶原点矩．

$$\begin{cases} E(X) = \mu, \\ E(X^2) = D(X) + [E(X)]^2 = \sigma^2 + \mu^2. \end{cases}$$

于是，按矩估计法得方程组

$$\begin{cases} \mu = \dfrac{1}{n}\sum_{i=1}^{n} X_i, \\ \sigma^2 + \mu^2 = \dfrac{1}{n}\sum_{i=1}^{n} X_i^2, \end{cases}$$

解得 μ 及 σ^2 的矩估计量为

$$\begin{cases} \hat{\mu} = \dfrac{1}{n}\sum_{i=1}^{n} X_i = \overline{X}, \\ \hat{\sigma}^2 = \dfrac{1}{n}\sum_{i=1}^{n} X_i^2 - \overline{X}^2 = \dfrac{1}{n}\sum_{i=1}^{n} (X_i - \overline{X})^2. \end{cases}$$

由此可见，总体均值 $E(X)$ 的矩估计量是样本均值 $\overline{X}$，总体方差 $D(X)$ 的矩估计量是样本二阶中心距，从解题过程易知，只要总体的均值与方差存在，上述结论对任意的总体都是成立的.

可以证明，当样本容量 n 无限增大时，样本矩与其相应的总体矩任意接近的概率趋近于 1．因此，当 n 无限增大时，用矩估计法来估计总体各个参数一定可以达到任意精确的程度. 除上述优点外，矩估计法还不依赖于总体分布的具体形式，因而适用性好．其缺点是由于此法太一般化了，因而对特定的一些分布，它可能不如专门的估计量好.

5.1.2 极大似然估计法

无论总体分布类型已知或未知，对其参数的估计，矩估计法都是可行的．对于总体分布

类型已知，估计它的参数最好用极大似然法.

在概率论里，小概率事件在一次实验中不会发生．现在，抽样取得观测值 x_1，x_2，…，x_n，说明取得这种观测值的概率不会是小概率.

极大似然法的直接想法是：若抽样得到样本观测值 x_1，x_2，…，x_n，则我们应当这样选取参数 θ_i 的值，使这组样本观测值出现的可能性最大. 为此构造似然函数：

$$\begin{aligned} L(\theta_1, \theta_2, \cdots, \theta_k) &= P(X_1 = x_1, X_2 = x_2, \cdots, X_n = x_n) \\ &= P(X_1 = x_1)P(X_2 = x_2)\cdots P(X_n = x_n) \\ &= P(x_1, \theta_1, \cdots, \theta_k)P(x_2, \theta_1, \cdots, \theta_k)\cdots P(x_n, \theta_1, \cdots, \theta_k) \\ &= \prod_{i=1}^{n} p(x_i, \theta_1, \cdots, \theta_k) \end{aligned}$$

使 $L(\theta_1, \theta_2, \cdots, \theta_k)$ 达到最大，从而得到参数 θ_i 的估计值 $\hat{\theta}_i$，此估计值称为极大似然估计值 x_1，x_2，…，x_n，对应改为 X_1，X_2，…，X_n，即为极大似然估计量．函数 $L(\theta_1, \theta_2, \cdots, \theta_k)$ 称为似然函数．对于已取定的 x_1，x_2，…，x_n，它是未知参数 θ_1，θ_2，…，θ_k 的函数．对离散随机变量，上式中的 p 为分布列；对连续随机变量，上式中的 p 为密度函数．

求极大似然估计值的问题，就是求似然函数 $L(\theta_1, \theta_2, \cdots, \theta_k)$ 的最大值的问题，此问题可通过解以下方程组

$$\frac{\partial L}{\partial \theta_i} = 0, i = 1, 2, \cdots, k \qquad (5.1.1)$$

来解决. 也等价于解以下方程组

$$\frac{\partial \ln L}{\partial \theta_i} = 0, i = 1, 2, \cdots, k \qquad (5.1.2)$$

式（5.1.1）或式（5.1.2）称为似然方程．通常，式（5.1.2）的求解较为简单．于是求解极大似然估计的一般步骤为：

（1）由总体的分布写出样本的似然函数 $L(\theta_1, \theta_2, \cdots, \theta_k)$；

（2）建立似然方程式（5.1.1）或式（5.1.2）；

（3）求解似然方程得参数的极大似然估计 $\hat{\theta} = (\hat{\theta}_1, \hat{\theta}_2, \cdots, \hat{\theta}_n)$.

例 5.1.3 从一批产品中有放回抽样依次抽取 50 件样品，发现 2 件次品，用极大似然估计法估计这批产品的次品率．

解 设这批产品的次品率为 p，随机变量 X 表示任一次抽样时取得次品的件数，则 X 服从“0～1”分布，其分布列为：

$$P(x, p) = p^x(1-p)^{1-x}, x = 0, 1, 2, \cdots$$

所以，似然函数为

$$L(p) = \prod_{i=1}^{n} p^{x_i}(1-p)^{1-x_i} = p^{\sum\limits_{i=1}^{n} x_i}(1-p)^{n-\sum\limits_{i=1}^{n} x_i},$$

取对数,得

$$\ln L(p) = \left(\sum_{i=1}^{n} x_i\right)\ln p + \left(n - \sum_{i=1}^{n} x_i\right)\ln(1-p),$$

对 p 求导，得方程

$$\frac{\mathrm{d}\ln L}{\mathrm{d}p}=\frac{\sum_{i=1}^{n}x_i}{p}-\frac{n-\sum_{i=1}^{n}x_i}{1-p}=0,$$

即

$$(1-p)\sum_{i=1}^{n}x_i-\left(n-\sum_{i=1}^{n}x_i\right)p=0.$$

由此解得的最大似然估计值 $\hat{p}_i=\frac{1}{n}\sum_{i=1}^{n}x_i$，而 $n=50$，$\sum_{i=1}^{50}x_i=2$，所以这批产品的次品率的极大似然估计值 $\hat{p}=\frac{2}{50}=4\%$.

例 5.1.4 设总体 X 服从指数分布，概率密度为

$$f(x,\lambda)=\begin{cases}\frac{1}{\lambda}\mathrm{e}^{-\frac{x}{\lambda}}, & x>0,\\ 0, & x\leqslant 0,\end{cases}$$

其中 λ 为未知参数，若取得样本观测值为 x_1，x_2，…，x_n，求参数的极大似然估计值.

解 似然函数为

$$L(\lambda)=\prod_{i=1}^{n}\frac{1}{\lambda}\mathrm{e}^{-\frac{x_i}{\lambda}}=\lambda^{-n}\mathrm{e}^{-\sum_{i=1}^{n}x_i/\lambda},$$

取对数，得

$$\ln L(\lambda)=-n\ln\lambda-\frac{1}{\lambda}\sum_{i=1}^{n}x_i,$$

求导得

$$\frac{\mathrm{d}\ln L}{\mathrm{d}\lambda}=-\frac{n}{\lambda}+\frac{1}{\lambda^2}\sum_{i=1}^{n}x_i=0.$$

由此解得 λ 的极大似然估计值为

$$\hat{\lambda}=\frac{1}{n}\sum_{i=1}^{n}x_i=\bar{x}.$$

例 5.1.5 设总体 X 服从正态分布 $N(\mu,\sigma^2)$，其中 μ 及 σ^2 都是未知参数，若取得样本观测值为 x_1，x_2，…，x_n，求参数 μ 及 σ^2 的极大似然估计值.

解 正态分布（μ，σ^2）的密度函数为

$$p(x)=\frac{1}{\sqrt{2\pi}\sigma}\mathrm{e}^{-\frac{(x-\mu)^2}{2\sigma^2}},$$

似然函数为

$$L(\mu,\sigma^2)=\prod_{i=1}^{n}\frac{1}{\sqrt{2\pi}\sigma}\mathrm{e}^{-\frac{(x_i-\mu)^2}{2\sigma^2}}=\left(\frac{1}{2\pi\delta^2}\right)^{\frac{n}{2}}\cdot\mathrm{e}^{-\frac{1}{2\delta^2}\sum_{i=1}^{n}(x_i-\mu)^2}$$

取对数得

$$\ln L(\mu,\sigma^2)=-\frac{n}{2}\ln 2\pi-\frac{n}{2}\ln\sigma^2-\frac{1}{2\sigma^2}\sum_{i=1}^{n}(x_i-\mu)^2.$$

分别对μ，σ^2求偏导，得方程组

$$\begin{cases}\dfrac{\partial \ln L}{\partial \mu}=\dfrac{1}{\sigma^2}\sum\limits_{i=1}^{n}(x_i-\mu)=0,\\ \dfrac{\partial \ln L}{\partial \sigma^2}=-\dfrac{n}{2\sigma^2}+\dfrac{1}{2(\sigma^2)^2}\sum\limits_{i=1}^{n}(x_i-\mu)^2=0.\end{cases}$$

由此求得μ及σ^2的极大似然估计值分别是

$$\begin{cases}\hat{\mu}=\dfrac{1}{n}\sum\limits_{i=1}^{n}x_i=\bar{x},\\ \hat{\sigma}^2=\dfrac{1}{n}\sum\limits_{i=1}^{n}(x_i-\bar{x})^2.\end{cases}$$

所以，对于正态总体，参数的极大似然估计与矩估计是相同的.

5.1.3 估计量的评价标准

从上面的讨论可以看出，参数估计的方法有多种，用不同的方法得到的估计量不一定相同．到底孰优孰劣？这就涉及评价估计量的优良性的标准问题.

由于估计量作为样本的函数是一个随机变量，所以对不同的样本观测值，其估计量的观测值也不同. 因此，一个估计量的优劣就不能仅凭一次观测结果，而要根据估计量的统计规律来评价. 直观来说，一个好的估计量其观测值应在待估参数的真值附近摆动，且摆动的幅度越小越好. 即，应使估计量与待估函数在某种统计意义下非常“接近”. 为此，我们下面介绍几个常用的评价标准.

1. 无偏性

定义5.1.3 设$\hat{\theta}=\hat{\theta}(X_1, X_2, \cdots, X_n)$是未知参数的$\theta$的估计量，若$E(\hat{\theta})=\theta$，则称$\hat{\theta}$为$\theta$的无偏估计. 设$b_n=E(\hat{\theta})-\theta$称$b_n$为估计量$\hat{\theta}$的偏差，当$b_n\neq 0$时，称$\hat{\theta}$为$\theta$的有偏估计，若$\lim\limits_{n\to\infty}b_n=0$，则称$\hat{\theta}$为$\theta$的渐近无偏估计.

例5.1.6 设$X_1, X_2, \cdots, X_n$是来自总体X的一个样本，总体X的均值$E(X)=\mu$，方差$D(X)=\sigma^2$，求证：

(1) 样本均值$\overline{X}=\dfrac{1}{n}\sum\limits_{i=1}^{n}X_i$是总体均值$\mu$的无偏估计；

(2) 样本方差$S^2=\dfrac{1}{n-1}\sum\limits_{i=1}^{n}(X_i-\overline{X})^2$是总体方差$\sigma^2$的无偏估计.

证 因为样本$X_1, X_2, \cdots, X_n$相互独立，且与总体X服从相同的分布，所以有

$$E(X_i)=\mu, D(X_i)=\sigma^2, i=1,2,\cdots,n$$

由数学期望和方差的性质可知

(1)$E(\overline{X})=E\left(\dfrac{1}{n}\sum\limits_{i=1}^{n}X_i\right)=\dfrac{1}{n}E\left(\sum\limits_{i=1}^{n}X_i\right)=\dfrac{1}{n}\sum\limits_{i=1}^{n}E(X_i)=\dfrac{1}{n}\cdot n\mu=\mu$，所以$\overline{X}$是$\mu$的无偏估计量$\hat{\mu}=\overline{X}$.

(2) 因为

$$S^2 = \frac{1}{n-1}\sum_{i=1}^{n}(X_i - \overline{X})^2 = \frac{1}{n-1}\left(\sum_{i=1}^{n}X_i^2 - n\overline{X}^2\right),$$

而由公式 $E(X^2) = D(X) + [E(X)]^2$ 得

$$E(X_i^2) = D(X_i) + [E(X_i)]^2 = \sigma^2 + \mu^2,\ i = 1, 2, \cdots, n$$

$$\begin{aligned} E(\overline{X}^2) &= D(\overline{X}) + E^2(\overline{X}) = D\left(\frac{1}{n}\sum_{i=1}^{n}X_i\right) + \mu^2 = \frac{1}{n^2}\sum_{i=1}^{n}D(X_i) + \mu^2 \\ &= \frac{1}{n^2}\cdot n\sigma^2 + \mu^2 = \frac{\sigma^2}{n} + \mu^2. \end{aligned}$$

由此得

$$\begin{aligned} E(S^2) &= E\left[\frac{1}{n-1}\left(\sum_{i=1}^{n}X_i^2 - n\overline{X}^2\right)\right] = \frac{1}{n-1}\sum_{i=1}^{n}E(X_i^2) - nE(\overline{X}^2) \\ &= \frac{1}{n-1}\left[n(\sigma^2+\mu^2) - n\left(\frac{\sigma^2}{n}+\mu^2\right)\right] = \sigma^2. \end{aligned}$$

所以，S^2 是 σ^2 的无偏估计 $\hat{\sigma}^2 = S^2$.

需要注意的是，总体方差 σ^2 的矩估计 $\hat{S}^2 = \frac{1}{n}\sum_{i=1}^{n}(X_i - \overline{X})^2$ 是有偏差估计，这是因为

$$E(\hat{S})^2 = E\left(\frac{n}{n-1}S^2\right) = \frac{n}{n-1}E(S^2) = \frac{n}{n-1}\sigma^2.$$

可见 $\hat{S}^2$ 为 σ^2 的渐近无偏估计，故当 n 比较大时，取 S^2 和 $\hat{S}^2$ 作为 σ^2 的估计皆可.

显然，对于同一未知参数，可以构造许多无偏估计．例如，若 X_1，X_2，$\cdots$，X_n 是总体 X 的一个样本，$c_i(1\leqslant i\leqslant n)$是满足 $\sum_{i=1}^{n}c_i = 1$ 的任意常数，则估计量 $\sum_{i=1}^{n}c_iX_i$ 都是总体期望 $E(X)$ 的无偏估计.

无偏估计是对估计量的一个最重要也是最常见的要求．然而，若把无偏性作为对估计量的绝对的要求，却不见得是正确的．

有时候，无偏估计可以不存在；有时候，一个无偏估计可以有明显弊病．因此单从无偏性这一标准不能分辨哪一个估计量更好．

既然一个参数的无偏估计不是唯一的，那么在它的多个无偏估计中就存在优劣问题．通常衡量一个参数的两种无偏估计何者更好的标准应该是看谁摆动的更小，即要求估计量是无偏的且具有最小方差，这就是下面要讨论的最小方差无偏估计．

2. 有效性

定义 5.1.4 设 X_1，X_2，$\cdots$，X_n 是来自总体 X 的随机样本，$\hat{\theta}_1$ 与 $\hat{\theta}_2$ 都是参数 θ 的无偏估计量，若 $D(\hat{\theta}_1) < D(\hat{\theta}_2)$则称 $\hat{\theta}_1$ 比 $\hat{\theta}_2$ 有效.

例如，设 X_1，X_2，$\cdots$，X_n 是来自总体 X 的随机样本，则 X_1，$\overline{X} = \frac{1}{n}\sum_{i=1}^{n}X_i$ 都是总体均值 $E(X)$的无偏估计量，但当 $n\geqslant 2$ 时，

$$D(X_1) = D(X) > D(\overline{X}) = \frac{1}{n}D(X).$$

所以 $\overline{X}$ 比 X_1 有效.

这样，在无偏估计类中，方差越小越好，故引入以下的定义.

定义5.1.5 设 $\hat{\theta}_0$ 是参数 θ 的无偏估计量，若对 θ 的任一无偏估计量 $\hat{\theta}$，都有 $D(\hat{\theta}_0)\leqslant D(\hat{\theta})$，则称 $\hat{\theta}_0$ 是 θ 的最小方差无偏估计量.

最小方差无偏估计量确实是一种最优的估计量，可惜有时并不存在. 还应指出，估计量 $\hat{\theta}$ 是与样本容量有关的，为了明确起见，不妨记作 $\hat{\theta}_n$. 我们当然希望当 n 充分大时 $\hat{\theta}_n$ 的值稳定在 θ 的附近. 于是我们给出第三个标准：一致性.

3. 一致性

定义5.1.6 如果对于任意 $\varepsilon>0$，总有 $\lim\limits_{n\to\infty}p(|\hat{\theta}_n-\theta|<\varepsilon)=1$，则称 θ 的估计量 $\hat{\theta}_n$ 是一致的. 当 $\lim\limits_{n\to\infty}E(|\hat{\theta}_n-\theta|^r)=0$ 对某 $r\geqslant 0$ 成立时，$\hat{\theta}_n$ 是 θ 的 r 阶一致估计量.

例5.1.7 设总体 X 的均值 $E(X)=\mu$，方差 $D(X)=\sigma^2$，证明：样本均值 $\overline{X}$ 是总体均值 μ 的一致估计量.

证 因为样本 X_1，X_2，…，X_n 相互独立，且与总体 X 服从相同的分布，所以

$$E(X_i)=\mu,\ D(X_i)=\sigma^2,\ i=1,2,\cdots,n$$

于是，由切比雪夫定理知

$$\lim_{n\to\infty}P\left(\left|\frac{1}{n}\sum_{i=1}^{n}X_i-\frac{1}{n}\sum_{i=1}^{n}E(X_i)\right|<\varepsilon\right)=1.$$

注意到

$$E(\overline{X})=E\left(\frac{1}{n}\sum_{i=1}^{n}X_i\right)=\frac{1}{n}E\left(\sum_{i=1}^{n}X_i\right)=\frac{1}{n}\sum_{i=1}^{n}E(X_i)=\frac{1}{n}\cdot n\mu=\mu,$$

即得 $\lim\limits_{n\to\infty}P(|\overline{X}-\mu|<\varepsilon)=1$. 所以 $\overline{X}$ 是 μ 的一致估计量. 此外，还可以证明：样本方差 S^2 是总体方差 σ^2 的一致估计量.

综上所述，可知样本均值 $\overline{X}$ 与样本方差 S^2 分别是总体均值 μ 与总体方差 σ^2 的无偏，一致估计量. 因此，对这些数字特征的点估计比较容易.

5.2 区间估计

参数 θ_i 的点估计值只是 θ_i 的一个近似值. 在实际问题中，不仅需要求出对 θ_i 的近似值，而且还需要大致估计这个近似值的精确性和可靠性，这就是区间估计.

5.2.1 区间估计的概念

定义5.2.1 设总体 X 的分布中含有未知参数 θ_i，若对给定的概率 $1-\alpha$ （$0<\alpha<1$），存在两个统计量 $\theta_{i1}(X_1,X_2,\cdots,X_n)$ 和 $\theta_{i2}(X_1,X_2,\cdots,X_n)$，使得

$$P(\hat{\theta}_{i1}<\theta_i<\hat{\theta}_{i2})=1-\alpha,$$

则称 $1-\alpha$ 为置信水平，称随机区间（$\hat{\theta}_{i1}$，$\hat{\theta}_{i2}$）为参数 θ_i 的置信水平 $1-\alpha$ 的置信区间，（$\hat{\theta}_{i1}$，$\hat{\theta}_{i2}$）也称为参数 θ_i 的一个区间估计，θ_{i1}称为置信下限，θ_{i2}称为置信上限.

区间估计的一般步骤是：

1）设欲估计的参数是 θ，先取 θ 的一个点估计 $\hat{\theta}$，它满足两点：一是它按前面提出的标准应该是一个“好”的估计量；二是它的分布形式应该已知，仅依赖未知参数 θ.

2）所求的区间考虑为 $\hat{\theta}$ 的一个邻域$[\hat{\theta}-a,\hat{\theta}+b]$，$a$，$b>0$，使得对于 $0<\alpha<1$，

$$P\{\hat{\theta}-a\leqslant\theta\leqslant\hat{\theta}+b\}=1-\alpha,$$

且一般要求 $a+b$ 尽可能小. 为确定 a，b，需用解不等式的方法将上式中的随机事件变成类似于下述等式形式

$$\{\hat{\theta}-a\leqslant\theta\leqslant\hat{\theta}+b\}=\{-g(a)\leqslant T(X_1,X_2,\cdots,X_n;\theta)\leqslant g(b)\},$$

其中，$g(x)$为可逆的 x 的已知函数，$T=T(X_1, X_2, \cdots, X_n; \theta)$ 的分布与 θ 无关且已知，一般其分位点应有表可查. 于是就得出 $g(a)$，$g(b)$为某个分位点，如 $g(a)=c$，$g(b)=d$.

3）从 $g(a)$，$g(b)$的表达式中解出 a，b 即可.

区间估计涉及抽样分布，而对于一般分布的总体，其抽样分布的计算通常有些困难，因此我们将主要研究正态总体参数的区间估计问题.

5.2.2 总体均值的区间估计

1. 已知 $D(X)$，求 $E(X)$ 的置信区间

设样本$(X_1, X_2, \cdots, X_n)$来自正态总体 X，已知方差 $D(X)=\sigma^2$，则由于

$$U=\frac{\overline{X}-E(X)}{\sigma/\sqrt{n}}\sim N(0, 1)$$

在置信水平 $1-\alpha$ 给定后，由于正态分布的对称性，取 $N(0,1)$的 $1-\dfrac{\alpha}{2}$分位数 $u_{1-\frac{\alpha}{2}}$，满足

$$P\{|u|\leqslant u_{1-\frac{\alpha}{2}}\}=1-\alpha,$$

$$P\left\{\overline{X}-u_{1-\frac{\alpha}{2}}\frac{\sigma}{\sqrt{n}}\leqslant E(X)\leqslant\overline{X}+u_{1-\frac{\alpha}{2}}\frac{\sigma}{\sqrt{n}}\right\}=1-\alpha,$$

所以 $E(X)$在置信水平 $1-\alpha$ 下的置信区间为$\left[\overline{X}-u_{1-\frac{\alpha}{2}}\dfrac{\sigma}{\sqrt{n}}, \overline{X}+u_{1-\frac{\alpha}{2}}\dfrac{\sigma}{\sqrt{n}}\right]$.

例 5.2.1 从某厂生产的滚珠中随机抽取 10 个，测得滚珠的直径（单位：mm）如下：

14.6，　15.0，　14.7，　15.1，　14.9，　14.8，15.0，　15.1，　15.2，　14.8

若滚珠直径服从正态分布 $N(\mu,\sigma^2)$，并且已知 $\sigma=0.16$mm，求滚珠直径均值 μ 的置信水平为 95% 的置信区间.

解 计算出样本均值 $\overline{X}=14.92$，因为置信水平 $1-\alpha=0.95$，$\alpha=0.05$，查函数 $\Phi(x)$ 的数值表 $u_{1-\frac{\alpha}{2}}=u_{0.975}=1.96$. 由此得

$$u_{1-\frac{\alpha}{2}}\frac{\sigma}{\sqrt{n}}=1.96\times\frac{0.16}{\sqrt{10}}\approx0.099.$$

所以，所求的置信区间为（14.92－0.099，14.92＋0.099），即（14.821，15.019）.

用$\left[\overline{X}-u_{1-\frac{\alpha}{2}}\dfrac{\sigma}{\sqrt{n}}, \overline{X}+u_{1-\frac{\alpha}{2}}\dfrac{\sigma}{\sqrt{n}}\right]$作 $E(X)$ 的置信区间，其条件是 X 服从正态分布，且已知方差 $D(X)=\sigma^2$. 但是在有些问题中，并不预先知道 X 服从哪种分布，此时只要样本容量 n 足够大，仍可用$\left[\overline{X}-u_{1-\frac{\alpha}{2}}\dfrac{\sigma}{\sqrt{n}}, \overline{X}+u_{1-\frac{\alpha}{2}}\dfrac{\sigma}{\sqrt{n}}\right]$作 $E(X)$的置信区间. 这是因为由中心极限定理

可知，无论 X 服从什么分布，当 n 充分大时，随机变量 $\eta=\dfrac{\overline{X}-E(X)}{\sigma/\sqrt{n}}$ 就近似服从标准正态分布 $N(0,\ 1)$. 至于 n 多大才算充分大，没有绝对的标准，一般 n 不能小于 50，最好大于 100.

2. 未知方差 $D(X)$，求 $E(X)$ 的置信区间

此时，用 $D(X)$ 的估计值即样本方差 $S^2=\dfrac{1}{n-1}\sum_{i=1}^{n}(X_i-\overline{X})^2$ 来代替 $D(X)$. 利用

$$\frac{\overline{X}-E(X)}{s/\sqrt{n}}\sim t(n-1),$$

由于 t 分布也是对称的，故取 $t(n-1)$ 的 $1-\dfrac{\alpha}{2}$ 分位数 $t_{1-\frac{\alpha}{2}(n-1)}$，就有

$$P\left\{\overline{X}-t_{1-\frac{\alpha}{2}}\frac{S}{\sqrt{n}}\leqslant E(X)\leqslant\overline{X}+t_{1-\frac{\alpha}{2}}\frac{S}{\sqrt{n}}\right\}=1-\alpha,$$

所以 $E(X)$ 在置信水平 $1-\alpha$ 下的置信区间 $\left[\overline{X}-t_{1-\frac{\alpha}{2}}\dfrac{S}{\sqrt{n}},\ \overline{X}+t_{1-\frac{\alpha}{2}}\dfrac{S}{\sqrt{n}}\right]$.

例 5.2.2　用某仪器间接测量温度，重复测量 5 次，得：
1250℃，1265℃，1245℃，1260℃，1275℃，试问：温度的真实值在什么范围内？

解　问题为在未知方差（仪器的精度）的情况下，求 $E(X)$ 的置信区间，这里用 $E(X)$ 表示温度真值. 由前面的讨论知，以概率 $1-\alpha$ 落入区间

$$\left(\overline{X}-t_{1-\frac{\alpha}{2}}(n-1)\frac{S}{\sqrt{n}},\ \overline{X}+t_{1-\frac{\alpha}{2}}(n-1)\frac{S}{\sqrt{n}}\right)$$

计算得样本均值和样本方差分别为

$$\overline{X}=1259,\quad S^2=\frac{570}{4}.$$

取 $\alpha=0.05$，而 $n-1=5-1=4$，查 t 分布表可得

$$t_{1-\frac{\alpha}{2}}(n-1)=t_{0.975}(4)=2.776,$$

故

$$t_{1-\frac{\alpha}{2}}\ (n-1)\ \frac{S}{\sqrt{n}}=2.776\times\sqrt{\frac{570}{5\times4}}\approx14.8.$$

可得温度真值在置信水平为 0.95 时的置信区间为（1259 − 14.8，1259 + 14.8），即（1244.2，1273.8）

5.2.3　总体方差的区间估计

由样本要（X_1，X_2，…，X_n）来自正态总体 $X\sim N(\mu,\ \sigma^2)$，现要用样本方差 S^2 对总体方差 σ^2 进行区间估计. 由于 $\eta=\dfrac{(n-1)S^2}{\sigma^2}\sim\chi^2(n-1)$，选取 χ^2 分布的 $\dfrac{\alpha}{2}$ 分位数 $\chi^2_{\frac{\alpha}{2}}$ 和 $1-\dfrac{\alpha}{2}$ 分位数 $\chi^2_{1-\frac{\alpha}{2}}$，满足

$$P\left\{\chi^2_{\frac{\alpha}{2}}\leqslant\frac{(n-1)S^2}{\sigma^2}\leqslant\chi^2_{1-\frac{\alpha}{2}}\right\}=1-\alpha,$$

即

$$P\left\{\frac{(n-1)S^2}{\chi^2_{1-\frac{\alpha}{2}}}\leqslant\sigma^2\leqslant\frac{(n-1)S^2}{\chi^2_{\frac{\alpha}{2}}}\right\}=1-\alpha,$$

所以 $D(X)$ 在置信水平 $1-\alpha$ 下的置信区间为

$$\left[\frac{(n-1)S^2}{\chi^2_{1-\frac{\alpha}{2}}},\frac{(n-1)S^2}{\chi^2_{\frac{\alpha}{2}}}\right]$$

在具体计算时，因 $(n-1)S^2=\sum_{i=1}^{n}(X_i-\overline{X})^2$，则 $D(X)$ 在置信水平 $1-\alpha$ 下的置信区间可直接写成 $\left[\frac{\sum_{i=1}^{n}(X_i-\overline{X})^2}{\chi^2_{1-\frac{\alpha}{2}}},\frac{\sum_{i=1}^{n}(X_i-\overline{X})^2}{\chi^2_{\frac{\alpha}{2}}}\right]$，$\sigma$ 的置信区间则可取上述置信限的平方根.

例 5.2.3 从自动机床加工的同类零件中抽取 16 件，测得长度值（单位：mm）为

12.15，12.12，12.01，12.28，12.09，12.16，12.03，12.01，

12.06，12.13，12.07，12.11，12.08，12.01，12.03，12.06.

求方差的置信区间（$\alpha=0.05$）.

解 设零件长度为随机变量 X，认为其服从正态分布. 计算得

$$\overline{X}=\frac{1}{16}\sum_{i=1}^{16}X_i=12.08,\quad\sum_{i=1}^{16}(X_i-\overline{X})^2=0.0761,$$

查 χ^2 分布表得

$$\lambda_1=\chi^2_{1-\frac{\alpha}{2}}(n-1)=\chi^2_{0.025}(15)=6.26,$$
$$\lambda_2=\chi^2_{\frac{\alpha}{2}}(n-1)=\chi^2_{0.975}(15)=27.5,$$

故

$$\frac{\sum_{i=1}^{16}(X_i-\overline{X})^2}{\lambda_2}=\frac{0.0761}{27.5}\approx0.0027,$$

$$\frac{\sum_{i=1}^{16}(X_i-\overline{X})^2}{\lambda_1}=\frac{0.0761}{6.26}\approx0.0121,$$

所以，求得的 σ^2 置信区间为（0.0027，0.0121）.

5.3 贝叶斯估计初步

在前面关于参数估计的讨论中，我们总是把待估参数 θ 视为参数空间 Θ 的一个未知常数（或常向量），我们相信这些参数的信息只是由样本携带，于是通过对样本“毫无偏见”的加工，得到参数估计. 当我们的参数按前面提出的某种标准得到最优时，我们认为就可以相信这一估计了，但事实并不尽然.

例 5.3.1 某学生通过物理实验确定当地的重力加速度，得到数据（单位：m/s²）如下：

$$9.80,\ 9.79,\ 9.78,\ 6.81,\ 6.80.$$

平均结果是 $\hat{g}=8.596$，对这个结果你认为要如何看待？

容易看出，这个结果是很坏的. 这是因为我们早就对重力加速度有了一个先验的认识，知道它大致在9.80左右，误差最大不超过0.1. 因此我们有理由认为前三个靠近9.8的数据是正常的，而后两个靠近6.8的数据是不正常的，应该仔细地检查后两次实验，看装置是否出了毛病，再想一些补救办法. 可见，对参数的先验认识对于正确估计参数往往是有益的.

本节将运用决策的观点来研究点估计问题. 将决策论的方法用于研究统计问题通常称为统计决策方法，它是一种近代统计方法.

5.3.1 统计决策的基本概念

1. 决策空间

设总体 X 的分布函数 $F(x,\theta)$，$\theta\in\Theta$，对于所提出的统计问题，我们要给以适当的回答，如对参数 θ 的点估计，一个具体的估计值就是一个回答. 在统计决策论中，每一个具体的回答称为一个决策. 一个问题中可能采取的全部决策组成的集合称为决策空间，记为$\wp$.

例如，要估计总体 X 分布 $N(\mu,1)$ 中的 μ，$\mu\in\Theta=(-\infty,+\infty)$. 因为 μ 在 $(-\infty,+\infty)$ 中取值，所以每一个实数都可用来估计 μ，故每一个实数都代表着一个决策，决策空间

$$\wp=(-\infty,+\infty)=\Theta$$

2. 决策函数

统计决策问题，实质上就是对样本空间 Ω 的每一点 $x=(x_1,x_2,\cdots,x_n)$，在决策空间$\wp$中寻找一点 $\hat{\theta}(x)$ 与之对应，这样一个对应关系可看作定义在样本空间 Ω 上，而取决于决策空间$\wp$内的函数 $\hat{\theta}(x)$，使得当有了样本 x 时，就采取决策 $\hat{\theta}(x)$，称这个函数为统计决策函数（简称决策函数）. 形象地说，决策函数 $\hat{\theta}(x)$ 就是一个“行动方案”，我们根据各种可能出现的情况，即样本 $x\in\Omega$，按既定的方案采取决策，即 $\hat{\theta}(x)$ 在$\wp$中的值. 在不致于引起误解的情况下，也称 $\hat{\theta}(X)=\hat{\theta}(X_1,X_2,\cdots,X_n)$ 为决策函数，此时，表示样本值为 $\boldsymbol{x}=(x_1,x_2,\cdots,x_n)$，采取决策 $\hat{\theta}(x)=\hat{\theta}(x_1,x_2,\cdots,x_n)$. 因此，决策函数 $\hat{\theta}(x)$ 本质上是一个统计量.

例如，要估计 $N(\mu,1)$ 中的 μ，设 $X_1,X_2,\cdots,X_n$ 是样本，那么可用 $\hat{\theta}(x)=\bar{x}=\frac{1}{n}\sum_{i=1}^{n}x_i$ 来估计 μ，$\hat{\theta}(x)=\bar{x}$ 就是一个决策函数.

3. 损失函数

统计决策的一个基本观点是：每采取一个决策，必然有一定的后果. 决策不同，后果也不同，且这种结果常以某种方式通过一定的经济损失的形式表现出来. 对于每个具体的统计决策问题，总有许多优劣不同的决策可采用，如要估计 $N(\mu,1)$ 中的 μ，假定 μ 的真值为1，那么采用1.5这个决策显然比用10这个决策好得多. 因此，需要引入用以评价决策或决策函数好坏的标准. 其方法是引入一种依赖于参数 $\theta\in\Theta$ 和决策 $\hat{\theta}\in\wp$的二元非负实函数，它表示当参数真值为 θ 而采取决策 $\hat{\theta}$ 时所造成的损失，称之为损失函数. 决策越正确，损失就

越小. 由于在统计问题中，总是需要利用样本对总体进行推断，误差是不可避免的，因而总会带来损失，这就是损失函数定义为非负函数的原因.

对于不同的统计问题，可以选取不同的损失函数. 在参数的点估计中，损失函数可有以下选择：

绝对误差损失函数：$L(\theta,\hat{\theta})=|\theta-\hat{\theta}|$；

一次损失函数：$L(\theta,\hat{\theta})=\theta-\hat{\theta}$；

二次损失函数：$L(\theta,\hat{\theta})=(\theta-\hat{\theta})^2$.

统计决策方法用于实际问题时，如何选取损失函数是一个关键问题，也是一个难点. 一般来说，选取的损失函数应与实际问题相符合，同时要在数学上便于处理. 上面的二次损失函数是参数点估计中常用的一种损失函数.

4. 风险函数

在给定一个决策函数 $\hat{\theta}(X_1, X_2,\cdots, X_n)$之后，所采取的决策就完全取决于样本（$X_1$，$X_2$，$\cdots$，$X_n$），即样本（$X_1$，$X_2$，$\cdots$，$X_n$）取不同的值，对应的决策 $\hat{\theta}$（x）可能不同，由此带来的损失 $L(\theta,\hat{\theta}(X))$也不同，这样就不能运用基于样本值 x 所采取的决策而带来的损失 $L(\theta,\hat{\theta}(X))$来衡量决策的好坏，而应该从整体上来评价. 这就是将损失函数视为样本（X_1，X_2，$\cdots$，X_n）的函数 $L(\theta,\hat{\theta}(X_1,X_2,\cdots,X_n))$，而采取平均损失

$$R(\theta,\hat{\theta})=E_\theta\{L(\theta,\hat{\theta}(X_1,X_2,\cdots,X_n))\},$$

$R(\theta,\hat{\theta})$ 称为风险函数，它表示当真参数为 θ 时，采取决策函数 $\hat{\theta}(X_1,X_2,\cdots,X_n)$所蒙受的平均损失. 其中 E_θ 表示当参数为 θ 时，对样本的函数 $L(\theta,\hat{\theta}(X_1,X_2,\cdots,X_n))$求数学期望. 显然，风险越小，决策函数就越好.

例 5.3.2 设总体 X 服从正态分布 $N(\mu,1)$，试估计参数 μ.

解 选取损失函数为二次函数 $L(\mu,\hat{\mu})=(\mu-\hat{\mu})^2$，则对 μ 的任一估计 $\hat{\mu}$，风险函数为

$$R(\mu,\hat{\mu})=E_\mu\{L(\mu,\hat{\mu})\}=E_\mu\{(\mu-\hat{\mu})^2\},$$

若进一步要求 $\hat{\mu}$ 是无偏的，即 $E_\mu(\hat{\mu})=\mu$，则风险函数是

$$R(\mu,\hat{\mu})=E[(\hat{\mu}-E(\hat{\mu}))^2]=D_\mu(\hat{\mu}),$$

即估计量的方差.

若取 $\hat{\mu}=\overline{X}$，则 $R(\mu,\hat{\mu})=D(\overline{X})=\dfrac{1}{n}$；若取 $\hat{\mu}=X_1$，则 $R(\mu,\hat{\mu})=D(X_1)=\dfrac{1}{n}$. 显然，当 $n>1$ 时，后者的风险比前者大，即 $\overline{X}$ 优于 X_1.

5.3.2 贝叶斯（Bayes）估计

上述风险函数给出了衡量决策函数优劣的一个标准，自然希望得到使风险最小的决策函数. 然而，这种意义下的最优决策函数往往是不存在的. 这主要是因为风险函数 $R(\theta,\hat{\theta})$是既依赖于决策函数 $\hat{\theta}$ 又依赖于参数 θ 的二元函数，它往往会使某些 θ 处决策函数 $\hat{\theta}_1$ 的风险函数值最小，而另一些 θ 处决策函数 $\hat{\theta}_2$ 的风险函数值也最小. 要解决这个问题，可采用一种方法使两个函数的点点比较转化为用一个整体指标的比较来决定优劣. 贝叶斯估计便是利

用对未知参数 θ 的先验信息来达到上述目的.

1. 先验分布与后验分布

从例 5.3.1 我们知道，参数的先验信息对于正确估计参数往往是有益的. 显然，参数的先验信息不会是一个确定的值，而只能是一个分布. 要利用先验信息，就要把参数 θ 视为在 Θ 中取值的随机变量. 这在实际中可以有两种理解：一是从某一范围考察，参数却是随机的. 如用 p 表示某工厂每日的废品率，尽管从某一天看，p 确是一个未知常数，但从数天或者更长一段时间看，每天的 p 会有一定的变化，一般来说 p 的变化范围呈现一定的分布规律，我们可以利用这种分布规律来作为某日废品率估计的先验信息；另一种理解是参数可能确是某一常数，但人们无法知道或无法准确地知道它，只可能通过它的观测值去认识它，像例 5.3.1 中的当地重力加速度，这时，我们也不妨把它看成一个随机变量，认为它所服从的分布可以通过对它的先验知识获得，如可认为当地重力加速度服从正态分布 $N(9.80, 0.1^2)$. 这一观点在实际中是很有用处的，它将使我们能够充分地利用参数的先验信息对参数做出更准确的估计.

贝叶斯估计方法就是把未知参数 θ 视为一个具有已知分布 $\pi(\theta)$ 的随机变量，从而将先验信息数学形式化并加以利用的一种方法，通常称 $\pi(\theta)$ 为先验分布.

设总体 X 的分布密度为 $\varphi(x, \theta)$，$\theta \in \Theta$，θ 的先验分布为 $\pi(\theta)$，由于 θ 为随机变量并假定已知 θ 的先验分布，所以总体 X 的分布密度为 $\varphi(x, \theta)$ 应看做给定 θ 时 X 的条件分布密度，于是总体 X 的分布密度为 $\varphi(x, \theta)$ 需改用 $\varphi(x|\theta)$ 来表示. 然后从总体 X 中抽取样本 $(X_1, X_2, \cdots, X_n)$，当给定一组样本值 $(X_1, X_2, \cdots, X_n) = (x_1, x_2, \cdots, x_n)$ 时，样本 $(X_1, X_2, \cdots, X_n)$ 的联合分布密度为

$$q(x_1, x_2, \cdots, x_n \mid \theta) = \prod_{i=1}^{n} \varphi(x_i, \theta)$$

或表示为

$$q(x|\theta) = \prod_{i=1}^{n} \varphi(x_i, \theta),$$

由此，样本 $(X_1, X_2, \cdots, X_n)$ 和 θ 的联合概率分布为

$$f(x, \theta) = q(x|\theta)\pi(\theta),$$

由乘法公式知

$$f(x, \theta) = \pi(\theta)q(x|\theta) = g(x)h(\theta|x),$$

于是有

$$h(\theta|x) = \frac{\pi(\theta)q(x|\theta)}{g(x)}, \ \theta \in \Theta,$$

称 $h(\theta|x)$ 为给定样本 $(X_1, X_2, \cdots, X_n) = x = (x_1, x_2, \cdots, x_n)$ 时 θ 的后验分布. 它是给定样本后 θ 的条件分布. 其中 $g(x)$ 是关于样本 $(X_1, X_2, \cdots, X_n)$ 的边缘分布，如果 θ 是连续型随机变量，则

$$g(x) = \int_{\Theta} \pi(\theta)q(x|\theta)\mathrm{d}\theta,$$

如果是离散型随机变量，则

$$g(x) = \sum_{\theta} \pi(\theta)q(x|\theta).$$

贝叶斯估计便是利用认为后验分布集中体现了样本和先验分布两者所提供的关于总体信息的总和，因而估计应建立在后验分布的基础上来进行.

2. 贝叶斯风险

将参数 θ 视为 Θ 上具有先验分布 $\pi(\theta)$ 的随机变量，风险函数 $R(\theta,\hat{\theta})$ 可写为

$$R(\theta,\hat{\theta}) = E_\theta\{L(\theta,\hat{\theta}(X))\} = \int_\Omega L(\theta,\hat{\theta}(X))q(x \mid \theta)\mathrm{d}x,$$

它是 θ 的函数，故仍为随机变量，关于 θ 再求期望值，得

$$B(\hat{\theta}) = E\{R(\theta,\hat{\theta})\} = \int_\Theta R(\theta,\hat{\theta})\pi(\theta)\mathrm{d}\theta,$$

$B(\hat{\theta})$ 称为决策函数 $\hat{\theta}$ 在给定先验分布下 $\pi(\theta)$ 的贝叶斯风险，简称 $\hat{\theta}$ 的贝叶斯风险.

如果 X 和 θ 都是连续型，则上式可写为

$$\begin{aligned} B(\hat{\theta}) &= \int_\Theta R(\theta,\hat{\theta})\pi(\theta)\mathrm{d}\theta = \iint_{\Theta\Omega} L(\theta,\hat{\theta}(x))q(x|\theta)\pi(\theta)\mathrm{d}x\mathrm{d}\theta \\ &= \iint_{\Theta\Omega} L(\theta,\hat{\theta}(x))g(x)h(\theta|x)\mathrm{d}x\mathrm{d}\theta \\ &= \int_\Omega g(x)\{\int_\Theta L(\theta,\hat{\theta}(x))h(\theta|x)\mathrm{d}\theta\}\mathrm{d}x, \end{aligned}$$

如果 X 和 θ 都是离散型，则有

$$B(\hat{\theta}) = \sum_x g(x)\{\sum_\theta L(\theta,\hat{\theta}(x))h(\theta \mid x)\}.$$

由上式可见，贝叶斯风险 $B(\hat{\theta})$ 可看作是随机损失函数 $L(\theta,\hat{\theta}(x))$ 求两次期望而得到的，即第一次先对 θ 的后验分布求期望，第二次对关于样本 X 的边缘分布求期望. 此时，由于 $B(\hat{\theta})$ 已不依赖于参数 θ 而仅依赖于决策函数 $\hat{\theta}(X)$，因此，以贝叶斯风险的大小作为衡量决策函数优劣的标准是合理的.

3. 贝叶斯估计

定义 5.3.1 设总体 X 的分布函数 $F(x,\theta)$ 中参数 θ 为随机变量，若存在一个决策函数 $\hat{\theta}_0(X)$，使得对任意一个决策函数 $\hat{\theta}(X)$，均有 $B(\hat{\theta}_0)\leqslant B(\hat{\theta})$，$\forall\hat{\theta}\in\wp$，则 $\hat{\theta}_0(X)$ 称为参数 θ 的贝叶斯估计.

由定义可见，贝叶斯估计 $\hat{\theta}_0(X)$ 就是使贝叶斯风险 $B(\hat{\theta})$ 达到最小的决策函数. 贝叶斯估计是依赖于先验分布 $\pi(\theta)$ 的，即对于不同的 $\pi(\theta)$，θ 的贝叶斯估计是不同的. 特别地，当损失函数取二次损失函数时，求贝叶斯估计的方法可简化为下述定理.

定理 5.3.1 如果取损失函数为二次损失函数 $L(\theta,\hat{\theta}(x))=(\theta-\hat{\theta})^2$，则 θ 的贝叶斯估计是

$$\hat{\theta}(x) = E(\theta|x) = \int_\Theta \theta h(\theta|x)\mathrm{d}\theta.$$

例 5.3.3 设总体 $X\sim N(\mu,\sigma^2)$，未知参数 $\mu\sim N(\nu,\tau^2)$，其中 σ，ν，τ 已知，X_1，X_2，…，X_n 为 X 的样本，求二次损失下 μ 的贝叶斯估计.

解 给定 μ，样本 $X=(X_1,X_2,\cdots,X_n)$ 关于 μ 的条件分布密度为

$$q(x\mid\mu)=\frac{1}{(\sqrt{2\pi}\sigma)^2}\exp\left\{-\frac{1}{2\sigma^2}\sum_{i=1}^{n}(X_i-\mu)^2\right\},$$

μ 的先验密度为

$$\pi(\mu)=\frac{1}{\sqrt{2\pi}\tau}\mathrm{e}^{-\frac{(\mu-\nu)^2}{2\tau^2}},$$

样本 X 和 μ 的联合概率分布为

$$\begin{aligned}f(x,\mu)&=q(x\mid\mu)\pi(\mu)\\&=\frac{1}{(\sqrt{2\pi}\sigma)^2}\exp\left\{-\frac{1}{2\sigma^2}\sum_{i=1}^{n}(X_i-\mu)^2\right\}\cdot\frac{1}{\sqrt{2\pi}\tau}\mathrm{e}^{-\frac{(\mu-\nu)^2}{2\tau^2}}\\&=\frac{1}{(\sqrt{2\pi})^{n+1}\sigma^2\tau}\exp\left\{-\frac{1}{2\sigma^2}\sum_{i=1}^{n}(X_i-\mu)^2-\frac{(\mu-\nu)^2}{2\tau^2}\right\}.\end{aligned}$$

上式的指数部分含 μ 的项可整理为

$$\frac{-(\mu-t)^2}{2\eta^2},$$

其中，

$$t=\frac{\frac{n\bar{x}}{\sigma^2}+\frac{1}{\tau^2}\nu}{\frac{n}{\sigma^2}+\frac{1}{\tau^2}},\ \bar{x}=\frac{1}{n}\sum_{i=1}^{n}x_i,\ \eta^2=\frac{1}{\frac{n}{\sigma^2}+\frac{1}{\tau^2}}=\frac{\sigma^2\tau^2}{n\tau^2+\sigma^2},$$

又关于 X 的边缘分布 $g(x)=\int_{-\infty}^{+\infty}f(x,\mu)\mathrm{d}\mu$ 是与 μ 无关的常数，不必算出. 于是 μ 的后验分布是

$$h(\mu|x)=\frac{f(x,\mu)}{g(x)}=C\exp\left\{-\frac{(\mu-t)^2}{2\eta^2}\right\},$$

其中 C 是与 μ 无关的常数，此后验分布仍是正态分布. 关于此正态分布的期望即均值 t 就是所求的 μ 的贝叶斯估计：

$$\hat{\mu}=t=\frac{\frac{n\bar{x}}{\sigma^2}+\frac{1}{\tau^2}\nu}{\frac{n}{\sigma^2}+\frac{1}{\tau^2}}.$$

现重新考察例 5.3.1，若假设该学生测重力加速度实验数据的总体服从 $N(\mu,1)$，又设 μ 的先验分布为 $N(9.8,0.1^2)$，则由本例的结果，μ 的贝叶斯估计为

$$\hat{\mu}=\frac{\left(\frac{5\times8.596}{1}+\frac{9.8}{0.1^2}\right)}{\left(\frac{5}{1}+\frac{1}{0.1^2}\right)}=9.743,$$

这个结果看起来是能接受的.

可见先验信息能够“矫正”样本带来的错误误差，只要先验分布的方差足够小，就能使估计值大大向先验信息方面靠拢，从而缓解了质量差的数据对于估计的破坏.

习 题 5

1. 在稳定生产的情况下，某工厂生产的灯泡的用时数 X 可认为服从 $N(\mu, \sigma^2)$. 观察这20个灯泡的用时数，计算得 $\bar{x}=1832$，$s=510$，试构造灯泡用时数的总体均值为95%的置信区间.

2. 设总体 X 的概率密度为

$$f(x;\theta)=\begin{cases}\dfrac{1}{\theta}x^{(1-\theta)/\theta}, & 0<x<1,\\ 0, & 其他.\end{cases}$$

其中，$0<\theta<+\infty$，$X_1, X_2, \cdots X_n$ 是来自总体 X 的样本.

（1）验证 θ 的最大似然估计量是 $\hat{\theta}=\dfrac{-1}{n}\sum\limits_{i=1}^{n}\ln X_i$.

（2）证明：$\hat{\theta}$ 是 θ 的无偏估计量.

3. 随机地取8只活塞环，测得它们的直径（单位：mm）为

74.001，74.005，74.003，74.000，74.001，73.993，74.006，74.002.

试求总体均值 μ 以及方差 σ^2 的矩估计值并求样本方差 s^2.

4. 设 $X_1, X_2, \cdots, X_n$ 为总体样本，求下列总体未知参数的密度函数或分布律中参数的矩估计量.

（1）$f(x;\theta)=\begin{cases}\theta C^{\theta}x^{-(\theta+1)}, & x>C\\ 0, & 其他\end{cases}$，其中 $C>0$ 为已知，$\theta>1$ 为未知参数；

（2）$f(x)=\begin{cases}\sqrt{\theta}x^{\sqrt{\theta}-1}, & 0\leqslant x\leqslant 1\\ 0, & 其他\end{cases}$，其中 $\theta>0$,θ 为未知参数；

（3）$P\{X=x\}=\dbinom{m}{x}p^x(1-p)^{m-x}$，$x=0, 1, 2, \cdots, m$，$0<p<1$，$p$ 为未知参数.

5. 设两位化验员 A，B 独立地对某种聚合物含氰量用相同的方法分别做10次测定，其测定值的样本方差分别为 $s_A^2=0.5419$，$s_B^2=0.6065$，设 σ_A^2，σ_B^2 分别为 A，B 所测定值得总体方差，总体均为正态分布，求 $\dfrac{\sigma_A^2}{\sigma_B^2}$ 的置信度为0.95的置信区间.

6. 设 $X_1, X_2, \cdots, X_n$ 是来自参数为 λ 的 Possion 分布总体的一个样本，试求 λ 的极大似然估计及矩估计量.

7. 随机地从 A 批导线中抽取4根，又从 B 批导线中抽取5根，测得电阻（单位：Ω）为

A 批导线：0.143，0.142，0.143，0.137，

B 批导线：0.140，0.142，0.136，0.138，0.140.

设测定数据分别来自分布 $N(\mu_1, \sigma^2)$ 和 $N(\mu_2, \sigma^2)$，且两样本相互独立，μ_1，μ_2，σ^2 均未知，试求 $\mu_1-\mu_2$ 的置信度为95%的置信区间.

8. 随机的抽取某种炮弹9发做实验，得炮口速度的样本标准差 $s=11$(m/s). 设炮弹速度服从正态分布，试求炮口速度的标准差 σ 的置信度为95%的置信区间.

9. 从某厂生产的一批产品中抽查100件，发现其中一级品60件，求这批产品的一级品率为95%的置信区间.

第 6 章

假设检验

统计推断的另一类重要问题是假设检验问题，它包括总体的分布形式完全未知，或只知总体的分布形式，但所含的参数未知两种情形. 为了推断总体的某些性质，就要提出关于总体的各种假设. 假设检验就是根据样本提供的信息对所提出的假设做出判断：是接受，还是拒绝. 本章主要介绍假设检验的思想和方法.

6.1 假设检验的概念和基本思想

6.1.1 假设检验的概念

对总体 X 的分布律或分布参数作某种假设，根据抽取的样本观察值，运用数理统计的分析方法，检验这种假设是否正确，从而决定接受假设或拒绝假设，这就是**假设检验**问题.

假设检验依问题的性质常分为两大类型：

1. 参数假设

如果观测的分布类型已知，这时构造出的统计量依赖于总体的分布函数，这种检验称为参数检验. 参数检验的目的往往是对总体的参数及其相关性质做出明确的判断.

2. 非参数检验

如果所检验的假设并非是对某个参数做出明确的判断，因而必须要求构造出的检验统计量的分布函数不依赖于观测值的分布函数类型，这种检验称为非参数检验. 如要求判断总体分布类型的检验就是非参数检验.

下面来看两个实际问题：

例 6.1.1 某工厂的洗衣粉装包机在正常工作时，装包量（单位：kg）服从正态分布 $N(0.5, 0.015^2)$. 某日开工后随机抽取 9 袋洗衣粉并分别测出其重量为

0.497，0.506，0.518，0.524，0.498，0.511，0.520，0.515，0.512.

问这台装包机是否正常？

若用 X 表示袋装洗衣粉的重量，则装包机正常是指 X 应该服从正态分布 $N(0.5, 0.015^2)$. 现在的问题是，如何根据样本观测值（10 袋洗衣粉的重量）来判断总体均值 μ 是

否为 $\mu_0=0.5$（这里暂不考虑 σ 也可能改变的情形）. 这是一个参数检验的问题. 为此，我们提出假设

$$H_0: \mu=\mu_0=0.5,$$

称它为原假设. 与这个假设相对立的假设是

$$H_1: \mu\neq\mu_0,$$

称它为备择假设.

于是问题转化为检验假设 H_0 是否为真. 若 H_0 为真，则认为机器正常；否则，认为机器不正常.

例 6.1.2 自动车床加工中轴，从成品中抽取 11 根，测量它的直径（单位：mm）数据如下：

10.52，10.41，10.32，10.18，10.64，10.77，10.82，10.67，10.59，10.38，10.49.
问这批零件的直径服从正态分布吗？

这是一个非参数检验问题.

6.1.2 假设检验的基本方法

现针对例 6.1.1 的问题来说明假设检验的方法.

我们的任务就是要根据样本对假设作出判断. 由于样本均值 $\overline{X}=\dfrac{1}{n}\sum_{i=1}^{n}X_i$ 是总体均值 $E(X)=\mu$的无偏估计，故当 H_0 为真时，$\overline{X}$ 应落在 μ_0 的附近，偏差 $|\overline{X}-\mu_0|$应很小. 当 $|\overline{X}-\mu_0|$过分大时，我们就应当怀疑 H_0 是不正确的而拒绝 H_0. 如何给出一个明确的数量界限，以便确认偏差 $|\overline{X}-\mu_0|$是否过大呢？

当 H_0 为真时，$\overline{X}\sim N\left(\mu_0, \dfrac{\sigma^2}{n}\right)$,

$$U=\frac{\overline{X}-\mu_0}{\sigma/\sqrt{n}}\sim N(0, 1),$$

给定小概率 $\alpha(0<\alpha<1$，称 α 为显著水平，要使 $\left|\dfrac{\overline{X}-\mu_0}{\sigma/\sqrt{n}}\right|$大到一定的程度就拒绝 H_0，则

$$P\left\{\left|\frac{\overline{X}-\mu_0}{\sigma/\sqrt{n}}\right|>\mu_{1-\frac{\alpha}{2}}\right\}=\alpha,$$

由于 α 通常是一个较小的数，所以事件$\left\{\left|\dfrac{\overline{X}-\mu_0}{\sigma/\sqrt{n}}\right|>u_{1-\frac{\alpha}{2}}\right\}$是一个由样本（$X_1$，$X_2$，…，$X_n$）构成的小概率事件，$u_{1-\frac{\alpha}{2}}$就是根据样本观测值确认小概率事件是否已发生的数量界限.

查 $N(0, 1)$分布表可得 $u_{1-\frac{\alpha}{2}}$的值，将统计量 U 的观测值与 $u_{1-\frac{\alpha}{2}}$相比较，当$|U|>u_{1-\frac{\alpha}{2}}$时，说明小概率事件在一次试验中发生了，这就与小概率事件实际上不可能发生的原理矛盾，因而认为 H_0 不真而拒绝 H_0；若 $|U|\leqslant u_{1-\frac{\alpha}{2}}$，则一次试验的结果与 H_0 为真并无矛盾，因此没有理由拒绝 H_0，于是接受 H_0.

对于例 6.1.1，$\overline{X}=0.511$，取 $\alpha=0.005$，查 $N(0, 1)$分布表得 $u_{1-\frac{\alpha}{2}}=u_{0.975}=1.96$，又

有 $n=9$，$\sigma=0.015$，因而

$$|U|=\left|\frac{\overline{X}-\mu_0}{\sigma/\sqrt{n}}\right|=\left|\frac{0.511-0.5}{0.015/\sqrt{9}}\right|=2.2>1.96=u_{1-\frac{\alpha}{2}},$$

故应拒绝 H_0，即认为 $\overline{X}$ 与 $\mu_0=0.5$ 已经有了显著差异，从而抽取的9袋洗衣粉不是来自正态总体 $N(0.5,0.015^2)$，因此，这天装包机工作不正常.

构造小概率事件用的统计量称为检验统计量. 当统计量的观测值取某个区域 W 中的值时，我们拒绝 H_0，则称区域 W 为拒绝域.

在检验中确立小概率事件的数 α，称为显著性水平或水平，通常取0.1，0.05和0.01. 值得注意的是取不同的值，检验结果可能不同. 例如，在例6.1.1中若取 $\alpha=0.01$，则 $u_{1-\frac{\alpha}{2}}=u_{0.095}=2.575$，因此 $|U|=2.2<2.575$，则应接受 H_0.

检验是在假设 H_0 与 H_1 之间做选择，拒绝 H_0，意味着接受 H_1；接受 H_0，表示拒绝 H_1. 所以例6.1.1一类的检验问题，通常称为在显著性水平 α 下，检验假设

$$H_0:\mu=\mu_0;\qquad H_1:\mu\neq\mu_0,$$

简称为 H_0 对 H_1 的检验.

6.1.3 假设检验可能犯的两类错误

假设检验的推理方法，是根据小概率事件的实际不可能原理作出判断的一种“反证法”. 然而，对于小概率事件，无论其概率多么小，还是有可能发生的. 所以利用上述方法进行假设检验，可能做出错误的判断. 这种错误的判断有两种情况：

（1）原假设 H_0 实际上是正确的，但却错误地拒绝了 H_0，这样就犯了“弃真”的错误，通常称为第一类错误. 犯这类错误的概率就是小概率事件发生的概率 α，即 P（拒绝 H_0 | H_0 为真）$=\alpha$.

（2）原假设实际上是不正确的，但是却错误地接受了，这样就犯了“取伪”的错误，通常称为第二类错误，犯第二类错误的概率记为 β，即 P(拒绝 H_0 | H_0 不真）$=\beta$.

由于抽样的随机性，在检验时，不论得到什么结论，都可能犯错误. 当然，对一个检验法而言，犯两类错误的概率越小，检验就越好. 然而，当样本容量 n 固定时，犯两类错误的概率是相互制约的，α 小，β 就大；β 小，α 就大；同时减小 α 和 β 是不可能的. 若要使 α 和 β 同时减小，只有增大样本容量，而这在实际工作中又做不到. 因此做检验时，通常是控制犯第一类错误的概率 α，而不考虑犯第二类错误的概率 β，这样的检验称为显著性检验. 本章讨论的检验，都是显著性检验. 假设检验的一般步骤是

（1）根据实际问题提出原假设 H_0 与备择假设 H_1，即说明需要检验的假设的具体内容；

（2）选择适当的统计量，并在原假设 H_0 成立的条件下确定该统计量的分布；

（3）按问题的具体要求，选取适当的显著性水平 α，并根据统计量的分布查表，确定相对应的临界值. 一般 α 取0.05，0.01和0.10.

（4）根据样本观测值计算统计量的观测值，并与预测值进行比较，从而在检验水平为 α 条件下对拒绝或接受原假设 H_0 作出判断.

6.2 均值假设检验

6.2.1 单个正态总体均值检验

设取出一个容量为 n 的样本，得到均值 $\overline{X}$ 和标准差 S，现要对总体均值 μ 是否等于某给定值 μ_0 进行检验. 记

$$H_0: \mu = \mu_0; \ H_1: \mu \neq \mu_0,$$

称 H_0 为原假设，H_1 为备择假设，两者择其一：接受 H_0；拒绝 H_0，即接受 H_1. 再选定一个显著性水平 α，它是在 H_0 成立的条件下被错误拒绝的概率.

总体方差已知和未知两种情况讨论.

1. 总体方差 σ^2 已知

若 H_0 成立，则 $\overline{X} \sim N\left(\mu_0, \frac{\sigma^2}{n}\right)$，故

$$U = \frac{\overline{X} - \mu_0}{\sigma/\sqrt{n}} \sim N(0, 1).$$

在 H_0 不成立时，$|U|$ 的观察只有偏大的趋势. 故对给定的显著性水平为使犯第二种错误的概率最小，取 $N(0, 1)$ 的 $1-\frac{\alpha}{2}$分位数 $u_{1-\frac{\alpha}{2}}$，使 $P\left\{|U| > u_{1-\frac{\alpha}{2}}\right\} = \alpha$. 检验的拒绝域为

$$W = \{|U| > u_{1-\frac{\alpha}{2}}\} \text{即} W = \{U > u_{1-\frac{\alpha}{2}} \text{或} U < -u_{1-\frac{\alpha}{2}}\},$$

这种检验称为 U 检验.

上述拒绝域是小于第一个给定数而大于第二个给定数的所有数值的集合，称为双侧检验. 但有一类实际问题要检验的是形如 $\mu \geqslant \mu_0$ 或 $\mu \leqslant \mu_0$ 的假设；例如，经过工艺改革后，考虑产品的质量是否比以前提高. 此时，假设为

$$H_0: \mu = \mu_0; \ H_1: \mu > \mu_0$$

仍利用前面的 U 作为检测统计量. 但这时只有当 $\overline{X} > \mu_0$ 时，才有可能认为产品的质量有了提高. 因此，对给定的水平 α，这个检验的拒绝域为

$$W = \{U > u_{1-\alpha}\},$$

这种检验的拒绝域是大于（或小于）某给定数的所有数值的集合，称为单侧检验.

类似地，在给定的水平 α 下，其拒绝域为

$$W = \{U < -u_{1-\alpha}\},$$

这也是一个单侧检验.

例 6.2.1 一种燃料的辛烷等级服从正态分布，其平均等级为 98.0，标准差为 0.8. 现用一批新油每桶各作一次试验，得一容量为 25 的辛烷等级的样本，算得样本均值为 97.7. 假定标准差与原来一样，问新油辛烷平均等级是否比原燃料辛烷的平均等级低（$\alpha = 0.05$）？

解 本例是一个单侧检验问题，即在 $\alpha = 0.05$ 下检验假设

$$H_0: \mu = \mu_0 = 98.0, \ H_1: \mu < \mu_0,$$

在 H_0 成立时，统计量

$$U=\frac{\overline{X}-\mu_0}{\sigma/\sqrt{n}}\sim N(0,\ 1),$$

由所给数据可求出 U 的观测值

$$u=\frac{\overline{x}-\mu_0}{\sigma/\sqrt{n}}=\frac{97.7-98.0}{0.8/\sqrt{25}}=-1.875.$$

对给定的水平 $\alpha=0.05$，查正态分布表得分位数 $\mu_{1-\alpha}=\mu_{0.95}=-1.645$. 由于 $\mu=-1.875<-1.645=-\mu_{1-\alpha}$，故拒绝 H_0，即认为新油的辛烷平均等级比原燃料辛烷的平均等级低.

2. 总体方差 σ^2 未知

此时用样本方差 $S^2=\frac{1}{n-1}\sum_{i=1}^{n}(X_i-\overline{X})^2$ 代替总体方差 σ^2，则在假设 H_0 成立时，统计量

$$T=\frac{\overline{X}-\mu_0}{S/\sqrt{n}}\sim t(n-1),$$

故对给定的显著水平 α，查 t 分布表得 $t_{1-\frac{\alpha}{2}}$，使 $P\{|T|>t_{1-\frac{\alpha}{2}}\}=\alpha$. 检验的拒绝域为

$$W=\{|t|>t_{1-\frac{\alpha}{2}}\},$$

这种检验叫做 t 检验.

均值假设检验的结果如表 6.2.1 所示

表 6.2.1

	H_0	H_1	总体方差 σ^2 已知 统计量 $U=\frac{\overline{X}-\mu_0}{\sigma/\sqrt{n}}$	总体方差 σ^2 未知 统计量 $T=\frac{\overline{X}-\mu_0}{S/\sqrt{n}}$
			在显著水平 α 下拒绝 H_0，若	
Ⅰ	$\mu=\mu_0$		$\lvert U\rvert>u_{1-\frac{\alpha}{2}}$	$\lvert T\rvert>t_{1-\frac{\alpha}{2}}(n-1)$
Ⅱ	$\mu=\mu_0$	$\mu>\mu_0$	$U>u_{1-\alpha}$	$T>t_{1-\alpha}(n-1)$
Ⅲ	$\mu=\mu_0$	$\mu<\mu_0$	$U<-u_{1-\alpha}$	$T<-t_{1-\alpha}(n-1)$

例 6.2.2　已知某炼铁厂的铁水含碳量服从正态分布 $N(4.40,\ 0.05^2)$，某日测得 5 炉铁水的含碳量分别为：4.34，4.40，4.42，4.30，4.35，若标准不变，改日铁水含碳量的均值是否降低（取 $\alpha=0.05$）？

解　设该日铁水含碳量服从 $X\sim N(\mu,\ \sigma^2)$ 分布，因为假定标准差不变，所以可认为已知 $\sigma=0.05$，要检验的假设是

$$H_0:\mu=4.40;\ H_1:\mu<4.40.$$

已知 $\mu_0=4.40$，$\sigma=0.05$，$n=5$，计算得样本均值 $\overline{X}=4.362$. 由此得统计量

$$u=\frac{\overline{X}-\mu_0}{\sigma/\sqrt{n}}=-1.699.$$

查表得 $u_{1-\alpha}=u_{0.95}=1.645$. 因为 $u<-u_{1-\alpha}$，所以拒绝原假设 H_0 而接受备择假设 H_1，即认为该日铁水含碳量的均值显著降低了.

6.2.2 多个正态总体均值检验

以上均值的检验是对单一样本而言，实际问题中还会遇到比较两组数据，即对两个总体进行假设检验的问题，例如检验两个车间生产的灯泡的寿命是否相同. 这类问题归结为两正态总体的均值检验.

设样本 X_1，X_2，…，X_{n1} 与 Y_1，Y_2，…，Y_{n2} 独立地分别取自正态总体 $N(\mu_1, \sigma_1^2)$ 与 $N(\mu_2, \sigma_2^2)$，检验假设：

$$H_0: \mu_1 = \mu_2,\ H_1: \mu_1 \neq \mu_2 \quad (或\ \mu_1 < \mu_2\ 或\ \mu_1 > \mu_2)$$

1. σ_1^2 与 σ_2^2 已知时

此时有

$$\frac{(\overline{X}-\overline{Y})-(\mu_1-\mu_2)}{\sqrt{\frac{\sigma_1^2}{n_1}+\frac{\sigma_2^2}{n_2}}} \sim N(0,1),$$

则当 H_0 成立时，统计量

$$U=\frac{\overline{X}-\overline{Y}}{\sqrt{\frac{\sigma_1^2}{n_1}+\frac{\sigma_2^2}{n_2}}} \sim N(0,1).$$

对于给定的显著水平 α，查正态分布表得 $u_{1-\frac{\alpha}{2}}$，取拒绝域 $W=\{|U|>u_{1-\frac{\alpha}{2}}\}$，这时犯第二类错误的概率最小.

2. σ_1^2 与 σ_2^2 未知但相等时

讨论完全与前面方法一致时，分别用两样本方差

$$S_1^2 = \frac{1}{n_1-1}\sum_{i=1}^{n_1}(X_i-\overline{X})^2,\ S_2^2 = \frac{1}{n_2-1}\sum_{i=1}^{n_2}(Y_i-\overline{Y})^2$$

代替 σ_1^2 与 σ_2^2. 此时统计量

$$\frac{(\overline{X}-\overline{Y})-(\mu_1-\mu_2)}{\sqrt{(n_1-1)S_1^2+(n_2-1)S_2^2}}\sqrt{\frac{n_1n_2(n_1+n_2-2)}{n_1+n_2}} \sim t(n_1+n_2-2),$$

则在 H_0 成立时，

$$T=\frac{\overline{X}-\overline{Y}}{\sqrt{(n_1-1)S_1^2+(n_2-1)S_2^2}}\sqrt{\frac{n_1n_2(n_1+n_2-2)}{n_1+n_2}} \sim t(n_1+n_2-2),$$

给定检验水平 α 时，拒绝域为

$$W=\{|T|>t_{1-\frac{\alpha}{2}}\}.$$

上述检验结果如表 6.2.2 所示

表 6.2.2

	H_0	H_1	方差 σ_2^2 已知统计量 U	方差 σ_1^2，σ_2^2 未知但相等，统计量 T
			在显著水平下拒绝 H_0，若	
Ⅰ	$\mu=\mu_0$		$\|U\|>u_{1-\frac{\alpha}{2}}$	$\|T\|>t_{1-\frac{\alpha}{2}}\ (n_1+n_2-2)$
Ⅱ	$\mu=\mu_0$	$\mu>\mu_0$	$U>u_{1-\alpha}$	$T>t_{1-\alpha}\ (n_1+n_2-2)$
Ⅲ	$\mu=\mu_0$	$\mu<\mu_0$	$U<-u_{1-\alpha}$	$T<-t_{1-\alpha}\ (n_1+n_2-2)$

例6.2.3 设有甲、乙两种零件，彼此可以代替使用，但乙种零件比甲种零件制造简单、造价低，经过试验获得抗压强度（单位：kg/cm^2）如表6.2.3所示

表6.2.3

甲种零件	88	87	92	90	91
乙种零件	89	89	90	84	88

试问两种零件的抗压程度有无显著差别（$\alpha=0.05$）?

解 我们要了解的是甲种零件是否比乙种零件有更高的抗压强度，如果的确是这样，虽然甲种零件制造复杂、造价较高，但为了保证质量，有时也宁可生产甲种零件. 否则，我们当然生产乙种零件.

设甲、乙两种零件的平均抗压强度分别为μ_1，μ_2，现在要检验假设

$$H_0:\mu_1\leqslant\mu_2,\ H_1:\mu_1>\mu_2,$$

由样本算得

$$\overline{X}=89.6,\ \overline{Y}=88.0,$$

$$S_1^2=4.3,\ S_2^2=4.4,\ n_1=n_2=5,$$

$$t=\frac{89.6-88.0}{\sqrt{\dfrac{5\times4.3+5\times4.5}{8}}}\times\frac{1}{\sqrt{\dfrac{1}{5}+\dfrac{1}{5}}}=1.08.$$

对水平$\alpha=0.05$，自由度$n_1+n_2-2=5+5-2=8$，查t分布分位表，得

$$t_{1-\alpha}(n_1+n_2-2)=t_{0.95}(8)=2.306.$$

由于$t=1.08<t_{1-\alpha}(n_1+n_2-2)$，故接受假设$H_0:\mu_1\leqslant\mu_2$，即经过在水平$\alpha=0.05$上的检验，并未发现甲种零件的抗压强度比乙种零件的抗压强度有所提高，故我们应该生产乙种零件.

6.2.3 非正态总体大样本参数检验

设非正态总体X具有有限方差$D(X)$，并假定样本容量足够大时（一般要求$n\geqslant50$）. 由中心极限定理，随机变量

$$U=\frac{\overline{X}-E(X)}{\sqrt{D(X)/n}}$$

的分布将近似地为正态分布$N(0,1)$. 因此若总体分布只含一个参数，就可利用统计量U作假设检验.

例6.2.4 某厂生产一种型号的电阻元件，其平均电阻一直保持在2.64Ω，改变生产工艺后，测得所生产的100个元件的平均电阻为2.62Ω，标准差$S=0.06\Omega$，问新工艺对该电阻元件的生产有无显著影响（$\alpha=0.01$）?

解 由于$n=100$，可视为大样本问题，依题意考虑检验假设

$$H_0:\mu=2.64,\ H_1:\mu\neq2.64,$$

由题设知$x=2.62$，$S=0.06$，$n=100$，$\mu_0=2.64$，计算U的观测值

$$\mu=\frac{\overline{x}-\mu_0}{\sqrt{S/n}}=3.33,$$

查表得 $u_{1-\frac{\alpha}{2}}=u_{0.995}=2.57<3.333$，故拒绝 H_0，认为新工艺对电阻元件的生产有影响.

6.3 方差假设检验

6.3.1 单个正态总体方差检验

设 X_1，X_2，…，X_n 是来自正态总体 $N(\mu, \sigma^2)$ 的样本，欲检验假设

$$H_0: \sigma^2=\sigma_0^2,\ H_1: \sigma^2\neq\sigma_0^2\ (\sigma^2>\sigma_0^2 \text{ 或 } \sigma^2<\sigma_0^2).$$

1. 当均值 μ 已知时

此时若 H_0 成立，则统计量

$$\chi^2=\frac{\sum_{i=1}^{n}(X_i-\mu)^2}{\sigma_0^2}\sim\chi^2(n),$$

故对给定的显著水平 α，要使犯第二类错误的概率最小，拒绝域应取为

$$W=\{\chi^2<\chi^2_{\frac{\alpha}{2}} \text{ 或 } \chi^2>\chi^2_{1-\frac{\alpha}{2}}(n)\}.$$

2. 当均值 μ 未知时

此时 μ 用其估计值 $\overline{X}$ 代替. 若 H_0 成立，则统计量

$$\chi^2=\frac{(n-1)S^2}{\sigma_0^2}=\frac{\sum_{i=1}^{n}(X_i-\overline{X})^2}{\sigma_0^2}\sim\chi^2(n-1),$$

可用上面类似的方法确定拒绝域

$$W=\{\chi^2<\chi^2_{\frac{\alpha}{2}}(n-1) \text{ 或 } \chi^2>\chi^2_{1-\frac{\alpha}{2}}(n-1)\},$$

这称为 χ^2 检验，其结果如表 6.3.1 所示

表 6.3.1

	H_0	H_1	均值 μ 已知，统计量 $\chi^2=\frac{\sum_{i=1}^{n}(X_i-\mu)^2}{\sigma_0^2}$	均值 μ 未知，统计量 $\chi^2=\frac{\sum_{i=1}^{n}(X_i-\overline{X})^2}{\sigma_0^2}$
			在显著水平 α 下拒绝 H_0，若	
Ⅰ	$\sigma^2=\sigma_0^2$	$\sigma^2\neq\sigma_0^2$	$\chi^2<\chi^2_{\frac{\alpha}{2}}$ 或 $\chi^2>\chi^2_{1-\frac{\alpha}{2}}(n)$	$\chi^2<\chi^2_{\frac{\alpha}{2}}(n-1)$ 或 $\chi^2>\chi^2_{1-\frac{\alpha}{2}}(n-1)$
Ⅱ	$\sigma^2=\sigma_0^2$	$\sigma^2>\sigma_0^2$	$\chi^2>\chi^2_{1-\alpha}(n)$	$\chi^2>\chi^2_{1-\alpha}(n-1)$
Ⅲ	$\sigma^2=\sigma_0^2$	$\sigma^2<\sigma_0^2$	$\chi^2<\chi^2_{\alpha}(n)$	$\chi^2<\chi^2_{\alpha}(n-1)$

例 6.3.1 某厂所生产的某种细纱支数的标准差为 1.2，现从某日生产的一批产品中，随机抽取 16 缕进行支数测量，求得样本标准差为 2.1，设细纱的支数服从正态分布，问纱

的均匀度有无显著变化（$\alpha=0.05$）？

解 问题即检验假设：$H_0: \sigma^2=1.2^2$，可用χ^2检验. 统计量

$$\chi^2=\frac{(n-1)S^2}{\sigma_0^2}\sim\chi^2(n-1),$$

统计值为

$$\chi^2=\frac{(16-1)\times 2.1^2}{1.2^2}=45.9,$$

查自由度为15的χ^2分布表，得分位数：

$$\chi^2_{\frac{\alpha}{2}}(n-1)=\chi^2_{0.025}(15)=27.5, \chi^2_{1-\frac{\alpha}{2}}(n-1)=\chi^2_{0.975}(15)=27.5,$$

因此$\chi^2>\chi^2_{1-\frac{\alpha}{2}}(n-1)$，故拒绝$H_0$，即纱的均匀度有显著的变化.

6.3.2 两个正态总体方差检验

前面在检验两个总体均值$\mu_1=\mu_2$时，是在两总体的方差已知或虽未知但相等的条件下进行的，如何得出总体方差未知但相等的结论呢？这就需要考虑两总体方差的检验.

设样本$X_1, X_2, \cdots, X_{n1}$与$Y_1, Y_2, \cdots, Y_{n2}$独立地分别取自正态总体$N(\mu_1, \sigma_1^2)$与$N(\mu_1, \sigma_2^2)$，检验假设：

$$H_0: \sigma_1^2=\sigma_2^2, H_1: \sigma_1^2\neq\sigma_2^2\text{（或 }\sigma_1^2>\sigma_2^2\text{ 或 }\sigma_1^2<\sigma_2^2\text{）}$$

讨论方法与前面类似，结果如表6.3.2所示

表 6.3.2

	H_0	H_1	均值μ_1，μ_2已知，统计量F_0	均值μ_1，μ_2未知，统计量F
			在显著水平α下拒绝H_0，若	
Ⅰ	$\sigma^2=\sigma_0^2$	$\sigma^2\neq\sigma_0^2$	$F_0<F_{1-\frac{\alpha}{2}}(n_1, n_2)$ 或 $F_0>\frac{1}{F_{1-\frac{\alpha}{2}}(n_2, n_1)}$	$F<F_{1-\frac{\alpha}{2}}(n_1-1, n_2-1)$ 或 $F>\frac{1}{F_{1-\frac{\alpha}{2}}(n_2-1, n_1-1)}$
Ⅱ	$\sigma^2=\sigma_0^2$	$\sigma^2>\sigma_0^2$	$F_0>F_{1-\alpha}(n_1, n_2)$	$F>F_{1-\alpha}(n_1-1, n_2-1)$
Ⅲ	$\sigma^2=\sigma_0^2$	$\sigma^2<\sigma_0^2$	$F_0>\frac{1}{F_{1-\alpha}(n_2, n_1)}$	$F>\frac{1}{F_{1-\alpha}(n_2-1, n_1-1)}$

其中

$$F_0=\frac{\frac{1}{n_1}\sum_{i=1}^{n_1}(X_i-\mu_1)^2}{\frac{1}{n_2}\sum_{i=1}^{n_2}(Y_i-\mu_2)^2}, F=\frac{S_1^2}{S_2^2}(S_1^2\geqslant S_2^2),$$

$$S_1^2=\frac{1}{n_1-1}\sum_{i=1}^{n}(X_i-\overline{X})^2, S_2^2=\frac{1}{n_2-1}\sum_{i=1}^{n}(Y_i-\overline{Y})^2.$$

例 6.3.2 设甲、乙两车间生产的电灯泡的寿命都服从正态分布，从甲、乙两车间分别抽取50个和60个样品，测得其寿命数据如下：

甲车间：$n_1=50$，$\overline{X}=1282\text{h}$，$S_1=80\text{h}$

乙车间：$n_1=60$，$\overline{Y}=1208\text{h}$，$S_1=94\text{h}$

判断两个车间寿命的方差是否相同.

解 $F=\frac{S_1^2}{S_2^2}=\frac{94^2}{80^2}=1.38$. 对给定的水平 $\alpha=0.05$，查表

$$F_{1-\frac{\alpha}{2}}(60-1, 50-1)=F_{0.975}(59, 49)=1.80,$$

由于 $F=1.38<1.80=F_{0.975}$（59，49），故接受原假设，即可认为这两个正态总体的方差相等.

6.4 非参数假设检验

前面讨论了总体分布已知时的参数假设检验问题. 一般来说，在进行参数假设检验之前，需要对总体的分布进行推断. 这就是总体分布的拟合检验问题，它属于非参数检验.

已知总体 X 的样本分布函数，若选用某个分布函数 $F_0(x)$ 去拟合，无论如何选择，$F_0(x)$ 与 $F_n(x)$ 之间总存在某些差异. 自然地，就会提出这样的问题：这些差异仅仅是由于试验次数有限而导致的随机性所产生的呢？还是由于所选择的分布函数 $F_0(x)$ 与已知样本分布函数 $F_n(x)$ 之间存在实质性的差异而产生的呢？为了解决这个问题. 数理统计中有几种不同的拟合法，这里仅介绍最常用的皮尔逊 χ^2 拟合检验法.

6.4.1 皮尔逊 χ^2 拟合检验法

此法主要是通过检验各组实测频数与理论频数差异的大小来推断经验分布是否服从任何一个预先给定的分布. 其根据就是用各组实测数据与理论频数的差异构成一个符合 χ^2 分布的统计量，并用此统计量来进行假设检验. 使用此法时要求样本容量较大，并在分组中，每组的理论频数至少不小于5.

设总体分布（理论分布）为 $F(x)$，取自总体的样本为（X_1，X_2，…，X_n），现在的问题是用此组样本来检验假设：H_0: $F(x)=F_0(x)$，其中 $F_0(x)$ 是某个给定的分布函数.

具体做法是：

（1）数据分组：把样本值出现的范围，划为 k 组：

$(b_0, b_1], (b_1, b_2], \cdots, (b_{k-1}, b_k)$，其中 $-\infty=b_0<b_1<\cdots<b_{k-1}<b_k=+\infty$.

（2）求各组的频数 f_i^*，各组的频率为 $\frac{f_i^*}{n}$（f_i^* 表（b_{i-1}，b_i］内的频数）.

（3）求理论频率 p_i：当 H_0 为真时，X 出现在（b_{i-1}，b_i］中的频率为

$$p_i=P\{b_{i-1}<X\leqslant b_i\}=F_0(b_i)-F_0(b_{i-1}).$$

（4）作统计量

$$\chi^2=\sum_{i=1}^{k}\left(\frac{f_i^*}{n}-p_i\right)^2\frac{n}{p_i}=\sum_{i=1}^{k}\frac{(f_i^*-np_i)^2}{np_i},$$

可以证明，不论 F_0 为什么分布，当 H_0 为真时，只要 n 充分大，χ^2 统计量就近似地服从自由度为 $k-1$ 的 χ^2 分布. 对给定的检验水平 α，可查得 χ^2 分布的 $1-\alpha$ 分位数 $\chi^2_{1-\alpha}(k-1)$.

（5）具体计算：用样本值算出统计量 χ^2 的具体值.

（6）作出判断：当 $\chi^2\geqslant\chi^2_{1-\alpha}$ 时，则拒绝假设 H_0；否则接受假设 H_0.

应当注意的是，在计算 $p_i=F_0(b_i)-F_0(b_{i-1})$ 时，$F_0(x)$ 必须完全确知才行，如 $F_0(x)$

中有 r 个参数还不能确知，可用这些参数的极大似然估计量来替代，使得分布函数 $F_0(x)$ 完全确定，再按上法进行检验，不过此时 χ^2 的自由度为 $k-r-1$。

例 6.4.1 设对某测量仪器的测量误差做了 120 次测量，其结果经分组整理如表 6.4.1 所示：

表 6.4.1

序号	误差分组间隔（%）	频数 f_i^*
1	2.5 ~ 7.5	1
2	7.5 ~ 12.5	2
3	12.5 ~ 17.5	5
4	17.5 ~ 22.5	14
5	22.5 ~ 27.5	28
6	27.5 ~ 32.5	35
7	32.5 ~ 37.5	24
8	37.5 ~ 42.5	7
9	42.5 ~ 47.5	3
10	47.5 ~ 52.5	1

计算出样本均值 $\overline{X}=28.6$，样本方差 $S^2=57$，取 $\alpha=0.05$，检验该仪器测量误差分布是否符合正态分布 $N(28.6,57)$.

解 从表中看出有些组的频数 f_i^* 太小，故需并组，现将 1，2，3 组合为一组，8，9，10 组合成一组，于是整个数轴被分成 6 组，如表 6.4.2 所示

表 6.4.2

序号	误差分组间隔（%）	频数 f_i^*
1	$-\infty$ ~ 17.5	8
2	17.5 ~ 22.5	14
3	22.5 ~ 27.5	28
4	27.5 ~ 32.5	35
5	32.5 ~ 37.5	24
6	37.5 ~ $+\infty$	11

正态分布 $N(28.6, 57)$ 的分布函数为

$$F_0(x) = \int_{-\infty}^{x} \frac{1}{\sqrt{2\pi}\sqrt{57}} \mathrm{e}^{-\frac{(t-28.6)^2}{2\times 57}} \mathrm{d}t = \int_{-\infty}^{\frac{x-28.6}{\sqrt{57}}} \frac{1}{\sqrt{2\pi}} \mathrm{e}^{-\frac{\mu^2}{2}} \mathrm{d}t = \Phi\left(\frac{x-28.6}{\sqrt{57}}\right),$$

$$p_i = F_0(b_i) - F_0(b_{i-1}) = \Phi\left(\frac{b_i - 28.6}{\sqrt{57}}\right) - \Phi\left(\frac{b_{i-1} - 28.6}{\sqrt{57}}\right).$$

计算结果如表 6.4.3 所示

表 6.4.3

序号	b_i	实测频数 f_i^*	理论频率 p_i	理论频率 np_i	$f_i^* - np_i$	$(f_i^* - np_i)^2/np_i$
1	17.5	8	0.07	8.4	−0.4	0.019
2	22.5	14	0.14	18.8	−0.28	0.466
3	27.5	28	0.23	27.6	1.6	0.093
4	32.5	35	0.26	31.2	4.2	0.565
5	37.5	24	0.18	21.6	3.6	0.630
6	$+\infty$	11	0.12	14.4	−3.4	0.803
Σ	120	1.00	120			0.546

由上计算得统计量

$$\chi^2 = \sum_{i=1}^{6} \frac{(f_i^* - np_i)^2}{np_i} = 2.546,$$

对给定的检验水平 $\alpha = 0.05$，查 χ^2 分布表，这时自由度为 $k - r - 1 = 6 - 2 - 1 = 3$，临界值 $\chi^2_{0.95}(3) = 7.815$. 由于 $\chi^2 = 2.546 < 7.815$，故可认为该测量误差符合正态分布 $N(28.6, 57)$.

习　题　6

1. 某金工车间生产一种铁钉，铁钉的标准直径为 $\mu_0 = 26$cm，从过去大量数据知，铁钉直径服从正态分布，且方差 $\sigma^2 = 2.6^2$，现为了提高产量采用了一种新工艺，抽取新工艺生产的铁钉 100 个，测得其直径平均值 $\bar{x} = 25.56$mm. 如果方差不变，问：$\bar{x}$ 与 μ_0 的差异是测试误差产生的，还是反映工艺条件的改变使得直径发生了显著性变化（$\alpha = 0.05$）?

2. 根据以往长期经验知某产品的一个指标尺寸服从正态分布，且规定其方差不得超过 $\sigma_0^2 = 0.1$，为检验自动机床的工作精度，先抽取 25 件产品，测得数据如表 6.1 所示

表 6.1

产品某指标尺寸 x_i	3.0	3.5	3.8	4.4	4.5
频数 n_i	2	6	9	7	1

在显著性水平 $\alpha = 0.05$ 下，检验机床是否具有所要求的精度.

3. 某试验采集到 12 块岩石样品，用两台光谱仪分别测得岩石内含镉量如表 6.2 所示（单位:‰）

表 6.2

样品号	1	2	3	4	5	6	7	8	9	10	11	12
甲仪器	3.1	0.6	8.4	2.5	4.1	3.7	3.1	2.8	3.2	4.4	4.6	2.9
乙仪器	3.0	0.7	8.0	2.2	3.9	3.5	3.0	2.6	3.1	4.1	4.6	2.6

从理论上考虑，X 应该服从 Possion 分布，问理论是否符合实际?（$\alpha = 0.05$）

4. 在一试验中，每隔一定时间观察一次某种铀所放射的到达计数器上的 α 粒子数 X，共观察了 100 次，测得结果如表 6.3 所示

表 6.3

粒子数 i	0	1	2	3	4	5	6	7	8	9	10	11	12	>12
频数 f_i	1	5	16	17	26	11	9	9	2	1	2	1	0	0

从理论上考虑，X 应该服从 Possion 分布，问理论是否符合实际?（$\alpha = 0.05$）

5. 某研究所推出一种感冒新药，为证明疗效，选择 200 名患者为志愿者，将它们分为两组，分别不服或服药，观察三日后痊愈情况，得如下数据：

	痊愈者	未痊愈者	合计
未服药者	48	52	100
服药者	56	44	100
合计	104	96	200

试问新药是否有明显疗效？（$\alpha=0.01$）

6. 有一批枪弹，其初速度$v \sim N(\mu,\sigma^2)$，其中$\mu=950$m/s，$\sigma=10$m/s，经过较长时间的储存后，现取出9发枪弹试射，测其初速度如下（单位：m/s）

914，920，910，934，953，945，912，924，940

试问这批枪弹的初速度是否起变化？（$\alpha=0.05$）

7. 有一种新安眠药，据说在一定剂量下，能比某种旧安眠药平均增加睡眠3h，根据资料用某种旧安眠药时，平均睡眠时间为20.8h，均方差为1.6h，为检测这个说法是否正确，收集到一组使用新安眠药的睡眠时间为

26.7　22.0　24.1　21.0　27.2　25.0　23.4

试问：这组数据能否说明新安眠药已经到新的疗效。（假设睡眠时间服从正态分布，$\alpha=0.05$）

8. 设有甲，乙两种砌块，彼此可以代替使用，但乙砌块比甲砌块制作简单，造价低，经试验获得抗压强度（单位：kg/cm^2）如表6.4所示

表6.4

甲	88	87	92	90	91
乙	89	89	90	84	88

试问能用乙种砌块代替甲种砌块吗？（假设两种砌块服从正态分布，方差相等，$\alpha=0.05$）

9. 一个工厂的两个化验室每天同时从工厂的冷水中取样，测得水中含氟量（单位：ppm）一次，假设测量值服从正态分布，下面7天的记录如表6.5所示

表6.5

日期	1	2	3	4	5	6	7
化验室$A(x_i)$	1.15	1.86	0.75	1.82	1.14	1.65	1.90
化验室$B(y_i)$	1.00	1.90	0.90	1.80	1.20	1.70	1.95

问两个化学室测定的结果有无显著差异？（$\alpha=0.01$）

10. 甲、乙两台机床生产同一型号的滚珠，由过去的经验知道，这两台机床生产的滚珠直径服从正态分布，其期望值均等于设计值，从现在这两台机床的产品中分别抽出8个和9个，测得滚珠的直径如下（单位：mm）：

甲：15.0　14.5　15.2　15.5　14.8　15.1　15.2　14.8

乙：15.2　15.0　14.8　15.2　15.0　15.0　14.8　15.1　14.8

假设直径服从正态分布，试问乙机床的加工精确度是否高于甲机床的？

第 7 章

方差分析与正交试验设计

本章介绍方差分析和正交试验设计。我们经常需要通过试验考察、了解各种因素对产品的性能、产量等的影响，这些性能、产量统称为试验指标，而称影响试验指标的各种条件、原因等称为因素或因子，称因素所处的不同状态为水平. 各因素对试验指标的影响一般是不同的，即使是同一个因素，不同的水平对试验指标的影响往往也不同. 方差分析就是通过试验数据进行分析，检验方差相同的各正态总体的均值是否相等，以判断各因素对试验指标的影响是否显著. 方差分析按影响试验指标的因素个数可分为单因素方差分析、双因素方差分析和多因素方差分析.

正交试验设计是研究如何合理、有效地安排多因素的试验，以确定各因素对试验指标影响的大小，找出最佳的配方或最佳的工艺条件.

7.1 单因素方差分析

单因素方差分析是指固定其他因素只考虑某一因素 A 试验指标的影响，为此将因素 A 以外的条件保持不变，取因素 A 的 r 个不同水平 A_1，A_2，…，A_r，对水平 A_i 重复做 n_i 次试验，可得试验指标的 n_i 个数据 y_{i1}，y_{i2}，…，y_{in}，$i=1$，2，…，r。如果我们用 η_i 表示在水平 A_i 的情况下试验指标的数值，用 η_{i1}，η_{i2}，…，η_{in_i}表示以 η_i 作为母体，容量分别为 n_i 的样本，则 η_{i1}，η_{i2}，…，η_{in_i}，$i=1$，2，…，r，就是样本的观测值。于是我们得到单因素多水平重复试验的结果如表 7.1.1 所示

表 7.1.1

水平号	试验指标观察值
A_1	y_{11}，y_{12}，…，y_{1n_1}
A_2	y_{21}，y_{22}，…，y_{2n_2}
⋮	⋮
A_r	y_{r1}，y_{r2}，…，y_{rn_r}

7.1.1 数学模型

假定上述的 r 个总体是相互独立的随机变量，$\eta_i \sim N(a_i, \sigma^2)$，其中 σ^2 未知，所涉及 a_i

也未知，并假定在各水平下每次试验是独立进行的，所以 η_i 是相互独立的。又因为 η_{i1}，η_{i2}，…，η_{in_i}是 η_i的样本，所以还是同分布的.

又假设 $\eta_{ij} \sim N(a_i, \sigma^2)$, $j=1, 2, \cdots, n_i$, $i=1, 2, \cdots, r$. 记

$$e_{ij} = \eta_{ij} - a_i,\ n = \sum_{i=1}^{r} n_i,$$

$$a = \frac{1}{n}\sum_{i=1}^{r} n_i a_i,\ \mu_i = a_i - a,$$

则

$$\eta_{ij} = e_{ij} + a_i = a + \mu_i + e_{ij},$$

其中，e_{ij}独立同分布，且 $e_{ij} \sim N(0, \sigma^2)$。称 μ_i 为第 i 个水平 A_i 对试验指标的效应值。它反映了水平 A_i 对试验指标纯作用的大小. 易见

$$\sum_{i=1}^{n} n_i\mu_i = 0.$$

我们称

$$\begin{cases} n_{ij} = a + \mu_i + e_{ij} \sim N(a_i, \sigma^2), \\ e_{ij} \sim N(0, \sigma^2), \\ \sum_{i=1}^{n} n_i\mu_i = 0, \end{cases} \tag{7.1.1}$$

（其中，e_{ij}相互独立）为单因素方差分析的数学模型，它是一种线性模型.

7.1.2　方差分析

对模型（7.1.1），方差分析的任务是解决如下问题：

（1）检验假设 H_0: $a_1 = a_2 = \cdots = a_r$ 或 $\mu_1 = \mu_2 = \cdots = \mu_r = 0$;

（2）给出 μ_i，a_i，σ^2 的点估计及 a_i，σ^2 的区间估计。

平方和的求解与检验

为解决第一个问题，需要构造一个与 H_0 有关的统计量，记

$$\bar{\eta}_i = \frac{1}{n_i}\sum_{j=1}^{n_i} \eta_{ij},\ S_i^2 = \frac{1}{n_i}\sum_{j=1}^{n_i} (\eta_{ij} - \bar{\eta}_i)^2,\ i = 1, 2, \cdots, r$$

$$\bar{\eta} = \frac{1}{n}\sum_{i=1}^{r}\sum_{j=1}^{n_i} \eta_{ij},\ Q = \sum_{i=1}^{r}\sum_{j=1}^{n_i} (\eta_{ij} - \bar{\eta})^2$$

$$Q_A = \sum_{i=1}^{r} n_i(\bar{\eta}_i - \bar{\eta})^2, Q_e = \sum_{i=1}^{r}\sum_{j=1}^{n_i} (\eta_{ij} - \bar{\eta}_i)^2$$

称 Q，Q_A，Q_e 分别为**总偏差平方和**、**组间偏差平方和**与**组内偏差平方和**。因为

$$Q = \sum_{i=1}^{r}\sum_{j=1}^{n_i} \eta_{ij}^2 - n\bar{\eta}^2,\ Q_A = \sum_{i=1}^{r} n_i\bar{\eta}_i^2 - n\bar{\eta}^2,\ Q_e = \sum_{i=1}^{r} n_i S_i^2$$

且

$$E(\bar{\eta}^2) = D(\bar{\eta}) + (E(\bar{\eta}))^2 = \frac{\sigma^2}{n} + a^2$$

所以

$$EQ = (n-1)\sigma^2 + \sum_{i=1}^{r} n_i(a_i^2 - a^2),$$

$$EQ_A = (r-1)\sigma^2 + \sum_{i=1}^{r} n_i(a_i^2 - a^2),$$

$$EQ_e = (n-r)\sigma^2,$$

$$Q = Q_A + Q_e, \tag{7.1.2}$$

称上式为**总偏差平方和分解式**。也称 Q_A 为**因子平方和**，称 Q_e 为**误差平方和**。它表明总偏差平方和可以分解为因子平方和及误差平方和两部分.

当 $a_1 = a_2 = \cdots = a_r$ 时，即 H_0 成立时，诸 η_{ij}独立分布且 $\eta_{ij} \sim N(a_1, \sigma^2)$，所以

$$\frac{Q}{\sigma^2} \sim \chi^2(n-1), \frac{Q_A}{\sigma^2} \sim \chi^2(r-1), \frac{Q_e}{\sigma^2} \sim \chi^2(n-r),$$

由于总偏差平方和是由各水平之间的差异（可用$\frac{1}{r-1}Q_A$ 来衡量）和随机误差（可用$\frac{1}{n-r}Q_e$ 来衡量）引起的，如果$\frac{Q_A/(r-1)}{Q_e/(n-r)}$较大，说明水平之间差异的影响胜过随机误差的影响，我们应拒绝 H_0；否则，我们应接受 H_0。由于 Q_A 与 Q_e 独立，当假设 H_0 成立时，

$$F = \frac{Q_A/(r-1)}{Q_e/(n-r)} \sim F(r-1, n-r).$$

因此，假设 H_0 的检验法则为：给定小概率 α，若 $F > F_{1-\alpha}(r-1, n-r)$，则拒绝 H_0，即认为因素 A 对试验指标的影响是显著的；否则，则接受 H_0，即认为 $a_1 = a_2 = \cdots = a_r$，说明因素 A 水平的改变，对试验指标的影响不大，即因素 A 对试验指标的影响不显著。由上述步骤得单因素方差分析表，如表 7.1.2 所示.

表 7.1.2　单因素方差分析表

方差来源	偏差平方和	自由度	样本方差	F 值
组间	Q_A	$r-1$	$Q_A/r-1$	$\frac{Q_A/(r-1)}{Q_e/(n-r)}$
组内	Q_e	$n-r$	$Q_e/n-r$	
总和	Q	$n-1$		

例 7.1.1　某灯泡厂用四种不同配料方案制成的灯丝，生产了四批灯泡. 在每批灯泡中随机抽取若干灯泡测得其寿命（单位：h）如表 7.1.3 所示. 试问这四种灯丝生产的灯泡使用寿命有无显著差异（$\alpha = 0.05$）？

表 7.1.3

灯丝 \ 灯泡	1	2	3	4	5	6	7	8
甲	1600	1610	1650	1680	1700	1720	1800	
乙	1580	1640	1640	1700	1750			
丙	1460	1550	1600	1640	1660	1740	1820	1820
丁	1510	1520	1530	1570	1600	1680		

解　记 η_1，η_2，η_3，η_4 分别为这四种灯丝制成的灯泡的使用寿命，即对每个总体 η_i 来说，其样本为 η_{i1}，η_{i2}，…，η_{in_i}，视 $\eta_i \sim N(a_i, \sigma^2)$。则问题归结为判断原假设 $H_0: a_1 = a_2 = a_3 = a_4$ 是否成立. 由偏差平方和的表达式，可以得到

$$Q = \sum_{i=1}^{r}\sum_{j=1}^{n_i}\eta_{ij}^2 - n\bar{\eta}^2 = \sum_{i=1}^{r}\sum_{j=1}^{n_j}\eta_{ij}^2 - \frac{1}{n}\left(\sum_{i=1}^{r}\sum_{j=1}^{n_i}\eta_{ij}\right)^2,$$

$$Q_A = \sum_{i=1}^{r} n_i\bar{\eta}_i^2 - n\bar{\eta}^2 = \sum_{i=1}^{r}\frac{1}{n_i}\left(\sum_{j=1}^{n_i}\eta_{ij}\right)^2 - \frac{1}{n}\left(\sum_{i=1}^{r}\sum_{j=1}^{n_i}\eta_{ij}\right)^2,$$

$$Q_e = Q - Q_A$$

其中，

$$r=4,\ n_1=7,\ n_2=5,\ n_3=8,\ n_4=6,$$

并记

$$\eta_{i\cdot} = \sum_{j=1}^{n_i}\eta_{ij}.$$

一般来说，在作方差分析时，大致要画出以下三个表

1）数据表：将原始数据处理，如各数据同时减去某个数，本题中不做这种处理.

2）方差分析如表 7.1.4 所示

表 7.1.4

水平	n_i	$\eta_{i\cdot}$	$\bar{\eta}_i$
甲 A_1	7	11760	1680
乙 A_2	5	8310	1662
丙 A_3	8	13290	1661.25
丁 A_4	6	9410	1568.3

3）按前面所给公式计算，单因素方差分析如表 7.1.5 所示

表 7.1.5

方差来源	偏差平方和	自由度	$F=\dfrac{Q_A/(r-1)}{Q_e/(n-r)}$值
组间	47399	3	1.933
组内	179851	22	
总和	227250	25	

对给定的 $\alpha = 0.05$，查表得 $F_{0.95}(3, 22) = 3.05$，由于 $F = 1.933 < 3.05$，所以在置信水平 0.95 下接受假设，即这四种配料方案生产的灯丝所生产的灯泡寿命之间没有显著差异，即配料方案对灯泡的寿命无显著的影响.

以上是第（1）个问题的答案，即对参数的假设检验问题. 下面回答第（2）个问题.

7.1.3　未知参数的估计

显然，$\hat{\alpha}_i = \bar{\eta}_i$ 是 a_i 的无偏估计量，$i=1, 2, \cdots, r$. 由前面知

$$\hat{\sigma}^2 = \frac{Q_e}{n-r} = \frac{1}{n-r}\sum_{i=1}^{r}\sum_{j=1}^{n_i}(\eta_{ij} - \bar{\eta}_i)^2,$$

是 σ^2 的无偏估计. 又因为

$$E(\bar{\eta}) = E\left(\frac{1}{n}\sum_{i=1}^{r}\sum_{j=1}^{n_i}\eta_{ij}\right) = \frac{1}{n}\sum_{i=1}^{r}n_i a_i = a,$$

所以 $\hat{a}=\bar{\eta}$ 是 a 的无偏估计量，从而 $\hat{\mu}_i=\bar{\eta}_i-\bar{\eta}$ 是 μ_i 的无偏估计量，$i=1, 2, \cdots, r$.

因为

$$\frac{\bar{\eta}_i-a_i}{\sigma/\sqrt{n_i}} \sim N(0,1), \frac{Q_e}{\sigma^2} \sim \chi^2(n-r)$$

且 $\bar{\eta}_i$ 与 S_i^2 独立，所以$\dfrac{\bar{\eta}_i-a_i}{\sigma/\sqrt{n_i}}$与 $\dfrac{Q_e}{\sigma^2} = \sum\limits_{i=1}^{r}\dfrac{n_i S_i^2}{\sigma^2}$ 相互独立，从而

$$T=\frac{\sqrt{n_i(n-r)}(\bar{\eta}_i-a_i)}{\sqrt{Q_e}} \sim t(n-r),$$

所以，a_i 的参数估计用 t 检验法，容易推导出 a_i 的置信水平为 $1-\alpha$ 的置信区间为

$$\left(\bar{\eta}_i - t_{1-\frac{\alpha}{2}}(n-r)\sqrt{\frac{Q_e}{n_i(n-r)}}, \bar{\eta}_i + t_{1-\frac{\alpha}{2}}(n-r)\sqrt{\frac{Q_e}{n_i(n-r)}}\right), i=1,2,\cdots,r$$

σ^2 的参数估计用χ^2 检验法。因为$\dfrac{Q_e}{\sigma^2}\sim\chi^2$ $(n-r)$，易知，σ^2 的置信水平为 $1-\alpha$ 的置信区间为

$$\left(\frac{Q_e}{\chi^2_{1-\frac{\alpha}{2}}(n-r)}, \frac{Q_e}{\chi^2_{\frac{\alpha}{2}}(n-r)}\right).$$

7.2 双因素方差分析

7.2.1 数学模型

设有两个因素 A，B 对试验指标有影响。为了考察两因素 A，B 对试验指标的影响是否显著，选定 A 因素的 r 个水平，A_1，A_2，$\cdots$，A_r，以及 B 因素的 s 个水平，将 $r\times s$ 个不同水平组合的每个水平组合 $A_i\times B_j$ 重复进行 l 次试验（当考虑交互作用时，$l\geqslant 2$，否则 $l\geqslant 1$），每次试验结果的试验数据用 η_{ijk}表示，$k=1, 2, \cdots, l$. 设 η_{ijk}是总体 η_{ij}的样本，且这 $r\times s$ 个总体相互独立，进一步假设

$$\eta_{ij} \sim N(a_{ij},\sigma^2), i=1, 2, \cdots, r; j=1, 2, \cdots, s,$$

记

$$\eta_{ijk}=a_{ij}+e_{ijk}, i=1, 2, \cdots, r; j=1, 2, \cdots, s; k=1, 2, \cdots, l, \tag{7.2.1}$$

其中，$a_{ij}=E(\eta_{ij})$，e_{ijk}独立同分布，且 $e_{ijk}\sim N(0, \sigma^2)$.

令

$$\begin{cases} \bar{a} = \dfrac{1}{rs}\sum\limits_{i=1}^{r}\sum\limits_{j=1}^{s}a_{ij} \\ \bar{a}_{i\cdot} = \dfrac{1}{s}\sum\limits_{j=1}^{s}a_{ij}, \ \alpha_i = \bar{a}_{i\cdot} - \bar{a}, \ i = 1, 2, \cdots, r \\ \bar{a}_{\cdot j} = \dfrac{1}{r}\sum\limits_{j=1}^{r}a_{ij}, \ \beta_j = \bar{a}_{\cdot j} - \bar{a}, \ j = 1, 2, \cdots, s \end{cases}$$

称 $\bar{a}$ 为总平均值，称 α_i 为因素 A 取水平 A_i 时对试验指标的效应，称 β_j 为因素 B 取水平 B_j 时对试验指标的效应. 易见

$$\sum_{i=1}^{r}\alpha_i = \sum_{j=1}^{s}\beta_j = 0,$$

$$a_{ij} = \bar{a} + (\bar{a}_{i\cdot} - \bar{a}) + (\bar{a}_{\cdot j} - \bar{a}) + (a_{ij} - \bar{a}_{i\cdot} - \bar{a}_{\cdot j} + \bar{a}) = \bar{a} + \alpha_i + \beta_j + \gamma_{ij}.$$

其中，$(a_{ij} - \bar{a})$ 表示水平组合 $A_i \times B_j$，对试验指标的总效应，减去 A_i 的效应 α_i 与 β_j 的效应 β_j 所得的 γ_{ij} 称为 A_i 与 B_j 对试验指标的交互效应. 易见

$$\sum_{i=1}^{r}\gamma_{ij} = \sum_{j=1}^{s}\gamma_{ij} = 0,$$

于是式（7.2.1）可改写为

$$\eta_{ijk} = \bar{a} + \alpha_i + \beta_j + \gamma_{ij} + e_{ijk},\ i=1,2,\cdots,r;\ j=1,2,\cdots,s;\ k=1,2,\cdots,l$$

从而得

$$\begin{cases}\sum_{i=1}^{r}\alpha_i = \sum_{j=1}^{s}\beta_j = \sum_{i=1}^{r}\gamma_{ij} = \sum_{j=1}^{s}\gamma_{ij}, \\ \eta_{ijk} = \bar{a} + \alpha_i + \beta_j + \gamma_{ij} + e_{ijk},\ i=1,2,\cdots,r;\ j=1,2,\cdots,s;\ k=1,2,\cdots,l\end{cases} \tag{7.2.2}$$

其中，e_{ijk} 是独立分布，且 $e_{ijk} \sim N(0, \sigma^2)$，我们称式（7.2.2）为有交互效应的双因素方差分析模型.

7.2.2　方差分析

对数学模型（7.2.2）来说，有类似于单因素方差分析所提出的估计问题和检验问题的两项任务.

关于估计问题与单因素情形类似，这里只讨论后一个问题，即讨论如下的假设检验问题

$$H_{01}: \alpha_1 = \alpha_2 = \cdots = \alpha_r = 0,$$
$$H_{10}: \beta_1 = \beta_2 = \cdots = \beta_s = 0,$$
$$H_{00}: \gamma_{ij} = 0,\ i=1,2,\cdots,r;\ j=1,2,\cdots,s.$$

当 H_{01} 成立时，表明因子 A 对试验指标无显著影响；当 H_{10} 成立时，表明因子 B 对试验指标无显著影响；当 H_{00} 成立时，表明交互因子 $A\times B$ 对试验指标无显著影响.

对数学模型（7.2.2），记

$$\bar{\eta} = \frac{1}{rsl}\sum_{i=1}^{r}\sum_{j=1}^{s}\sum_{k=1}^{l}\eta_{ijk}$$
$$\bar{\eta}_{ij\cdot} = \frac{1}{l}\sum_{k=1}^{l}\eta_{ijk},\ i=1,2,\cdots,r;\ j=1,2,\cdots,s$$
$$\bar{\eta}_{i\cdot\cdot} = \frac{1}{sl}\sum_{j=1}^{s}\sum_{k=1}^{l}\eta_{ijk},\ i=1,2,\cdots,r$$
$$\bar{\eta}_{\cdot j\cdot} = \frac{1}{rl}\sum_{i=1}^{r}\sum_{k=1}^{l}\eta_{ijk},\ j=1,2,\cdots,s$$

则有

$$\begin{aligned}Q &= \sum_{i=1}^{r}\sum_{j=1}^{s}\sum_{k=1}^{l}(\eta_{ijk} - \bar{\eta})^2 \\ &= \sum_{i=1}^{r}\sum_{j=1}^{s}\sum_{k=1}^{l}[(\eta_{ijk} - \bar{\eta}_{ij\cdot}) + (\bar{\eta}_{i\cdot\cdot} - \bar{\eta}) + (\bar{\eta}_{\cdot j\cdot} - \bar{\eta}) + (\bar{\eta}_{ij\cdot} - \bar{\eta}_{i\cdot\cdot} - \bar{\eta}_{\cdot j\cdot} + \bar{\eta})]^2 \\ &= \sum_{i=1}^{r}\sum_{j=1}^{s}\sum_{k=1}^{l}(\eta_{ijk} - \bar{\eta}_{ij\cdot})^2 + \sum_{i=1}^{r}\sum_{j=1}^{s}\sum_{k=1}^{l}(\bar{\eta}_{i\cdot\cdot} - \bar{\eta})^2 + \sum_{i=1}^{r}\sum_{j=1}^{s}\sum_{k=1}^{l}(\bar{\eta}_{\cdot j\cdot} - \bar{\eta})^2 + \sum_{i=1}^{r}\sum_{j=1}^{s}\sum_{k=1}^{l} \\ &\quad (\bar{\eta}_{ij\cdot} - \bar{\eta}_{i\cdot\cdot} - \bar{\eta}_{\cdot j\cdot} + \bar{\eta})^2\end{aligned}$$

$\triangleq Q_e + Q_A + Q_B + Q_{A\times B}$，这里 $\triangleq$ 表示定义为. 于是可以得到

$$Q = Q_A + Q_B + Q_{A\times B} + Q_e, \tag{7.2.3}$$

称上式为**总偏差平方和分解式**. 称 Q_e 为**误差平方和**，称 Q_A，Q_B 分别为因素 A，B 的**效应平方和**，称 $Q_{A\times B}$为 A，B 的**交互效应平方和**. 该式表明总偏差平方和可以分解为效应平方和、交互效应平方和以及误差平方和三部分之和.

可以证明，当 H_{01} 成立时，

$$\frac{Q_A/(r-1)\sigma^2}{Q_e/(l-1)rs\sigma^2} = \frac{Q_A/(r-1)}{Q_e/(l-1)rs} \sim F(r-1, rs(l-1)), \tag{7.2.4}$$

当 H_{01} 成立时，

$$\frac{Q_B/(s-1)\sigma^2}{Q_e/(l-1)rs\sigma^2} = \frac{Q_B/(s-1)}{Q_e/(l-1)rs} \sim F(s-1, rs(l-1)), \tag{7.2.5}$$

当 H_{00} 成立时，

$$\frac{Q_{A\times B}/(r-1)(s-1)\sigma^2}{Q_e/(l-1)rs\sigma^2} = \frac{Q_{A\times B}/(r-1)(s-1)}{Q_e/(l-1)rs} \sim F((r-1)(s-1), rs(l-1)), \tag{7.2.6}$$

由以上三式，可得 H_{01}，H_{10}，H_{00}的拒绝域，如表 7.2.1 所示.

表 7.2.1 双因素方差分析表

方差来源	平方和	自由度	样本方差	F 值
因素 A	Q_A	$(r-1)$	$Q_A/(r-1)$	$\frac{Q_A/(r-1)}{Q_e/(l-1)rs}$
因素 B	Q_B	$(s-1)$	$Q_B/(s-1)$	$\frac{Q_B/(s-1)}{Q_e/(l-1)rs}$
$A\times B$	$Q_{A\times B}$	$(r-1)(s-1)$	$Q_{A\times B}/(r-1)(s-1)$	$\frac{Q_{A\times B}/(r-1)(s-1)}{Q_e/(l-1)rs}$
误差	Q_e	$rs(l-1)$	$Q_e/(l-1)rs$	
总和	Q	$rsl-1$		

例 7.2.1 在某橡胶配方中，考虑了三种不同的促进剂（A），四种不同份量的氧化锌（B），同样的配方各重复一次，测得定伸强力如表 7.2.2 所示，问：氧化锌、促进剂以及它们的交互作用对定伸强力有无显著影响？

表 7.2.2

	B_1	B_2	B_3	B_4
A_1	31，33	34，36	35，36	39，38
A_2	33，34	36，37	37，39	38，41
A_3	35，37	37，38	39，40	42，44

解　因为

$$\begin{cases} Q = R - \dfrac{G^2}{n}, \text{其中 } R = \sum\limits_{i=1}^{r}\sum\limits_{j=1}^{s}\sum\limits_{k=1}^{l}\eta_{ijk}^2,\ G = \sum\limits_{i=1}^{r}\sum\limits_{j=1}^{s}\sum\limits_{k=1}^{l}\eta_{ijk} \\ Q_A = sl\sum \overline{\eta}_{i\cdot\cdot} - \dfrac{G^2}{n} = \sum\limits_{i=1}^{r}\dfrac{1}{sl}\left(\sum\limits_{j=1}^{s}\sum\limits_{k=1}^{l}\eta_{ijk}\right)^2 - \dfrac{G^2}{n} \\ Q_B = \sum\limits_{j=1}^{s}\dfrac{1}{rl}\left(\sum\limits_{i=1}^{r}\sum\limits_{k=1}^{l}\eta_{ijk}\right)^2 - \dfrac{G^2}{n} \\ Q_{A\times B} = l\sum\limits_{i=1}^{r}\sum\limits_{j=1}^{s}(\eta_{ij\cdot} - \overline{\eta})^2 - Q_A - Q_B \\ Q_e = Q - l\sum\limits_{i=1}^{r}\sum\limits_{j=1}^{s}(\eta_{ij\cdot} - \overline{\eta})^2 \end{cases} \tag{7.2.7}$$

在利用式（7.2.7）计算各平方和之前，为了计算方便，将所有数据同减去 37，如表 7.2.3 所示.

表 7.2.3

	B_1	B_2	B_3	B_4
A_1	−6，−4	−3，−1	−2，−1	2，1
A_2	−4，−3	−1，0	0，2	1，4
A_3	−2，0	0，1	2，3	5，7

由表 7.2.1 得双因素方差分析如表 7.2.4 所示.

表 7.2.4

方差来源	平方和	自由度	样本方差	F 值	显著性
因素 A	56.6	2	28.3	19.4	* *
因素 B	132.2	3	44.1	30.2	* *
$A\times B$	4.7	6	0.8	0.55	
误差	17.5	12	1.46		
总和	211.0	23			

对 $\alpha = 0.01$ 查表得

$$F_{0.99}(2,12) = 6.93,\ F_{0.99}(3,12) = 5.95.$$

对 $\alpha = 0.05$ 查表得

$$F_{0.95}(6,\ 12) = 3.0.$$

上表中，“ * ”表示显著，“ * * ”表示特别显著. 由上表可知，促进剂（A）、氧化锌（B）对定伸强力的影响都很显著（即否定 H_{01} 与 H_{10}），而它们的交互作用（$A\times B$）对定伸强力影响不显著（即不否定 H_{00}），可以认为两因素没有交互作用. 所以可将该项与误差项合并，相应的自由度也合并，以提高精度. 于是新的方差分析如表 7.2.5 所示.

表 7.2.5

方差来源	平方和	自由度	样本方差	F 值	显著性
因素 A	56.6	2	28.3	12.5	* *
因素 B	132.2	3	44.1	19.5	* *
误差	22.2	18	2.26		
总和	211.0	23			

7.3　正交实验设计

7.3.1　正交表及其选用

1. 试验为什么要设计

在生产和科学研究中，经常要做许多试验，试验是要花费人力、物力与时间的. 如果试验之前能够对试验进行合理的安排，那么只需一定数量的试验，便可获得足够的信息. 因此，如何安排试验就是一个值得研究的问题. 试验设计是数据处理的一个重要分支，它的主要内容是讨论如何合理地安排试验以及对试验后的数据如何进行分析等.

正交试验设计就是用正交表安排试验方案和进行结果分析. 它适用于多因素、多指标、具有随机误差的试验. 通过对正交试验结果的分析，可以确定各因素及其交互作用对试验指标影响的主次关系，找出对试验指标的最优化工艺条件或最佳搭配方案.

2. 正交表

正交表是正交拉丁方的推广. 它是根据组合原理，按照一定的规律构成的矩形表格. 正交表实际上是满足一些条件的矩阵，一般记成 L_n（$r_1\times r_2\times\cdots\times r_m$），其中 L 表示正交表，n 表示正交表的行数，即试验次数，m 表示正交表的列数，即试验至多可以安排的因子数，r_j 表示第 j 个因子的水平数. 如果 $r_1=r_2=\cdots=r_m=r$，则简记 L_n（$r_1\times r_2\times\cdots\times r_m$）为 L_n（r^m）. 例如 L_9（3^4）表示 4 个因子每因子 3 个水平，共需 9 个试验的正交表（见表 7.3.1）. 如 L_8（4×2^4）表示 5 个因子有一个因子为 4 水平，其余 4 因子为 2 水平，共需 8 个试验的正交表（见表 7.3.2）.

用正交表安排试验的原则为：

（1）每个因子占用一个列号，一个列号上只能放置一个因子，正交表的列数不能少于因子的个数；

（2）因子的水平个数要同因子所在列号的水平数相一致，即 r 个水平因子应放在有 r 个水平的列号上. 列号水平数 r 对应于因子水平个数；

（3）如果要考察两因子之间的交互作用，则在正交表上要选用列号反映这个交互作用. 将交互作用当成因子那样，要用列号（至少一个列号）来安置. 如何安置交互作用要查所选用的正交表的交互作用表.

表 7.3.1　L_9（3^4）

试验号 \ 列号	1	2	3	4
1	1	1	1	1
2	1	2	2	2
3	1	3	3	3
4	2	1	2	3
5	2	2	3	1
6	2	3	1	2
7	3	1	3	2
8	3	2	1	3
9	3	3	2	1

表 7.3.2　L_8（4×2^4）

试验号 \ 列号	1	2	3	4
1	1	1	1	1
2	1	2	2	2
3	2	1	1	2
4	2	2	2	1
5	3	1	2	2
6	3	2	1	1
7	4	1	2	1
8	4	2	1	2

一般的试验设计书后或数理统计书后都有正交表和交互作用表，例如正交表两列之间的交互作用表如表7.3.3所示.

表7.3.3 L_8 (2^7) 两列之间的交互作用表

列号 \ 试验号	1	2	3	4	5	6	7
	2	3	2	5	4	7	7
		(2)	1	6	7	4	5
			(3)	7	6	5	4
				(4)	1	2	3
					(5)	3	2
						(6)	1
							(7)

3. 如何选用正交表安排试验

根据正交表安排试验应按以下步骤进行：

(1) 先弄清因子数 m，每个因子的水平数（一般情况下，水平数均相等，设为 r）应选用 $L_n(r^{m'})$ 型表（$m' \geqslant m$）；

(2) 由于可能发生交互作用（只考虑两两交叉），因此 m'选为比 $m+\mathrm{C}_m^2$ 稍大那个；

(3) 在所有形如 $L_n(r^{m'})$ 中选用 n 较小的一个.

由上面三步，选中 $L_n(r^{m'})$.

因子数确定后，各因子谁放在前面？谁又放在后面呢？当我们不考虑交互作用时，可以任意放置，当我们考虑交互作用时，需要交互作用表. 这种解决反映交叉作用的因子到底放在什么位置的问题就是表头设计. 例如，当我们有三个因子 A，B，C 且需要考虑两两交互作用时，选用 L_8 (2^7)，表头如何设计呢？

1）先任意放前两个因子：

1	2	3	4	5	6	7
A	B					

2）查交互表7.3.3得 $A\times B$ 应放在位置3：

1	2	3	4	5	6	7
A	B	$A\times B$				

3）放 C 因子在位置4：

1	2	3	4	5	6	7
A	B	$A\times B$	C			

4）同2)，将 $A\times C$ 应放在位置5，将 $B\times C$ 放在位置6得正交表头

1	2	3	4	5	6	7
A	B	$A\times B$	C	$A\times C$	$B\times C$	

7.3.2 正交表的分析

选用合适的正交表安排试验后，记录的数据如何进行分析呢？一般有两种分析方法，一种是直观分析，另一种是方差分析. 直观分析简单直观，在正交表上就可以进行分析，而方差分析比较精细，需要一定的计算量.

1. 正交表的直观分析

我们通过例子来说明.

例 7.3.1 在试验用不发芽的大麦制造啤酒的过程中，选了四个因子，每个因子取三个水平. 考察试验指标为：粉粒状，粉粒状越高越好. 因为水平表如表 7.3.4 所示

表 7.3.4

水平 \ 因子	底水 A	液氨时间 B	920 浓度 C	氨水浓度 D
1	140	180	2.5	0.25
2	136	215	3.0	0.26
3	138	250	3.5	0.27

这项试验四个因子全部取三个水平不考虑因子间交互作用，所以选用正交表 L_9 (3^4) 来安排试验，测得粉状粒数据如表 7.3.5 所示

表 7.3.5

试验号 \ 列号	A 1	B 2	C 3	D 4	粉状例（%）y_i
1	1	1	1	1	45.5
2	1	2	2	2	33.0
3	1	3	3	3	32.5
4	2	1	2	3	36.5
5	2	2	3	1	32.0
6	2	3	1	2	14.5
7	3	1	3	2	40.5
8	3	2	1	3	33.0
9	3	3	2	1	28.0
k_{1j}	111.0	122.5	93.0	105.5	
k_{2j}	83.0	98.0	97.5	88.0	$\sum y_i = 295.5$
k_{3j}	101.5	75.0	105.0	102.0	
$\bar{k}_{1j}$	37.0	40.8	31.0	35.2	
$\bar{k}_{2j}$	27.7	32.7	32.5	29.3	
$\bar{k}_{3j}$	33.8	25.0	35.0	34.0	
R_j	9.3	15.8	4	5.9	

表 7.3.5 中，k_{ij}表示第 j 列中对应水平 i 的试验指标数据之和，$i=1, 2, 3$，例如 A 列 $k_{11} = 45.5+33.0+32.5=111.0$；$D$ 列 $k_{14}=45.5+32.0+28.0=105.5$. $\bar{k}_{ij}=k_{ij}/3$，$R_i =$

max $\{\bar{k}_{1j}, \bar{k}_{2j}, \bar{k}_{3j}\}$ - min $\{\bar{k}_{1j}, \bar{k}_{2j}, \bar{k}_{3j}\}$ 越大表明该因子对试验指标作用越大，也越重要. 当试验指标越大（小）越好时，在每个因子中 max $\{\bar{k}_{1j}, \bar{k}_{2j}, \bar{k}_{3j}\}$ [min $\{\bar{k}_{1j}, \bar{k}_{2j}, \bar{k}_{3j}\}$] 相应的水平为最佳水平，由上表可得出如下结论：

（1）由极差 R_j 的大小知各因子重要顺序为：$BADC$.

（2）因为本例为试验指标越大越好，由 max $\{\bar{k}_{1j}, \bar{k}_{2j}, \bar{k}_{3j}\}$ 相应各因子的水平，得最优工艺条件，即最优搭配方案为 $A_1B_1C_3D_1$.

因为最佳水平都在试验范围的边界点上，所以应扩大试验范围，寻求更好的工艺条件.

2. 正交表的方差分析

上面我们介绍了正交表的直观分析法，其优点是简单直观，计算量小，但是直观法不能给出误差大小的估计，因此就不知道分析的精度，即不知道要到怎样的程度，一个因素才可以称为次要因素. 对正交试验结果进行方差分析的基本方法与前两节中方差分析类似，也是要求计算出各因素、各交互作用以及误差平方和的值，以确定各对试验指标的因素、各交互作用对试验指标的影响是否显著.

我们仍然通过例子来说明正交表的方差分析法.

例 7.3.2 某橡胶配方考虑因子水平表如表 7.3.6 所示，试验指标：弯曲次数（越多越好）.

表 7.3.6

因子＼水平	促进剂（A）	炭墨品种（B）	硫磺分量（C）
1	1.5	天津耐高磨	2.5
2	2.5	天津耐高磨与长春硬炭黑并用	2.0

考虑到三因子之间的交互效应，选用正交表 $L_8(2^7)$，表头设计见前. 试验结果及初步计算见橡胶配方试验计算表如表 7.3.7 所示

表 7.3.7

列号＼试验号	A 1	B 2	$A\times B$ 3	C 4	$A\times C$ 5	$B\times C$ 6	7	弯曲/万次 y_i
1	1	1	1	1	1	1		1.5
2	1	1	1	2	2	2		2.0
3	1	2	2	1	1	2		2.0
4	1	2	2	2	2	1		1.5
5	2	1	2	1	2	1		2.0
6	2	1	2	2	1	2		3.0
7	2	2	1	1	2	2		2.5
8	2	2	1	2	1	1		2.0
k_{1j}	7	8.5	8	8	8.5	7		
k_{2j}	9.5	8	8.5	8.5	8	9.5		$\sum y_i = 16.5$
$k_{1j}-k_{2j}$	-2.5	0.5	-0.5	-0.5	0.5	-2.5		

由表7.3.7知，因子 A 与交互作用 $B\times C$ 是重要的，其他是次要的. A 取水平 A_2，因为 $B\times C$ 是重要的，那么如何取 B，C 的最优水平呢？可将不同水平组合的试验结果进行比较，看哪一组合效果好.

	B_1	B_2
C_1	$\frac{1.5+2.0}{2}=1.75$	$\frac{2.5+2.0}{2}=2.25$
C_2	$\frac{3.0+2.0}{2}=2.5$	$\frac{1.5+2.0}{2}=1.75$

比较四个值，2.5最大，故 B 取 B_1，C 取 C_2，于是最优工艺条件为 $A_2B_1C_2$.

现用方差分析对此例进行分析. 总的偏差平方和为

$$Q=Q_A+Q_B+Q_C+Q_{A\times B}+Q_{A\times C}+Q_{C\times B}+Q_e,$$

Q 按下式计算 $$Q=\sum_{i=1}^{n}y_i^2-\frac{1}{n}\left(\sum_{i=1}^{n}y_i\right)^2,$$

Q_A，Q_B，Q_C 按下式计算（因 $n_i=\frac{n}{r_j}$，$\bar{y}=\frac{1}{n}\sum_{i=1}^{r_j}k_{ij}$）

$$Q_j=\sum_{i=1}^{r_j}n_i\bar{y}_i^2-n\bar{y}^2=\frac{r_j}{n}\sum_{i=1}^{r_j}k_{ij}^2-\frac{1}{n}\left(\sum_{i=1}^{r_j}k_{ij}\right)^2.$$

当 $r_j=2$ 时，

$$Q_j=\frac{2}{n}\left(k_{1j}^2+k_{2j}^2\right)-\frac{1}{n}\left(k_{1j}+k_{2j}\right)^2=\frac{1}{n}\left(k_{1j}-k_{2j}\right)^2.$$

$Q_{A\times B}$，$Q_{A\times C}$，$Q_{C\times B}$亦按上式计算，这是因为 $A\times B$，$A\times C$，$C\times B$ 也像 B，C 一样只占一列. 如果它们占两列，则它们分别为相应两列的平方和之和.

记 $G=\left(\sum_{i=1}^{n}y_i\right)$，则

$$Q=\sum_{i=1}^{8}y_i^2-\frac{G^2}{8}=35.75-34.03125=1.71875,$$

$$Q_A=\frac{(k_{11}-k_{21})^2}{n}=\frac{(-2.5)^2}{8}=0.78125=Q_{B\times C},$$

$$Q_B=\frac{(k_{12}-k_{22})^2}{n}=\frac{(0.5)^2}{8}=0.03125=Q_C=Q_{A\times B}=Q_{A\times C},$$

Q 的自由度为总试验次数减1，即 $8-1=7$. Q_A，Q_B，Q_C 的自由度均为水平数减1. $Q_{A\times B}$，$Q_{A\times C}$，$Q_{C\times B}$的自由度亦为所在列水平数减1，也都为1. Q_e 的自由度为 Q 的自由度减去其余自由度，也为1.

对给定显著水平 $\alpha=0.25$，已知 $F_{0.75}(1,1)=5.83$，像7.1节和7.2节方差分析那样，将上述结果列成方差分析表（见表7.3.8），其中对应于因素 A 的 F 值为

$$F=\frac{Q_A/(r_A-1)}{Q_e/1}=25.$$

其余类推.

表 7.3.8 方差分析表

方差分析	平方和	自由度	方差	F 值	显著性
A	$Q_A=0.78125$	1	$Q_A/1=0.78125$	25	*
B	$Q_B=0.03125$	1	$Q_B/1=0.03125$	1	
C	$Q_C=0.03125$	1	$Q_C/1=0.03125$	1	
$A\times B$	$Q_{A\times B}=0.03125$	1	$Q_{A\times B}/1=0.03125$	1	
$A\times C$	$Q_{A\times C}=0.03125$	1	$Q_{A\times C}/1=0.03125$	1	
$B\times C$	$Q_{B\times C}=0.78125$	1	$Q_{B\times C}/1=0.78125$	25	*
误差	$Q_e=0.03125$	1	$Q_e/1=0.03125$		
总和	$Q=1.71875$	7			

由上表知，除 A，$B\times C$ 显著影响试验指标外，其他因子的影响都不显著. 为了提高精度，可把 $Q_{A\times B}$，$Q_{A\times C}$合并到 Q_e 中去，并对 $\alpha=0.05$ 查表得 $F_{0.95}$（1，3）=10.13. 于是上面方差分析表如表 7.3.9 所示，

表 7.3.9 方差分析表

方差分析	平方和	自由度	方差	F 值	显著性
A	$Q_A=0.78125$	1	$Q_A/1=0.78125$	25	*
B	$Q_B=0.03125$	1	$Q_B/1=0.03125$	1	
C	$Q_C=0.03125$	1	$Q_C/1=0.03125$	1	
$B\times C$	$Q_{B\times C}=0.78125$	1	$Q_{B\times C}/1=0.78125$	25	*
误差	$Q_e=0.09375$	3	$Q_e/3=0.03125$		
总和	$Q=1.71875$	7			

习 题 7

1. 在某化工产品的生产过程中，对三种浓度（A）、四种温度（B）的每一种搭配重复试验两次，测得产量如表 7.1 所示（单位：kg）

表 7.1

B \ A	A_1	A_2	A_3
B_1	(14，10)	(9，7)	(5，11)
B_2	(11，11)	(10，8)	(13，14)
B_3	(13，9)	(7，11)	(12，13)
B_4	(10，12)	(12，13)	(14，10)

试检验不同的浓度，不同的温度以及它们的交互作用对产量是否有显著性影响（$\alpha=0.05$）?

2. 对用五种不同操作方法生产某种产品作节约原料试验，在其他条件尽可能相同的情况下，就四批式样测得原料节约额数据如表 7.2 所示

表 7.2

操作法	A_1	A_2	A_3	A_4	A_5
节约额	29.6	27.3	5.8	21.6	29.2
	24.3	32.6	6.2	17.4	32.8
	28.5	30.8	11.0	18.3	25.0
	32.0	34.8	8.3	19.0	24.2

假定原料节约额服从方差相等的正态分布. 试问：操作法对原料节约额的影响差异是否显著？哪些水平间的差异是显著的（$\alpha=0.05$）？

3. 试验某种钢含碳量各异时在各种温度下的冲击值（kg/cm^2），测得数据如表7.3所示

表 7.3

含碳量 \ 温度	20℃	0℃	-20℃	-4℃
0.2%	10.6	7.0	4.2	4.2
0.4%	11.6	11.1	6.8	6.3
0.8%	14.5	13.3	11.5	8.7

是检验不同的温度、不同的含碳量对冲击值的影响是否有显著差异（$\alpha=0.01$）？

4. 四支温度计 T_1，T_2，T_3，T_4 被用来测定氢化奎宁的熔点 x（单位:℃），结果如表7.4所示

表 7.4

温度计	T_1	T_2	T_3	T_4
观测值	174.0	173.0	171.5	173.5
	173.0	172.0	171.0	171.0
	173.5		173.0	
	173			

试检验在测量氢化奎宁熔点时，这四支温度计之间有无显著差异（$\alpha=0.05$）？

5. 下列数据给出了对灯泡光通量的试验结果（单位：lm/W）如表7.5所示

表 7.5

工厂	测量值					
1	9.47	9.00	9.12	9.27	9.27	9.25
2	10.80	11.28	11.15			
3	10.37	10.42	10.28			
4	10.65	10.33				
5	9.54	8.62				

试检验不同工厂生产的灯泡通量有无显著差异（$\alpha=0.01$）？

6. 现有某种型号的电池三批，它们分别是甲、乙、丙三个工厂生产的，为评论其质量，各随机抽取5只电池为样品，经试验得其寿命（h）如表7.6所示

表 7.6

工厂	寿命				
甲	40	48	38	42	45
乙	26	34	30	28	32
丙	39	40	43	50	50

试在显著水平 $\alpha=0.05$ 下，检验电池的平均寿命有无显著差异？

7. 为了寻找适应某地区的高产水稻品种，今选五个不同品种的种子进行试验，每一品种在四块试验田上试种. 假定这20块土地面积与其他条件基本不同，观测到各地土地上产量（单位：kg）如表7.7所示

表 7.7

种子品种 A	田号			
	1	2	3	4
A_1	67	67	55	42
A_2	68	96	90	66
A_3	60	69	50	55
A_4	79	64	81	70
A_5	90	70	79	88

试检验：（1）种子品种对水稻高产有无显著影响（$\alpha=0.01$）？

（2）第 2 号，第 5 号种子品种对水稻高产的影响有无显著影响（$\alpha=0.05$）？

8. 考察合成纤维弹性，影响因素为：收缩率 A 和总的拉伸倍数 B. 试验结果如表 7.8 所示

表 7.8

B \ A	A_1	A_2	A_3	A_4
B_1	71，73	73，75	76，73	75，73
B_2	72，73	76，74	79，77	73，72
B_3	75，73	78，77	74，75	70，71
B_4	77，75	74，74	74，73	69，69

试检验因素 A，B 及它们的交互作用对实验结果是否有显著性影响差异（$\alpha=0.01$）？

9. 提高收率的试验. 某化工厂产品的收率受三个因子的影响，分别取三水平如表 7.9 所示

表 7.9

水平 \ 因素	A 反应温度/℃	B 反应时间/min	C 催化剂种类
1	700	20	甲
2	750	25	乙
3	800	30	丙

选用表 $L_9(3^4)$ 做试验，A、B、C 分别排在 1、2、3 列上，得收率数据（%）顺序为：71.0，80.7，80.0，78.0，87.6，68.6，95.0，78.3，90.0. 试作直观分析并指出因素影响主次及最优条件？

第 8 章

回归分析

一切事物都在运动，一切事物的运动都受到周围其他事物的影响和制约. 因此，一切运动着的事物都是互相联系、互相制约的. 从而，描述事物和事物运动的变量之间也是相互联系、相互制约的. 变量之间的相互关系，可分为两类：一类是确定性关系，也称为函数关系，其特征是：一个变量随着其他变量的确定而确定. 例如圆面积 S 与半径 r 之间的关系 $S=\pi r^2$. 另一类关系称为相关关系，这一类关系的特征是：变量之间的关系很难用一种精确的方法来表示. 例如，人的身高和体重之间有一定的关系，农业上的施肥量与亩产量之间的关系等. 不过，需要指出的是，确定性关系与相关性关系之间没有不可逾越的鸿沟. 由于存在测量误差等原因，确定性关系在实际问题中往往通过相关关系表示出来. 另一方面，当对事物内部规律了解得更加深刻时，相关关系可能转化为确定性关系.

回归分析就是处理变量之间的相关关系的一种数学方法，是最常用的数理统计方法，可以用来解决预测、控制、生产工艺优化等问题. 它在工农业生产和科学研究等各个领域中均有广泛应用. 回归分析一般分为线性回归分析和非线性回归分析，本章着重介绍线性回归分析，它是两类回归分析中较简单的一类，也是应用得比较多的一类.

8.1 一元线性回归中的参数估计

8.1.1 数学模型

我们知道，一个做匀速直线运动的质点，其位移 y 与时间 x 之间有关系 $y=\beta_0+\beta_1 x$，其中 β_0 为质点在 $x=0$ 时的初始位置，β_1 是运动速度. 如果 β_0，β_1 均未知且 y 可被观察，则只要在两个不同的时刻观察质点的位置 y 就可以求出 β_0 与 β_1 的值，从而得到 y 与 x 之间的确定性关系. 但是，由于种种原因，质点的位置不能被精确地观测，总带有随机的测量误差. 这就是说，不能观察到真正的 y，而是观察到 $Y=y+\varepsilon$，其中 ε 是均值为零的随机变量，或称为测量误差. 于是，我们有

$$Y=\beta_0+\beta_1 x+\varepsilon \tag{8.1.1}$$

其中 x 是非随机、可精确观察的变量，ε 是均值为零的随机变量，是不可观察的. 下面，我们看一个实际例子.

例8.1.1 测量16名成年女子的身高与腿长所得数据如表8.1.1所示

表8.1.1

身高/cm	143	145	146	147	149	150	153	154
腿长/cm	88	85	88	91	92	93	93	95
身高/cm	155	156	157	158	159	160	162	164
腿长/cm	96	98	97	96	98	99	100	102

为了研究这些数据之间的规律，我们以身高 x 为横坐标，腿长 y 为纵坐标将这些数据（x_i，y_i）在平面直角坐标系上标出（见图8.1.1）称（x_i，y_i）为散点.

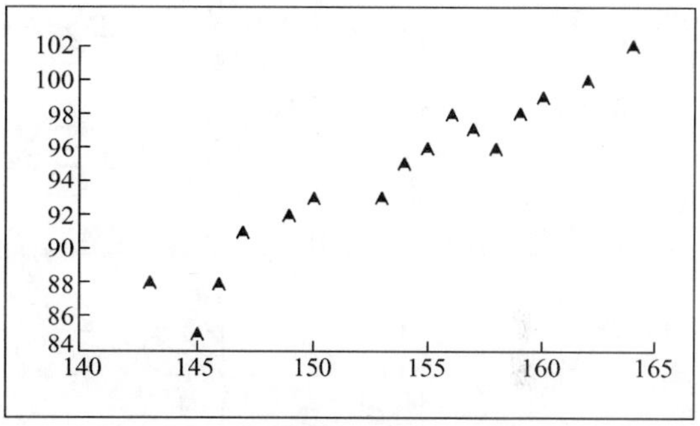

图8.1.1

由图8.1.1看到，数据点大致落在一条直线附近，这说明变量 x 与 y 之间的关系大致可以看作是直线关系. 不过这些点又不都在一条直线上，这表明 x 和 y 之间的关系不是确定性关系. 实际上，腿长 y 除了与身高 x 有一定关系外还受到许多其他因素的影响. 因此，用随机变量 Y 表示，并假定 y 与 x 之间有如下的结构式：$Y=\beta_0+\beta_1x+\varepsilon$，其中 β_0，β_1 是两个未知参数，ε 为其他随机因素对 Y 的影响，一般假设其服从正态分布.

一般地，称由式（8.1）确定的模型为**一元线性回归模型**，记为

$$\begin{cases} Y=\beta_0+\beta_1x+\varepsilon, \\ E\varepsilon=0, D\varepsilon=\sigma^2. \end{cases} \tag{8.1.2}$$

固定的未知参数 β_0、β_1 称为回归系数，自变量 x 称为回归变量.

对式（8.1.1）两边同时取期望得

$$y=\beta_0+\beta_1x,$$

称其为 y 对 x 的回归直线方程. 显然 $Y\sim N$（$\beta_0+\beta_1x$，σ^2）.

在该模型下，第 i 个观测值可以看作样本 $Y_i=\beta_0+\beta_1x_i+\varepsilon_i$（这些样本相互独立但同分布，$i=1$，2，…，$n$）的实际抽样值，即样本值.

一元线性回归分析的主要任务是：用试验值（样本值）对 β_0、β_1 和 σ^2 作点估计；对回归系数 β_1 作假设检验；在 $x=x_0$ 处对 Y 进行预测，对 Y 做区间估计.

8.1.2 模型参数估计

1. 回归系数 β_0、β_1 的最小二乘估计

现在我们用最小二乘法来估计模型中的未知参数 β_0 和 β_1. 假设有 n 组独立观测值（x_1，y_1），（x_2，y_2），…，（x_n，y_n）（例8.1.1中的 $n=16$），则由式（8.1.2）有

$$y_i=\beta_0+\beta_1x_i+\varepsilon_i,\ i=1,\ 2,\ \cdots,\ n$$

记

$$Q = Q(\beta_0,\beta_1) = \sum_{i=1}^{n}\varepsilon_i^2 = \sum_{i=1}^{n}(Y_i - \beta_0 - \beta_1 x_i)^2 \tag{8.1.3}$$

称 Q（β_0，β_1）为偏离回归直线的偏差平方和. 最小二乘法就是选择 β_0 和 β_1 的估计值 $\hat{\beta}_0$，$\hat{\beta}_1$ 使得

$$Q(\hat{\beta}_0,\hat{\beta}_1) = \min_{\beta_0,\beta_1} Q(\beta_0,\beta_1) \tag{8.1.4}$$

为此，对式（8.3）中 β_0、β_1 分别求偏导数，得

$$\begin{cases} \dfrac{\partial Q}{\partial \beta_0} = -2\sum\limits_{i=1}^{n}(y_i - \beta_0 - \beta_i x_i), \\ \dfrac{\partial Q}{\partial \beta_1} = -2\sum\limits_{i=1}^{n}x_i(y_i - \beta_0 - \beta_i x_i), \end{cases}$$

令以上两式为0，并用 $\hat{\beta}_0$，$\hat{\beta}_1$ 取代 β_0，β_1，得

$$\begin{cases} \sum\limits_{i=1}^{n}(y_i - \hat{\beta}_0 - \hat{\beta}_1 x_i) = 0, \\ \sum\limits_{i=1}^{n}x_i(y_i - \hat{\beta}_0 - \hat{\beta}_1 x_i) = 0, \end{cases}$$

于是有**正规方程**

$$\begin{cases} n\hat{\beta}_0 + \hat{\beta}_1 \sum\limits_{i=1}^{n} x_i = \sum\limits_{i=1}^{n} y_i, \\ \hat{\beta}_0 \sum\limits_{i=1}^{n} x_i + \hat{\beta}_1 \sum\limits_{i=1}^{n} x_i^2 = \sum\limits_{i=1}^{n} x_i y_i, \end{cases} \tag{8.1.5}$$

解此方程得

$$\begin{cases} \hat{\beta}_0 = \bar{y} - \hat{\beta}_1 \bar{x}, \\ \hat{\beta}_1 = \dfrac{\overline{xy} - \bar{x}\,\bar{y}}{\overline{x^2} - \bar{x}^2}, \end{cases} \tag{8.1.6}$$

或

$$\hat{\beta}_1 = \frac{\sum\limits_{i=1}^{n}(x_i - \bar{x})(y_i - \bar{y})}{\sum\limits_{i=1}^{n}(x_i - \bar{x})^2},$$

其中 $\bar{x} = \dfrac{1}{n}\sum\limits_{i=1}^{n} x_i$，$\bar{y} = \dfrac{1}{n}\sum\limits_{i=1}^{n} y_i$，$\overline{x^2} = \dfrac{1}{n}\sum\limits_{i=1}^{n} x_i^2$，$\overline{xy} = \dfrac{1}{n}\sum\limits_{i=1}^{n} x_i y_i$（$\bar{x}$，$\bar{y}$ 分别称为 x 的均值和 y 的均值）. 用这种方法求出的估计值 $\hat{\beta}_i$（$i=0$，1）称为 β_i 的**最小二乘估计**，简称 **LS**（**Least Square**）估计. 将估计值代入回归直线方程得**经验回归方程**为

$$\hat{y} = \hat{\beta}_0 + \hat{\beta}_1 x = \bar{y} + \hat{\beta}_1(x - \bar{x}) \tag{8.1.7}$$

显然，$\hat{\beta}_1$ 是拟合直线斜率，$\hat{\beta}_0$ 是拟合直线在 $x = x_0$ 处的截距. n 个点（x_i，y_i）（$i=1$，2，

…，n）的几何重心（$\bar{x}$，$\bar{y}$）落在拟合直线上．而且对每组（x_i，y_i），可求出拟合值 $\hat{y}_i$ 以及残差 $y_i-\hat{y}_i$，易知

$$\sum_{i=1}^{n}(y_i-\hat{y}_i)=0,$$

这说明残差之和为零.

为了便于计算，人们常用下列记号和等式的各种变形

$$L_{xx}=\sum_{i=1}^{n}(x_i-\bar{x})^2=\sum_{i=1}^{n}(x_i-\bar{x})x_i=\sum_{i=1}^{n}x_i^2-n\bar{x}^2,$$

$$L_{xy}=\sum_{i=1}^{n}(x_i-\bar{x})(y_i-\bar{y})=\sum_{i=1}^{n}(x_i-\bar{x})y_i$$

$$=\sum_{i=1}^{n}x_i(y_i-\bar{y})=\sum_{i=1}^{n}x_iy_i-n\bar{x}\bar{y},$$

$$L_{yy}=\sum_{i=1}^{n}(y_i-\bar{y})^2=\sum_{i=1}^{n}(y_i-\bar{y})y_i=\sum_{i=1}^{n}y_i^2-n\bar{y}^2,$$

这时 $\hat{\beta}_1$ 可简记为

$$\hat{\beta}_1=L_{xy}/L_{xx},$$

将式（8.1.6）中的 y_i 改为 Y_i 取得回归系数 β_0，β_i 的点估计量

$$\hat{\beta}_0=\overline{Y}-\hat{\beta}_1\bar{x},$$
$$\hat{\beta}_1=\frac{\overline{xY}-\bar{x}\,\overline{Y}}{\overline{x^2}-\bar{x}^2}. \tag{8.1.8}$$

在模型（8.1.2）下，我们有以下四个结论

（1）$\hat{\beta}_0\sim N\left(\beta,\ \sigma^2\left(\frac{1}{n}+\frac{\bar{x}^2}{L_{xx}}\right)\right)$；

（2）$\hat{\beta}_1\sim N\left(\beta_1,\ \frac{\sigma^2}{L_{xx}}\right)$；

（3）$\frac{Q_e}{\sigma^2}=\chi^2(n-2)$；

（4）$\overline{Y}$，$\hat{\beta}_1$，Q_e 相互独立．

注　以上的关系式是如何得到的呢？以估计量 $\hat{\beta}_1$ 为例，

$$\hat{\beta}_1=\frac{\sum_{i=1}^{n}(x_i-\bar{x})Y_i}{\sum_{i=1}^{n}(x_i-\bar{x})^2}\sim N\left(\beta_1,\frac{\sigma^2}{\sum_{i=1}^{n}(x_i-\bar{x})^2}\right),$$

所以估计量 $\hat{\beta}$ 是 β_1 的无偏估计；同样地，$\hat{\beta}_0$ 也是 β_0 的无偏估计.

2. 回归系数 β_0、β_1 的置信区间

虽然已经知道估计量 $\hat{\beta}_0$ 和 $\hat{\beta}_1$ 的分布规律，但是由于 σ^2 是未知的，因此并不能直接利

用正态分布来对 β_0 和 β_1 进行区间估计，因此需要构造其他的统计量，由

$$\frac{\hat{\beta}_0-\beta_0}{\hat{\sigma}_e\sqrt{\frac{1}{n}+\frac{\bar{x}^2}{L_{xx}}}}\sim t(n-2),\quad \frac{\hat{\beta}_1-\beta_1}{\hat{\sigma}_e/\sqrt{L_{xx}}}\sim t(n-2)$$（式中 $\hat{\sigma}_e^2=Q_e/(n-2)$，后面会介绍）

得 β_0 和 β_1 置信水平为 $1-\alpha$ 的置信区间分别为

$$\left[\hat{\beta}_0-t_{1-\frac{\alpha}{2}}(n-2)\,\hat{\sigma}_e\sqrt{\frac{1}{n}+\frac{\bar{x}^2}{L_{xx}}},\ \hat{\beta}_0+t_{1-\frac{\alpha}{2}}(n-2)\,\hat{\sigma}_e\sqrt{\frac{1}{n}+\frac{\bar{x}^2}{L_{xx}}}\right]$$

和

$$\left[\hat{\beta}_1-t_{1-\frac{\alpha}{2}}(n-2)\,\hat{\sigma}_e/\sqrt{L_{xx}},\ \hat{\beta}_1+t_{1-\frac{\alpha}{2}}(n-2)\,\hat{\sigma}_e/\sqrt{L_{xx}}\right]$$

3. σ^2 的无偏估计及置信区间

记

$$Q_e=Q(\hat{\beta}_0,\hat{\beta}_1)=\sum_{i=1}^{n}(Y_i-\hat{\beta}_0-\hat{\beta}_1x_i)^2=\sum_{i=1}^{n}(Y_i-\hat{y}_i)^2$$

称 Q_e 为**残差平方和或剩余平方和**. 在模型（8.1.2）下，常用

$$\hat{\sigma}_e^2=Q_e/(n-2)$$

去估计 σ^2，$\hat{\sigma}_e^2$ 称为**剩余方差（残差的方差）**，它是 σ^2 的无偏估计，且

$$\frac{(n-2)}{\sigma^2}\hat{\sigma}_e^2=\frac{1}{\sigma^2}Q_e\sim\chi^2(n-2),$$

$\hat{\sigma}_e^2$ 分别与 $\hat{\beta}_0$，$\hat{\beta}_1$ 独立，由此还可得 σ^2 的置信水平为 $1-\alpha$ 的置信区间分别为

$$\left(\frac{Q_e}{\chi^2_{1-\frac{\alpha}{2}}},\ \frac{Q_e}{\chi^2_{\frac{\alpha}{2}}}\right).$$

8.1.3 检验、预测与控制

1. 回归方程的显著性检验

在实际工作中，事先我们并不能确定 y 与 x 之间有线性关系，式（8.1.1）只是一种假设. 当然，这个假设并不是没有根据，我们可以通过专业知识和散点图做粗略判断. 但在求出回归方程之后，还必须对这种线性回归方程同实际观测数据拟合的效果进行检验.

由式（8.1.1）可知，当 $|\beta_1|$ 越大，y 随 x 的变化趋势就越明显；反之，当 $|\beta_1|$ 越小，y 随 x 的变化的趋势就越不明显. 特别地，当 $\beta_1=0$ 时，则认为 y 与 x 之间不存在线性关系；当 $\beta_1\neq0$ 时，则可认为 y 与 x 之间有线性关系（8.1.1）. 因此，问题归结为对假设

$$H_0:\beta_1=0;\ H_1:\beta_1\neq0$$

进行检验. 若假设 $H_0:\beta_1=0$ 被拒绝，则回归显著，认为 y 与 x 存在线性关系，所求的线性回归方程有意义；否则回归不显著，y 与 x 的关系就不能用线性回归模型来描述，所得的回归方程也无意义. 此时，可能有如下几种情况：

1）x 对 y 没有显著影响，此时应丢掉预报变量 x；

2）x 对 y 有显著影响，但这种影响并不能用线性关系来表示，则应该用非线性回归；

3）除 x 之外，还有其它不可忽略的预报变量对 y 有显著影响，从而削弱了 x 对 y 的影

响，此时应用多元线性回归模型.

因此，在接受 H_0 的同时，需要进一步查明原因分别处理. 但要查明原因，并非易事，此时该问题的专业知识往往起着重要的作用.

以下介绍三种不同的检验方法，它们在本质上是相同的.

(1) F 检验法

考虑恒等式

$$L_{yy} = Q_e + U \tag{8.1.9}$$

其中总离差平方和

$$L_{yy} = \sum_{i=1}^{n}(y_i - \bar{y})^2 = \sum_{i=1}^{n}(y_i - \bar{y})y_i = \sum_{i=1}^{n}y_i^2 - n\bar{y}^2,$$

残差平方和

$$Q_e = Q(\hat{\beta}_0,\hat{\beta}_1) = \sum_{i=1}^{n}(y_i - \hat{\beta}_0 - \hat{\beta}_1 x_i)^2 = \sum_{i=1}^{n}(y_i - \hat{y}_i)^2,$$

回归平方和

$$U = \sum_{i=1}^{n}(\hat{y}_i - \bar{y})^2,$$

式（8.1.9）称为**（总离差）平方和分解式**，它表示总离差平方和 L_{yy} 可以分解为两部分：前一部分是由于实际观测值没有落在回归直线上引起的（否则残差平方和为0），后一部分则是由回归直线引起的. 因此，U 越大，Q_e 就越小，表示 y 与 x 的线性关系就越显著；反之，U 越小，Q_e 就越大，表示 y 与 x 的线性关系就越不显著. 这样我们就找到了一种判别回归直线拟合程度好坏的方法：看总离差平方和 L_{yy} 包含了多少回归平方和与多少残差平方和. 如果 U/L_{yy} 接近于1，或等价地，U/Q_e 较大，则我们对拟合效果感到满意.

易知，当 H_0 成立时，有 $U/\sigma^2 \sim \chi^2$（1）且 Q_e 与 U 独立，再由 F 分布的定义知，当 H_0 成立时，

$$F = \frac{U}{Q_e/(n-2)} \sim F(1,n-2).$$

前面分析过，当 H_0 不真时，线性回归效果显著，F 的值应比较大；否则就比较小. 由此，对给定的显著水平 α，检验规则为：当 $F > F_{1-\alpha}$（1，$n-2$）时，拒绝 H_0；否则就接受 H_0. 检验过程可用方差分析表8.1.2来表示.

表8.1.2 方差分析表

方差来源	平方和	自由度	均方	F 值
回归	U	1	U	$F = \frac{U}{Q_e/(n-2)}$
剩余	Q_e	$n-2$	$Q_e/(n-2)$	
总和	L_{yy}	$n-1$		

具体计算时常用右面的公式：
$$\begin{cases} L_{yy} = \sum_{i=1}^{n}(y_i - \bar{y})^2 = \sum_{i=1}^{n}y_i^2 - n\bar{y}^2, \\ U = \hat{\beta}_1^2 L_{xx} = L_{xy}^2/L_{xx}, \\ Q_e = L_{yy} - U. \end{cases}$$

例 8.1.2 对六个麦堆测得数据如表 8.1.3 所示

表 8.1.3

质量 P/kg	2813	2705	11103	2590	2131	5181
跨度 l /m	3.25	3.20	5.07	3.14	2.90	4.02

假定 P 与 l 之间存在线性关系

$$P = a + bl + \varepsilon,$$

其中 a，b 为常数，$\varepsilon \sim N(0, \sigma^2)$. 试估计 a，b，并对置信度 $1-\alpha=0.95$ 检验方程的显著性.

解 这是一个一元线性回归模型，故对 a，b 的估计值可采用式（8.1.6）得到

$$\hat{b} = \frac{\sum_{i=1}^{6}(l_i - \bar{l})(P_i - \bar{P})}{\sum_{i=1}^{6}(l_i - \bar{l})^2} = \frac{\sum_{i=1}^{6} l_i P_i - 6\bar{l}\bar{P}}{\sum_{i=1}^{6} l_i^2 - 6\bar{l}^2} = 4165.85,$$

$$\hat{a} = \bar{P} - \hat{b}\bar{l} = -10562.69.$$

对于方程的显著性检验，在假设 $H_0: b=0$ 之下，采用上面给定的 F 统计量

$$F = \frac{U}{Q_e/(n-2)} \sim F(1, n-2),$$

具体计算得到 $F=134.51$.

对已给置信度 $1-\alpha=0.95$，按自由度 $(1, n-2)=(1, 4)$ 得分位数 $F_{1-\alpha}(1, n-2) = F_{0.95}(1, 4) = 7.71$. 因为 $134.51>7.71$，表明小概率事件发生，拒绝原假设，可以认为 P 与 l 存在显著的线性关系. 其经验公式为

$$P = -10562.69 + 4165.85l.$$

（2）t 检验法

已经知道，
$$\frac{\hat{\beta}_1 - \beta_1}{\hat{\sigma}_e / \sqrt{L_{xx}}} \sim t(n-2),$$

所以，当 H_0 成立，即 $\beta_1=0$ 时，

$$T = \frac{\sqrt{L_{xx}}\hat{\beta}_1}{\hat{\sigma}_e} \sim t(n-2).$$

因此，对于给定的显著水平 α，用 T 统计量检验 H_0，其规则为：当 $|T| > t_{1-\frac{\alpha}{2}}(n-2)$ 时，拒绝 H_0，否则就接受 H_0.

例 8.1.3 在考察硝酸钠的溶解度与温度的关系时，得到在不同温度下硝酸难溶解在 100ml 水中的重量数值如表 8.1.4 所示

表 8.1.4

温度 x	0	4	10	15	21	29	36	51	68
重量 y	66.7	71.0	76.3	80.6	85.7	92.9	99.4	113.6	125.1

假定 y 与 x 之间存在线性关系

$$y=a+bx+\varepsilon,$$

其中 a，b 为常数，$\varepsilon\sim N(0,\ \sigma^2)$. 试估计 a，b，并对置信度 $1-\alpha=0.95$ 检验方程的显著性.

解 这是一个二元线性回归模型，故对 a，b 的估计值可用式（8.1.6）得到

$$\hat{b}=\frac{\sum_{i=1}^{9}(x_i-\bar{x})(y_i-\bar{y})}{\sum_{i=1}^{9}(x_i-\bar{x})^2}=0.87,$$

$$\hat{a}=\bar{y}-\hat{b}\bar{x}=67.52,$$

对于方程的显著性检验，在假设 H_0: $b=0$ 之下，采用上面给定的 T 统计量，

$$T=\frac{\sqrt{L_{xx}}\hat{b}}{\hat{\sigma}_e}\sim t(n-2),$$

$$\hat{\sigma}_e^2=\frac{Q_e}{n-2}=\frac{L_{yy}-L_{xy}^2/L_{xx}}{9-2}=0.92,$$

具体计算得到 $T=60.255$.

对已给置信度 $1-\alpha=0.95$，按自由度 $n-2=9-2=7$ 得分位数

$$t_{1-\alpha}(n-2)=t_{0.95}(7)=2.365,$$

因为 $60.255>2.365$，表明小概率事件发生，拒绝原假设 H_0. 可以认为 y 与 x 之间存在显著的线性关系. 其经验公式为

$$y=67.52+0.87x.$$

（3）r 检验法

我们已经提到过，如果 U/L_{yy} 接近于1，则回归方程效果显著. 记

$$r=\frac{\sum_{i=1}^{n}(x_i-\bar{x})(y_i-\bar{y})}{\sqrt{\sum_{i=1}^{n}(x_i-\bar{x})^2\sum_{i=1}^{n}(y_i-\bar{y})^2}}=\sqrt{\frac{U}{L_{yy}}},\tag{8.1.10}$$

称为样本相关系数，简称相关系数.

因 $r=\dfrac{L_{xy}}{\sqrt{L_{xx}}\sqrt{L_{yy}}}$，与 $\hat{\beta}_1=\dfrac{L_{xy}}{L_{xx}}$ 比较，可知 r 的符号与 $\hat{\beta}_1$ 相同. 又因

$$r^2=\frac{U}{L_{yy}}=\frac{L_{yy}-Q_e}{L_{yy}},$$

故得

$$Q_e=L_{yy}(1-r^2).$$

这表明 $|r|\leqslant1$，且 L_{yy} 固定时，$|r|$ 越接近于1，Q_e 就越小，特别当 $|r|=1$ 时，$Q_e=0$，$U=L_{yy}$ 即 y 的变化完全是 y 与 x 的线性关系引起的. 因此，统计量 r 可用来刻画 y 与 x 之间线性相关的密切程度，故也可用来检验假设 H_0: $\beta_1=0$，其检验方法称为 ***r* 检验法**. 对给定的显著水平 α，检验规则为：当 $|r|>r_{1-\alpha}$ 时，拒绝 H_0；否则就接受 H_0. 这里 $r_{1-\alpha}$ 满

足 $P(|r|<r_{1-\alpha})=1-\alpha$. 由于

$$F=\frac{(n-2)U}{Q_e}=\frac{(n-2)r^2L_{yy}}{L_{yy}(1-r^2)}=\frac{(n-2)r^2}{(1-r^2)},$$

或

$$r=\sqrt{\frac{1}{1+(n-2)/F}},$$

所以

$$r_{1-\alpha}=\sqrt{\frac{1}{1+(n-2)/F_{1-\alpha}(1,n-2)}}.$$

也可从附表查得 $r_{1-\alpha}$的值.

r 检验法与 F 检验法实际上是一回事.

对例题 8.1.2 用 r 检验法检验，样本相关系数

$$r=\sqrt{\frac{1}{1+(n-2)/F}}=\sqrt{\frac{1}{1+(6-2)/134.51}}=0.9855,$$

而查表得 $r_{1-\alpha}$（4）$=0.8114$. 因为 $0.9855>0.8114$，故线性关系明显.

2. 预测与控制

若检验的结果拒绝了 $H_0:\beta=0$，则表明 y 与 x 的线性关系显著，也就是回归方程与实际观测数据拟合效果显著. 接下来的问题是如何利用回归方程 $\hat{y}=\hat{\beta}_0+\hat{\beta}_1x$ 进行预测和控制. 所谓预测问题，就是对固定的 x 值预测相应的 y 值；所谓控制问题是指通过控制 x 的值以便把 y 的值控制在指定的范围内.

（1）预测

设 y 与 x 满足线性模型（8.1.2），根据历史样本（x_1，y_1），（x_2，y_2），…，（x_n，y_n）求得回归方程 $\hat{y}=\hat{\beta}_0+\hat{\beta}_1x$. 令 x_0 表示 x 的某个固定值，且 $Y_0=\beta_0+\beta_1x+\varepsilon_0$，$\varepsilon_0\sim N(0,\sigma^2)$，设 Y_0，Y_1，…，Y_n 相互独立，求 Y_0 的预测值和预测区间.

根据回归方程的意义，我们自然用 Y_0 的回归值 $\hat{y}_0=\hat{\beta}_0+\hat{\beta}_1x_0$ 作为 Y_0 的预测值. 因为 $\hat{y}_0$ 是 Y_0 的无偏估计量. 往下讨论 Y_0 的区间预测问题.

由于

$$Y_0-\hat{y}_0\sim N\left(0,\ \sigma^2\left[\frac{1+n}{n}+\frac{(x_0-\bar{x})^2}{L_{xx}}\right]\right),$$

$Y_0-\hat{y}_0$ 与 Q_e 独立. 因根据 t 分布的定义，有

$$T=\frac{y_0-\hat{y}_0}{\hat{\sigma}_e^2\sqrt{1+\frac{1}{n}+\frac{(x_0-\bar{x})^2}{L_{xx}}}}\sim t\ (n-2).$$

给定显著性水平 α，有 $t_{1-\frac{\alpha}{2}}$（$n-2$），使

$$P\{|T|<t_{1-\frac{\alpha}{2}}(n-2)\}=1-\alpha,$$

即有

$$P\{\hat{y}_0-\delta(x_0)<y_0<\hat{y}_0+\delta(x_0)\}=1-\alpha.$$

其中

$$\delta(x_0)=t_{1-\frac{\alpha}{2}}(n-2)\hat{\sigma}_e^2\sqrt{1+\frac{1}{n}+\frac{(x_0-\bar{x})^2}{L_{xx}}},$$

从而得到 y_0 的置信水平为 $1-\alpha$ 的预测区间为

$$[\hat{y}_0-\delta(x_0),\ \hat{y}_0+\delta(x_0)].$$

由上可知，剩余标准差 $\hat{\sigma}_e$ 越小，预测区间越窄，即预测越精确. 另外，对于给定的样本观测值和置信水平而言，x_0 越靠近 $\bar{x}$ 时，预测精度就越高.

由于 x_0 得任意性，因此夹在两曲线

$$\hat{y}_1(x)=\hat{y}_0-\delta(x_0),\hat{y}_2(x)=\hat{y}_0+\delta(x_0)$$

之间的部分就是 $y=\beta_0+\beta_1x+\varepsilon$ 的置信水平为 $1-\alpha$ 的预测带. 如图 8.1.2 所示.

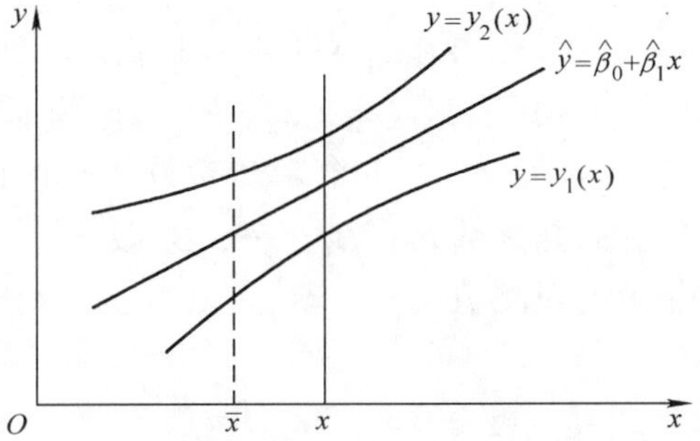

图 8.1.2

特别地，当 n 很大且 x 在 $\bar{x}$ 附近取值时，有

$$t_{1-\frac{\alpha}{2}}(n-2)\approx u_{1-\frac{\alpha}{2}},\quad \sqrt{1+\frac{1}{n}+\frac{(x_0+\bar{x})^2}{L_{xx}}}\approx 1.$$

此时，$\delta(x_0)\approx\hat{\sigma}_e^2u_{1-\frac{\alpha}{2}}$，于是 y_0 的置信水平为 $1-\alpha$ 的预测区间近似为

$$[\hat{y}_0-\hat{\sigma}_e^2u_{1-\frac{\alpha}{2}},\ \hat{y}_0+\hat{\sigma}_e^2u_{1-\frac{\alpha}{2}}].$$

此时的预测带是平行于回归直线的两平行线之间的部分，作这种近似使得预测工作得到很大的简化. 特别地，在应用中，有时更简单地取置信水平为 0.95 和 0.99 的预测区间分别近似为 $[\hat{y}_0-1.96\hat{\sigma}_e^2,\ \hat{y}_0+1.96\hat{\sigma}_e^2]$ 和 $[\hat{y}_0-2.58\hat{\sigma}_e^2,\ \hat{y}_0+2.58\hat{\sigma}_e^2]$.

（2）控制

若要 $Y=\beta_0+\beta_1x+\varepsilon$ 的值以 $1-\alpha$ 的概率落在指定区间（y'，y''）之内，那么变量 x 应控制在一定范围内，也就是说，要求出区间内（x'，x''），使得当 $x'<x<x''$时，对应的 y 值以 $1-\alpha$ 的概率落在（y'，y''）之内，这就是控制问题. 控制问题可以看作是预测问题的逆问题.

在图 8.1.2 中，由于两曲线 $\hat{y}_1(x)=\hat{y}_0-\delta(x_0)$，$\hat{y}_2(x)=\hat{y}_0+\delta(x_0)$所夹的部分就是 $y=\beta_0+\beta_1x+\varepsilon$ 的置信水平为 $1-\alpha$ 的预测带，故若要 y 的观测值以 $1-\alpha$ 的概率落在（y'，y''）之内，只要控制 x 满足以下两个不等式

$$\hat{y}-\delta(x)\geqslant y',\ \hat{y}+\delta(x)\leqslant y'',$$

这里要求 $y''-y'\geqslant 2\delta$ (x). 若 $\hat{y}-\delta(x)=y',\hat{y}+\delta(x)=y''$分别有解 x'和 x'', 即

$$\hat{y}-\delta(x')=y',\hat{y}+\delta(x'')=y'',$$

则 (x', x'') 就是所求的 x 的控制区间.

8.2 多元线性回归中的参数估计

8.2.1 数学模型

本节介绍有多个变量的多元线性回归, 这种回归问题在工程中应用更为广泛.

一般地, 影响试验指标的因素往往不止一个, 假设有 k 个因素, 它们之间有如下的线性关系式

$$Y=\beta_0+\beta_1 x_1+\cdots+\beta_k x_k+\varepsilon \tag{8.2.1}$$

其中 Y 为可观察的随机变量, 称为因变量. x_1, x_2, …, x_n 为非随机的可精确观察的变量, 称为自变量或因子, β_0, β_1, …, β_k 为 $k+1$ 个未知参数, ε 是正态随机变量, 并一般假设 $E\varepsilon=0$, $D\varepsilon=\sigma^2>0$. 为了估计未知参数 β_0, β_1, …, β_k 及 σ^2, 我们对 Y 与 x_1, x_2, …, x_k 同时做 n 次观察 (试验) 得 n 组观测值 (y_t, x_{t1}, …, x_{tk}), $t=1$, …, n ($n>k+1$), 它们满足关系式

$$Y_t=\beta_0+\beta_1 x_{t1}+\cdots+\beta_k x_{tk}+\varepsilon_t,t=1,\cdots,n(n>k+1) \tag{8.2.2}$$

其中 ε_1, …, ε_n 互不相关且均是与 ε 同分布的随机变量. 为了用矩阵来表示上式, 令

$$\boldsymbol{Y}=\begin{pmatrix} y_1\\ \vdots\\ \vdots\\ y_n \end{pmatrix},\ \boldsymbol{X}=\begin{pmatrix} 1 & x_{11} & x_{12} & \cdots & x_{1k}\\ 1 & x_{21} & x_{22} & \cdots & x_{2k}\\ \vdots & \vdots & \vdots & & \vdots\\ 1 & x_{n1} & x_{n2} & \cdots & x_{nk} \end{pmatrix},\ \boldsymbol{\beta}=\begin{pmatrix} \beta_0\\ \beta_1\\ \vdots\\ \beta_k \end{pmatrix},\ \boldsymbol{\varepsilon}=\begin{pmatrix} \varepsilon_0\\ \varepsilon_1\\ \vdots\\ \varepsilon_k \end{pmatrix}$$

于是式 (8.2.2) 变为

$$\boldsymbol{Y}=\boldsymbol{X\beta}+\boldsymbol{\varepsilon} \tag{8.2.3}$$

其中 $\boldsymbol{X}$ 为已知的 $n\times(k+1)$阶矩阵, 称为回归设计矩阵或资料矩阵. $\boldsymbol{\beta}$ 为 $k+1$ 维未知向量, $\boldsymbol{\varepsilon}$ 是满足

$$\begin{cases} E(\boldsymbol{\varepsilon})=0,\\ \operatorname{cov}(\boldsymbol{\varepsilon},\boldsymbol{\varepsilon})=\sigma^2\boldsymbol{I}_n \end{cases}$$

的 n 维随机列向量, 其中 σ^2 是未知参数, $D(\varepsilon_t)=\sigma^2$, $t=1$, 2, …, n, $\boldsymbol{I}_n$ 为 n 阶单位矩阵, 即对随机误差 ε_1, ε_2, …, ε_n 做无偏、等方差与互不相关的假定. $\boldsymbol{Y}$ 是 n 维随机列向量, 一般称

$$\begin{cases} Y=X\beta+\varepsilon,\\ E(\varepsilon)=0,\operatorname{cov}(\varepsilon,\varepsilon)=\sigma^2\boldsymbol{I}_n \end{cases} \tag{8.2.4}$$

为**高斯 - 马尔可夫线性模型** (n 元线性回归模型), 并简记为 ($\boldsymbol{Y}$, $\boldsymbol{X}$, $\boldsymbol{\beta}$, $\sigma^2\boldsymbol{I}_n$).

(1) 取期望得

$$y=\beta_0+\beta_1 x_1+\cdots+\beta_k x_k$$

称为回归平面方程.

对线性模型（$\boldsymbol{Y}$，$\boldsymbol{X}$，$\boldsymbol{\beta}$，$\sigma^2\boldsymbol{I}_n$）而言，所要考虑的主要问题是：

1）用试验值（样本值）对未知参数$\boldsymbol{\beta}$ 和 σ^2 作点估计和假设检验，从而建立 y 与 x_1，x_2，…，x_k 之间的数量关系；

2）当 $x_1=x_{01}$，$x_2=x_{02}$，…，$x_k=x_{0k}$，对 y 的值做预测与控制，即对 y 作区间估计.

本章中假设 $n>k+1$.

8.2.2　模型参数估计

1. 对$\boldsymbol{\beta}_i$ 和 $\boldsymbol{\sigma}^2$ 作估计

下面用最小二乘法求 β_0，β_1，…，β_k 的估计量. 作离差平方和

$$Q = \sum_{i=1}^{n}(y_i-\beta_0-\beta_1x_{t1}\cdots-\beta_kx_{tk})^2,$$

选择 β_0，β_1，…，β_k 使 Q 达到最小，即 $\min Q$ 根据高等数学中求最小值的方法，只需求方程组（该方程组称为正规方程组）

$$\begin{cases}\dfrac{\partial Q}{\partial\beta_0}=0,\\ \dfrac{\partial Q}{\partial\beta_1}=0,\\ \vdots\\ \dfrac{\partial Q}{\partial\beta_k}=0\end{cases}$$

的解. 解此方程组得到的不是 β_0，β_1，…，β_k 的真值，而是估计值 $\hat\beta_0$，$\hat\beta_1$，…，$\hat\beta_k$，故可将此正规方程组化简为

$$\boldsymbol{A}\hat{\boldsymbol{\beta}}=\boldsymbol{B}\ \text{或}\ (\boldsymbol{X}^{\mathrm{T}}\boldsymbol{X})\hat{\boldsymbol{\beta}}=\boldsymbol{X}^{\mathrm{T}}\boldsymbol{Y},$$

其中 $\hat{\boldsymbol{\beta}}=[\hat\beta_0,\hat\beta_1,\cdots,\hat\beta_k]^{\mathrm{T}}$，解得估计值

$$\hat{\boldsymbol{\beta}}=\boldsymbol{A}^{-1}\boldsymbol{B}=(\boldsymbol{X}^{\mathrm{T}}\boldsymbol{X})^{-1}\boldsymbol{X}^{\mathrm{T}}\boldsymbol{Y} \tag{8.2.5}$$

（若 $\boldsymbol{A}=\boldsymbol{X}^{\mathrm{T}}\boldsymbol{X}$ 可逆，$\boldsymbol{B}=\boldsymbol{X}^{\mathrm{T}}\boldsymbol{Y}$，$\boldsymbol{X}^{\mathrm{T}}$ 表示 $\boldsymbol{X}$ 的转置矩阵）. 这样计算得到的 $\hat\beta_i$ 代入回归平面方程，得

$$\hat y=\hat\beta_0+\hat\beta_1x_1+\cdots+\hat\beta_kx_k,$$

称其为**经验回归平面方程**，$\hat\beta_i$ 称为**经验回归系数**.

注　$\hat{\boldsymbol{\beta}}$ 服从 $k+1$ 维正态分布，且为$\boldsymbol{\beta}$ 的无偏估计，协方阵差为 $\sigma^2C=\sigma^2(\boldsymbol{X}^{\mathrm{T}}\boldsymbol{X})^{-1}$.

2. 多项式回归

设变量 x、Y 的回归模型为

$$Y=\beta_0+\beta_1x+\beta_2x^2+\cdots+\beta_kx^k+\varepsilon,$$

其中 β_i 是未知参数，ε 服从正态分布，记 $EY=y$，因而

$$y=\beta_0+\beta_1x+\beta_2x^2+\cdots+\beta_kx^k$$

称之为**回归多项式**. 上面的回归模型称为**多项式回归**. 多项式回归是一元非线性回归的一种特殊情况，它可以通过变量代换线性化，令 $x_i=x^i$，$i=1$，2，…，k，多项式回归模型变为

多元线性回归模型，所以对多项式回归的未知参数估计可利用多元线性回归的参数估计算法. 当 $k=2$ 时，为抛物线回归.

8.2.3 多元线性回归中的检验与预测

1. 线性模型和回归系数的检验

现在我们来考虑如下的模型检验问题

$$\begin{cases} Y = X\beta + \varepsilon, \\ \varepsilon \sim N_n\ (0,\ \sigma^2 I_n). \end{cases}$$

在实际问题中，事先我们并不知道或者不能断定随机变量 Y 与一组变量 x_1，x_2，…，x_k 之间确有线性关系. $Y=\beta_0+\beta_1 x+\beta_2 x^2+\cdots+\beta_k x^k+\varepsilon$ 往往只是一种假设，因此在求出线性回归方程之后，还须对求出的线性回归方程同实际观测数据的拟合效果进行检验. 可提出如下原假设

$$H_0: \beta_1=\beta_2=\cdots=\beta_k=0$$

由有关知识知，当 H_0 成立时，

$$F=\frac{U_R/k}{Q_e/(n-k-1)} \sim F(k,n-k-1),$$

其中

$$U_R=\sum_{i=1}^{n}(\hat{y}_i-\bar{y})^2, Q_e=\sum_{i=1}^{n}(y_i-\hat{y}_i)^2,$$

分别称之为**回归平方和**及**剩余平方和**，而

$$S_{总}=\sum_{i=1}^{n}(y_i-\bar{y})^2=U_R+Q_e$$

称为**总离差平方和**.

由方差分析知，F 应较小（即误差主要由随机误差产生的），否则应拒绝假设，故 H_0 的拒绝域为 $\{F>C\}$，$C=F_{1-\alpha}\ (k,\ n-k-1)$. 如果 F 的观察值 $F>F_{1-\alpha}\ (k,\ n-k-1)$，则拒绝 H_0，认为 y 与 x_1，x_2，…，x_k 之间有显著线性关系；否则就接受 H_0，认为 y 与 x_1，x_2，…，x_k 之间线性关系不显著.

在线性模型中，虽然经检验知 y 与 x_1，x_2，…，x_k 之间具有显著线性关系，但是每个自变量对因变量 y 的影响作用并不都是一样重要的，有的则可有可无，即有的自变量的系数可能较大，有的则很小，或近似为零. 因此不否定线性模型之后，还须从线性模型中剔除那些可有可无的自变量，保留那些比较重要的自变量，重新建立比较简单的线性回归方程，以便更有利于实际应用.

这里，我们说某个自变量 x_i 对 y 的影响不显著是指对原假设

$$H_{0i}: \beta_i=0,\ i=1,\ 2,\ \cdots,\ k$$

不否定. 当 H_0 成立时

$$F_i=\frac{\hat{\beta}_i^2}{\sigma^2 c_{ii}}\bigg/\frac{Q_e}{\sigma^2(n-k-1)}=\frac{U_i}{Q_e/(n-k-1)} \sim F(1,\ n-k-1),\ i=1,\ 2,\ \cdots,\ k$$

其中，U_i 为 β_i 的偏回归平方和，C_{ii} 为 $\boldsymbol{C}=(\boldsymbol{X}^{\mathrm{T}}\boldsymbol{X})^{-1}$ 中的元素. F_i 可作为 H_{0i} 的检验统计

量，对给定的显著水平 α，易知 H_{0i}的拒绝域为 $\{F_i > F_{1-\alpha}(1, n-k-1)\}$.

当检验结果说明 x_i 可有可无，即接受 H_{0i}时，则应从回归方程

$$\hat{y} = \hat{\beta}_0 + \hat{\beta}_1 x_1 + \cdots + \hat{\beta}_k x_k$$

中剔除自变量 x_i，并重新用最小二乘法估计回归系数，建立新的回归方程

$$\hat{y}^* = \hat{\beta}_0^* + \hat{\beta}_1^* x_1 + \cdots + \hat{\beta}_{i-1}^* x_{i-1} + \hat{\beta}_i^* x_i + \cdots + \hat{\beta}_k^* x_k,$$

一般地说，$\hat{\beta}_j^* \neq \hat{\beta}_j$. 对上式中的回归系数再逐个进行检验，剔除不显著的自变量，再重新建立 y 关于那些重要自变量的回归方程，直至保留下来的自变量都显著重要为止.

这样一来建立新的回归方程的工作量是相当大的，不过在新老变量之间有关系式

$$\hat{\beta}_j^* = \hat{\beta}_j - \frac{c_{ij}}{c_{ii}} \hat{\beta}_i, j \neq i \tag{8.2.6}$$

利用此关系式可以较容易地求出新的回归系数.

注意：在剔除自变量时，考虑到自变量之间对 y 的交互作用，每次只剔除一个. 如果有几个自变量经检验都不显著，则先剔除其中 F 值或 $|t|$ 值较小的那个自变量.

例 8.2.1 已知 y 与三个自变量的观察值如表 8.2.1 所示

表 8.2.1

x_1	-1	-1	-1	-1	1	1	1	1
x_2	-1	-1	1	1	-1	-1	1	1
x_3	-1	1	-1	1	-1	1	-1	1
y	7.6	10.3	9.2	10.2	8.4	11.1	9.8	12.6

求 y 对 x_1，x_2，x_3 的线性回归方程.

解 因为

$$\boldsymbol{X}^{\mathrm{T}} = \begin{pmatrix} 1 & 1 & 1 & 1 & 1 & 1 & 1 & 1 \\ -1 & -1 & -1 & -1 & 1 & 1 & 1 & 1 \\ -1 & -1 & 1 & 1 & -1 & -1 & 1 & 1 \\ -1 & 1 & -1 & 1 & -1 & 1 & -1 & 1 \end{pmatrix},$$

所以

$$\boldsymbol{X}^{\mathrm{T}}\boldsymbol{X} = \begin{pmatrix} 8 & 0 & 0 & 0 \\ 0 & 8 & 0 & 0 \\ 0 & 0 & 8 & 0 \\ 0 & 0 & 0 & 8 \end{pmatrix},$$

故

$$\boldsymbol{C} = (\boldsymbol{X}^{\mathrm{T}}\boldsymbol{X})^{-1} = \begin{pmatrix} 1/8 & 0 & 0 & 0 \\ 0 & 1/8 & 0 & 0 \\ 0 & 0 & 1/8 & 0 \\ 0 & 0 & 0 & 1/8 \end{pmatrix},$$

$$\boldsymbol{X}^{\mathrm{T}}\boldsymbol{Y}=\begin{pmatrix}79.2\\4.6\\4.4\\9.2\end{pmatrix},\ \hat{\boldsymbol{\beta}}=\begin{pmatrix}\hat{\beta}_0\\\hat{\beta}_1\\\hat{\beta}_2\\\hat{\beta}_3\end{pmatrix}=(\boldsymbol{X}^{\mathrm{T}}\boldsymbol{X})^{-1}\boldsymbol{X}^{\mathrm{T}}\boldsymbol{Y}=\begin{pmatrix}9.9\\0.575\\0.55\\1.15\end{pmatrix}.$$

现在对线性模型进行检验，即检验假设 $H_0:\beta_1=\beta_2=\beta_3=0$. 因为

$$S_{总}=\sum_{i=1}^{n}(y_i-\bar{y})^2=17.02,U_R=15.645,$$

故

$$Q_e=S_{总}-U_R=1.375,$$

从而

$$F=\frac{U_R/3}{Q_e/(8-3-1)}=15.171,$$

对显著水平 $\alpha=0.05$ 查 F 分布表，临界值 $F_{0.95}(3,4)=6.59<15.171=F$，所以否定 H_0，即认为 β_0，β_1，β_2，β_3 不全为零.

再对回归系数进行检验（$\alpha=0.05$）. 由前面知

$$F_1=\frac{\hat{\beta}_1^2/c_{11}}{Q_e/4}=7.695,\ F_2=\frac{\hat{\beta}_2^2/c_{22}}{Q_e/4}=7.04,\ F_3=\frac{\hat{\beta}_3^2/c_{33}}{Q_e/4}=30.778,$$

查 F 分布表得分位数 $F_{0.95}(1,4)=7.71$，所以 x_1，x_2 对 y 的影响均不显著，x_3 对 y 的影响显著，但是因为 $F_2<F_1$，故剔除 x_2. 由公式（8.2.6）得

$$\hat{\beta}_0^*=\hat{\beta}_0-\frac{c_{20}}{c_{22}}\hat{\beta}_2=\hat{\beta}_0,$$

$$\hat{\beta}_1^*=\hat{\beta}_1-\frac{c_{21}}{c_{22}}\hat{\beta}_2=\hat{\beta}_1,$$

$$\hat{\beta}_3^*=\hat{\beta}_3-\frac{c_{23}}{c_{22}}\hat{\beta}_2=\hat{\beta}_3,$$

于是得新的回归方程为

$$\hat{y}^*=9.9+0.575x_1+1.15x_3.$$

为了对新的回归系数进行检验，我们要计算新的相关矩阵. 这时新的相关矩阵为

$$C^*=\begin{pmatrix}1/8&0&0\\0&1/8&0\\0&0&1/8\end{pmatrix}$$

$$S_{总}^*=S_{总}=17.02,$$

$$U_R^*=\sum_{i=1}^{8}(0.575x_{i1}+1.15x_{i3})^2,$$

故

$$Q_e^*=S_{总}^*-U_R^*=3.7952,$$

从而

$$F^* = \frac{U_R^*/2}{Q_e^*/5} = 8.71,\ F_1^* = \frac{\hat{\beta}_1^{*2}/c_{11}^*}{Q_e^*/5} = 3.48,\ F_3^* = \frac{\hat{\beta}_3^{*2}/c_{33}^*}{Q_e^*/5} = 13.94,$$

对显著水平 $\alpha=0.05$ 查 F 分布表得分位数 $F_{0.95}$（1，5）$=6.61$，故比较 F_1^*，F_3^* 知 x_3 对 y 的影响显著，x_1 对 y 影响不显著，应剔除，类似地，可以得到新的回归方程

$$\hat{y}^{**} = 9.9 + 1.15x_3,$$

得新的回归平方和与新的残差平方和分别为

$$U_R^{**} = 10.58,\ Q_e^{**} = 6.64,$$

由此得

$$F^{**} = \frac{U_R^{**}/1}{Q_e^{**}/6} = 9.857,\ F_3^{**} = 9.857,$$

查 F 分布表得 $F_{0.95}$（1，6）$=5.99$，与 F^{**}，F_3^{**} 比较，最后得回归方程为

$$\hat{y}^{**} = 9.9 + 1.15x_3.$$

2. 预测

求回归方程的目的之一是解决实际当中的预测与控制问题. 所谓预测问题是指当知道自变量的值时如何求出相应的因变量的值及其取值范围. 所谓控制问题，就是预测的逆问题，及要求因变量 y 在某个范围内取值时，x_1，…，x_k 应控制在什么范围之内.

1）点预测，当我们求出回归方程

$$\hat{y} = \hat{\beta}_0 + \hat{\beta}_1 x_1 + \cdots + \hat{\beta}_k x_k$$

并经过检验之后，对于给定自变量的值 x_1^*，…，x_k^*，自然我们会用 $\hat{y}^* = \hat{\beta}_0 + \hat{\beta}_1 x_1^* + \cdots + \hat{\beta}_k x_k^*$ 来预测 $y^* = \beta_0 + \beta_1 x_1^* + \cdots + \beta_k x_k^* + \varepsilon$，称 $\hat{y}^*$ 为 y^* 的点预测. 因为 E（$\hat{y}^* - y^*$）$=0$，所以实际上 $\hat{y}^*$ 是 y^* 的无偏估计量.

2）区间预测，对于正态线性模型，由于 $\hat{\boldsymbol{\beta}} \sim N_{k+1}$（$\boldsymbol{\beta}$，$\sigma^2\boldsymbol{C}$），其中 $\boldsymbol{C}=\boldsymbol{A}^{-1}=(\boldsymbol{X}^{\mathrm{T}}\boldsymbol{X})^{-1}$，$c_{ij}$ 为 $\boldsymbol{C}$ 中的元素，记 $\boldsymbol{G}=$（1，x_1，…，x_k），则

$$\begin{aligned}\hat{y} &= \boldsymbol{G}\hat{\boldsymbol{\beta}} \sim N(\boldsymbol{G}\hat{\boldsymbol{\beta}}, \boldsymbol{G}\sigma^2\boldsymbol{C}\boldsymbol{G}^{\mathrm{T}}) \\ &= N(\sum_{i=1}^{n}\beta_i x_i, \sigma^2\sum_{i=1}^{k}\sum_{j=1}^{k}c_{ij}x_i y_i).\end{aligned}$$

当 $\boldsymbol{G}$ 为已知时，我们来求 y 的预测区间. 易知，Q_e 与 $\hat{\boldsymbol{\beta}}$ 相互独立，从而 Q_e 与 $\hat{y}=\boldsymbol{G}\hat{\boldsymbol{\beta}}$ 相互独立. 又因 y_1，…，y_n 相互独立，所以 y 与 $\hat{y}=\boldsymbol{G}\hat{\boldsymbol{\beta}}$ 独立，y 与 Q_e 也独立. 从而 $y-\hat{y}$ 与 Q_e 也独立，且

$$y - \hat{y} \sim N(0, \sigma^2(1 + \sum_{i=1}^{k}\sum_{j=1}^{k}c_{ij}x_i y_i)).$$

通常有 $|y-\hat{y}| \leqslant K$，即 y 的置信区间（$\hat{y}-K$，$\hat{y}+K$），K 由置信度 $1-\alpha$ 确定，当 $1-\alpha$ 给定后，因为

$$\frac{Q_e}{\sigma^2} \sim \chi^2\ (n-k-1),$$

所以

$$T = \frac{y - \hat{y}}{\sigma\sqrt{1 + \sum_{i=1}^{k}\sum_{j=1}^{k} c_{ij}x_i y_i}} \Bigg/ \sqrt{\frac{Q_e}{\sigma^2(n-k-1)}} = \frac{y - \hat{y}}{\hat{\sigma}_e\sqrt{1 + \sum_{i=1}^{k}\sum_{j=1}^{k} c_{ij}x_i y_i}} \sim t(n-k-1),$$

其中 $\hat{\sigma}_e = \sqrt{\dfrac{Q_e}{n-k-1}}$.

因此

$$1 - \alpha = P\left\{|T| < \frac{K}{\hat{\sigma}_e\sqrt{1 + \sum_{i=1}^{k}\sum_{j=1}^{k} c_{ij}x_i y_i}}\right\},$$

所以

$$K = \hat{\sigma}_e\sqrt{1 + \sum_{i=1}^{k}\sum_{j=1}^{k} c_{ij}x_i y_i}\, t_{1-\frac{\alpha}{2}}(n-k-1),$$

故 y 的 $1-\alpha$ 的预测（置信）区间为（$\hat{y}_1$，$\hat{y}_2$），其中

$$\begin{cases} \hat{y}_1 = \hat{y} - \hat{\sigma}_e\sqrt{1 + \sum_{i=1}^{k}\sum_{j=1}^{k} c_{ij}x_i y_i}\, t_{1-\frac{\alpha}{2}}(n-k-1), \\ \hat{y}_2 = \hat{y} + \hat{\sigma}_e\sqrt{1 + \sum_{i=1}^{k}\sum_{j=1}^{k} c_{ij}x_i y_i}\, t_{1-\frac{\alpha}{2}}(n-k-1). \end{cases}$$

当 $k=1$ 时，对应一元线性回归模型，请读者自己据上式推导，并与前面结论比较.

习 题 8

1. 某建筑实验室在作陶粒混凝土强度试验中，考察每立方米混凝土的水泥用量 x（单位：kg）对 28 天后的混凝土抗压强度 y（单位：$\mathrm{kg/cm^2}$）的影响. 测得数据如表 8.1 所示

表 8.1

x_i	150	160	170	180	190	200	210	220	230	240	250	260
y_i	56.9	58.3	61.6	64.6	68.1	71.3	74.1	77.4	80.2	82.6	86.4	89.7

对 y 对 x 的回归方程，并问：

（1）每立方米混凝土中增加 1kg 水泥时，可提高的抗压强度是多少？

（2）检验线性回归效果的显著性（$\alpha=0.05$）；

（3）求回归系数 β_1 的区间估计（$1-\alpha=0.95$）；

（4）求 $x_0=22.5$kg 时，求 y_0 的预测值及预测区间.

2. 某矿样中 13 个相邻样本点处、某种金属的含量 y 与样本点对原点的距离 x 的实测值如表 8.2 所示

表 8.2

x	2	3	4	5	7	8	10
y	106.42	108.2	109.58	109.50	110.00	109.93	110.49
x	11	14	15	16	18	19	
y	110.59	110.60	110.90	110.76	111.00	111.20	

分别按（1）$y=a+b\sqrt{x}$；（2）$y=a+b\ln x$；（3）$y=a+\frac{b}{x}$建立 y 对 x 的回归方程，并用复相关系数 $R=\sqrt{1-\frac{Q_e}{L_{yy}}}$指出其中哪一种相关最大.

3. 考察温度 x（℃）对产量 y（kg）的影响，测得10组数据如表8.3所示

表 8.3

x_i	20	25	30	35	40	45	50	55	60	65
y_i	13.2	15.1	16.4	17.1	17.9	18.7	19.6	21.2	22.5	24.3

（1）求 y 对 x 的线性回归方程及相关的系数 r；

（2）检验回归方程的显著性 $\alpha=0.05$；

（3）在 $x=42$℃时，求 y_0 的预测值及95%的预测区间.

4. 假设 x 是一可控变量，y 是一随机变量且服从正态分布，现在不同的 x 值下，分别对 y 进行观察，得数据如表8.4所示

表 8.4

x	0.25	0.37	0.44	0.55	0.60	0.62	0.68	0.70	0.73
y	2.57	2.31	2.12	1.92	1.75	1.71	1.60	1.51	1.53

x	0.75	0.82	0.84	0.87	0.88	0.90	0.95	1.00
y	1.41	1.33	1.31	1.25	1.20	1.19	1.15	1.00

（1）求 y 对 x 的线性回归方程，并求 $\sigma^2=D(y)$ 的无偏估计；

（2）求回归系数，a，b 的95%的置信区间；

（3）检验线性回归效果的显著性（$\alpha=0.05$）；

（4）求 y 的95%的预测区间；

（5）为了把观测值限制在（1.08，1.68），需要把 x 的值限制在什么范围之内?（$\alpha=0.05$）.

5. 某化工厂研究硝化得率 y 与硝化温度 x_1，硝化液中硝酸浓度 x_2 之间的统计相关关系. 进行10次试验，得试验数据如表8.5所示

表 8.5

x \ ℃	16.5	19.7	15.5	21.4	20.8	16.6	23.1	14.5	21.3	16.4
x_2	93.4	90.8	86.7	83.5	92.1	94.9	89.6	88.1	87.3	83.4
y%	90.92	91.13	87.95	88.57	90.44	89.87	91.03	88.03	89.93	85.58

求 y 对 x_1，x_2 的线性回归方程?

6. 河南平顶山棉纺厂为了提高纱线质量，需要研究原料中生条杂质 x_1 和精梳杂质 x_2 对成纱布杂质 y 的影响情况. 经试验得数据如表8.6所示

表 8.6

x_1	59	65	59	65	67	70	59	63	67	59	59	70	50	65	67
x_2	48	53	50	51	57	60	47	44	50	43	44	71	48	42	56
y	39	42	41	42	45	52	40	41	43	32	40	51	37	41	44

（1）求 y 对 x_1，x_2 的线性回归方程；

（2）检验 y 关于 x_1，x_2 的线性回归效果的显著性（$\alpha=0.01$）；

（3）对各回归系数进行显著性检验（$\alpha=0.05$）；

（4）求各回归系数 95% 的置信区间？

7. 广西农学院对 200 只北京鸭进行试验，得到鸭的周龄 x 与平均日增重 y（g）的数据如表 8.7 所示

表 8.7

x	1	2	3	4	5	6	7	8	9
y	21.9	47.1	61.9	70.8	72.8	66.4	50.3	25.3	3.2

（1）试求回归方程 $\hat{y}=\hat{a}+\hat{b}_1x+\hat{b}_zx^2$；

（2）检验回归效果的显著性（$\alpha=0.01$）.

8. 设有线性模型

$$\begin{cases} y_1=a+\varepsilon_1, \\ y_2=2a-b+\varepsilon_2, \\ y_2=a+2b+\varepsilon_3, \end{cases}$$

其中 $\varepsilon_i \sim N(0,\sigma^2)$ $(i=1,2,3)$ 且相互独立，试求

（1）a，b 的最小二乘估计 $\hat{a}$，$\hat{b}$；

（2）给出 $\hat{a}$，$\hat{b}$ 的分布并证明 $\hat{a}$，$\hat{b}$ 相互独立；

（3）试导出检验 H_0：$a=b$ 的统计量.

第 4 篇　积 分 变 换

第 9 章

傅里叶变换

通过一定的手段将问题进行转化，数学上称为变换. 变换的目的是使问题便于分析和解决，尤其对于那些比较复杂的工程问题，变换是比较常用的方法. 从本章开始，介绍通过积分运算将一个函数变成另外一个函数的变换积分变换，常用的积分变换有傅里叶（Fourier）变换和拉普拉斯（Laplace）变换. 这两种积分变换在电工技术、自动控制、无线电技术及通信技术中有着广泛的应用，并已成为这些领域中的重要工具.

9.1　复积分基础

9.1.1　复变函数的积分

1. 有向曲线

设 C 为复平面上给定的一条光滑（或者分段光滑）曲线，如果选定 C 的两个可能方向中的一个作为正方向（或者正向），那么我们把 C 理解为带有方向的曲线，称为有向曲线，如图 9.1.1 所示.

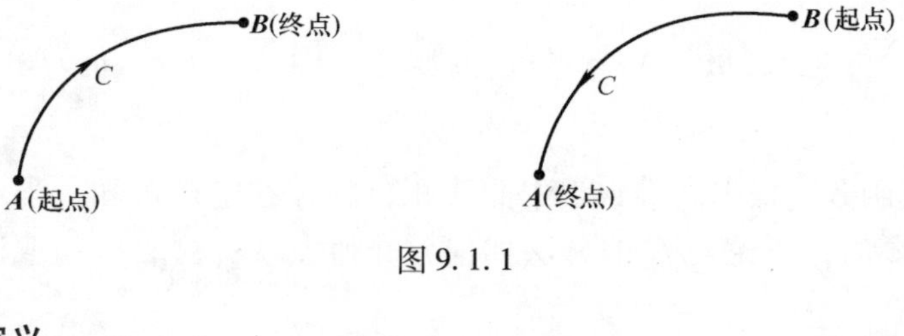

图 9.1.1

2. 复积分的定义

定义 9.1.1　设函数 $w=f(z)$ 定义在区域 D 内，C 为在区域 D 内起点为 A 终点为 B 的

一条有向光滑曲线，如图 9.1.2 所示．将曲线 C 任意分成 n 个小弧段，设分点为

$$A=z_0,\ z_1,\ z_2,\ \cdots,\ z_{k-1},\ z_k,\ \cdots,\ z_n=B,$$

在每个弧段$\overparen{z_{k-1}z_k}$（$k=1,\ 2,\ \cdots,\ n$）上任意取一点 ζ_k，并作和式

$$S_n=\sum_{k=1}^{n}f(\zeta_k)(z_k-z_{k-1})=\sum_{k=1}^{n}f(\zeta_k)\Delta z_k,$$

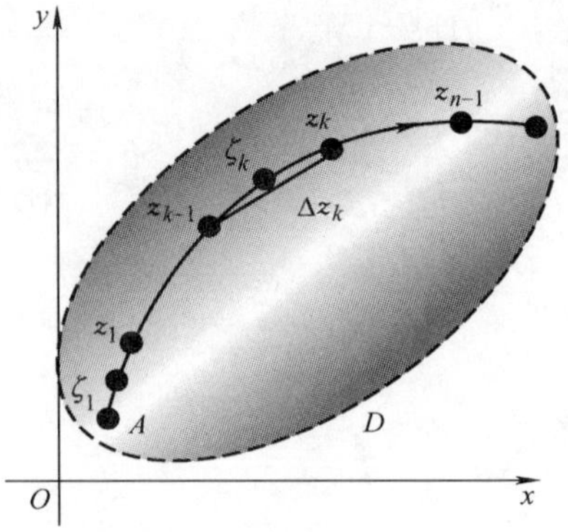

图 9.1.2

其中 $\Delta z_k=z_k-z_{k-1}$．记 $\Delta s_k=\overparen{z_{k-1}z_k}$为第 k 个小弧段的长度，$\delta=\max\limits_{1\leqslant k\leqslant n}\{\Delta s_k\}$．当 n 无限增加，且 δ 趋于零时，若不论对 C 的分法及 ζ_k 的取法如何，S_n 有唯一极限，那么称该极限值为函数 $w=f(z)$ 沿有向曲线 C 的积分．记作

$$\int_C f(z)\,\mathrm{d}z=\lim_{n\to\infty}\sum_{k=1}^{n}f(\zeta_k)\Delta z_k.$$

注 1）若曲线 C 为闭曲线，则沿此闭曲线的积分记作 $\oint_C f(z)\,\mathrm{d}z$.

2）当曲线 C 是 x 轴上的区间 $a\leqslant x\leqslant b$，而 $f(z)=u(x)$ 时，则该积分定义即一元实值函数定积分的定义.

3. 积分存在的条件及其计算法

（1）积分存在的条件

1）当 $f(z)$ 是连续函数而 C 是光滑曲线时，积分 $\int_C f(z)\,\mathrm{d}z$ 是一定存在的；

2）$\int_C f(z)\,\mathrm{d}z$ 可以通过两个实函数的线积分来计算.

分析 设光滑曲线 C 由参数方程 $z=z(t)=x(t)+\mathrm{i}y(t)$，$\alpha\leqslant t\leqslant\beta$ 给出，取正方向 t 增大的方向，$t=\alpha$，$t=\beta$ 分别对应于起点 A 及终 B，且 $z'(t)\neq 0$，$\alpha<t<\beta$.

如果 $f(z)=u(x,y)+\mathrm{i}v(x,y)$ 在 D 内处处连续，那么 $u(x,y)$ 及 $v(x,y)$ 均为 D 内的连续函数，设 $\zeta_k=\xi_k+\mathrm{i}\eta_k$，因为

$$\Delta z_k=z_k-z_{k-1}=x_k+\mathrm{i}y_k-(x_{k-1}+\mathrm{i}y_{k-1})=(x_k-x_{k-1})+\mathrm{i}(y_k-y_{k-1})=\Delta x_k+\mathrm{i}\Delta y_k,$$

所以

$$\begin{aligned}\sum_{k=1}^{n}f(\zeta_k)\Delta z_k&=\sum_{k=1}^{n}[u(\xi_k,\eta_k)+\mathrm{i}v(\xi_k,\eta_k)](\Delta x_k+\mathrm{i}\Delta y_k)\\&=\sum_{k=1}^{n}[u(\xi_k,\eta_k)\Delta x_k-v(\xi_k,\eta_k)\Delta y_k]+\mathrm{i}\sum_{k=1}^{n}[u(\xi_k,\eta_k)\Delta y_k+v(\xi_k,\eta_k)\Delta x_k].\end{aligned}$$

由于 u，v 都是连续函数，根据高等数学中曲线积分的存在定理可知，当 n 无限增大而弧段长度的最大值趋于零时，不论对 C 的分法如何，介值点（ξ_k，η_k）的取法如何，上式中两个和式的极限总存在，故

$$\int_C f(z)\,\mathrm{d}z=\int_C u\mathrm{d}x-v\mathrm{d}y+\mathrm{i}\int_C v\mathrm{d}x+u\mathrm{d}y.$$

注　为便于记忆，令

$$\int_C (u+\mathrm{i}v)(\mathrm{d}x+\mathrm{i}\mathrm{d}y) = \int_C u\mathrm{d}x - v\mathrm{d}y + \mathrm{i}\int_C v\mathrm{d}x + u\mathrm{d}y,$$

则

$$\int_C f(z)\mathrm{d}z = \int_C (u+\mathrm{i}v)(\mathrm{d}x+\mathrm{i}\mathrm{d}y) = \int_C u\mathrm{d}x - v\mathrm{d}y + \mathrm{i}\int_C v\mathrm{d}x + u\mathrm{d}y. \tag{9.1.1}$$

（2）积分的计算

定理 9.1.1　设光滑曲线 C 的参数方程为 $z=z(t)=x(t)+\mathrm{i}y(t)$，$\alpha\leqslant t\leqslant\beta$，正方向为参数增大的方向，参数 α、β 对应于起点 A 及终点 B，且 $z'(t)\neq 0$，$\alpha<t<\beta$. 则

$$\int_C f(z)\mathrm{d}z = \int_\alpha^\beta f[z(t)]z'(t)\mathrm{d}t. \tag{9.1.2}$$

证　设函数 $f(z)$ 沿曲线 C 连续，则

$$f(z(t)) = u(x(t),y(t)) + \mathrm{i}v(x(t),y(t)) \triangleq u(t)+\mathrm{i}v(t),$$

由公式（9.1.1），得

$$\begin{aligned}\int_C f(z)\mathrm{d}z &= \int_C u\mathrm{d}x - v\mathrm{d}y + \mathrm{i}\int_C v\mathrm{d}x + u\mathrm{d}y\\ &= \int_\alpha^\beta (u(t)x'(t) - v(t)y'(t))\mathrm{d}t + \mathrm{i}\int_\alpha^\beta (u(t)y'(t)+v(t)x'(t))\mathrm{d}t,\end{aligned}$$

容易验证

$$\mathrm{Re}(f(z(t))z'(t)) = u(t)x'(t) - v(t)y'(t),$$
$$\mathrm{Im}(f(z(t)z'(t))) = u(t)y'(t) + v(t)x'(t),$$

故

$$\int_C f(z)\mathrm{d}z = \int_\alpha^\beta f[z(t)]z'(t)\mathrm{d}t.$$

注　若曲线 C 是由 C_1，C_2，…，C_n 等光滑曲线段依次相互连接所组成的分段光滑曲线，则

$$\int_C f(z)\mathrm{d}z = \int_{C_1} f(z)\mathrm{d}z + \int_{C_2} f(z)\mathrm{d}z + \cdots + \int_{C_n} f(z)\mathrm{d}z,$$

上述性质称为复积分对曲线具有分段可加性.

例 9.1.1　计算 $\int_C z\mathrm{d}z$，其中 C 为从原点到点 $3+4\mathrm{i}$ 的直线段.

解　此直线的参数方程可写为

$$x=3t,\ y=4t,\ 0\leqslant t\leqslant 1,\ z=3t+\mathrm{i}4t,\ 0\leqslant t\leqslant 1,$$

在 C 上，$z=(3+4\mathrm{i})t$，$\mathrm{d}z=(3+4\mathrm{i})\mathrm{d}t$，于是由公式（9.1.2）得

$$\int_C z\mathrm{d}z = \int_0^1 (3+4\mathrm{i})^2 t\mathrm{d}t = \frac{1}{2}(3+4\mathrm{i})^2.$$

注　因为

$$\int_C z\mathrm{d}z = \int_C (x+\mathrm{i}y)(\mathrm{d}x+\mathrm{i}\mathrm{d}y) = \int_C x\mathrm{d}x - y\mathrm{d}y + \mathrm{i}\int_C y\mathrm{d}x + x\mathrm{d}y,$$

由第二类曲线积分与路径无关的充分必要条件可知，上式右侧两个积分均与路径 C 无关，所以积分 $\int_C z\mathrm{d}z$ 的值，不论对怎样的连接原点到点 $3+4\mathrm{i}$ 曲线段，都应等于 $\frac{1}{2}(3+4\mathrm{i})^2$.

例 9.1.2 计算 $\int_C \mathrm{Re}(z)\mathrm{d}z$，其中 C 如图 9.1.3 所示：

(1) 从原点 O 到点 $1+\mathrm{i}$ 的直线段；

(2) 从原点到的抛物线

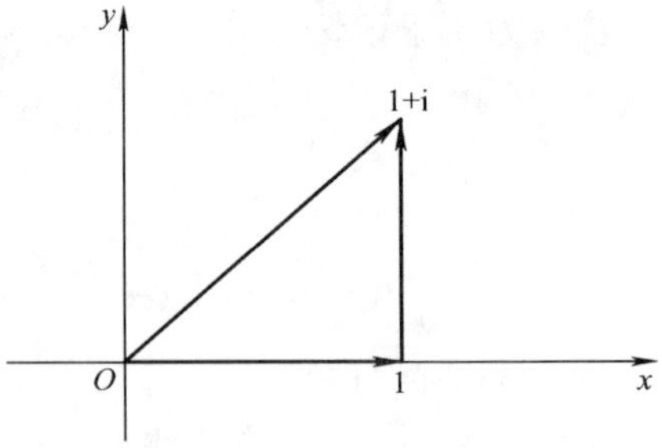

图 9.1.3

解 (1) 连接原点 O 到点 $1+\mathrm{i}$ 的直线段的参数方程为 $z=(3+4\mathrm{i})t$，$0\leqslant t\leqslant 1$，由公式 (9.1.2)，

$$\int_C \mathrm{Re}(z)\mathrm{d}z = (1+\mathrm{i})\int_0^1 t\mathrm{d}t = \frac{1}{2}(1+\mathrm{i}).$$

(2) 连接原点 O 到点 1 的直线段的参数方程为 $z=t$，$0\leqslant t\leqslant 1$；连接原点 1 到点 $1+\mathrm{i}$ 的直线段的参数方程为

$$z=1+\mathrm{i}t,\ 0\leqslant t\leqslant 1,$$

由分段可加性与公式 (9.1.2)

$$\int_C \mathrm{Re}(z)\mathrm{d}z = \int_0^1 t\mathrm{d}t + \mathrm{i}\int_0^1 \mathrm{d}t = \frac{1}{2}+\mathrm{i}.$$

例 9.1.3 计算 $\oint_C \frac{\mathrm{d}z}{(z-z_0)^{n+1}}$，其中 C 是以 z_0 为中心，r 为半径的正向圆周（即逆时针方向），n 为非负整数（见图 9.1.4）.

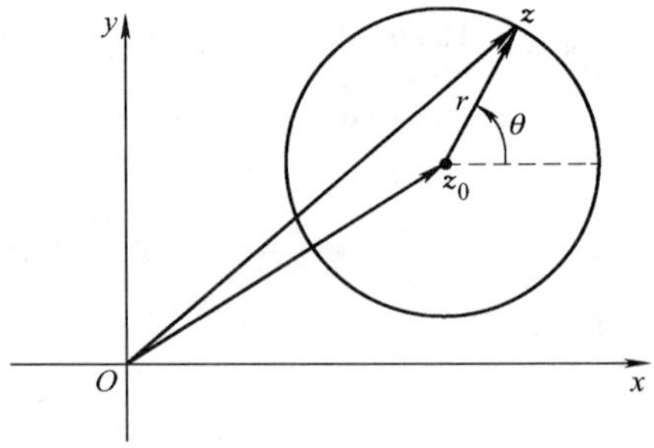

图 9.1.4

解 令 $\mathrm{e}^{\mathrm{i}\theta}=\cos\theta+\mathrm{i}\sin\theta$，则圆 C 的参数方程为 $z=z_0+r\mathrm{e}^{\mathrm{i}\theta}$，$0\leqslant\theta\leqslant 2\pi$，$\mathrm{d}z=r\mathrm{i}\mathrm{e}^{\mathrm{i}\theta}\mathrm{d}\theta$，

于是由式 (9.1.2)

$$\begin{aligned}\oint_C \frac{\mathrm{d}z}{(z-z_0)^{n+1}} &= \int_0^{2\pi}\frac{\mathrm{i}r\mathrm{e}^{\mathrm{i}\theta}}{r^n\mathrm{e}^{\mathrm{i}n\theta}}\mathrm{d}\theta = \frac{\mathrm{i}}{r^{n-1}}\int_0^{2\pi}\mathrm{e}^{-\mathrm{i}(n-1)\theta}\mathrm{d}\theta \\ &= \frac{\mathrm{i}}{r^{n-1}}\int_0^{2\pi}\cos(n-1)\theta\mathrm{d}\theta + \frac{\mathrm{i}^2}{r^{n-1}}\int_0^{2\pi}\sin(n-1)\theta\mathrm{d}\theta \\ &= \begin{cases}2\pi\mathrm{i}, n=0,\\ 0, n\neq 0.\end{cases}\end{aligned}$$

由此可见，该积分与积分曲线圆周的圆心和半径无关，在后面还要多次用到这个结果，需要牢记.

4. 复积分的性质

(1) $\int_C f(z)\mathrm{d}z = -\int_{C^-} f(z)\mathrm{d}z$;

(2) $\int_C kf(z)\mathrm{d}z = k\int_C f(z)\mathrm{d}z$;（$k$ 为常数）

(3) $\int_C [f(z)\pm g(z)]\mathrm{d}z = \int_C f(z)\mathrm{d}z \pm \int_C g(z)\mathrm{d}z$;

(4) 设曲线 C 的长度为 L，函数 $f(z)$ 在 C 上满足 $|f(z)|\leqslant M$，则

$$\left|\int_C f(z)\mathrm{d}z\right| \leqslant \int_C |f(z)|\mathrm{d}s \leqslant ML.$$

例 9.1.1 中被积函数 $f(z)=z$ 在复平面上处处解析，即处处可导，它沿连接起点与终点

的任何路径的积分值都等于$\frac{1}{2}(3+4\mathrm{i})^2$，我们称该积分与路径无关，易见$f(z)$沿复平面上任何闭曲线的积分为零. 而例9.1.2中的被积函数$f(z)=\mathrm{Re}(z)$在复平面上处处不解析，其积分值依赖于连接起点与终点的路径. 例9.1.3中，当$n=0$时，$\oint_C \frac{\mathrm{d}z}{z-z_0}=2\pi\mathrm{i}\neq 0$，被积函数$f(z)=\frac{1}{z-z_0}$，它在复平面上去除$z_0$外处处解析，但这区域是多连通区域.

由上面讨论可知，积分值与路径是否无关，可能与被积函数的解析性及区域的连通性有关. 由式（9.1.1），复变函数的积分可以用相应的两个实二元函数$u(x, y)$，$v(x, y)$的第二型曲线积分表示，故有关复积分与路径无关的问题最后转换成实函数积分与路径无关的问题.

5. Cauchy－Goursat 基本定理

假设地$f(z)=u(x, y)+\mathrm{i}v(x, y)$在区域$B$内处处解析，并且$f'(z)$在区域$B$内连续. 由微积分中实函数导数的定义，容易算得

$$f'(z)=u_x+\mathrm{i}v_x=v_y-\mathrm{i}u_y,$$

所以$u(x, y)$及$v(x, y)$以及它们的偏导数均为B内的连续函数，且满足恒等式

$$u_x(x,y)\equiv v_y(x,y), v_x(x,y)\equiv -u_y(x,y), \tag{9.1.3}$$

式（9.1.3）称为柯西－黎曼方程.

又因

$$\oint_C f(z)\mathrm{d}z=\oint_C u\mathrm{d}x-v\mathrm{d}y+\mathrm{i}\oint_C v\mathrm{d}x+u\mathrm{d}y,$$

其中C为B内任何一条简单闭曲线，由格林公式与柯西－黎曼方程可知

$$\oint_C u\mathrm{d}x-v\mathrm{d}y=\iint_D(-v_x-u_y)\mathrm{d}x\mathrm{d}y=0,$$

$$\oint_C v\mathrm{d}x+u\mathrm{d}y=\iint_D(u_x-v_y)\mathrm{d}x\mathrm{d}y=0,$$

其中D是C围成的区域，所以$\oint_C f(z)\mathrm{d}z=0$.

定理9.1.2　柯西积分定理

设$f(z)=u(x,y)+\mathrm{i}v(x,y)$在单连通域$D$内处处解析，则函数$f(z)$沿$D$内任何一条封闭曲线$C$的积分为零

$$\oint_C f(z)\mathrm{d}z=0.$$

注　1）定理9.1.2中的C可以不是简单曲线；

2）若C是区域D的边界，且函数$f(z)$在D内及C上解析，则$\oint_C f(z)\mathrm{d}z=0$仍成立；

3）若曲线C是区域D的边界，函数$f(z)$在D内解析，且在闭区域$\overline{D}$上连续，则$\oint_C f(z)\mathrm{d}z=0$仍然成立.

6. 柯西积分定理的推广

定理9.1.3　复合闭路定理

设 C 为多连通域 D 内的一条简单闭曲线，C_1，C_2，C_3，…，C_n 为 C 内部的简单闭曲线，它们互不包含也互不相交，且以 C_1，C_2，C_3，…，C_n 为边界的区域全含于 D. 若 $f(z)$ 在 D 内解析，则

1) $\oint_C f(z)\mathrm{d}z = \sum_{k=1}^{n}\oint_{C_k} f(z)\mathrm{d}z$，其中 C，C_k 取正方向；

2) $\oint_\Gamma f(z)\mathrm{d}z = 0$，其中 Γ 为由 C 及 C_1，C_2，C_3，…，C_n 所组成的复合闭路（方向为 C 按逆时针进行，C_1，C_2，C_3，…，C_n 按顺时针方向进行）.

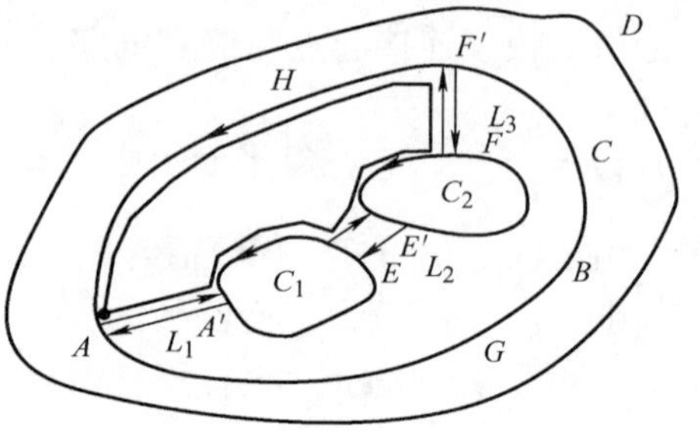

图 9.1.5

证 我们仅证 $n=2$ 的情形，其他情形归纳可得. 设 $\Gamma = C + C_1^- + C_2^-$，如图 9.1.5 所示.

$$\oint_\Gamma f(z)\mathrm{d}z = \oint_{C+C_1^-+C_2^-+L_1+L_1^-+L_2+L_2^-+L_3+L_3^-} f(z)\mathrm{d}z$$

$$= \oint_{AGF'FE'EA'A} f(z)\mathrm{d}z + \oint_{AA'EE'FF'HA} f(z)\mathrm{d}z = 0.$$

例 9.1.4 计算 $\oint_\Gamma \frac{2z-1}{z^2-z}\mathrm{d}z$ 的值，Γ 为包含圆周 $|z|=1$在内的任何一条正向简单闭曲线，如图 9.1.6 所示.

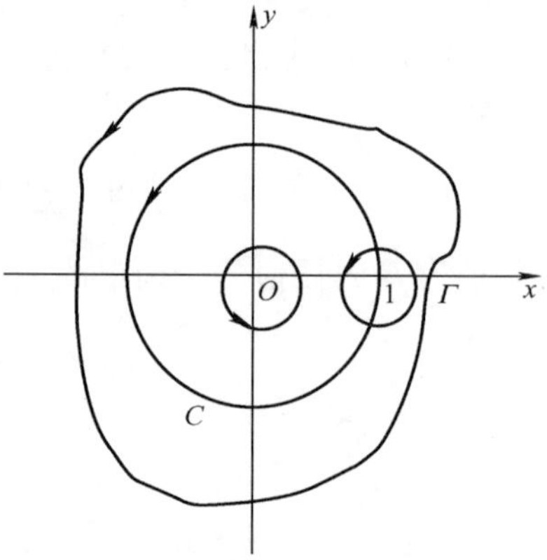

图 9.1.6

解 被积函数在 Γ 内包含两个奇点（不解析的点）$z_1=0$，$z_2=1$，以它们为圆心，在 Γ 内各做两个互不相交的圆周 C_1：$|z|=r_1$，C_2：$|z-1|=r_2$，取逆时针方向，它们与 Γ 构成一条复合闭路，由定理 9.1.2，定理 9.1.3 及例 9.1.1 得

$$\oint_\Gamma \frac{2z-1}{z^2-z}\mathrm{d}z = \oint_{C_1}\frac{2z-1}{z^2-z}\mathrm{d}z + \oint_{C_2}\frac{2z-1}{z^2-z}\mathrm{d}z$$

$$= \oint_{C_1}\left(\frac{1}{z}+\frac{1}{z-1}\right)\mathrm{d}z + \oint_{C_2}\left(\frac{1}{z}+\frac{1}{z-1}\right)\mathrm{d}z$$

$$= \oint_{C_1}\frac{1}{z}\mathrm{d}z + \oint_{C_1}\frac{1}{z-1}\mathrm{d}z + \oint_{C_2}\frac{1}{z}\mathrm{d}z + \oint_{C_2}\frac{1}{z-1}\mathrm{d}z = 2\pi\mathrm{i}+0+0+2\pi\mathrm{i} = 4\pi\mathrm{i}.$$

7. 原函数与不定积分

定理 9.1.4 设函数 $f(z)$ 在单连通域 D 内解析，则积分 $\int_C f(z)\mathrm{d}z$ 的值与连结起点及终点的路线 C 无关，且函数 $F(z) = \int_{z_0}^{z} f(\zeta)\mathrm{d}\zeta$ 必为 D 内的一个解析函数，且 $F'(z) = f(z)$.

该定理与微积分学中的变上限积分的求导定理完全类似. 类似的，我们还有原函数定义：若函数 $\varphi(z)$ 在 D 内的导数等于 $f(z)$，即 $\varphi'(z) = f(z)$，则称 $\varphi(z)$ 为 $f(z)$ 在区域 D 内的原函数.

注 解析函数 $f(z)$ 的任何两个原函数相差一个常数，故可得广义牛顿 – 莱布尼兹公式：

定理 9.1.5 设函数 $f(z)$ 在单连通域 D 内处处解析，$F(z)$ 为 $f(z)$ 的一个原函数，则

$$\int_{z_0}^{z} f(z)\,\mathrm{d}z = F(z) - F(z_0).$$

这里 z_0，z 为区域 D 内的两点.（证明从略）

例 9.1.5 计算积分 $\int_0^{\mathrm{i}} z\cos z\mathrm{d}z$.

解 $\int_0^{\mathrm{i}} z\cos z\mathrm{d}z = \int_0^{\mathrm{i}} z\mathrm{d}\sin z = z\sin z\big|_0^{\mathrm{i}} - \int_0^{\mathrm{i}}\sin z\mathrm{d}z = \mathrm{i}\sin\mathrm{i} + \cos z\big|_0^{\mathrm{i}} = \mathrm{i}\sin\mathrm{i} + \cos\mathrm{i} - 1 = \frac{1}{\mathrm{e}} - 1.$

8. 柯西积分公式

定理 9.1.6 柯西积分公式 设 $f(z)$ 在区域 D 内处处解析，C 为 D 内的任何一条正向简单闭曲线，且它的内部完全含于 D，z_0 为 C 内部的任一点，则

$$f(z_0) = \frac{1}{2\pi\mathrm{i}}\int_C \frac{f(z)}{z - z_0}\mathrm{d}z \tag{9.1.4}$$

例 9.1.6 求下列积分（沿圆周正向）的值

(1) $\frac{1}{2\pi\mathrm{i}}\oint\limits_{|z|=4}\frac{\sin z}{z}\mathrm{d}z$

(2) $\oint\limits_{|z|=4}\left(\frac{1}{z+1} + \frac{2}{z-3}\right)\mathrm{d}z$

解 (1) 由柯西积分公式，原积分 $= \frac{1}{2\pi\mathrm{i}}\oint\limits_{|z|=4}\frac{\sin z}{z-0}\mathrm{d}z = \sin z\big|_{z=0} = \sin 0 = 0$;

(2) 原积分 $= \oint\limits_{|z|=4}\frac{1}{z-(-1)}\mathrm{d}z + 2\oint\limits_{|z|=4}\frac{1}{z-3}\mathrm{d}z = 1 + 2\cdot 1 = 3.$

9. 解析函数的高阶导数

定理 9.1.7 解析函数 $f(z)$ 的导数仍为解析函数，其 n 阶导数为

$$f^{(n)}(z_0) = \frac{n!}{2\pi\mathrm{i}}\oint_C\frac{f(z)}{(z-z_0)^{n+1}}\mathrm{d}z \quad (n = 1,2,\cdots),$$

其中 C 为在函数 $f(z)$ 的解析区域 D 内围绕 z_0 的任何一条正向简单闭曲线，而且它的内部全含于 D.

例 9.1.7 求下列积分的值，其中 C 为正向圆周：$|z| = r > 1$.

(1) $\oint_C\frac{\cos\pi z}{(z-1)^5}\mathrm{d}z$;　　(2) $\oint_C\frac{\mathrm{e}^z}{(z^2+1)}\mathrm{d}z$.

解 (1) 由高阶导数公式，原积分 $= \frac{2\pi\mathrm{i}}{(5-1)!}(\cos\pi z)^{(4)}\Big|_{z=1} = \frac{2\pi\mathrm{i}}{4!}\cos\pi z\Big|_{z=1} = -\frac{\pi^5}{12}\mathrm{i}$;

(2) 函数 $\frac{\mathrm{e}^z}{(z^2+1)^2}$ 在 C 内的点 $z = \pm\mathrm{i}$ 处不解析，在 C 内分别以 $\pm\mathrm{i}$ 为圆心作互不相交也互不包含的两个正向圆周 C_1，C_2，有复合闭路定理

$$\oint_C\frac{\mathrm{e}^z}{(z^2+1)^2}\mathrm{d}z = \oint_{C_1}\frac{\mathrm{e}^z}{(z^2+1)^2}\mathrm{d}z + \oint_{C_2}\frac{\mathrm{e}^z}{(z^2+1)^2}\mathrm{d}z,$$

由高阶导数公式得

$$\oint_{C_1}\frac{e^z}{(z^2+1)^2}dz=\oint_{C_1}\frac{\frac{e^z}{(z+i)^2}}{(z-i)^2}dz=\frac{2\pi i}{(2-1)!}\left[\frac{e^z}{(z+i)^2}\right]'_{z=i}$$
$$=2\pi i\left[\frac{e^z(z+i-2)}{(z+i)^3}\right]_{z=i}=\frac{(1-i)e^i}{2}\pi;$$

同理可得

$$\oint_{C_2}\frac{e^z}{(z^2+1)^2}dz=\oint_{C_2}\frac{\frac{e^z}{(z-i)^2}}{(z-(-i))^2}dz=\frac{-(1+i)e^{-i}}{2}\pi,$$

故

$$\oint_{C}\frac{e^z}{(z^2+1)^2}dz=\frac{\pi}{2}[(1-i)e^i-(1+i)e^{-i}]=\frac{\pi}{2}(1-i)(e^i-ie^{-i}).$$

10. 解析函数与调和函数的关系

定义 9.1.2 若二元实函数 $\varphi(x,\ y)$ 在区域 D 内具有二阶连续偏导数并且满足拉普拉斯方程：

$$\frac{\partial^2\varphi}{\partial x^2}+\frac{\partial^2\varphi}{\partial y^2}=0,$$

则称函数 φ（x，y）为区域 D 内的**调和函数**.

调和函数在诸如流体力学和电磁场理论等实际问题中都有重要的应用.

定理 9.1.8 任何在区域 D 内解析的函数，它的实部和虚部都是 D 内的调和函数.

设 $u(x,\ y)$ 为区域 D 内给定的调和函数，使 $u+iv$ 在 D 内构成解析函数的调和函数 $v(x,\ y)$称为 $u(x,\ y)$ 的**共轭调和函数**.（即在 D 内满足 C.－R. 方程的两个调和函数中，$v(x,\ y)$称为 $u(x,\ y)$ 的**共轭调和函数**），或者说，区域 D 内的解析函数的虚部为实部的**共轭调和函数**.

例 9.1.8 证明 $u(x,\ y)=y^3-3x^2y$ 为调和函数，并求其共轭调和函数 $v(x,\ y)$ 和由它们构成的解析函数.

解 由柯西－黎曼方程得，$\frac{\partial v}{\partial x}=-\frac{\partial u}{\partial y}=3(x^2-y^2)$，①$\frac{\partial v}{\partial y}=\frac{\partial u}{\partial x}=-6xy$，②故由①式得 $v=\int 3(x^2-y^2)dx=x^3-3xy^2+\varphi(y)$，$\frac{\partial v}{\partial y}=-6xy+\varphi'(y)$，③，比较②，③得 $\varphi'(y)=0$，$\varphi(y)=C$，故 $v(x,\ y)=x^3-3xy^2+C$，从而所求的解析函数为

$$f(z)=u(x,y)+iv(x,y)=y^3-3x^2y+i(x^3-3xy^2+C)=i(z^3+C).$$

9.1.2 复级数

1. 复数列的极限

（1）**定义 9.1.3** 设 $\{\alpha_n\}$（$n=1,\ 2,\ \cdots$）为一复数列，其中 $\alpha_n=a_n+ib_n$，又设 $\alpha=a+ib$为一确定的复数. 如果任意给定 $\varepsilon>0$，相应地能找到一个正整数 $N(\varepsilon)$，使 $|\alpha_n-\alpha|<\varepsilon$ 在 $n>N$ 时成立，那么 α 称为复数列 $\{\alpha_n\}$（$n=1,\ 2,\ \cdots$）在 $n\to\infty$ 时的极限. 记作 $\lim\limits_{n\to\infty}\alpha_n=\alpha$. 也称复数列 $\{\alpha_n\}$（$n=1,\ 2,\ \cdots$）收敛于 $\alpha=a+ib$.

（2）**定理 9.1.9** 复数列 $\{\alpha_n\}$（$n=1, 2, \cdots$）收敛于 $\alpha=a+\mathrm{i}b$ 的充要条件是

$$\lim_{n\to\infty} a_n = a, \quad \lim_{n\to\infty} b_n = b.$$

2. 复级数概念

（1）设 $\{\alpha_n\} = \{a_n+\mathrm{i}b_n\}$（$n=1, 2, \cdots$）为一复数列，称级数

$$\sum_{n=1}^{\infty}\alpha_n = \alpha_1+\alpha_2+\cdots+\alpha_n+\cdots$$

为复数项级数或复级数，其前 n 项的和

$$s_n = \alpha_1+\alpha_2+\cdots+\alpha_n$$

称为级数的部分和.

（2）若部分和数列 $\{s_n\}$ 收敛，则称级数 $\sum\limits_{n=1}^{\infty}\alpha_n$ 收敛. 极限 $\lim\limits_{n\to\infty} s_n = s$ 称为级数的和；若数列 $\{s_n\}$ 不收敛，则称级数 $\sum\limits_{n=1}^{\infty}\alpha_n$ 发散.

（3）**定理 9.1.10** 级数 $\sum\limits_{n=1}^{\infty}\alpha_n$ 收敛⇔级数 $\sum\limits_{n=1}^{\infty}a_n$ 和级数 $\sum\limits_{n=1}^{\infty}b_n$ 都收敛.

注 定理 9.1.10 将复级数的收敛问题转化成实级数的收敛问题，由实数项级数 $\sum\limits_{n=1}^{\infty}a_n$ 和 $\sum\limits_{n=1}^{\infty}b_n$ 收敛的必要条件

$$\lim_{n\to\infty} a_n = 0, \quad \lim_{n\to\infty} b_n = 0,$$

可知 $\lim\limits_{n\to\infty}\alpha_n = 0$，因此，复数项级数 $\sum\limits_{n=1}^{\infty}\alpha_n$ 收敛的必要条件是

$$\lim_{n\to\infty}\alpha_n = 0.$$

（4）**定理 9.1.11** $\sum\limits_{n=1}^{\infty}|\alpha_n|$ 收敛⇒$\sum\limits_{n=1}^{\infty}\alpha_n$ 也收敛，且 $\sum\limits_{n=1}^{\infty}\alpha_n \leqslant \sum\limits_{n=1}^{\infty}|\alpha_n|$ 成立.

注 1）若 $\sum\limits_{n=1}^{\infty}|\alpha_n|$ 收敛，则称 $\sum\limits_{n=1}^{\infty}\alpha_n$ 为绝对收敛；非绝对收敛的收敛级数为条件收敛.

2）$\sum\limits_{n=1}^{\infty}\alpha_n$ 绝对收敛的⇔级数 $\sum\limits_{n=1}^{\infty}a_n$，级数 $\sum\limits_{n=1}^{\infty}b_n$ 都绝对收敛.

3. 幂级数

（1）复变函数项级数

设 $\{f_n(z)\}$（$n=1, 2, \cdots$）为一复变函数序列，其中各项在区域 D 内有定义，称级数

$$\sum_{n=1}^{\infty}f_n(z) = f_1(z)+f_2(z)+\cdots+f_n(z)+\cdots$$

为复变函数项级数，其前 n 项的和

$$s_n(z) = f_1(z) + f_2(z) + \cdots + f_n(z)$$

称为级数的部分和.

（2）若对于 D 内的某一点 z_0，极限

$$\lim_{n\to\infty} s_n(z_0) = s(z_0)$$

存在，则称复变函数项级数 $\sum_{n=1}^{\infty} f_n(z) = f_1(z) + f_2(z) + \cdots + f_n(z) + \cdots$ 在 z_0 收敛. 称 $s(z_0)$ 为它的和；若级数在 D 内处处收敛，则它的和一定是 z 的一个函数 $s(z)$

$$s(z) = f_1(z) + f_2(z) + \cdots + f_n(z) + \cdots,$$

$s(z)$ 称为级数 $\sum_{n=1}^{\infty} f_n(z) = f_1(z) + f_2(z) + \cdots + f_n(z) + \cdots$ 的和函数.

（3）幂级数

当 $f_n(z) = c_{n-1}(z-a)^{n-1}$ 或者 $f_n(z) = c_{n-1}z^{n-1}$ 时，就得到函数项级数的特殊情形：

$$\sum_{n=0}^{\infty} c_n(z-a)^n = c_0 + c_1(z-a) + c_2(z-a)^2 + \cdots + c_n(z-a)^n + \cdots \tag{9.1.5}$$

或

$$\sum_{n=0}^{\infty} c_n z^n = c_0 + c_1 z + c_2 z^2 + \cdots + c_n z^n + \cdots \tag{9.1.5'}$$

称其为幂级数.

（4）阿贝尔收敛定理

定理 9.1.12 若级数 $\sum_{n=0}^{\infty} c_n z^n = c_0 + c_1 z + c_2 z^2 + \cdots + c_n z^n + \cdots$ 在 $z = z_0$（$\neq 0$）收敛，则对满足 $|z| < |z_0|$ 的 z，级数必绝对收敛；如果在 $z = z_0$（$\neq 0$）发散，那么对满足 $|z| > |z_0|$ 的，级数必发散.

利用阿贝尔定理，可以得到幂级数收敛域的几何结构：

1）若幂级数对所有的正实数是收敛的，则级数在复平面内处处绝对收敛；

2）若幂级数对所有的正实数都是发散的，则级数在复平面内除原点外处处发散；

3）若 $z = \alpha$（正实数）时，级数收敛；$z = \beta$（正实数）时，级数发散，则在以原点为中心，α 为半径的圆周内，级数绝对收敛；在以原点为中心，β 为半径的圆周外，级数发散.

在这种情况下，可以证明：存在一个有限正数 R（$\alpha \leqslant R \leqslant \beta$），使得幂级数 $\sum_{n=0}^{\infty} c_n z^n$ 在圆 $|z| = R$ 内部处处绝对收敛，而在圆 $|z| = R$ 外处处发散，R 称为幂级数 $\sum_{n=0}^{\infty} c_n z^n$ 的收敛半径，$|z| = R$ 称为收敛圆周. 为统一起见，规定对 1）的情形，收敛半径 $R = +\infty$，对 2）的情形，收敛半径 $R = 0$.

（5）收敛半径的求法

定理 9.1.13（比值法）如果 $\lim_{n\to\infty} \left| \frac{c_{n+1}}{c_n} \right| = \lambda \neq 0$，那么级数

$$\sum_{n=0}^{\infty} c_n z^n = c_0 + c_1 z + c_2 z^2 + \cdots + c_n z^n + \cdots$$

的收敛半径为 $R=\frac{1}{\lambda}$.

定理 9.1.14（根值法）如果 $\lim\limits_{n\to\infty}\sqrt[n]{|c_n|}=\mu\neq 0$，那么级数

$$\sum_{n=0}^{\infty} c_n z^n = c_0 + c_1 z + c_2 z^2 + \cdots + c_n z^n + \cdots$$

的收敛半径为 $R=\frac{1}{\mu}$.

例 9.1.9　求幂级数（几何级数）

$$\sum_{n=0}^{\infty} z^n = 1 + z + z^2 + \cdots + z^n + \cdots$$

的收敛范围与和函数.

解　因 $\lim\limits_{n\to\infty}\left|\frac{c_{n+1}}{c_n}\right|=1$，所以 $R=1$，在单位圆周 $|z|=1$ 上，因为 $\lim\limits_{n\to\infty} z^n\neq 0$，故 $\sum\limits_{n=0}^{\infty} z^n$ 在 $|z|=1$ 上处处发散，故 $\sum\limits_{n=0}^{\infty} z^n$ 收敛域为单位开圆盘 $|z|<1$；又部分和数列 $s_n=\sum\limits_{n=0}^{n-1} z^n=\frac{1-z^n}{1-z}$，当 $|z|<1$ 时，有 $\lim\limits_{n\to\infty} s_n=\frac{1}{1-z}$，故和函数为 $\frac{1}{1-z}$，即 $\sum\limits_{n=0}^{\infty} z^n=\frac{1}{1-z}$，$|z|<1$.

（6）幂级数的运算和性质

复幂级数也与实的幂级数一样，在其收敛圆内具有下列性质：

定理 9.1.15　设幂级数 $\sum\limits_{n=0}^{\infty} c_n(z-a)^n$ 的收敛半径为 R，那么

1）它的和函数 $f(z)$，即 $f(z)=\sum\limits_{n=0}^{\infty} c_n(z-a)^n$ 是收敛圆：$|z-a|<R$ 内的解析函数；

2）$f(z)$ 在收敛圆内的导数可将其幂级数逐项求导得到，即

$$f'(z) = \sum_{n=1}^{\infty} n c_n (z-a)^{n-1}.$$

3）$f(z)$ 在收敛圆内可以逐项积分，即

$$\int_C f(z)\,\mathrm{d}z = \sum_{n=0}^{\infty} c_n \int_C (z-a)^n \mathrm{d}z,\ C\in |z-a|<R$$

或

$$\int_a^z f(\zeta)\,\mathrm{d}\zeta = \sum_{n=0}^{\infty} \frac{c_n}{n+1}(z-a)^{n+1}.$$

4. 泰勒级数

定理 9.1.16　泰勒展开定理

设 $f(z)$ 在区域 D 内解析，z_0 为 D 内一点，d 为 z_0 到 D 的边界上各点的最短距离，则当 $|z-z_0|<d$ 时，

$$f(z) = \sum_{n=0}^{\infty} c_n (z-z_0)^n \tag{9.1.6}$$

成立，其中 $c_n=\frac{1}{n!}f^{(n)}(z_0)$，$n=0,1,2,\cdots$.

注 1）称泰勒级数展开式$f(z)=\sum_{n=0}^{\infty}c_n(z-z_0)^n$的右边为$f(z)$得泰勒级数；

2）泰勒级数收敛半径为z_0到$f(z)$的最近奇点的距离；

3）任何解析函数展开成幂级数的结果就是泰勒级数，而且是唯一的.

例 9.1.10 把e^z，$\sin z$，$\cos z$展开成z的幂级数.

解 由于$(e^z)^{(n)}=e^z$，$(e^z)^{(n)}|_{z=0}=1$（$n=0,1,2,\cdots$），于是$c_n=\frac{1}{n!}f^{(n)}(0)=\frac{1}{n!}$，从而所求的展开式为

$$e^z=1+z+\frac{z^2}{2!}+\cdots+\frac{z^n}{n!}+\cdots,\quad |z|<+\infty;$$

类似地，讨论可得$\sin z$，$\cos z$的泰勒级数展开式

$$\sin z=z-\frac{z^3}{3!}+\frac{z^5}{5!}-\cdots+(-1)^n\frac{z^{2n+1}}{(2n+1)!}+\cdots,|z|<+\infty;$$

$$\cos z=1-\frac{z^2}{2!}+\frac{z^4}{4!}-\cdots+(-1)^n\frac{z^{2n}}{(2n)!}+\cdots,|z|<+\infty.$$

5. 洛朗级数

称级数

$$\sum_{n=-\infty}^{\infty}c_n(z-z_0)^n=\cdots+c_{-n}(z-z_0)^{-n}+\cdots+c_{-1}(z-z_0)^{-1}+c_0+c_1(z-z_0)+\cdots+c_n(z-z_0)^n+\cdots$$

为双边幂级数，其中z_0，c_n（$n=0,\pm1,\pm2,\cdots$）都是常数.

（1）正幂项部分

$\sum_{n=0}^{\infty}c_n(z-z_0)^n$是一个通常的幂级数，它的收敛范围是一个圆域，设其收敛半径为R_2，则当$|z-z_0|<R_2$时，级数收敛；当$|z-z_0|>R_2$时，级数发散.

（2）负幂项部分

对$\sum_{n=1}^{\infty}c_{-n}(z-z_0)^{-n}$，令$\xi=(z-z_0)^{-1}$，则$\sum_{n=1}^{\infty}c_{-n}(z-z_0)^{-n}=\sum_{n=1}^{\infty}c_{-n}\xi^{-n}$，设其收敛半径为$R$，则当$|\xi|<R$时，级数收敛；当$|\xi|>R$时，级数发散. 令$\frac{1}{R}=R_1$，则当$|z-z_0|>R_1$时，级数收敛；当$|z-z_0|<R_1$时，级数发散.

（3）级数$\sum_{n=-\infty}^{\infty}c_n(z-z_0)^n=\cdots+c_{-n}(z-z_0)^{-n}+\cdots+c_{-1}(z-z_0)^{-1}+c_0+c_1(z-z_0)+\cdots+c_n(z-z_0)^n+\cdots$，当正幂项部分和负幂项部分同时收敛时为收敛；否则为发散.

显然，当$R_1<R_2$时，$R_1<|z-z_0|<R_2$为正幂项部分和负幂项部分的公共收敛区域，此时，圆环域$R_1<|z-z_0|<R_2$为上述级数的收敛域；当$R_1>R_2$时，没有公共收敛区域，级数发散.

（4）幂级数在收敛圆内所具有的许多性质，双边幂级数级数

$$\sum_{n=-\infty}^{\infty} c_n(z-z_0)^n = \cdots + c_{-n}(z-z_0)^{-n} + \cdots + c_{-1}(z-z_0)^{-1} + c_0 + c_1(z-z_0) + \cdots + c_n(z-z_0)^n + \cdots$$

在收敛圆环域内也具有. 例如，级数在收敛圆环域内其和函数是解析的，而且可以逐项求导和逐项求积分.

定理 9.1.17 设 $f(z)$ 在圆环域 $R_1 < |z-z_0| < R_2$ 内处处解析，则

$$f(z) = \sum_{n=-\infty}^{\infty} c_n(z-z_0)^n$$

成立，其中

$$c_n = \frac{1}{2\pi i}\oint_C \frac{f(\zeta)}{(\zeta-z_0)^{n+1}}d\zeta \quad (n = 0, \pm 1, \pm 2, \cdots). \tag{9.1.7}$$

注 1）洛朗展开式 $f(z) = \sum_{n=-\infty}^{\infty} c_n(z-z_0)^n$ 的右边即洛朗级数；

2）任何解析函数在收敛圆环内展开成级数的结果就是洛朗级数，而且是唯一的.

例 9.1.11 将函数 $f(z) = \dfrac{1}{(z-1)(z-2)}$ 分别在圆环域

（1）$0 < |z| < 1$；（2）$1 < |z| < 2$；（3）$2 < |z| < +\infty$.

展开成洛朗级数.

解 （1）在 $0 < |z| < 1$ 内，由于 $|z| < 1$，从而 $\left|\dfrac{z}{2}\right| < 1$，于是有

$$f(z) = \frac{1}{1-z} - \frac{1}{2\left(1-\frac{z}{2}\right)} = \sum_{n=0}^{\infty} z^n - \frac{1}{2}\sum_{n=0}^{\infty}\left(1-\frac{1}{2^{n+1}}\right)z^n = \frac{1}{2} + \frac{3}{4}z + \frac{7}{8}z^2 + \cdots;$$

（2）在 $1 < |z| < 2$ 内，$\left|\dfrac{1}{z}\right| < 1$，$\left|\dfrac{z}{2}\right| < 1$，于是有

$$f(z) = -\frac{1}{z}\cdot\frac{1}{1-\frac{1}{z}} - \frac{1}{2\left(1-\frac{z}{2}\right)} = -\frac{1}{z}\sum_{n=0}^{\infty}\frac{1}{z^n} - \frac{1}{2}\sum_{n=0}^{\infty}\frac{1}{2^n}z^n = -\sum_{n=1}^{\infty}\frac{1}{z^n} - \sum_{n=0}^{\infty}\frac{z^n}{2^{n+1}}$$

$$= \cdots - \frac{1}{z^n} - \frac{1}{z^{n-1}}\cdots - \frac{1}{z} - \frac{1}{2} - \frac{z}{4} - \frac{z^2}{8} - \cdots.$$

（3）在 $2 < |z| < +\infty$ 内，$\left|\dfrac{1}{z}\right| < 1$，$\left|\dfrac{2}{z}\right| < 1$，于是得

$$f(z) = -\frac{1}{z}\cdot\frac{1}{1-\frac{1}{z}} + \frac{1}{z}\cdot\frac{1}{1-\frac{2}{z}} = -\frac{1}{z}\sum_{n=0}^{\infty}\frac{1}{z^n} + \frac{1}{z}\sum_{n=0}^{\infty}\frac{2^n}{z^n}$$

$$= \sum_{n=1}^{\infty}\frac{2^{n-1}-1}{z^n} = \frac{1}{z^2} + \frac{3}{z^3} + \frac{7}{z^4} + \cdots.$$

9.1.3 留数

1. 孤立奇点

定义 9.1.4 设点 a 为函数 $f(z)$ 的奇点，若 $f(z)$ 在点 a 的某去心邻域 $0 < |z-a| < R$

内解析，则称点 a 为函数 $f(z)$ 的孤立奇点.

定义 9.1.5 设点 a 为函数 $f(z)$ 的孤立奇点，

（1）若 $f(z)$ 在点 a 的洛朗级数的主要部分（即负幂次项）为零，则称点 a 为 $f(z)$ 的可去奇点；

（2）若 $f(z)$ 在点 a 的洛朗级数的主要部分有有限多项，设为

$$\frac{c_{-m}}{(z-a)^m}+\frac{c_{-(m-1)}}{(z-a)^{m-1}}+\cdots+\frac{c_{-1}}{z-a},c_{-m}\neq 0$$

则称点 a 为 $f(z)$ 的 m 级（阶）极点；

（3）若 $f(z)$ 在点 a 的洛朗级数的主要部分（）有无限多项，则称点 a 为 $f(z)$ 的本性奇点.

按照定义，点 $z=0$ 为$\frac{\sin z}{z}$的可去奇点，点 $z=0$ 为$\frac{e^z}{z^2}$的二级极点，点 $z=1$ 为 $\sin\frac{z}{1-z}$的本性奇点.

2. 函数在孤立奇点的去心邻域内的性质

（1）函数在可去奇点的去心邻域内的性质

定理 9.1.18 若点 a 为 $f(z)$ 的孤立奇点，则下列三个条件是等价的：

1）点 a 为 $f(z)$ 的可去奇点；

2）$\lim\limits_{z\to a}f(z)=c(\neq\infty)$；

3）函数 $f(z)$ 在点 a 的某个去心邻域内有界.

（2）函数在极点的去心邻域内的性质

定理 9.1.19 若点 a 为 $f(z)$ 的孤立奇点，则下列三个条件是等价的.

1）点 a 为 $f(z)$ 的 m 级极点；

2）$f(z)$ 在点 a 的某个去心邻域 $0<|z-a|<R$ 内可表示为

$$f(z)=\frac{h(z)}{(z-a)^m},$$

其中的 $h(z)$ 在点 a 的邻域 $|z-a|<R$ 内解析，且 $h(a)\neq 0$；

3）点 a 为 $\frac{1}{f(z)}$ 的 m 级零点（可去奇点视作解析点时）.

定理 9.1.20 点 a 为函数 $f(z)$ 的极点的充分必要条件是

$$\lim_{z\to a}f(z)=\infty.$$

（3）函数在本性奇点的去心邻域内的性质

定理 9.1.21 点 a 为函数 $f(z)$ 的本性奇点的充分必要条件是 $\lim\limits_{z\to a}f(z)$ 不存在，即当 $z\to a$ 时，$f(z)$ 既不趋于有限值，也不趋于 ∞.

定理 9.1.22 若点 a 为 $f(z)$ 的本性奇点，且 $f(z)$ 在点 a 的充分小的邻域内不为零，则点 a 必为 $\frac{1}{f(z)}$ 的本性奇点.

例 9.1.12 设 $f(z)=5(1+e^z)^{-1}$，试求 $f(z)$ 在复平面上的奇点，并判定其类别.

解 首先，求 $f(z)$ 的奇点. $f(z)$ 的奇点出自方程

$$1+e^z=0$$

的解. 解方程得

$$z=\mathrm{Ln}(-1)=(2k+1)\pi i,\ k=0,\ \pm1,\ \pm2,\ \cdots.$$

若设 $z_k=(2k+1)\pi i$（$k=0,\ \pm1,\ \pm2,\ \cdots$），则易知 z_k 为 $f(z)$ 的孤立奇点. 另外，因为

$$(1+e^z)\Big|_{z=z_k}=0,\ (1+e^z)'\Big|_{z=z_k}\neq0,$$

所以，由零点的定义知 z_k 为 $1+e^z$ 的一级零点. 从而知 z_k（$k=0,\ \pm1,\ \pm2,\ \cdots$）均为 $f(z)$ 的一级极点.

3. 留数

(1) 定义 9.1.6

设 $a(\neq\infty)$ 为函数 $f(z)$ 的孤立奇点，c 为圆周：$|z-a|=\rho$，若 $f(z)$ 在 $0<|z-a|\leqslant\rho$ 上解析，则称

$$\frac{1}{2\pi i}\int_c f(z)\,dz$$

为 $f(z)$ 在点 a 的留数（或残数），记作 Res（f, a）或 Res（a），即

$$\mathrm{Res}(f,a)=\frac{1}{2\pi i}\int_c f(z)\,dz.$$

(2) 留数计算规则：

规则 Ⅰ　如果 z_0 为 $f(z)$ 的一级极点，那么 $\mathrm{Res}(f,z_0)=\lim\limits_{z\to z_0}(z-z_0)f(z)$.

规则 Ⅱ　如果 z_0 为 $f(z)$ 的 m 级极点，那么

$$\mathrm{Res}(f,z_0)=\frac{1}{(m-1)!}\lim_{z\to z_0}\frac{d^{m-1}}{z^{m-1}}\{(z-z_0)^m f(z)\}.$$

规则 Ⅲ　设 $f(z)=\dfrac{P(z)}{Q(z)}$，$P(z)$ 及 $Q(z)$ 在 z_0 解析，如果 $P(z_0)\neq0$，$Q(z_0)=0$，$Q'(z_0)\neq0$，那么 z_0 为 $f(z)$ 的一级极点，而

$$\mathrm{Res}(f,z_0)=\frac{P(z_0)}{Q'(z_0)}.$$

例 9.1.13　设 $f(z)=\dfrac{5z-2}{z(z-1)}$，求 $\mathrm{Res}(f,0)$.

方法 1　由定义 9.1.5

$$\begin{aligned}\mathrm{Res}(f,0)&=\frac{1}{2\pi i}\int_{|z|=\frac14}\frac{5z-2}{z(z-1)}dz=\frac{1}{2\pi i}\int_{|z|=\frac14}\frac{\frac{5z-2}{z-1}}{z}dz\\&=\left(\frac{5z-2}{z-1}\right)\Big|_{z=0}\\&=2.\end{aligned}$$

注　这里的积分路径的半径并非只能取 $\frac{1}{4}$，只须使半径小于 1 即可满足定义的条件.

方法 2 因点 $z=0$ 为 $f(z)$ 的孤立奇点，所以，在 $N_*\left(0,\frac{1}{3}\right):0<|z|<\frac{1}{3}$内有

$$f(z)=\frac{5z-2}{z}\cdot\frac{(-1)}{1-z}=\left(\frac{2}{z}-5\right)\cdot\sum_{n=0}^{\infty}z^n=\frac{2}{z}-3\sum_{n=0}^{\infty}z^n$$

由此得 $c_{-1}=2$，由定义，得 $\mathrm{Res}(f,0)=2$.

方法 3 因点 $z=0$ 为 $f(z)$ 的一级极点，则按规则 1 知

$$\mathrm{Res}(f,0)=\lim_{z\to 0}z\cdot\frac{5z-2}{z(z-1)}=2$$

方法 4 因点 $z=0$ 为 $f(z)=\frac{5z-2}{z(z-1)}$ 的一级极点，则按规则Ⅲ知

$$\mathrm{Res}(f,0)=\left\{\frac{5z-2}{[z(z-1)]'}\right\}\Bigg|_{z=0}=2$$

（3）留数定理

定理 9.1.23 设区域 G 是由围线 c 的内部构成（如图），若函数 $f(z)$ 在 G 内除含有限个奇点 a_1，a_2，…，a_n 外解析，且在 $\overline{G}=G+c$上除点 a_1，a_2，…，a_n 外连续，则

$$\int_c f(z)\,\mathrm{d}z=2\pi\mathrm{i}\sum_{j=1}^{n}\mathrm{Res}(f,a_j)$$

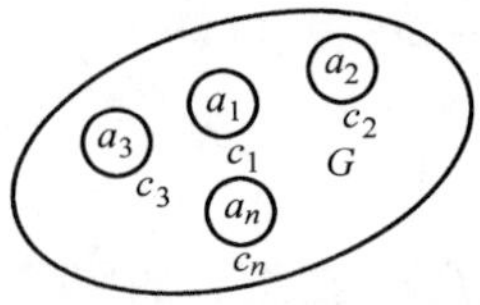

图 9.1.7

例 9.1.14 计算积分 $\int_{|z|=1}\frac{2\mathrm{i}}{z^2+2az+1}\mathrm{d}z$，$a>1$.

解 首先，弄清被积函数在积分路径内部有无奇点. 由 $z^2+2az+1$ 求出被积函数的奇点有

$$z_1=-a+\sqrt{a^2-1}\text{与}z_2=-a-\sqrt{a^2-1}.$$

因 $a>1$，所以，$|z_2|>1$，又因$|z_1\cdot z_2|=1$，故$|z_1|<1$，即在积分路径内部只有被积函数的一个奇点 z_1.

其次，经检验，得

$$\begin{aligned}\int_{|z|=1}\frac{2\mathrm{i}}{z^2+2az+1}\mathrm{d}z&=2\pi\mathrm{i}\cdot\mathrm{Res}\left(\frac{2\mathrm{i}}{z^2+2az+1},z_1\right)\\&=2\pi\mathrm{i}\cdot\lim_{z\to z_1}\left[(z-z_1)\cdot\frac{2\mathrm{i}}{(z-z_1)(z-z_2)}\right]\\&=\frac{-2\pi}{\sqrt{a^2-1}}.\end{aligned}$$

9.2 积分变换的概念

9.2.1 积分变换

数学中经常利用某种运算先把复杂的问题变为比较简单的问题，求解后，再求其逆运算就可得到原问题的解. 例如，初等数学中，曾经利用取对数将数的积、商运算化为较简单的和、差运算；再如，高等数学中的代数变换，解析几何中的坐标变换，复变函数中的保角变

换，其解决问题的思路都属于这种情况. 基于这种思想，便产生了积分变换.

所谓积分变换，实际上就是通过积分运算，把一个函数变成另外一个函数的一种数学变换. 这类积分一般要含有参变量 α，其具体形式可写为

$$\int_a^b K(t,\alpha)f(t)\,\mathrm{d}t,$$

记为

$$F(\alpha) = \int_a^b K(t,\alpha)f(t)\,\mathrm{d}t \tag{9.2.1}$$

式（9.2.1）中的参变量 α 在实际问题中根据需要可以取实数或复数. 其中 $f(t)$ 是要变换的函数，称为 $F(\alpha)$ 的原函数（Pre - image），$F(\alpha)$ 是 $f(t)$ 变换后的函数，称为像函数（Image）. 在一定条件下，$f(t)$ 与 $F(\alpha)$ 是一一对应的，而且互为逆变换，称其为一个积分变换对，记为 $f(t)\rightleftharpoons F(\alpha)$.

$K(t,\alpha)$ 是一个确定的二元函数，称为积分变换（9.2.1）的核（Kernel），当选取不同的积分区间 $[a,b]$ 与变换的核时，就得到不同类型的积分变换，如取积分区间 $[a,b]$ 为 $(-\infty,+\infty)$，核函数为 $K(t,\omega)=\mathrm{e}^{-\mathrm{j}\omega t}$ 的积分变换称为傅里叶变换（Fourier），简称傅氏变换，其中 $\omega>0$ 表示频率，j 为虚数单位（以后无特殊说明，均用 j 表示虚数单位）；取积分区间 $[a,b]$ 为 $[0,+\infty)$，核函数为 $K(t,s)=\mathrm{e}^{-st}$ 的积分变换称为拉普拉斯变换（Laplace），简称拉氏变换，其中 s 为复参量.

傅氏变换和拉氏变换是建立系统在复数域和频率域上的数学模型 - 传递函数和频率特性的数学基础. 这两种变换在工程上也是频谱分析，信号分析，线性系统分析的重要工具.

9.2.2 几个典型函数

1. 单位阶跃函数

单位阶跃函数（简称阶跃函数，又称 Heaviside 函数）定义为

$$u(t) = \begin{cases} 1, t>0, \\ 0, t<0. \end{cases} \tag{9.2.2}$$

显然，$u(t)$ 在 $t=0$ 处从 0 跃变为 1，如图 9.2.1 所示.

延迟 t_0 的阶跃函数为

$$u(t-t_0) = \begin{cases} 1, & t>t_0, \\ 0, & t<t_0. \end{cases} \tag{9.2.2'}$$

如图 9.2.2 所示.

利用单位阶跃函数可以将分段函数用一个表达式表示. 例如设

$$x(t) = \begin{cases} x_1(t), & t<0, \\ x_2(t), & 0<t<t_0, \\ x_3(t), & t>t_0, \end{cases}$$

于是可以用阶跃函数表示为

$$\begin{aligned} x(t) &= x_1(t)[1-u(t)] + x_2(t)[u(t)-u(t-t_0)] + x_3(t)u(t-t_0) \\ &= x_1(t) + [x_2(t)-x_1(t)]u(t) + [x_3(t)-x_2(t)]u(t-t_0). \end{aligned}$$

2. 矩形脉冲函数

宽度为 τ，幅度为 E（$E>0$）的矩形脉冲函数为

$$p_{\tau}(t)=\begin{cases}E, & |t|<\dfrac{\tau}{2},\\ 0, & |t|>\dfrac{\tau}{2}.\end{cases}\tag{9.2.3}$$

如图 9.2.3 所示.

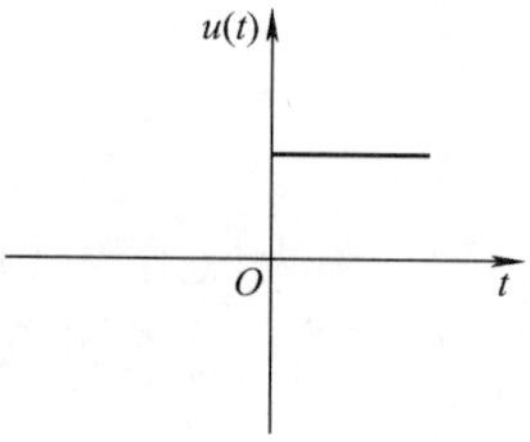

图 9.2.1

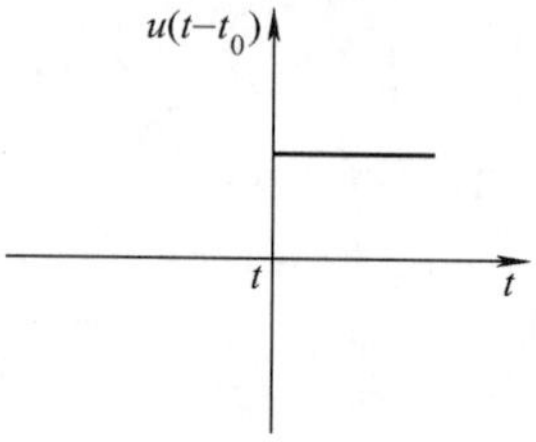

图 9.2.2

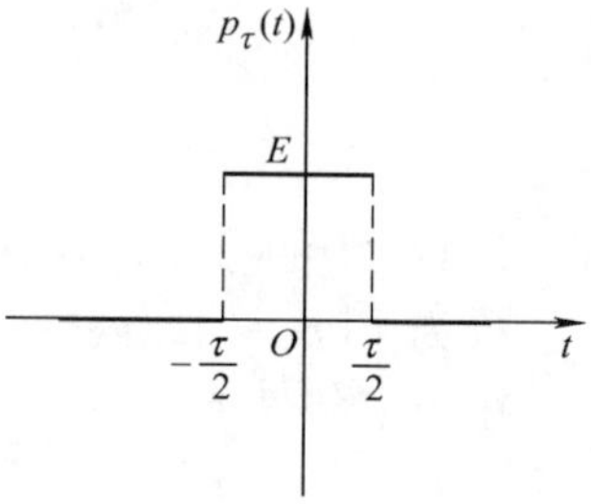

图 9.2.3

3. δ－函数

在物理学和工程技术中，除了连续分布量之外，还有集中作用在一点的量. 例如，点电荷、点热源、质点、单位脉冲等.

引例 1　如果一单位质量的物体均匀分布在原点 O 的闭邻域 $[-\varepsilon,\ \varepsilon]$ 之内，这时 $[-\varepsilon,\ \varepsilon]$ 内的每一点的密度 $\rho_{\varepsilon}(x)=\dfrac{1}{2\varepsilon}$,

$$\rho_{\varepsilon}(x)=\begin{cases}\dfrac{1}{2\varepsilon}, & x\in[-\varepsilon,\varepsilon],\\ 0, & x\notin[-\varepsilon,\varepsilon],\end{cases}$$

很自然，原点处分布单位质量的质点情形可认为是上述情形当 $\varepsilon\to0^{+}$ 时的极限，并用 $\delta(x)$ 表示密度分布的极限. 在直观上可以看作

$$\delta(x)=\begin{cases}+\infty, & x=0,\\ 0, & x\neq0.\end{cases}$$

根据密度的定义，密度函数在区间内的积分应该是在此区间上分布的总质量. 因此，

$$\int_{-\infty}^{+\infty}\delta(x)\,\mathrm{d}x=1.$$

引例 2　在原来电流为零的电路中，某一瞬时（设为 $t=0$）进入一单位电量的脉冲，现在要确定电路上的电流 $i(t)$. 以 $q(t)$ 表示上述电路中的电荷函数，则

$$q(t)=\begin{cases}0, t\neq0,\\ 1, t=0.\end{cases}$$

由于电流强度是电荷函数对时间的变化率，即

$$i(t)=\frac{\mathrm{d}q(t)}{\mathrm{d}t}=\lim_{\Delta t\to0}\frac{q(t+\Delta t)-q(t)}{\Delta t},$$

所以，当 $t\neq0$ 时，$i(t)=0$，由于 $q(t)$ 不连续，从而在普通导数意义下，$q(t)$ 在这一点是不能求导的.

如果我们形式地计算这个导数，得

$$i(0)=\lim_{\Delta t\to0}\frac{q(0+\Delta t)-q(0)}{\Delta t}=\lim_{\Delta t\to0}\left(-\frac{1}{\Delta t}\right)=\infty,$$

$$i(t)=\begin{cases}0, & t\neq 0,\\ \infty, & t=0.\end{cases}$$

可见引例1，引例2中的函数不是普通意义下的函数，针对这类问题，20世纪30年代，英国物理学家狄拉克（Dirac）引进了满足以上性质的“函数”，称为“δ函数”，并且要求对任何连续函数$f(x)$，都有

$$\int_{-\infty}^{+\infty}\delta(x)f(x)\,\mathrm{d}x=f(0).$$

但是，从古典意义下的函数积分概念来看，这些都是不合理的. 因为∞不是确定的数，它表明变量的变化趋势，所以，$\delta(0)=+\infty$无意义. 而积分值与函数在个别点处的值无关，这样，除一点外，处处为零的函数积分也应为零. 从而，δ函数的上述性质在古典意义下都不可能成立，也是不合理的. 因此，在很长一段时期，δ函数没有被数学家们接受. 但以Dirac为代表的物理学家们继续使用这个“怪”函数. 因为这个结论完全符合物理实验的结果，物理学家们觉得它是一个“很好用”的工具. 直到20世纪50年代，法国数学家施瓦兹（L. Shwartz）建立了广义函数的理论. 在他的理论中，δ函数已不是通常意义下的函数，而属于更广泛意义下的函数，从而为δ函数建立了坚实的理论基础，并且也使得这一类函数在数学的其他分支、物理学及其他工程技术中得到了广泛应用. 这些理论的建立是以泛函分析为基础的，下面仅作简单概括的介绍.

δ函数不是通常意义下的函数，而是满足一定条件下的函数在新的意义下的极限，这类极限称为弱极限. 设$\delta_\varepsilon(x)$是当$x\neq 0$时，$\lim\limits_{\varepsilon\to 0^+}\delta_\varepsilon(x)=0$，在$(-\infty,+\infty)$上可积的函数，并且对任何无穷可微的函数$f(x)$，有

$$\lim_{\varepsilon\to 0^+}\int_{-\infty}^{+\infty}\delta_\varepsilon(x)f(x)\,\mathrm{d}x=f(0),\tag{9.2.4}$$

特别地，当$f(x)\equiv 1$时，

$$\lim_{\varepsilon\to 0^+}\int_{-\infty}^{+\infty}\delta_\varepsilon(x)\,\mathrm{d}x=1.$$

满足这些条件的函数$\delta_\varepsilon(x)$称为δ逼近函数. δ函数$\delta(x)$就是这类δ逼近函数的弱极限. 所谓弱极限，就是对任何无穷可微函数$f(x)$，由式（9.2.4）所确定的新的元素，把这样的新元素记为$\delta(x)$，并且规定$\delta(x)$的积分（已不是通常意义下的积分）为

$$\int_{-\infty}^{+\infty}\delta(x)\,\mathrm{d}x=1.$$

除了上面已提到过的函数

$$\rho_\varepsilon(x)=\begin{cases}\dfrac{1}{2\varepsilon}, & x\in[-\varepsilon,\varepsilon],\\ 0, & x\notin[-\varepsilon,\varepsilon],\end{cases}$$

还有很多不同的δ逼近函数，例如

$$H_\varepsilon(x)=\frac{1}{\pi}\cdot\frac{\sin\varepsilon^{-1}x}{x}(\varepsilon>0),$$

$$K_\varepsilon(x)=\frac{1}{\pi}\cdot\frac{\varepsilon}{x^2+\varepsilon^2}(\varepsilon>0),$$

等都是 δ 逼近函数，其弱极限都是 $\delta(x)$.

δ 函数又称为单位脉冲函数，或 Dirac 函数，它具有以下性质：

（1）积分性质

$$\int_{-\infty}^{+\infty}\delta(t)\mathrm{d}t = 1.$$

证明 $\int_{-\infty}^{+\infty}\delta(t)\mathrm{d}t = \lim\limits_{\varepsilon\to 0+}\int_{-\infty}^{+\infty}\delta_{\varepsilon}(t)\mathrm{d}t = \int_{0}^{\varepsilon}\frac{1}{\varepsilon}\mathrm{d}t = 1$.

一些工程书中，δ - 函数常用一个长度等于 1 的有向线段来表示，如图.

图中有向线段的长度表示 δ 函数的积分值，称为 δ 函数的强度.

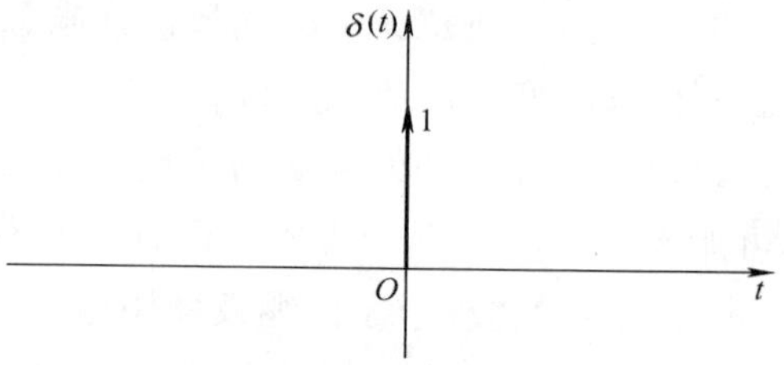

图 9.2.4

（2）筛选性质

对于无穷次可微的函数 $f(t)$，有

$$\int_{-\infty}^{+\infty}\delta(t)f(t)\mathrm{d}t = f(0).$$

一般地，

$$\int_{-\infty}^{+\infty}\delta(t-t_0)f(t)\mathrm{d}t = f(t_0)\ .$$

这一性质在近代物理和工程技术中有着较广泛的应用.

（3）对称性质

由定义有

$$\delta(-x) = \delta(x),$$

即 δ 函数是偶函数；

（4）微分性质

$\delta(x)$ 是无穷可微函数，其导函数 $\delta^{(n)}(x)$ 也是广义函数，使得对任意无穷可微函数 $f(x)$，有

$$\int_{-\infty}^{+\infty}\delta^{(n)}(x)f(x)\mathrm{d}x = (-1)^n\int_{-\infty}^{+\infty}\delta(x)f^{(n)}(x)\mathrm{d}x = (-1)^n f^{(n)}(0)\ .$$

（5）与单位阶跃函数的关系

$$u(t) = \int_{-\infty}^{t}\delta(x)\mathrm{d}x, u'(t) = \delta(t),$$

其中 $u(t)$ 是单位阶跃函数.

9.3 傅里叶积分公式

本节从周期函数的傅里叶级数展开出发，推导出一般非周期函数的傅里叶级数展开式，即傅里叶积分公式.

9.3.1 周期函数的傅里叶级数

在工程计算中，无论是电学还是力学，经常要和随时间变化的周期函数 $f_T(t)$ 打交道. 例如在数字信号技术中常见的方波信号，如图 9.3.1 所示.

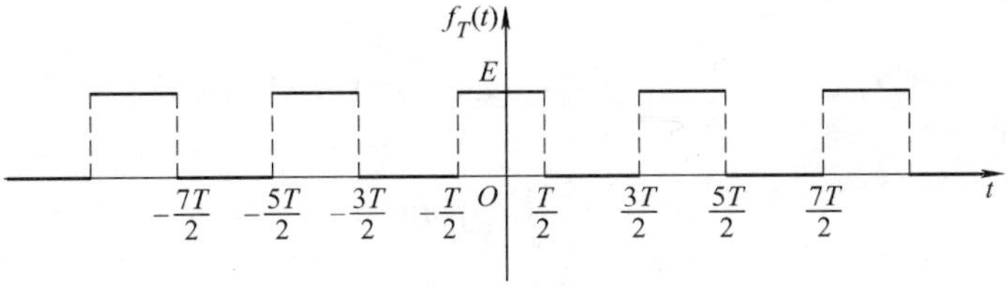

图 9.3.1

最常用的一类周期函数是三角函数

$$f_T(t) = A\sin(\omega t + \varphi) \tag{9.3.1}$$

所表示的谐波信号，其中 $\omega = \frac{2\pi}{T}$ 为角频率，如图 9.3.2 所示

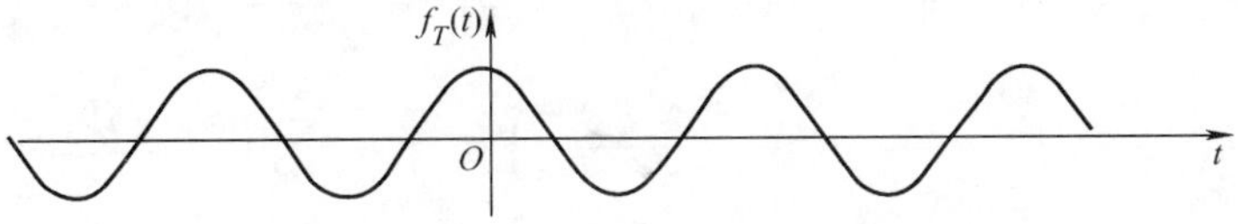

图 9.3.2

式（9.3.1）可以看成为两个基本周期函数 $\sin\omega t$，$\cos\omega t$ 的线性组合

$$f_T(t) = a\sin\omega t + b\cos\omega t.$$

物理上可以理解为任何谐波都可以由正弦波与余弦波的叠加而得. 并且人们发现，所有工程中使用的周期函数都可以一系列的三角函数的线性组合来逼近，这为信号的研究与处理带来大大的方便. 例如方波信号可以看成由一系列正弦波叠加而得，如图 9.3.3 所示.

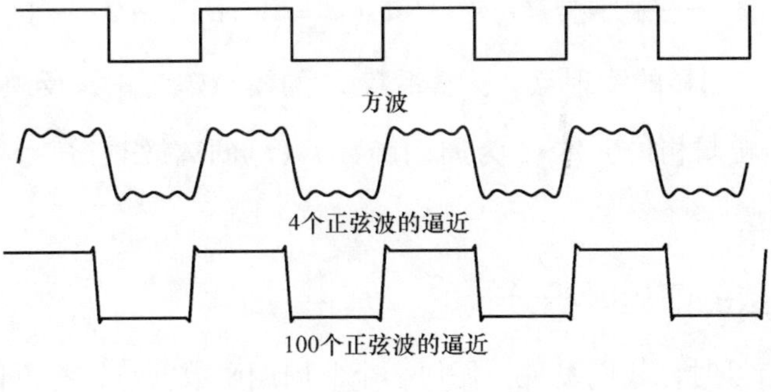

图 9.3.3

1804 年傅里叶首次提出“有限区间上由任意图形定义的任意函数都可以表示为单纯的正弦与余弦函数之和”，但没有给出严格证明. 1829 年，法国数学家狄利克雷（Dirichlet）证明了如下定理

定理 9.3.1　设 $f_T(t)$)是以 T 为周期的实函数，且在 $\left[-\frac{T}{2},\ -\frac{T}{2}\right]$ 上满足上满足狄氏条件，即在一个周期上满足：

（1）连续或只有有限个第一类间断点；

（2）只有有限个极值点.

则在连续点处，有

$$f_T(t) = \frac{a_0}{2} + \sum_{n=1}^{\infty}(a_n\cos n\omega t + b_n\sin n\omega t), \tag{9.3.2}$$

其中，

$$a_0 = \frac{2}{T}\int_{-\frac{T}{2}}^{\frac{T}{2}} f_T(t)\mathrm{d}t,$$

$$a_n = \frac{2}{T}\int_{-\frac{T}{2}}^{\frac{T}{2}} f_T(t)\cos n\omega t\mathrm{d}t \quad (n = 1,2,\cdots), \tag{9.3.3}$$

$$b_n = \frac{2}{T}\int_{-\frac{T}{2}}^{\frac{T}{2}} f_T(t)\sin n\omega t\mathrm{d}t \quad (n = 1,2,\cdots), \tag{9.3.4}$$

在间断点 t_0 处，式（9.3.2）右端级数收敛于$\frac{1}{2}[f_T(t_0+0)+f_T(t_0-0)]$.

注 由欧拉公式，得 $\cos\varphi = \frac{\mathrm{e}^{\mathrm{j}\varphi}+\mathrm{e}^{-\mathrm{j}\varphi}}{2}$，$\sin\varphi = -\mathrm{j}\,\frac{\mathrm{e}^{\mathrm{j}\varphi}-\mathrm{e}^{-\mathrm{j}\varphi}}{2}$，代入式（9.3.2），则有

$$f_T(t) = \frac{a_0}{2} + \sum_{n=1}^{\infty}\left(a_n\frac{\mathrm{e}^{\mathrm{j}n\omega t}+\mathrm{e}^{-\mathrm{j}n\omega t}}{2} - \mathrm{i}b_n\frac{\mathrm{e}^{\mathrm{j}n\omega t}+\mathrm{e}^{-\mathrm{j}n\omega t}}{2}\right) = \frac{a_0}{2} + \sum_{n=1}^{\infty}\left(\frac{a_n - ib_n}{2}\mathrm{e}^{\mathrm{j}n\omega t} + \frac{a_n+\mathrm{i}b_n}{2}\mathrm{e}^{-\mathrm{j}n\omega t}\right)$$

令

$$c_0 = \frac{a_0}{2}, c_n = \frac{a_n - \mathrm{j}b_n}{2}, c_{-n} = \frac{a_n + \mathrm{j}b_n}{2}, \ = 1,\ 2,\ 3,\ \cdots,$$

则

$$f_T(t) = \sum_{n=-\infty}^{+\infty} c_n\mathrm{e}^{\mathrm{j}n\omega t} \tag{9.3.5}$$

式（9.3.5）称为傅里叶级数的复指数形式，其中各项系数可以统一写成

$$c_n = \frac{1}{T}\int_{-\frac{T}{2}}^{\frac{T}{2}} f_T(t)\mathrm{e}^{-\mathrm{j}n\omega t}\mathrm{d}t, (n = 0,\ \pm1,\ \pm2,\ \cdots) \tag{9.3.6}$$

式（9.3.5）具有明显的物理意义：复系数 c_n 的模与辐角正好反映了 f_T（t）中频率为 $\omega = \frac{2\pi}{T}$的简谐波的振幅与相位，称 c_n 为周期函数 $f_T(t)$的离散频谱，$|c_n|$为离散振幅频谱，$\arg c_n$ 为离散相位频谱.

9.3.2 非周期函数的傅里叶积分

在研究非周期信号时，我们发现，任何一个非周期函数$f(t)$，都可以看成是由某个周期函数$f_T(t)$当 $T\to+\infty$ 时转化而来的，即

$$\lim_{T\to+\infty} f_T(t) = f(t).$$

由式（9.3.5）和式（9.3.6），可知

$$f_T(t) = \frac{1}{T}\sum_{n=-\infty}^{+\infty}\left[\int_{-\frac{T}{2}}^{\frac{T}{2}} f_T(\tau)\mathrm{e}^{-\mathrm{j}n\omega\tau}\mathrm{d}\tau\right]\mathrm{e}^{\mathrm{j}n\omega t},$$

故

$$f(t) = \lim_{T\to+\infty}\frac{1}{T}\sum_{n=-\infty}^{+\infty}\left[\int_{-\frac{T}{2}}^{\frac{T}{2}} f_T(\tau)\mathrm{e}^{-\mathrm{j}n\omega\tau}\mathrm{d}\tau\right]\mathrm{e}^{\mathrm{j}n\omega t}$$

上式中，令

$$\omega_n = n\omega,\ \Delta\omega_n = \omega_n - \omega_{n-1},$$

则有 $\omega_n = \dfrac{2\pi}{T}$，或 $T = \dfrac{2\pi}{\Delta\omega_n}$，于是

$$\begin{aligned} f(t) &= \lim_{T\to+\infty}\frac{1}{T}\sum_{n=-\infty}^{+\infty}\left[\int_{-\frac{T}{2}}^{\frac{T}{2}} f_T(\tau)\mathrm{e}^{-\mathrm{j}\omega_n\tau}\mathrm{d}\tau\right]\mathrm{e}^{\mathrm{j}\omega_n t} \\ &= \lim_{\Delta\omega_n\to 0}\frac{1}{2\pi}\sum_{n=-\infty}^{+\infty}\left[\int_{-\frac{T}{2}}^{\frac{T}{2}} f_T(\tau)\mathrm{e}^{-\mathrm{j}\omega_n\tau}\mathrm{d}\tau\right]\mathrm{e}^{\mathrm{j}\omega_n t}\Delta\omega_n \end{aligned}$$

上式中，再令

$$\Phi_T(\omega_n) = \frac{1}{2\pi}\left[\int_{-\frac{T}{2}}^{\frac{T}{2}} f_T(\tau)\mathrm{e}^{-\mathrm{j}\omega_n\tau}\mathrm{d}\tau\right]\mathrm{e}^{\mathrm{j}\omega_n t},$$

故

$$f(t) = \lim_{\Delta\omega_n\to 0}\sum_{n=-\infty}^{+\infty}\Phi_T(\omega_n)\Delta\omega_n. \tag{9.3.7}$$

注意到当 $\Delta\omega_n\to 0$，即 $T\to+\infty$ 时，

$$\Phi_T(\omega_n)\to\Phi(\omega_n) = \frac{1}{2\pi}\left[\int_{-\infty}^{+\infty} f(\tau)\mathrm{e}^{-\mathrm{j}\omega_n\tau}\mathrm{d}\tau\right]\mathrm{e}^{\mathrm{j}\omega_n t},$$

从而，由定积分的定义，(9.3.7) 可以写为

$$f(t) = \int_{-\infty}^{+\infty}\Phi(\omega)\mathrm{d}\omega,$$

或

$$f(t) = \frac{1}{2\pi}\int_{-\infty}^{+\infty}\left[\int_{-\infty}^{+\infty} f(\tau)\mathrm{e}^{-\mathrm{j}\omega\tau}\mathrm{d}\tau\right]\mathrm{e}^{\mathrm{j}\omega t}\mathrm{d}\omega. \tag{9.3.8}$$

式 (9.3.8) 称为函数 $f(t)$ 的傅里叶积分公式，简称傅氏积分公式.

至于非周期函数 $f(t)$ 在什么条件下可用傅氏积分公式 (9.3.8) 表示，我们有下面的收敛定理（证明从略）.

定理 9.3.2　若 $f(t)$ 在 $(-\infty,\ +\infty)$ 上满足条件

(1) $f(t)$ 在任一有限区间上满足狄氏条件；

(2) $f(t)$ 在无限区间 $(-\infty,\ +\infty)$ 上绝对可积，即 $\int_{-\infty}^{+\infty}|f(t)|\mathrm{d}t<\infty$，

则有

$$f(t) = \frac{1}{2\pi}\int_{-\infty}^{+\infty}\left[\int_{-\infty}^{+\infty} f(\tau)\mathrm{e}^{-\mathrm{j}\omega\tau}\mathrm{d}\tau\right]\mathrm{e}^{\mathrm{j}\omega t}\mathrm{d}\omega.$$

成立，在 $f(t)$ 的连续点处成立，而在 $f(t)$ 的间断点 t_0 处，右端级数收敛于

$$\frac{f(t_0+0)+f(t_0-0)}{2}.$$

可以证明，当 $f(t)$ 在 $(-\infty,\ +\infty)$ 上满足傅里叶积分定理条件时，公式 (9.3.8) 可以写为三角形式，即

$$\frac{1}{\pi}\int_0^{+\infty}\left[\int_{-\infty}^{+\infty} f(\tau)\cos\omega(t-\tau)\mathrm{d}\tau\right]\mathrm{d}\omega = \begin{cases} f(t), & \text{在 } f(t) \text{ 连续点处}, \\ \dfrac{f(t_0+0)+f(t_0-0)}{2}, & \text{其他} \end{cases} \tag{9.3.9}$$

事实上，根据欧拉公式，有

$$\begin{aligned} f(t) &= \frac{1}{2\pi}\int_{-\infty}^{+\infty}\left[\int_{-\infty}^{+\infty} f(\tau)\mathrm{e}^{\mathrm{j}\omega(t-\tau)}\mathrm{d}\tau\right]\mathrm{d}\omega \\ &= \frac{1}{2\pi}\int_{-\infty}^{+\infty}\left[\int_{-\infty}^{+\infty} f(\tau)\cos\omega(t-\tau)\mathrm{d}\tau + \mathrm{j}\int_{-\infty}^{+\infty} f(\tau)\sin\omega(t-\tau)\mathrm{d}\tau\right]\mathrm{d}\omega, \end{aligned} \tag{9.3.10}$$

因为$\int_{-\infty}^{+\infty} f(\tau)\cos\omega(t-\tau)\mathrm{d}\tau$和$\int_{-\infty}^{+\infty} f(\tau)\sin\omega(t-\tau)\mathrm{d}\tau$分别是$\omega$的偶函数和奇函数. 所以由式（9.3.10），得

$$f(t) = \frac{1}{\pi}\int_{0}^{+\infty}\left[\int_{-\infty}^{+\infty} f(\tau)\cos\omega(t-\tau)\mathrm{d}\tau\right]\mathrm{d}\omega.$$

于是式（9.3.9）成立.

为了记忆方便，我们还可以把式（9.3.9）写成类似傅里叶级数（9.3.2）的形式，即若$f(t)$满足傅里叶积分定理的条件，则有

$$f(t) = \int_{0}^{+\infty} a(\omega)\cos\omega t\mathrm{d}\omega + \int_{0}^{+\infty} b(\omega)\sin\omega t\mathrm{d}\omega \tag{9.3.11}$$

其中

$$a(\omega) = \frac{1}{\pi}\int_{-\infty}^{+\infty} f(\tau)\cos\omega\tau\mathrm{d}\tau, \tag{9.3.12}$$

$$b(\omega) = \frac{1}{\pi}\int_{-\infty}^{+\infty} f(\tau)\sin\omega\tau\mathrm{d}\tau, \tag{9.3.13}$$

特别地，若$f(t)$在在$(-\infty, +\infty)$上为偶函数，则有

$$a(\omega) = \frac{2}{\pi}\int_{0}^{+\infty} f(\tau)\cos\omega\tau\mathrm{d}\tau,\quad b(\omega) = 0,$$

若$f(t)$在在$(-\infty, +\infty)$上为奇函数，则有

$$a(\omega) = 0,\quad b(\omega) = \frac{2}{\pi}\int_{0}^{+\infty} f(\tau)\sin\omega\tau\mathrm{d}\tau.$$

傅里叶积分定理不但解决了一般函数的傅里叶展开问题，为下节的傅里叶变换奠定了理论基础，而且它在含参量反常积分的计算和证明中也有重要作用.

例 9.3.1 设有单位矩形脉冲信号

$$f(t) = \begin{cases} 1, & |t| \leqslant 1, \\ 0, & |t| > 1, \end{cases}$$

试证：

$$f(t) = \int_{0}^{+\infty} \frac{\sin\omega\cos\omega t}{\omega}\mathrm{d}\omega = \begin{cases} \dfrac{\pi}{2}, & |t| < 1, \\ \dfrac{\pi}{2}, & |t| = 1, \\ 0, & |t| > 1. \end{cases}$$ 如图 9.3.4 所示.

证 $f(t)$是$(-\infty, +\infty)$上的偶函数，从而

$$b(\omega) = 0,$$

$$a(\omega) = \frac{2}{\pi}\int_{0}^{+\infty} f(\tau)\cos\omega\tau\mathrm{d}\tau.$$

$$=\frac{2}{\pi}\int_0^1 1\cdot\cos\omega\tau\mathrm{d}\tau=\frac{2}{\pi}\left.\frac{\sin\omega\tau}{\omega}\right|_0^1=\frac{2}{\pi}\frac{\sin\omega}{\omega}.$$

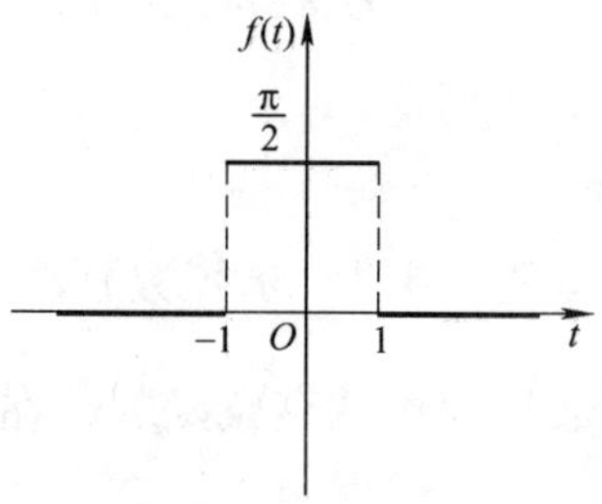

图 9.3.4

于是由式(9.3.11)~式(9.3.13)可知

$$a(\omega)=\frac{2}{\pi}\int_0^{+\infty}\frac{2}{\pi}\frac{\sin\omega}{\omega}\cos\omega t\mathrm{d}\omega=\begin{cases}1, & |t|<1,\\ \frac{1+0}{2}, & |t|=1,\\ 0, & |t|>1.\end{cases}$$

即

$$f(t)=\int_0^{+\infty}\frac{\sin\omega\cos\omega t}{\omega}\mathrm{d}\omega=\begin{cases}\frac{\pi}{2}, & |t|<1,\\ \frac{\pi}{2}, & |t|=1,\\ 0, & |t|>1.\end{cases}$$

注　上面结果中，代入 $t=0$，还可得狄利克雷积分

$$\int_0^{+\infty}\frac{\sin\omega}{\omega}\mathrm{d}\omega=\frac{\pi}{2}.$$

9.4　傅里叶变换

傅里叶变换是一种对连续时间函数的积分变换，通过特定形式的积分建立函数之间的对应关系. 它既能简化计算（如解微分方程或化卷积为乘积等），又具有明确的物理意义（从频谱的角度来描述函数的特征），因而在许多领域被广泛地应用. 现今离散和快速傅里叶变换在数字信号处理中更是特别重要.

本节主要介绍傅里叶变换的概念和性质.

9.4.1　傅里叶变换的定义

上一节介绍了，当 $f(t)$ 满足一定条件时，在 $f(t)$ 的连续点处有

$$f(t)=\frac{1}{2\pi}\int_{-\infty}^{+\infty}\left[\int_{-\infty}^{+\infty}f(\tau)\mathrm{e}^{-\mathrm{j}\omega\tau}\mathrm{d}\tau\right]\mathrm{e}^{\mathrm{j}\omega t}\mathrm{d}\omega.$$

从上式出发，设

$$F(\omega)=\int_{-\infty}^{+\infty}f(t)\mathrm{e}^{-\mathrm{j}\omega t}\mathrm{d}t, \tag{9.4.1}$$

则

$$f(t)=\frac{1}{2\pi}\int_{-\infty}^{+\infty}F(\omega)\mathrm{e}^{\mathrm{j}\omega t}\mathrm{d}\omega. \tag{9.4.2}$$

式（9.4.1）称为 $f(t)$ 的傅里叶变换，简称傅氏变换，记为

$$F(\omega)=\mathscr{F}[f(t)],$$

称式（9.4.2）称为傅里叶逆变换，简称傅氏逆变换，记为

$$f(t)=\mathscr{F}^{-1}[F(\omega)].$$

式（9.4.1）和式（9.4.2），定义了一个变换对 $F(\omega)$ 和 $f(t)$，其中 $F(\omega)$ 为 $f(t)$ 的像

函数，$f(t)$为$F(\omega)$的像原函数，它们构成一个傅氏变换对

$$f(t)\underset{\mathscr{F}^{-1}}{\overset{\mathscr{F}}{\rightleftharpoons}}F(\omega).$$

例9.4.1 求函数$f(t)=\begin{cases}0, & t<0,\\ e^{-\beta t}, & t\geqslant 0\end{cases}$的傅氏变换及傅氏积分表达式，其中$\beta>0$. 这个函数称为指数衰减函数，在工程中常遇到.

解 根据定义，有

$$\begin{aligned}F(\omega) &= \int_{-\infty}^{+\infty} f(t)e^{-j\omega t}dt = \int_0^{+\infty} e^{-\beta t}e^{-j\omega t}dt\\ &= \int_0^{+\infty} e^{-(\beta+j\omega)t}dt = \frac{1}{\beta+j\omega} = \frac{\beta-j\omega}{\beta^2+\omega^2},\end{aligned}$$

即得指数衰减函数的傅氏变换. 由公式（9.4.2）得

$$f(t) = \frac{1}{2\pi}\int_{-\infty}^{+\infty} F(\omega)e^{j\omega t}d\omega = \frac{1}{2\pi}\int_{-\infty}^{+\infty}\frac{\beta-j\omega}{\beta^2+\omega^2}e^{j\omega t}d\omega.$$

由欧拉公式$e^{j\omega t}=\cos\omega t+j\sin\omega t$，得

$$\begin{aligned}f(t) &= \frac{1}{2\pi}\int_{-\infty}^{+\infty}\frac{\beta-j\omega}{\beta^2+\omega^2}(\cos\omega t+j\sin\omega t)d\omega\\ &= \frac{1}{\pi}\int_0^{+\infty}\frac{\beta\cos\omega t+\omega\sin\omega t}{\beta^2+\omega^2}d\omega.\end{aligned}$$

故有

$$\int_0^{+\infty}\frac{\beta\cos\omega t+\omega\sin\omega t}{\beta^2+\omega^2}d\omega = \begin{cases}0, & t<0,\\ \dfrac{\pi}{2}, & t=0,\\ \pi e^{-\beta t}, & t>0.\end{cases}$$

例9.4.2 求$f(t)=Ae^{-\beta t^2}$的傅氏变换及积分表达式，其中A，$\beta>0$. 这个函数称为钟形脉冲函数，也是工程技术中常遇到的一个函数.

解 根据定义（9.4.1），有

$$F(\omega) = \int_{-\infty}^{+\infty} f(t)e^{-i\omega t}dt = \int_{-\infty}^{+\infty} Ae^{-\beta t^2}e^{-i\omega t}dt = Ae^{-\frac{\omega^2}{4\beta}}\int_{-\infty}^{+\infty} e^{-\beta\left(t+\frac{i\omega}{2\beta}\right)^2}dt = \sqrt{\frac{\pi}{\beta}}Ae^{-\frac{\omega^2}{4\beta}}.$$

下面求钟形脉冲函数的积分表达式. 由式（9.4.2）得

$$\begin{aligned}f(t) &= \mathscr{F}^{-1}[F(\omega)] = \frac{1}{2\pi}\int_{-\infty}^{+\infty}F(\omega)e^{j\omega t}d\omega\\ &= \frac{1}{2\pi}\sqrt{\frac{\pi}{\beta}}A\int_{-\infty}^{+\infty}e^{-\frac{\omega^2}{4\beta}}(\cos\omega t+j\sin\omega t)d\omega\\ &= \frac{A}{\sqrt{\pi\beta}}\int_{-\infty}^{+\infty}e^{-\frac{\omega^2}{4\beta}}\cos\omega t d\omega.\end{aligned}$$

注 上面计算过程中用到了高等数学中的一个结果

$$\int_{-\infty}^{+\infty}e^{-\beta x^2}dx = \sqrt{\frac{\pi}{\beta}}\quad(\beta>0).$$

9.4.2 傅里叶变换的物理意义

类似于式（9.3.5）的物理意义，在频谱分析中，把一般函数 $f(t)$ 傅氏变换 $F(\omega)$ 也称为 $f(t)$ 的频谱函数，而它的模 $|F(\omega)|$ 称为 $f(t)$ 的振幅频谱，简称为频谱. 因 ω 是连续变化的，我们称之为连续频谱，对一个时间函数作傅氏变换，就是求这个时间函数的频谱. 显然，振幅函数 $|F(\omega)|$ 是角频率 ω 的偶函数，即 $|F(\omega)| = |F(-\omega)|$.

这是因为

$$F(\omega) = \int_{-\infty}^{+\infty} f(t)\mathrm{e}^{-\mathrm{j}\omega t}\mathrm{d}t = \int_{-\infty}^{+\infty} f(t)\cos\omega t\mathrm{d}t - j\int_{-\infty}^{+\infty} f(t)\sin\omega t\mathrm{d}t,$$

所以

$$|F(\omega)| = \sqrt{\left(\int_{-\infty}^{+\infty} f(t)\cos\omega t\mathrm{d}t\right)^2 + \left(\int_{-\infty}^{+\infty} f(t)\sin\omega t\mathrm{d}t\right)^2},$$

显然有 $|F(\omega)| = |F(-\omega)|$.

$F(\omega)$ 的辐角 $\arg F(\omega)$ 称为 $f(t)$ 相位（或相角）频谱. 显然

$$\arg F(\omega) = \arctan\frac{\int_{-\infty}^{+\infty} f(t)\sin\omega t\mathrm{d}t}{\int_{-\infty}^{+\infty} f(t)\cos\omega t\mathrm{d}t},$$

相位频谱 $\arg F(\omega)$ 是 ω 的奇函数.

例 9.4.3 求矩形脉冲函数 $(E>0)\ p_\tau(t) = \begin{cases} E, & |t| < \dfrac{\tau}{2}, \\ 0, & |t| > \dfrac{\tau}{2} \end{cases}$（见图 9.2.3）的频谱.

解 由定义（9.4.1），得

$$F(\omega) = \int_{-\infty}^{+\infty} p_\tau(t)\mathrm{e}^{-\mathrm{j}\omega t}\mathrm{d}t = \int_{-\frac{\tau}{2}}^{+\frac{\tau}{2}} E\mathrm{e}^{-\mathrm{i}\omega t}\mathrm{d}t$$

$$= -\left.\frac{E\mathrm{e}^{-\mathrm{i}\omega t}}{\mathrm{i}\omega}\right|_{-\frac{\tau}{2}}^{\frac{\tau}{2}} = \frac{2E}{\omega}\sin\frac{\omega\tau}{2},$$

故频谱为

$$|F(\omega)| = 2E\left|\frac{1}{\omega}\sin\frac{\omega\tau}{2}\right|.$$

其频谱图如图 9.4.1 所示

9.4.3 广义傅里叶变换

例 9.4.4 求单位脉冲函数 $\delta(t)$，如图 9.4.1 所示的傅氏变换.

解 $F(\omega) = \int_{-\infty}^{+\infty} \delta(t)\mathrm{e}^{-\mathrm{j}\omega t}\mathrm{d}t = \left.\mathrm{e}^{-\mathrm{j}\omega t}\right|_{t=0} = 1.$

可见，单位脉冲函数 $\delta(t)$ 与常数 1 构成了一傅氏变换对；同理，$\delta(t-t_0)$ 和

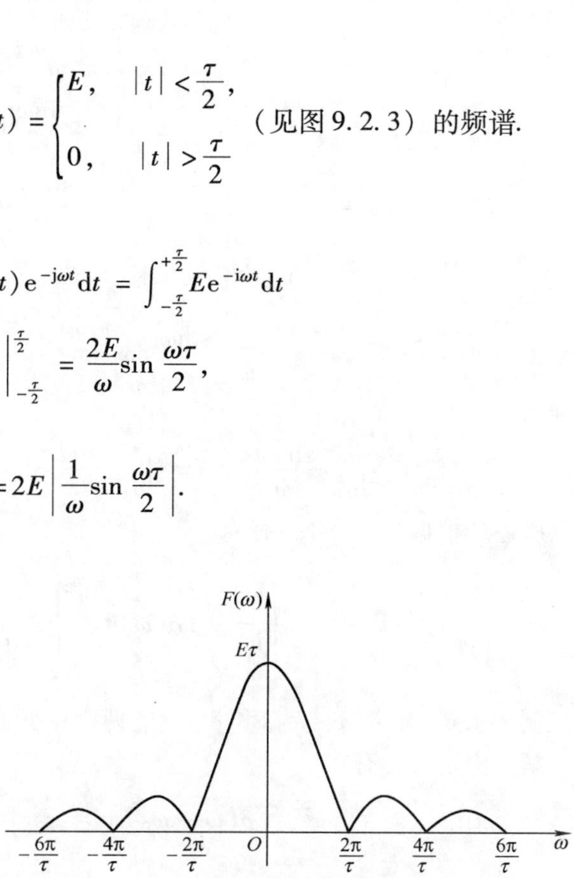

图 9.4.1

$e^{-j\omega t_0}$亦构成了一个傅氏变换对. 需要指出的是，此处的广义积分是按（9.4.1）式计算的，不是普通意义下的积分值，我们称这种傅氏变换为广义的傅氏变换.

根据傅氏积分公式，函数$f(t)$能取傅里叶积分变换的前提条件是它首先应绝对可积，即

$$\int_{-\infty}^{+\infty}|f(t)|\mathrm{d}t < +\infty .$$

实际上这个条件非常强，它要求$f(t)$条件较高，因而一些常见的函数都不满足这一点. 如 $\sin t$，$\cos t$；e^t；t，t^2 及多项式等都不满足绝对可积的条件!

如此一来，较强的条件使得傅立叶变换的应用受到限制. 为克服这一缺陷，我们把单位脉冲函数及其傅氏变换应用到其他函数的傅氏变换中，得到它们的广义傅氏变换. 实际运算时，我们通常用傅氏逆变换来推证. 比较典型的有：$u(t)$（单位阶跃函数），$\sin t$，$\cos t$ 同前面一样，此时仍然可以这样说：象函数 $F(\omega)$和象原函数$f(t)$亦构成一个傅氏变换对.

例 9.4.5 证明单位阶跃函数 $u(t)=\begin{cases}1,t>0\\0,t<0\end{cases}$ 的傅氏变换为$\dfrac{1}{j\omega}+\pi\delta(\omega)$.

证 首先注意，这里的变换显然指的是广义变换. 我们可以用求逆变换的方法证明. 事实上，设 $F(\omega)=\dfrac{1}{j\omega}+\pi\delta(\omega)$，则有

$$\begin{aligned}
f(t) &= \frac{1}{2\pi}\int_{-\infty}^{+\infty}\left[\frac{1}{i\omega}+\pi\delta(\omega)\right]e^{j\omega t}\mathrm{d}\omega\\
&= \frac{1}{2\pi}\int_{-\infty}^{+\infty}\frac{1}{i\omega}e^{j\omega t}\mathrm{d}\omega+\frac{1}{2\pi}\int_{-\infty}^{+\infty}\delta(\omega)e^{j\omega t}\mathrm{d}\omega\\
&= \frac{1}{2\pi}\int_{-\infty}^{+\infty}\frac{\sin\omega t}{\omega}\mathrm{d}\omega+\frac{1}{2}\int_{-\infty}^{+\infty}\delta(\omega)e^{j\omega t}\mathrm{d}\omega\\
&= \frac{1}{\pi}\int_{0}^{+\infty}\frac{\sin\omega t}{\omega}\mathrm{d}\omega+\frac{1}{2}.
\end{aligned} \qquad (*)$$

由于 $\int_0^{+\infty}\frac{\sin x}{x}\mathrm{d}x=\frac{\pi}{2}$，所以当 $t<0$ 时，有

$$\int_0^{+\infty}\frac{\sin\omega t}{\omega}\mathrm{d}\omega \overset{u=\omega t}{=} \int_0^{+\infty}\frac{\sin\omega t}{\omega}\mathrm{d}\omega \overset{t<0\text{时}}{=} \int_0^{-\infty}\frac{\sin u}{u}\mathrm{d}u=-\int_0^{+\infty}\frac{\sin u}{u}\mathrm{d}u=-\frac{\pi}{2}.$$

同理当 $t>0$ 时，有

$$\int_0^{+\infty}\frac{\sin\omega t}{\omega}\mathrm{d}\omega \overset{u=\omega t}{=} \int_0^{+\infty}\frac{\sin\omega t}{\omega}\mathrm{d}\omega \overset{t>0\text{时}}{=} \int_0^{+\infty}\frac{\sin u}{u}\mathrm{d}u=\frac{\pi}{2}.$$

综上所述，根据式（*），有

$$f(t)=\mathscr{F}^{-1}\left[\frac{1}{i\omega}+\pi\delta(\omega)\right]=\begin{cases}\dfrac{1}{2}+\dfrac{1}{2}=1, & t>0\\ -\dfrac{1}{2}+\dfrac{1}{2}=0, & t<0\end{cases}=u(t).$$

例 9.4.6 求 $\delta(\omega-\omega_0)$和 $\delta(\omega)$的傅氏逆变换.

解 由定义，有

$$\mathscr{F}^{-1}[\delta(\omega-\omega_0)]=\frac{1}{2\pi}\int_{-\infty}^{+\infty}e^{j\omega t}\mathrm{d}\omega=\frac{1}{2\pi}e^{j\omega_0 t}.$$

特别地

$$\mathscr{F}^{-1}[\delta(\omega)]=\frac{1}{2\pi}.$$

故有

$$\mathscr{F}[e^{i\omega_0 t}] = 2\pi\delta(\omega-\omega_0),$$

即 $e^{j\omega_0 t}$和 $2\pi\delta(\omega-\omega_0)$ 构成了一个傅氏变换对. 于是，有

$$\int_{-\infty}^{+\infty} e^{-j(\omega-\omega_0)t}d\omega = 2\pi\delta(\omega-\omega_0). \qquad (**)$$

特别地，

$$\int_{-\infty}^{+\infty} e^{-j\omega t}d\omega = 2\pi\delta(\omega).$$

例 9.4.7 求正弦函数 $f(t)=\sin\omega_0 t$ 的傅氏变换.

解

$$\begin{aligned}F(\omega) &= \int_{-\infty}^{+\infty} e^{-j\omega t}\sin\omega_0 t dt = \int_{-\infty}^{+\infty}\frac{e^{j\omega_0 t}-e^{-j\omega_0 t}}{2i}e^{-i\omega t}dt \\ &= \frac{1}{2i}\int_{-\infty}^{+\infty}[e^{-j(\omega-\omega_0)t}-e^{-j(\omega+\omega_0)t}]dt \\ &\xlongequal{(**)} \frac{1}{2i}[2\pi\delta(\omega-\omega_0)-2\pi\delta(\omega+\omega_0)] \\ &= j\pi[\delta(\omega+\omega_0)-\delta(\omega-\omega_0)],\end{aligned}$$

即有

$$\mathscr{F}(\sin\omega_0 t) = i\pi[\delta(\omega+\omega_0)-\delta(\omega-\omega_0)].$$

同理,可得

$$\mathscr{F}(\cos\omega_0 t) = \pi[\delta(\omega+\omega_0)+\delta(\omega-\omega_0)].$$

9.5 傅里叶变换的性质

本节介绍傅氏变换的几个重要性质. 为了叙述方便，假定在这些性质中，凡是需要求傅氏变换的函数都满足傅氏积分定理的条件，在证明这些性质时，不再重述这些条件.

9.5.1 线性性质

设 $F_1(\omega)=\mathscr{F}[f_1(t)]$，$F_2(\omega)=\mathscr{F}[f_2(t)]$，则

$$\mathscr{F}[k_1f_1(t)+k_2f_2(t)] = k_1F_1(\omega)+k_2F_2(\omega),$$

其中 k_1，k_2 为常数. 逆变换也具有类似的性质，请写出相应的性质.

9.5.2 对称性质

若 $\mathscr{F}[f(t)]=F(\omega)$，则

$$\mathscr{F}[F(t)] = 2\pi f(-\omega).$$

证 由傅氏逆变换公式（9.4.2）可知

$$f(t) = \frac{1}{2\pi}\int_{-\infty}^{+\infty}F(\omega)e^{j\omega t}d\omega = \frac{1}{2\pi}\int_{-\infty}^{+\infty}F(u)e^{jut}du$$

令 $t=-\omega$，则

$$f(-\omega) = \frac{1}{2\pi}\int_{-\infty}^{+\infty}F(u)e^{-j\omega u}du = \frac{1}{2\pi}\int_{-\infty}^{+\infty}F(t)e^{-j\omega t}dt$$

由傅氏变换定义，知

$$\mathscr{F}[F(t)] = 2\pi f(-\omega).$$

9.5.3 位移性质

称$f(t-t_0)$为$f(t)$的位移函数. 设$F(\omega)=\mathscr{F}[f(t)]$，则对于实常数$t_0$，$\omega_0$有

$$\begin{aligned}\mathscr{F}[f(t\pm t_0)] &= \int_{-\infty}^{+\infty} f(t\pm t_0)\mathrm{e}^{-\mathrm{j}\omega t}\mathrm{d}t \\ &\xlongequal{t\pm t_0=u} \int_{-\infty}^{+\infty} f(u)\mathrm{e}^{-\mathrm{j}\omega(u\mp u_0)}\mathrm{d}u \\ &= \mathrm{e}^{\pm \mathrm{i}\omega t_0}\int_{-\infty}^{+\infty} f(u)\mathrm{e}^{-\mathrm{j}\omega u}\mathrm{d}u = \mathrm{e}^{\pm\mathrm{j}\omega t_0}F(\omega).\end{aligned}$$

显而易见，位移公式的作用是：知道了一个函数的变换，便可由此求出其位移函数的变换！同理可得

$$\mathscr{F}^{-1}[F(\omega\mp\omega_0)] = f(t)\mathrm{e}^{\pm\mathrm{j}\omega_0 t}.$$

推论 设$F(\omega)=\mathscr{F}[f(t)]$，则对于实常数$\omega_0$，有

$$\mathscr{F}[f(t)\cos\omega_0 t] = \frac{1}{2}[F(\omega+\omega_0)+F(\omega-\omega_0)],$$

$$\mathscr{F}[f(t)\sin\omega_0 t] = \frac{\mathrm{i}}{2}[F(\omega+\omega_0)-F(\omega-\omega_0)].$$

提示 利用欧拉公式和位移性质容易证明.

9.5.4 微分性质

如果$f(t)$在$(-\infty,+\infty)$上连续或只有有限个可去间断点，且当$|t|\to+\infty$时，$f(t)\to 0$，则

$$\mathscr{F}[f'(t)] = \mathrm{j}\omega\mathscr{F}[f(t)].$$

证 根据定义，得

$$\begin{aligned}\mathscr{F}[f'(t)] &= \int_{-\infty}^{+\infty} f'(t)\mathrm{e}^{-\mathrm{j}\omega t}\mathrm{d}t = \int_{-\infty}^{+\infty}\mathrm{e}^{-\mathrm{j}\omega t}\mathrm{d}f(t). \\ &= f(t)\mathrm{e}^{-\mathrm{j}\omega t}\Big|_{-\infty}^{+\infty} - \int_{-\infty}^{+\infty} f(t)(-\mathrm{j}\omega)\mathrm{e}^{-\mathrm{j}\omega t}\mathrm{d}t \\ &= \mathrm{j}\omega\mathscr{F}[f(t)].\end{aligned}$$

一般地，如果$f^{(n)}(t)$在$(-\infty,+\infty)$上连续或只有有限个可去间断点，且当$|t|\to+\infty$时，有

$$f^{(k)}(t)\to 0 \quad (k=0,1,\cdots,n-1).$$

则

$$\mathscr{F}[f^{(n)}(t)] = (\mathrm{j}\omega)^n\mathscr{F}[f(t)].$$

类似地，可推得像函数的导数公式：

$$\frac{\mathrm{d}^n}{\mathrm{d}\omega^n}F(\omega) = (-\mathrm{j})^n\mathscr{F}[t^n f(t)].$$

经常使用上述公式求$t^n f(t)$的傅氏变换.

例如，设$f(t)=\begin{cases}Ae^{-\beta t}, & t>0,\\ 0, & t<0,\end{cases}$ $(A>0, \beta>0)$，则其傅氏变换为

$$F(\omega)=\frac{A}{\beta+j\omega}.$$

因而$tf(t)$的傅氏变换为

$$\mathscr{F}[tf(t)]=i(-i)\frac{A}{(\beta+j\omega)^2}=\frac{A}{(\beta+j\omega)^2},$$

$t^2f(t)$的傅氏变换为

$$\mathscr{F}[t^2f(t)]=\frac{2A}{(\beta+j\omega)^3}.$$

9.5.5 积分性质

如果当$t\to+\infty$时，$g(t)=\int_{-\infty}^{t}f(t)\,dt\to 0$，则

$$\mathscr{F}\left[\int_{-\infty}^{t}f(t)\,dt\right]=\frac{1}{j\omega}\mathscr{F}[f(t)].$$

证 因为

$$\frac{d}{dt}\int_{-\infty}^{t}f(t)\,dt=f(t),$$

所以，根据微分性质，得

$$\mathscr{F}[f(x)]=\mathscr{F}[g'(t)]=j\omega\mathscr{F}[g(t)],$$

即

$$\mathscr{F}[g(t)]=\frac{1}{j\omega}\mathscr{F}[f(t)].$$

例 9.5.1 求解微分积分方程 $ax'(t)+bx(t)+c\int_{-\infty}^{t}x(\tau)\,d\tau=f(t)$，其中 $-\infty<t<+\infty$，a，b，c 均为常数.

解 设$X(\omega)=\mathscr{F}[x(t)]$，$F(\omega)=\mathscr{F}[f(t)]$，则

$$aj\omega X(\omega)+bX(\omega)+\frac{c}{j\omega}X(\omega)=F(\omega),$$

故

$$X(\omega)=\frac{F(\omega)}{b+j\left(a\omega-\frac{c}{\omega}\right)}.$$

从而

$$x(t)=\frac{1}{2\pi}\int_{-\infty}^{+\infty}X(\omega)e^{j\omega t}\,d\omega.$$

运用傅氏变换的线性性质，微分性质以及积分性质，可以把线性常系数微（积）分方程转化为代数方程，通过解代数方程与求傅氏逆变换，就可以得到原方程的解. 另外，傅氏变换还可以用来求解一些数学物理方程.

9.5.6 对称性质

若$F(\omega)=\mathscr{F}[f(t)]$，则

$$\mathscr{F}[F(t)]=2\pi f(-\omega).$$

证 根据定义

$$f(t)=\frac{1}{2\pi}\int_{-\infty}^{+\infty}F(\omega)e^{j\omega t}d\omega=\frac{1}{2\pi}\int_{-\infty}^{+\infty}F(p)e^{jpt}dp,$$

故

$$\begin{aligned}f(-\omega)&=\frac{1}{2\pi}\int_{-\infty}^{+\infty}F(p)e^{-jp\omega}dp\\&=\frac{1}{2\pi}\int_{-\infty}^{+\infty}F(t)e^{-jt\omega}dt,\end{aligned}$$

特别地，若$f(t)$偶函数，则

$$\mathscr{F}[F(t)]=2\pi f(\omega).$$

思考 若$\mathscr{F}[f(t)]=F(\omega)$，问$\mathscr{F}[F(-t)]=?$

9.5.7 相似性质

若$\mathscr{F}[f(t)]=F(\omega)$，则对于非零实常数$a$，有

$$\mathscr{F}[f(at)]=\frac{1}{|a|}F\left(\frac{\omega}{a}\right),$$

特别地，若$a=-1$，则

$$\mathscr{F}[f(-t)]=F(-\omega).$$

称为翻转性质.

9.5.8 卷积性质

卷积是积分变换中的一个重要概念，这一运算在实际问题如线性系统分析中有着重要应用. 下面着重介绍卷积概念与卷积定理.

1. 卷积

定义 9.5.1 设函数$f_1(t)$, $f_2(t)$在整个数轴上有定义，则称为函数$f_1(t)$与$f_2(t)$的卷积，记为$f_1(t)*f_2(t)$.

$$\int_{-\infty}^{+\infty}f_1(\tau)f_2(t-\tau)d\tau$$

即

$$f_1(t)*f_2(t)=\int_{-\infty}^{+\infty}f_1(\tau)f_2(t-\tau)d\tau.$$

2. 卷积的性质

(1) 交换律

$$f_1(t)*f_2(t)=f_2(t)*f_1(t).$$

事实上，在积分$\int_{-\infty}^{+\infty}f_1(\tau)f_2(t-\tau)d\tau$中令$u=t-\tau$，则$\tau=t-u$，$du=-d\tau$，由此

$$f_1(t)*f_2(t)=-\int_{+\infty}^{-\infty}f_1(t-u)f_2(u)du=\int_{-\infty}^{+\infty}f_2(u)f_1(t-u)du=f_2(t)*f_1(t).$$

(2) 结合律

$$f_1(t)*[f_2(t)*f_3(t)]=[f_1(t)*f_2(t)]*f_3(t).$$

事实上，根据定义，有

$$[f_1(t)*f_2(t)]*f_3(t) = \int_{-\infty}^{+\infty}[\int_{-\infty}^{+\infty}f_1(\xi)f_2(\tau-\xi)\mathrm{d}\xi]f_3(t-\tau)\mathrm{d}\tau$$

$$\xlongequal[\text{次序}]{\text{交换}} \int_{-\infty}^{+\infty}f_1(\xi)\left[\int_{-\infty}^{+\infty}f_2(\tau-\xi)f_3(t-\tau)\mathrm{d}\tau\right]\mathrm{d}\xi. \quad (9.5.1)$$

令 $g(t) = \int_{-\infty}^{+\infty}f_2(\tau)f_3(t-\tau)\mathrm{d}\tau = f_2(t)*f_3(t)$，则

$$\int_{-\infty}^{+\infty}f_2(\tau-\xi)f_3(t-\tau)\mathrm{d}\tau \overset{\tau-\xi=u}{=} \int_{-\infty}^{+\infty}f_2(u)f_3(t-\xi-u)\mathrm{d}u = g(t-\xi),$$

从而再根据（9.5.1），得

$$[f_1(t)*f_2(t)]*f_3(t) = \int_{-\infty}^{+\infty}f_1(\xi)g(t-\xi)\mathrm{d}\xi = f_1(t)*g(t) = f_1(t)*[f_2(t)*f_3(t)].$$

（3）分配律

$$f_1(t)*[f_2(t)+f_3(t)] = f_1(t)*f_2(t)+f_1(t)*f_3(t).$$

（4）不等式性质

$$|f_1(t)*f_2(t)| \leqslant |f_1(t)|*|f_2(t)|.$$

思考 $f_1(t)*\delta(t)=?$

例 9.5.2 设 $f_1(t)=\begin{cases}0, & t<0,\\ 1, & t\geqslant 0,\end{cases}$ $f_2(t)=\begin{cases}0, & t<0,\\ \mathrm{e}^{-t}, & t\geqslant 0,\end{cases}$ 求 $f_1(t)*f_2(t)$.

解 代入定义，计算积分即可.

$$f_1(t)*f_2(t) = \int_{-\infty}^{+\infty}f_1(\tau)f_2(t-\tau)\mathrm{d}\tau = \int_0^{+\infty}1\cdot f_2(t-\tau)\mathrm{d}\tau \overset{t-\tau>0}{=} \int_0^t 1\cdot \mathrm{e}^{-(t-\tau)}\mathrm{d}\tau$$

$$= \mathrm{e}^{-t}\int_0^t 1\cdot \mathrm{e}^{\tau}\mathrm{d}\tau = 1-\mathrm{e}^{-t}\,(t\geqslant 0).$$

$$f_1(t)*f_2(t) = 0\,(t<0).$$

3. 卷积定理

卷积在积分变换中有着十分重要的应用，主要体现在卷积定理上.

定理 9.5.1 设 $f_k(t)$ 满足傅氏积分定理中的条件，记 $F_k(\omega) = \mathscr{F}[f_k(t)]\,(k=1,2)$，则有

$$\mathscr{F}[f_1(t)*f_2(t)] = F_1(\omega)\cdot F_2(\omega).$$

证 根据定义，有

$$\mathscr{F}[f_1(t)*f_2(t)] = \int_{-\infty}^{+\infty}[f_1(t)*f_2(t)]\mathrm{e}^{-\mathrm{i}t\omega}\mathrm{d}t = \int_{-\infty}^{+\infty}\left[\int_{-\infty}^{+\infty}f_1(\tau)f_2(t-\tau)\mathrm{d}\tau\right]\mathrm{e}^{-\mathrm{i}t\omega}\mathrm{d}t$$

$$= \int_{-\infty}^{+\infty}\int_{-\infty}^{+\infty}f_1(\tau)\mathrm{e}^{-\mathrm{i}\omega\tau}f_2(t-\tau)\mathrm{e}^{-\mathrm{i}\omega(t-\tau)}\mathrm{d}\tau\mathrm{d}t$$

$$= \int_{-\infty}^{+\infty}f_1(\tau)\mathrm{e}^{-\mathrm{i}\omega\tau}\left[\int_{-\infty}^{+\infty}f_2(t-\tau)\mathrm{e}^{-\mathrm{i}\omega(t-\tau)}\mathrm{d}t\right]\mathrm{d}\tau$$

$$= F_1(\omega)\cdot F_2(\omega).$$

类似地，可以证明

$$\mathscr{F}[f_1(t)\cdot f_2(t)] = \frac{1}{2\pi}F_1(\omega)*F_2(\omega).$$

可以将不太容易计算的卷积运算化为普通乘法，这就使得卷积在线性系统分析中成为特别有用的方法.

例 9.5.3 若$f(t)=\cos\omega_0 t\cdot u(t)$，求$\mathscr{F}[f(t)]$.

解 方法 1 用卷积定理

$$\mathscr{F}[f(t)]=\frac{1}{2\pi}\mathscr{F}[\cos\omega_0 t]*\mathscr{F}[u(t)]=\frac{1}{2\pi}[\pi\delta(\omega+\omega_0)+\pi\delta(\omega-\omega_0)]*\left[\frac{1}{\mathrm{i}\omega}+\pi\delta(\omega)\right]$$

$$=\frac{1}{2}\left[\delta(\omega+\omega_0)*\frac{1}{\mathrm{i}\omega}+\delta(\omega-\omega_0)*\frac{1}{\mathrm{i}\omega}+\delta(\omega+\omega_0)*\pi\delta(\omega)+\delta(\omega-\omega_0)*\pi\delta(\omega)\right]$$

而由卷积定理，又有

$$\delta(\omega\pm\omega_0)*\frac{1}{\mathrm{i}\omega}=\mathscr{F}^{-1}\left\{\mathscr{F}[\delta(\omega\pm\omega_0)]\cdot\mathscr{F}\left[\frac{1}{\mathrm{i}\omega}\right]\right\}=\mathscr{F}^{-1}\left\{\mathrm{e}^{\pm\mathrm{i}\omega_0 t}\cdot\mathscr{F}\left[\frac{1}{\mathrm{i}\omega}\right]\right\}$$

$$=\mathscr{F}^{-1}\left\{\mathscr{F}\left[\frac{1}{\mathrm{i}(\omega\pm\omega_0)}\right]\right\}=\frac{1}{\mathrm{i}(\omega\pm\omega_0)}.$$

同理可得$\delta(\omega\pm\omega_0)*\pi\delta(\omega)=\pi\delta(\omega\pm\omega_0)$，由此，最终可得

$$\mathscr{F}[f(t)]=\frac{\mathrm{i}\omega}{\omega_0^2-\omega^2}+\frac{\pi}{2}[\delta(\omega+\omega_0)+\delta(\omega-\omega_0)].$$

方法 2 用位移公式

$$\mathscr{F}[f(t)]=\mathscr{F}\left[u(t)\,\frac{\mathrm{e}^{\mathrm{i}\omega_0 t}+\mathrm{e}^{-\mathrm{i}\omega_0 t}}{2}\right]$$

$$=\frac{1}{2}\left[\frac{1}{\mathrm{i}(\omega-\omega_0)}+\pi\delta(\omega+\omega_0)+\frac{1}{\mathrm{i}(\omega+\omega_0)}+\pi\delta(\omega-\omega_0)\right]$$

$$=\frac{\mathrm{i}\omega}{\omega_0^2-\omega^2}+\frac{\pi}{2}[\delta(\omega+\omega_0)+\delta(\omega-\omega_0)].$$

例 9.5.4 若$f(t)=\mathrm{e}^{-\beta t}u(t)\cos\omega_0 t\ (\beta>0)$，求$\mathscr{F}[f(t)]$.

解 因为$\mathscr{F}[\mathrm{e}^{-\beta t}u(t)]=\dfrac{1}{\beta+\mathrm{i}\omega}$，所以由位移公式

从而 $\mathscr{F}[f(t)]=\mathscr{F}\left[\mathrm{e}^{-\beta t}u(t)\dfrac{\mathrm{e}^{\mathrm{i}\omega_0 t}+\mathrm{e}^{-\mathrm{i}\omega_0 t}}{2}\right]$

$$=\frac{1}{2}\left[\frac{1}{\beta+\mathrm{i}(\omega+\omega_0)}+\frac{1}{\beta+\mathrm{i}(\omega-\omega_0)}\right].$$

习 题 9

1. 求下列函数的傅氏积分：

(1) $f(t)=\begin{cases}1-t^2, & t^2<1,\\ 0, & t^2>1;\end{cases}$　　(2) $f(t)=\begin{cases}\mathrm{e}^{-2t}\sin t, & t\geqslant 0,\\ 0, & t<0.\end{cases}$

2. 求下列函数的傅氏变换：

(1) $f(t)=\mathrm{e}^{-|t|}$;　　(2) $f(t)=t\mathrm{e}^{-t^2}$;

(3) $f(t)=\dfrac{\sin\pi t}{1-t^2}$;　　(4) $f(t)=\dfrac{t}{t^4+1}$.

3. 求符号函数 $\mathrm{sgn}t=\dfrac{t}{|t|}=\begin{cases}-1, & t<0,\\ 1, & t>0\end{cases}$ 的傅氏变换.

4. 已知函数$f(t)$的傅氏变换为$F(\omega)=\pi(\delta(\omega+\omega_0)+\delta(\omega-\omega_0))$，求$f(t)$

5. 设函数$f(t)$的傅氏变换为$F(\omega)$，a为一常数. 证明：

$$\mathscr{F}[f(at)]=\frac{1}{|a|}F\left(\frac{\omega}{a}\right).$$

6. 设$F(\omega)=\mathscr{F}[f(t)]$，证明：

$$F(-\omega)=\mathscr{F}[f(-t)].$$

7. 设$F(\omega)=\mathscr{F}[f(t)]$，证明：

$$\mathscr{F}[f(t)\cos\omega_0 t]=\frac{1}{2}[F(\omega-\omega_0)+F(\omega+\omega_0)]$$

以及

$$\mathscr{F}[f(t)\sin\omega_0 t]=\frac{1}{2}[F(\omega-\omega_0)-F(\omega+\omega_0)]$$

8. 设函数$f(t)=\begin{cases}0, & t<0,\\ e^{-t}, & t\geqslant 0,\end{cases}$ $g(t)=\begin{cases}\sin t, & 0\leqslant t\leqslant \frac{\pi}{2},\\ 0, & \text{其他},\end{cases}$计算$f(t)*g(t)$.

9. 设$u(t)$为单位阶跃函数，求下列函数的傅氏变换：

(1) $f(t)=e^{-at}\sin\omega_0 t\cdot u(t)$；

(2) $f(t)=e^{j\omega_0 t}\cdot t\cdot u(t)$；

(3) $f(t)=e^{-at+j\omega_0 t}\cdot u(t)$.

10. 试求下列函数的傅氏变换：

(1) t；　(2) $\delta'(t)$；　(3) $1-\delta(t-1)+\delta''(t+1)$.

11. 试求下列函数的傅氏变换：

(1) $f(t)=\cos\omega_0 t\cdot u(t)$；　(2) $f(t)=u(t)e^{j\omega_0 t}$；

(3) $f(t)=u(t-t_0)e^{j\omega_0 t}$；　(4) $f(t)=tu(t)e^{j\omega_0 t}$.

12. 求积分方程$\int_0^{+\infty}f(t)\sin\omega t\mathrm{d}t=\begin{cases}\frac{\pi}{2}\sin\omega, & 0\leqslant\omega\leqslant\pi,\\ 0, & \omega>\pi\end{cases}$的解$f(t)$.

13. 证明：若$\mathscr{F}[e^{j\varphi(t)}]=F(\omega)$，其中$\varphi(t)$为一实函数，则

$$\mathscr{F}[\cos\varphi(t)]=\frac{1}{2}[F(\omega)+\overline{F(-\omega)}],\mathscr{F}[\sin\varphi(t)]=\frac{1}{2j}[F(\omega)-\overline{F(-\omega)}],$$

其中$\overline{F(-\omega)}$为$F(\omega)$的共轭函数.

14. 试证：(1) $t\delta'(t)=-\delta(t)$；　(2) $t^2\delta'(t)=0$.

15. 试证函数$f(t)$与单位脉冲函数$\delta(t)$之卷积为函数$f(t)$本身.

16. 求下列反常积分：

(1) $\int_{-\infty}^{+\infty}\left(\frac{\sin t^2}{t}\right)\mathrm{d}t$；　(2) $\int_{-\infty}^{+\infty}\frac{1-\cos t^2}{t^2}\mathrm{d}t$.

第 10 章

拉普拉斯变换

拉普拉斯变换（Laplace）又名拉氏变换，或拉氏转换. 应用拉普拉斯变换求解常系数微分方程，或积分方程，可以将微分（积分）方程化为代数方程，使问题得以解决. 在工程学上，拉普拉斯变换的重大意义在于：将一个信号从时域上，转换为复频域（s 域）上来表示，对于分析系统特性、系统稳定性有着重大意义，在线性系统、控制自动化等方面都有着广泛的应用.

本章主要介绍了拉普拉斯积分变换的基本概念、性质，求拉普拉斯逆变换的方法，最后介绍了拉普拉斯变换具体应用的几个例子.

10.1 拉普拉斯变换的概念

第 9 章介绍的傅里叶变换在许多领域有着广泛应用，到目前为止，它仍然是信号处理领域的最基本的工具. 但是，傅里叶变换在使用时有其局限性，被积函数$f(t)$除了满足狄利克雷条件之外，还要满足绝对可积条件，即

$$\int_{-\infty}^{+\infty}|f(t)|\mathrm{d}t<+\infty.$$

实际上这个条件非常强，对函数$f(t)$的要求较高，许多函数（如线性函数、正弦函数、余弦函数以及单位阶跃函数等）都不满足绝对可积条件. 另外，可以进行傅里叶变换的函数必须在$(-\infty, +\infty)$上有定义，但在无线电技术、信号处理等实际应用中，许多以时间t为自变量的函数往往在$t<0$时是没有意义的，或者根本就不需要去考虑. 因此，上述两个方面的问题使傅里叶变换的应用范围受到较大的限制.

很自然地一个问题是，如何对函数进行适当修正才能克服上述不足呢？对于一个函数$f(t)$，有可能因为不满足傅里叶变换的条件，因而无法进行傅里叶变换. 为此将$f(t)$乘上单位阶跃函数$u(t)$，这样t小于零的部分的函数值就都等于 0 了. 而大家知道指数衰减函数$\mathrm{e}^{-\beta t}(\beta>0)$下降的速度很快. 因此，几乎所有的实值函数乘上$u(t)$，再乘上$\mathrm{e}^{-\beta t}$ $(\beta>0)$后得到的函数的傅里叶变换都存在（只要适当选取β).

对函数$f(t)u(t)\mathrm{e}^{-\beta t}(\beta>0)$作傅里叶变换，得

$$\int_{-\infty}^{+\infty} f(t)u(t)\mathrm{e}^{-\beta t}\mathrm{e}^{-\mathrm{j}t\omega}\mathrm{d}t = \int_0^{+\infty} f(t)\mathrm{e}^{-(\beta+\mathrm{j}\omega)t}\mathrm{d}t \triangleq \int_0^{+\infty} f(t)\mathrm{e}^{-st}\mathrm{d}t,$$

其中 $s=\beta+\mathrm{j}\omega$，它是一个复参量.

这样，对于给定的函数 $f(t)$，经过上述乘以指数因子 $\mathrm{e}^{-\beta t}$（$\beta>0$）再取傅里叶变换后，结果所确定的函数 $F(s)$，实际上 $f(t)$ 通过一种新的积分变换得到的，我们把这种积分变换称作拉普拉斯积分变换。这一概念源自海维赛德（Heaviside，1850—1925，英国物理学家、电气工程学家）在 19 世纪末所发明的算子法或运算法，但其数学根源则来自于拉普拉斯（Laplace，1749—1827，法国数学家、天文学家）.

10.1.1　拉氏变换的定义

定义 10.1.1　设函数 $f(t)$ 当 $t\geqslant 0$ 时有定义，而且积分

$$\int_0^{+\infty} f(t)\mathrm{e}^{-st}\mathrm{d}t(s\text{ 是一个复变量})$$

在 s 的某一区域内收敛，则由此积分所确定的函数可写为

$$F(s) = \int_0^{+\infty} f(t)\mathrm{e}^{-st}\mathrm{d}t,$$

称其为函数 $f(t)$ 的拉普拉斯变换（简称拉氏变换），记为 $F(s)=\mathscr{L}[f(t)]$，即

$$F(s) = \mathscr{L}[f(t)] = \int_0^{+\infty} f(t)\mathrm{e}^{-st}\mathrm{d}t \quad (s\text{ 是一个复变量}) \tag{10.1.1}$$

注　(1) $F(s)$ 称为 $f(t)$ 的拉氏变换或像函数，而 $f(t)$ 称为 $F(s)$ 的拉普拉斯逆变换或像原函数记为

$$f(t)=\mathscr{L}^{-1}[F(s)].$$

(2) 函数 $f(t)$ 的拉普拉斯变换实际上就是函数 $f(t)u(t)\mathrm{e}^{-\beta t}(\beta>0)$ 的傅里叶变换.

例 10.1.1　求单位阶跃函数（Heaviside 函数）$u(t)=\begin{cases}1, & t>0\\ 0, & t<0\end{cases}$ 的拉普拉斯变换.

解　根据拉氏变换的定义，有

$$F(s) = \int_0^{+\infty} u(t)\mathrm{e}^{-st}\mathrm{d}t = \int_0^{+\infty} \mathrm{e}^{-st}\mathrm{d}t,$$

上述积分在 Re（s）>0 时收敛，而且有

$$F(s) = \int_0^{+\infty} \mathrm{e}^{-st}\mathrm{d}t = \frac{1}{s}\mathrm{e}^{-st}\Big|_{t=0}^{+\infty} = \frac{1}{s},$$

故

$$\mathscr{L}[u(t)] = \frac{1}{s} \quad (\mathrm{Re}\, s>0).$$

例 10.1.2　求指数函数 $f(t)=\mathrm{e}^{-kt}$ 的拉氏变换，其中 k 为实数.

解　根据拉氏变换的定义，有

$$F(s) = \int_0^{+\infty} \mathrm{e}^{kt}\mathrm{e}^{-st}\mathrm{d}t = \int_0^{+\infty} \mathrm{e}^{-(s-k)t}\mathrm{d}t,$$

根据例 10.1.1，即 $u(t)$ 在复参数 $s-k$ 下的拉氏变换，故

$$\mathscr{L}[\mathrm{e}^{kt}] = \frac{1}{s-k} \qquad (\mathrm{Re}\, s > k).$$

10.1.2 拉氏变换存在定理

从上面的例题中可以看出，拉式变换的条件比傅氏变换的条件弱得多，但到底哪些类型的函数存在拉氏变换呢？下面的定理回答了这一问题.

定理 10.1.1（拉氏变换存在定理）若函数 $f(t)$ 满足条件：

（1）在 $t\geqslant 0$ 的任何有限区间上分段连续；

（2）当 $t\to+\infty$ 时，$f(t)$ 的增长速度不超过某一指数函数，即存在常数 $M>0$ 及 $c\geqslant 0$，使得

$$|f(t)|\leqslant M\mathrm{e}^{ct},\quad 0\leqslant t<+\infty$$

成立，则 $f(t)$ 的拉氏变换

$$F(s)=\int_0^{+\infty}f(t)\mathrm{e}^{-st}\mathrm{d}t$$

在右半平面 Re（s）$>c$ 上一定存在，且 $F(s)$ 为解析函数.

证 设 $s=\beta+\mathrm{j}\omega$，则 $|\mathrm{e}^{-st}|=\mathrm{e}^{-\beta t}$，由条件（2）得

$$|F(s)|=\left|\int_0^{+\infty}f(t)\mathrm{e}^{-st}\mathrm{d}t\right|\leqslant M\int_0^{+\infty}\mathrm{e}^{-(\beta-c)t}\mathrm{d}t,$$

当 $\mathrm{Re}(s)=\beta>c$，即 $\beta-c>0$ 时，上式右端积分收敛，故 $F(s)$ 在半平面 $\mathrm{Re}(s)>c$ 内存在. 关于 $F(s)$ 解析性证明涉及较深的数学理论，这里从略（参阅复变函数相关教材）.

上述定理的条件是充分的，在物理和工程技术中常见的函数大都能满足这两个条件. 如常函数、多项式函数、正余弦函数、指数函数等，而函数 e^{t^2} 不满足条件（2），因为无论 M 与 c 取多大，只要 t 取得充分大，总会有 $\mathrm{e}^{t^2}>M\mathrm{e}^{ct}$，从而 e^{t^2} 的拉氏变换的存在性与收敛性不能由定理 10.1.1 保证.

例 10.1.3 求函数 $f(t)=\sin kt$, $f(t)=\cos kt$（k 为实数）的拉氏变换.

解 根据拉氏变换的定义，有

$$\begin{aligned}\mathscr{L}[\sin kt]&=\int_0^{+\infty}\sin kt\mathrm{e}^{-st}\mathrm{d}t\\&=\frac{1}{2\mathrm{i}}\int_0^{+\infty}(\mathrm{e}^{\mathrm{j}kt}-\mathrm{e}^{-\mathrm{j}kt})\mathrm{e}^{-st}\mathrm{d}t\\&=\frac{1}{2\mathrm{i}}\int_0^{+\infty}(\mathrm{e}^{-(s-\mathrm{j}k)t}-\mathrm{e}^{-(s+\mathrm{j}k)t})\mathrm{d}t\\&=\frac{1}{2\mathrm{i}}\left[\frac{1}{s-\mathrm{j}k}-\frac{1}{s+\mathrm{j}k}\right]=\frac{k}{s^2+k^2},\end{aligned}$$

即

$$\mathscr{L}[\sin kt]=\frac{k}{s^2+k^2}(\mathrm{Re}(s)>0).$$

同理可得

$$\mathscr{L}[\cos kt]=\frac{s}{s^2+k^2}(\mathrm{Re}(s)>0).$$

例 10.1.4 求幂函数 $f(t)=t^m$（m 为正整数）的拉氏变换.

解 由定义 10.1.1，得

$$\mathscr{L}[t^m]=\int_0^{+\infty}t^m\mathrm{e}^{-st}\mathrm{d}t=\frac{1}{s}\int_0^{+\infty}t^m\mathrm{d}\mathrm{e}^{-st}=-\frac{1}{s}t^m\mathrm{e}^{-st}\Big|_0^{+\infty}+\frac{m}{s}\int_0^{+\infty}t^{m-1}\mathrm{e}^{st}\mathrm{d}t$$

$$= \frac{m}{s}\mathscr{L}[t^{m-1}](\mathrm{Re}(s) > 0)$$

根据例 10.1.1，有 $\mathscr{L}[1] = \frac{1}{s}$，故

$$\mathscr{L}[t^m] = \frac{m!}{s^{m+1}} \quad (\mathrm{Re}\, s > 0, m = 1,2,3,\cdots).$$

例 10.1.5　求周期为 $2a$ 的三角波 $f(t) = \begin{cases} t, & 0 \leqslant t < a, \\ 2a - t, & a \leqslant t < 2a \end{cases}$ 的拉普拉斯变换.

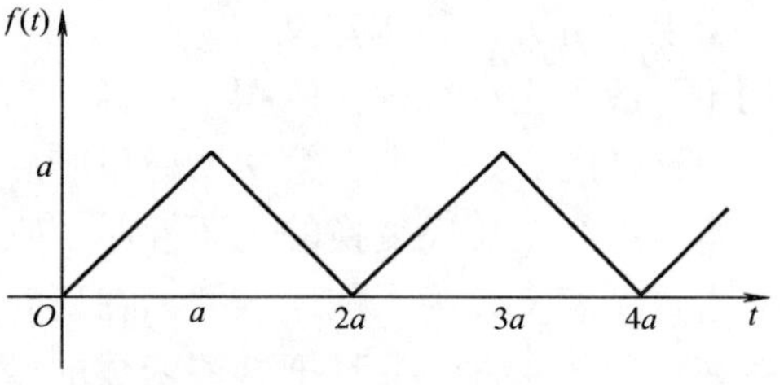

图 10.1.1

解　根据拉氏变换定义，得

$$F(s) = \int_0^{+\infty} f(t)\mathrm{e}^{-st}\mathrm{d}t = \sum_{k=0}^{+\infty}\int_{2ka}^{2(k+1)a} f(t)\mathrm{e}^{-st}\mathrm{d}t.$$

令 $t = \tau + 2ka$，得

$$\int_{2ka}^{2(k+1)a} f(t)\mathrm{e}^{-st}\mathrm{d}t = \int_{2ka}^{2(k+1)a} f(\tau + 2ka)\mathrm{e}^{-s(\tau+2ka)}\mathrm{d}\tau$$
$$= \mathrm{e}^{-2kas}\int_0^{2a} f(\tau)\mathrm{e}^{-s\tau}\mathrm{d}\tau,$$

于是

$$F(s) = \sum_{k=0}^{+\infty}\left[\mathrm{e}^{-2kas}\int_0^{2a} f(\tau)\mathrm{e}^{-s\tau}\mathrm{d}\tau\right] = \sum_{k=0}^{+\infty}\mathrm{e}^{-2kas}\cdot\int_0^{2a} f(\tau)\mathrm{e}^{-s\tau}\mathrm{d}\tau$$
$$\xlongequal{|\mathrm{e}^{-2as}|<1} \frac{1}{1-\mathrm{e}^{-2as}}\cdot\int_0^{2a} f(\tau)\mathrm{e}^{-s\tau}\mathrm{d}\tau,$$

又

$$\int_0^{2a} f(\tau)\mathrm{e}^{-s\tau}\mathrm{d}\tau = \int_0^a \tau\mathrm{e}^{-s\tau}\mathrm{d}\tau + \int_a^{2a}(2b-\tau)\mathrm{e}^{-s\tau}\mathrm{d}\tau = -\frac{1}{s}\int_0^a \tau\mathrm{d}\mathrm{e}^{-s\tau} - \frac{1}{s}\int_a^{2a}(2a-\tau)\mathrm{d}\mathrm{e}^{-s\tau}$$
$$= \frac{1}{s^2}(1-\mathrm{e}^{-as})^2,$$

故

$$F(s) = \frac{1}{1-\mathrm{e}^{-2as}}\cdot\frac{1}{s^2}(1-\mathrm{e}^{-as})^2 = \frac{1}{s^2}\frac{1-\mathrm{e}^{-as}}{1+\mathrm{e}^{-as}} = \frac{1}{s^2}\tanh\frac{as}{2}.$$

注　一般地，若 $f(t)$ 是周期为 T 的函数，则

$$F(s) = \frac{1}{1-\mathrm{e}^{-sT}}\int_0^T f(t)\mathrm{e}^{-st}\mathrm{d}t.$$

为了计算单位脉冲函数 $\delta(t)$ 的拉普拉斯变换，注意到当 $f(t)$ 在 $t=0$ 有界时，积分

$$\mathscr{L}[f(t)] = \int_0^{+\infty} f(t)\mathrm{e}^{-st}\mathrm{d}t = \int_{0^+}^{+\infty} f(t)\mathrm{e}^{-st}\mathrm{d}t \int_{0^-}^{+\infty} f(t)\mathrm{e}^{-st}\mathrm{d}t,$$

这是因为 $\int_{0^-}^{0^+} f(t)\mathrm{e}^{-st}\mathrm{d}t = 0$. 但是，当 $f(t)$ 在 $t = 0$ 处包含脉冲函数时，则 $\int_{0^-}^{0^+} f(t)\mathrm{e}^{-st}\mathrm{d}t \neq 0$.

考虑到这一情况，需将进行拉氏变换的函数 $f(t)$ 在 $t \geqslant 0$ 时有定义扩大为当 $t > 0$ 及 $t = 0$ 的任意一个邻域内有定义. 这样，原来的拉氏变换定义

$$\mathscr{L}[f(t)] = \int_0^{+\infty} f(t)\mathrm{e}^{-st}\mathrm{d}t$$

应为

$$\mathscr{L}[f(t)] = \int_{0^-}^{+\infty} f(t)\mathrm{e}^{-st}\mathrm{d}t.$$

但为了书写方便起见，仍写成式（10.1）的形式. 例如

$$\mathscr{L}[\delta(t)] = \int_0^{+\infty} \delta(t)\mathrm{e}^{-st}\mathrm{d}t = \int_{0^-}^{+\infty} \delta(t)\mathrm{e}^{-st}\mathrm{d}t = \mathrm{e}^{-st}\big|_{t=0} = 1.$$

10.2 拉氏变换的性质

由上节可见，利用定义（10.1.1）可以求出一些常见函数的拉氏变换，但是，在实际应用中一般不去进行这样的积分计算，而是借助拉普拉斯变换的一些基本性质得到相应的变换式. 这样的方法我们在第9章傅里叶变换中曾采用.

本节将介绍拉氏变换的主要性质，它们对于深入理解和掌握拉氏变换在实际问题中的应用有着重要意义. 为了叙述方便，在研究这些性质时，我们假设所出现的函数均满足拉氏变换存在定理的条件，并且把这些函数的增长指数都统一取为 c，记为

$$F(s) = \mathscr{L}[f(t)],\ F_k(s) = \mathscr{L}[f_k(t)],\ (k = 1, 2).$$

10.2.1 线性性质

若 α，β 是常数，则有

$$\mathscr{L}[\alpha f_1(t) + \beta f_2(t)] = \alpha\mathscr{L}[f_1(t)] + \beta\mathscr{L}[f_2(t)] \tag{10.2.1}$$

或

$$\mathscr{L}^{-1}[\alpha F_1(s) + \beta F_2(s)] = \alpha\mathscr{L}^{-1}[F_1(s)] + \beta\mathscr{L}^{-1}[F_2(s)]. \tag{10.2.1'}$$

这一性质请读者自行证明.

例 10.2.1 求余弦函数 $f(t) = \cos kt$（k 为实数）的拉式变换.

解 由例 10.1.1 知，$\mathscr{L}[\mathrm{e}^{kt}] = \dfrac{1}{s-k}(\mathrm{Re}(s) > k)$，而 $\cos kt = \dfrac{\mathrm{e}^{\mathrm{j}kt} + \mathrm{e}^{-\mathrm{j}kt}}{2}$，于是由拉氏变换的线性性质，有

$$\mathscr{L}[\cos kt] = \mathscr{L}\left[\frac{\mathrm{e}^{\mathrm{j}kt} + \mathrm{e}^{-\mathrm{j}kt}}{2}\right] = \frac{1}{2}\mathscr{L}[\mathrm{e}^{\mathrm{j}kt}] + \frac{1}{2}\mathscr{L}[\mathrm{e}^{-\mathrm{j}kt}] = \frac{1}{2}\cdot\frac{1}{s-\mathrm{j}k} + \frac{1}{2}\cdot\frac{1}{s+\mathrm{j}k}$$

$$= \frac{s}{s^2+k^2}\ (\mathrm{Re}(s) > 0).$$

10.2.2 微分性质

1. 像原函数的导数

$$\mathscr{L}[f'(t)] = sF(s) - f(0) \quad (\mathrm{Re}(s) > c) \tag{10.2.2}$$

证 根据拉氏变换定义，有

$$\mathscr{L}[f'(t)] = \int_0^{+\infty} f'(t)\mathrm{e}^{-st}\mathrm{d}t = \int_0^{+\infty} \mathrm{e}^{-st}\mathrm{d}f(t) = f(t)\mathrm{e}^{-st}\big|_0^{+\infty} + s\int_0^{+\infty} f(t)\mathrm{e}^{-st}\mathrm{d}t$$

$$= sF(s) - f(0), \mathrm{Re}(s) > c.$$

在 10.1 节中，$f(t)$ 的拉氏变换式均指 $\int_{0^-}^{+\infty} f(t)\mathrm{e}^{-st}\mathrm{d}t$，因此式（10.2.2）中的 $f(0)$ 指的是 $t\to 0^-$ 时，$f(t)$ 的极限，亦即

$$\mathscr{L}[f'(t)] = sF(s) - f(0^-). \tag{10.2.3}$$

推论

$$\mathscr{L}[f^{(n)}(t)] = s^nF(s) - s^{n-1}f(0) - s^{n-2}f'(0) - \cdots - sf^{(n-2)}(0) - f^{(n-1)}(0).$$

特别地，当 $f(0)=f'(0)=\cdots=f^{(n-2)}(0)=f^{(n-1)}(0)=0$ 时，有

$$\mathscr{L}[f^{(n)}(t)] = s^nF(s). \tag{10.2.4}$$

此性质可以将关于 $f(t)$ 的微分方程转化为关于其像函数 $F(s)$ 的代数方程. 它对于微分方程尤其是高阶微分方程的求解与线性系统的分析有着重要的作用.

例 10.2.2　已知 $\mathscr{L}[\sin kt]=\dfrac{k}{s^2+k^2}$，求 $\mathscr{L}[\cos kt]$.

解　因为 $(\sin k)'=k\cos kt$，故

$$\mathscr{L}[\cos kt] = \frac{1}{k}\mathscr{L}[(\sin kt)'] = \frac{1}{k}[s\mathscr{L}[\sin kt] - \sin kt|_{t=0}] = \frac{1}{k}\cdot\frac{sk}{s^2+k^2} = \frac{s}{s^2+k^2}, \mathrm{Re}s > c.$$

例 10.2.3　利用微分性质求 $f(t)=t^m$ 的拉氏变换，其中 m 为正整数.

解　因为 $[f(t)]^{(m)}=m!$，$f(0)=f'(0)=\cdots=f^{(m-2)}(0)=f^{(m-1)}(0)=0$，所以由式 (10.2.4) 得

$$\mathscr{L}[[f(t)]^{(m)}] = s^mF(s) - s^{m-1}f(0) - s^{m-2}f'(0) - \cdots - sf^{(m-2)}(0) - f^{(m-1)}(0) = s^mF(s),$$

即

$$m!\ \mathscr{L}[1] = s^mF(s),$$

于是

$$\mathscr{L}[t^m] = \frac{m!}{s^{m+1}}\quad (\mathrm{Re}(s) > 0).$$

注　更一般地，可以证明，对任何大于 -1 的实数 m，有

$$\mathscr{L}[t^m] = \frac{\Gamma(m+1)}{s^{m+1}},$$

其中 Γ - 函数的定义为：$\Gamma(s) = \int_0^{\infty} t^{s-1}\mathrm{e}^{-t}\mathrm{d}t$，其中 $\mathrm{Re}(s)>0$.

2. 像函数的导数

$$F'(s) = \mathscr{L}[-tf(t)]\quad (\mathrm{Re}(s) > c). \tag{10.2.5}$$

一般地，有

$$F^{(n)}(s) = \mathscr{L}[(-t)^nf(t)] = (-1)^n\mathscr{L}[t^nf(t)]\quad (\mathrm{Re}(s) > c). \tag{10.2.6}$$

证　由定义 $F(s) = \int_0^{+\infty} f(t)\mathrm{e}^{-st}\mathrm{d}t$，故，

$$\begin{aligned}F'(s) &= \frac{\mathrm{d}}{\mathrm{d}s}\int_0^{+\infty} f(t)\mathrm{e}^{-st}\mathrm{d}t = \int_0^{+\infty}\frac{\mathrm{d}}{\mathrm{d}s}[f(t)\mathrm{e}^{-st}]\mathrm{d}t\\ &= \int_0^{+\infty} f(t)\frac{\mathrm{d}}{\mathrm{d}s}[\mathrm{e}^{-st}]\mathrm{d}t\\ &= \int_0^{+\infty}[-tf(t)]\cdot\mathrm{e}^{-st}\mathrm{d}t = \mathscr{L}[-tf(t)],\end{aligned}$$

由此归纳可得

$$F^{(n)}(s) = \mathscr{L}[(-t)^nf(t)] = (-1)^n\mathscr{L}[t^nf(t)]\quad (\mathrm{Re}s > c).$$

例 10.2.4　求 $f(t)=t\sin kt$ 的拉氏变换.

解 因为 $\mathscr{L}[\sin kt]=\dfrac{k}{s^2+k^2}$，所以 $\mathscr{L}[t\sin kt]=-\dfrac{\mathrm{d}}{\mathrm{d}s}\mathscr{L}[t\sin kt]=-\left(\dfrac{k}{s^2+k^2}\right)'$ $=\dfrac{2ks}{(s^2+k^2)^2}$.

10.2.3 积分性质

1. 积分的像函数

$$\mathscr{L}\left[\int_0^t f(\tau)\mathrm{d}\tau\right]=\frac{F(s)}{s}. \qquad (10.2.7)$$

证 设 $\varphi(t)=\int_0^t f(\tau)\mathrm{d}\tau$，则 $\varphi'(t)=f(t)$，$\varphi(0)=0$，从而 $\mathscr{L}[\varphi'(t)]=s\mathscr{L}[\varphi(t)]-\varphi(0)$，故

$$\mathscr{L}[\varphi(t)]=\mathscr{L}\left[\int_0^t f(\tau)\mathrm{d}\tau\right]=\frac{F(s)}{s}.$$

这个性质表明，一个函数积分后的拉氏变换等于该函数的像函数的拉氏变换除以复变量 s.

注 由式（10.2.7）归纳可得

$$\mathscr{L}\Big[\underbrace{\int_0^t \mathrm{d}\tau\int_0^t \mathrm{d}\tau\cdots\int_0^t f(\tau)\mathrm{d}\tau}_{n\text{重积分}}\Big]=\frac{F(s)}{s^n}. \qquad (10.2.8)$$

2. 像函数的积分

$$\mathscr{L}\left[\frac{f(t)}{t}\right]=\int_s^\infty F(s)\mathrm{d}s \qquad (10.2.9)$$

一般地，有

$$\mathscr{L}\left[\frac{f(t)}{t^n}\right]=\underbrace{\int_s^\infty \mathrm{d}s\int_s^\infty \mathrm{d}s\cdots\int_s^\infty F(s)\mathrm{d}s}_{n\text{重积分}}. \qquad (10.2.10)$$

证明略.

特别地，在式（10.2.9）中取 $s=0$，得到一个计算广义积分时经常用到的公式

$$\int_0^{+\infty}\frac{f(t)}{t}\mathrm{d}t=\int_0^\infty F(s)\mathrm{d}s. \qquad (10.2.11)$$

例 10.2.5 求函数 $f(t)=\dfrac{\sin t}{t}$ 的拉氏变换，并计算 $\int_0^{+\infty}\dfrac{\sin t}{t}\mathrm{d}t$.

分析 在高等数学中，广义积分 $\int_0^{+\infty}\dfrac{\sin t}{t}\mathrm{d}t$ 是无法用牛顿－莱布尼兹公式计算的，此处用公式（10.2.11）可以很方便地解决这个问题，可见拉氏变换在实际应用中的重要性.

解 因 $\mathscr{L}[\sin t]=\dfrac{1}{s^2+1}$，故由像函数的积分像函数的积分性质可知

$$\mathscr{L}\left[\frac{\sin t}{t}\right]=\int_s^\infty\frac{\mathrm{d}s}{s^2+1}=\arctan s\Big|_s^\infty=\frac{\pi}{2}-\arctan s,$$

在上式中，令 $s=0$，则有

$$\int_0^{+\infty}\frac{\sin t}{t}\mathrm{d}t=\frac{\pi}{2}.$$

例 10.2.6　求函数 $f(t)=\int_0^t \frac{\sin\tau}{\tau}\mathrm{d}\tau$ 的拉氏变换.

解　由式（10.2.7）得

$$\mathscr{L}\left[\int_0^t \frac{\sin\tau}{\tau}\mathrm{d}\tau\right]=\frac{1}{s}\mathscr{L}\left(\frac{\sin t}{t}\right),$$

由例 10.2.5 可知 $\mathscr{L}\left(\frac{\sin t}{t}\right)=\frac{\pi}{2}-\arctan s$，故

$$\mathscr{L}\left[\int_0^t \frac{\sin\tau}{\tau}\mathrm{d}\tau\right]=\frac{1}{s}\left[\frac{\pi}{2}-\arctan s\right].$$

10.2.4　位移性质

设 s_0 为常数，则

$$\mathscr{L}[\mathrm{e}^{s_0 t}f(t)]=F(s-s_0),\quad (\mathrm{Re}(s-s_0)>c). \tag{10.2.12}$$

或

$$\mathscr{L}^{-1}[F(s-s_0)]=\mathrm{e}^{s_0 t}\mathscr{L}^{-1}[F(s)]=\mathrm{e}^{s_0 t}f(t). \tag{10.2.12'}$$

证　根据定义，得

$$\mathscr{L}[\mathrm{e}^{s_0 t}f(t)]=\int_0^{+\infty}\mathrm{e}^{s_0 t}f(t)\mathrm{e}^{-st}\mathrm{d}t=\int_0^{+\infty}f(t)\mathrm{e}^{-(s-s_0)t}\mathrm{d}t=F(s-s_0),\mathrm{Re}(s-s_0)>c.$$

该性质表明一个像原函数 $f(t)$ 乘指数因子 $\mathrm{e}^{s_0 t}$ 的拉氏变换等于其像函数 $F(s)$ 的图像沿 s 轴作位移 s_0 个单位的距离.

例 10.2.7　求 $f(t)=\mathrm{e}^{-at}\sin kt$ 的拉氏变换.

解　因为 $\mathscr{L}[\sin kt]=\frac{k}{s^2+k^2}$，故由位移性质 $\mathscr{L}[\mathrm{e}^{-at}\sin kt]=F(s+a)=\frac{k}{(s+a)^2+k^2}$.

例 10.2.8　求 $f(t)=\mathrm{e}^{at}t^m$（m 为正整数）的拉氏变换.

解　由例 10.2.3，$\mathscr{L}[t^m]=F(s)=\frac{m!}{s^{m+1}}$，再由位移性质得

$$\mathscr{L}[\mathrm{e}^{at}t^m]=F(s-a)=\frac{m!}{(s-a)^{m+1}}.$$

10.2.5　延迟性质

若 $t<0$ 时，$f(t)=0$，则对于任何非负实数 τ，有

$$\mathscr{L}[f(t-\tau)]=\mathrm{e}^{-s\tau}F(s), \tag{10.2.13}$$

或

$$\mathscr{L}^{-1}[\mathrm{e}^{-s\tau}F(s)]=f(t-\tau). \tag{10.2.13'}$$

证　根据定义（10.1.1），得

$$\mathscr{L}[f(t-\tau)]=\int_0^{+\infty}f(t-\tau)\mathrm{e}^{-st}\mathrm{d}t=\int_0^{\tau}f(t-\tau)\mathrm{e}^{-st}\mathrm{d}t+\int_\tau^{+\infty}f(t-\tau)\mathrm{e}^{-st}\mathrm{d}t=\int_\tau^{+\infty}f(t-\tau)\mathrm{e}^{-st}\mathrm{d}t,$$

因 $t<\tau$ 时，$f(t-\tau)=0$，令 $t-\tau=u$，则

$$\mathscr{L}[f(t-\tau)]=\int_0^{+\infty}f(u)\mathrm{e}^{-s(u+\tau)}\mathrm{d}u=\mathrm{e}^{-s\tau}\int_0^{+\infty}f(u)\mathrm{e}^{-su}\mathrm{d}u=\mathrm{e}^{-s\tau}F(s).$$

注　式（10.2.13）中 $f(t-\tau)$ 的拉氏变换实际上是 $f(t-\tau)u(t-\tau)$ 的拉氏变换，因为

函数$f(t-\tau)$与$f(t)$相比，$f(t)$是从$t=0$开始有非零函数值，而$f(t-\tau)$是从$t=\tau$开始有非零函数值，即延迟了时间τ.

从两者图像看，$f(t-\tau)$的图像可视为$f(t)$的图像沿t轴向右平移了距离τ而得，这种性质称为延迟性质或时移性质.

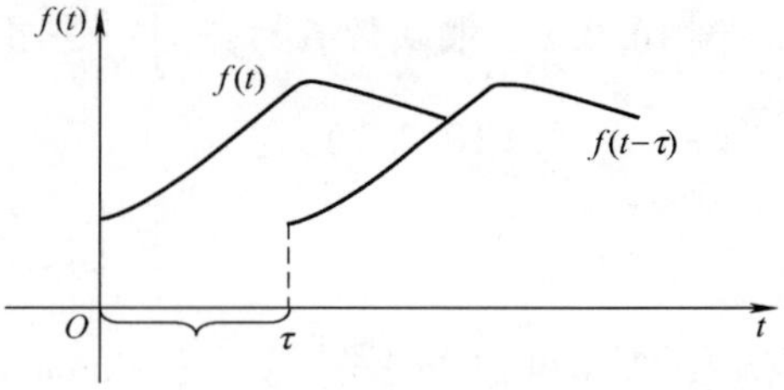

图 10. 2. 1

延迟性质表明时间函数$f(t)$延迟τ的拉氏变换等于其像函数$F(s)$乘以一个指数因子$e^{-s\tau}$.

例 10. 2. 9 设$f(t)=\sin t$，求$\mathscr{L}\left[f\left(t-\frac{\pi}{2}\right)\right]$.

解 因$\mathscr{L}[\sin t]=\frac{1}{s^2+1}$，故由延迟性质，得

$$\mathscr{L}\left[f\left(t-\frac{\pi}{2}\right)\right]=e^{-\frac{\pi}{2}s}\mathscr{L}[\sin t]=\frac{e^{-\frac{\pi}{2}s}}{s^2+1}.$$

由例 10. 2. 2 及式（10. 2. 13′）可知

$$\mathscr{L}^{-1}\left[\frac{e^{-\frac{\pi}{2}s}}{s^2+1}\right]=\sin\left(t-\frac{\pi}{2}\right)u\left(t-\frac{\pi}{2}\right)=\begin{cases}-\cos t, & t>\frac{\pi}{2},\\ 0, & t<\frac{\pi}{2}.\end{cases}$$

10. 2. 6 相似性质

设$a>0$，则

$$\mathscr{L}[f(at)]=\frac{1}{a}F\left(\frac{s}{a}\right). \tag{10. 2. 14}$$

证 由拉氏变换的定义（8. 1. 1）可知

$$\mathscr{L}[f(at)]=\int_0^{+\infty}f(at)e^{-st}dt\xlongequal{\text{令 } at=u}\frac{1}{a}\int_0^{+\infty}f(u)e^{-\frac{s}{a}u}du=\frac{1}{a}F\left(\frac{s}{a}\right).$$

注 一般地，对任何实数$a\neq0$，有

$$\mathscr{L}[f(at)]=\frac{1}{|a|}F\left(\frac{s}{a}\right). \tag{10. 2. 15}$$

例 10. 2. 10 求$f(t)=t\int_0^t e^{-3\tau}\sin 2\tau d\tau$的拉氏变换.

解 因为$\mathscr{L}[\sin 2t]=\frac{2}{s^2+4}$，由位移性质（10. 2. 12）有

$$\mathscr{L}[e^{-3\tau}\sin 2t]=\frac{2}{(s+3)^2+4}\overset{\text{记}}{=}F_1(s),$$

由积分性质（10. 2. 7）可得

$$\mathscr{L}\left[\int_0^t e^{-3\tau}\sin 2\tau d\tau\right]=\frac{F_1(s)}{s}=\frac{2}{s[(s+3)^2+4]}\overset{\text{记}}{=}F_2(s),$$

再由像函数的微分性质（10. 2. 5）得

$$\mathscr{L}\left[t\int_0^t e^{-3\tau}\sin 2\tau d\tau\right] = -F'_2(s) = \frac{d}{ds}\left(\frac{2}{s[(s+3)^2+4]}\right) = \frac{2(3s^2+12s+13)}{s^2[(s+3)^2+4]}.$$

10.3　卷积

卷积是积分变换中的一个重要概念，这一运算在实际问题中，如线性系统分析，有着重要应用.

本小节着重介绍卷积的概念与卷积定理.

10.3.1　卷积的概念

定义 10.3.1　设函数 $f_1(t)$, $f_2(t)$ 在整个实数轴上有定义，则把积分

$$\int_{-\infty}^{+\infty} f_1(\tau)\cdot f_2(t-\tau)d\tau$$

称为函数 $f_1(t)$ 与 $f_2(t)$ 的卷积（Convolution），记为 $f_1(t)*f_2(t)$.

即

$$f_1(t)*f_2(t) = \int_{-\infty}^{+\infty} f_1(\tau)\cdot f_2(t-\tau)d\tau \tag{10.3.1}$$

若 $f_1(t)$, $f_2(t)$ 满足拉氏变换存在定理的条件，且 $t<0$ 时，$f_1(t)=f_2(t)=0$，则上式可写为

$$\begin{aligned} f_1(t)*f_2(t) &= \int_{-\infty}^{0} f_1(\tau)\cdot f_2(t-\tau)d\tau + \int_0^t f_1(\tau)\cdot f_2(t-\tau)d\tau + \int_t^{+\infty} f_1(\tau)\cdot f_2(t-\tau)d\tau \\ &= \int_0^t f_1(\tau)\cdot f_2(t-\tau)d\tau. \end{aligned}$$

即

$$f_1(t)*f_2(t) = \int_0^t f_1(\tau)\cdot f_2(t-\tau)d\tau \tag{10.3.2}$$

式（10.3.2）为拉氏变换下卷积的定义，以后若无特别声明，都假定所涉及的函数在 $t<0$ 时，恒为零.

10.3.2　卷积的性质

下述卷积性质均可由定义（10.3.1）推出，证明从略.

1. 交换律

$$f_1(t)*f_2(t) = f_2(t)*f_1(t).$$

2. 结合律

$$f_1(t)*[f_2(t)*f_3(t)] = [f_1(t)*f_2(t)]*f_3(t).$$

3. 分配律

$$f_1(t)*[f_2(t)+f_3(t)] = f_1(t)*f_2(t)+f_1(t)*f_3(t).$$

例 10.3.1　设 $f_1(t)=\begin{cases}0, & t<0,\\ 1, & t\geqslant 0,\end{cases}$ $f_2(t)=\begin{cases}0, & t<0,\\ e^{-t}, & t\geqslant 0,\end{cases}$ 求 $f_1(t)*f_2(t)$.

解　由式（10.3.2），得

$t \geqslant 0$ 时,

$$f_1(t) * f_2(t) = \int_0^t f_1(\tau) \cdot f_2(t-\tau) \mathrm{d}\tau = \int_0^t 1 \cdot f_2(t-\tau) \mathrm{d}\tau$$

$$\xlongequal{t-\tau>0} \int_0^t 1 \cdot \mathrm{e}^{-(t-\tau)} \mathrm{d}\tau = \mathrm{e}^{-t} \int_0^t \mathrm{e}^{\tau} \mathrm{d}\tau = 1 - \mathrm{e}^{-t},$$

$t<0$ 时, $f_1(t) * f_2(t) = 0$.

例 10.3.2 求函数 $f_1(t)=t$, $f_2(t)=\sin t$ 的卷积.

解 由卷积的定义,

$$f_1(t) * f_2(t) = \int_0^t \tau \cdot \sin(t-\tau) \mathrm{d}\tau = \tau\cos(t-\tau)\Big|_0^t - \int_0^t \cos(t-\tau) \mathrm{d}\tau = t - \sin t,$$

于是

$$t * \sin t = t - \sin t.$$

10.3.3 卷积定理

卷积在积分变换中有着十分重要的应用, 主要体现在卷积定理上.

定理 10.3.1 若 $f_1(t)$, $f_2(t)$ 满足拉氏变换存在定理的条件, 记 $\mathscr{L}[f_k(t)] = F_k(s)$ $(k=1, 2)$, 则 $f_1(t) * f_2(t)$ 的拉氏变换一定存在, 且

$$\mathscr{L}[f_1(t) * f_2(t)] = F_1(s) \cdot F_2(s) \quad (10.3.3)$$

或

$$\mathscr{L}^{-1}[F_1(s) \cdot F_2(s)] = f_1(t) * f_2(t). \quad (10.3.4)$$

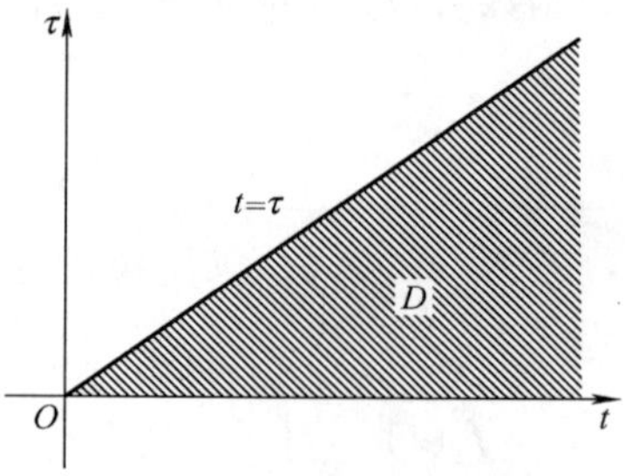

图 10.3.1

证 容易证明 $f_1(t) * f_2(t)$ 满足拉氏变换存在定理的条件, 故其拉氏变换一定存在, 根据式 (10.3.2), 有

$$\mathscr{L}[f_1(t) * f_2(t)] = \int_0^{+\infty} [f_1(t) * f_2(t)] \mathrm{e}^{-st} \mathrm{d}t$$

$$= \int_0^{+\infty} \left[\int_0^t f_1(\tau) \cdot f_2(t-\tau) \mathrm{d}\tau\right] \mathrm{e}^{-st} \mathrm{d}t.$$

上面的积分可以看成是在 $t-\tau$ 平面上的一个二重积分如图 10.3.1 所示, 交换积分次序, 得

$$\mathscr{L}[f_1(t) * f_2(t)] = \int_0^{+\infty} f_1(\tau) \mathrm{d}\tau \int_\tau^{+\infty} f_2(t-\tau) \mathrm{e}^{-st} \mathrm{d}t$$

$$\xlongequal{令 u=t-\tau} \int_0^{+\infty} f_1(\tau) \mathrm{d}\tau \int_0^{+\infty} f_2(u) \mathrm{e}^{-s(u+\tau)} \mathrm{d}u$$

$$= \int_0^{+\infty} f_1(\tau) \mathrm{e}^{-s\tau} F_2(s) \mathrm{d}\tau = F_2(s) \int_0^{+\infty} f_1(\tau) \mathrm{e}^{-s\tau} \mathrm{d}\tau = F_1(s) \cdot F_2(s).$$

定理 10.3.1 表明两个函数卷积的拉氏变换等于它们的拉氏变换的乘积, 该定理的意义在于可将不太容易计算的卷积运算化为普通乘积的运算, 这就使得卷积在线性系统分析中成为特别有用的方法.

注

(1) 卷积定理可以推广到多个函数, 即若 $f_k(t)$ $(k=1, 2, 3, \cdots)$ 满足拉氏变换定理存在的条件, 且 $\mathscr{L}[f_k(t)] = F_k(s)$, 则

$$\mathscr{L}[f_1(t)*f_2(t)*\cdots*f_n(t)] = F_1(s)\cdot F_2(s)\cdot\cdots\cdot F_n(s).$$

(2) 卷积定理在拉氏变换的应用中起着十分重要的作用，下面给出几个应用卷积定理求拉氏逆变换的例子.

例 10.3.3　求 $F(s)=\dfrac{1}{(s-1)^2}$的逆变换.

解　令 $F_1(s)=F_2(s)=\dfrac{1}{s-1}$，则有

$$\mathscr{L}^{-1}[F_1(s)] = \mathscr{L}^{-1}[F_2(s)] = f_1(t) = f_2(t) = e^t,$$

由卷积定理，得

$$e^t * e^t = \int_0^t e^{\tau}e^{t-\tau}d\tau = te^t.$$

例 10.3.4　求 $F(s)=\dfrac{1}{s^2(s^2+1)}$的逆变换.

解　设 $F_1(s)=\dfrac{1}{s^2}$，$F_2(s)=\dfrac{1}{s^2+1}$，则 $F(s)=F_1(s)\cdot F_2(s)$，又

$$f_1(t)=\mathscr{L}^{-1}[F_1(s)]=t,$$
$$f_2(t)=\mathscr{L}^{-1}[F_2(s)]=\sin t,$$

由卷积定理，得

$$f(t) = \mathscr{L}^{-1}\left[\frac{1}{s^2(s^2+1)}\right] = t*\sin t = t-\sin t.$$

例 10.3.5　若 $F(s)=\dfrac{s}{(s^2+\omega^2)^2}$（$\omega>0$ 为常数），求 $\mathscr{L}^{-1}[F(s)]$.

解　由

$$F(s) = \frac{s}{s^2+\omega^2}\cdot\frac{1}{s^2+\omega^2},$$

得

$$f(t) = \mathscr{L}^{-1}[F(s)] = \mathscr{L}^{-1}\left[\frac{s}{s^2+\omega^2}\cdot\frac{1}{s^2+\omega^2}\right] = \cos\omega t*\left(\frac{1}{\omega}\sin\omega t\right)$$
$$= \int_0^t \cos a\tau\cdot\frac{1}{\omega}\sin\omega(t-\tau)d\tau = \frac{1}{2\omega}t\sin\omega t.$$

10.4　拉普拉斯逆变换

本章前面几节主要讨论针对已知函数 $f(t)$ 求它的拉普拉斯变换 $F(s)$，即求像函数. 实际情况常常遇到其逆问题，即已知函数 $f(t)$ 的拉氏变换 $F(s)$，求 $f(t)$. 在第 10.3 节例子中我们看到，当像函数 $F(s)$ 比较简单时，可以通过拉氏变换的性质、卷积定理或者查拉普拉斯变换表等方法求其逆变换. 但是如果 $F(s)$ 比较复杂时，上述方法就很不方便.

本节介绍几种常用的求拉普拉斯逆变换的方法，即利用像函数通过反演积分或留数方法求像原函数 $f(t)$.

10.4.1 反演积分公式

函数$f(t)$的拉氏变换，实际上就是$f(t)u(t)\mathrm{e}^{-\beta t}$的傅里叶变换，即

$$F(s)=F(\beta+\mathrm{j}\omega)=\int_{-\infty}^{+\infty}f(t)u(t)\mathrm{e}^{-\beta t}\mathrm{e}^{-\mathrm{j}\omega t}\mathrm{d}t.$$

因此，当$f(t)u(t)\mathrm{e}^{-\beta t}$满足傅里叶积分定理的条件时，在$f(t)$的连续点处，我们有

$$F(s)=F(\beta+\mathrm{j}\omega)=\int_{-\infty}^{+\infty}f(t)u(t)\mathrm{e}^{-\beta t}\mathrm{e}^{-\mathrm{j}\omega t}\mathrm{d}t.$$

只要β在$F(s)$的存在区域内即可.

这样当$t>0$时，同时，注意到$u(t)\equiv 1$，因而有

$$\begin{aligned}f(t)&=\frac{1}{2\pi}\mathrm{e}^{\beta t}\int_{-\infty}^{+\infty}F(\beta+\mathrm{j}\omega)\mathrm{e}^{-\mathrm{j}\omega t}\mathrm{d}\omega\\&=\frac{1}{2\pi}\int_{-\infty}^{+\infty}F(\beta+\mathrm{j}\omega)\mathrm{e}^{(\beta+\mathrm{j}\omega)t}\mathrm{d}\omega\\&\xlongequal{\text{令 } s=\beta+\mathrm{j}\omega}\frac{1}{2\pi\mathrm{j}}\int_{\beta-\mathrm{j}\infty}^{\beta+\mathrm{j}\infty}F(s)\mathrm{e}^{st}\mathrm{d}s.\end{aligned}$$

即

$$f(t)=\frac{1}{2\pi\mathrm{j}}\int_{\beta-\mathrm{j}\infty}^{\beta+\mathrm{j}\infty}F(s)\mathrm{e}^{st}\mathrm{d}s,\ t>0. \tag{10.4.1}$$

上式即为从像函数$F(s)$出发求像原函数$f(t)$的一般公式，右端积分一般称为拉普拉斯反演积分（简称为拉氏反演积分）. 式（10.4.1）称为拉普拉斯逆变换公式（简称拉氏逆变换式），其积分路径是s平面上的一条竖直直线$\mathrm{Re}(s)=\beta$，该直线位于$F(s)$的定义区域内.

注（1）式（10.4.1）与拉氏变换定义式（8.1）$F(s)=\int_0^{+\infty}f(t)\mathrm{e}^{-st}\mathrm{d}t$构成一对互逆的积分变换公式，即

$$f(t)=\mathscr{L}^{-1}[F(s)]=\frac{1}{2\pi\mathrm{j}}\int_{\beta-\mathrm{j}\infty}^{\beta+\mathrm{j}\infty}F(s)\mathrm{e}^{st}\mathrm{d}s,\ t>0.$$

称$f(t)$与$F(s)$为一对拉氏变换对，记为

$$f(t)\underset{\mathscr{L}^{-1}}{\overset{\mathscr{L}}{\rightleftharpoons}}F(s).$$

（2）因$F(s)$在其定义区域中是解析，故直线$L:\mathrm{Re}(s)=\beta$的右边不包含$F(s)$的奇点.

10.4.2 利用留数求逆变换

式（10.22）右端是一个复变量积分，而复积分的计算通常比较困难. 但当$F(s)$满足一定条件时，可以用留数方法计算. 下面介绍用留数方法计算拉氏反演积分.

定理 10.4.1 （拉普拉斯反演定理）设s_1，s_2，…，s_n是函数$F(s)$的所有奇点（适当选取实数β，使得这些奇点都在左半平面$\mathrm{Re}(s)<\beta$内)，且当$s\to\infty$时，有$F(s)\to 0$，则

$$f(t)=\frac{1}{2\pi\mathrm{j}}\int_{\beta-\mathrm{j}\infty}^{\beta+\mathrm{j}\infty}F(s)\mathrm{e}^{st}\mathrm{d}s=\sum_{k=1}^{n}\mathrm{Res}[F(s)\mathrm{e}^{st},s_k]. \tag{10.4.2}$$

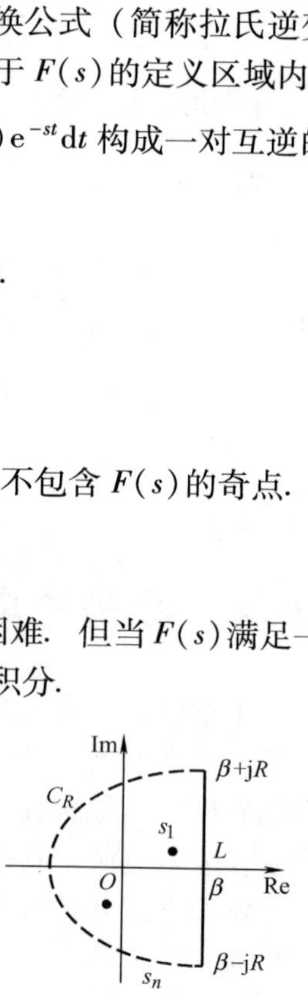

图 10.4.1

分析 如图 10.4.1，引进辅助半圆周，则形成闭合路径. 应用

留数定理，令 $R\to+\infty$，并证明 C_R 上的积分趋于 0，由此便可得到结论.

证　设闭曲线 $C=L+C_R$，L 在平面 $\mathrm{Re}s>\beta$ 内，C_R 是半径为 R 的半圆弧．当 R 充分大时，可使得所有的奇点全在 C 内．由留数定理可得

$$\oint_C F(s)\mathrm{e}^{st}\mathrm{d}s = 2\pi\mathrm{j}\sum_{k=1}^{n}\mathrm{Res}[F(s)\mathrm{e}^{st},s_k],$$

即

$$\frac{1}{2\pi\mathrm{j}}\left[\int_{\beta-\mathrm{j}R}^{\beta+\mathrm{j}R}F(s)\mathrm{e}^{st}\mathrm{d}s+\int_{C_R}F(s)\mathrm{e}^{st}\mathrm{d}s\right]=\sum_{k=1}^{n}\mathrm{Res}[F(s)\mathrm{e}^{st},s_k].$$

可以证明当 $t>0$ 时，

$$\lim_{R\to+\infty}\int_{C_R}F(s)\mathrm{e}^{st}\mathrm{d}s=0,$$

因此

$$f(t)=\frac{1}{2\pi\mathrm{j}}\int_{\beta-\mathrm{j}\infty}^{\beta+\mathrm{j}\infty}F(s)\mathrm{e}^{st}\mathrm{d}s=\sum_{k=1}^{n}\mathrm{Res}[F(s)\mathrm{e}^{st},s_k].$$

拉氏反演定理将求像原函数 $f(t)$ 的积分问题转化为计算函数 $F(s)\mathrm{e}^{st}$ 在各孤立奇点处的留数问题. 下面仅就 $F(s)$ 为有理函数这一特殊情形进行讨论.

设 $F(s)=\dfrac{A(s)}{B(s)}$ 为不可约有真理分式，则我们有如下简单的方法来求留数：

情形 1　若 $B(s)$ 有 n 个单零点 s_1，s_2，…，s_n，

$$f(t)=\mathscr{L}^{-1}\left[\frac{A(s)}{B(s)}\right]=\sum_{k=1}^{n}\frac{A(s_k)\mathrm{e}^{s_kt}}{B'(s_k)},\quad t>0. \tag{10.4.3}$$

情形 2　若 $B(s)$ 有 m 级零点 s_k，则

$$\mathrm{Res}\left[\frac{A(s)}{B(s)}\mathrm{e}^{st},s_k\right]=\frac{1}{(m-1)!}\lim_{s\to s_k}\left[(s-s_k)^m\frac{A(s)}{B(s)}\mathrm{e}^{st}\right]^{(m-1)} \tag{10.4.4}$$

例 10.4.1　下列有理函数的拉氏逆变换.

(1) $\dfrac{\omega}{s^2-\omega^2}$；　(2) $\dfrac{1}{s(s-1)^2}$；　(3) $\dfrac{s^2}{s^2+2s+1}$.

解　(1) 显然 k 和 $-k$ 为分母的一级零点，则

$$f(t)=\mathscr{L}^{-1}\left[\frac{\omega}{s^2-\omega^2}\right]=\sum_{k=1}^{2}\frac{A(s_k)\mathrm{e}^{s_kt}}{B'(s_k)}=\frac{\omega\mathrm{e}^{\omega t}}{2\omega}-\frac{\omega\mathrm{e}^{-\omega t}}{2\omega}=\frac{\mathrm{e}^{\omega t}-\mathrm{e}^{-\omega t}}{2}=\mathrm{sh}(\omega t)$$

(2) 0 和 1 分别为分母的一级和二级零点，则

$$\begin{aligned}f(t)&=\lim_{s\to0}\left[s\cdot\frac{1}{s(s-1)^2}\mathrm{e}^{st}\right]+\frac{1}{(2-1)!}\lim_{s\to1}\left[(s-1)^2\cdot\frac{1}{s(s-1)^2}\mathrm{e}^{st}\right]'\\&=\lim_{s\to0}\frac{\mathrm{e}^{st}}{(s-1)^2}+\lim_{s\to1}\left(\frac{\mathrm{e}^{st}}{s}\right)'=1+\lim_{s\to1}\frac{(st-1)\mathrm{e}^{st}}{s^2}=1+(t-1)\mathrm{e}^{t}.\end{aligned}$$

(3) $F(s)=\dfrac{s^2}{s^2+2s+1}$ 为有理假分式，于是分解得

$$F(s)=1-\frac{2s+1}{s^2+2s+1},$$

注意到 $s=-1$ 为 $F(s)$ 的二阶极点，故

$$f(t)=\mathscr{L}^{-1}[1]-\mathscr{L}^{-1}\left[\frac{2s+1}{s^2+2s+1}\right]$$
$$=\delta(t)-\frac{1}{(2-1)!}\lim_{s\to -1}\left[(s+1)^2\cdot\frac{2s+1}{s^2+2s+1}e^{st}\right]'$$
$$=\delta(t)-\lim_{s\to -1}[(2s+1)e^{st}]'=\delta(t)-(2-t)e^{-t}.$$

例 10.4.2 求 $F(s)=\dfrac{1}{(s-2)(s-1)^2}$的逆变换.

方法 1 显然

$$F(s)=\frac{1}{s-2}-\frac{1}{s-1}-\frac{1}{(s-1)^2},$$

于是

$$f(t)=\mathscr{L}^{-1}\left[\frac{1}{s-2}\right]-\mathscr{L}^{-1}\left[\frac{1}{s-1}\right]-\mathscr{L}^{-1}\left[\frac{1}{(s-1)^2}\right],$$

由例 10. 4. 1 知，

$$\mathscr{L}^{-1}\left[\frac{1}{s-\omega}\right]=e^{\omega t},\mathscr{L}^{-1}\left[\frac{1}{(s-\omega)^2}\right]=te^{\omega t},$$

故有

$$f(t)=e^{2t}-(1+t)e^{t}$$

方法 2 利用卷积求解

设 $F_1(s)=\dfrac{1}{s-2}$，$F_2(s)=\dfrac{1}{(s-1)^2}$，则 $F(s)=F_1(s)\cdot F_2(s)$，

而 $\quad f_1(t)=\mathscr{L}^{-1}[F_1(s)]=e^{2t},\qquad f_2(t)=\mathscr{L}^{-1}[F_2(s)]=te^{t}$，

由卷积定理，得

$$f(t)=\mathscr{L}^{-1}[F_1(s)]*\mathscr{L}^{-1}[\cdot F_2(s)]=f_1(t)*f_2(t)=e^{2t}*te^{t},$$

由卷积定义（10. 3. 1）及拉氏变换的性质，有

$$e^{2t}*te^{t}=te^{t}*e^{2t}=\int_0^t\tau e^{\tau}\cdot e^{2(t-\tau)}d\tau=e^{2t}\int_0^t\tau e^{-\tau}d\tau=e^{2t}-(1+t)e^{t}.$$

方法 3 利用留数求解

易知 $s_1=2$ 和 $s_2=1$ 分别是 $F(s)e^{st}$的一级极点和二级极点，根据式（10. 23）以及上面的留数计算方法知：

$$f(t)=\mathrm{Re}\ s[F(s)e^{st},2]+\mathrm{Res}[F(s)e^{st},1]$$
$$=\left[\frac{e^{st}}{(s-1)^2}\right]_{s=2}+\left[\frac{e^{st}}{s-2}\right]'_{s=1}=e^{2t}-(1+t)e^{t}.$$

10. 5 拉普拉斯变换应用举例

拉普拉斯变换与傅里叶变换一样，在工程技术和科学研究的许多领域中都有着广泛的应用，尤其在数学、物理学、力学工程技术（如无线电技术、电路系统、自动控制系统、可靠性系统以及随机服务系统）等领域均发挥着重要作用. 在工程中经常要对一个线性系统进行分析研究，建立系统的数学模型. 很多情形中，例如电路理论和自动控制理论，一个线

性系统可以用一个线性微分方程（组）来描述.

本小节主要举例说明用拉氏变换求解常系数微分方程（组）、积分方程的一般方法，即对方程两边进行拉氏变换，应用变换的线性性质、微分性质或积分性质，将未知函数的微分（积分）方程化为其像函数的代数方程，求解出像函数，最后取逆变换便得到原方程的解.

例 10.5.1　求解微分方程 $y''+2y'-3y=\mathrm{e}^{-t}$，其中 $y=y(t)$，满足条件 $y(0)=0$，$y'(0)=1$.

解　记 $Y(s)=\mathscr{L}[y(t)]$，方程两边取拉氏变换，并由微分性质，得

$$s^2Y(s)-1+2sY(s)-3Y(s)=\frac{1}{s+1},$$

即

$$Y(s)=\frac{s+2}{(s+1)(s-1)(s+3)}=-\frac{1}{4}\frac{1}{s+1}+\frac{3}{8}\frac{1}{s-1}-\frac{1}{8}\frac{1}{s+3}.$$

于是

$$y(t)=\mathscr{L}^{-1}[Y(s)]=-\frac{1}{4}\mathrm{e}^{-t}+\frac{3}{8}\mathrm{e}^{t}-\frac{1}{8}\mathrm{e}^{-3t}.$$

例 10.5.2　求解微分方程 $y''+y=t$，满足初始条件 $y(0)=1$，$y'(0)=-2$.

解　记 $Y(s)=\mathscr{L}[y(t)]$，两边取拉氏变换，得

$$s^2Y(s)-sy(0)-y'(0)+Y(s)=\frac{1}{s^2},$$

即

$$s^2Y(s)-s+2+Y(s)=\frac{1}{s^2}.$$

从而

$$Y(s)=\frac{1}{s^2}+\frac{s}{s^2+1}+\frac{2}{s^2+1},$$

故原方程的解为

$$y(t)=\mathscr{L}^{-1}[Y(s)]=t+\cos t-2\sin t.$$

例 10.5.3　求解微分方程组

$$\begin{cases}x'+x-y=\mathrm{e}^t,\\ y'-3x-y=2\mathrm{e}^t.\end{cases}$$

其中 $x=x(t)$，$y=y(t)$ 满足初始条件：$x(0)=y(0)=1$.

解　设 $X(s)=\mathscr{L}[x(t)]$，$Y(s)=\mathscr{L}[y(t)]$，对方程组中每个方程两边分别取拉氏变换，并考虑到初始条件，得

$$\begin{cases}sX(s)-1+X(s)-Y(s)=\dfrac{1}{s-1},\\ sY(s)-1+3X(s)-2Y(s)=\dfrac{2}{s-1}.\end{cases}$$

求解该方程组得

$$X(s)=\frac{1}{s-1},\ Y(s)=\frac{1}{s-1},$$

两边取拉氏逆变换，得原微分方程组的解为：

$$x = x(t) = \mathrm{e}^t,\ y = y(t) = \mathrm{e}^t.$$

例 10.5.4 解下列积分方程：

$$\sin t + 2\int_0^t \cos(t-u)\varphi(u)\mathrm{d}u = \varphi(t) \quad (t \geqslant 0).$$

解 本题的方程为卷积型的，即可表为

$$\sin t + 2\varphi(t) * \cos t = \varphi(t).$$

因此，记 $F(s) = \mathscr{L}[\varphi(t)]$，方程两端取拉氏变换，得

$$\mathscr{L}[\sin t] + 2\mathscr{L}[\varphi(t) * \cos t] = \mathscr{L}[\varphi(t)],$$

由卷积定理，得

$$\mathscr{L}[\sin t] + 2F(s)\mathscr{L}[\cos t] = F(s),$$

即

$$\frac{1}{s^2+1} + \frac{2s}{s^2+1}F(s) = F(s).$$

解得

$$F(s) = \frac{1}{(s-1)^2},$$

故给定积分方程的解为

$$\varphi(t) = \mathscr{L}^{-1}[F(s)] = \mathscr{L}^{-1}\left[\frac{1}{(s-1)^2}\right] = t\mathrm{e}^t, \quad t \geqslant 0.$$

通过上面的例子，用拉氏变换求解常系数线性微分方程的一般步骤可用下面框图表示：

由图 10.5.1 可见，用拉氏变换解微分方程，可将复杂的微分方程化为求解一元一次代数方程.

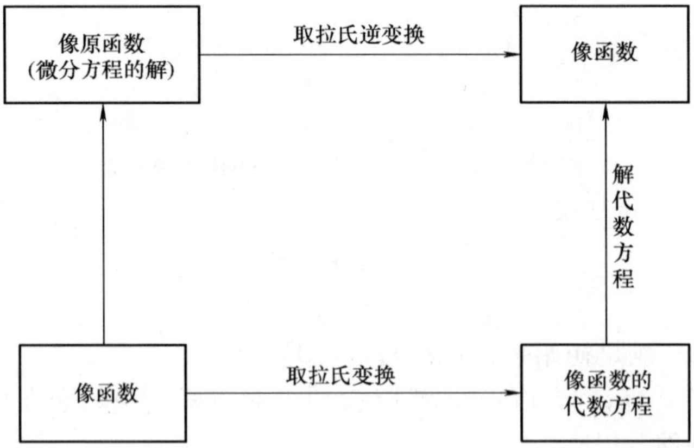

图 10.5.1

例 10.5.5 在 RLC 电路系统中串联直流电源 E，设起始状态为 0，$t=0$ 时开关 K 闭合，接入直流电源 E. 求回路中的电流 $i(t)$，其中 R 为电阻，L 为电感，C 为电容，且 $R < 2\sqrt{\frac{L}{C}}$，如图 10.5.2 所示.

解 由基尔霍夫（Kirchhoff）定律，知

$$L\frac{\mathrm{d}i(t)}{\mathrm{d}t}+Ri(t)+\frac{1}{C}\int_0^t i(t)\,\mathrm{d}t=E. \tag{10.5.1}$$

$$i(0)=0,\frac{1}{C}\int_0^t i(t)\,\mathrm{d}t\big|_{t=0}=0.$$

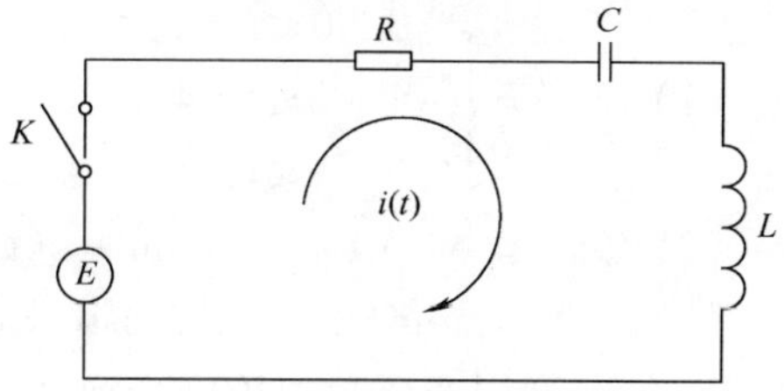

图 10.5.2

记 $I(s)=\mathscr{L}[i(t)]$，对方程（10.5.1）两边取拉普拉斯变换，得

$$LsI(s)+RI(s)+\frac{1}{Cs}I(s)=\frac{E}{s}. \tag{10.5.2}$$

解代数方程（10.5.2），得

$$I(s)=\frac{E}{s\left(Ls+R+\frac{1}{Cs}\right)}=\frac{E}{L}\cdot\frac{1}{s^2+\frac{R}{L}s+\frac{1}{LC}}.$$

分母多项式函数 $s^2+\frac{R}{L}s+\frac{1}{LC}$的根为

$$s_1=-\frac{R}{2L}+\sqrt{\left(\frac{R}{2L}\right)^2-\frac{1}{LC}},$$

$$s_2=-\frac{R}{2L}-\sqrt{\left(\frac{R}{2L}\right)^2-\frac{1}{LC}},$$

则有

$$\begin{aligned}I(s)&=\frac{E}{L}\cdot\frac{1}{(s-s_1)(s-s_2)}\\&=\frac{E}{L}\cdot\left[\frac{1}{(s_1-s_2)(s-s_1)}+\frac{1}{(s_2-s_1)(s-s_2)}\right]\\&=\frac{E}{L}\cdot\frac{1}{s_1-s_2}\cdot\left[\frac{1}{s-s_1}-\frac{1}{s-s_2}\right],\end{aligned}$$

求逆变换，得

$$i(t)=\mathscr{L}^{-1}[I(s)]=\frac{E}{L(s_1-s_2)}(\mathrm{e}^{s_1t}-\mathrm{e}^{s_2t}).$$

用 R，L，C 代入 s_1，s_2 即得 $i(t)$的表达式.

习 题 10

1. 求下列函数的拉氏变换：

(1) $f(t)=\sin\frac{t}{3}$；　(2) $f(t)=\mathrm{e}^{-2t}$；　(3) $f(t)=\mathrm{e}^{-3t}\sin7t$；

(4) $f(t)=\sin2t\cos3t$；　(5) $f(t)=t^2$；　(6) $f(t)=t\cos2t$.

2. 求下列函数的拉氏变换：

(1) $f(t)=\begin{cases}3 & 0\leqslant t<2,\\ -1 & 2\leqslant t<4,\\ 0 & 4\leqslant t;\end{cases}$

(2) $f(t) = e^{-t}\cdot u(t) + \sin t\cdot u(t)$;

(3) $f(t) = \sin t\cdot\delta(t) + 2\cos t\cdot u(t)$.

3. 求下列周期函数的拉氏变换：

(1) $f(t)$是以2π为周期的函数，且在一个周期内表达式为

$$f(t)=\begin{cases}\sin t, & 0\leqslant t<\pi,\\ 0, & \pi\leqslant t<2\pi;\end{cases}$$

(2) $f(t)$是以$4T$为周期的函数，且在一个周期内表达式为

$$f(t)=\begin{cases}1, & 0\leqslant t<T,\\ 0, & T\leqslant t<2T,\\ -1, & 2T\leqslant t<3T\\ 0, & 3T\leqslant 4<4T.\end{cases}$$

4. 求下列函数的拉氏变换：

(1) $f(t)=(t-1)^2e^t$;　　(2) $f(t)=5\sin 2t-3\cos t$;

(3) $f(t)=t^ne^{kt}$(k为实数)；　　(4) $f(t)=1-te^t$;

(5) $f(t)=e^t\cos kt$(k为实数)；　　(6) $f(t)=u(t)(1-e^{-t})$;

(7) $f(t)=u(3t-5)$;　　(8) $f(t)=te^{-3t}\sin 2t$;

(9) $f(t) = t\int_0^t e^{-3\tau}\sin 2\tau d\tau$;　　(10) $f(t) = \dfrac{e^{-3t}\sin 2t}{t}$;

(11) $f(t) = \int_0^t \dfrac{e^{-3\tau}\sin 2\tau}{\tau}d\tau$;　　(12) $f(t) = \int_0^t \tau e^{-3\tau}\sin 2\tau d\tau$.

5. 证明：对任何实数$a\neq 0$，有$\mathscr{L}[f(at)]=\dfrac{1}{|a|}F\left(\dfrac{s}{a}\right)$，其中$F(s)=\mathscr{L}[f(t)]$.

6. 求下列卷积：

(1) $t*t$;　　(2) $t*e^t$;　　(3) $\cos t*\cos t$;

(4) $e^{kt}\sin t*e^{kt}\cos t$;　　(5) $\sin t*\cos t$;　　(6) $t*\cos t$.

7. 由卷积定理，证明：

$$\mathscr{L}^{-1}\left[\frac{s}{(s^2+\omega^2)^2}\right]=\frac{t}{2\omega}\sin\omega t.$$

8. 求下列函数的拉氏逆变换：

(1) $F(s) = \dfrac{s}{s+2}$;　　(2) $F(s) = \dfrac{2s+3}{s^2+9}$;

(3) $F(s) = \dfrac{s+3}{(s+1)(s-3)}$;　　(4) $F(s) = -\dfrac{s+1}{s^2+s-6}$;

(5) $F(s) = \dfrac{1}{s^2(s^2-1)}$;　　(6) $F(s) = \dfrac{1}{s^2(s^2+1)}$;

(7) $F(s) = \dfrac{1}{s^4+5s^2+4}$;　　(8) $F(s) = \dfrac{s+1}{9s^2+6s+5}$;

(9) $F(s)=\dfrac{2s+5}{s^2+4s+13}$;　　(10) $F(s)=\dfrac{1}{s^4-a^4}$;

(11) $F(s)=\dfrac{1}{(s+1)^4}$;　　(12) $F(s)=\dfrac{s+1}{(s^2+2s+2)^2}$.

9. 求解微分方程:

(1) $y''+4y'+3y=\mathrm{e}^{-t}$, $y(0)=y'(0)=1$;

(2) $y'''+3y''+3y'+y=1$, $y(0)=y'(0)=y''(0)=0$;

(3) $y''-y=4\sin t+5\cos 2t, y(0)=-1$, $y'(0)=-2$;

(4) $y''+3y'+2y=u(t-1)$, $y(0)=0$, $y'(0)=1$.

10. 求解微分方程组:

(1) $\begin{cases} x''+y''+x+y=0, & x(0)=y(0)=0, \\ 2x''-y''-x+y=\sin t, & x'(0)=y'(0)=-1; \end{cases}$

(2) $\begin{cases} x'+y''=\delta(t-1), & x(0)=y(0)=0, \\ 2x+y'''=2u(t-1), & y'(0)=y''(0)=0. \end{cases}$

11. 求解积分方程:

(1) $f(t)=2t+\int_0^t \sin(t-\tau)\,\mathrm{d}\tau$;

(2) $f(t)=\sin t+2\int_0^t \cos(t-\tau)f(\tau)\,\mathrm{d}\tau$.

12. 设有如图所示的 RL 串联电路,在 $t=t_0$ 时刻,将电路接上直流电源 E,试求电路中的电流 $i(t)$.

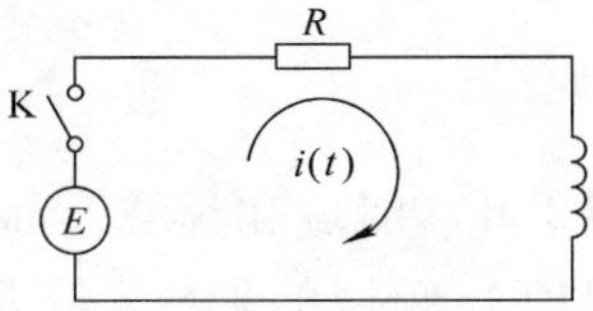

第 11 章

离散系统的积分变换

傅里叶变换是研究连续时间函数的重要工具，随着计算机和通信技术的发展，连续傅里叶变换在以离散信号为主的数字信号系统中无法实现，因此引入了离散时间序列傅里叶变换（DTFT），而 Z 变换（z－transformation）可将时域信号（即离散时间序列）变换为在复频域的表达式. 它在数字信号处理、计算机控制系统等领域有着广泛的应用. 另外，在数学上 Z 变换也可看成是一个洛朗级数，它可将差分方程转化为简单的代数方程，从而类拉普拉斯变换求解微分方程，可用 Z 变换求解线性差分方程.

11.1 离散傅里叶变换

离散傅里叶变换（DFT），是傅里叶在时域和频域上都呈现离散的形式，将时域信号的采样变换为在离散时间傅里叶（DTFT）频域的采样. 在形式上，变换两端（时域和频域上）的序列是有限长的，而实际上这两组序列都应当被认为是离散周期信号的主值序列. 即使对有限长的离散信号作离散傅里叶变换，也应当将其看作经过周期延拓成为周期信号再作变换. 在实际应用中通常采用快速傅里叶变换以高效计算离散傅里叶变换.

11.1.1 离散傅里叶变换

在工程中，一个有限长度的信号序列 $f(n)$ 与其离散时间傅里叶变换的有限个频率采样点之间的关系是我们较为关心问题，为此，我们引入离散傅里叶变换及其逆变换的概念.

所谓序列是指 n 取自然数时函数 $f(n)$ 的有序集合. 它可以是有限集合，也可以是无限集合；n 取所有整数时的序列称为双边序列，相应地，n 取非负整数的序列也被称为右边序列. 例如，$f(n)=2n^3$（n 为整数）为双边序列，也可表示为 $\{\cdots,\ -2,\ 0,\ 2,\ldots\}$.

定义 11.1.1 设 $f(n)(n=0,1,2,\cdots,N-1)$ 是长度为 N 的序列，称序列

$$F(k)=\sum_{n=0}^{N-1}f(n)\mathrm{e}^{-j\frac{2\pi}{N}nk}\quad(k=0,1,2,\cdots,N-1)\tag{11.1.1}$$

为 $f(n)$ 的离散傅里叶变换（DFT），记作

$$F(k)=\mathrm{DFT}[f(n)]=\sum_{n=0}^{N-1}f(n)\mathrm{e}^{-j\frac{2\pi}{N}nk}\quad(k=0,1,2,\cdots,N-1).$$

称序列

$$\frac{1}{N}\sum_{k=0}^{N-1}F(k)\mathrm{e}^{\mathrm{j}\frac{2\pi}{N}nk}(n=0,1,2,\cdots,N-1) \tag{11.1.2}$$

为 $F(k)$ 的**离散傅里叶逆变换（IDFT）**，记作 $\mathrm{IDFT}[F(k)]$.

定理 11.1.1　（离散傅里叶逆变换的反演公式）

$$f(n)=\mathrm{IDFT}[\mathrm{DFT}[f(n)]]\quad(n=0,1,2,\cdots,N-1).$$

证　当 $m=n$ 时，$\sum_{k=0}^{N-1}\mathrm{e}^{\mathrm{j}\frac{2\pi}{N}k(m-n)}=N$；

当 $m\neq n$ 时，$\sum_{k=0}^{N-1}\mathrm{e}^{\mathrm{j}\frac{2\pi}{N}k(m-n)}=\frac{1-\mathrm{e}^{\mathrm{j}\frac{2\pi}{N}N(m-n)}}{1-\mathrm{e}^{\mathrm{j}\frac{2\pi}{N}(m-n)}}=\frac{1-\cos(2(m-n)\pi)-\mathrm{j}\sin(2(m-n)\pi)}{1-\mathrm{e}^{\mathrm{j}\frac{2\pi}{N}(m-n)}}=0.$

所以根据离散傅里叶变换与离散傅里叶逆变换的定义，对 $n=0,1,2,\cdots,N-1$，有

$$\begin{aligned}\mathrm{IDFT}[F(k)]&=\frac{1}{N}\sum_{k=0}^{N-1}\left(\sum_{m=0}^{N-1}f(m)\mathrm{e}^{-\mathrm{j}\frac{2\pi}{N}mk}\right)\mathrm{e}^{\mathrm{j}\frac{2\pi}{N}nk}\\&=\frac{1}{N}\sum_{m=0}^{N-1}f(m)\left(\sum_{k=0}^{N-1}\mathrm{e}^{-\mathrm{j}\frac{2\pi}{N}(m-n)k}\right)=f(n).\end{aligned}$$

记 $W=\mathrm{e}^{-\mathrm{i}\frac{2\pi}{N}}$，则离散傅里叶变换及逆变换分别简化为

$$F(k)=\sum_{n=0}^{N-1}f(n)W^{nk}\quad(k=0,1,2,\cdots,N-1);$$

及

$$f(n)=\frac{1}{N}\sum_{k=0}^{N-1}F(k)W^{-nk}\quad(n=0,1,2,\cdots,N-1).$$

为记忆方便，可将上述离散傅里叶逆变换写成如下矩阵形式

$$\begin{pmatrix}f(0)\\f(1)\\\vdots\\f(N-1)\end{pmatrix}=\begin{pmatrix}W^0&W^0&W^0&\cdots&W^0\\W^0&W^{-1\times1}&W^{-2\times1}&\cdots&W^{-(N-1)\times1}\\\vdots&\vdots&\vdots&&\vdots\\W^0&W^{-1\times(N-1)}&W^{-2\times(N-1)}&\cdots&W^{-(N-1)\times(N-1)}\end{pmatrix}\begin{pmatrix}F(0)\\F(1)\\\vdots\\F(N-1)\end{pmatrix}.$$

其中矩阵

$$\begin{pmatrix}W^0&W^0&W^0&\cdots&W^0\\W^0&W^{-1\times1}&W^{-2\times1}&\cdots&W^{-(N-1)\times1}\\\vdots&\vdots&\vdots&&\vdots\\W^0&W^{-1\times(N-1)}&W^{-2\times(N-1)}&\cdots&W^{-(N-1)\times(N-1)}\end{pmatrix}$$

称为离散傅里叶逆变换的系数矩阵.

例 11.1.1　求序列 $f(n)=\cos\left(\frac{\pi}{2}n\right)$（$n=0,1,2,3$）的离散傅里叶变换.

解　由 $N=4$ 得 $W=\mathrm{e}^{-\mathrm{i}\frac{\pi}{2}}=-\mathrm{i}$，于是

$$\begin{pmatrix} F(0) \\ F(1) \\ F(2) \\ F(3) \end{pmatrix} = \begin{pmatrix} W^0 & W^0 & W^0 & W^0 \\ W^0 & W^1 & W^2 & W^3 \\ W^0 & W^2 & W^4 & W^6 \\ W^0 & W^3 & W^6 & W^9 \end{pmatrix} \begin{pmatrix} f(0) \\ f(1) \\ f(2) \\ f(3) \end{pmatrix}$$

$$= \begin{pmatrix} 1 & 1 & 1 & 1 \\ 1 & -\mathrm{i} & -1 & \mathrm{i} \\ 1 & -1 & 1 & -1 \\ 1 & \mathrm{i} & -1 & -\mathrm{i} \end{pmatrix} \begin{pmatrix} 1 \\ 0 \\ -1 \\ 0 \end{pmatrix} = \begin{pmatrix} 0 \\ 2 \\ 0 \\ 2 \end{pmatrix}.$$

11.1.2 离散傅里叶变换的基本性质

离散傅里叶变换具有如下一些基本性质.

1. 线性性质

设$f_1(n)(n=0,1,2,\cdots,N_1-1)\sum_{i=1}^{n} X_i^2$, $f_2(n)(n=0,1,2,\cdots,N_2-1)$，分别是长度为$N_1$和$N_2$的有限序列. 记$N=\max\{N_1,N_2\}$，将$f_1(n)$和$f_2(n)$补零延拓，其长度均为$N$，即当$N_i-1<n\leqslant N-1$时，$f_i(n)=0(i=1,2)$.

如果α，β是常数，并且

$$F_1(k)=\mathrm{DFT}[f_1(n)],$$
$$F_2(k)=\mathrm{DFT}[f_2(n)],$$
$$F_{\alpha f_1+\beta f}(k)=\mathrm{DFT}[\alpha f_1(n)+\beta f_2(n)],$$

则

$$F_{\alpha f_1+\beta f}(k)=\alpha F_1(k)+\beta F_2(k)\quad(k=0,1,2,\cdots,N-1).$$

线性性质可由离散傅里叶变换的定义直接证明（证明留给读者自己完成）.

2. **卷积定理**

定义 11.1.2 序列的卷积

设$f_1(n)$, $f_2(n)(n=0,\pm1,\cdots)$是两个无限的序列，并且$\sum_{n=-\infty}^{+\infty} f_1(n)$和$\sum_{n=-\infty}^{+\infty} f_2(n)$都绝对收敛，则序列

$$\sum_{k=-\infty}^{+\infty} f_1(k)f_2(n-k)\quad(n=0,\pm1,\cdots)$$

称为序列$f_1(n)$与$f_2(n)$卷积，记作$f_1(n)*f_1(n)$或$(f_1*f_1)(n)$，即

$$(f_1*f_2)(n)=\sum_{k=-\infty}^{+\infty} f_1(k)f_2(n-k)\quad(n=0,\pm1,\cdots).\tag{11.1.3}$$

在工程中我们常用有限序列的卷积. 设

$f_1(n)(n=n_1,n_1+1,\cdots,n_1+N_1-1)$, $f_2(n)(n=n_2,n_2+1,\cdots,n_2+N_2-1)$,

是两个有限序列，可记作

$$f_i(n)=\{f_i(n_i),f_i(n_i+1),f_i(n_i+2),\cdots,f_i(n_i+N_i-1)\}(i=1,2),$$

这里正整数N_1与N_2分别称为序列$f_1(n)$和$f_2(n)$的长度，n_1，n_2是整数.

在序列的卷积公式（11.1.3）中，当$n>n_i+N_i-1$或$n<n_i$时，令$f_i(n)=0(i=1,2)$，得到有限序列$f_1(n)$和$f_2(n)$的卷积公式为

$$(f_1 * f_2)(n) = \sum_{k=n_1}^{n_1+N_1-1} f_1(k)f_2(n-k) \quad (n = 0, \pm 1, \cdots). \tag{11.1.4}$$

其中 $n = n_1 + n_2, n_1 + n_2 + 1, \cdots, n_1 + N_1 + n_2 + N_2 - 2$. 当 $n > n_2 + N_2 - 1$ 或 $n < n_2$ 时，取 $f_2(n) = 0$，显然此时序列$(f_1 * f_2)(n)$的长度为 $N_1 + N_2 - 1$，并且卷积序列$(f_1 * f_2)(n)$可由下面 $N_1 \times N_2$ 阶的卷积矩阵

$$\begin{pmatrix} f_1(n_1)f_2(n_1) & f_1(n_1)f_2(n_2+1) & \cdots & f_1(n_1)f_2(n_2+N_2-1) \\ f_1(n_1+1)f_2(n_2) & f_1(n_1+1)f_2(n_2+1) & \cdots & f_1(n_1+1)f_2(n_2+N_2-1) \\ f_1(n_1+2)f_2(n_2) & f_1(n_1+2)f_2(n_2+1) & \cdots & f_1(n_1+2)f_2(n_2+N_2-1) \\ \vdots & \vdots & & \vdots \\ f_1(n_1+N_1-1)f_2(n_2) & f_1(n_1+N_1-1)f_2(n_2+1) & \cdots & f_1(n_1+N_1-1)f_2(n_2+N_2-1) \end{pmatrix} \tag{11.1.5}$$

次对角线上的元素和给出，即

$$(f_1 * f_2)(n_1 + n_2) = f_1(n_1)f_2(n_2),$$
$$(f_1 * f_2)(n_1 + n_2 + 1) = f_1(n_1)f_2(n_2+1) + f_1(n_1+1)f_2(n_2),$$
$$(f_1 * f_2)(n_1 + n_2 + 2) = f_1(n_1)f_2(n_2+2) + f_1(n_1+1)f_2(n_2+1) + f_1(n_1+2)f_2(n_2),$$
$$(f_1 * f_2)(n_1 + N_1 + n_2 + N_2 - 2) = f_1(n_1 + N_1 - 1)f_2(n_2 + N_2 - 1).$$

类似于积分形式的卷积，容易验证，序列的卷积也满足交换律、分配率与结合律.（验证过程留给读者完成）.

例 11.1.2　设$f_1(n) = \{1, 2, 3, 4\}(n = -1, 0, 1, 2)$，$f_2(n) = \{1, 0, -1\}(n = 0, 1, 2)$，求卷积$(f_1 * f_2)(n)$.

解　卷积序列$(f_1 * f_2)(n)$的长度为 $4 + 3 - 1 = 6$. 按（11.1.5）写出下面相应的卷积矩阵

$$\begin{pmatrix} 1\times1 & 1\times0 & 1\times(-1) \\ 2\times1 & 2\times0 & 2\times(-1) \\ 3\times1 & 3\times0 & 3\times(-1) \\ 4\times1 & 4\times0 & 4\times(-1) \end{pmatrix} = \begin{pmatrix} 1 & 0 & 1 \\ 2 & 0 & -2 \\ 3 & 0 & -3 \\ 4 & 0 & -4 \end{pmatrix}.$$

故

$$\begin{aligned}(f_1 * f_2)(n) &= \{1, 0+2, (-1)+0+3, (-2)+0+4, -3+0, -4\} \\ &= \{1, 2, 2, 2, -3, -4\} \quad (n = -1, 0, 1, 2, 3, 4).\end{aligned}$$

定理 11.1.2（卷积定理）　设$f_1(n)$，$f_2(n)(n = 0, 1, 2, \cdots, N-1)$是两个长度为 N 的有限序列. 将序列$f_1(n)$和$f_2(n)$补零延拓为$(f_1 * f_2)(n)$，其长度为 $2N-1$，延拓后仍记为$f_1(n)$，$f_2(n)$.

若

$$F_i(k) = \mathrm{DFT}[f_i(n)] \quad (i = 1, 2),$$
$$F(k) = \mathrm{DFT}[(f_1 * f_2)(n)] \quad (k = 0, 1, 2, \cdots, 2N-1),$$

则

$$F(k) = F_1(k)F_2(k)(k = 0, 1, 2, \cdots, 2N-1).$$

证　对 $k = 0, 1, 2, \cdots, 2N-1$，根据离散傅里叶变换和有限序列卷积的定义（11.1.4），取 $W = \mathrm{e}^{-\mathrm{j}\frac{2\pi}{2N-1}}$，于是

$$
\begin{aligned}
F(k) &= \mathrm{DFT}[(f_1 * f_1)(n)] \\
&= \sum_{n=0}^{2N-1}\Big(\sum_{m=0}^{2N-1} f_1(m) f_2(n-m)\Big) W^{nk} \\
&= \sum_{m=0}^{2N-1} f_1(m) W^{mk} \sum_{n=0}^{2N-1} f_2(n-m) W^{(n-m)k}.
\end{aligned}
$$

由于$f_1(n)$和$f_2(n)$的实际长度为N，所以

$$
\begin{aligned}
F(k) &= \sum_{m=0}^{N-1} f_1(m) W^{mk} \sum_{n=m}^{2N-1} f_2(n-m) W^{(n-m)k} \\
&= \sum_{m=0}^{N-1} f_1(m) W^{mk} \sum_{\tau=0}^{2N-1-m} f_2(\tau) W^{\tau k} \\
&= \sum_{m=0}^{N-1} f_1(m) W^{mk} \sum_{\tau=0}^{N-1} f_2(\tau) W^{\tau k} \\
&= \sum_{m=0}^{2N-1} f_1(m) W^{mk} \sum_{\tau=0}^{2N-1} f_2(\tau) W^{\tau k} = F_1(k) F_2(k).
\end{aligned}
$$

例 11.1.3 设$f_1(n)=\{1,0\}$，$f_2(n)=\left\{1,\dfrac{1}{2}\right\}(n=0,1)$. 求

$$F(k)=\mathrm{DFT}[(f_1 * f_2)(n)](k=0,1,2).$$

解 取$N=2$，将序列$f_1(n)$和$f_2(n)$按长度为3补零延拓为$f_1(n)=\{1,0,0\}$和$f_2(n)=\left\{1,\dfrac{1}{2},0\right\}$.

易得

$$F_1(k)=\{1,1,1\},\ F_2(k)=\left\{\frac{3}{2},\ \frac{1}{4}(3-i\sqrt{3}),\ \frac{1}{4}(3+i\sqrt{3})\right\}.$$

于是根据定理 11.1.2 可得

$$F(k)=\left\{\frac{3}{2},\ \frac{1}{4}(3-\mathrm{i}\sqrt{3}),\ \frac{1}{4}(3+\mathrm{i}\sqrt{3})\right\}(k=0,1,2).$$

11.1.3 快速傅里叶变换

快速傅里叶变换（FFT）是 DFT 的快速算法，其运算次数比按 DFT 的定义直接计算显著减少. 考虑 DFT 定义中变换矩阵

$$
\begin{pmatrix}
W^0 & W^0 & W^0 & \cdots & W^0 \\
W^0 & W^{1\times 1} & W^{2\times 1} & \cdots & W^{(N-1)\times 1} \\
\vdots & \vdots & \vdots & & \vdots \\
W^0 & W^{1\times(N-1)} & W^{2\times(N-1)} & \cdots & W^{(N-1)\times(N-1)}
\end{pmatrix}
$$

矩阵中的元素的W^{nk}具有周期性，即

$$W^{nk}=W^{n(k+N)}=W^{(n+N)k},$$

并且当N为偶数时

$$W^{k+\frac{N}{2}}=W^k \mathrm{e}^{-\mathrm{i}\frac{2\pi N}{N\,2}}=-W^k$$

下面设$N=2^\beta$（β为正整数），$f(n)(n=0,1,2,\cdots,N-1)$是长度为N的序列. 为表示方便，相应于序列的长度，下面记矩阵中的元素为W_N^{nk}，于是在 DFT 中按n为偶数或奇数分解

成两部分之和，即

$$F(k)=\sum_{n=0}^{N-1}f(n)W_N^{nk}=\sum_{r=0}^{\frac{N}{2}-1}f(2r)W_N^{2rk}+\sum_{r=0}^{\frac{N}{2}-1}f(2r+1)W_N^{(2r+1)k},$$

$$F(k)=\sum_{r=0}^{\frac{N}{2}-1}f(2r)(W_N^2)^{rk}+W_N^k\sum_{r=0}^{\frac{N}{2}-1}f(2r+1)(W_N^2)^{rk}\quad(k=0,1,2,\cdots,N-1).$$

由于 $W_N^2=e^{-i\frac{2\pi}{N}\times 2}=e^{-i\frac{2\pi}{N/2}}=W_{N/2}$，所以

$$F(k)=\sum_{r=0}^{\frac{N}{2}-1}f(2r)(W_N^2)^{rk}+W_N^k\sum_{r=0}^{\frac{N}{2}-1}f(2r+1)(W_N^2)^{rk}\quad(k=0,1,2,\cdots,N-1).$$

记

$$G(k)=\sum_{r=0}^{\frac{N}{2}-1}f(2r)W_{N/2}^{rk},\ H(k)=\sum_{r=0}^{\frac{N}{2}-1}f(2r+1)W_{N/2}^{rk}\quad(k=0,1,2,\cdots,N-1),$$

于是

$$F(k)=G(k)+W_N^kH(k)\quad(k=0,1,2,\cdots,N-1).$$

因为 W_N^{nk} 具有周期性，所以

$$G\left(k+\frac{N}{2}\right)=G(k),\ H\left(k+\frac{N}{2}\right)=H(k),\ W_N^{k+\frac{N}{2}}=-W_N^k\quad\left(k=0,1,2,\cdots,\frac{N}{2}-1\right),$$

故只需在 $k=0,1,2,\cdots,\frac{N}{2}-1$ 时计算 $G(k)$，$H(k)$ 即可.

这表明求长度为 N 的序列 DFT 可分解为求两个长度为 $N/2$ 的序列 DFT. 对 $G(k)$ 和 $H(k)$，又可以按 r 为偶数或奇数，分解为求四个长度为 $N/4$ 的序列 DFT，并且在计算时可以应用周期性. 最终分解为求 $N=2^\beta$ 个长度为 1 的序列.

下面以 $N=8$ 的 DFT 为例，如果直接进行 DFT，为求 $F(k)$ 的每一个值，需要做 8 次复数乘法和 7 次复数加法运算. 计算 $F(k)$ 的 8 个值，就需要做 64 次复数乘法和 56 次复数加法运算. 因此，计算 N 个点的 DFT，需要 N^2 次复数乘法和 $N(N-1)$ 次复数加法运算. 随着 N 的增加，直接进行 DFT 的计算量急剧增加. 如果利用 FFT，则有

$$\begin{aligned}
&F(0)=G(0)+W_8^0H(0) &\quad& F(4)=G(4)+W_8^4H(4)\\
&F(1)=G(1)+W_8^1H(1) && F(5)=G(5)+W_8^5H(5)\\
&F(2)=G(2)+W_8^2H(2) && F(6)=G(6)+W_8^6H(6)\\
&F(3)=G(3)+W_8^3H(3) && F(7)=G(7)+W_8^7H(7)
\end{aligned}$$

其中 $G(k)$，$H(k)$ 都是长度为 4 的 DFT，并且

$$G(k+4)=G(k),\ H(k+4)=H(k).$$

再考虑到 $W_8^{k+4}=-W_8^k(0\leqslant k\leqslant 3)$，所以可简化运算.

$$\left.\begin{aligned}
&F(0)=G(0)+W_8^0H(0)\\
&F(1)=G(1)+W_8^1H(1)\\
&F(2)=G(2)+W_8^2H(2)\\
&F(3)=G(3)+W_8^3H(3)
\end{aligned}\right\}\text{（不变）}\qquad
\left.\begin{aligned}
&F(4)=G(0)-W_8^0H(0)\\
&F(5)=G(1)-W_8^1H(1)\\
&F(6)=G(2)-W_8^2H(2)\\
&F(7)=G(3)-W_8^3H(3)
\end{aligned}\right\}\text{（简化）}$$

其运算量为复数乘法$\frac{N}{2}\log_2 N = 12$次，复数加法$N\log_2 N = 24$次，随着N的增加，FFT计算量的增加要比直接进行DFT计算量的增加要少得很多.

11.2　Z变换简介

Z变换（Z－Transformation）是离散系统分析中建立一种对信号序列的数学变换，它与拉普拉斯变换在连续系统分析中的作用相似．Z变换在求解线性差分方程、时间序列分析、数据平滑和数字滤波等领域都有较广泛的应用.

11.2.1　差分方程基本概念

1. 差分与差分算子

定义11.2.1　对于数列$x(n)$，称$x(n+1)-x(n)$为$x(n)$的一阶向前差分，记作$\Delta x(n)$，即

$$\Delta x(n) = x(n+1) - x(n) \tag{11.2.1}$$

类似地，称数列$x(n)-x(n-1)$为$x(n)$的一阶向后差分，记为$\nabla x(n)$，即

$$\nabla x(n) = x(n) - x(n-1) \tag{11.2.2}$$

一阶向前差分$\Delta x(n)$和一阶向后差分$\nabla x(n)$均为数列$x(n)$的一阶差分．由（11.2.1）和（11.2.2）可知

$$\nabla x(n) = \Delta x(n-1)$$

称l为$x(n)$的左移算子及r为$x(n)$的右移算子，若对任何整数$m\geqslant 1$，下列条件

$$lx(n) = x(n-1),\ \cdots,\ l^m x(n) = x(n-m),$$

$$rx(n) = x(n+1),\ \cdots,\ r^m x(n) = x(n+m),$$

成立．上述Δ，∇分别称为向前差分算子，向后差分算子，统称差分算子；l，r统称平移算子.

由定义不难看出，一阶差分也可用左移和右移算子表示

$$\Delta x(n) = (r-1)x(n)$$

$$\nabla x(n) = (1-l)x(n)$$

向前差分算子Δ有如下性质（证明留给读者完成）：

性质11.2.1　设$x(n)$，$y(n)$为数列，a，b，C为任意常数，则

（1）$\Delta(C) = 0$；

（2）$\Delta(ax(n)+by(n)) = a\Delta x(n) + b\Delta y(n)$，这说明$\Delta$是一个线性算子；

（3）$\Delta(x(n)y(n)) = y(n+1)\Delta x(n) + x(n)\Delta y(n)$；

（4）$\Delta\left(\frac{x(n)}{y(n)}\right) = \frac{1}{y(n+1)y(n)}(y(n)\Delta x(n) - x(n)\Delta y(n))$；

（5）当a，b为正整数且$a\leqslant b$时，有

$$\sum_{m=a}^{b} y(m+1)\Delta x(m) = x(b+1)y(b+1) - x(a)y(a) + \sum_{m=a}^{b} x(m)\Delta y(m).$$

定义11.2.2　称数列$\Delta x(n+1)-\Delta x(n)$为数列$x(n)$的二阶向前差分，记作$\Delta^2 x(n)$，

显然，

$$\Delta^2 x(n)=(r-1)^2 x(n)$$

同理，称$\nabla x(n)-\nabla x(n-1)$为序列 $x(n)$的二阶向后差分，记为$\nabla^2 x(n)$，由定义得

$$\nabla^2 x(n)=(1-l)^2 x(n)$$

易见，$\Delta^2 x(n)$和$\nabla^2 x(n)$也都是序列 $x(n)$的二阶差分.

类似地，我们可归纳定义数列 $x(n)$的 $k(k\geqslant 3)$阶向前差分和 k 阶向后差分. 一般地，k 阶向前差分和 k 阶向后差分也可以用左移算子和右移算子表示，即

$$\Delta^k x(n)=(r-1)^k x(n)$$

$$\nabla^k x(n)=(1-l)^k x(n)$$

类似于一阶向前差分 $\Delta x(n)$和一阶向后差分$\nabla x(n)$之间的关系，高阶差分也有如下关系

$$\nabla^k x(n)=\Delta^k x(n-1)$$

我们可用差分与序列之间的关系表示一个数列，如

$$x(n+1)=x(n)+\Delta x(n)=(1+\Delta)x(n),$$

$$x(n-1)=x(n)-\nabla x(n)=(1-\nabla)x(n),$$

一般地，我们有

$$x(n+m)=(1+\Delta)^m x(n)$$

$$x(n-m)=(1-\nabla)^m x(n)$$

3. 差分方程

定义 11.2.3　含有数列 $x(n+k)(0\leqslant k\leqslant m)$的方程

$$a_m x(n+m)+\cdots a_1 x(n+1)+a_0 x(n)=y(n) \tag{11.2.3}$$

称为 m 阶常系数线性差分方程，其中系数 a_0，…，a_m 是常数且 $a_m\neq 0$，$y(n)$是于自变量 n 的函数或常数. 差分方程中最大自变量与最小自变量之差 m 称为该差分方程的阶. $y(n)=0$，(11.2.3) 称为齐次差分方程，否则，(11.2.3) 称为非齐次差分方程. 差分方程不同形式之间可以相互转化.

例 11.2.1　试判断下列线性差分方程的阶，并写出其等价形式.

(1) $x(n+2)-2x(n+1)+x(n)=3^n$；

(2) $y(n+2)-2y(n+1)-y(n)=3^n$.

解　(1) 2 阶线性差分方程，原方程可化为

$$x(n)-2x(n-1)+x(n-2)=3^{n-2},$$

若将原方程左边改写为

$$[x(n+2)-x(n+1)]-[x(n+1)-x(n)]=\Delta x(n+1)-\Delta x(n)=\Delta^2 x(n),$$

则原方程又可化为

$$\Delta^2 x(n)=3^n;$$

(2) 2 阶差分方程，原方程可化为

$$y(n)-2y(n-1)-y(n-2)=3^{n-2},$$

即

$$\Delta^2 y(n)-y(n)=3^n.$$

定义 11.2.3　若数列 $x(n)$代入差分方程 (11.2.3) 等式两边恒等，则称 $x(n)$为差分方程 (11.2.3) 的解. 如 $x(n)=2n+A$ 为差分方程 $y(n+1)-y(n)=2$ 的解（这里 A 是任意

常数）.

类似于线性常微分方程的初值问题，在离散的时序信号系统中，一般也会根据系统初始时刻所处的状态，对差分方程附加一定的条件，这种附加条件称为初始条件．带有初始条件的差分方程（11.2.3）称为初值问题（IVP）．满足 IVP 问题的解被称为特解，若差分方程（11.2.3）的解中含有相互独立的任意常数的个数等于其阶数，则称该解为差分方程（11.2.3）的通解.

例如，$x(n)=2n-1$ 是差分方程 $y(n+1)-y(n)=2$ 一个特解，$x(n)=2n+A$ 则是该方程的通解，其中 A 是任意常数．关于常系数线性差分方程（11.2.3）的解的性质与结构，我们不加证明的给出下面有关定理及结论.

定理 11.2.1 若 $x_1(n)$，…，$x_k(n)$是 m 阶常系数齐次线性差分方程

$$a_m x(n+m)+\cdots a_1 x(n+1)+a_0 x(n)=0 \tag{11.2.4}$$

的 $k(k\leqslant m)$个特解，则其线性组合数列

$$x(n)=C_1x_1(n)+C_2x_2(n)\cdots+C_kx_k(n)$$

也是（11.2.4）的特解，其中 C_1，C_2，…，C_k 为任意一组常数.

定理 11.2.2 m 阶常系数齐次线性差分方程（11.2.4）一定存在 m 个线性无关的特解，且若 $x_1(n)$，…，$x_m(n)$是（11.2.4）的 m 个线性无关特解，则数列

$$x(n)=C_1x_1(n)+C_2x_2(n)\cdots+C_mx_m(n)$$

为（11.2.4）的通解，其中 C_1，C_2，…，C_m 为任意常数.

定理 11.2.3 m 阶常系数非齐次线性差分方程（11.2.3）的通解可表示为

$$x(n)=C_1x_1(n)+C_2x_2(n)\cdots+C_mx_m(n)+x^*(n),$$

其中 $x_1(n)$，…，$x_m(n)$为相应齐次方程

$$a_m x(n+m)+\cdots a_1 x(n+1)+a_0 x(n)=0$$

的 m 个线性无关的特解，C_1，C_2，…，C_m 为任意常数，$x^*(n)$为常系数线性非齐次方程（11.2.3）的一个特解.

特别地，为讨论方便我们将一阶线性常系数差分方程表示为

$$x(n+1)-ax(n)=y(n), \tag{11.2.5}$$

这里 a 是常系数，当 $y(n)=0$ 时，（11.2.5）即为一阶齐次线性常系数差分方程，当 $y(n)\neq 0$ 时，(11.2.5）即为一阶非齐次线性常系数差分方程.

求一阶常系数齐次线性差分方程

$$x(n+1)-ax(n)=0 \tag{11.2.6}$$

得通解，一般有两种方法:

(1) 迭代法 设 $x(0)$已知，则

$$x(n)=ax(n-1)=a(ax(n-2))=a^2x(n-2)=\cdots=a^{n-1}x(1)=a^nx(0),$$

一般地，有

$$x(n)=a^nx(0), n=0, 1, \cdots.$$

(2) 特征方程法 设 $x(n)=\lambda^n(\lambda\neq 0)$是方程（11.2.6）的解，代入（11.2.6）得，$\lambda^{n+1}-a\lambda^n=0$，化简得 $\lambda-a=0$，即 $\lambda=a$，这里 $\lambda^{n+1}-a\lambda^n=0$，$\lambda=a$ 分别称为（11.2.6）的特征方程与特征根．故 $x(n)=a^n$ 是（11.2.6）的解，由定理 11.2.2 可知，(11.2.6）的通解为 $x(n)=Ca^n$，C 为任意常数.

例 11.2.2　求一阶齐次线性差分方程 $2x(n+1)+x(n)=0$ 的通解．

解　特征方程为 $2\lambda+1=0$，从而特征根为 $\lambda=-\frac{1}{2}$，特征根原方程通解为 $x(n)=C\left(-\frac{1}{2}\right)^n$，$C$ 为任意常数．

11.2.2　Z 变换概念

1. Z 变换定义

定义 11.2.4　对给定的数列 $x(n)$，若级数 $\sum\limits_{n=0}^{\infty}x(n)z^{-n}$ 在 z 平面上某一区域内收敛于 $F(z)$，则记

$$Z[x(n)]=F(z)=\sum_{n=0}^{\infty}x(n)z^{-n} \tag{11.2.7}$$

称 $Z[x(n)]$ 为 $x(n)$ 的 Z 变换，其中 z 其是一个复参量．设 $z=re^{j\omega}$，代入（11.2.7）得

$$F(re^{j\omega})=\sum_{n=0}^{\infty}x(n)r^{-n}e^{-j\omega n}. \tag{11.2.8}$$

（11.2.8）式可以看成离散时间序列 $g(n)r^{-n}$ 的离散时间傅里叶变换．当 $|z|=1$ 时，$g(n)$ 的 Z 变换就成了 $g(n)$ 在 $[0,+\infty)$ 上的傅里叶变换．因此，Z 变换可以看作是离散时间傅里叶变换的一个推广．相应地，称 $x(n)$ 为 $F(z)$ 的逆 Z 变换，并记为

$$x(n)=Z^{-1}[F(z)].$$

定理 11.2.4（Z 变换存在性定理）　对于数列 $x(n)$，若存在常数 $M>0$，$R>0$，使得当 n 充分大时，均有

$$|x(n)|\leqslant MR^n,$$

则下列结论成立

（1）数列 $x(n)$ 的 Z 变换 $F(z)$ 在区域 $|z|>R$ 内一定存在；

（2）级数 $\sum\limits_{n=0}^{\infty}x(n)z^{-n}$ 在 $|z|>R$ 内绝对一致收敛；

（3）$F(z)$ 在 $|z|>R$ 内处处解析。

（证明略）

2. Z 变换收敛域结构

对于任何给定的数列 $x(n)$，使其 Z 变换 $F(z)=\sum\limits_{n=0}^{\infty}x(n)z^{-n}$ 收敛的所有复数 z 的集合称为 $x(n)$ 的 Z 变换的收敛域，它是一个复平面上的点集.

对于不同的序列 $x(n)$，因收敛域不同，其对应的 Z 变换有可能是相同的，故在确定 Z 变换时，必须要指明其收敛域．

Z 变换收敛域的确定方法大致有以下几种：

（1）系数模比值法

令

$$\lim_{n\to\infty}\left|\frac{x(n+1)z^{-(n+1)}}{x(n)z^{-n}}\right|=\lim_{n\to\infty}\left|\frac{x(n+1)}{x(n)z}\right|=\lambda,$$

若 $\lambda<1$，则级数收敛；若 $\lambda>1$，则级数发散；若 $\lambda=1$，则级数可能发散，也可能收敛.

（2）系数模根植法

令

$$\lim_{n\to\infty}\sqrt[n]{|x(n)z^{-n}|}=\lim_{n\to\infty}\frac{\sqrt[n]{|x(n)|}}{|z|}=\lambda,$$

若 $\lambda<1$，则级数收敛；若 $\lambda>1$，则级数发散；若 $\lambda=1$，则级数可能发散，也可能收敛.

（3）对定理 11.2.4 中的 R，可知 Z 变换的收敛域 $|z|>R$.

例 11.2.3 设数列 $x(n)$ 的 Z 变换为 $F(z)=\dfrac{z^2+1}{(z-1)(z+2)(z^2+9)}$，试确定 Z 变换的收敛域，并讨论 $F(z)$ 的解析性。

解 易知，$F(z)$ 的孤立奇点分别为 $z_1=1$，$z_2=-2$，$z_3=3\mathrm{i}$，$z_4=-3\mathrm{i}$，则距离原点最远的奇点为 z_3 和 z_4，因此 Z 变换的收敛域为 $|z|>3$. 由定理 11.2.4，在 $|z|>3$ 内，$F(z)$ 解析，在 $|z|>3$ 内，Z 变换不存在.

例 11.2.4 求单位样值数列 $\delta(n)=\begin{cases}1 & (n=0)\\ 0 & (n\neq 0)\end{cases}$ 的 Z 变换 $Z[(\delta(n))]$ 及 $Z[(\delta(n-K)]$ $(k>0)$.

解 由定义（11.2.4）可得

$$Z[\delta(n)]=\sum_{n=0}^{+\infty}\delta(n)z^{-n}=1$$

$$Z[\delta(n-k)]=\sum_{n=0}^{+\infty}\delta(n-k)z^{-n}=z^{-k}\quad(|z|>0)$$

例 11.2.5 求单位阶跃数列 $u(n)=\begin{cases}1 & n\geqslant 0\\ 0 & n<0\end{cases}$ 的 Z 变换.

解 $$F(z)=Z[u(n)]=\sum_{n=0}^{+\infty}u(n)z^{-n}=\sum_{n=0}^{+\infty}z^{-n}=\frac{z}{z-1}\quad(|z|>1)$$

例 11.2.6 求指数数列 $f(n)=a^n$ 的 Z 变换.

解 $$F(z)=Z[f(n)]=\sum_{n=0}^{+\infty}a^nz^{-n}=\frac{z}{z-a}\quad(|z|>|a|)$$

例 11.2.7 分别求正弦数列 $f_1(n)=\sin\omega_0 n$ 和余弦数列 $f_2(n)=\cos\omega_0 n$ 的 Z 变换.

解 因 $\sin\omega_0 n=\dfrac{\mathrm{e}^{\mathrm{i}\omega_0 n}-\mathrm{e}^{-\mathrm{i}\omega_0 n}}{2\mathrm{i}}$ 且 $\cos\omega_0 n=\dfrac{\mathrm{e}^{\mathrm{i}\omega_0 n}+\mathrm{e}^{-\mathrm{i}\omega_0 n}}{2}$，则

$$F_1(z)=Z[\sin\omega_0 n]=Z\left[\frac{\mathrm{e}^{\mathrm{i}\omega_0 n}-\mathrm{e}^{-\mathrm{i}\omega_0 n}}{2\mathrm{i}}\right]=\frac{z\sin\omega_0}{z^2-2z\cos\omega_0+1}\quad(|z|>1)$$

$$F_2(z)=Z[\cos\omega_0 n]=Z\left[\frac{\mathrm{e}^{\mathrm{i}\omega_0 n}+\mathrm{e}^{-\mathrm{i}\omega_0 n}}{2}\right]=\frac{z(z-\cos\omega_0)}{z^2-2z\cos\omega_0+1}\quad(|z|>1)$$

11.2.3 Z 变换的性质

为了叙述方便，假定凡是要求 Z 变换的序列都满足 Z 变换的存在定理的条件.

定理 11.2.5　（线性性质）设数列 $x_1(n)$ 和 $x_2(n)$ 数列的 Z 变换为 $Z[x_1(n)]=F_1(z)$，$|z|>R$ 且 $Z[x_2(n)]=F_2(z)$，$|z|>R_2$，则

$$Z[kx_1(n)+lx_2(n)]=kF_1(z)+lF_2(z),\ |z|>R \tag{11.2.9}$$

其中 k，l 是任意常数，$R=\max(R_1, R_2)$.

证　由式（11.2.7）可得，

$$\begin{aligned} Z[kx_1(n)+lx_2(n)] &= \sum_{n=0}^{\infty}(kx_1(n)+lx_2(n))z^{-n} \\ &= k\sum_{n=0}^{\infty}x_1(n)z^{-n}+l\sum_{n=0}^{\infty}x_2(n))z^{-n} \\ &= kZ[x_1(n)]+lZ[x_2(n)] \\ &= kF_1(z)+lF_2(z) \end{aligned}$$

定理 11.2.5　表明 Z 变换是线性变换，它满足叠加原理．通常两数列 $x_1(n)$ 和 $x_2(n)$ 的 Z 变换的收敛域一般为两数列收敛域的公共部分，但若其线性组合中某些零点与极点相互抵消，则其 Z 变换收敛域也可能扩大．例如若

$$F_1(z)=\frac{1}{1-z^{-1}}|z|>1,\quad F_2(z)=\frac{z^{-1}}{1-z^{-1}}|z|>1$$

但

$$F_1(z)-F_2(z)=\frac{1}{1-z^{-1}}-\frac{z^{-1}}{1-z^{-1}}=1$$

这时收敛域为整个 z 平面，显然收敛域扩大了

定理 11.2.6　（左移性质）设数列 $x(n)$ 的 Z 变换为 $Z[x(n)]=F(z)$，$|z|>R$，则

$$Z[x(n+l)] = z^l[F(z)-\sum_{n-0}^{l-1}x(n)z^{-n}],|z|>R, \tag{11.2.10}$$

其中 l 为任意正整数.

证　由 Z 变换定义式（11.2.7）可得，

$$\begin{aligned} Z[x(n+l)] &= \sum_{n=0}^{\infty}x(n+l)z^{-n} \\ &= z^l\sum_{n=0}^{\infty}x(n+l)z^{-(n+l)} \\ &= z^l[\sum_{m=0}^{\infty}x(m)z^{-m}-\sum_{m=0}^{l-i}x(m)z^{-m}] \\ &= z^l[F(z)-\sum_{n=0}^{l-1}x(n)z^{-n}] \end{aligned}$$

特别地，当 $l=1$ 或 2 时，由定理 11.2.6 可得

$$Z[x(n+1)]=z[F(z)-x(0)]$$

$$Z[x(n+2)]=z^2[F(z)-x(0)-x(1)z^{-1}]$$

定理 11.2.7　（右移性质）

设数列 $f(n)$ 的 Z 变换为 $Z[f(n)]=F(z)$，$|z|>R$，则

$$Z[f(n-r)u(n-r)]=z^{-r}F(z),\ |z|>R \tag{11.2.11}$$

其中，r 为任意正整数.

证 因 $u(n)=\begin{cases}1 & n\geqslant 0\\ 0 & n<0\end{cases}$，故由定 Z 变换定义得

$$\begin{aligned} Z[f(u-r)u(n-r)] &= \sum_{n=0}^{\infty} f(n-r)u(n-r)z^{-n} \\ &= \sum_{n=r}^{\infty} f(n-r)z^{-n} = z^{-r}\sum_{n=k}^{\infty} f(n-r)z^{-(n-r)} \\ &= z^{-r}[\sum_{m=0}^{\infty} f(m)z^{-m} = z^{-r}F(z) \end{aligned}$$

定理 11.2.8（初值定理）

设 $x(n)$ 为右边数序列，即 n 为非负整数. 若 $Z[f(n)]=F[z]$，则

$$f(0)=\lim_{z\to\infty}F(z) \tag{11.2.12}$$

证 由定义（11.2.7）可知

$$F(z) = \sum_{n=0}^{+\infty} x(n)z^{-n} = x(0) + \sum_{n=1}^{+\infty} x(n)z^{-n}$$

上式两边同时令 $z\to\infty$，得

$$\lim_{z\to\infty}F(z) = x(0) + \lim_{z\to\infty}\sum_{n=1}^{\infty} x(n)z^{-n}$$

由定理 11.2.4 可知，在收敛域 $|z|>R$ 内，级数 $\sum\limits_{n=1}^{\infty} x(n)z^{-n}$ 绝对一致收敛，故求和与求极限可交换顺序进行，即

$$\lim_{z\to\infty}\sum_{n=1}^{\infty} x(n)z^{-n} = \sum_{n=1}^{\infty}\lim_{z\to\infty} x(n)z^{-n} = 0,$$

于是有

$$\lim_{z\to\infty}F(z)=x(0).$$

定理 11.2.9（终值定理）

设 $x(n)$ 为右边数序列，且 $Z[x(n)]=F(z)$，且 $\lim\limits_{n\to\infty}x(n)$ 存在，则

$$\lim_{n\to\infty}x(n)=\lim_{z\to\infty}(z-1)F(z) \tag{11.2.13}$$

证 由线性性质和左移性质可得

$$\begin{aligned} Z[x(n-1)-x(n)] &= Z[x(n+1)]-Z[x(n)] \\ &= Z[F(z)-f(0)]-F(z) \\ &= (z-1)F(z)-zx(0) \end{aligned}$$

且

$$Z[x(n-1)-x(n)] = \lim_{n\to\infty}\sum_{k=0}^{n}[x(k+1)-x(k)]z^{-k}$$

于是

$$(z-1)F(z)-zx(0) = \lim_{n\to\infty}\sum_{k=0}^{n}[x(k+1)-x(k)]z^{-k}$$

上式两边同时令 $z\to 1$ 可得

$$\begin{aligned}&\lim_{z\to 1}(z-1)F(z)-x(0)\\&=\lim_{z\to 1}\lim_{n\to\infty}\sum_{k=0}^{n}[x(n+1)-x(0)]z^{-k}\\&=\lim_{n\to\infty}x(n+1)-x(0)\end{aligned}$$

从而可得

$$\lim_{n\to\infty}x(n)=\lim_{z\to 1}(z-1)F(z).$$

注意终值定理只有当 $\lim\limits_{n\to\infty}x(n)$ 存在时才有意义，即 $F(z)$ 的极点必须在 $|z|<1$ 内．由于 $F(z)$ 在单位圆 $|z|=1$ 上只在 $z=1$ 处可能有一阶极点．现在函数 $(z-1)F(z)$ 将抵消这个可能的极点，故 $(z-1)F(z)$ 的收敛域必将包含单位圆，这就允许上式两边取极限 $z\to 1$，即

$$\begin{aligned}&\lim_{z\to 1}[(z-1)F(z)]=\lim_{n\to\infty}\sum_{k=-1}^{n}[x(k+1)-x(k)]z^{-k}\big|_{z=1}\\&=\lim_{n\to\infty}\{[x(0)-0]+[x(1)-x(0)]+[x(2)-x(1)]+\cdots+[x(n+1)-x(n)]\}\\&=\lim_{n\to\infty}\{[x(0)-x(0)]+[x(1)-x(1)]+[x(2)-x(2)]+\cdots+[x(n+1)]\}\\&=\lim_{n\to\infty}x(n+1)=\lim_{n\to\infty}x(n),\end{aligned}$$

定理 11.2.10 （z 域微分性质）

设数列 $x(n)$ 的 Z 变换为 $F(z)=Z[x(n)]$，$|z|>R$，则有

$$Z[nx(n)]=-z\frac{\mathrm{d}F(z)}{\mathrm{d}z},\quad |z|>R. \tag{11.2.14}$$

更一般地有

$$Z[n^2x(n)]=-z\frac{\mathrm{d}}{\mathrm{d}z}\Big[-z\frac{\mathrm{d}F(z)}{\mathrm{d}z}\Big],\quad |z|>R; \tag{11.2.15}$$

$$Z[n^mx(n)]=\Big(-z\frac{\mathrm{d}}{\mathrm{d}z}\Big)^{(m)}F(z),\quad |z|>R. \tag{11.2.16}$$

其中 $\Big(-z\dfrac{\mathrm{d}}{\mathrm{d}z}\Big)^{(m)}=-z\dfrac{\mathrm{d}}{\mathrm{d}z}\Big\{-z\dfrac{\mathrm{d}}{\mathrm{d}z}\Big[-z\dfrac{\mathrm{d}}{\mathrm{d}z}\cdots\Big(-z\dfrac{\mathrm{d}}{\mathrm{d}z}\Big)\Big]\Big\}$ 表示共求 m 次导数．

证 因

$$F(z)=Z[x(n)]=\sum_{n=0}^{\infty}x(n)z^{-n},\quad |z|>R,$$

故

$$\frac{\mathrm{d}F(z)}{\mathrm{d}z}=\frac{\mathrm{d}}{\mathrm{d}z}\Big(\sum_{n=0}^{\infty}x(n)z^{-n}\Big)$$

又因上述级数一致收敛，故可交换求和与求导的次序，于是得

$$\frac{\mathrm{d}F(z)}{\mathrm{d}z}=\sum_{n=0}^{\infty}nx(n)z^{-n-1}=-z^{-1}\sum_{n=0}^{\infty}nx(n)z^{-n}=-z^{-1}Z[nx(n)],$$

于是有

$$Z[nx(n)]=-z\frac{\mathrm{d}F(z)}{\mathrm{d}z},\quad |z|>R.$$

同理可证式（11.2.15）和（11.2.16）成立.

定理 11.2.11（z 域尺度变换性质）

对数列 $x(n)$，设 $F(z)=Z[x(n)]$，$R_1<|z|<R_2$，则

$$Z[a^n x(n)]=F\left(\frac{z}{a}\right),\quad R_1<\left|\frac{z}{a}\right|<R_2. \tag{11.2.17}$$

这里 a 为非零常数.

尺度变换性质表明数列乘上指数序列 a^n 后，相当于 z 平面的尺度变化为$\dfrac{z}{a}$.

证 由 Z 变换定义，得

$$Z[a^n x(n)]=\sum_{n=-\infty}^{\infty}a^n x(n)z^{-n}=\sum_{n=-\infty}^{\infty}x(n)\left(\frac{z}{a}\right)^{-n}=F\left(\frac{z}{a}\right).$$

由定理 11.2.11 可得

$$Z[a^{-n}x(n)]=F(az),\quad R_1<|az|<R_2;$$
$$Z[(-1)^n x(n)]=F(-z),\quad R_1<|z|<R_2.$$

定理 11.2.12（时域卷积性质）

设 $x_1(n)$，$x_2(n)$是两个右边序列，且 $Z[x_1(n)]=F_1(z)$，$|z|>R_1$，$Z[x_2(n)]=F_2(z)$，$|z|>R_2$，设 $x(n)=x_1(n)*x_2(n)$，则

$$F[z]=Z[x_1(n)*x_2(n)]=F_1(z)F_2(z),\quad |z|>\max\{R_1,R_2\}. \tag{11.2.18}$$

这是个重要性质，它将时域中的卷积关系转换为 z 域中的乘积关系.

证 由 Z 变换的定义和卷积定义（11.1.3）可得

$$Z[x_1(n)*x_2(n)]=\sum_{n=0}^{\infty}\left[\sum_{k=0}^{n}x_1(k)x_2(n-k)\right]z^{-n}$$

作零延拓：$n<0$ 时，$x_1(n)=x_2(n)=0$. 因此，上式右边可将 k 的求和上限改为∞，其值不变. 交换求和次序，得

$$\begin{aligned}Z[x_1(n)*x_2(n)]&=\sum_{n=0}^{\infty}\left[\sum_{k=0}^{n}x_1(k)x_2(n-k)\right]z^{-n}\\&=\sum_{k=0}^{\infty}x_1(k)\left[\sum_{n=0}^{\infty}x_2(n-k)z^{-n}\right]\\&=\sum_{k=0}^{\infty}x_1(k)z^{-k}\left[\sum_{n=k}^{\infty}x_2(n-k)z^{-(n-k)}\right]\\&=\left(\sum_{k=0}^{\infty}x_1(k)z^{-k}\right)F_2(z)=F_1(z)F_2(z),\end{aligned}$$

注 若两数序列在时域中是乘积的关系，则这两个数列在 z 域中是复数卷积关系（不是一般的卷积），即

$$Z[x_1(n)x_2(n)]=\frac{1}{2\pi\mathrm{j}}\oint_c F_1(v)F_2\left(\frac{z}{v}\right)\frac{\mathrm{d}v}{v},$$

其中，$F_1[z]=Z[x_1(n)]$，$F_2[z]=Z[x_2(n)]$.

11.2.4 逆 Z 变换

定义 11.2.5 称下述复积分为 $F[z]$的逆 z 变换

$$x(n) = \frac{1}{2\pi i}\oint_C F(z)z^{n-1}dz \tag{11.2.19}$$

其中 $F[z]=Z[x(n)]$ 为数列 $x(n)$ 的 Z 变换．C 是 $F(z)$ 收敛域内任何光滑闭曲线，取逆时针方向．(11.2.19) 也称逆 Z 逆变换的围道积分公式或反演积分．通常将其记作 $x(n)=Z^{-1}[F(z)]$. 一般地，用定义 (11.2.19) 求逆 Z 变换很麻烦，所以一般常用以下三种方法求逆 Z 变换．

1. 留数法（围道积分法）

定理 11.2.13（反演积分收敛定理）　若函数 $F(z)=\sum_{n=0}^{\infty}x(n)z^{-n}$ 在收敛域 $|z|>R$ 内解析，则反演积分公式 (11.2.19) 成立．

证　由于 $F(z)=\sum_{n=0}^{\infty}x(n)z^{-n}$，在等式两边同时乘以 z^{m-1}，可得

$$F(z)z^{m-1} = \sum_{n=0}^{\infty}x(n)z^{m-n-1}$$

对上式两边沿曲线 C 求积分得

$$\oint_c F(z)z^{m-1}dz = \oint_c\sum_{n=0}^{\infty}x(n)z^{m-n-1}dz$$

因为级数 $\sum_{n=0}^{\infty}x(n)z^{m-n-1}$ 在收敛域 $|z|>R$ 内一致收敛，故可交换积分与求和次序，则有

$$\oint_c F(z)z^{m-1}dz = \sum_{n=0}^{\infty}x(n)\oint_c z^{m-n-1}dz$$

又由柯西积分公式得

$$\oint_c z^{m-n-1}dz = \begin{cases}2\pi i, & n=m,\\ 0, & n\neq m.\end{cases}$$

故有

$$\oint_C F(z)^{m-1}dz = 2\pi i x(m)$$

即

$$x(n) = \frac{1}{2\pi i}\oint_C F(z)z^{n-1}dz$$

2. 用留数定理求反演积分

若式 (11.2.19) 中被积函数 $F(z)z^{n-1}$ 在闭合曲线 C 内的所有极点的集合为 $\{z_k\}$，则 $F(z)$ 的逆变换可由下式求出

$$x(n) = \sum_k \operatorname{Re}s[F(z)z^{n-1},z_k] \tag{11.2.20}$$

上式中，$\operatorname{Re}s[F(z)z^{n-1},z_k]$ 为函数 $F(z)z^{n-1}$ 在极点 z_k 处的留数，$\sum_k$ 表示对整个极点集合 $\{z_k\}$ 上的留数求和．即 $x(n)$ 等于函数 $F(z)z^{n-1}$ 在闭合曲线 C 内所有极点上留数的总和．

若 z_k 为单阶极点，则极点上的留数为

$$\operatorname{Re}s[F(z)z^{n-1},z_k] = (z-z_k)F(z)z^{n-1}\big|_{z=z_k} = (1-z_kz^{-1})F(z)z^n\big|_{z=z_k}; \tag{11.2.21}$$

若 z_k 为 N 阶极点，则极点上的留数为

$$\begin{aligned}\mathrm{Re}\,s[F(z)z^{n-1},z_k] &= \frac{1}{(N-1)!}\frac{\mathrm{d}^{N-1}}{\mathrm{d}z^{N-1}}(z-z_k)^N F(z)z^{n-1}\Big|_{z=z_k}\\ &= \frac{1}{(N-1)!}\frac{\mathrm{d}^{N-1}}{\mathrm{d}z^{N-1}}(1-z_k z^{-1})^N F(z)z^{n}\Big|_{z=z_k}\end{aligned} \tag{11.2.22}$$

例 11.2.8 已知 $F(z)=\dfrac{1}{1-az^{-1}}$，$|z|>a$，求逆 z 变换 $x(n)=Z^{-1}[F(z)]$.

解 因 $F(z)$ 的收敛域为一个圆外区域，且收敛域包含 $z=\infty$ 处，故数列 $x(n)$ 是右边数列的第一种情况，它的非零值点一定在坐标原点（$n=0$）的右边，即有 $n<0$，$x(n)=0$. 因此只需求出 $n\geqslant 0$ 时的 $x(n)$.

当 $n\geqslant 0$ 时，函数 $F(z)z^{n-1}=\dfrac{z^n}{z-a}$ 在 $z=a$ 处有一个单极点，在 $z=\infty$ 处也有一个 $n-1$ 阶极点. 在收敛域内任取一条包含 z 平面坐标原点的围线 C，则在闭合曲线 C 内的极点只有 $z=a$ 一个单极点，故有

$$x(n)=\mathrm{Re}\,s\left[\frac{z^n}{z-a},a\right]=(z-a)\frac{z^n}{z-a}\Big|_{z=a}=a^n.$$

综合可得

$$x(n)=a^n u(n).$$

注 在求逆 z 变换时，不仅要考虑 $F(z)$ 的表达式，而且也要注意其收敛域，相同的 $F(z)$ 不同的收敛域完全可以导出不同的序列，如本例中，若条件改为圆域 $|z|<a$，则 $x(n)=-a^n u(-n-1)$.（计算过程留给读者完成）.

2. 幂级数法（长除法）

若 $x(n)$ 是个右边数列或左边数列，则可将 z 变换 $F(z)$ 写成如下幂级数的形式

$$F(z)=a_0+a_1 z^{-1}+a_2 z^{-2}+\cdots \tag{11.2.23}$$

或

$$F(z)=a_0+a_{-1}z^1+a_{-2}z^2+\cdots \tag{11.2.24}$$

（11.2.23）式称为降幂级数，对应于一个右边序列，即有 $x(n)=a_n$，$n=0, 1, 2, \cdots$；（11.2.24）式称为升幂级数，对应于一个左边序列，即 $x(n)=a_n$，$n=0, -1, -2, \cdots$.

当 $F(z)$ 为有理函数时，可以用长除法将其展开成幂级数形式. 在某些情况下，也可用初等变换方法将 z 变换展开成幂级数.

例 11.2.9 求 $F(z)=\ln(1+az^{-1})$ $|z|>|a|$ 的逆 Z 变换.

解 该 z 变换的收敛域为圆外区域，它对应着一个右边序列，因此可将 $F(z)$ 展成降幂级数形式. 因为

$$\ln(1+x)=x-\frac{x^2}{2}+\frac{x^3}{3}-\frac{x^4}{4}+\cdots+(-1)^{n-1}\frac{x^n}{n}+\cdots=\sum_{n=1}^{\infty}(-1)^{n-1}\frac{x^n}{n},\ |x|<1,$$

令 $x=az^{-1}$，则有

$$F(z)=\ln(1-az^{-1})=\sum_{n=1}^{\infty}(-1)^{n-1}\frac{a^n}{n}z^{-n}\quad |z|>|a|,$$

即得

$$a_n = (-1)^{n-1}\frac{a^n}{n} \quad n = 1,2,3,\cdots.$$

所以

$$x(n) = \begin{cases} (-1)^{n-1}\dfrac{a^n}{n}, & n > 0, \\ 0, & n \leqslant 0, \end{cases}$$

或写成

$$x(n) = (-1)^{n-1}\frac{a^n}{n}u(n-1).$$

我们也可用长除法将 z 变换展开成幂级数，下面举例进行说明。

例 11.2.10　已知 $F(z) = \dfrac{1}{1-az^{-1}}$，求 $Z^{-1}[F(z)]$.

解　(1) 若 $|z| > |a|$，$F(z)$ 的收敛域为一个圆外区域且包括无穷远点（$z=\infty$），所以可以判定 $x(n) = Z^{-1}[F(z)]$. 为右边序列．为求出右边序列 $x(n)$ 先用长除法将 $F(z)$ 展开成降幂形式的级数，即将 $F(z)$ 的分子、分母多项式都写成降幂形式，然后再作长除法如下，则有

$$F(z) = 1 + az^{-1} + a^2z^{-2} + a^3z^{-3} + \cdots = \sum_{n=0}^{\infty} a^n z^{-n},$$

因此

$$x(n) = a^n u(n).$$

$$\begin{array}{r l}
 & 1 + az^{-1} + a^2z^{-2} + a^3z^{-3} + \cdots\cdots \\
1 - az^{-1} \big) & 1 \\
 & \underline{1 - az^{-1}} \\
 & \quad az^{-1} \\
 & \underline{\quad az^{-1} - a^2z^{-2}} \\
 & \qquad\quad a^2z^2 \\
 & \qquad\quad \underline{a^2z^2 - a^3z^3} \\
 & \qquad\qquad\quad a^3z^3 \\
 & \qquad\qquad\quad \vdots
\end{array}$$

(2) 当 $|z| < |a|$ 时，因 $F(z)$ 的收敛域是个圆内区域，且包含了 $z=0$ 处，所以可以判定 $x(n)$ 是左边序列．为了将左边序列的 z 变换展开成幂级数，必须将 $F(z)$ 的分子、分母多项式按升幂形式排列，即

$$F(z) = \frac{z}{-a+z}, \quad |z| < |a|.$$

作长除法如下所示，则有

$$X(z) = -a^{-1}z - a^{-2}z^2 - a^{-3}z^3 - \cdots = \sum_{n=-1}^{\infty} -a^n z^{-n},$$

所以

$$x(n) = \begin{cases} 0, & n \geqslant 0, \\ -a^n, & n < 0, \end{cases}$$

或写成

$$x(n) = -a^n u(-n-1)$$

$$
\begin{array}{r|l}
 & -a^{-1}z - a^{-2}z^2 - a^{-3}z^{-3} - a^{-4}z^{-4} + \cdots\cdots \\
\hline
-a+z & z \\
 & \underline{z - a^{-1}z^2} \\
 & \quad a^{-1}z^2 \\
 & \quad \underline{a^{-1}z^2 - a^{-2}z^{-3}} \\
 & \qquad a^{-2}z^3 \\
 & \qquad \underline{a^{-2}z^3 - a^{-3}z^4} \\
 & \qquad\quad a^{-3}z^4 \\
 & \qquad\quad \vdots
\end{array}
$$

3. 部分分式法

Z 变换的部分分式展开法类似于拉普拉斯变换的部分分式展开法．其基本思想是：先将 $\frac{F(z)}{z}$分解成若干较简单的部分分式之和，再将每个部分分式再乘以 z，即可得到以 z^{-1} 为变量的部分分式展开式，最后求出这些简单部分分式的逆 z 变换（也可通过查表的方法求逆 Z 变换）即得．

若 z 变换为一个有理函数，即

$$F(z) = \frac{a_0 + a_1 z^{-1} + a_2 z^{-2} + \cdots + a_N z^{-N}}{1 + b_1 z^{-1} + b_2 z^{-2} + \cdots + b_N z^{-N}} = \frac{\sum\limits_{i=0}^{N} a_i z^{-i}}{1 + \sum\limits_{i=0}^{N} b_i z^{-i}}, \quad |z| > R.$$

若 $F(z)$的 N 个极点 $\{d_i\}$ 都是单阶极点，则可展开成部分分式

$$F(z) = \frac{\sum\limits_{i=0}^{N} a_i z^{-i}}{\prod\limits_{i=1}^{N}(1 - d_i z^{-i})} = A_0 + \sum_{i=1}^{N} \frac{A_i}{1 - d_i z^{-i}}, |z| > R.$$

其中 A_i 是常数，可以由下式求出：

$$A_0 = \mathrm{Res}\left[\frac{F(z)}{z}, 0\right] = F(0) = \frac{a_N}{b_N}$$

$$A_i = \mathrm{Res}\left[\frac{F(z)}{z}, d_i\right] = (1 - d_i z^{-1})F(z)\Big|_{z=d_i}$$

其对应的逆 z 变换为

$$x(n) = A_0 \delta(n) + \sum_{i=1}^{N} A_i d_i^n u(n)$$

例 11.2.11 已知 $F(z) = \frac{z^2}{(z-1)(z-0.5)}$，$|z| < 1$，求 $x(n)$ ．

解 因$|z| < 1$，故 $x(n)$是右边序列．设

$$\frac{F(z)}{z} = \frac{A_1}{z - 0.5} + \frac{A_2}{z - 1}$$

$$A_1 = (z-0.5)\frac{F(z)}{z}\bigg|_{z=0.5} = \frac{z}{z-1}\bigg|_{z=0.5} = -1$$

$$A_1 = (z-0.5)\frac{F(z)}{z}\bigg|_{z=1} = \frac{z}{z-0.5}\bigg|_{z=1} = 2$$

$$F(z) = \frac{2z}{z-1} - \frac{z}{z-0.5} \quad |z| < 1$$

故　$x(n) = (2-0.5^n)u(n)$.

11.3　Z 变换的应用

从数学的角度看，连续变量可以用离散变量近似与逼近．因此，微分方程模型可以近似于某个差分方程模型．从计算的有效性看，差分方程模型有着较广泛的应用背景．如在经济、金融、保险领域，以及生物种群的数量结构规律分析、疾病和病虫害的控制与防治、遗传规律的研究等很多方面都有较为重要的应用．

利用 Z 变换求差分方程的一般步骤是：

1. 将差分方程的两边作 Z 变换，得到代数方程；
2. 求解代数方程，得 $F(z)$；
3. 对 $F(z)$ 作 Z 变换的逆变换，得差分方程的解 $x(n)$ ．

例 11.3.1　用 Z 变换法求差分方程

$$x(n+2) + 2x(n+1) + x(n) = 1$$

满足初始条件 $x(0)=1$，$x(1)=0$ 的特解．

解　设 $Z[x(n)] = X(z)$，在方程两边同时作 Z 变换，得

$$z^2[X(z) - x(0) - x(1)z^{-1}] + 2z[X(z) - x(0)] + X(z) = \frac{z}{z-1}$$

将初始条件 $x(0)=1$，$x(1)=0$ 代入上式得

$$z^2[X(z) - 1] + 2z[X(z) - 1] + X(z) = \frac{z}{z-1}$$

解得

$$X(z) = \frac{1}{4}\frac{z}{z-1} + \frac{3}{4}\frac{z}{z+1} + \frac{1}{2}\frac{z}{(z+1)^2}$$

故

$$x(n) = \frac{1}{4}(-1)^n\left[\frac{3}{4} - \frac{1}{2}n\right]$$

例 11.3.2　利用差分方程建立人口控制与预测模型

人口数量的发展变化规律及特性可以用偏微分方程的理论形式来表现和模拟．但在实际应用中不是很方便，需要建立离散化的模型，从而便于分析与应用．人口数量的变化取决于诸多因素，比如女性生育率、死亡率、性别比、人口基数等．试建立离散数学模型来表现某地区人口数量的变化规律．

建模分析　建立离散系统差分方程时，一般划分成若干时段，对每个时段引入相应的变量，由系统的实际变化规律和数量相互关系，建立每两个相邻时段或几个相邻时段或者相隔

某几个时段的量之间的变化规律和运算关系等式，从而建立差分方程.

模型假设 我们以年为时间单位记录人口数量，年龄取周岁.

S1. 设这个地区最大年龄为 m 岁；

S2. 第 t 年为 i 岁的人数为 $x_i(t)(1\leqslant i\leqslant m, t=0,1,\cdots)$，这个数量指标是整个问题分析表现的目标和载体，我们的目的就是找出这些变量的变化规律、内在的普遍联系.

S3. 设第 t 年为 i 岁的人口平均死亡率为 $d_i(t)$，即这一年中 i 岁人口中死亡数与基数之比

$$d_i(t)=\frac{x_i(t)-x_{i+1}(t+1)}{x_i(t)},$$

即

$$x_{i+1}(t+1)=(1-d_i(t))x_i(t), 1\leqslant i\leqslant m; t=0,1,2,\cdots.$$

S4. 设第 t 年 i 岁女性的生育率（即每位女性平均生育婴儿数）为 $b_i(t)$，$[i_1,i_2]$ 为生育区间. $k_i(t)$ 为第 t 年 i 岁人口的女性比（占全部 i 岁人口数）. 由此可知第 t 年出生的人数为

$$f(t)=\sum_{i=i_1}^{i_2} b_i(t)k_i(t)x_i(t)$$

S5. 记第 t 年婴儿的死亡率为 $d_{00}(t)$，则

$$x_0(t)=(1-d_{00}(t))f(t),$$

S6. 设

$$h_i(t)=\frac{b_i(t)}{\sum\limits_{i=i_1}^{i_2} b_i(t)}=\frac{b_i(t)}{\beta(t)},$$

它表示 i 岁女性总生育率，则 $b_i(t)=\beta(t)h_i(t)$，若假设 t 年后女性出生率保持不变，则

$$\beta(t)=b_{i_1}(t)+b_{i_1+1}(t)+\cdots+b_{i_2}(t)=b_{i_1}(t)+b_{i_1+1}(t+1)+\cdots+b_{i_2}(t+i_2-i_1),$$

可见，$\beta(t)$ 表示每位妇女一生中平均生育的婴儿数，称之为总和生育率. 它反映了人口变化的基本因素.

模型建立：根据上面的假设

$$\begin{aligned}
x_1(t+1) &= (1-d_0(t))x_0(t) = (1-d_0(t))(1-d_{00}(t))f(t)\\
&= (1-d_0(t))(1-d_{00}(t))\sum_{i=i_1}^{i_2} b_i(t)k_i(t)x_i(t)\\
&= (1-d_0(t))(1-d_{00}(t))\beta(t)\sum_{i=i_1}^{i_2} h_i(t)k_i(t)x_i(t)\\
&= \beta(t)\sum_{i=i_1}^{i_2} b_i(t)x_i(t)
\end{aligned}$$

$$x_2(t+1)=(1-d_2(t))x_1(t),$$

$$\vdots$$

$$x_m(t+1)=(1-d_{m-1}(t))x_{m-1}(t).$$

为了全面系统地反映一个时期内人口数量的状况，记

$$\boldsymbol{x}(t)=[x_1(t),x_2(t),\cdots,x_m(t)]^{\mathrm{T}},$$

$$A(t)=\begin{pmatrix} 0 & 0 & 0 & \cdots & 0 & 0 \\ 1-d_1(t) & 0 & 0 & \cdots & 0 & 0 \\ 0 & 1-d_2(t) & 0 & \cdots & 0 & 0 \\ \vdots & \vdots & \vdots & & \vdots & \vdots \\ 0 & 0 & 0 & \cdots & 0 & 0 \\ 0 & 0 & 0 & \cdots & 1-d_{m-1}(t) & 0 \end{pmatrix}_{m\times n},$$

$$B(t)=\begin{pmatrix} 0 & 0 & b_{i_1}(t) & \cdots & b_{i_1}(t) & 0 \\ 0 & 0 & 0 & \cdots & 0 & 0 \\ 0 & 0 & 0 & \cdots & 0 & 0 \\ \vdots & \vdots & \vdots & & \vdots & \cdots \\ 0 & 0 & 0 & \cdots & 0 & 0 \\ 0 & 0 & 0 & \cdots & 0 & 0 \end{pmatrix}_{m\times n},$$

则此向量 $x(t)$ 满足方程:

$$x(t+1)=A(t)x(t)+\beta(t)B(t)x(t),$$

即

$$x(t+1)=[A(t)+\beta(t)B(t)]x(t),$$

这是一阶差分方程（组），其中 $\beta(t)$ 是可控变量，$x(t)$ 是状态变量，并且关于 $\beta(t)$ 和 $x(t)$ 都是线性的，故称其为双线性差分方程.

模型分析　在稳定的社会环境下，假设死亡率、生育模式、女性比例、婴儿存活率不变，故可设 $A(t)=A$，$B(t)=B$ 为常数矩阵，从而有

$$x(t+1)=[A+\beta(t)B]x(t)$$

只要总生育率 $\beta(t)$ 确定下来，则人口的变化规律 $x(t)$ 就可以确定下来．为更全面地反映人口的有关信息，下面再引入一些重要的指标

I1. 人口总数　$N(t)=\sum\limits_{i=0}^{m}x_i(t)$；

I2. 人口平均年龄　$R(t)=\dfrac{1}{N(t)}\sum\limits_{i=0}^{m}ix_i(t)$；

I3. 平均寿命　$S(t)=\sum\limits_{j=0}^{m}\exp\left[-\sum\limits_{i=0}^{j}d_i(t)\right]$，这里假定从第 t 年分析，若以后每年的死亡率是不变的，即 $d_i(t)=d_{i+1}(t+1)=\cdots$，则 $\sum\limits_{i=0}^{j}d_i(t)$ 表示 t 年出生的人活到第 $j+1$ 年期间的死亡率，这也表明其寿命为 j 岁，$j=1,\ 2,\ \cdots,\ m$. 而 $\exp\left[-\sum\limits_{i=0}^{j}d_i(t)\right]$ 表示寿命.

类似于之前的讨论，通过解出 $x(t)$，分析其变化规律，就可对上面引入的三个指标进行更具体的分析，从而对人口的分布状况、变化趋势、总体特征等有科学的认识和把握．具体求解请读者自己完成.

习 题 11

1. 试求以下各数列的时间傅里叶变换

(1) $x_1(n)=\delta(n-3)$;　　(2) $x_2(n)=\frac{1}{2}\delta(n+1)+\delta(n)+\frac{1}{2}\delta(n-1)$;

(3) $x_3(n)=a^n u(n),0<a<1$;　　(4) $x_4(n)=u(n+3)-u(n-4)$.

2. 设 $X(\mathrm{e}^{\mathrm{j}\omega})$ 是数列 $x(n)$ 的离散时间傅里叶变换．利用离散时间傅里叶变换的定义与性质，求下列各数列的离散时间傅里叶变换．

(1) $g(n)=x(n)-x(n-1)$;　　(2) $g(n)=x(2n)$;

(3) $g(n)=nx(n)$;　　(4) $g(n)=x^2(n)$;

(5) $g(n)=\begin{cases}x\left(\dfrac{n}{2}\right), & n\text{ 为偶数},\\ 0, & n\text{ 为奇数}.\end{cases}$

3. 试求以下各序列的时间傅里叶变换

(1) $x_1(n)=a^n u(n),|a|<1$;　　(2) $x_2(n)=a^n u(-n),|a|>1$;

(3) $x_3(n)=\begin{cases}a^{|n|}, & |n|\leqslant M;\\ 0, & n\text{ 为其他};\end{cases}$　　(4) $x_4(n)=a^n u(n+3),|a|<1$;

(5) $x_5(n)=\sum\limits_{m=0}^{\infty}\left(\frac{1}{4}\right)^n\delta(n-3m)$;　　(6) $x_6(n)=\left[\dfrac{\sin(n\pi/3)}{n\pi}\right]\left[\dfrac{\sin(n\pi/4)}{n\pi}\right]$.

4. 设 $x(n)$ 是一有限长序列，已知

$$x(n)=\begin{cases}-1,2,0,-3,2,1, & n=0,1,2,3,4,5,\\ 0, & n\text{ 为其他},\end{cases}$$

它的离散傅里叶变换为 $X(\mathrm{e}^{\mathrm{j}\omega})$。不具体计算 $X(\mathrm{e}^{\mathrm{j}\omega})$，试直接确定下列表达式的值。

(1) $X(\mathrm{e}^{\mathrm{j}0})$;　　(2) $X(\mathrm{e}^{\mathrm{j}\pi})$;　　(3) $\int_{-\pi}^{\pi}X(\mathrm{e}^{\mathrm{j}\omega})\mathrm{d}\omega$;

(4) $\int_{-\pi}^{\pi}|X(\mathrm{e}^{\mathrm{j}\omega})|^2\mathrm{d}\omega$;　　(5) $\int_{-\pi}^{\pi}\left|\dfrac{\mathrm{d}X(\mathrm{e}^{\mathrm{j}\omega})}{\mathrm{d}\omega}\right|^2\mathrm{d}\omega$.

5. 试求以下各序列的时间傅里叶变换

(1) $x_1(n)=\cos\left(\dfrac{2\pi}{N}nm\right),\ 0\leqslant n\leqslant N,0<m<N$;

(2) $x_2(n)=a^n,\ 0\leqslant n\leqslant N-1$;

(3) $x_3(n)=4+\cos^2\left(\dfrac{2\pi}{N}n\right),\ n=0,1,\cdots,N-1$.

6. 证明：若 $X(\mathrm{e}^{\mathrm{j}\omega})$ 是序列 $x(n)$ 的离散时间傅里叶变换，而

$$x_1(n)=\begin{cases}x\left(\dfrac{n}{k}\right), & \dfrac{n}{k}\text{为整数},\\ 0, & \text{其他},\end{cases}$$

则 $X_1(\mathrm{e}^{\mathrm{j}\omega})=X(\mathrm{e}^{\mathrm{j}\omega})$.

7. 设序列 $x(n)=u(n)$，证明 $x(n)$ 的离散时间傅里叶变换为

$$X(e^{j\omega}) = \frac{1}{1 - e^{-j\omega}} + \pi \sum_{l=-\infty}^{\infty} \delta(\omega - 2\pi l).$$

8. 证明离散时间傅里叶变换性质中的帕塞瓦尔定理，即

$$\sum_{n=-\infty}^{\infty} |x(n)|^2 = \frac{1}{2\pi} \int_{-\pi}^{\pi} |X(e^{j\omega})|^2 d\omega.$$

9. 求出下列序列的 z 变换及其相关的收敛域.

（1） $x(n) = a^{|n|}(|a| < 1)$；　　（2） $x(n) = \left(\frac{1}{2}\right)^n u(n)$；

（3） $x(n) = -\left(\frac{1}{2}\right)^n u(-n-1)$；　　（4） $x(n) = \frac{1}{n}, (n \geqslant 1)$；

（5） $x(n) = n\sin(\omega_0 n), n \geqslant 0$（$\omega_0$ 为常数）；

（6） $x(n) = Ar^n \cos(\omega_0 n + \Phi) u(n), 0 < r < 1$.

10. 利用长除法，留数定理，部分分式法求出下列 $X(z)$ 的 z 反变换：

（1） $X(z) = \dfrac{1 - \frac{1}{2}z^{-1}}{1 - \frac{1}{4}z^{-2}}$，$|z| > \dfrac{1}{2}$；

（2） $X(z) = \dfrac{1 - 2z^{-1}}{1 - \frac{1}{4}z^{-1}}$，$|z| < \dfrac{1}{4}$；

（3） $X(z) = \dfrac{z - a}{1 - az}, |z| > \left|\dfrac{1}{a}\right|$.

11. 有一信号 $y(n)$，它与另两个信号 $x_1(n)$ 和 $x_2(n)$ 的关系是：

$$y(n) = x_1(n+3) * x_2(-n+1)$$

其中 $x_1(n) = \left(\frac{1}{2}\right)^n u(n)$，$x_2(n) = \left(\frac{1}{3}\right)^n u(n)$. 已知

$$Z[a^n u(n)] = \frac{1}{1 - az^{-1}}, |z| > |a|,$$

利用 Z 变换的性质求 $y(n)$ 的 Z 变换 $Y(z)$.

12. 已知下列差分方程以及相关的输入和初始条件，确定输出 $y[n]$.

（1） $y(n+2) - 3y(n+1) + 2y(n) = u(n)$，其中 $y(0) = y(1) = 0$；

（2） $\begin{cases} y(n) - 3y(n-1) + 2y(n-2) = x(n) + 3x(n-1) \\ x(n) = a^n u(n), y(-1) = 1, y(-2) = 0 \end{cases}$.

附　　录

附录 A　工程应用案例

数学建模的基本方法和步骤

数学建模面临的实际问题是多种多样的，建模的目的不同，分析的方法不同，采用的数学工具不同，所得模型的类型也不同. 我们不能指望归纳出若干条准则，适用于一切实际问题的数学建模方法. 下面所谓基本方法不是针对具体问题而是从方法论的意义上讲的.

1. 数学建模的基本方法

一般说来建模方法大体上可分为机理分析和测试分析两种. 机理分析是根据人们对客观事物特性的认识，找出反映其内部机理的数量规律，建立的模型常有明确的物理或现实意义. 前面几个示例都是用的机理分析. 测试分析是将研究对象看成是一个“黑箱”系统（意思是它的内部机理看不清楚），通过对系统输入、输出数据的测量和统计分析，按照一定的准则找出与数据拟合得最好的模型.

面对一个实际问题用哪一种方法建模，主要取决于人们对研究对象的了解程度和建模目的. 如果掌握了一些内部机理的知识，模型也要求反映内在特征的物理意义，建模就应以机理分析为主. 如果对象的内部规律基本上不清楚，模型也不需要反映内部特性（例如仅用于对输出做预报），那么就可以用测试分析.

对于许多实际问题还常常将两种方法结合起来建模，即用机理分析建立模型的结构，用测试分析确定模型的参数.

机理分析当然要针对具体问题来做，不可能有统一的方法，因而主要是通过实例研究（Case studies）来学习. 测试分析有一套完整的数学方法，第 **10** 章统计回归模型是其中的一小部分. 以动态系统为主的测试分析称为系统辨识（System Identification），是一门专门的学科. 本书以后所说的数学建模主要指机理分析.

2. 数学建模的一般步骤

建模要经过哪些步骤并没有一定的模式，通常与问题性质、建模目的等有关. 下面介绍的是机理分析方法建模的一般过程，如图 **A.1** 所示.

模型准备　了解问题的实际背景，明确建模目的，搜集必要的信息如现象、数据等，尽

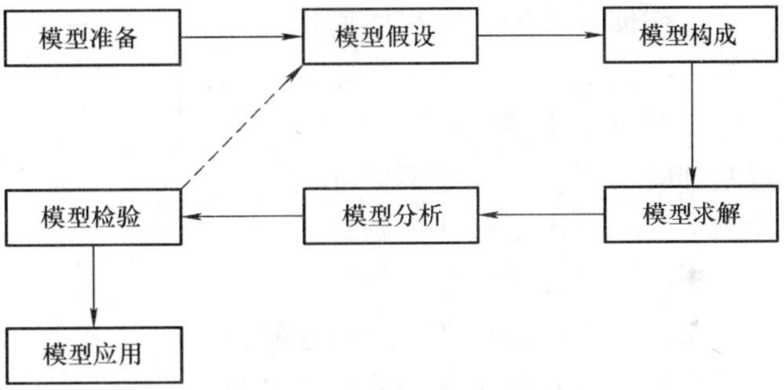

图 A.1　数学建模步骤示意图

量弄清对象的主要特征，形成一个比较清晰的“问题”，由此初步确定用哪一类模型．情况明才能方法对．在模型准备阶段要深入调查研究，虚心向实际工作者请教，尽量掌握第一手资料．

模型假设　根据对象的特征和建模目的，抓住问题的本质，忽略次要因素，做出必要的、合理的简化假设．对于建模的成败这是非常重要和困难的一步．假设作得不合理或太简单，会导致错误的或无用的模型；假设做的过分详细，试图把复杂对象的众多因素都考虑进去，会使你很难或无法继续下一步的工作．常常需要在合理与简化之间做出恰当的取舍．通常，作假设的依据，一是出于对问题内在规律的认识，二是来自对现象、数据的分析，以及二者的综合．想象力、洞察力、判断力、以及经验，在模型假设中起着重要作用．

模型构成　根据所做的假设，用数学的语言、符号描述对象的内在规律，建立包含常量、变量等的数学模型，如优化模型、微分方程模型、差分方程模型、图的模型等．这里除了需要一些相关学科的专门知识外，还常常需要较为广阔的应用数学方面的知识．要善于发挥想象力，注意使用类比法，分析对象与熟悉的其他对象的共性，借用已有的模型．建模时还应遵循的一个原则是：尽量采用简单的数学工具，因为你的模型总是希望更多的人了解和使用，而不是只供少数专家欣赏．

模型求解　可以采用解方程、画图形、优化方法、数值计算、统计分析等各种数学方法，特别是数学软件和计算机技术．

模型分析　对求解结果进行数学上的分析，如结果的误差分析、统计分析、模型对数据的灵敏性分析、对假设的强健性分析等．

模型检验　把求解和分析结果翻译回到实际问题，与实际的现象、数据比较，检验模型的合理性和适用性．如果结果与实际不符，问题常常出在模型假设上，应该修改、补充假设，重新建模，如图 **8** 所示中的虚线所示．这一步对于模型是否真的有用非常关键，要以严肃认真的态度对待．有些模型要经过几次反复，不断完善，直到检验结果获得某种程度上的满意．

模型应用　应用的方式与问题性质、建模目的及最终的结果有关，一般不属于本书讨论的范围．

应当指出，并不是所有问题的建模都要经过这些步骤，有时各步骤之间的界限也不那么分明，建模时不要拘泥于形式，本书的实例就采取了灵活的表述形式．

3．数学建模的全过程

从前面几个建模示例以及一般步骤的分析，可以将数学建模的过程分为表述、求解、解释、验证几个阶段，并且通过这些阶段完成从现实对象到数学模型，再从数学模型回到现实对象的循环，如图 A.2 所示．

表述是将现实问题“翻译”成抽象的数学问题，属于归纳法．数学模型的求解则属于演绎法．归纳是依据个别现象推出一般规律；演绎是按照普遍原理考察特定对象，导出结论．因为任何事物的本质都要通过现象来反映，必然要透过偶然来表露，所以正确的归纳不是主观、盲目的，而是有客观基础的，但也往往是不精细的、带感性的，不易直接检验其正确性．演绎利用严格的逻辑推理，对解释现象、做出科学预见具有重要意义，但是它要以归纳的结论作为公理化形式的前提，只能在这个前提下保证其正确性．因此，归纳和演绎是辩证统一的过程：归纳是演绎的基础，演绎是归纳的指导．

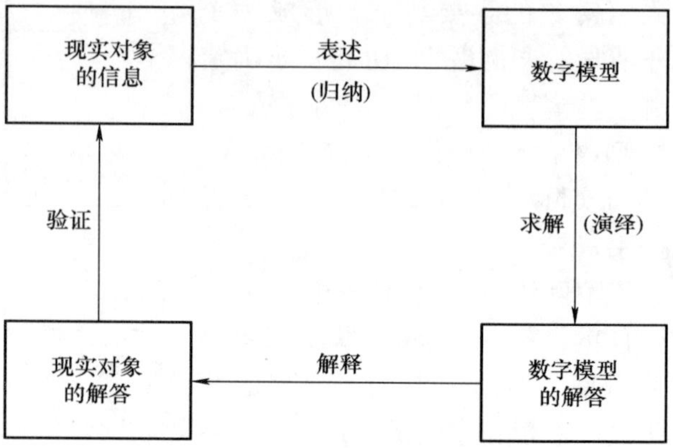

图 A.2　数学建模的全过程

解释是把数学模型的解答“翻译”回到现实对象，给出分析、预报、决策或者控制的结果．最后，作为这个过程的重要一环，这些结果需要用实际的信息加以验证．

图 A.2 也揭示了现实对象和数学模型的关系．一方面，数学模型是将现象加以归纳、抽象的产物，它源于现实，又高于现实；另一方面，只有当数学建模的结果经受住现实对象的检验时，才可以用来指导实际，完成实践—理论—实践这一循环．

案例一　钢管和易拉罐下料

生产中常会遇到通过切割、剪裁、冲压等手段，将原材料按所需尺寸加工这种工艺过程，称为原料下料问题．按照进一步的工艺要求，确定下料方案，使得用料最省，或利润最大，是典型的优化问题．本节通过两个实例讨论用数学规划模型解决这类问题的方法．

例 1.1　某钢管零售商从钢管厂进货，将钢管按照顾客的要求切割后售出，从钢管厂进货时得到的原料钢管都是 19m.

（1）现有一客户需要 50 根 4m、20 根 6m 和 15 根 8m 的钢管．应如何下料最节省？

（2）零售商如果采用的不同切割模式太多，将会导致生产过程的复杂化，从而增加生产和管理成本，所以该零售商规定采用的不同切割模式不能超过 3 种．此外，该客户除需要（1）中的三种钢管外，还需要 10 根 5m 的钢管．应如何下料最节省？

问题（1）的求解

问题分析　首先，应当确定哪些切割模式是可行的．所谓一个切割模式，是指按照客户需要在原料钢管上安排切割的一种组合．例如：我们可以将 19m 的钢管切割成 3 根 4m 的钢管，余料为 7m；或者将 19m 的钢管切割成 4m、6m 和 8m 的钢管各 1 根，余料为 1m．显然，可行的切割模式是很多的．

其次，应当确定哪些切割模式是合理的．通常假设一个合理的切割模式的余料不应该大于或等于客户需要的钢管的最小尺寸．例如：将 19m 的钢管切割成 3 根 4m 的钢管是可行的，但余料为 7m，可以进一步将 7m 的余料切割成 4m 钢管（余料为 3m），或者将 7m 的余料切割成 6m 钢管（余料为 1m）．在这种合理性假设下，切割模式一共有 7 种，如表 A.1 所示．

表 A.1　钢管下料的合理切割模式

	4m 钢管根数	6m 钢管根数	8m 钢管根数	余料/m
模式 1	4	0	0	3
模式 2	3	1	0	1
模式 3	2	0	1	3
模式 4	1	2	0	3
模式 5	1	1	1	1
模式 6	0	3	0	1
模式 7	0	0	2	3

问题化为在满足客户需要的条件下，按照哪些种合理的模式，切割多少根原料钢管，最为节省．而所谓节省，可以有两种标准：一是切割后剩余的总余料量最小，二是切割原料钢管的总根数最少．下面将对这两个目标分别讨论．

模型建立

决策变量　用 x_i 表示按照第 i 种模式（$i=1，2，\cdots，7$）切割的原料钢管的根数，显然它们应当是非负整数．

决策目标　以切割后剩余的总余料量最小为目标，则由表 1 可得

$$\text{Min}z_1 = 3x_1 + x_2 + 3x_3 + 3x_4 + x_5 + x_6 + 3x_7 \tag{1}$$

以切割原料钢管的总根数最少为目标，则有

$$\text{Min}z_2 = x_1 + x_2 + x_3 + x_4 + x_5 + x_6 + x_7 \tag{2}$$

下面分别在这两种目标下求解．

约束条件　为满足客户的需求，按照表 9 应有

$$4x_1 + 3x_2 + 2x_3 + x_4 + x_5 \geqslant 50 \tag{3}$$

$$x_2 + 2x_4 + x_5 + 3x_6 \geqslant 20 \tag{4}$$

$$x_3 + x_5 + 2x_7 \geqslant 15 \tag{5}$$

模型求解

1）将（1），（3），（4），（5）构成的整数线性规划模型（加上整数约束）输入 LINGO 求解可以得到最优解如下：$x_2=12$，$x_5=15$（其余变量变为 0）．即按照模式 2 切割 12 根原料钢管，按照模式 5 切割 15 根原料钢管，共 27 根，总余料量为 27m．显然，在总余料量最小的目标下，最优解将是使用余料尽可能小的切割模式（模式 2 和 5 的余料为 1m），这会导致切割原料钢管的总根数较多．

2）将（2）~（5）构成的整数线性规划模型（加上整数约束）输入 LINGO 求解，可以得到最优解如下：$x_2=15$，$x_5=x_7=5$（其余变量变为 0）．即按照模式 2 切割 15 根原料钢管、按模式 5 切割 5 根、按模式 7 切割 5 根、共 25 根，可算出总余料量为 35m．与上面得到的结果相比，总余料量增加了 8m，但是所用的原料钢管的总根数减少了 2 根．在余料没有什么用途的情况下，通常选择总根数最少为目标．

问题（2）的求解

问题分析　按照（1）的思路，可以通过枚举法首先确定哪些切割模式是可行的．但由于需求的钢管规格增加到 4 种，所以枚举法的工作量较大．下面介绍的整数非线性规划模

型，可以同时确定切割模式和切割计划，是带有普遍性的方法.

同（1）类似，一个合理的切割模式的余料不应该大于或等于客户需要的钢管的最小尺寸（本题中为4m），切割计划中只使用合理的切割模式，而由于本题中参数都是整数，所以合理的切割模式的余量不能大于3m. 此外，这里我们仅选择总根数最少为目标进行求解.

模型建立

决策变量 由于不同切割模式不能超过3种，可以用 x_i 表示按照第 i 种模式（$i=1$，2，3）切割的原料钢管的根数，显然它们应当是非负整数. 设所使用的第 i 种切割模式下每根原料钢管生产4m，5m，6m和8m的钢管数量分别为 r_{1i}，r_{2i}，r_{3i}，r_{4i}（非负整数）.

决策目标 切割原料钢管的总根数最少，目标为

$$\text{Min}z = x_1 + x_2 + x_3 \tag{6}$$

约束条件 为满足客户的需求，应有

$$r_{11}x_1 + r_{12}x_2 + r_{13}x_3 \geqslant 50 \tag{7}$$

$$r_{21}x_1 + r_{22}x_2 + r_{23}x_3 \geqslant 10 \tag{8}$$

$$r_{31}x_1 + r_{32}x_2 + r_{33}x_3 \geqslant 20 \tag{9}$$

$$r_{41}x_1 + r_{42}x_2 + r_{43}x_3 \geqslant 15 \tag{10}$$

每一种切割模式必须可行、合理，所以每根原料钢管的成品量不能超过19m，也不能少于16m（余量不能大于3m），于是

$$16 \leqslant 4r_{11}x_1 + 5r_{12}x_2 + 6r_{13}x_3 + 8r_{41} \leqslant 19 \tag{11}$$

$$16 \leqslant 4r_{21}x_1 + 5r_{22}x_2 + 6r_{23}x_3 + 8r_{42} \leqslant 19 \tag{12}$$

$$16 \leqslant 4r_{31}x_1 + 5r_{32}x_2 + 6r_{33}x_3 + 8r_{43} \leqslant 19 \tag{13}$$

模型求解

在式（7）~式（10）中出现决策变量的乘积，是一个整数非线性规划模型，虽然LINGO软件可以直接求解，但我们发现运行很长时间也难以得到最优解. 为了减少运行时间，可以增加一些显然的约束条件，从而缩小可行解的搜索范围.

例如，由于3种切割模式的排列顺序是无关紧要的，所以不妨增加以下约束

$$x_1 \geqslant x_2 \geqslant x_3 \tag{14}$$

又例如，我们注意到所需原料钢管的总根数有着明显的上界和下界. 首先，无论如何，原料钢管的总根数不可能少于 $\left[\dfrac{4\times 50+5\times 10+6\times 20+8\times 15}{19}\right]+1=26$ 根. 其次，考虑一种非常特殊的生产计划：第一种切割模式下只生产4m钢管，一根原料钢管切割成4根4m钢管，为满足50根4m钢管的需求，需要13根原料钢管；第二种切割模式下只生产5m、6m钢管，一根原料钢管切割成1根5m钢管和2根6m钢管，为满足10根5m和20根6m钢管的需求，需要10根原料钢管；第三种切割模式下只生产8m钢管，一根原料钢管切割成2根8m钢管，为满足15根8m钢管的需求，需要8根原料钢管. 于是满足要求的这种生产计划共需 $13+10+8=31$ 根原料钢管，这就得到了最优解的一个上界. 所以可增加以下约束

$$26 \leqslant x_1 + x_2 + x_3 \leqslant 31 \tag{15}$$

将（6）~（15）构成的模型输入LINGO如下：

```
model :
! 给模型取个名字;
```

```
Title cutting – stock problem;
sets:
! 定义基本集合 needs 及其属性 length, num;
needs/1.. 4/: length, num;
! 定义基本集合 cuts 及其属性 x;
cuts/1.. 3/: x;
! 定义派生集合 patterns (这是一个稠密集合) 及其属性 r;
Patterns (needs, cuts): r;
Endsets
data:
length =4 5 6 8
num =50 10 20 15
capacity =19;
enddata
min =@ sum (cut (s): x (i));
! 满足需求的约束
@ for(needs(i):@ sum(cuts(i):x(j) * r(i,j)) >num(i));
! 合理切割模式的约束
@ for(cuts(j):@ sum(needs(i):length(i) * r(i,j)) <capacity);
@ for(cuts(j):@ sum(needs(i):length(i) * r(i,j)) >capacity –@ min(needs:length));
! 人为增加的约束
@ sum(cu/ts:x) >26;@ sum(cuts:x) <31;
@ for(cuts(i)   i#lt#@ size(cuts):x(i) >x(i+1));
@ for(cuts:@ gin(x););
@ for(patterns:@ gin(r);
end
```

求解可得到输出如下：

Local optimal solution found.

Objective value: 28.00000

Extended solver steps: 52

Total solver iterations: 2108

Model Title: cutting – stock problem

Variable	Value	Reduced Cost
X (1)	10.00000	1.000000
X (2)	10.00000	1.000000
X (3)	8.000000	1.000000
R (1, 1)	3.000000	0.000000
R (1, 2)	2.000000	0.000000
R (1, 3)	0.000000	0.000000

R (2, 1)	0.000000	0.000000
R (2, 2)	1.000000	0.000000
R (2, 3)	0.000000	0.000000
R (3, 1)	1.000000	0.000000
R (3, 2)	1.000000	0.000000
R (3, 3)	0.000000	0.000000
R (4, 1)	0.000000	0.000000
R (4, 2)	0.000000	0.000000
R (4, 3)	2.000000	0.000000

即按照模式1，2，3分别切割10，10，8根原料钢管，使用原料钢管总根数为28根. 第一种切割模式下一根原料钢管切割成3根4m钢管和1根6m钢管；第二种切割模式下一根原料钢管切割成2根4m钢管、1根5m钢管和1根6m钢管；第三种切割模式下一根原料钢管切割成2根8m钢管. 但这个模型的解并不唯一，你能找出一个与此不同的解吗？

例1.2　易拉罐下料

问题　某公司采用一套冲压设备生产一种罐装饮料的易拉罐，这种易拉罐是用镀锡板冲压制成的. 易拉罐为圆柱形，包括罐身、上盖和下底，罐身高10cm，上盖和下底的直径均为5cm. 该公司使用两种不同规格的镀锡板原料：规格1的镀锡板为正方形，边长24cm；规格2的镀锡板为长方形，长、宽分别为32cm和28cm. 由于生产设备和生产工艺的限制，对于规格1的镀锡板原料，只可以按照图A.3中的模式1、模式2或模式3进行冲压；对于规格2的镀锡板原料只能按照模式4进行冲压. 使用模式1、模式2、模式3、模式4进行每次冲压所需要的时间分别为1.5s、2s、1s、3s.

该工厂每周工作40小时，每周可供使用的规格1规格2的镀锡板原料分别为5万张和2万张. 目前每只易拉罐的利润为0.10元，原料余料损失为0.001元/厘米^2（如果周末有罐身、上盖或下底不能配套组装成易拉罐出售，也看作是原料余料损失）.

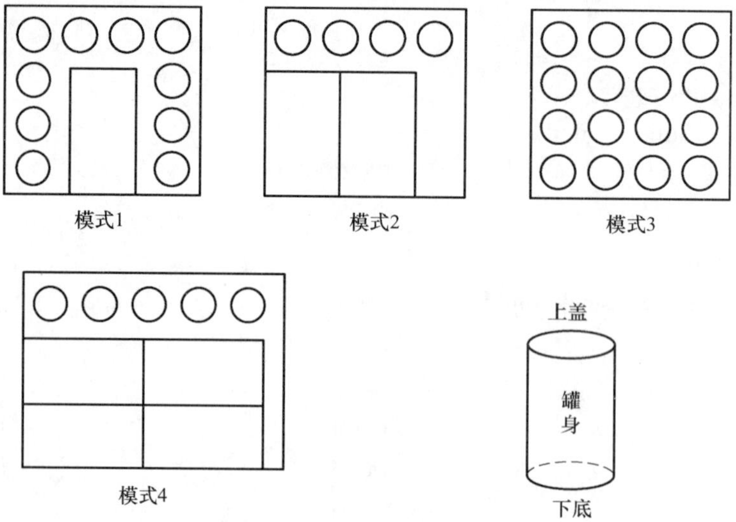

图A.3　易拉罐下料模式

问工厂应如何安排每周的生产？

问题分析　与钢管下料问题不同的是，这里的切割模式已经确定，只需计算各种模式下的余料损失. 已知上盖和下底的直径 $d=5\text{cm}$，可得其面积为 $s=\pi d^2/4\approx 19.6\text{cm}^2$，周长为 $L=\pi d\approx 15.7\text{cm}$；已知罐身高 $h=10\text{cm}$，可得其面积为 $S=hL\approx 157.1\text{cm}^2$. 于是模式 1 下的余料损失为 $242-10s-S\approx 222.6\text{cm}^2$. 同理计算其他模式下的余料损失，并可将 4 种冲压模式的特征归纳如表 A.2 所示.

表 A.2　4 种冲压模式的特征

	罐身个数	底、盖个数	余料损失/cm^2	冲压时间/s
模式 1	1	10	222.6	1.5
模式 2	2	4	183.3	2
模式 3	0	16	261.8	1
模式 4	4	5	169.5	3

问题的目标显然应是易拉罐的利润扣除原料余料损失后的净利润最大，约束条件除每周工作时间和原料数量外，还要考虑罐身和底、盖的配套组装.

模型建立

决策变量　用 x_i 表示按照第 i 种模式的冲压次数（$i=1,2,3,4$），y_1 表示一周生产的易拉罐的个数. 为计算不能配套组装的罐身和底、盖造成的原料损失，用 y_2 表示不配套的罐身个数，y_3 表示不配套的底、盖个数. 虽然实际上 x_i 和 y_1，y_2，y_3 应该是整数. 但是由于生产量相当大，可以把它们看成是实数，从而用线性规划模型处理.

决策目标　假设每周生产的易拉罐能够全部售出，公司每周的销售利润是 $0.1y_1$. 原料余料损失包括两部分：4 种冲压模式下的余料损失和不配套的罐身和底、盖造成的原料损失. 按照前面的计算及表 2 的结果，总损失为

$$0.001(222.6x_1+183.3x_2+261.8x_3+169.5x_4+157.1y_2+19.6y_3).$$

于是，决策目标为

$$0.001(222.6x_1+183.3x_2+261.8x_3+169.5x_4+157.1y_2+19.6y_3) \tag{16}$$

约束条件

时间约束：每周工作时间不超过 40h=144000s，由表 2 最后一列得

$$1.5x_1+2x_2+x_3+3x_4\leqslant 144000 \tag{17}$$

原料约束：每周可供使用的规格 1、规格 2 的镀锡板原料分别为 50000 张和 20000 张，即

$$x_1+x_2+x_3\leqslant 50000 \tag{18}$$

$$x_4\leqslant 20000 \tag{19}$$

配套约束：由表 2 一周生产的罐身个数为 $x_1+2x_2+4x_4$，一周生产的底、盖个数为 $10x_1+4x_2+16x_3+5x_4$，因为应尽可能将它们配套组装成易拉罐销售. 所以 y_1 满足

$$y_1=\min\{x_1+2x_2+4x_4,(10x_1+4x_2+16x_3+5x_4)/2\} \tag{20}$$

这时不配套的罐身个数 y_2，和不配套的底、盖的个数 y_3 应为

$$y_2=x_1+2x_2+4x_4-y_1 \tag{21}$$

$$y_3=10x_1+4x_2+16x_3+5x_4-2y_1 \tag{22}$$

式（16）~式（22）就是我们得到的模型，其中式（20）是一个非线性关系，不易直

接处理，但是它可以等价为以下两个线性不等式

$$y_1 \leqslant x_1 + 2x_2 + 4x_4 \tag{23}$$

$$y_1 \leqslant (10x_1 + 4x_2 + 16x_3 + 5x_4)/2 \tag{24}$$

模型求解

将模型(16)~(19)和模型(21)~(24)可以直接输入 LINGO 求解，但注意到约束(17)~(19)中右端项的数值过大（与左端的系数相比较），模型中数据之间的数量级不匹配，此时 LINGO 在计算中容易产生比较大的误差．我们可以先进行预处理，缩小数据之间的差别，例如可以将所有决策变量扩大 10000 倍（相当于 x_i以万次为单位，y_i以万件为单位）．此时，目标（16）可以保持不变（记住得到的结果单位为万元就可以了），而约束（17）~（19）改为

$$1.5x_1 + 2x_2 + x_3 + 3x_4 \leqslant 14.4 \tag{25}$$

$$x_1 + x_2 + x_3 \leqslant 5 \tag{26}$$

$$x_4 \leqslant 2 \tag{27}$$

将模型(16)和模型(21)~(27)输入 LINGO 求解得到

```
Global optimal solution found.
Objective value:                  0.4298337
Total solver iterations:          4

Variable        Value           Reduced Cost
   Y1         16.02500           0.000000
   X1         0.000000          0.500000E-04
   X2         4.012500           0.0000000
   X3         0.3750000          0.000000
   X4         2.000000           0.000000
   Y2         0.000000           0.2233312
   Y3         0.000000          0.3648437E-01
```

即模式 1 不使用，模式 2 使用 40125 次，模式 3 使用 3750 次，模式 4 使用 20000 次，可生产易拉罐 160250 个，罐身和底、盖均无剩余，净利润为 4298 元．

评注 下料问题的建模主要有两部分组成，一是确定下料模式，二是构造优化模型．确定下料模式尚无通用的方法，对于钢管下料这样的一维问题，当需要下料的规格不太多时，可以枚举出下料模式，建立整数线性规划模型；否则就要构造整数非线性规划模型，而这种模型求解比较困难，本节介绍的增加约束条件的方法是将原来的可行域“割去”一部分，但要保证剩下的可行域中仍存在原问题的最优解．而像易拉罐下料这样的二维问题，就要复杂多了，读者不妨试一下，看看还有没有比图 1 给出的更好的模式．至于构造优化模型，则要根据问题的要求和限制具体处理，其中应特别注意配套组装的情况．

案例二　经济增长模型

发展经济、提高生产力主要有以下手段：增加投资、增加劳动力、技术革新. 这里暂不考虑技术革新的作用，一是因为在经济发展的初期（如资本主义早期社会）或者在不太长的时期内，技术相对稳定，二是由于技术革新量化比较困难.

本节的模型将首先建立产值与资金、劳动力之间的关系，然后研究资金与劳动力的最佳分配，使投资效益最大，最后讨论如何调节资金与劳动力的增长率，使劳动生产率得到有效的增长.

1. Douglas 生产函数

用 $Q(t)$，$K(t)$，$L(t)$ 分别表示某一地区或部门在时刻 t 的产值、资金和劳动力，它们的关系可以一般地记作

$$Q(t) = F(K(t), L(t)) \tag{1}$$

其中 F 为待定函数. 对于固定的时刻 t，上述关系可写作

$$Q = F(K, L) \tag{2}$$

为寻求 F 的函数形式，引入记号

$$z = Q/L, y = K/L \tag{3}$$

z 是每个劳动力的产值，y 是每个劳动力的投资. 如下的假设是合理的：z 随着 y 的增加而增长，但增长速度递减. 进而简化地把这个假设表示为

$$z = cg(y), g(y) = y^{\alpha} \quad 0 < \alpha < 1 \tag{4}$$

显然函数 $g(y)$ 满足上面的假设，常数 $c > 0$ 可看成技术的作用. 由（3），（4）即可得到（2）式中 F 的具体形式为

$$Q = cK^{\alpha}L^{1-\alpha}, \quad 0 < \alpha < 1 \tag{5}$$

由式（5）容易知道 Q 有如下性质

$$\frac{\partial Q}{\partial K}, \frac{\partial Q}{\partial L} > 0, \frac{\partial^2 Q}{\partial K^2}, \frac{\partial^2 Q}{\partial L^2} < 0, \tag{6}$$

请读者解释式（6）的含义.

记 $Q_K = \frac{\partial Q}{\partial K}$，$Q_K$ 表示单位资金创造的产值，$Q_L = \frac{\partial Q}{\partial L}$，$Q_L$ 表示单位劳动力创造的产值，则从式（5）可得

$$\frac{KQ_K}{Q} = \alpha, \frac{LQ_L}{Q} = 1 - \alpha, KQ_K + LQ_L = Q \tag{7}$$

式（7）可解释为：α 是资金在产值中占有的份额，$1 - \alpha$ 是劳动力在产值中占有的份额. 于是 α 的大小直接反映了资金、劳动力二者对于创造产值的轻重关系.

式（5）是经济学中著名的 Cobb – Douglas 生产函数，它经受了资本主义社会一些实际数据的检验. 更一般形式的生产函数表为

$$Q = cK^{\alpha}L^{\beta}, 0 < \alpha, \beta < 1 \tag{8}$$

2. 资金与劳动力的最佳分配

这里将根据生产函数式（5）讨论，怎样分配资金和劳动力，使生产创造的效益最大.

假定资金来自贷款，利率为 r，每个劳动力需付工资 w，于是当资金 K、劳动力 L 产生产值 Q 时，得到的效益为

$$S = Q - rK - wL \tag{9}$$

问题化为求资金与劳动力的分配比例 K/L（即每个劳动力占有的资金），使效益 S 最大.

这个模型用微分法即可解得

$$\frac{Q_K}{Q_L} = \frac{r}{w} \tag{10}$$

再利用式（7），有

$$\frac{K}{L} = \frac{\alpha}{1-\alpha}\ \frac{w}{r} \tag{11}$$

这就是资金与劳动力的最佳分配. 从式（11）可以看出，当 α，w 变大、r 变小时，分配比例 K/L 变大，这是符合常识的.

3. 劳动生产率增长的条件

常用的衡量经济增长的指标，一是总产值 $Q(t)$，二是每个劳动力的产值 $z(t)=Q(t)/L(t)$，这个模型讨论 $K(t)$，$L(t)$满足什么条件才能使 $Q(t)$，$z(t)$保持增长.

首先需要对资金和劳动力的增加做出合理的简化假设：

1）投资增长率与产值成正比，比例系数 $\lambda>0$，即用一定比例扩大再生产；

2）劳动力的相对增长率为常数 μ，μ 可以是负数，表示劳动力减少.

这两个条件的数学表达式分别为

$$\frac{\mathrm{d}K}{\mathrm{d}t} = \lambda Q, \lambda > 0 \tag{12}$$

$$\frac{\mathrm{d}L}{\mathrm{d}t} = \mu L \tag{13}$$

方程（13）的解是

$$L(t) = L_0 \mathrm{e}^{\mu t} \tag{14}$$

将式（4），式（5）代入式（12）得

$$\frac{\mathrm{d}K}{\mathrm{d}t} = c\lambda L y^{\alpha} \tag{15}$$

注意到式（3），有 $K=Ly$，再用式（13）可得

$$\frac{\mathrm{d}K}{\mathrm{d}t} = L\frac{\mathrm{d}y}{\mathrm{d}t} + \mu L y \tag{16}$$

比较式（15），式（16）得到关于 $y(t)$的方程

$$\frac{\mathrm{d}y}{\mathrm{d}t} + \mu y = c\lambda y^{\alpha} \tag{17}$$

这是著名的 Bernoulli 方程，它的解是

$$y(t) = \left\{\frac{c\lambda}{\mu}\left[1-\left(1-\mu\frac{K}{K_0}\right)\mathrm{e}^{-(1-\alpha)\mu t}\right]\right\}^{\frac{1}{1-\alpha}} \tag{18}$$

以下根据式（18）研究 $Q(t)$，$z(t)$保持增长的条件

1）$Q(t)$增长，即 $\mathrm{d}Q/\mathrm{d}t>0$，由 $Q=cLy^{\alpha}$及式（13），式（17）可算得

$$\frac{\mathrm{d}Q}{\mathrm{d}t} = cL\alpha y^{\alpha-1}\frac{\mathrm{d}y}{\mathrm{d}t} + c\mu L y^{\alpha} = cLy^{2\alpha-1}\left[c\lambda\alpha + \mu(1-\alpha)y^{1-\alpha}\right] \tag{19}$$

将其中的 y 以式（18）代入，可知条件 $\mathrm{d}Q/\mathrm{d}t>0$ 等价于

$$\left(1-\mu\frac{K}{K_0}\right)\mathrm{e}^{-(1-\alpha)\mu t}<\frac{1}{1-\alpha} \tag{20}$$

因为上式右端大于 1，所以当 $\mu\geqslant 0$（即劳动力不减少）时式（20）恒成立；而当 $\mu<0$ 时，式（20）成立的条件是

$$t<\frac{1}{(1-\alpha)\mu}\ln(1-\alpha)\left(1-\mu\frac{K}{K_0}\right) \tag{21}$$

说明如果劳动力减少，$Q(t)$ 只能在有限时间内保持增长. 但应注意，若式（21）中 $(1-\alpha)\left(1-\mu\frac{K}{K_0}\right)\geqslant 1$，则不存在这样的增长时段.

2）$Z(t)$ 增长，即 $\mathrm{d}z/\mathrm{d}t>0$，由 $z=cy\alpha$ 知，相当于 $\mathrm{d}y/\mathrm{d}t>0$，由方程（17）知，当 $\mu\leqslant 0$ 时该条件恒成立；而当 $\mu>0$ 时，由式（18）可得，$\mathrm{d}y/\mathrm{d}t>0$ 等价于

$$\left(1-\mu\frac{K}{K_0}\right)\mathrm{e}^{-(1-\alpha)\mu t}>0 \tag{22}$$

显然，此式成立的条件为 $\mu\frac{K}{K_0}<1$，即

$$\mu<\frac{K_0}{K_0} \tag{23}$$

这个条件的含义是，劳动力增长率小于初始投资增长率.

注　Douglas 生产函数是计量经济学中重要的数学模型，本节给出它的一种简洁的建模过程. 在此基础上讨论的资金与劳动力的最佳分配，是一个静态模型. 而利用微分方程研究的劳动生产率增长的条件，是一个动态模型，虽然它的推导过程稍显繁琐，但其结果却相当简明，并且可以给出合理的解释.

案例三　轧钢中的浪费

你到过轧钢厂吗？把粗大的钢坯变成合格的钢材（如钢筋、钢板）通常要经过两道工序，第一道是粗轧（热轧），形成钢材的雏形；第二道是精轧（冷轧），得到规定长度的成品材. 粗轧时由于设备、环境等方面众多因素的影响，得到的钢材的长度是随机的，大体上呈正态分布，其均值可以在轧制过程中由轧机调整，而均方差则是由设备的精度决定的，不能随意改变. 如果粗轧后的钢材长度大于规定长度，精轧时把多出的部分切掉，造成浪费；如果粗轧后的钢材已经比规定长度短，则整根报废，造成更大的浪费. 显然，应该综合考虑这两种情况，使得总的浪费最小.

上面的问题可叙述为：已知成品材的规定长度 l 和粗轧后钢材长度的均方 σ，确定粗轧后钢材长度的均值 m，使得当轧机调整到 m 进行粗轧，再通过精轧以得到成品材时总的浪费最少.

问题分析　粗轧后钢材长度记作 x，x 是均值 m、均方差 σ 的正态随机变量，x 的概率密度记作 $p(x)$，如图 1 所示，其中 σ 已知，m 待定. 当成品材的规定长度 l 给定后，记 $x\geqslant l$ 的概率为 P，即 $P=P(x\geqslant l)$，P 是图中阴影部分面积. 轧制过程中的浪费由两部分构成. 一是当 $x\geqslant l$ 时，精轧时要切掉长 $x-l$ 的钢材；二是当 $x<l$ 时，长 x 的整根钢材报废. 由图

A.4 可以看出，m 变大时曲线右移，概率 P 增加，第一部分的浪费随之增加，而第二部分的浪费将减少；反之，当 m 变小时曲线左移，虽然被切掉的部分减少了，但是整根报废的可能将增加. 于是必然存在一个最佳的 m，使得两部分的浪费综合起来最小.

这是一个优化模型，建模的关键是选择合适的目标函数，并用已知的和待确定的量 l，σ，m 把目标函数表示出来. 一种很自然的想法是直接写出上面分析的两部分浪费，以二者之和作为目标函数，于是容易得到总的浪费长度为

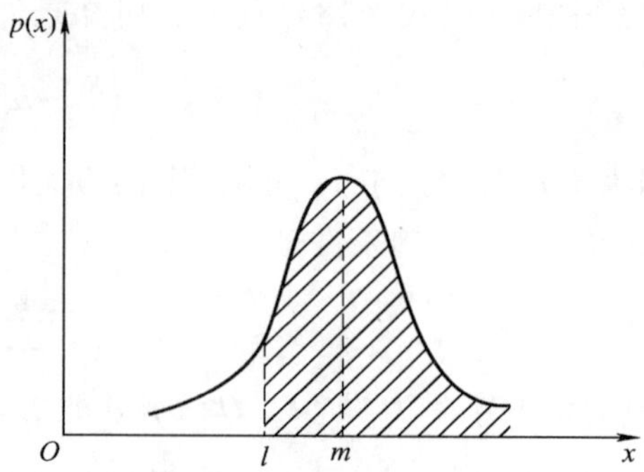

图 A.4　钢材长度 x 的概率密度

$$W = \int_l^{\infty}(x-l)p(x)\mathrm{d}x + \int_{-\infty}^{l} xp(x)\mathrm{d}x \tag{1}$$

利用 $\int_l^{\infty}p(x)\mathrm{d}x = 1, \int_{-\infty}^{\infty}xp(x)\mathrm{d}x = m$ 和 $\int_l^{\infty}p(x)\mathrm{d}x = P$，式（1）可化简为

$$W = m - lP \tag{2}$$

其实，式（2）可以用更直接的办法得到. 设想共粗轧了 N 根钢材（N 很大），所用钢材总长为 mN，N 根中可以轧出成品材的只有 PN 根，成品材总长为 lPN，于是浪费的总长度为 $mN-lPN$，平均每粗轧一根钢材浪费长度为

$$W = \frac{mN - lPN}{N} = m - lP \tag{3}$$

问题在于以 W 为目标函数是否合适？

轧钢的最终产品是成品材，如果粗轧车间追求的是效益而不是产量的话，那么浪费的多少不应以每粗轧一根钢材的平均浪费量为标准，而应该用每得到一根成品材浪费的平均长度来衡量. 为了将目标函数从前者（即式（3）所表示的）改成后者，只需将式（3）中的分母 N 改为成品材总数 PN 即可.

建模与求解　以每得到一根成品材所浪费钢材的平均长度为目标函数. 因为当粗轧 N 根钢材时浪费的总长度是 $mN-lPN$，而只得到 PN 根成品材，所以目标函数为

$$J_1 = \frac{mN - lPN}{PN} = \frac{m}{p} - l \tag{4}$$

因为 l 是已知常数，所以目标函数可等价地只取上式右端第一项，记作

$$J(m) = \frac{m}{P(m)} \tag{5}$$

式中 $P(m)$ 表示概率 P 是 m 的函数. 实际上，$J(m)$ 恰是平均每得到一根成品材所需钢材的长度.

下面求 m 使 $J(m)$ 达到最小. 对于表达式

$$P(m) = \int_l^{\infty}p(x)\mathrm{d}x,\quad p(x) = \frac{1}{\sqrt{2\pi}\sigma}\mathrm{e}^{-\frac{(x-m)^2}{2\sigma^2}} \tag{6}$$

作变量代换

$$y = \frac{x-m}{\sigma} \tag{7}$$

并令

$$\mu = \frac{m}{\sigma}, \quad \lambda = \frac{l}{\sigma} \tag{8}$$

则式（5）可表为

$$J(\mu) = \frac{\sigma\mu}{\Phi(\lambda - \mu)} \tag{9}$$

其中 $\Phi(z)$ 是标准正态变量的分布函数，即

$$\Phi(z) = \int_z^{\infty} \varphi(y)\mathrm{d}y,\ \varphi(y) = \frac{1}{\sqrt{2\pi}}\mathrm{e}^{-\frac{y^2}{2}} \tag{10}$$

$\varphi(y)$ 是标准正态变量的密度函数. 再设

$$z = \lambda - \mu \tag{11}$$

式（9）化为用微分法解函数

$$J(z) = \frac{\sigma(\lambda - z)}{\Phi(z)} \tag{12}$$

的极值问题. 注意到 $\Phi(z)' = -\varphi(z)$，不难推出最优值 z^* 应满足方程

$$\frac{\Phi(z)}{\varphi(z)} = \lambda - z \tag{13}$$

记

$$F(z) = \frac{\Phi(z)}{\varphi(z)} \tag{14}$$

$F(z)$ 可根据标准正态分布的函数值 Φ 和 φ 制成表格（见表 A.3）或绘出图形（见图 A.5 所示）. 由表 A.3 和图 A.4 可以得到方程（13）的根 z^*，再代回式（11）和式（8）式即可得到 m 的最优点 m^*.

表 A.3　$F(z)=\Phi(z)/\varphi(z)$ 简表

z	−3.0	−2.5	−2.0	−1.5	−1.0	−0.5
$F(z)$	227.0	56.79	18.10	7.206	3.477	1.680
z	0	0.5	1.0	1.5	2.0	2.5
$F(z)$	1.253	0.876	0.656	0.516	0.420	0.335

值得指出的是，对于给定的 $\lambda > F(0) = 1.253$，方程（13）不只有一个根，但是可以证明，只有唯一负根 $z^* < 0$，才使 $J(z)$ 取得极小值.

是看下面的例子，设要轧制长 $l = 2.0\text{m}$ 的成品钢材，由粗轧设备等因素决定的粗轧冷却后钢材长度的均方差 $\sigma = 20\text{cm}$，问这时钢材长度的均值 m 应该调整到多少才使浪费最少.

以式（5）给出的 $J(m)$ 为目标函数，由式（8）算出 $\lambda = l/\sigma = 10$，解出方程（13）的负根为 $z^* = -1.78$（需要用更精细的$F(z)$表），如图 A.5 所示，由式（11）和式（8）

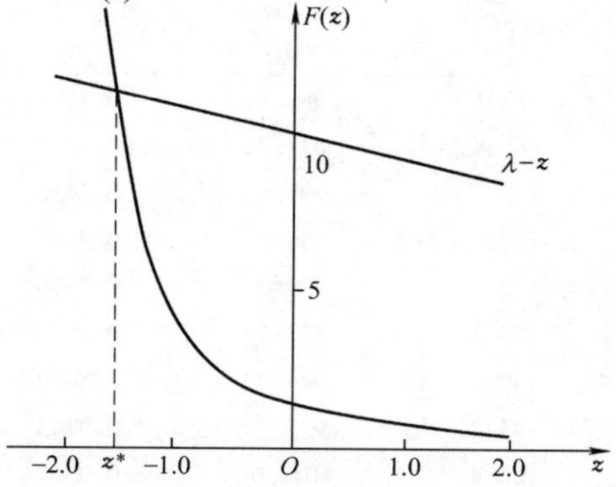

图 A.5　$F(z)$的图形及方程(13)的图解法

算出 $\mu^* = 11.78$，$m^* = 2.36$，即最佳的均值应调整为 2.36m. 还可以算出 $P(m^*) = 0.9625$，按照（4）式每得到一根成品材浪费钢材的平均长度为 $J_1 = \dfrac{m^*}{P(m^*)} - l = 0.45\text{m}$. 为了减少这个相对可观的数字，应该设法提高粗轧设备的精度，即减少 σ.

注 模型中假定当粗轧后钢材长度 x 小于规定长度 l 时就整根报废，实际上这种钢材还常常能轧成较小规格如长 $l1(<l)$ 的成品材. 只有当 $x<l1$ 时才报废. 或者当 $x<l$ 时可以降级使用（对浪费打一折扣）. 这些情况下的模型及求解就比较复杂了.

在日常生产活动中类似的问题很多，如用包装机将某种物品包装成 500g 一袋出售，在众多因素的影响下包装封口后一袋的重量是随机的，不妨仍认为服从正态分布，均方差已知，而均值可以在包装时调整. 出厂检验时精确地秤每袋的重量，多于 500g 的仍按 500g 一袋出售，厂方吃亏；不足 500g 的降价处理，或打开封口返工，或直接报废，将给厂方造成更大的损失. 问如何调整包装时每袋重量的均值使厂方损失最小. 生活中类似的现象也很多，常常难以完全用数量描述，如你从家中出发去车站赶火车，由于途中各种因素的干扰，到达车站的时间是随机的. 到达太早白白浪费时间，到达晚了则赶不上火车，损失巨大. 你如何权衡两方面的影响来决定出发时间呢？

案例四　投资额与生产总值和物价指数

问题 为研究某地区实际投资额与国民生产总值（GNP）及物价指数的关系，收集了该地区连续 20 年的统计数据（见表 A.4），目的是由这些数据建立一个投资额的模型，根据对未来国民生产总值及物价指数的估计，预测未来的实际投资额.

表 A.4 的数据是以时间为序的，称为时间序列. 由于投资额、国民生产总值、物价指数等许多经济变量均有一定的滞后性，比如，前期的投资额对后期投资额一般有明显的影响. 因此，在这样的时间序列数据中，同一变量的顺序观测值之间的出现相关现象（称为自相关）是很自然的. 然而，一旦数据中存在这种自相关序列，如果仍采用普通的回归模型直接处理，将会出现不良后果，其预测也会失去意义，为此，我们必须先来诊断数据是否存在自相关，如果存在，就要考虑自相关关系，建立新的回归模型.

表 A.4　某地区实际投资额（亿元）与国民生产总值（亿元）及物价指数的数据

年份序号	投资额	国民生产总值	物价指数	年份序号	投资额	国民生产总值	物价指数
1	90.9	586.7	0.7167	11	229.8	1326.4	1.0575
2	97.4	637.7	0.7277	12	228.7	1434.2	1.1508
3	113.5	691.1	0.7436	13	206.1	1549.2	1.2579
4	125.7	756.0	0.7676	14	257.9	1718.0	1.3234
5	122.8	799.0	0.7906	15	324.1	1918.3	1.4005
6	133.3	873.4	0.8254	16	386.6	2163.9	1.5042
7	149.3	944.0	0.8679	17	423.0	2417.8	1.6342
8	144.2	922.7	0.9145	18	401.9	2631.7	1.7842
9	166.4	1077.6	0.9601	19	474.9	2954.7	1.9514
10	195.0	1185.9	1.0000	20	425.5	3073.0	2.0688

基本的回归模型 首先仿照前几节的方法建立普通的回归模型. 记该地区第 t 年的投资

额为 y_t，国民生产总值为 x_{1t}，物价指数 x_{2t}（以第 10 年的物价指数为基准，基准值为 1），$t=1, 2, \cdots, n$（$n=20$）. 因变量 y_t 与自变量 x_{1t}和 x_{2t}的散点图如图 A.6 和图 A.7 所示.

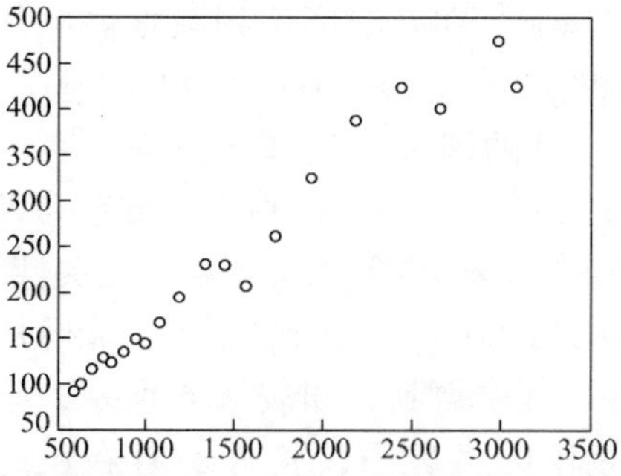

图 A.6　y_t对 x_{1t}的散点图

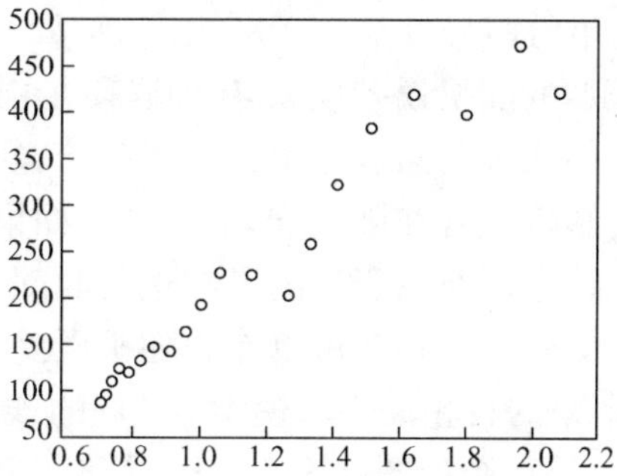

图 A.7　y_t对 x_{2t}的散点图

可以看出，随着国民生产总值的增加，投资额增大，而且两者有很强的线性关系，物价指数与投资额的关系也类似，因此可建立多元线性回归模型

$$y_t = \beta_0 + \beta_1 x_{1t} + \beta_2 x_{2t} + \varepsilon_t \tag{1}$$

模型（1）中除了国民生产总值和物价指数外，影响 y_t 的其他因素的作用都包含在随机误差 ε_t 内，这里假设 ε_t（对 t）相互独立，且服从均值为零的正态分布，$t=1, 2, \cdots, n$. 与前几节不同的是，为了后面模型记号的考虑，这里的变量均加了下标 t.

根据表 1 的数据，对模型（1）直接利用 MATLAB 统计工具箱求解，得到的回归系数估计值及其置信区间（置信水平 $\alpha=0.05$）、检验统计量 R^2，F，p，s^2 的结果如表 A.5 所示.

表 A.5　模型（1）的计算结果

参数	参数估计值	参数置信区间
β_0	322.7250	[224.3386, 421.1114]
β_1	0.6185	[0.4773, 0.7596]
β_2	−859.4790	[−1121.4757, −597.4823]
$R^2=0.9908$　$F=919.8529$　$p<0.0001$　$s^2=161.7$		

将参数估计值代入式（1）得到

$$y_t = 322.725 + 0.6186x_1 - 859.479x_2 \tag{2}$$

用 MATLAB 中 rstool 命令得到的交互式画面如图 A.8 所示，由此可以给出不同水平下的预测值及其置信区间，通过左下方 Export 下拉式菜单，可输出模型的统计结果，如剩余标准差 $s=12.7164$.

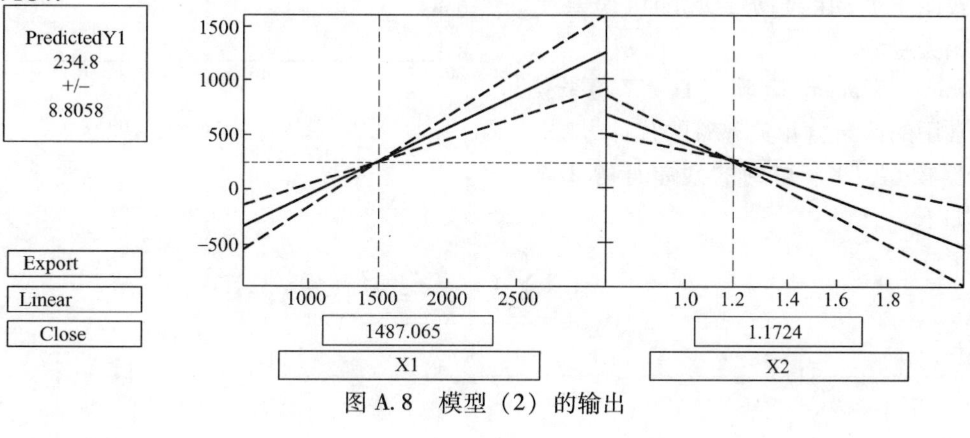

图 A.8　模型（2）的输出

自相关性诊断与处理方法 从表面上看得到的基本模型（2）的拟合度非常之高（$R^2=0.9908$），应该很满意了．但是，这个模型并没有考虑到我们的数据是一个时间序列（将表A.4的年份序号打乱，不影响模型（2）的结果）．实际上，在对时间序列数据做回归分析时，模型的随机误差项 ε_t 有可能存在相关性，违背模型关于 ε_t（对时间 t）相互独立的基本假设．如在投资额模型中，国民生产总值和物价指数之外的因素（比如政策等因素）对投资额的影响包含在随机误差 ε_t 中，如果它的影响成为 ε_t 的主要部分，则由于政策等因素的连续性，它们对投资额的影响也有时间上的延续，即随机误差 ε_t 会出现（自）相关性.

残差 $e_t=yt-y\hat{\ }t$ 可以作为随机误差 εt 的估计值，画出 $e_t\sim e_t-1$ 的散点图，能够从直观上判断 ε_t 的自相关性．模型（2）的残差 e_t 可在计算过程中得到，如表A.6所示，数据 $e_t\sim e_t-1$ 散点图如图A.9，可以看到，大部分点子落在第1，3象限，表明 ε_t 存在正的自相关.

表A.6 模型（2）的残差 e_t

t	1	2	3	4	5
e_t	15.1306	5.7281	2.4682	−4.8421	−14.5677
t	1	2	3	4	5
e_t	−20.1710	−11.3062	−6.4733	2.4119	−1.6737
t	1	2	3	4	5
e_t	−4.3468	8.0729	6.4006	10.1010	18.6900
t	1	2	3	4	5
e_t	18.4250	9.5311	−14.9349	2.0085	−20.6521

为了对 ε_t 的自相关性作定量诊断，并在确诊后得到新的结果，我们考虑如下的模型

$$y_t=\beta_0+\beta_1x_{1t}+\beta_2x_{2t}+\varepsilon_t,\varepsilon_t=\rho\varepsilon_{t-1}+\mu_t \tag{3}$$

其中 ρ 是自相关系数，$|\rho|\leqslant 1$，u_t 相互独立且服从均值为零的正态分布，$t=1，2，\cdots，n$.

模型（3）中若 $\rho=0$，则退化为普通的回归模型；若 $\rho>0$，则随机误差 ε_t 存在正的自相关；若 $\rho<0$，存在负的自相关．大多数与经济有关的时间序列数据，在经济规律作用下，一般随着时间的推移有一种向上或向下变动的趋势，其随机误差表现出正相关趋势.

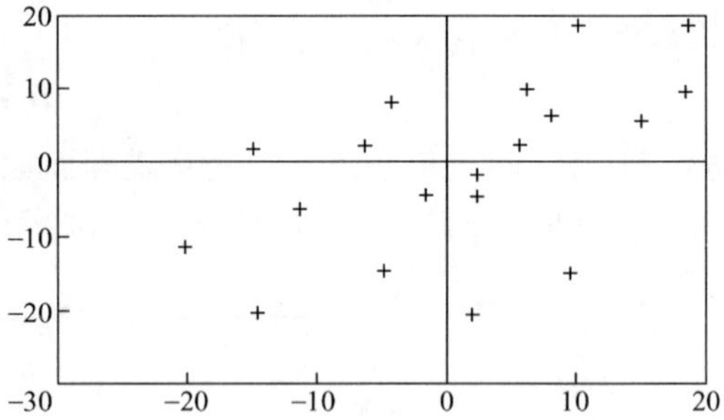

图A.9 模型（2）$e_t\sim e_{t-1}$ 的散点图

Durbin - Watson 检验（D - W检验）是一种常用的诊断自相关现象的统计方法．首先根据模型（1）得到的残差计算DW统计量如下

$$\mathrm{DW}=\frac{\sum_{t=2}^{n}(e_t-e_{t-1})^2}{\sum_{t=2}^{n}e_t^2} \tag{4}$$

经过简单的运算可知，当 n 较大时

$$\mathrm{DW} \approx 2\left(1 - \frac{\sum_{t=2}^{n} e_t e_{t-1}}{\sum_{t=2}^{n} e_t^2}\right) \tag{5}$$

而式（5）左端的 $\sum_{t=2}^{n} e_t e_{t-1} \Big/ \sum_{t=2}^{n} e_t^2$ 正是自相关系数 ρ 的估计值 $\hat{\rho}$，于是

$$\mathrm{DW} \approx 2(1 - \hat{\rho}) \tag{6}$$

由于 $-1 \leqslant \rho \leqslant 1$，所以 $0 \leqslant \mathrm{DW} \leqslant 4$，并且，若 ρ 在 0 附近，则 DW 在 2 附近，ε_t 的自相关性很弱（或不存在自相关）；若 ρ 在 ± 1 附近，则 DW 接近 0 或 4，ε_t 的自相关性很强.

要根据 DW 的具体数值确定 ε_t 是否存在自相关，应该在给定的检验水平下，依照样本容量和回归变量数目，查 D－W 分布表，得到检验的临界值 d_L 和 d_U，然后由图 A.10 中 DW 所在的区间来决定.

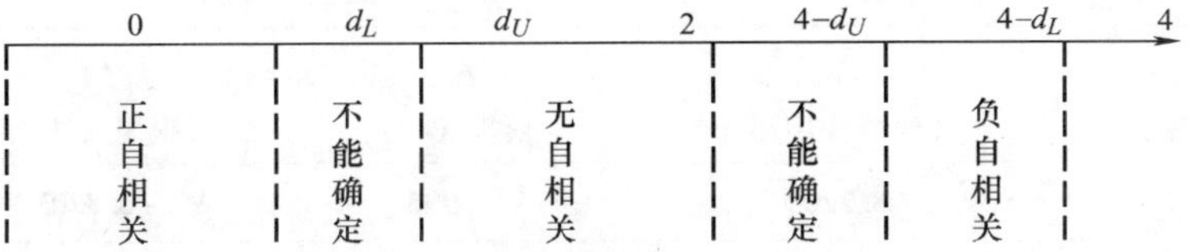

图 A.10　与 DW 值对应的自相关状态

如果检验结果判定存在自相关，就应该采用模型（3），其中 ρ 可由式（6）估记，即

$$\hat{\rho} = 1 - \frac{\mathrm{DW}}{2} \tag{7}$$

作变换

$$y_t^* = y_t - \rho y_{t-1},\ x_{it}^* = x_{it} - \rho x_{i,t-1},\ i = 1,2 \tag{8}$$

则模型（3）化为

$$y_t^* = \beta_0^* + \beta_1 x_{1t}^* + \beta_2 x_{2t}^* + u_t,\ \beta_0^* = \beta_0(1 - \rho) \tag{9}$$

其中 u_t 相互独立且服从均值为零的正态分布，所以（9）是普通的回归模型.

加入自相关后的模型　利用表 A.6 给出的残差 e_t，根据式（4）计算出 $\mathrm{DW} = 0.8754$，对于显著性水平 $\alpha = 0.05$，$n = 20$，$k = 3$（回归变量包括常数项的数目），查 D－W 分布表，得到检验的临界值 $d_L = 1.10$ 和 $d_U = 1.54$. 现在 $\mathrm{DW} < d_L$，由图 A.8 可以认为随机误差存在正自相关，且 ρ 可由式（7）估计得 $\hat{\rho} = 0.5623$.

以 ρ 的估计值代入式（8）作变换，利用变换后的数据 y_t^*，x_{1t}^*，x_{2t}^* 估计模型（9）的参数，得到的结果如表 A.7 所示.

表 A.7　模型（9）的计算结果

参数	参数估计值	参数置信区间
β_0^*	163.4905	[1265.4592，2005.2178]
β_1	0.6990	[0.5751，0.8247]
β_2	−1009.0333	[−1235.9392，−782.1274]
$R^2 = 0.9772$　$F = 342.8988$　$p < 0.0001$　$s^2 = 96.58$		

当然应该对模型（9）也作一次自相关检验，即诊断随机误差 u_t 是否还存在自相关. 从模型（9）的残差可以计算出 DW = 1.5751，对于显著性水平 $\alpha = 0.05$，$n = 19$，$k = 3$，检验的临界值为 $d_L = 1.08$ 和 $d_U = 1.53$. 现在 $d_U < DW < 4 - d_U$，由图 A.10 可以认为随机误差不存在自相关. 因此，经变换（8）得到的回归模型（9）是适用的.

最后，将模型（9）中的 y_{t^*}，x_{1t^*}，x_{2t^*} 还原为原始变量 y_t，x_{1t}，x_{2t}，得到的结果为

$$y_t = 163.4905 + 0.5623y_{t-1} + 0.699x_{1t} - 0.3930x_{1,t-1} - 1009.0333x_{2t} + 567.3794x_{2,t-1} \tag{10}$$

结果分析及预测 从机理上看，对于带滞后性的经济规律作用下的时间序列数据，加入自相关的模型（10）更为合理，而且在本例中，衡量与实际数据拟合程度的指标—剩余标准差从原模型（2）的 12.7164 减小到 9.8277. 我们将模型（10）、模型（2）的计算值 $\hat{y}_t$ 与实际数据 y_t 的比较，以及两个模型的残差 e_t，表示在表 A.5 和图 A.11、图 A.12 上，可以看出模型（10）更合适些.

表 A.8 模型（10）、模型（11）的计算值 $\hat{y}_t$ 与残差 e_t

t	y_t（实际数据）	$\hat{y}_t$（模型（10））	$\hat{y}_t$（模型（2））	e_t（模型（10））	e_t（模型（2））
2	97.4000	98.2203	91.6996	−0.8203	5.7004
3	113.5000	113.2864	111.0618	0.2136	2.4382
4	125.7000	131.5228	130.0618	−5.8228	−4.8749
5	122.8000	133.3435	137.4024	−10.5435	−14.6024
6	133.3000	144.7549	153.5089	−11.4549	−20.2089
7	149.3000	147.6301	160.6472	1.6699	−11.3472
8	144.2000	140.0151	150.7164	4.1849	−6.5164
9	166.4000	157.7813	164.0348	8.6187	2.3652
10	195.0000	198.2125	196.7251	−3.2125	−1.7251
11	229.8000	234.5609	234.2044	−4.7609	−4.4044
12	228.7000	212.7462	220.6893	15.9538	8.0107
13	206.1000	195.0163	199.7666	11.0837	6.3334
14	257.9000	249.7792	247.8735	8.1208	10.0265
15	324.1000	311.9446	305.4932	12.1554	18.6068
16	423.0000	381.2335	368.2688	5.3665	18.3312
17	386.6000	424.9955	413.9490	−1.9955	9.4263
18	401.9000	417.6010	416.9490	−15.7010	−15.0490
19	474.9000	463.8474	473.5737	11.0526	1.8804
20	424.5000	437.0534	445.2853	−12.5534	−20.7853

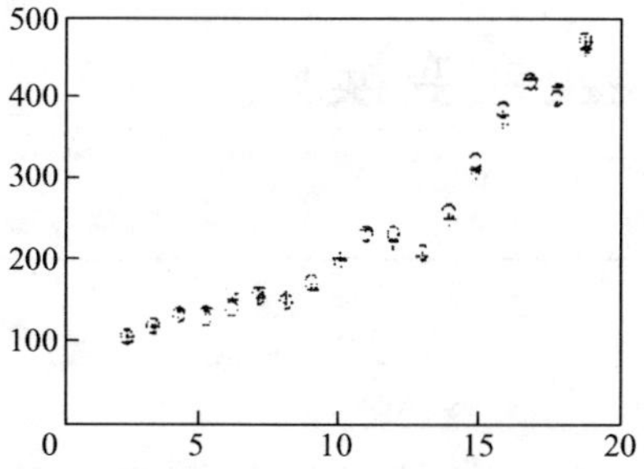

图 A.11 模型（10），（2）的预测图

（∘ —y_t；＊—$\hat{y}_t$（10）；＋—$\hat{y}_t$（2））

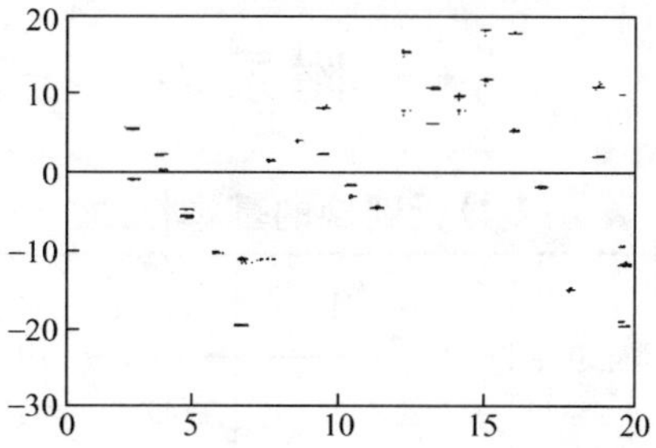

图 A.12 模型（10），（2）的残差图

（＊—e_t（10）；＋—e_t（2））

当用模型（10）或（2）对未来的投资额 y_t 作预测时，需先估计未来的国民生产总值 x_{1t}，物价指数 x_{2t}，比如，设 $t=21$ 时 $x_{1t}=3312$，$x_{2t}=2.1938$，容易由模型（10）得到 $\hat{y}_t=469.7638$，由模型（2）得到 $\hat{y}_t=485.6720$. 模型（10）的 $\hat{y}_t$ 较小，是由于上一年的实际数据 $y_t-1=424.5$ 过小的作用所致，而在模型（2）中它不出现.

注 经 D－W 检验认为普通回归模型（2）的随机误差存在自相关，由式（4），式（7）估计出自相关系数 ρ 后，采用变换（8）的方法得到模型（9），称为广义差分法. 这种方法消除了原模型随机误差的自相关性，得到的式（9）是一阶自相关模型.

D－W 检验和广义差分法在经济数据建模中有着广泛的应用，但是也存在明显的不足：若 DW 的数值落在无法确定自相关性的区间，则只能设法增加数据量，或选用其它方法；如果原始数据序列存在高阶自相关，则需反复使用 D－W 检验和广义差分，直至判定不存在自相关为止. 另外，D－W 分布表中数据容量 n 的下限是 15.

附录 B　拉普拉斯变换及逆变换

1. 表 B-1 拉氏变换的基本性质

1	线性定理	齐次性	$L[af(t)]=aF(s)$
		叠加性	$L[f_1(t)\pm f_2(t)]=F_1(s)\pm F_2(s)$
2	微分定理	一般形式	$L\left[\frac{\mathrm{d}f(t)}{\mathrm{d}t}\right]=sF(s)-f(0)$ $L\left[\frac{\mathrm{d}^2f(t)}{\mathrm{d}t^2}\right]=s^2F(s)-sf(0)-f'(0)$ $\vdots$ $L\left[\frac{\mathrm{d}^nf(t)}{\mathrm{d}t^n}\right]=s^nF(s)-\sum_{k=1}^{n}s^{n-k}f^{(k-1)}(0)$ $f^{(k-1)}(t)=\frac{\mathrm{d}^{k-1}f(t)}{\mathrm{d}t^{k-1}}$
		初始条件为 0 时	$L\left[\frac{\mathrm{d}^nf(t)}{\mathrm{d}t^n}\right]=s^nF(s)$
3	积分定理	一般形式	$L\left[\int f(t)\mathrm{d}t\right]=\frac{F(s)}{s}+\frac{\left[\int f(t)\mathrm{d}t\right]_{t=0}}{s}$ $L\left[\iint f(t)(\mathrm{d}t)^2\right]=\frac{F(s)}{s^2}+\frac{\left[\int f(t)\mathrm{d}t\right]_{t=0}}{s^2}+\frac{\left[\iint f(t)(\mathrm{d}t)^2\right]_{t=0}}{s}$ $\vdots$ $L\left[\overbrace{\int\cdots\int}^{共n个}f(t)(\mathrm{d}t)^n\right]=\frac{F(s)}{s^n}+\sum_{k=1}^{n}\frac{1}{s^{n-k+1}}\left[\overbrace{\int\cdots\int}^{共n个}f(t)(\mathrm{d}t)^n\right]_{t=0}$
		初始条件为 0 时	$L\left[\overbrace{\int\cdots\int}^{共n个}f(t)(\mathrm{d}t)^n\right]=\frac{F(s)}{s^n}$
4	延迟定理(或称 t 域平移定理)		$L[f(t-T)1(t-T)]=\mathrm{e}^{-Ts}F(s)$
5	衰减定理(或称 s 域平移定理)		$L[f(t)\mathrm{e}^{-at}]=F(s+a)$
6	终值定理		$\lim_{t\to\infty}f(t)=\lim_{s\to0}sF(s)$
7	初值定理		$\lim_{t\to0}f(t)=\lim_{s\to\infty}sF(s)$
8	卷积定理		$L\left[\int_0^t f_1(t-\tau)f_2(\tau)\mathrm{d}\tau\right]=L\left[\int_0^t f_1(t)f_2(t-\tau)\mathrm{d}\tau\right]=F_1(s)F_2(s)$

2. 表 B-2 常用函数的拉氏变换和 Z 变换表

序号	拉氏变换 $E(s)$	时间函数 $e(t)$	Z 变换 $E(z)$
1	1	$\delta(t)$	1
2	$\frac{1}{1-\mathrm{e}^{-Ts}}$	$\delta_T(t)=\sum_{n=0}^{\infty}\delta(t-nT)$	$\frac{z}{z-1}$
3	$\frac{1}{s}$	$1(t)$	$\frac{z}{z-1}$
4	$\frac{1}{s^2}$	t	$\frac{Tz}{(z-1)^2}$

（续）

序号	拉氏变换 $E(s)$	时间函数 $e(t)$	Z 变换 $E(z)$
5	$\frac{1}{s^3}$	$\frac{t^2}{2}$	$\frac{T^2z(z+1)}{2(z-1)^3}$
6	$\frac{1}{s^{n+1}}$	$\frac{t^n}{n!}$	$\lim\limits_{a\to 0}\frac{(-1)^n}{n!}\frac{\partial^n}{\partial a^n}(\frac{z}{z-e^{-aT}})$
7	$\frac{1}{s+a}$	e^{-at}	$\frac{z}{z-e^{-aT}}$
8	$\frac{1}{(s+a)^2}$	te^{-at}	$\frac{Tze^{-aT}}{(z-e^{-aT})^2}$
9	$\frac{a}{s(s+a)}$	$1-e^{-at}$	$\frac{(1-e^{-aT})z}{(z-1)(z-e^{-aT})}$
10	$\frac{b-a}{(s+a)(s+b)}$	$e^{-at}-e^{-bt}$	$\frac{z}{z-e^{-aT}}-\frac{z}{z-e^{-bT}}$
11	$\frac{\omega}{s^2+\omega^2}$	$\sin\omega t$	$\frac{z\sin\omega T}{z^2-2z\cos\omega T+1}$
12	$\frac{s}{s^2+\omega^2}$	$\cos\omega t$	$\frac{z(z-\cos\omega T)}{z^2-2z\cos\omega T+1}$
13	$\frac{\omega}{(s+a)^2+\omega^2}$	$e^{-at}\sin\omega t$	$\frac{ze^{-aT}\sin\omega T}{z^2-2ze^{-aT}\cos\omega T+e^{-2aT}}$
14	$\frac{s+a}{(s+a)^2+\omega^2}$	$e^{-at}\cos\omega t$	$\frac{z^2-ze^{-aT}\cos\omega T}{z^2-2ze^{-aT}\cos\omega T+e^{-2aT}}$
15	$\frac{1}{s-(1/T)\ln a}$	$a^{t/T}$	$\frac{z}{z-a}$

3. 用查表法进行拉氏反变换

用查表法进行拉氏反变换的关键在于将变换式进行部分分式展开，然后逐项查表进行反变换。设 $F(s)$ 是 s 的有理真分式

$$F(s)=\frac{B(s)}{A(s)}=\frac{b_ms^m+b_{m-1}s^{m-1}+\cdots+b_1s+b_0}{a_ns^n+a_{n-1}s^{n-1}+\cdots+a_1s+a_0}\quad(n>m)$$

式中系数 a_0，a_1，...，a_{n-1}，a_n，b_0，b_1，$\cdots b_{m-1}$，b_m 都是实常数；m，n 是正整数。按代数定理可将 $F(s)$ 展开为部分分式。分以下两种情况讨论。

① $A(s)=0$ 无重根

这时，$F(s)$ 可展开为 n 个简单的部分分式之和的形式。

$$F(s)=\frac{c_1}{s-s_1}+\frac{c_2}{s-s_2}+\cdots+\frac{c_i}{s-s_i}+\cdots+\frac{c_n}{s-s_n}=\sum_{i=1}^{n}\frac{c_i}{s-s_i}\tag{B-1}$$

式中，s_1，s_2，$\cdots$，s_n 是特征方程 $A(s)=0$ 的根。c_i 为待定常数，称为 $F(s)$ 在 s_i 处的留数，可按下式计算：

$$c_i=\lim_{s\to s_i}(s-s_i)F(s)\tag{B-2}$$

或

$$c_i=\left.\frac{B(s)}{A'(s)}\right|_{s=s_i}\tag{B-3}$$

式中，$A'(s)$ 为 $A(s)$ 对 s 的一阶导数。根据拉氏变换的性质，从式（B-1）可求得原函数

$$f(t) = L^{-1}[F(s)] = L^{-1}\left[\sum_{i=1}^{n}\frac{c_i}{s-s_i}\right] = \sum_{i=1}^{n} c_i \mathrm{e}^{-s_i t} \tag{B-4}$$

② $A(s)=0$ 有重根

设 $A(s)=0$ 有 r 重根 s_1，$F(s)$ 可写为

$$F(s) = \frac{B(s)}{(s-s_1)^r (s-s_{r+1})\cdots(s-s_n)}$$

$$= \frac{c_r}{(s-s_1)^r} + \frac{c_{r-1}}{(s-s_1)^{r-1}} + \cdots + \frac{c_1}{(s-s_1)} + \frac{c_{r+1}}{s-s_{r+1}} + \cdots + \frac{c_i}{s-s_i} + \cdots + \frac{c_n}{s-s_n}$$

式中，s_1 为 $F(s)$ 的 r 重根，s_{r+1}，…，s_n 为 $F(s)$ 的 $n-r$ 个单根；

其中，c_{r+1}，…，c_n 仍按式（B-2）或（B-3）计算，c_r，c_{r-1}，…，c_1 则按下式计算：

$$\begin{cases} c_r = \lim\limits_{s \to s_1}(s-s_1)^r F(s) \\ c_{r-1} = \lim\limits_{s \to s_1}\dfrac{\mathrm{d}}{\mathrm{d}s}[(s-s_1)^r F(s)] \\ \quad\vdots \\ c_{r-j} = \dfrac{1}{j!}\lim\limits_{s \to s_1}\dfrac{\mathrm{d}^{(j)}}{\mathrm{d}s^{(j)}}(s-s_1)^r F(s) \\ \quad\vdots \\ c_1 = \dfrac{1}{(r-1)!}\lim\limits_{s \to s_1}\dfrac{\mathrm{d}^{(r-1)}}{\mathrm{d}s^{(r-1)}}(s-s_1)^r F(s) \end{cases} \tag{B-5}$$

原函数 $f(t)$ 为

$$f(t) = L^{-1}[F(s)]$$

$$= L^{-1}\left[\frac{c_r}{(s-s_1)^r} + \frac{c_{r-1}}{(s-s_1)^{r-1}} + \cdots + \frac{c_1}{(s-s_1)} + \frac{c_{r+1}}{s-s_{r+1}} + \cdots + \frac{c_i}{s-s_i} + \cdots + \frac{c_n}{s-s_n}\right]$$

$$= \left[\frac{c_r}{(r-1)!}t^{r-1} + \frac{c_{r-1}}{(r-2)!}t^{r-2} + \cdots + c_2 t + c_1\right]\mathrm{e}^{s_1 t} + \sum_{i=r+1}^{n} c_i \mathrm{e}^{s_i t} \tag{B-6}$$

附录C 常用信号函数傅里叶积分变换表

	$f(t)$	$F(\omega)$
1	矩形单位脉冲 $f(t)=\begin{cases}E, \lvert t\rvert\leqslant\frac{\tau}{2}\\0,其他\end{cases}$	$2E\frac{\sin\omega\tau}{\omega}$
2	指数衰减函数 $f(t)=\begin{cases}0, & t<0\\ e^{-\beta t}, & t\geqslant 0\end{cases}\quad(\beta>0)$	$\frac{1}{\beta+j\omega}$
3	三角形脉冲 $f(t)=\begin{cases}\frac{2A}{\tau}\left(\frac{\tau}{2}+t\right), -\frac{\tau}{2}\leqslant t<0\\ \frac{2A}{\tau}\left(\frac{\tau}{2}-t\right), 0\leqslant t<\frac{\tau}{2}\end{cases}$	$\frac{4A}{\tau\omega^3}\left(1-\cos\frac{\omega\tau}{2}\right)$
4	钟形脉冲 $f(t)=Ae^{-\beta t^2}(\beta>0)$	$\sqrt{\frac{\pi}{\beta}}e^{-\frac{\omega^2}{4\beta}}$
5	傅里叶核 $f(t)=\frac{\sin\omega_0 t}{\pi t}$	$f(\omega)=\begin{cases}1, \lvert\omega\rvert\leqslant\omega_0\\0,其他\end{cases}$
6	高斯分布函数 $f(t)=\frac{1}{\sqrt{2\pi\sigma}}e^{-\frac{t^2}{2\sigma^2}}$	$e^{-\frac{\sigma^2\omega^2}{2}}$
7	矩形射频脉冲 $f(t)=\begin{cases}E\cos\omega_0 t, & \lvert t\rvert\leqslant\frac{\tau}{2}\\0, & 其他\end{cases}$	$\frac{E\tau}{2}\left[\frac{\sin(\omega-\omega_0)\frac{\tau}{2}}{(\omega-\omega_0)\frac{\tau}{2}}+\frac{\sin(\omega+\omega_0)\frac{\tau}{2}}{(\omega+\omega_0)\frac{\tau}{2}}\right]$
8	单位脉冲函数 $f(t)=\delta(t)$	1
9	周期性脉冲函数 $f(t)=\sum_{n=-\infty}^{+\infty}\delta(t-nT)$ （t 为脉冲函数的周期）	$\frac{2\pi}{T}\sum_{n=-\infty}^{+\infty}\delta\left(\omega-\frac{2n\pi}{T}\right)$
10	$f(t)=\cos\omega_0 t$	$\pi[\delta(\omega+\omega_0)+\delta(\omega-\omega_0)]$
11	$f(t)=\sin\omega_0 t$	$j\pi[\delta(\omega+\omega_0)+\delta(\omega-\omega_0)]$
12	单位阶跃函数 $u(t)=\begin{cases}1, t\geqslant 0\\0, t<0\end{cases}$	$\frac{1}{j\omega}+\pi\delta(\omega)$
13	$u(t-\tau)$	$\frac{1}{j\omega}e^{-j\omega\tau}+\pi\delta(\omega)$
14	$u(t)\cdot t$	$-\frac{1}{\omega^2}+\pi j\delta'(\omega)$
15	$u(t)\cdot t^n$	$\frac{n!}{(j\omega)^{n+1}}+\pi j^n\delta^{(n)}(\omega)$
16	$u(t)\sin at$	$\frac{a}{a^2-\omega^2}+\frac{\pi}{2j}[\delta(\omega-\omega_0)-\delta(\omega+\omega_0)]$
17	$u(t)\cos at$	$\frac{j\omega}{a^2-\omega^2}+\frac{\pi}{2}[\delta(\omega-\omega_0)+\delta(\omega+\omega_0)]$

（续）

	$f(t)$	$F(\omega)$
18	$u(t)\cdot e^{jat}$	$\frac{1}{j(\omega-a)}+\pi\delta(\omega-a)$
19	$u(t-c)\cdot e^{jat}$	$\frac{1}{j(\omega-a)}e^{-j(\omega-a)t}+\pi\delta(\omega-a)$
20	$u(t)\cdot e^{jat}t^n$	$\frac{n!}{[j(\omega-a)]^{n+1}}+\pi j^n\delta^{(n)}(\omega-a)$
21	$e^{a\|t\|}$ ，Re（a）$<0\delta$（$t-c$）$j\omega t^n$ $\frac{1}{a^2+t^2}$，Re（a）$<0-\frac{\pi}{a}e^{a\|\omega\|}$	$\frac{-2a}{a^2+\omega^2}$
22	$\delta(t-c)$	$e^{-j\omega c}$
23	$\delta'(t)$	$j\omega$
24	$\delta^n(t)$	$j\omega^{(n)}$
25	$\delta^n(t-c)$	$(j\omega)^n e^{-j\omega c}$
26	1	$2\pi\delta(\omega)$
27	t	$2\pi j\delta'(\omega)$
28	t^n	$2\pi j^n\delta^n(\omega)$
29	e^{jat}	$2\pi\delta(\omega-a)$
30	$t^n\cdot e^{jat}$	$2\pi j^n\delta^{(n)}(\omega-a)$
31	$\frac{1}{a^2+t^2}$, $\mathrm{Re}(a)<0$	$-\frac{\pi}{a}e^{a\|\omega\|}$
32	$\frac{1}{(a^2+t^2)^2}$, $\mathrm{Re}(a)<0$	$-\frac{j\omega\pi}{2a}e^{a\|\omega\|}$
33	$\frac{e^{jbt}}{a^2+t^2}$, $\mathrm{Re}(a)<0$, b 为实数	$-\frac{\pi}{a}e^{a\|\omega-b\|}$
34	$\frac{\cos bt}{a^2+t^2}$, $\mathrm{Re}(a)<0$, b 为实数	$-\frac{\pi}{2a}\left[e^{a\|\omega-b\|}-e^{a\|\omega+b\|}\right]$
35[1]	$\frac{\sin bt}{a^2+t^2}$, $\mathrm{Re}(a)<0$, b 为实数	$-\frac{\pi}{2aj}\left[e^{a\|\omega-b\|}-e^{a\|\omega+b\|}\right]$
36[1]	$\frac{\sinh at}{\sinh \pi t}$, $-\pi<a<\pi$	$\frac{\sin a}{\cosh\omega+\cos a}$
37[1]	$\frac{\sinh at}{\cosh \pi t}$, $-\pi<a<\pi$	$-2j\frac{\sin\frac{a}{2}\sinh\frac{\omega}{2}}{\cosh\omega+\cos a}$
38[1]	$\frac{\cosh at}{\cosh \pi t}$, $-\pi<a<\pi$	$2\frac{\cos\frac{a}{2}\cosh\frac{\omega}{2}}{\cosh\omega+\cos a}$

（续）

	$f(t)$	$F(\omega)$
39[1]	$\frac{1}{\cosh at}$	$\frac{\pi}{a}\frac{1}{\cos\frac{h\omega}{2a}}$
40[1]	$\sin at^2$	$\sqrt{\frac{\pi}{a}}\cdot\cos\left(\frac{\omega^2}{4a}+\frac{\pi}{4}\right)$
41	$\cos at^2$	$\sqrt{\frac{\pi}{a}}\cdot\cos\left(\frac{\omega^2}{4a}-\frac{\pi}{4}\right)$
42	$\frac{1}{t}\sin at$	$\begin{cases}\pi, & \lvert\omega\rvert\leqslant a\\ 0, & \lvert\omega\rvert>a\end{cases}$
43	$\frac{1}{t^2}\sin^2 at$	$\begin{cases}\pi\left(a-\frac{\lvert\omega\rvert}{2}\right), & \lvert t\rvert\leqslant 2a\\ 0, & \lvert\omega\rvert>2a\end{cases}\quad(-\infty,\ +\infty)$ $\frac{\sin at}{\sqrt{\lvert t\rvert}}\ \frac{-2}{\omega^2}\ \frac{2}{\mathrm{j}\omega}\mathrm{e}^{-at^2}$, Re $(a)>0$
44	$\frac{\sin at}{\sqrt{\lvert t\rvert}}$	$\mathrm{j}\sqrt{\frac{\pi}{2}}\cdot\left(\frac{1}{\sqrt{\lvert\omega+a\rvert}}-\frac{1}{\sqrt{\lvert\omega-a\rvert}}\right)$
45	$\frac{\cos at}{\sqrt{\lvert t\rvert}}$	$\sqrt{\frac{\pi}{2}}\cdot\left(\frac{1}{\sqrt{\lvert\omega+a\rvert}}+\frac{1}{\sqrt{\lvert\omega-a\rvert}}\right)$
46	$\frac{1}{\sqrt{\lvert t\rvert}}$	$\sqrt{\frac{2\pi}{\lvert\omega\rvert}}$
47	$\mathrm{sgn}t$	$\frac{2}{\mathrm{j}\omega}$
48	e^{-at^2}, Re $(a)>0$	$\sqrt{\frac{\pi}{2}}\cdot\mathrm{e}^{-\frac{\omega^2}{4a}}$
49	$\lvert t\rvert$	$\frac{-2}{\omega^2}$
50	$\frac{1}{\lvert t\rvert}$	$\frac{\sqrt{2\pi}}{\lvert\omega\rvert}$

部分习题参考答案

第 1 章

1. (1) $P=\begin{pmatrix}1&1&1\\-1&0&1\\0&1&1\end{pmatrix}$, $P^{-1}AP=\mathrm{diag}(1, 1, 2)$ (2) $P=\begin{pmatrix}1&1&1\\1&-1&0\\-1&2&1\end{pmatrix}$ $P^{-1}AP=\mathrm{diag}(0, -2, -2)$

(3) $P=\begin{pmatrix}-0.5&-0.5&-0.5&0.5\\-0.5&-0.5&0.5&-0.5\\-0.5&0.5&0.5&0.5\\-0.5&0.5&-0.5&-0.5\end{pmatrix}$, $P^{-1}AP=\begin{pmatrix}5&&&\\&-5&&\\&&-5&\\&&&3\end{pmatrix}$,

(4) $P=\begin{pmatrix}0.5&0.0846&0.4928&0.7071\\0.5&0.0846&0.4928&-0.7071\\0.5&-0.7815&-0.3732&0\\0.5&0.6124&-0.6124&0\end{pmatrix}$, $P^{-1}AP=\begin{pmatrix}4&&&\\&0&&\\&&0&\\&&&0\end{pmatrix}$.

2. $\begin{pmatrix}-3&48&-26\\0&95&-61\\0&-61&34\end{pmatrix}$

3. (1) $m_A=(\lambda-2)^2$; (2) $m_A=(\lambda-1)^2$; (3) $m_A=\lambda^2$;
(4) $m_A=(\lambda-1)(\lambda+1)$; (5) λ^2.

4. (1) $\begin{pmatrix}2&0&0\\0&0&0\\0&0&0\end{pmatrix}$; (2) $\begin{pmatrix}-1&0&0\\0&-1&0\\0&1&-1\end{pmatrix}$;

(3) $\begin{pmatrix}1&1&&\\&1&1&\\&&1&1\\&&&1\end{pmatrix}$; (4) $\begin{pmatrix}-0.4142&0&&\\&2.4142&0&\\&&1&1\\&&&1\end{pmatrix}$.

5. $\begin{pmatrix} 54 & -6 & 25 \\ 50 & -2 & 25 \\ -112 & 12 & -52 \end{pmatrix}$.

6. $\rho(\boldsymbol{A})=10$

7. (1) $\begin{cases} x_1=-\mathrm{e}^{2t}(c_1+c_2+c_3+c_3t), \\ x_2=\mathrm{e}^{2t}(c_1+2c_2+2c_3t), \\ x_3=\mathrm{e}^{2t}(c_2+c_3t), \end{cases}$ 其中 c_1，c_2，$c_3\in\mathbf{C}$.

(2) $\begin{cases} x_1(t)=0.6667c_1\mathrm{e}^{2t}+0.7071c_2\mathrm{e}^{t}, \\ x_2(t)=0.3333c_1\mathrm{e}^{2t}, \\ x_3(t)=-0.6667c_1\mathrm{e}^{2t}-0.7071c_2\mathrm{e}^{t}+c_3\mathrm{e}^{-t}, \end{cases}$ 其中 c_1，c_2，$c_3\in\mathbf{C}$.

8. $f(\lambda)=|\lambda\boldsymbol{E}-\boldsymbol{A}|=\lambda^2-6\lambda+7$，又作多项式 $\varphi(\lambda)=2\lambda^4-12\lambda^3+19\lambda^2-29\lambda+37$，则 $\varphi(\lambda)=f(\lambda)(2\lambda^2+5)+\lambda+2$，由 $f(\boldsymbol{A})=0$，得 $\varphi(\boldsymbol{A})=\boldsymbol{A}+2\boldsymbol{E}$，即

$\boldsymbol{B}=2\boldsymbol{A}^4-12\boldsymbol{A}^3+19\boldsymbol{A}^2-29\boldsymbol{A}+37\boldsymbol{E}=\varphi(\boldsymbol{A})=\boldsymbol{A}+2\boldsymbol{E}=\begin{pmatrix} 3 & -1 \\ 2 & 7 \end{pmatrix}$，且 $\begin{vmatrix} 3 & -1 \\ 2 & 7 \end{vmatrix}\neq 0$，所以 $\boldsymbol{B}$ 可逆．又 $|\lambda\boldsymbol{E}-\boldsymbol{B}|=\lambda^2-10\lambda+23$，$\boldsymbol{B}^2-10\boldsymbol{B}+23\boldsymbol{E}=0$ 即

$(\boldsymbol{A}+2\boldsymbol{E})^2-10(\boldsymbol{A}+2\boldsymbol{E})+23\boldsymbol{E}=\boldsymbol{O}$，$(\boldsymbol{A}+2\boldsymbol{E})(\boldsymbol{A}-8\boldsymbol{E})=-23\boldsymbol{E}$. 故所求逆矩阵为

$\boldsymbol{B}^{-1}=(\boldsymbol{A}+2\boldsymbol{E})^{-1}=-\dfrac{1}{23}(\boldsymbol{A}-8\boldsymbol{E})$.

9. $\boldsymbol{P}=\begin{pmatrix} 0 & 1 & 0 \\ 0 & 2 & 1 \\ 1 & -1 & -1 \end{pmatrix}$，$\boldsymbol{J}_A=\begin{pmatrix} 2 & 0 & 0 \\ 0 & 1 & 1 \\ 0 & 0 & 1 \end{pmatrix}$

10. $m(\lambda)=(\lambda-1)^2(\lambda-2)$，$f(\boldsymbol{A})=\begin{pmatrix} -2 & 1 & 0 \\ -4 & 2 & 0 \\ 1 & 0 & 0 \end{pmatrix}$

第 2 章

1. (1) $\|\boldsymbol{\alpha}\|_1=7+\sqrt{2}$，$\|\boldsymbol{\alpha}\|_2=\sqrt{23}$，$\|\boldsymbol{\alpha}\|_\infty=4$.

(2) $\|\boldsymbol{A}\|_1=5$，$\|\boldsymbol{\alpha}\|_2=\sqrt{15}$，$\|\boldsymbol{\alpha}\|_\infty=5$.

2. $\|\boldsymbol{A}\|_{m_1}=11$，$\|\boldsymbol{A}\|_F=\sqrt{23}$，$\|\boldsymbol{A}\|_{m_\infty}=9$，$\|\boldsymbol{A}\|_1=5$，$\|\boldsymbol{A}\|_2=\sqrt{15}$，$\|\boldsymbol{A}\|_\infty=5$.

3. (1) 收敛矩阵；(2) 收敛矩阵；

(3) 收敛矩阵；(4) 收敛矩阵.

4. (1) $\mathrm{e}^{\boldsymbol{A}}=\begin{pmatrix} 1 & -\frac{1}{2}+\frac{1}{2}\mathrm{e}^2 \\ 0 & \mathrm{e}^2 \end{pmatrix}$，$\sin\boldsymbol{A}=\begin{pmatrix} 0 & \frac{1}{2}\sin 2 \\ 0 & \sin 2 \end{pmatrix}$，$\cos\boldsymbol{A}=\begin{pmatrix} 1 & -\frac{1}{2}+\frac{1}{2}\cos 2 \\ 0 & \cos 2 \end{pmatrix}$.

(2) $\mathrm{e}^{\boldsymbol{A}}=\begin{pmatrix} 2\mathrm{e}^{-1} & 0 & \mathrm{e}^{-1} \\ 2\mathrm{e}^{-1} & \mathrm{e}^{-1} & 2\mathrm{e}^{-1} \\ -\mathrm{e}^{-1} & 0 & 0 \end{pmatrix}$，$\mathrm{e}^{\boldsymbol{A}t}=\begin{pmatrix} (t+1)\mathrm{e}^{-t} & 0 & t\mathrm{e}^{-t} \\ 2t\mathrm{e}^{-1} & \mathrm{e}^{-t} & 2t\mathrm{e}^{-t} \\ -t\mathrm{e}^{-t} & 0 & (1-t)\mathrm{e}^{-t} \end{pmatrix}$.

(3) $e^{A}=\begin{pmatrix} e^2 & 0 & 0 \\ e^2 & 2e^2 & -e^2 \\ e^2 & e^2 & 0 \end{pmatrix}, e^{At}=\begin{pmatrix} e^{2t} & 0 & 0 \\ te^{2t} & (1+t)e^{2t} & -te^{2t} \\ te^{2t} & te^{2t} & (1-t)e^{2t} \end{pmatrix}$,

$\sin A=\begin{pmatrix} \sin 2 & 0 & 0 \\ \cos 2 & \sin 2+\cos 2 & -\cos 2 \\ \cos 2 & \cos 2 & \sin 2-\cos 2 \end{pmatrix}$.

5. (1) $S=\begin{pmatrix} 2 & \frac{3}{2} \\ 1 & 0 \end{pmatrix}$, (2) $S=\frac{2}{3}\begin{pmatrix} 4 & 7 \\ 3 & 9 \end{pmatrix}$, (3) $S=\begin{pmatrix} 2 & \frac{3}{2} \\ 1 & 0 \end{pmatrix}$, (4) $\begin{pmatrix} \frac{5}{4} & \\ & \frac{10}{3} \end{pmatrix}$.

6. (1) $\frac{d}{dt}A(t)=\begin{pmatrix} \cos t & -\sin t & 1 \\ e^t & 2e^{2t} & 3e^{3t} \\ 0 & 0 & 2t \end{pmatrix}$; (2) $\frac{d}{dt}A(t)=\begin{pmatrix} -\sin t & \cos t \\ -\cos t & -\sin t \end{pmatrix}$;

(3) $\frac{d}{dt}A(t)=\begin{pmatrix} \frac{1}{t+1} & e^t & \cos t \\ 1+2t & -\frac{1}{t^2} & 0 \\ 3^{t+1}\ln(3) & 7t^6 & \frac{1}{t\ln(2)} \end{pmatrix}$; (4) $\frac{d}{dt}A(t)=\begin{pmatrix} \cos t & -\sin t & 1 \\ 2^t\ln 2 & e^t & 2t \\ 0 & 0 & 4t^3 \end{pmatrix}$.

7. $x(t)=e^{2t}\begin{pmatrix} \frac{3}{2}-\frac{1}{2}e^{-2t} \\ \frac{1}{2}(t^2+t-2)+\left(-\frac{t^2}{2}+\frac{3}{2}t+1\right)e^{-2t} \\ \left(2t^2+t+\frac{1}{2}\right)e^{-2t}-\frac{3}{2} \end{pmatrix}$

8. $f(A)=\begin{pmatrix} 3 & 5 & & & \\ & 3 & & & \\ & & 16 & 23 & 12 \\ & & & 16 & 23 \\ & & & & 16 \end{pmatrix}$

9. $2A$

10. (1) $x(t)=\begin{pmatrix} 1 \\ 1 \\ (t-1)e^t \end{pmatrix}$; (2) $x(t)=\begin{pmatrix} e^{3t}-e^{2t} \\ -e^{2t}+2e^t \\ e^{3t}-e^{2t}+2e^t \end{pmatrix}$.

11. (1) $\begin{pmatrix} 1-\cos t & -\sin t \\ \sin t & 1-\cos t \end{pmatrix}$; (2) $\begin{pmatrix} \sin t & -\cos t \\ \cos t & \sin t \end{pmatrix}$;

(3) $\begin{pmatrix} t & \frac{1}{2}t^2 \\ \frac{1}{5}t^5 & -\frac{1}{2}t^2 \end{pmatrix}$; (4) $\begin{pmatrix} \frac{1}{2}\sin(2t) & \frac{1}{3}t^3 \\ 0 & e^t-1 \end{pmatrix}$.

12. $\begin{pmatrix} 2 & 0 & \frac{2}{3} \\ 0 & \frac{2}{3} & 0 \\ \frac{2}{3} & 0 & \frac{2}{5} \end{pmatrix}$, 0

13. 证明：设 $\boldsymbol{\alpha}=(a_1, a_2, \cdots, a_n)$，则 $k\boldsymbol{\alpha}=(ka_1, ka_2, \cdots, ka_n)$

因为 $\|k\boldsymbol{\alpha}\| = \sqrt{\sum_{i=1}^{n} |ka_i|^2} = |k|\sqrt{\sum_{i=1}^{n} |a_i|^2} = |k|\,\|\boldsymbol{\alpha}\|$.

14. $\dfrac{\partial^2 \boldsymbol{A}}{\partial \boldsymbol{X}^2} = \begin{pmatrix} 2y & 0 & 0 \\ 2x & 2y & 1 \\ 2x & 2y & 1 \\ 0 & 2x & 0 \end{pmatrix}$.

15. 收敛.

第 3 章

1. $\min \sum_{i=1}^{N} [y_i - (\beta_0 + \beta_1 x_{1i} + \beta_2 x_{2i})]^2$

2. $\nabla f(\boldsymbol{X}) = (3x_1^2 - 4x_1x_2, 4x_2 - 2x_1^2 + 4x_3 - 1, 6x_3 + 4x_2)^{\mathrm{T}}$, $\nabla^2 f(\boldsymbol{X}) = \begin{pmatrix} 6x_1 & -4x_2 & 0 \\ -4x_1 & 4 & 4 \\ 0 & 4 & 6 \end{pmatrix}$.

3. 是凸函数. 4. 非凸规划.

第 4 章

1. $\boldsymbol{X}^{(1)} = \left(1, \frac{1}{2}\right)^{\mathrm{T}}$, $\boldsymbol{X}^{(2)} = \left(\frac{1}{2}, \frac{1}{2}\right)^{\mathrm{T}}$.

2. $\boldsymbol{X}^* = (0, 0)^{\mathrm{T}}$.

3. $\boldsymbol{X}^* = (1, 1)^{\mathrm{T}}$.

4. $\boldsymbol{X}^* = (1, 2)^{\mathrm{T}}$.

5. $\boldsymbol{X}^* = (1)$.

6. $\boldsymbol{X}^* = \begin{pmatrix} 2 \\ -1 \end{pmatrix}$.

7. $\boldsymbol{X}^* = (1, 3)^{\mathrm{T}}$.

8. $\boldsymbol{X}^* = (1, 0)^{\mathrm{T}}$.

9. $\boldsymbol{X}^* = \left(\frac{2}{3}, \frac{3}{5}\right)^{\mathrm{T}}$，(2) $\boldsymbol{X}^* = \left(\frac{1}{3}, \frac{2}{3}\right)^{\mathrm{T}}$.

10. $\boldsymbol{X}^* = (0, 3, 3)^{\mathrm{T}}$.

11. $X^* = (0, 1)^T$.
12. $X^* = (0, 8.1805, 0)^T$，目标函数（16.3610，57.2635）.
13. $X^* = (3, -1)^T$.
14. $X^* = \left(\frac{3}{2}, \frac{1}{2}\right)^T$.

第 5 章

1. （1599.4，2064.6）h
3. $\hat{\mu} = 74.002$，　$\hat{\sigma}^2 = 6 \times 10^{-6}$，　$S^2 = 6.86 \times 10^{-6}$
4. （1）$E(X) = \dfrac{\theta c}{\theta - 1}$；　$\theta = \dfrac{\overline{X}}{\overline{X} - c}$；

   （2）$E(X) = \dfrac{\sqrt{\theta}}{\sqrt{\theta} + 1}$；$\theta = \left(\dfrac{\overline{X}}{1 - \overline{X}}\right)^2$；

   （3）$E(\overline{X}) = mp$；　$\hat{p} = \dfrac{\overline{X}}{m}$.
5. （0.222，3.601）.
6. $L(\lambda) = \dfrac{\lambda^{\sum_{i=1}^{n} x_i}}{x_1!\ x_2!\ \cdots x_n!}$.

   $\hat{\lambda} = \overline{X}$
7. （−0.002，0.006）.
8. （7.4，21.1）.
9. （0.50，0.69）.

第 6 章

1. 反映工艺条件的改变使得直径发生了显著性变化.
2. 没有达到所要求的精度.
3. 有显著性差异.
4. 符合实际.
5. 新药无明显疗效.
6. 有变化，变小了.
7. 达到新的疗效.
8. 可以代用.
9. 无显著差异.
10. 乙机床加工精度高.

第 7 章

1. 只有浓度的影响是显著的.

2. 差异显著.
3. 不同的温度、不同的含碳量对冲击值的影响都是高度显著的.
4. 无显著差异.
5. 高度显著差异.
6. 有显著差异.
7. （1）有无显著影响；（2）无显著差异.
8. A 的影响高度显著；B 的影响不显著；交互作用的影响高度显著.
9. 因素主→次：ACB；最有条件：$A_3B_2C_3$

第 8 章

1. （1）$\hat{y}=10.28+0.3040x$；约 0.304kg/cm^2；
（2）回归效果显著；
（3）(0.2949，0.3131)；
（4）78.68（77.47，79.89）.
2. （1）$\hat{y}=106.3013+1.1947\sqrt{x}$，$R_1=0.8861$；
（2）$\hat{y}=106.3147+1.714\ln x$，$R_2=0.9367$；
（3）$\hat{y}=111.4875-9.833/x$，$R_3=0.987$.
$R_1<R_2<R_3$，第三种模型所表示的 X 与 Y 的相关性最大.
3. （1）$\hat{y}=9.121+0.2230x$；　$r=0.9910$.
（2）回归显著；
（3）$\hat{y}_0=18.487$，(17.317，19.657).
4. （1）$\hat{y}=3.0332-2.0698x$，0.0019；
（2）a：(2.9671，3.1117)，b：(−2.1711，−1.9625)；
（3）线性回归效果显著；
（4）$(\hat{y}-\bar{\delta},\ \hat{y}+\bar{\delta})$
$\bar{\delta}=0.1073\sqrt{0.7596t\ (x-0.7029)^2}$；
（5）需要把 x 的值限制在（0.7，0.9）内.
5. $\hat{y}=65.92+0.2090x_1+0.2239x_2$.
6. （1）$\hat{y}=-1.51+0.4x_1+0.36x_2$；
（2）回归效果显著；
（3）x_1，x_2 对 y 都有显著效果；
（4）b_1：(0.08，0.72)；b_2：(0.14，0.58).
7. （1）$\hat{y}-8.3515+34.8267x-3.7623x^2$；
（2）回归效果显著.
8. （1）$\hat{a}=\frac{1}{6}(y_1+2y_2+y_3)$，$\hat{b}=\frac{1}{5}(2y_3-y_2)$；

(2) $\hat{a} \sim N\left(a, \frac{\sigma^2}{6}\right)$, $\hat{b} \sim N\left(b, \frac{\sigma^2}{5}\right)$;

(3) $F = \frac{(5y_1 + 16y_2 - 7y_3)^2}{11(5y_1 - 2y_2 - y_3)}$.

第 9 章

1. (1) $f(t) = \frac{4}{\pi}\int_0^{+\infty} \frac{\sin\omega - \omega\sin\omega}{\omega^3}\cos\omega t\,\mathrm{d}\omega$;

(2) $f(t) = \frac{2}{\pi}\int_0^{+\infty} \frac{(5 - \omega^2)\cos\omega t + 2\omega\sin\omega t}{\omega^4 - 6\omega^2 + 25}\mathrm{d}\omega$.

2. (1) $F(\omega) = \frac{2}{1 + \omega^2}$;

(2) $F(\omega) = \frac{-\mathrm{j}\omega}{2\sqrt{\pi}}\mathrm{e}^{-\frac{\omega^2}{4}}$;

(3) $F(\omega) = \begin{cases} -\frac{\mathrm{j}}{2}\sin\omega, & |\omega| \leqslant \pi, \\ 0, & |\omega| > \pi; \end{cases}$

(4) $F(\omega) = -\frac{\mathrm{j}}{2}\mathrm{e}^{-\frac{|\omega|}{\sqrt{2}}}\sin\frac{\omega}{2}$.

3. $F(\omega) = \frac{2}{\mathrm{j}\omega}$.

4. $f(t) = \cos\omega_0 t$.

8. $f(t) * g(t) = \begin{cases} 0, & t \leqslant 0, \\ \frac{1}{2}(\sin t - \cos t + \mathrm{e}^{-t}), & 0 < t \leqslant \frac{\pi}{2}, \\ \frac{1}{2}\mathrm{e}^{-t}(1 + \mathrm{e}^{\frac{\pi}{2}}), & t > \frac{\pi}{2}. \end{cases}$

9. (1) $F(\omega) = \frac{\omega_0}{(a + \mathrm{j}\omega)^2 + \omega_0^2}$;

(2) $F(\omega) = -\frac{1}{(\omega - \omega_0)^2} + \pi\mathrm{j}\delta'(\omega - \omega_0)$;

(3) $F(\omega) = \frac{a + \mathrm{j}(\omega + \omega_0)}{(a + \mathrm{j}\omega)^2 + \omega_0^2}$.

10. (1) $2\pi\delta'(\omega)$; (2) $\mathrm{j}\omega$; (3) $2\pi\delta(\omega) - \mathrm{e}^{-\mathrm{j}\omega} + \omega^2\mathrm{e}^{\mathrm{j}\omega}$.

11. (1) $F(\omega) = \frac{\mathrm{j}\omega}{\omega_0^2 - \omega^2} + \frac{\pi}{2}[\delta(\omega + \omega_0) + \delta(\omega - \omega_0)]$;

(2) $F(\omega) = \frac{1}{\mathrm{j}(\omega - \omega_0)} + \pi\delta(\omega - \omega_0)$;

(3) $F(\omega) = \mathrm{e}^{-\mathrm{j}(\omega - \omega_0)t_0}\frac{1}{\mathrm{j}(\omega - \omega_0)} + \pi\delta(\omega - \omega_0)$.

12. $f(t)=\dfrac{\sin\pi t}{1-t^2}(t>0)$.

16. (1) π; (2) π.

第 10 章

1. (1) $\dfrac{3}{9s^2+1}$; (2) $\dfrac{1}{s+2}$; (3) $\dfrac{7}{(s+3)^2+49}$; (4) $\dfrac{2(s^2-5)}{(s^2+25)(s^2+1)}$; (5) $\dfrac{2}{s^3}$;

   (6) $\dfrac{s^2-4}{(s^2+4)^2}$.

2. (1) $\dfrac{1}{s}(3-4\mathrm{e}^{-2s}+\mathrm{e}^{-4s})$; (2) $\dfrac{s^2+s+2}{(s+1)(s^2+1)}$; (3) $\dfrac{2s}{s^2+1}$.

3. (1) $\dfrac{1}{(1-\mathrm{e}^{-\pi s})(1+s^2)}$; (2) $\dfrac{1}{s(1+\mathrm{e}^{-Ts})}\mathrm{th}Ts$.

4. (1) $\dfrac{s^2-4s+5}{(s-1)^3}$; (2) $\dfrac{10}{s^2+4}-\dfrac{3s}{s^2+1}$; (3) $\dfrac{n!}{(s-k)^{n+1}}(n=1,2,3,\cdots)$;

   (4) $\dfrac{1}{s}-\dfrac{1}{(s-1)^2}$; (5) $\dfrac{s}{(s-1)^2+k^2}$; (6) $\dfrac{1}{s}$;

   (7) $\dfrac{1}{s}\mathrm{e}^{-\frac{5}{3}s}$; (8) $\dfrac{4(s+3)}{[(s+3)^2+4]^2}$; (9) $\dfrac{2(3s^2+12s+13)}{s^2[(s+3)^2+4]^2}$;

   (10) $\mathrm{arccot}\dfrac{s+3}{2}$; (11) $\dfrac{1}{s}\mathrm{arccot}\dfrac{s+3}{2}$; (12) $\dfrac{1}{s}\cdot\dfrac{4(s+3)}{[(s+3)^2+4]^2}$.

6. (1) $\dfrac{1}{6}t^3$; (2) e^t-t-1; (3) $\dfrac{1}{2}(\sin t+t\cos t)$;

   (4) $\dfrac{1}{2}\mathrm{e}^{kt}t\sin t$; (5) $\dfrac{1}{2}t\sin t$; (6) $1-\cos t$.

8. (1) $f(t)=\delta(t)-2\mathrm{e}^{-2t}$; (2) $f(t)=2\cos 3t+\sin 3t$;

   (3) $f(t)=\dfrac{3}{2}\mathrm{e}^{3t}-\dfrac{1}{2}\mathrm{e}^{-t}$; (4) $f(t)=-\dfrac{1}{5}(3\mathrm{e}^{2t}+2\mathrm{e}^{-3t})$;

   (5) $f(t)=\mathrm{sh}t-t$; (6) $f(t)=-1+t+\mathrm{e}^{-t}$;

   (7) $f(t)=\dfrac{1}{3}\sin t-\dfrac{1}{6}\sin 2t$; (8) $f(t)=\dfrac{1}{9}\left(\sin\dfrac{2}{3}t+\cos\dfrac{2}{3}t\right)\mathrm{e}^{-\frac{t}{3}}$;

   (9) $f(t)=2(\cos 3t+\dfrac{1}{3}\sin 3t)\mathrm{e}^{-2t}$; (10) $f(t)=\dfrac{1}{2a^3}(\mathrm{sh}at-\sin at)$;

   (11) $f(t)=\dfrac{1}{6}t^3\mathrm{e}^{-t}$; (12) $f(t)=\dfrac{1}{2}t\mathrm{e}^{-t}\sin t$.

9. (1) $y(t)=\dfrac{1}{4}[(7+2t)\mathrm{e}^{-t}-3\mathrm{e}^{-3t}]$;

   (2) $y(t)=1-\left(\dfrac{t^2}{2}+t+1\right)\mathrm{e}^{-t}$;

   (3) $y(t)=-2\sin t-\cos 2t$;

(4) $y(t)=e^{-t}-e^{-2t}+\left[-e^{-t(t-1)}+\frac{1}{2}e^{-2(t-1)}+\frac{1}{2}\right]u(t-1)$.

10. (1) $\begin{cases}x(t)=-\sin t,\\y(t)=-\sin t;\end{cases}$ (2) $\begin{cases}x(t)=u(t-1),\\y(t)=0.\end{cases}$

11. (1) $f(t)=2\left(t+\frac{t^3}{6}\right)$; (2) $f(t)=te^t$.

12. $i(t)=\frac{E}{R}[1-e^{-\frac{R}{L}(t-t_0)}]$.

第 11 章

1. (1) $e^{-j3\omega}$;

(2) $1+\cos\omega$;

(3) $\frac{1}{1-ae^{-j\omega}}$;

(4) $\frac{1-a^7e^{-j7\omega}}{1-ae^{-j\omega}}$.

2. (1) $(1-e^{-j\omega})X(e^{j\omega})$;

(2) $\frac{1}{2}[X(e^{j\frac{\omega}{2}})+X(e^{j(\frac{\omega}{2}-\pi)})]$;

(3) $j\frac{dX(e^{j\omega})}{d\omega}$;

(4) $\frac{1}{2\pi}X(e^{j\omega})*X(e^{j\omega})$; (5) $X(e^{j2\omega})$.

3. (1) $\frac{1}{1-ae^{-j\omega}}$; (2) $\frac{1}{1-a^{-1}e^{j\omega}}$;

(3) $\frac{1-a^2-2a^{M+1}\cos[(M+1)\omega]+2a^{M+2}\cos M\omega}{1-2a\cos\omega+a^2}$;

(4) $a^{-3}e^{j3\omega}\frac{1}{1-a^{-1}e^{j\omega}}$;

(5) $\frac{1}{1-\left(\frac{1}{4}\right)^3e^{-j3\omega}}$;

(6) $X(e^{j\omega})=\begin{cases}\frac{1}{4}, & 0\leqslant\omega\leqslant\frac{\pi}{12};\\\left(\frac{7\pi}{12}-\omega\right)/2\pi, & \frac{\pi}{12}\leqslant\omega\leqslant\frac{7\pi}{12}.\end{cases}$

4. (1) 1; (2) −1; (3) -2π; (4) 38π; (5) 348π.

5. (1) $X(k)=\begin{cases}\frac{N}{2}, & k=m\text{ 或 }k=-m\\0, & \text{其它}\end{cases}$;

（2） $X(k)=\dfrac{1-a^N}{1-aW_N^k}$，$0\leqslant k\leqslant N-1$；

（3） $X(k)=\begin{cases}\dfrac{9}{2}N, & k=0\\ \dfrac{1}{4}N, & k=2 \text{ 或 } k=N-2.\\ 0, & \text{其它}\end{cases}$

9（1） $\dfrac{(a^2-1)z}{a\left(z-\dfrac{1}{a}\right)(z-a)}$，收敛域：$|a|<|z|<\dfrac{1}{|a|}$；

（2） $\dfrac{1}{1-\dfrac{1}{2}z^{-1}}$，收敛域：$|z|>\dfrac{1}{2}$；

（3） $\dfrac{1}{1-\dfrac{1}{2}z^{-1}}$，收敛域：$|z|<\dfrac{1}{2}$；　　（4） $\ln\dfrac{z}{1-z}$，收敛域：$|z|>1$；

（5） $\dfrac{z^{-1}(1-z^{-2})\sin\omega_0}{(1-2z^{-1}\cos\omega_0+z^{-2})^2}$，收敛域：$|z|>1$；

（6） $\dfrac{A[\cos\varphi-z^{-1}r\cos(\varphi-\omega_0)]}{1-2z^{-1}r\cos\omega_0+r^2z^{-2}}$，收敛域：$|z|>|r|$.

10. （1） $\left(-\dfrac{1}{2}\right)^n u(n)$；

（2） $8\delta(n)+7\left(\dfrac{1}{4}\right)^n u(-n-1)$；

（3） $-\dfrac{1}{a}\delta(n)+\left(a-\dfrac{1}{a}\right)\left(\dfrac{1}{a}\right)^n u(n-1)$.

11. $-\dfrac{3z^3}{(z-3)(z-\frac{1}{2})}$.

12. (1)$y(n)=-1+2^{n-1}, n\geqslant 1$；

（2） $y(n)=[4\cdot 2^n-1]u(n)+\left[\dfrac{a(a+3)}{(a-1)(a-2)}a^n+\dfrac{4}{a-1}-\dfrac{10}{a-2}2^n\right]u(n)$.

参考文献

[1] 同济大学数学教研室. 工程数学线性代数 [M]. 北京：高等教育出版社，1999.
[2] 申亚男，张晓丹，李为东. 线性代数 [M]. 北京：机械工业出版社，2006.
[3] 曾祥金，吴华安，高遵海. 矩阵分析及其应用 [M]. 武汉：武汉大学出版社，2008.
[4] 张跃辉. 矩阵理论与应用 [M]. 北京：科学出版社，2001.
[5] 张明. 工程矩阵理论 [M]. 南京：东南大学出版社，2012.
[6] 程林凤，胡建华. 矩阵论 [M]. 徐州：中国矿业大学出版社，2009.
[7] 张凯院，徐仲. 矩阵论 [M]. 北京：科学出版社，2013.
[8] 薛毅. 最优化原理与方法 [M]. 北京：北京工业大学出版社，2004.
[9] 陈宝林. 最优化理论与算法 [M]. 北京：清华大学出版社，2003.
[10] 宋巨龙，王香柯，冯晓慧. 最优化方法 [M]. 西安：西安电子科技大学出版社，2012.
[11] 王开荣. 最优化方法 [M]. 北京：科学出版社，2012.
[12] 孙文瑜，徐成贤，朱德通. 最优化方法 [M]. 北京：高等教育出版社，2010.
[13] 郭科，陈聆，魏友华. 最优化方法及其应用 [M]. 北京：高等教育出版社，2012.
[14] 阴明盛，罗长童. 最优化原理、方法及求解软件 [M]. 北京：科学出版社，2006.
[15] 蒋耀林. 工程数学的新方法 [M]. 北京：高等教育出版社，2013.
[16] 薛薇. 统计分析与 SPSS 的应用 [M]. 北京：中国人民大学出版社，2011.
[17] 吴孟达，李兵，汪文浩. 高等工程数学 [M]. 北京：科学出版社，2012.
[18] 于寅. 高等工程数学 [M]. 2 版. 武汉：华中理工大学出版社，1995.
[19] 任若恩，王惠文. 多元统计数据分析 [M]. 北京：国防工业出版社，2010.
[20] 刘建亚，吴臻. 复变函数与积分变换 [M]. 2 版. 北京：高等教育出版社，2011.
[21] 刘子瑞，徐忠昌. 复变函数与积分变换 [M]. 2 版. 北京：科学出版社，2011.
[22] 马柏林，李丹衡，晏华辉. 复变函数与积分变换（修订版）[M]. 上海：复旦大学出版社，2007.
[23] 王忠仁，张静. 复变函数与积分变换 [M]. 北京：高等教育出版社，2006.
[24] 王元林. 工程数学：积分变换 [M]. 北京：高等教育出版社，2003.